The Laws of Human Nature

人性的法则

[美] 罗伯特·格林 著 Robert Greene 袁婧 译

九州出版社
JIUZHOUPRESS

献给我的母亲

目 录

引 言

> 如果你见识到了人性的卑鄙和愚蠢……务必小心，不要让其给你造成困扰，仅需将其看作对自己知识的补充——在研究人类性格时遇到的新课题。你对它的态度和矿物学家偶然发现一种稀有矿物标本时的态度应当没有差别。
>
> ——亚瑟·叔本华

在我们的人生当中，不可避免地会遇到这样一群人，他们会惹起事端，使我们的生活变得艰难、不愉快。其中一些人是我们的领导或老板，有些是同事，还有些是朋友。他们可能具有攻击性或被动攻击性，而且通常十分擅长利用我们的情绪。他们常常显得迷人而自信，充满了想法和热情，把我们唬住了。等到我们发现他们的信心根本没有来由，想法也不切实际时，已经晚了。同事中也会出现一些因为暗暗嫉妒而破坏我们的工作和事业，一心想要打击我们的人。或者你会沮丧地发现，某些同事为了自己而把你当垫脚石。

这种情况常常来得猝不及防，我们从没想过会发生这样的事。通常这种类型的人会用精心编造的故事来打击我们，为自己的行为辩护或指责好欺负的替罪羊。他们知道如何迷惑我们，让我们走进由他们控制的场景中。我们会抗议或愤怒，但最终会感到非常无力——局面已经无可挽回了。随后又会有另一个这样的人进入我们的生活，同样的故事循环往复。

谈到我们本身和我们的行为时，大家常常会有类似的困惑和无力感。例如，我们说了一些冒犯老板、同事或朋友的话——不知道它们是从哪里冒出来的，但我们会沮丧地发现，自己内心的愤怒和压力以一种令自己很难受的方式跑了出来。或者我们全身心地投入某个项目或计划中，却发现自己只是在愚蠢地浪费时间。

又或者我们爱上了某个人，明明知道不适合自己，却控制不了自己。我们不禁会想，到底发生了什么？

在这种情况下，我们会陷入自我毁灭的行为模式中，而且无法控制。仿佛我们心中藏着一个陌生人，一个小小的魔鬼，他独立于我们的意志，促使我们去做错事。而且心里这个陌生人还很奇怪，至少比我们想象中的自己更加怪异。

对于人们的丑陋行为和某些出人意料的行为，我们基本上对其原因一无所知。我们可能会得出一些简单的结论："那个人是坏人，有反社会人格。""我被附身了，我变得不像我自己了。"但是，这样的结论并不能帮助我们理解这件事，也不能阻止类似的事重复发生。事实上，这些都是表面结论，是人们对言行做出的情绪化反应。我们只是对他人和自己形成了一些比较简单的观点。人们总是满足于用最简单、最方便的故事来说服自己。

但如果我们潜入水下，直视内心深处，接近人类的行为起源，会发生什么？如果我们能理解人们为何会嫉妒、破坏我们的工作，会怎么样？为什么那些没来由的自信会让人们认为自己像上帝一样永远正确？如果我们能够真正理解人们为何突然失去理智，揭示他们性格中的阴暗面，会怎么样？为什么人们总要让自己的行为合理化？为什么人们总是会向对自己最差的领导求助？如果我们能够深入观察和判断人们的性格，是不是就能避免选错员工，不让人际关系对我们的情感造成伤害？

如果我们真的能够理解人类行为的根源，对那些更具破坏性的人来说，想要持续不断地攻击我们就会变得很困难了。我们再也不会轻易受到迷惑和误导，能够预见他们肮脏的操纵策略，看穿他们的伪装。他们无法再将我们拖进戏里，因为我们的兴趣发生了转变，通过深入观察他们的性格，发现他们为了实施控制所依赖的东西并最终将其夺走。

同样，对于自己，我们能看到自己内心的烦恼和情绪的来源，以及它们是如何违反个人意志驱使我们行动的。我们能理解自己为什么如此强烈渴望其他人拥有的东西，渴望受到群体的认同，甚至鄙视群体之外的人。我们能明白为什么自己会在"我是谁"的问题上撒谎或是无意中把人推开。

如果能更了解我们心中的陌生人，就会知道他并不是真的陌生人，而是我们的一部分，而且更神秘、更复杂、更有趣。从这个角度思考，就能够打破生活中的消极模式，不再为自己找借口，更好地控制自己的行为和发生在自己身上的事。

对自己和他人有了更清晰的认识，就可以更好地改变生活，但首先我们必须明白一个常见的误区：我们总认为自己的绝大多数行为是受意识和意志控制的。想象一下，其实我们并没有办法掌控自己做的所有事，听起来有点儿可怕，但这就是事实。我们会受到内心深处的力量的影响，它驱动着我们的行为，在意识层面之下运作着。我们只能看到想法、情绪、行动这些结果，却很少会思考情绪如何在某种程度上影响我们的行为。

比如愤怒，我们一般会认为它来源于某个人或某个群体。但如果我们诚实地进行深入的挖掘，就会发现触发愤怒和沮丧情绪的是更深层次的东西。它可能是在我们的童年或某些特定环境中触发的情绪。仔细观察一下，当某些事情发生时，我们就会显现出愤怒这种特定的行为模式。在那个愤怒的瞬间，我们不会反省，也不再理智，而是借着这股情绪伸出手指责对方。不同情绪都有类似的情况，特定类型的事情会突然带给人自信、不安、焦虑，人们会被某个人吸引或渴望得到关注。

我们把这些力量合称为人性深处推拉我们的力量。人性根植于大脑中的特殊沟回，根植于我们的神经系统，根植于人类处理情绪的方式中，这是我们这个物种在五百万年左右的进化过程中发展出来的。我们可以把天性中的许多细节归因于社会动物进化的独特方式，只有这样才能保证生存下来，比如要学习和他人合作，与群体中的高层协调行动，创造新的交流形式和维护团体纪律的方法。这些早期的模式一直存在于我们心中，即便现在已经是现代化的复杂世界，它们依然决定着我们的行为。

举例来说，看看人类情感的演化过程，远古时期的祖先之所以能生存下来，是由于他们在发明语言之前就有交流的能力。他们进化出了新的复杂情感——快乐、羞耻、嫉妒、怨恨等。这些情绪的蛛丝马迹会很快显现在他们的脸上，传递极为迅速。他们非常容易被其他人的情绪左右，从而更紧密地团结起来，他们一起感受快乐或悲伤，共同抵御危险。

时至今日，我们仍然非常容易受到周围人情绪的影响，自身行为会受到蛊惑，会无意识地模仿他人，渴望得到他人拥有的东西，沉浸在病毒式的愤怒情绪之中。我们以为自己是自由行动的，却没有意识到，对群体中他人情绪的敏感性会影响我们的言行。

总有这样的力量从遥远的过去来到现在，塑造我们的日常行为。例如我们需要不断给自己排名，通过位置来衡量自我价值，这是狩猎采集文明的显著特征，甚至黑猩猩群体也是如此，这就是我们的部落本能，把人分为自己人和外人。在这些原始特征的基础上，我们用面具将部落所不齿的行为掩饰起来，这些压抑的黑暗欲望形成了隐性人格。祖先很了解这种阴影的危险性，将其视为需要祛除的鬼魂和恶魔。在不同的神话体系中，都有“被什么东西附身”的说法。

当内心的原始力量抵达意识层面，我们就必须对其做出反应，这些反应基于个人意愿和环境，表面上说得通，但我们并不理解其深层原因。出于进化的原因，人类本性中的力量种类是有限的，它们引发了之前提到的嫉妒、膨胀、非理性、短视、顺从、攻击性和被动攻击性等。当然，它们也会带来诸如同情之类的人类行为中的积极模式。

几千年来，我们都在阴影中探索、理解自己的本性。我们对人类这种动物抱有过多的幻想，认为自己诞生于神圣之源，是从天而降的天使，而非灵长类动物。我们发现自己的原始本性和动物性会让人痛苦，于是我们否认、压抑了它们。我们用各种借口和理由掩盖自己阴暗的冲动，为的是更容易摆脱令人不快的行为。但是，最终我们可以通过积累关于人类本性的知识来克服对真相的抵触。

我们可以利用过去一百年间积累起来的大量心理学文献，包括梅兰妮·克莱因、约翰·鲍尔比、唐纳德·温尼科特关于童年和早期发展影响的详细研究，海因茨·科胡特关于自恋的根源的研究，卡尔·荣格关于人性阴暗面的研究，西蒙·巴伦-科恩关于同理心根源的研究，以及保罗·艾克曼关于情绪构成的研究。我们可以引用科学领域的许多成果帮助我们完成自我认知，比如安东尼奥·达马西奥和约瑟夫·勒杜对大脑的研究，爱德华·威尔逊关于人类在生物学构成上的研究，拉玛钱德朗关于身体与意识的研究，弗朗斯·德瓦尔关于灵长类动物的研究，贾雷德·戴蒙德关于采集狩猎者的研究，丹尼尔·卡尼曼关于经济行为的研究，以及威尔弗雷德·拜昂和埃利奥特·阿伦森关于人类如何在群体中运作的研究。

我们还可以把一些哲学家的作品也囊括进来，比如，亚瑟·叔本华、弗里德里希·尼采和奥尔特加·伊·加塞特的作品照亮了人性的许多方面，小说家乔治·艾略特、亨利·詹姆斯和拉尔夫·埃里森的见解常常深入到人类行为中最隐秘、敏感的部分。最后，我们还可以引用图书馆中迅速扩张的传记图书库，在思想和行动中揭示人性。

本书尝试将不同领域的海量知识和思想库存汇集起来，以证据而非以特定的观点或道德判断为基础，给出一份准确且有指导意义的人性指南。这是对我们这一物种的残酷而现实的评价，剖析我们是谁，这样才能更好地生活。

你可以把《人性的法则》看作破译人类行为的密码本，这些行为或普通、或奇怪、或具有破坏性，应有尽有。每个章节聚焦于人性的某个特定方面或法则。我们可以将其称为法则，因为在这些因素的影响下，人类往往会以相对可预测的方式做出反应。每个章节都有具有标志性的个体或故事，他们或正面或负面地阐述了一条法则，并且提出了在这样的法则下对待自己和他人的方法和策略。每章结束时还会讲述如何将这种基础的人类力量转化为更加积极有用的东西，使我们不再是受人性驱动的奴隶，而是积极地改变它。

你可能会觉得这些知识过时了。毕竟你可能会说，我们现在已经有了成熟和先进的科技，社会进步开明，早已远远甩掉了我们的原始根基，我们在改写本性。但事实恰恰相反，我们从来没有像现在这样受制于人性及其潜在破坏力。如果忽略它，就是在玩火。

看看我们情绪的渗透性是如何通过社交媒体被放大的，病毒效应通过媒体在我们身上蔓延，最具有操控性的领导者会利用和控制我们。再看看如今在虚拟世界中肆无忌惮袒露出来的侵略性，我们更容易在这里展现出自己的阴暗面，因为不需要承担后果。我们越来越喜欢和他人比较，心怀嫉妒，我们通过和更多的人更快速地交流来满足自己获得关注和地位的目的。最后，看看我们身上的部落性倾向，我们找到了完美的媒介，在虚拟的回音室里不断强化部落的看法，妖魔化所有外来的声音，以聚众闹事来获得群体认同。我们天性中原始的一面产生的潜在混乱只增无减。

原因其实很简单：人的本性比任何个体都要强大，比任何制度或科技都要强大。它最终塑造了我们创造的东西并以此反映它自身及其原始根源。它就像挪动棋子一样挪动我们。

忽略法则就要承担风险。拒绝接受人类的本性只能说明你放任自己走向了不可控的模式，游走在困惑和无助当中。

《人性的法则》旨在向你展示人类行为的各个方面并阐述其根本原因。如果你以此为向导，它会从根本上改变你待人接物的方法。你也会彻底改变对自己的看法。它会从以下几个角度来实现这些转变。

第一，这些法则会让你变成更加冷静、更有策略性的观察者，帮你摆脱毫无必要的情感损耗。

周围的人会引发我们关于他人印象的焦虑和不安。一旦感受到这种情绪，我们就很难去观察别人，因为我们会被自己的感受拉扯，从自己的角度去评价他人的言行——他们到底喜不喜欢我？法则能揭示人们处理深层次根源性情绪的问题，帮助你规避这样的陷阱。那些人承载着几年或几十年前的一些欲望或失望。你只是偶尔路过，成了他们发泄愤怒或失望情绪的目标。他们只是把自己想看到的特质投射在了你身上。大多数情况下，他们其实并不是针对你本人。

你不应当让它成为你不安的理由，而应当让它来解放你。这本书会告诉你不要把含沙射影的评论、冷漠的态度和愤怒的情绪理解为针对自己。你越能理解这一点，就越能摆脱情绪，做出反应，并且带着理解的意愿去寻找他们行为的根源。当这种情绪扎根在心中后，你也不会轻易去说教和批判他人，相反，你会接受他们人性中的缺点。人们会更喜欢你，因为他们在你身上看到了宽容。

第二，这些法则会让你读懂他人不断发出的信号，帮助你更好地判断对方的性格。

通常情况下，当我们看到他人的行为后，就会急于将其分类，得出匆忙的结论，我们乐于见到符合自己先入为主观念的判断，或是得出他们过于自私的解释。法则会让你摆脱这样的习惯，它会告诉你误解一个人是多么容易，第一印象是多么具有欺骗性。你会让自己慢下来，对最初的判断保持怀疑，学习分析自己看到的东西。

你会站在对方的角度来思考——当人们展现自信或阳刚之气等特质的时候，他们往往将相反的真实情况掩盖了起来。你会发现，人们不断将自己优越和圣洁的侧面展现给公众，是为了更好地掩盖自己的阴暗面。你会在日常生活中看到阴暗面显露的迹象。

如果某个人做出了看似不符合其性格的事，你要记住：往往这些看似反常的行为才是他们真实的性格。如果人们本质上是懒惰愚蠢的，他们会在最小的细节中留下线索，在这些行为伤害到你之前，你就可以注意到它们。判断他人真实的价值、忠诚度和责任心是你能够拥有的最重要的能力之一，可以帮助你避免糟糕的雇佣、合作和人际关系。

第三，对于那些人生中不可避免会遇到的有毒的人性，这些法则能帮助你拥有面对和思考的能力，避免造成长期的情感伤害。

人们一般不会把自己好斗、善妒和控制欲强的特质表现出来。他们已经学会了如何在初次见面时展现魅力，用奉承等手段消除我们的防备。当他们突然显露出丑恶行径时，我们会感受到背叛、愤怒和无助。他们不断制造压力，而且知道这样做会起到压制作用，使我们更难厘清思路或制订策略。

这些法则会告诉你如何提前认识这些特质，这是你对抗它们的最好方法。要么避开它们，要么看清这种操纵行为，这样就不会被蒙蔽，从而能更好地保持稳定情绪。你会学习从精神层面阻断影响，专注于这些咆哮背后刺目的弱点和不安。你不会掉进神话的陷阱里，这会消解掉他们所倚仗的恐吓的威力。你大可以对他们包装出来的样子嗤之以鼻，对自私的行为给出精准的解释。你保持冷静就会让他们感到不安，进而使他们过度反应或出差错。

如果遭受打压，你甚至可以把它当成一个磨炼自我掌控能力的机会，让自己变得坚强起来。只要取得一次胜利，你就会对自己处理低劣人性的能力拥有很大的信心。

第四，这些法则会告诉你激励和影响他人的真正杠杆，使你的人生之路变得更加容易。

一般来说，当我们的想法或计划遭遇抵制的时候，会不自觉地用争论、说教或哄骗的方式直接改变对方的想法，但这些只会让对方的防御心更强。法则会告诉你，人们天生固执，抗拒他人的影响。你必须从降低对方的抗拒心理开始，千万不要在无意中激发他们的防御倾向。要学会辨别对方的不安感，绝不在无意中将其激发出来。你需要从对方的利益和需要的角度来思考，以此验证自身观点。

理解情绪的渗透性，你会发现最有效的影响手段就是改变自己的情绪和态度。人们对你的态度和行为的反应甚至会超过对言语的反应。你不仅可以消除对方的防御心理，还可以放松下来，对对方真正感兴趣，产生一种积极的催眠效果。你会发现作为领导者，最好的方式就是通过你的态度、同理心和职业道德来设定正确的基调。

第五，这些法则会让你意识到人性对自己有多么深刻的影响，给予自己改变消极模式的力量。

当我们读到或是听到人性中黑暗面的时候，自然而然的反应就是将自己排除在外。那些独裁者、不理性的人、嫉妒的人、浮夸的人、好斗的人、有被动攻击性的人总是别人。我们总是认为自己的意图是善良的。如果误入歧途，那也是环境的问题或是别人迫使我们做出了消极反应。法则会帮助你一劳永逸地停止这种自欺欺人的行为。我们都是一样的人，有着同样的倾向。越早意识到这一点，就越有能力克服内心潜在的消极特质。你会审视自己的动机，正视自己的阴暗面，认识自己被动攻击的倾向。这会帮助你在他人身上发现这些特质。

你会变得更加谦逊，意识到自己并非想象中那样比别人优越。你不会因为这样的自我意识产生罪恶感和沮丧感，恰恰相反，你会接受自己这个完整的个体，既接受好的部分也接受坏的部分，放弃自己圣人般纯粹的形象。你会从虚伪感中获得解脱，更自由地做自己。人们会被你这样的特质所吸引。

第六，这些法则可以帮助你变成更有同情心的人，与周围的人建立更深入和谐的关系。

人类生来就拥有从超越智力水平的层面去理解他人的巨大潜力。这是先祖最早发展出来的一种能力，凭借这样的力量，他们学会了从他人的角度来感知对方的情绪和感受。

这些法则将指导你尽力发掘这方面的潜能。你会让自己源源不断的内心独白慢慢停息，更仔细地倾听他人。你要训练自己尽可能去接受对方的观点。利用自己的想象力和经验去体会对方的感受。如果他描述的内容是痛苦的，你就用自己的痛苦经历做类比。这不是简单的直觉，而是以感同身受的方式分析收集到的信息，获得洞察力。通过不断地在移情和分析之间循环，更新观察到的东西，提高自己通过对方的眼睛看世界的能力。在这个过程中，你会感觉自己和对方的身体产生了关联。

这个过程中需要你保持谦逊。你永远不可能准确了解对方在想什么，而且很容易犯错，因此不能急于下结论，而要保持更加开放的学习姿态。人比我们想象中要复杂得多。你的目标是理解他们的观点。这个过程就像一块肌肉，锻炼得越多，肌肉就越强壮。

培养这样的同理心有很多好处。我们都是自私的人，生活在自己的世界里。这是一个治疗的过程，一种自由的体验，我们从自身抽离出来进入了另一个世界。正是这种抽离的需求促使我们去看电影、读小说，为的是感受与我们完全不同的人的思想和观点。通过这样的练习，你的思维方式会发生整体转变。你训练自己放弃先入为主的想法，活在当下，不断调整自己看待他人的方法。这样抽离的经历会影响你处理一般事务的方法，开始思考其他可能性，从另一个角度看问题。这就是创造性思维的本质。

最后，这些法则会改变你看待自身潜能的方式，让你意识到自己内心有一个更高、更理想的自我，最终将其引出来。

人类内心有两个相反的自我，一高一低。低自我往往更强势，常常会把我们拉入情绪反应和防御姿态中，让人自以为优于他人。他会让我们抓住眼前有趣的事、容易让人分心的事，总是走阻力最小的路。他诱导我们接受他人的想法，在群体中迷失自我。

如果能从自身感受中抽离出来，我们就会感受到高自我的驱动力，想要与他人建立更深层的联系，在工作中吸收思想，思考而非反应，追寻自己的人生道路，发掘自己独一无二的特质。低自我是人性中更加动物化、更偏向反应性的一面，而且我们很容易深陷其中。高自我是天性中更偏向人性的一方，使我们具有思考能力和自我意识。高级驱动力更弱势，与它产生联系需要更加努力，更有洞察力。

我们都希望展现出内心的理想自我，只有发展出这一面，人类才会感到真正的满足。本书会帮助你意识到每条法则中暗含的积极活跃的因素，进而帮助你实现这个目标。

你会了解自己的非理性倾向，了解自己的情绪如何影响了思维，拥有削弱它们的能力，从而向理性转变。你会了解自己的态度如何影响了生活，思维会多么自然地因为恐惧而闭合，你将学习如何养成一种开放性的无畏态度。你会了解自己有与他人进行比较的倾向，利用这一点激励自己通过卓越的工作在社会中脱颖而出，学会欣赏那些成就伟业的人，以他们为榜样激励自己。在每一个原始本性上都施展这样的魔法，用扩展人性知识的方式来抵御低自我向下的拉力。

可以用这种方式来看待这本书：你会成为人性的学徒。本书会教给你一些技能——比如观察和判断人类同胞的性格的方法，看到不曾了解的自己。你会展现出高自我。通过练习，你能够阻止他人伤害你，也能将自己塑造成更理性、更自觉、更丰富的人。

只有让他人看到自己的样子，他才会变得更好。

——安东·契诃夫

第一章

掌控情绪自我：非理性法则

人总幻想能掌控自己的命运，尽可能有意识地计划生活的走向。但你并没有意识到情绪是如何深入支配你的生活的。它总会诱使你安抚自我，寻找证据证明自己想要相信的东西。它总能让你看到自己想看的东西，一切取决于心情，这种脱离现实的行为是生活中的糟糕决定和消极模式的根源。理性可以帮助你应对这些情绪效应，用思考代替反应，促使你敞开心扉思考真正发生的事，而不是纯粹依靠感受。它不是自然而然产生的，而是我们需要培养的能力，在这一过程中，我们发掘了自己最大的潜力。

内心的雅典娜

公元前四三二年年底的一天，雅典居民听到了一个令人不安的消息：斯巴达城邦的代表向雅典议事会提出了新的和平条约。如果雅典不同意，斯巴达就会宣战。斯巴达是雅典的头号敌人，它在很多方面与雅典背道而驰。雅典是民主国家联盟的领导者，斯巴达则领导了伯罗奔尼撒人寡头联盟。雅典是地中海地区最杰出的商业文明，倚仗的是自己的海军和积累的财富。斯巴达依靠的是自己的军事力量，这是一个完全军事化的国家。在此之前，双方刚刚避免了一场直接冲突，否则其结果可能是毁灭性的，战败方不仅会在该地区失去影响力，其整体的生活方式都会受到威胁——当然对雅典人来说，就是民主和财富。事到如今，战争似乎已不可避免，即将到来的厄运盘旋在城市的上空。

几天后，雅典公民大会在俯瞰卫城的普尼克斯山上举行，商讨如何应对斯巴达的最后通牒。公民大会面向所有男性公民开放，那一天有近一万名男性公民挤在山上参加辩论。其中的鹰派人士情绪十分激动，他们认为雅典应当抢占主动权，率先进攻斯巴达。另一部分人则提醒他们，斯巴达军队在陆地战争中是无敌的。这种进攻方式会让自己落入斯巴达的手中。鸽派人士赞成接受和平条约，但多数人指出，这样做只会显出雅典对斯巴达的怯懦，反而会长他人志气，给他们更多时间来扩充军队。争论来来回回，大家大喊大叫，情绪激动，但始终得不到令人满意的解决方案。

临近黄昏的时候，人群突然安静了下来，一个大家熟悉的人走上前去发表讲话。他是经验丰富的雅典政治家伯里克利，已经六十多岁了。伯里克利深受爱戴，他的意见比别人的都要重要，虽然雅典人尊敬他，但这是一个很特别的领导人，与其说他是政治家，不如说是哲学家。只有年纪大的人才记得他最初的样子，他能获得如今的权力和功绩实属令人惊讶。他所做的都不是寻常事。

在民主政治之初，伯里克利出现之前，雅典人倾向选择具有某些性格特质的领导人，比如擅长发表鼓舞人心、有说服力的演讲且具有表演天赋的人。这些人在战场上是冒险家，他们常常主张领导军事行动，为自己赢得荣耀或是戴罪立功的机会。这些人一般会在公民大会中成为某些派别的代表，比如地主、士兵、贵族，通过为他们争取利益来促进自己的事业发展。这就导致了政治上的高度分裂。领导人在几年的时间里起起落落，但雅典人不在乎，他们不相信任何长期掌权的人。

伯里克利在公元前四六三年左右进入公共视野，雅典的政治从此发生了变化。他的第一个举动就很不寻常。虽然他出身于显赫的贵族家庭，却和城市中力量日益壮大的中下层农民、海军桨手及雅典人引以为傲的手艺人结盟。他提高了这些人在公民大会中的发言权，赋予他们更多民主的权力。他们不再是某个小派系，而是雅典占大多数的公民。这样一大群不守规矩、利益诉求各不相同的人是很难控制的，但他一心为他们争取权益，渐渐赢得了众人的支持和信任。

随着影响力不断增强，他在议会中的立场愈发坚定并开始改变政策。他反对雅典扩张民主帝国的疆域。他担心雅典人会反应过头而失去控制。他致力于巩固帝国和现有联盟。当谈到战争以及自己要出任将军的时候，他会使用巧计限制战争规模，尽可能将伤亡降到最低。对许多人而言，这算不上什么英雄事迹，但这些政策帮助雅典进入了一个前所未有的繁荣时期。没有无谓的战争损耗国库，帝国的运转比以往任何时候都更加顺畅。

面对日益增长的盈余，伯里克利做了一件震惊全体公民的事：他没有用这笔钱来拉选票，而是启动了大规模的公共建设项目。他委托雅典工匠全情投入地建造神庙、剧院和音乐厅。城市处处翻修一新。有序、高度几何化、具有纪念意义的个人美学取向投射在建筑之上，赏心悦目。他委托建造的最伟大的建筑当属帕特农神庙，立着十二三米高的巨大雅典娜雕像。雅典娜是雅典的精神领袖，是智慧与战争女神。她代表了伯里克利推崇的价值观。伯里克利一手改变了雅典的精神面貌，将它带入了艺术和科学的黄金时代。

伯里克利最特殊的地方是他节制威严的演讲风格。他不像其他人那样发表言论，而是通过无懈可击的辩论来说服听众。人们跟着他抓人的逻辑，听得很认真。有人怀疑他是无神论者，对所有传统嗤之以鼻。这也许就能解释他为何如此与众不同。但没有人反对他成为领袖。

因此，他准备在大会上发表讲话，对于是否与斯巴达开战，他的意见最有分量，人群中传来一阵嘘声，他们焦急地等着听他的论点。

“雅典人，”他说道，“我的观点和以往一样：我反对向伯罗奔尼撒人做出任何让步，但我知道，劝说人们参战的热情在开战时会消失殆尽，人的思想会因事态发展而变化。”他提醒大家，雅典和斯巴达的分歧应当通过中立仲裁来解决。如果他们屈服于斯巴达单方面的要求，就开了一个危险的先例。事情最后会变成什么样子？是的，与斯巴达进行陆战就是自杀。他提出了全新的战争形式——有限战争和防御战争。

他让所有雅典人都住进城墙以内，引诱斯巴达人来作战。他说：“让他们来我们这里消耗时间。我们不会上钩，不会和他们在陆地上作战。只要我们还有港口提供补给，城市就能够撑下来。我们的海军可以突袭他们的沿海城镇。随着时间推移，他们会因为无仗可打而感到沮丧，也很难保持军队的常备攻击，钱会慢慢耗尽。盟友之间相互斗争，斯巴达内部的主战派名誉扫地，此时大家才会一致同意和解。采用这一方法，我们的伤亡和金钱损耗都微乎其微。”

“我还可以告诉你们其他理由。”他总结道，“为什么应该始终怀有胜利的信心，只要下定决心，不要在战争时给帝国增添麻烦，不要不顾一切地把自己卷入新的危险当中。我担心的不是敌方的战略，而是自己犯的错误。”他的新观点引起了极大的争论。无论是鹰派还是鸽派，都不满意他的计划。但最终，他的智慧和声望还是占了上风，战略得到批准。几个月后，这场不幸的战争打响了。

最初，一切都与伯里克利的预想不一样。随着战争的进行，斯巴达人和盟友一点儿也没有沮丧，反而信心大增。雅典人却消沉了下来，他们看着自己的土地在敌人手下瞬间焚毁。但伯里克利相信，只要雅典人保持耐心，计划就不会失败。然而战争的第二年，一场意外的灾难颠覆了一切，可怕的瘟疫席卷了这座拥挤的城市并迅速蔓延，超过三分之一的市民死去，军队也遭到了毁灭性的打击。伯里克利本人也染了病，在奄奄一息之际目睹了最终的噩梦：他为雅典人民所做的一切似乎在顷刻间化为乌有，人们陷入集体性癫狂中，每个人都只顾自己的利益。如果他能活下来，肯定能找到办法让雅典人平静下来，与斯巴达和解或是调整自己的战略，但现在已经太晚了。

奇怪的是，雅典人并没有为领袖哀悼。他们把瘟疫归咎于他，对他无效的方法感到愤怒。他们没了耐心，也无法克制自己的情绪。他已经变成了不受欢迎的老人，所有想法都是老年人疲惫的反应。人们对伯里克利的爱已经变成了恨。他不再执政后，各个派系报复性地归来了。鹰派重新受到追捧。斯巴达人凭借瘟疫获得了优势地位，这个党派满足了人们对斯巴达人与日俱增的仇恨心理。鹰派承诺他们会重获主动权，以进攻的方式击败斯巴达人。对大多数雅典人来说，这番话是一种巨大的解脱，使他们压抑的情绪得以释放。

城市慢慢从瘟疫中恢复过来，雅典人设法占据了上风，斯巴达人求和。为了完全歼灭敌人，雅典人步步紧逼，却发现斯巴达人缓了过来。日复一日，双方的战争和痛苦层层累加。有一次，雅典袭击了斯巴达的盟友米洛斯岛，岛民投降时，雅典人投票决定，屠杀所有男性，将女性和孩子变成奴隶。在伯里克利的统治下，从未发生过类似的事。

然而，经过这么多年无休止的战争，公元前四一五年，几位雅典领导人想出了一个给对方致命一击的点子。锡拉丘兹是斯巴达人重要的盟友，为他们提供了很多急需的物资。既然雅典人拥有强大的海军，可以发起一次远征占领锡拉丘兹，这一举将获得两个优势：扩张自己的帝国，削弱斯巴达继续征战的资源。公民大会投票决定派出六十艘船和一支规模相当的军队完成这一目标。

这次远征的指挥官之一尼西亚斯对这个计划心存怀疑。他担心雅典人低估了锡拉丘兹的实力。他把所有可能出现的不利情况列了出来，只有更大规模的远征才能确保获得胜利。他的本意是想阻止这个计划，但论点却起到了反作用。如果必须扩大远征规模，他们决定派出一百艘船和双倍的军队。雅典人在这个计划中嗅到了胜利的气息，没什么能够阻止他们。

在接下来的日子里，雅典各年龄段的人都在西西里岛的街道上绘制着地图，梦想着财富涌入雅典、羞辱斯巴达人的那个时刻。船只起航之日变成了盛大的节日，那是人们有生以来见过的最令人敬畏的景象，巨大的舰队填满了海港，船只装饰得很漂亮，士兵的盔甲闪闪发光，甲板上拥挤不堪。这是雅典财富与力量的象征。

几个月过去了，雅典人四处打探消息。由于军队规模庞大，雅典似乎曾经在某个时刻占据了优势，将锡拉丘兹包围了。但在最后的时刻，增援部队从斯巴达赶来，雅典变成了防守的一方。尼西亚斯向公民大会致信描述局势转变。他建议要么撤回雅典，要么立刻派遣援军。雅典人无法接受这样的失败，投票决定派遣增援部队，第二支舰队规模几乎和第一支一样庞大。在这之后的几个月里，雅典人的焦虑也到达了新的高度，赌注已经翻倍，他们再也承受不起损失了。

一天，雅典的港口城市比雷埃夫斯的一个理发师听到顾客的流言，说雅典的远征军全军覆没了。流言很快传到了雅典。人们很难相信这是真的，但恐慌慢慢传播开来。一个星期后，流言得到了证实，雅典耗尽了金钱、船只和人力，他们似乎注定要灭亡了。

但雅典人奇迹般地坚持住了。不过在接下来的几年里，由于远征西西里岛的损失，城市失去了平衡，狼狈不堪。直到公元前四〇五年，雅典迎来最后一击，不得不接受斯巴达严苛的和平条款。他们的光辉岁月结束了，伟大的民主帝国和伯里克利的黄金时代自此永远结束了。那个能够控制他们侵略、贪婪、傲慢、自私这些危险情绪的人已经离开得太久，他的智慧早已被人遗忘。

解析：伯里克利在职业生涯早期研究政治形势时发现了一个现象：雅典的所有政治人物都认为自己是理性的，既有想要实现的目标，又有如何达到目标的计划。他们都在为自己的政治派系努力工作，努力获得更多的权力。他们率领雅典军队参加战斗，而且经常取得胜利。他们努力扩张帝国版图，带回更多的财富。但当政治操纵突然适得其反或是战争结果很糟糕的时候，他们也有很好的借口。他们总会把责任推给反对派，必要时还会推给神祇。然而，如果这些人都是理性的，为什么他们的政策会造成这么多混乱，将人们推向自我毁灭的道路呢？为什么雅典如此混乱，民主制度本身如此脆弱？为什么有这么多腐败和动荡？原因很简单：这些雅典人根本不理性，他们只是自私且精明。促使他们做出决策的是最基本的情绪，是对权力、关注度和财富的渴望。为了达成这些目的，他们很有手段，也很聪明，但他们的花招并没有给民主带来持久性、整体性的益处。

作为思想家和公众人物，伯里克利致力于走出这一陷阱，在一个由情绪主导的舞台上真正坚持理性。他的解决方案在历史上是独一无二的，效果也极其好。

这应当成为我们的范本。在他的观念中，人必须有信仰、崇拜的东西，必须把人的注意力引向他最看重的东西。对大多数人来说，这个东西是自我，对有些人来说是家庭、宗族、神祇或国家。对伯里克利来说，它是理性（nous），在古希腊语中有心灵、智慧之意。理性有一种渗透在宇宙中的力量，能创造意义和秩序。人类的心灵为这样的秩序所吸引，这是我们智慧的源泉。对伯里克利来说，他所崇拜的理性就体现在雅典娜女神身上。

雅典娜实际上诞生于宙斯的头颅，从她的名字就能看出来 —— Athena 是“神(theos)”和“头脑 (nous)”的结合。但雅典娜代表了一种非常特殊的智慧 —— 非常实用、女性化和朴实。她是在英雄需要的时候出现的声音，使他们变得平静，将他们的思想引向胜利和成功的完美理念，然后给他们实现这一目标的力量。雅典娜的降临是对他们所有人的最高祝福，正是她的精神指引着伟大的将军和最优秀的艺术家、发明家和商人。在她的影响下，人们可以看清这个世界并在那一刻采取正确的行动。对雅典来说，她的精神被用来统一城邦，使之繁荣昌盛。从本质上讲，雅典娜代表理性，这是神赐予人类的最好的礼物，因为只有理性才能使人类的行为具有神圣的智慧。

为了磨炼他心中的雅典娜，伯里克利首先要找到一种控制自己情绪的方法。情绪使我们向内而生，远离理性，远离现实。我们沉浸在愤怒和不安中。如果我们看向外面的世界，试着去解决问题，事物也会蒙上一层情绪的滤镜，蒙蔽我们的视野。伯里克利要求自己不在这种时候做出反应，永远不要在强烈的情绪影响下做出决定。相反，他会安抚自己的情绪。一般来说，当他观察自己的不安和愤怒时，会发现这些情绪并没有存在的正当性，它们在审视的目光下失去了意义。有时候，他会离开激烈的公民大会，回到自己的住所独自待几天，让自己平静下来。慢慢地，雅典娜的声音就会回来。

他所有的政治决策都建立在为雅典大局着想的基础上。他真正热爱民主，相信雅典道路的优越性，并且以此将公民整合起来。这样的目标帮助他避开了自我陷阱。他努力为中下阶层争取参与权和权力，即便这样做很容易遭到反噬。他极力控制战争规模，即便这样做意味着无法获得个人荣誉。他还做出了最伟大的决定，启动了改变雅典面貌的公共设施项目。

在审议的过程中，他对各类意见和看法都保持了开放的心态，甚至会听取对手的想法。在下定决心前，他考虑了所有后果，以平静的情绪和开放的心态提出了将雅典带入黄金时代的一项政策。一个人可以用理性的精神感染整个城市。在他离开后，雅典发生的事就足以说明一切。锡拉丘兹远征象征着他反对的事——出于对攫取更多土地的渴望做出决策，却对潜在后果视而不见。

理解：每个人都认为自己是理性的，但事实并非如此。理性并不是与生俱来的，而是通过训练习得的。雅典娜的声音就代表当下你心中的某种更高层次的力量，代表你在平静专注时感受到的某种潜质，代表你在深思熟虑后得出的完美想法。思想受到了情绪的压抑，所以在当下你没有办法和这种高层次的力量产生联系。就像公民大会之于伯里克利，你会被他人制造出来的戏剧性事件所感染，不断对他人的话做出反应，在兴奋、不安和焦虑的海浪中颠簸，这些让你很难集中注意力。你的注意力从这里被拉扯到那里，如果没有理性的标准来指导决定，你永远无法达到自己设定的目标。任何时刻，你都可以通过简单的改变来磨炼心中的雅典娜。理性会成为你最看重的东西，也会成为你的指南。

首先，你的任务是观察那些不断影响自己想法和决定的情绪。要学会质疑自己：为什么会产生这样的愤怒和怨恨？为什么要不断关注这些事？在这样的观察下，情绪失去了对你的控制。你会开始自主思考，而不是对别人给的东西做出反应。情绪往往会使人心胸狭窄，把我们的注意力局限在某几个想法上，满足自己对权力和关注度的渴望，但结果往往适得其反。但在平和的精神状态下，你可以考虑多种选择和解决方案。在展开行动前，你有更长的时间斟酌，重新评估策略。声音会变得越来越清晰。当人们不断地在你周围上演戏码、表达情绪的时候，你会反感这样的干扰，并且动用理性去越过这些障碍。就像运动员通过锻炼强健体魄一样，你的思维也会变得更加灵活，更有人性。思维清晰，情绪稳定，你就会看到他人无法想象的答案和有创造性的解决方案。

> 就像有另一个自己站在你旁边一样，一个是理性的自己，另一个却不得不去做一些完全没有意义的事，有时也会做非常好笑的事。你突然发现，自己很想去做那件好笑的事，天知道为什么；也就是说，你想违背自己的意志；即便你极力阻止这个想法，还是想去做那件事。
>
> ——费奥多尔·陀思妥耶夫斯基《少年》

人性的关键

每当生活中出了问题，我们都会自然而然地寻求一个解释。如果找不到计划出岔子或想法受到抵触的原因，就会感觉到深深的困扰，加剧我们的痛苦。在寻找原因的时候，我们的大脑倾向于围着某类解释打转：某个人或某个团体攻击我，也许是他们不喜欢我；外部出现了强大的敌对方，比如政府或社会惯例和我作对；别人给我出了馊主意或者某件事我不知情。最后，如果情况变得更糟，那就归结于厄运和不幸。

这些解释强调的都是我们的无助。“我能怎么做呢？我怎么可能预见某某对我做出的恶劣行径呢？”这些人和事往往很模糊。我们一般无法指控对方的恶意行为。我们只能怀疑或想象。这样的解释会加强愤怒、挫败和沮丧的情绪，让我们沉溺其中，自怨自艾。最重要的是，我们的第一反应是向外找原因。是的，我们需要对一些事负责，大多数情况下，他人和敌方只是把我们绊倒了而已。这种反应在人类这种动物身上根深蒂固。在古代，责任可能在神灵或恶鬼身上。如今不过是换了个名字。

然而，真实情况却不是这样。诚然，某些人和力量会对我们施加影响，世界上很多事都是我们无法控制的。但一般来说，导致我们误入歧途的是人类根深蒂固的非理性因素，也就是我们的思想受到了情绪的操控，导致了错误的决策和判断。我们看不到这一点，这是我们的盲点。为了说明这一现象，我们来看看二〇〇八年的金融危机，这是人类各种非理性行为爆发的时刻。

金融危机爆发后，以下是媒体中常见的解释：贸易失衡等因素引发了二十一世纪初期的廉价信贷，导致杠杆率过高；我们无法对这些交易的复杂衍生品进行准确估值，因此没人能真正算清利润和损失；精明而腐败的内部团体操纵交易系统，以极快的速度拿走了利润；贪婪的放款人把次级抵押贷款推到了毫无戒心的房主面前；政府干预过多；政府监管缺失；计算机模型和交易系统运行失常。

这些解释说明人们基本上否认现实。在二〇〇八年崩盘之前，每天有数以万计的人做着投资决策。在每一个交易点上，买家和卖家本可以从这项风险极大的投资中撤出来，但他们没有这样做。很多人发出了泡沫预警。就在此前几年，规模巨大的对冲基金美国长期资本管理公司崩盘，恰恰说明大崩盘是可能发生的。搜寻更久远的记忆会发现，一九八七年也经历过泡沫时期；翻看历史会发现，一九二九年股市也有过泡沫和崩溃。所有贷款的房主都知道无首付抵押贷款和贷款利率迅速上涨条款会带来怎样的风险。

所有的分析都忽略了最基本的非理性因素，是它驱使着百万买家和卖家进行交易行为。人们被轻松赚钱的诱惑吸引，即便是受过高等教育的投资者也会变得情绪化。人们拉来研究人员和专家支持自己想要相信的观点，比如常听到的“这次不一样”“房价永远不会下跌”。盲目乐观的情绪在人群中蔓延，接下来便是恐慌、崩溃以及与丑陋的现实对抗。人们不承认压倒一切的投机狂欢让聪明人变成了白痴，而是把矛头指向外部世界，指向任何能避开问题真正根源的事。这并不是二〇〇八年股灾特有的情况。一九八七年和一九二九年的股灾、十九世纪四十年代的英国铁路投机狂潮以及十八世纪二十年代的英国南海泡沫，这些时期也都出现过同样的解释。人们说要进行制度改革，要通过法律来限制投机。但这些都没有奏效。

泡沫之所以产生，是因为它对人们有强烈的情感吸引力，这种力量压倒了所有理智推理能力。它刺激着我们回归自然倾向，贪婪、轻松获得金钱、迅速获得结果。人很难看别人赚钱而自己不去参与。在这个世界上，没有任何监管力量可以控制人类的本性。如果回避问题真正的根源，只要有投机者，有不以史为鉴的人，泡沫和崩溃就会不断重复。这种周而复始对应着生活中总会反复出现的问题和错误，形成消极的模式。如果不够自省，不找出问题的根源，就很难从经验中学到东西。

解析：变得理性的第一步是理解我们本质上是非理性的。有两个因素可以帮助我们抛开自尊心，更好地接受这件事：情绪对大脑有着不可抗拒的影响力，这一点无人幸免，即便最聪明的人也不例外；在某种程度上，非理性是我们大脑结构的一个功能，通过情绪处理与我们的天性紧密相连。我们无法阻止自己进入非理性的状态。为了理解这一点，我们需要了解情绪本身的演进过程。

数百万年来，生物体靠本能中敏锐的触角生存。爬行动物感受到环境中的危险时，可以瞬间逃离。冲动和行动之间并没有明显的分界。随后，有些动物的触角慢慢进化成更庞大的东西——恐惧感。最初，恐惧是由于化学物质释放引发高度的兴奋感，使动物察觉到危险。伴随警觉而来的是注意力的聚集，动物有多种应对方式。它可以变得对环境更加敏锐，学到更多经验。它可能因为选择范围拓宽而获得更好的生存机会。这种恐惧感只会持续几秒甚至更短的时间，毕竟速度才是最重要的。

对社会动物来说，警觉与感受扮演了更深层次、更重要的角色：它们变成了至关重要的交流形式。咆哮和怒发冲冠可以表达出愤怒，达到驱散敌人或发出危险信号的目的；某些姿势或气味会展现出性欲或蓄势待发的姿态；有些动作表现出与人玩耍的愿望；年幼子女的呼唤会引起母亲深深的焦虑并急切地返回。对灵长类动物来说，它变得越来越复杂。研究表明，黑猩猩有嫉妒、复仇的欲望，也能感受其他情绪。这种演化是数亿年的结果。直到最后，动物和人类发展出认知能力，最终进化出语言和抽象思维。

神经科学家们证实，这种进化使更高级的哺乳动物的大脑分成了三个部分。最古老的大脑是爬行脑，控制着身体自动做出的所有反应，这是本能的一部分。在爬行脑外面是古哺乳脑或边缘脑，它控制着感觉和情感。除此之外，还进化出了控制认知的大脑皮层，对人类来说就是语言。

情绪源自生理唤醒，其目的是吸引我们的注意力，引导我们注意周围的事物。最初是一种化学反应，我们将它转化为语言来理解。但由于负责语言和思维的是大脑中其他的位置，这种转化往往并不可靠。比如说，我们对甲感到愤怒，但其实真正的根源是嫉妒。在意识的层面之下，我们觉得自己不如甲或是想要拥有甲的东西。但是，嫉妒让人感到不舒服，所以我们经常把它翻译成更容易接受的东西——愤怒、厌恶、怨恨。或者某天我们心情沮丧且焦虑，乙正好在这个错误的时间闯了进来，惹得我们大发雷霆，但却没有意识到这种愤怒是由别的事引起的，和乙的所作所为没有关系。又或者我们确实对丙非常生气。但这种愤怒其实植根于我们的内心深处，是过去深深伤害过我们的人造成的，也许是我们的父母。但我们直接将一腔怒火发泄到丙身上，只因为他让我们想起了其他人。

换句话说，我们并不知道情绪的源头在哪里，也不知道它是如何产生的。一旦感受到它的存在，我们能做的就是试着去理解它，将它转化成语言。但实际往往会出现差错。我们习惯用简单的、自己容易接受的方式进行解释。我们仍然感到困惑。例如，我们不知道自己为什么会感到沮丧。情绪中无意识的部分让我们很难有所长进，无法组织自己的某些强迫行为。感到自己被父母放弃的孩子在未来的生活中往往会形成放弃的行为模式，却看不到原因。（参见后文“童年早期的触发点”部分。）

情绪的进化和认知并不相同。这两种和世界连接的方式在我们的大脑中并不是无缝衔接的。动物不需要把身体的感知转化为语言，情绪便会按照本来的样子运作。但对我们来说，情绪和认知的分裂正是内在摩擦产生的根源，然后由另一个超越意志的情感自我接替。动物只能感到瞬间的恐惧，随后它便消失了。我们却沉浸在恐惧里，强化它，使其远远超越危险所需要的时长，甚至最后到达焦虑的程度。

有人可能会想，有赖于智力和技术的进步，我们已经在某种程度上驯服了这种情感自我。毕竟我们已经不像祖先那样暴力、冲动和迷信了，但这只是一种幻觉。技术进步并没有改变我们，它们只是改变了情绪的形式以及随时出现的非理性的样貌。比如，新媒体使政治家和其他人玩弄我们情绪的古老能力变得更巧妙、更复杂。广告商用非常有效的潜意识信息轰炸我们。我们与社交媒体的紧密联系使我们容易受到新型病毒式的情绪影响。这并不是媒体为了让我们做出冷静的反应而设计的。随着它们的出现，我们的思维空间越来越小，越来越难以思考。我们和雅典公民大会上的人一样，情绪和不必要的夸张情感将我们包围，人的本性从未改变过。

显然，理性和非理性这两个词被赋予了很多含义。人们会给那些不同意自己观点的人贴上“非理性”的标签。我们需要一个简单的定义，用来尽可能准确地判断二者的区别。以下是我们的判断标准：我们不断感知情绪，情绪不断影响我们的思维，使我们倾向于那些能取悦自己、安抚自己的想法。我们不可能完全将倾向性和情绪与思考完全切割开。理性的人理解这一点，他们通过自省和努力，在某种程度上减少情绪对自己思考的影响。不理性的人没有这样的意识。他们匆匆忙忙地行动，却没有仔细考虑后果。

我们可以看到，人们做出的决定、采取的行动会带来不同的结果。随着时间的推移，理性的人证明了自己能够完成某个项目，实现目标，有效地与团队合作，创造出更为持久的价值。非理性的人则会在生活中暴露消极的模式，不断重复错误，随处引发不必要的冲突，永远无法实现梦想和目标，他们会愤怒，却永远不会为内心渴望达成的改变做出具体的行动。他们情绪化、被动反应且不自知。每个人都会做出不理性的决定，其中一些是由我们无法控制的环境因素造成的。即使是最情绪化的人，也能凭借着莽撞之气想出好点子或是取得瞬间的成功。所以，判断一个人是理性还是非理性，要从长期来看。他们能否持续成功，是否有好的战略安排？他们能自我调整并从失败中学习吗？

我们还可以在特定的情境下观察当涉及具有长期影响和真正重要的事情时，理性的人和非理性的人的区别。例如：在涉及子女监护权问题的离婚诉讼案中，理性的人会想办法丢掉自己的痛苦和偏见，列举出有利于儿童长期利益的优势。非理性的人则会陷入和配偶的权力斗争中，让怨恨和复仇的欲望暗中驱使自己做出决定。这将导致一场旷日持久的战斗，留下一个受伤的孩子。

在考量助手或合伙人的时候，理性的人会将能力作为判断的标准，这个人能胜任这项工作吗？而非理性的人则很容易被那些有魅力的人吸引，这些人知道怎样去消除对方的不安全感，表现出自己不会构成什么挑战或威胁，最终使人在自己也不知道为什么的状态下雇用了他们。这样会导致错误与低效，非理性的人还会因此而责备他人。当谈到职业规划时，理性的人会寻找适合自己长期目标的职位。非理性的人则会根据眼下能赚多少钱，自己觉得理应获得哪些东西（有时非常少），在工作中能偷多少懒，这个职位会为自己博取多少眼球来决定。这将导致他们的职业生涯走向死胡同。

在任何情况下，人们的表现都取决于有多大程度的自我认知。理性的人会欣然承认自己的非理性倾向，并且对其心怀警觉。而不理性的人在他人挑战自己感情根源问题的时候，会变得非常情绪化。他们不善于反省和学习。错误使他们变得越来越有防御性。

我们必须理解一点，并不是说理性比情绪更优越。伯里克利本人很珍视勇敢的行为和冒险的行动。他钟爱的是雅典娜的精神及其带来的启示。他希望雅典人对城市充满爱，关爱自己的同胞。他想要达到的是一种平衡的状态——清楚地理解我们为什么会有这样的感觉，感知到自己的冲动，这样我们才能去思考，而不被情绪暗中控制。伯里克利希望从冲动和情绪中汲取能量来为自己的思考服务。这就是他对于理性和理想的看法。

幸运的是，理性并不复杂。认识和行动只需三个步骤。

第一，我们必须了解底层非理性。它是由我们在生活中不断体验到的、在意识层面之下的心情和感受所控制的。当我们做计划、做决定的时候，并不知道情绪是怎样对思维过程产生深刻影响的。它在我们的思维中造成偏见并且根深蒂固，在各种文化和历史的各个时期都能看到它存在的证据。偏见扭曲了现实，致使错误和无效的决定困扰生活。当我们意识到它们存在的时候，就可以抵消它们带来的负面影响。

第二，我们必须了解高层非理性。这种情况一般是由压力导致的情绪激动。想想愤怒、激动、怨恨或怀疑这些情绪，它们会变得越来越强烈，使我们陷入被动状态——看到或听到的一切都要穿过这层情绪的滤镜。我们会变得更敏感，更容易情绪化。烦躁和怨恨化为愤怒和深深的不信任感。这样的被动状态导致暴力、狂躁、无法控制的贪欲以及控制他人的欲望。这种非理性的形式是危机、冲突以及灾难性决策和更严重问题产生的根源。了解这种非理性行为的运作方式，可以让我们认识到被动状态来临时，要在做出后悔的事之前把自己拉回来。

第三，我们需要制订策略并加以练习，强化大脑的思考能力，使其在与情绪的永恒斗争中拥有更大的力量。

以下三个步骤将帮助你走上理性的道路。将这三者融入人性研究和实践过程中，才是明智之举。

第一步：认识偏见

情绪不断影响着我们的思维和决策，它存在于意识之下。我们最常见的情绪是对快乐的渴望和对痛苦的回避。因此我们的想法总是不可避免地围绕着这种渴望，对那些有趣却又令人不快、痛苦的想法避而远之。我们以为自己在寻求真理、实事求是，实际上只是在坚持一些能释放压力、抚慰自我的个人想法，让自己产生优越感。这种思考中的快乐原则是所有心理偏见的源头。如果你觉得自己对下面的偏见完全免疫，那么这种想法本身就是快乐原则的实例。最好的应对方式是看看它们是如何在你身上运作的，学会在他人身上发现这种不理性的因素。

证实偏见。我是看证据得出结论的，多多少少是个理性的过程。

为了坚持某个想法，我们会寻找证据来支持自己的观点，以便相信自己是理性的。还有什么比这更客观、更科学呢？但是由于快乐原则及其潜在影响，我们只会找到自己想要相信的证据。这就是证实偏见。

这一点在人们制订计划时就能看到，尤其是制订高风险计划的时候。这样的计划往往是积极进取的。如果将消极结果和积极结果一同摆在眼前，往往很难采取行动。人们会不自觉地吸收那些积极结果，在不自知的情况下走进那玫瑰色的世界。我们在工作中也会看到这类情况，人们本来是要寻求建议的，这正是大多数顾问的痛苦之处。最终，人们希望专家能够证实自己的想法和偏见是正确的。他们会根据自己想听到的内容来解释你说的话，如果你的意见与其相左，他们会想办法驳斥你的观点和专业意见。人的权力越大，越容易受到证实偏见的影响。

研究证实偏见时，不如看看那些好得不真实的理论。统计数据和研究已经证实，一旦你相信自己的观点是正确的，就不难找到支持它的数据。在互联网上，争论双方的观点都很容易找到证据。一般来说，你不要因为别人提供了“证据”而认定对方的观点是正确的。相反，你要冷静下来，尽可能带着怀疑的态度去研究证据。你的第一个念头永远应当是寻找与自己最珍视的观点对立的证据。这才是真正的科学。

信念偏见。我坚信这个观点。它一定是真的。

我们会坚信那些能隐隐取悦自己的观点，但在内心深处，我们可能也会质疑其真实性，于是我们又努力向前一步，劝说自己以极大的热情接受它并大声驳斥前来挑战的人。我们告诉自己，为了捍卫它的真实性我付出了这么多努力，它怎么可能不是真的呢？这种偏见在我们与领导者的关系中体现得更加明显——如果他们用激烈的语言与手势、丰富的比喻与趣闻逸事以及强烈的信念来表达自己的观点，那么就表明他一定仔细研究了这个观点，才能如此肯定地表达出来。另一些人在表达上有细微的差别，他们的语气更犹豫，显得软弱和自我怀疑。他们可能在撒谎，或者我们是这样认为的。这种偏见使得我们容易受到推销员和煽动者的影响，他们把信念作为说服和欺骗的手段。他们知道大家喜欢消遣，于是便用戏剧性的效果来掩盖自己半真半假的话。

表象偏见。我理解和我打交道的这些人，他们就是我看到的样子。

我们看到的人并不是他们本来的样子，而是他们在我们眼中的样子。这些表象通常是具有误导性的。首先，人们身处社会环境中时会进行自我规训，以便表现出适当的状态，受到积极正面的评价。人们总是习惯做最高尚的事，表现出勤奋认真的样子。我们都是戴着面具面对现实的。其次，当我们看到他人某些或消极或积极的品质时（社交障碍、智力超高），很容易自动将其他积极或消极的品质合理化，这就是晕轮效应。长得好看的人通常值得信任，尤其是政治家。我们总认为成功人士道德高尚、一丝不苟、配得上他的财富和成就。然而，事实上很多领先于他人的人做过很多不道德的事，但他们巧妙地掩盖了这一点。

群体偏见。这是我自己的想法。我从不听别人的。我不是个循规蹈矩的人。

我们天生就是社会动物。孤立于群体会让人非常沮丧和害怕。当我们发现自己和他人的想法相同时，会得到巨大的宽慰。事实上，我们愿意接受的是那些能带给自己解脱感的想法和意见。对此我们毫无意识，而且想象这是完全依靠自己得出的想法。看看那些归属不同党派、秉承不同理念的人，即便没有人表达观点或施加明显的压力，其内部也会盛行某种正统观念。在自己的阵营中，偏左或偏右的人在多数问题上都会给出同样的答案，仿佛有人施过魔法一样。但很少有人会承认群体对自己的思维模式产生了影响。

指责偏见。我从经验和错误中吸取了教训。

人们需要对错误和失败做出解释。我们想要从中吸取教训，避免重复这样的经历。但事实上，我们不喜欢近距离观察自己的所作所为，人的内省力是有限的。我们最自然的反应是把责任推给他人、环境或一时的判断失误。造成这种偏见的原因是审视自己的错误实在太痛苦了。这会让我们对自身的优越感产生怀疑。它会戳穿我们的自尊心。经过这一过程，我们假装对自己做的事进行了反思。但随着时间的推移，快乐原则重新抬头，我们把归结于自己的那一小部分错误也忘掉了。欲望和情绪再次蒙蔽双眼，我们又一次犯错，再次经历不痛不痒的相互指责，然后忘掉，直到生命的尽头。如果人们真的能从经历中吸取教训，世界上便会少很多错误，职业道路也会越走越宽。

优越偏见。我与众不同。我比其他人更理性，更有道德感。

很少有人会对别人说出这样的话。因为它听起来相当傲慢。但在众多民意调查和研究当中，如果让人们与他人进行比较，经常会得到这类反馈。这就像是一种视觉上的错觉——我们似乎看不到自己的缺点和非理性，只能看到别人的错误。比如，我们都认为其他党派的人不是根据理性原则发言的，但我们这一边的人是基于理性做出判断的。在道德方面，很少有人会承认自己在工作中有欺骗或操纵的行为，我们取得的一切成绩都是因为聪明且善于制订策略。但对于他人的成功，我们很容易将其归因于马基雅维利式的操纵术。无论我们做什么事，带来怎样的结果，都可以自证清白。

我们总忍不住想象自己是理性的、体面的、道德高尚的。这些品质在文化中都是受到鼓励的部分。相反的品质则会有遭到强烈批判的风险。如果这一切是真的——人们就是理性且道德高尚的——那么世界一定是充满善意与和平的。但我们都知道，事实上，有些人或者说所有人都在自己欺骗自己。理性和道德品质需要通过有意识的努力才会变为现实。它们不是自然而然产生的。它们的形成需要一个过程。

第二步：当心膨胀因素

底层情绪不断影响着我们的思维，它源自我们自身的冲动，例如对愉悦和宽慰想法的渴望。而高层情绪是瞬间出现的，可以一下达到爆炸的程度，而且通常是由外界引起的，例如某个人或某件事引得我们发怒。唤起的程度越高，注意力就越会聚集过去。越是去思考情绪，情绪就越发强烈，引得我们更加关注它。只要思维陷入情绪之中，任何事都会让我们愤怒或激动起来。这样一来，我们就变得被动。由于无法承受这样激烈的状态，高层情绪往往会导致轻率的举动并带来毁灭性的后果。在这样的状态下我们会有被附身的感觉，仿佛是由处于边缘状态的自己把控了生活。

我们最好能意识到这些因素，这样才能阻止思维陷入其中，阻止自己做出后悔的行为。你同样可以意识到他人身上高层非理性的因素，要么让他不要影响自己，要么帮助对方回到现实中来。

童年早期的触发点。童年早期是我们最敏感、最脆弱的时期。随着时间的推移，我们与父母的关系会对自身造成很大的影响。可以说，早期所有具有重大影响力的经历都有这样的效果。这些脆弱和创伤深深埋藏在我们的头脑之中。如果它们碰巧是负面的，例如令人感到极度恐惧或耻辱，我们就会极力掩盖这些记忆。然而，如果它们是积极的情绪，是关于爱和关注的经历，我们就会不断想要重温。在此后的生活中，会有人或事件触发这些积极或消极的记忆，释放出与记忆相对应的强力化学物质或激素。

举个例子，一个年轻人有一个很疏离、自恋的母亲。在婴儿和儿童时期，母亲对他很冷漠，仿佛抛弃了他一样，被抛弃一定意味着他不值得爱。或是他有了新的兄弟姐妹，母亲给他的关注大大减少，导致他产生了被遗弃的感觉。在此后的生活中，在与人的关系中，也许会有某个女性暗示自己不喜欢他的某些特质或行为，这本是健康关系的一部分，但却变成了一个触发点——她看到了他的缺点。他会想，要在对方抛弃自己前抛弃对方。一种强烈的情感冲动涌上心头，他体会到了即将遭到背叛的感觉。他没有看到这一切的根源，这是他无法控制的。他过度反应、指责他人、胆怯退缩，这些都指向了他最恐惧的事——遭到抛弃。他的反应不是对外界的折射，而是对自己内心的折射。这就是非理性的作用。

想要在自己和他人身上识别出这样的非理性行为，可以关注那些突如其来的幼稚行为，那些看起来不符合本人性格的举动。各种关键情绪都有可能体现出这种非理性。也许它会表现为对失去控制和失败的恐惧。在这样的时刻，我们的反应是从此时此地逃离，像孩子一样缩成一个球。突如其来的疾病也会让人产生强烈的恐惧，使我们想要逃离现场。也许它会表现为爱——迫切地在当下寻找能够重现与父母或兄弟姐妹亲密关系的人，某个人的出现隐约让我们看到了那失落的天堂。也许它会表现为极度的怀疑，它起源于童年时代权威人物形象的崩塌，他令我们感到失望或是背叛了我们，通常是父亲的角色。这常常会导致突然的叛逆。

在这一点上，人最大的危险在于对当下产生误解，而对过去发生的事做出反应，我们制造出的冲突、失望和不信任感只会使伤口加深。在某些方面，我们总是重复着过去的经验。而唯一与之抗衡的武器是意识到它的存在。我们可以通过体验情绪识别这类触发点，这些情绪非常原始，比普通情绪更难以控制。它往往会伴随着难过落泪、极度忧郁或过度希望而来。受这些情绪蛊惑的人，往往会有异常的语气和肢体动作，仿佛瞬间回到了早年生活的某个瞬间。

在这样的情绪的剧烈影响之下，我们必须努力将自己从中疏导出来，寻找其源头——也许是幼年留下的伤痛——以及控制它的方法。这种对自己和自身脆弱的理解是走向理性的关键一步。

天降横财或飞来横祸。突如其来的成功是很危险的。从神经学的角度来说，大脑释放出化学物质，产生强烈的冲动和能量，使我们产生重复体验这段经历的欲望。它很可能会变为成瘾和狂躁行为的导火索。此外，天降横财会让我们忽视一条基本的智慧，也就是真正持久的成功必须靠努力获得。我们不会考虑运气在其中的作用。我们一次又一次尝试复制那种赢大钱和博眼球的快乐。膨胀感随之而来。我们对想要试着警告自己的人非常抗拒——他们不懂，我们这样告诉自己。但这样的情况无法持续，人不可避免地会从高峰跌落下来，这会变得异常痛苦，甚至会导致人陷入抑郁。尽管这种情况最常见于赌徒的身上，但同样适用于泡沫时期的商人以及突然获得公众关注的人。

意外的损失或接二连三的灾祸同样会造成不理性的反应。我们会认为自己被厄运诅咒且无法逃脱。人会变得畏首畏尾、犹豫不决，这往往会导致更多的错误和失败。在运动时，这种情况可能会诱发窒息，因为之前所有的损失和错误都压在心头，致使精神绷得太紧。

对此的解决方法很简单：无论是天降横财还是飞来横祸，都要退后一步，用一些必要的悲观主义或乐观主义进行平衡。要对突然的成功和关注度保持警惕，它们并不是建立在持久的东西之上，而是一种引人上瘾的东西。从高峰跌落永远是痛苦的。

压力上升。在你周围的人通常看起来都很理智，能够控制自己的生活。但如果让他们身处于紧张的环境之中，随着压力的增加，你会看到一副不同的模样。自我控制的平静面具脱落了。他们会勃然大怒，显出偏执的样子，变得非常敏感，而且小题大做。在压力和威胁之下，大脑会唤醒最原始的区位，以压倒性的优势排挤推理的能力。事实上，压力或紧张情绪会揭示人们小心隐藏起来的缺点。此时正是观察他人的好时机，可以看到他们真实的性格。

无论何时，当你注意到生活中压力水平上升时，一定要多留意。观察自己异常的脆弱或敏感迹象，是否突然变得多疑，产生与环境无关的恐惧感。要尽可能以超脱的方式观察自己，找到独处的时间和空间。你需要有洞察力。千万不要自认为能不断承受压力且保持情绪稳定，这是不可能的。但是通过自我察觉与反思，你可以阻止自己做出后悔的决定。

个体膨胀。世上有人天生善于触发周围人身上的强烈情绪。其中包括爱、仇恨、自信与怀疑。历史上有名的例子包括《圣经》中的大卫王、古雅典的亚西比德、古罗马的恺撒大帝、法国大革命时期的乔治·雅克·丹东，还有比尔·克林顿。这类人自身很有魅力——他们能十分生动地表达自己感受到的情绪，这必然会激起他人的情绪。但他们中同样有相当自恋的人，把自己内心的丰富感受和烦恼投射到外界，使他人陷入混乱之中。这导致一部分人被他们深深吸引，而另一部分人强烈排斥。

识别这样具有煽动性特征的人，最好的方式不是局限于自身，而是看看他们是如何影响其他人的。没有人可以对他们无动于衷。人们发现自己没办法和这些人讲道理，也很难和他们保持距离。即便不在这些人周围，也会不自觉地想起他们。这些人有一种令人挥之不去的特质，把人引向极端的行为，或是成为忠实的追随者，或是成为顽固的敌人。无论是受到吸引还是心有排斥，人往往都是不理性的，迫切需要将自己抽离开来。看穿他们制造出来的幻象就是一种很好的应对方法。他们总会将自己塑造成比普通人更伟大、更具神性的令人畏惧的样子，但实际上他们都是人，有着和我们相同的不安和弱点。试着去辨认这些人性的特点，将他们去神化。

群体效应。这是群体偏见的高级变体。当我们身处在一个大群体之中时，会变得与平时不同。在体育赛事、音乐会、宗教集会或政治集会中，要留心自己和其他人的状态。人一定会受到群体情感的影响。你的心跳会加快，更容易流出快乐或悲伤的泪水。身处群体之中的人很难保持独立思考的能力，而是会产生强烈的归属欲望。这种情况同样会发生在工作环境之中，尤其是领导者会利用情绪激发人们竞争、侵略的欲望或创造出“我们对抗他们”的效应。群体效应不一定需要他人在场。它可以以病毒传播的形式出现，比如某些社交媒体上传播的言论，诱导我们燃起分享它们的欲望——一般是愤怒这类比较强烈的情绪。群体情绪也有比较积极奋进的一面。它是我们能够团结起来为集体利益出力的原因。但如果你注意到其中邪恶的情绪，比如对他人的仇恨、狂热的爱国主义、侵略性或一刀切的世界观，就要提醒自己，看清这股裹挟你的力量。一般来说，为了保持自己的理性，最好能避开群体环境，如果身在其中就要保持高度的警惕。

要留意那些利用群体效应挑动非理性的煽动者。他们的手法总是相似的。在群体中，他们首先会进行暖场，讨论那些大家都认可的想法和价值观，使人体验到一种愉快的一致性。他们使用的词语空洞含糊，却又包含了大量的情感因素，例如正义、真相或爱国主义。他们讨论的都是抽象、崇高的目标，而非具体解决问题的行动。

政治或媒体中的煽动者总是不断激发人们的恐惧感、紧迫感和愤怒情绪。他们必须保持高度的情绪化。而你的防御措施也很简单：动用理性的力量和自我思考的能力，这是你最珍贵的财富。对任何干扰你独立思考的形式都要心怀警觉。如果你觉得自己遇到了煽动者，更要加倍警惕，仔细分析。

关于人性中的非理性因素还有最后一点：不要认为极端的非理性已经在进化与启蒙的过程中消失了。历史就是非理性起起落落不断循环的过程。伯里克利伟大的黄金时代诞生了哲学家与科学精神的萌芽，随之而来的便是迷信、邪教和狭隘的时代。同样的情况也出现在了意大利文艺复兴之后。这个循环总是一次又一次地出现，这是人性的一部分。

非理性只是改变了自己外在的模样，顺应了当下的趋势。也许我们不会再看到文字狱之类的迫害，但在刚刚过去的二十世纪，我们目睹了麦卡锡在美国参议院的听证会。个人崇拜、名人崇拜，各种各样的邪教层出不穷。当下，科技激发了人们的宗教热情。如果人迫切想要相信某些东西，就一定能找到它。民意调查显示，在二十一世纪，越来越多的人相信鬼怪、灵魂、天使是存在的。

只要人类尚存，非理性就会找到发声和传播的方式。理性是个人努力获得的东西，而不是大规模运动或技术进步的产物。如果自我感觉异常良好，那便是非理性在作祟。

第三步：实现理性自我的方法

尽管我们有明显的非理性倾向，仍有两个因素给我们带来了希望。

首先，历史上和所有文化中都存在高度理性的人，他们使进步成为可能。他们给所有追求理性目标的人树立了榜样。这些人包括伯里克利、古印度的统治者阿育王、古罗马的马可·奥勒留、中世纪法国的玛格丽特·德·瓦卢瓦、达·芬奇、查尔斯·达尔文、亚伯拉罕·林肯、作家安东·契诃夫、人类学家玛格丽特·米德、商人沃伦·巴菲特。这类人都有一种共同的品质——对自己和自己的弱点有客观的认识，热爱真理与现实，对他人宽容，拥有达成自己目标的能力。

其次，在我们生活的某个时刻，所有人都有过理性的时刻。它往往伴随着我们所称的创造者心态。遇到项目要完成，最后期限要赶工，我们仅有的情绪就是兴奋与振作。其他情绪没办法让人集中注意力。由于想要得到某种结果，我们会变得特别实际。专注工作，心态平静，自我不会受到打扰。如果有人想要打断或影响我们的情绪，我们会产生厌烦感。这样的时刻——也许是几个星期，也许是几个小时——展现出了我们潜在的理性自我。要有意识地发掘它并加以练习。

以下方法旨在帮助你发掘内在的伯里克利或雅典娜。

彻底了解你自己。情绪自我因不自知而愈演愈烈。当你意识到它是如何运作并支配你的时候，它就失去了对你的控制，变得可被驯服。因此，走向理性的第一步是内在因素。你要在行动中控制住情绪自我。为此，你需要思考如何在压力下工作。在此时，你会有怎样的弱点，是想要讨好别人、欺负别人、控制别人的欲望，还是有更深层次的不信任感？观察自己做出的决定，尤其是那些不大奏效的决定，你能否观察到某种套路，某种潜在的不安对自己产生了影响？审视自己的长处，究竟是什么让你与众不同？这会帮助你决定哪些目标符合自己的长远利益，并且与能力相符。了解并珍视自己的与众不同之处，也能够帮助你抵御群体偏见。

审视自己的情绪根源。你生气了。先让这种情绪平静下来，然后思考原因。它是不是由某些微不足道的琐事触发的？一定是某件事或某个人是始作俑者。但背后也许还有更令人不舒服的源头情绪，比如嫉妒和偏执。要接受这一现实，挖掘导火索下方的根源。为了达到这样的目的，你可以以异常冷静的态度用日记本来记录对自己的评价。此时最大的敌人是你的自我，它令你不自觉地对自己抱有幻想。放任自我会令当下的你感到宽慰，但从长远来看，只会让你变得充满防御性，无法学习和进步。找到一个中立的位置，以疏离甚至带点儿幽默感的态度观察自己的行为。很快它就会变成你的第二天性，当有一天“情绪自我”突然出现的时候，你会注意到并后退一步，找到那个中立的位置。

增加自己的反应时间。这种能力来源于练习与重复。在遇到某些事需要做出回应的时候，你需要学会退后一步。也就是说你可以选择将身体移动到一个可以独处、不会感到回应压力的地方；也可以写完一封愤怒的邮件，但不发送它；也可以将事情搁置一两天。不要在自己突然情绪化，尤其是身处怨恨情绪的时候打电话或与人交流。如果你急着想给他人承诺，想要雇用对方或是前去应聘，最好能退后一步，给自己一天时间，让情绪冷静下来。你能忍耐的时间越长越好，洞察力是伴随着时间而来的。可以把它当作一种抵抗训练——抵抗的时间越长，实际在反思的心理空间就越大，思维也会变得越强大。

正确认识对方。与人交流是情绪混乱的主要原因，但事实并不完全如此。原因在于我们总是评判别人，把他们幻想成别的模样。我们想要改变别人，希望他们以某种方式思考行动，尤其是与自己的思考行动方式相符。但这是不可能的，因为每个人都是不同的，我们只能不断地产生沮丧感。不要把人神化，人就跟彗星或植物一样是中性的。他们只是存在而已。生活之所以丰富多彩，是因为人是多种多样的。与不同的人共处，不要抗拒或试图改变对方。把了解对方变成一个有趣的解谜游戏。它是人间喜剧的组成部分。是的，人是不理性的，但你也是不理性的。让自己尽可能接受人性的存在。它会使你平静下来，帮助你更冷静地观察他人，更深层次地理解他人。不要把自己的情绪投射到他人身上。这些都能带给你更多的平衡感、平静的情绪以及更多的思考空间。

对于我们身边那些让人做噩梦的人——比如愤怒的自恋者、被动攻击者和其他情绪消极的人。他们是对理性的持续考验。看看俄国作家安东·契诃夫，他可谓有史以来最为理性的人之一，可以作为这方面的典范。他庞大的家庭十分贫穷，父亲是个酒鬼，狠心地抽打所有孩子，其中也包括小契诃夫。契诃夫后来成了一名医生并以写作为副业。他把自己身为医生接受的训练运用到人类身上，目标是想要了解为什么我们如此不理智、不快乐、危险。在他的故事和戏剧中，他发现进入自己的角色内部观察，即便是最可恶的角色，也有极大的自我疗愈作用。通过这样的方式，他可以原谅任何人，甚至是自己的父亲。对这些角色，他的方法是假设无论他们变成什么样，都有符合自己逻辑的缘由。他们用自己的方式追求成就感，但方式并不理性。退后一步，从内部观察他们的生活，契诃夫将野蛮人和侵略者解体，让他们变回了人类的样子。他们不再招致仇恨，而是使人深感怜悯。即便是面对最糟糕的人，你也要像个作家一样与接近你的人交往。

找到思考与情感的最佳平衡点。我们无法把情绪从思考中分离出来。二者是完全交织在一起的。但难免也有主导因素，有些人比其他人更容易受情绪支配。我们要寻找的是适当的比例和平衡点，这样才能做出最有效的行动。对此古希腊人有个形象的比喻：骑手与马。

马指的是我们的情感本能，促使我们不断移动。这匹马有着巨大的能量，但只有骑手才能引导它；马野性难驯，受制于捕食者，总是惹麻烦。骑手指的是我们的思维自我。通过训练，他握紧缰绳引导着马，将强大的动物能量转化为有效的行为。二者相互依存，缺一不可。没有骑手就没有前进的方向和目标。没有马就没有能量。在大多数人看来，马是主宰，骑手没什么力量。对有些人来说，骑手太强悍，缰绳握得太紧，马只偶尔才敢奔跑。马和骑手需要一起工作。这意味着我们要事先考虑自己的行动，在做出决定之前，尽可能多地思考可能发生的情况。而一旦决定了，我们便放松缰绳，鼓起勇气冒险行动。我们不是这股能量的奴隶，而是引导者。这就是理性的本质。

用理想状态举一个现实中的例子，我们可以在怀疑（骑手）和好奇（马）之间寻找完美的平衡点。在这样的模式下，你对自己与他人的热情都持有怀疑的态度。你不接受人们的解释和他们拿出的“证据”。你看的是他们行动的结果，而不是他们口中的动机。但如果在这一点上做得太过火，你的头脑就会封闭起来，不让自己产生任何疯狂的想法，不去做任何兴奋的猜测，不让自己产生好奇心。我们要保留幼时的精神弹性，对一切事物充满兴趣，同时又要保留自己对想法和观念进行验证和审视的硬要求。二者是可以共存的。所有天才都拥有这样的平衡力。

热爱理性。不要把通往理性的道路想得那么痛苦，认为它是某种禁欲之路。实际上，它可以带来巨大的力量和欢愉感，比世界上其他事带给我们的狂热快乐更为长久。在生活中我们能感受到这一点，当你沉浸在某件事中时，时光会在不知不觉中流逝，当你在工作中取得进步，有了新发现时，会感受到阵阵的兴奋感。同时还有别样的乐趣。驯服情绪自我会令你整个人变得平静，思维清晰起来。在这样的心态下，琐碎的冲突和思虑便不会将你吞噬，你的行动更加有效，混乱情况也会减少。在内心深处，你会为能够掌控自己而获得巨大的满足感。你会有更多的思维空间来进行创造，会感到更有控制感。

了解了这些，会促使你激发这种力量。从这层意义上讲，你正在追随伯里克利的脚步。他设想的雅典娜女神拥有实践理性的所有力量。他崇拜爱戴这位女神，胜过一切。也许我们无法再以崇拜神祇的方式崇拜女神，但我们可以在更深层次上欣赏那些在自己的世界里倡导理性的人，尽可能将他们的力量内化。

“相信你的感觉！”但感觉既不是终点，也不是起点；在感觉的背后还有我们以倾向、厌恶等形式继承下来的判断和评价。……由感觉衍生而出的灵感在判断面前不值一提，而且往往是错误的！无论如何都称不上是自己的作品。相信自己的感觉，意味着屈从于自己的祖父、祖母和他们的祖父母，而不是我们自己的神灵：我们自己的理性和经验。

——弗里德里希·尼采

第二章

将自爱转化为同理心：自恋法则

我们天生拥有与人交往和获得社会力量的最有效工具——同理心。如果培养使用得当，它能帮助我们体恤他人的情绪和心情，让我们有能力预测人的行动，温和地降低对方的对抗性。然而，这种工具却被我们习惯性地自我吸收钝化了。我们都是自恋的人，有些人比其他人更加自恋。我们的使命就是接受这种自恋并学会将这份敏感性从内在转向外在，转向他人。同时，我们需要提早识别周围的自恋狂，以免被他们的把戏蛊惑或被他们的嫉妒毒害。

自恋的光谱

从出生那一刻起，人类就对注意力有着永无止境的渴望。我们本质上是社会动物，生存和幸福有赖于与他人形成的纽带。如果无法获得关注，我们就不能在任何层面上与他们产生联系。有些需求纯粹是外在的——必须让别人看到自己，这样才能感觉自己还活着。经历了长期隔离的人可以证明，如果没有眼神接触，我们会开始怀疑自己的存在并陷入深深的抑郁。但这种需求也可以是内心层面的：通过他人对我们的关注程度，可以感知到对方对我们的认可和欣赏。自我的价值感正来源于此。这一点对人类这种动物非常重要，人们会为了获得关注做任何事，甚至包括犯罪或企图自杀。回顾这些行为，会发现这种需求是主要动机。

然而，为了满足对注意力的渴望，我们面临着一个不可避免的问题：注意力总量就这么多。在家庭中，我们需要和兄弟姐妹竞争；在学校里，要和同学竞争；在工作中，要和同事竞争。我们感到自己被认可和欣赏的时光转瞬即逝。他人可以对我们的命运漠不关心，毕竟他们还有自己的需求要处理。甚至有些人会对我们充满敌意和蔑视。当我们内心感到孤独，甚至感到被人抛弃时，应当如何处理？我们可以加倍努力来吸引注意力，但这会耗尽我们的精力，而且往往会产生相反的效果——那些做得过头的人看起来很绝望，反而将自己渴望的关注消耗殆尽。我们不能指望他人给予自己持续的认可，但我们确实需要它。

从幼儿时期起，我们就面对着这样的困境，很多人有一套非常有效的解决方案：创造一个自我，一个让自己感到安慰、从心底里感到被认可的形象。这个自我是由我们的品位、观点、看待世界的方式和价值观汇聚而成的。在构建这样的自我的过程中，我们喜欢强调自己优秀的品质，掩盖自己的缺点。但这一步不能做得太过火，否则自我形象脱离现实，他人会让我们看到其间的差距，反而会让人产生自我怀疑。但如果我们做得比较恰当，最终就会诞生一个承载着爱和珍惜之情的自我。我们的能量转向内部。我们成了注意力的中心。不可避免的孤独感袭来或感到自己不被欣赏的时候，我们可以退回到这个自我中安抚自己。如果感到怀疑和沮丧，这份自爱会将我们托起来，感受到自己的价值，甚至产生优越感。这样的自我形象就像一个恒温器，帮助人们调节疑虑和不安。我们不再完全依赖来自他人的关注和认可。我们获得了自尊。

这个观点可能看起来有些奇怪。我们一般认为自我形象是自然而然产生的，就像呼吸的空气一样。它基本是在无意识的基础上运作的。我们感受不到也看不到恒温器的运行。想要观察到这种动态过程，最好的方法就是观察那些缺乏连贯自我意识的人，我们称之为深度自恋者。

在构建可持续、能自爱的自我的过程中，关键时期是两岁到五岁之间。我们渐渐与母亲分离开，面对的是一个无法即刻获得满足感的世界。此时我们意识到自己是孤独的，只有依赖父母才能生存。于是我们的解决方法是找到父母身上最优秀的品质——比如他们的力量、抚慰我们的能力，将这些品质融进自己身上。如果父母在我们最初尝试独立的时候给予鼓励，如果他们承认我们需要变得强大，认可我们独特的品质，那么我们的自我形象便会扎根并慢慢在此基础上发展。深度自恋者在早期的发展中出现了巨大的裂痕，所以他们无法构建起连贯而真实的自我感受。

他们的母亲（或父亲）可能就是深度自恋者，他们过于自恋，不愿意承认孩子的存在，也无法鼓励孩子做出最初的努力。或者父母紧紧将孩子缠绕起来，过度介入孩子的生活，用注意力扼杀孩子，将其与他人隔离开并通过孩子的进步证明自己的价值。他们没有给孩子建立自我的空间，几乎所有深度自恋者的背后都会找到抛弃和缠绕的迹象。结果是他们没有可以退缩回来的自我，没有自尊的基础，完全依赖他人给予的关注，只有这样他们才感觉自己活着且有价值。

在童年时期，如果这种自恋者是外向型的人，可以很好地融入群体，甚至能茁壮成长。他们是吸引和垄断注意力的大师。他们可以表现得活泼又兴奋。在孩子身上，这样的品质似乎是未来取得社会成功的标志。但在外表之下，他们危险地沉迷于获取他人的注意力，使自己获得完整感和价值感。如果这类人是内向型，他们会退回到幻想的生活中，想象出一个比他人优秀很多的自己。由于这种自我形象太不现实，他们不会从别人那里得到验证，便会产生强烈的怀疑和自我厌恶。他们要么是神，要么是虫子。由于缺乏起到关联作用的核心，他们可以把自己想象成任何一个人，于是幻想会随着他们尝试新的人格而不断变化。

深度自恋者的噩梦一般会出现在二三十岁的时候。他们没有发展出内在的恒温器，也没有具有凝聚力的自爱可以依赖。外向型的人必须不断吸引他人注意才能获得活力与赞赏。他们变得更戏剧化、好出风头、行为浮夸。这样可能会让人厌烦，甚至让人觉得可怜。他们必须不断变换朋友和场景，这样才能有新的观众。内向型的人会更深地陷入幻想之中。由于在社交上笨拙又散发着优越感，往往会疏远他人，加重自己的孤独感。在这两种情况下，毒品、酒精和其他致瘾的东西都会成为必要的辅助品，在不可避免地遇到自我怀疑和抑郁的时刻用以安抚自己。

你可以通过以下方式来辨识深度自恋者：在受到侮辱或挑战的时候，他们不会防御，无法安抚内心或证明自己的价值。他们一般会大发雷霆，渴望报复，充满正义感。这是他们平息不安的唯一方法。在这样的斗争中，他们会把自己定义为受迫害的一方，迷惑他人，甚至博取同情。他们很挑剔且过于敏感。几乎对任何事都耿耿于怀。他们可能变得相当偏执，在各个方面都有针对自己的敌人。当你谈论某些事的时候，可以在他们脸上看到不耐烦或冷漠的表情，因为这些事和他们没有关系。他们会立刻把话题转移到自己身上，用故事和逸事转移自己对不安的注意。如果他们看到别人赢得了相应的关注，会产生恶意的嫉妒。他们经常表现出极度的自信，这有助于获得关注，而且巧妙地掩盖了他们内心的空虚和支离破碎的自我意识。但要小心这种信心是否真的经得起考验。

在生活中与他人产生关联的时候，深度自恋者组织出一种令人很难理解的不寻常的关系。他们倾向于把别人看作自己的延伸，也就是所谓自我客体。人的存在就是为了汲取关注，获得验证。他们的愿望是控制他人，就像控制自己的胳膊和腿一样。在一段亲密关系中，他们会让伴侣渐渐切断与朋友的联系——绝不能跟自己争夺注意力。

一些才华横溢的深度自恋者能通过工作找到救赎，引导输出自己的能量，通过成就获得自己渴望的关注，但这往往很不稳定。然而，对大多数深度自恋者来说，集中精力工作是很困难的。由于缺乏自尊心恒温器，他们总是在担心别人对自己的看法。这使人很难长时间集中注意力，也很难处理工作带来的不耐烦和焦虑感。这类人往往会频繁换工作。这成了导致失败的最后一击，由于无法通过成就获得真正的认可，他们再次回到刺激他人以获得关注的轨道上。

深度自恋者可能会让人感到厌烦、沮丧，如果和他们走得太近，很容易受到伤害。我们会陷入无止境的戏剧性情绪之中，如果没有持续关注他们，又会感到内疚。与他们构建亲密关系也无法给人带来满足感，他们对恋人或配偶的影响相当严重。最后，一切都必须围绕着他们旋转。在这种情况下，最好一旦识别出对方是深度自恋者，就立刻远离他们。

这种类型的人还有一种更加危险、有害的变体，他们获得某种层面的权力后，成为自恋型领导者。（这种类型的人已经存在了很长时间。在《圣经》中，押沙龙也许是有记载以来的首例。我们还在古代文学中有其他的发现，比如亚西比德、西塞罗、罗马皇帝尼禄等。）几乎所有独裁者和专制的总裁都属于这一类型。他们比一般的深度自恋者拥有更多的野心，并且可以在一段时间内将这种动力投入到工作当中。由于充满了自恋的自信，他们可以吸引很多的注意力和追随者。他们敢说别人不敢说的话，做别人不敢做的事，这些看起来似乎很令人敬佩，活得十分坦荡。他们也许对某些创新的东西很有远见，由于散发着这样的自信心，他们可以找到其他人帮助自己实现愿景。他们是用人的高手。

如果他们获得了成功，会形成一种可怕的势头——更多人被他们的领导力所吸引，助长他们浮夸的倾向。但凡有人想要发起挑战，他们会比其他人更容易陷入深度自恋的暴怒之中。这类人高度敏感。他们会不断挑起激动的情绪来为自己的权力辩护——只有他们才能解决自己提出来的问题。这也让他们有更多的机会成为关注的焦点。在这样的导向下，工作场所永远都不会稳定。

有些人会成为企业家，用自己的魅力吸引有能力的追随者，进而创立一家公司。他们也拥有创造性的天赋。但对这类领导者来说，内心的不稳定和混乱最终会反映到他们领导的公司或团体中。他们无法建立通畅的组织结构。一切都必须通过他们进行。所有人都要为他一人所掌控，都是他的自我客体。他们会称这是一种真实而自然的美德，而实际上他们缺乏专注的能力，也缺乏扎实的创造能力。

他们倾向于毁掉自己创造的所有东西。

让我们把自恋想象成一种衡量自我关注程度的工具，像是有数值高低一样。到达一定深度，比方说在量尺上处于一半以下的位置，人就进入了深度自恋的领域。一旦到达这个深度，就很难再把自己拔出来，因为他们缺乏自尊。深度自恋者会完全自我陶醉，而且总是徘徊在量尺下面的位置。如果与他人接触，遇到某些触发不安的言语或行为，还会继续直线下坠。大多数情况下，随着时间的推移，他们会越陷越深。其他人都变成了工具。现实只是他们需求的反映。不断博取关注才是唯一的生存之道。

处于量尺上半部分的人，我们称之为功能性自恋者，大部分人都属于这一范畴。我们也是自恋的，但阻止我们下坠的是一种具有连贯性的自我意识，可依赖且能够理解什么是爱。（讽刺的是，自恋这个词已经演变成了自爱的意思，而实际上最严重的自恋者没有能凝聚自我的爱，这才是他们问题的根源。）这样就会产生一些内在的弹性。我们也会有自恋的时刻，波动在中位之下，特别是生活中感到沮丧或受到挑战的时刻，但最终还是会把自己拉升起来。我们不会有持续的不安，不需要时时刻刻的关注，功能性自恋者可以把注意力转向外界，转向工作，转向与他人建立联系。

对学习、研究人性的我们来说，最重要的是三件事。

第一，我们必须充分理解深度自恋者现象。虽然他们属于少数群体，但其中一些人可能会对世界造成伤害。我们需要将那些挑动夸张情绪的有毒类型和试图利用我们实现其目的的类型区分出来。他们会用自己特殊的能量吸引我们，但如果我们陷入其中，它便会成为一个噩梦。他们是反败为胜的高手，会让他人感到非常内疚。自恋型的领导是最危险的，我们必须抵制他们的牵引力，看穿他们的创造力背后的东西。懂得如何与生活中的深度自恋者相处，对我们所有人来说都是一门艺术。

第二，我们必须诚实地面对自己的本性，而不是否认它。我们都是自恋者。在谈话中，人人都在喋喋不休地谈论、讲述自己的故事，给出自己的观点。我们喜欢和自己想法相同的人，这是我们拥有良好品位的证据。如果碰巧我们很自信，则会将自信看作积极的品质，因为它是属于我们的，而其他更谨慎的人则将它视为消极的品质，是需要反思的。我们都容易因为自爱而受人奉承。那些想把自己撇清，谴责当今世界上自恋者的道德评判家往往是最大的自恋者——他们喜欢自己指手画脚说教的样子。我们都在自恋的光谱上。创造出一个可以爱的自我，是一个健康的发展过程，不应对其抱有任何偏见。如果没有发展出内在的自尊，我们会陷入深深的自恋之中。但我们的目标应当是超越功能性自恋，我们必须先诚实地面对自己。如果否认自恋的本性，假装自己比别人更无私，这才会阻碍改变自己的脚步。

第三，也是最重要的一点，我们需要转变为健康的自恋者。这样的人拥有更强大、更有韧性的自我意识。他们徘徊在量尺的顶端。从任何创伤或侮辱中都能很快恢复。他们不需要从他人那里得到多少认可。在人生的某个阶段，他们会意识到自己的局限性和缺陷并报以一笑，而不会将别人的轻视放在心上。在很多方面，通过拥抱完整的自己，会使自爱更加真实完整。在强大的内在基础之上，他们可以更经常、更容易地把注意力转向外在。这份注意力可以选择一个方向发展，有时也会向两个方向发展。他们能将自己的注意力与爱引导到工作之中，成为伟大的艺术家、创造者和发明家。由于对工作的专注度更高，他们往往会取得事业上的成功，获得相应的关注和认可。他们也会有怀疑和不安的时刻，艺术家就相当脆弱，但工作会让他们从自我沉迷中解脱出来。

健康的自恋者还有另一个发展方向，那就是朝向他人，发展移情能力。把同理心置于量尺最顶端甚至超出其外——完全超越了自恋。从本性来说，人类具有从内到外理解他人的巨大能力。在人生最初的几年，我们和母亲是融为一体的，我们能感受到她的每一种情绪，无需语言就能读懂她每一个表情。与其他动物不同，我们有能力将这种能力扩展到母亲之外的其他照护者以及我们周围的人身上。

直到今天，我们仍会跟最亲密的朋友、配偶、伴侣产生这样身体层面的情感沟通。我们还有一种天然的能力，能够从他人的角度思考，以我们的方式去思考他们的观点。这种力量很大程度上会因为自我沉迷而处于休眠状态。但当人到了二十多岁，会对自己更加自信，能够开始向外关注他人，重新发现这种力量。实践同理心的人，往往会在艺术或科学领域成为优秀的社会观察家、治疗师和最高级别的领导者。

如今比以往任何时候都更需要培养这样的同理心。各种研究表明，自二十世纪七十年代以来，年轻人的自恋水平在逐渐提高，二〇〇〇年以后更是迎来峰值。其中很大一部分可以归因于科技和互联网。人们在社交活动上花费的时间减少，在网络社交上花费的时间增多，这使得培养同理心、提高社交技巧变得越来越困难。像任何技能一样，同理心也需要有质量的关注才能实现。如果你的注意力总是不断被看智能手机的需求打断，就永远无法真正站在别人的角度感受或看问题。你会不断被拉扯回自我之中，在社交的外层犹豫不决，无法真正参与其中。即使在人群中，你仍然是孤独的。你把他人当成了工具——不是为了与之建立关系，而是为了消除你的不安。

我们的大脑结构是为了持续的社会互动而生的；这种互动的复杂性是提高物种智力的重要因素之一。在某种程度上，减少与他人在一起的时间会对大脑本身产生负面影响，从而使我们的社会肌肉萎缩。更糟糕的是，我们的文化倾向于强调个人权利和个人的最高价值，鼓励自我的发展。我们发现越来越多的人无法想象别人有不同的看法，无法想象我们的愿望和想法竟然都不完全相同。

你必须与这些情况相抗衡，发展出自己共鸣的能量。光谱的每一面都有其发展的特殊机制。深度自恋往往会让你陷得越来越深，因为与现实的联系不断减少，就无法真正发展出工作关系和人际关系。同理心的发展则恰恰相反。当你越来越多地将注意力转向外部的时候，会不断得到积极的反馈。人们更想待在你身边。你锻炼了自己的同理心，工作得到了改善，没有太费心力就获得了众人的关注。同理心创造了一种向上的、积极的动力。

以下是同理心的四个组成部分。

同理心意愿。同理心更像是一种心态，一种与人相处的不同方式。你面临的最大挑战是认为自己很了解对方并迅速对其进行判断和分类。而实际上你需要承认自己是无知的，而且带有自然的偏见，这会让你错误地评判别人。身边的人会展示出一张符合他们用途的面具。而你将面具误认为现实。不要粗暴地做出判定。敞开心扉，用新的眼光看待他人。每个人并不相似，也并非与你有同样的价值观。每个人都像是未被发现的国家，相遇会产生非常特殊的心理化学反应，值得细心探索。你会为自己发现的东西感到惊喜。这种灵活、开放的精神与创造性的能量类似——愿意考虑更多的可能性。事实上，发展同理心会提高你的创造力。

想要开始这样的态度转变，最好的方法就是改变对日常无聊谈话的态度。试着扭转自己自然而然地讲话和发表意见的冲动，倾听对方的观点。你对这个方向有极大的好奇心。尽可能把自己内心的独白全部剪掉。把注意力全部放在对方身上。此时最重要的是你倾听的质量，在对话的过程中根据对方说出的话以及弦外之音做出反应。这会产生巨大的吸引力。

作为这种意愿的延伸，你也需要像宽容自己一样宽容他人。比如，我们都倾向于把自己犯的错误归因于环境。但当别人犯错时，我们却倾向于将其归因于对方的性格缺陷，归因于不完美的个性。这就是归因偏差。你必须克制这种想法。同理心的意愿使你首先要考虑致使对方做出此等举动的环境因素，把对自己的包容推及他人。

最后一点，能否秉持这样的意愿取决于你自爱的质量。如果你觉得自己比别人优越或是笼罩在不安之中，对周围人的同情和关爱就会很浅薄。你需要全然接受自己的性格，包括自己的缺点，你可以看得很清楚，甚至可以对其表达接纳和肯定。你并不完美。你不是天使。你和他人有着同样的天性。有了这样的态度，你可以嘲笑自己，让轻蔑感不断冲刷自己。有了坚实的内在力量和韧性，你可以更容易地引导自己的注意力向外发展。

同理心共鸣。同理心是调和情绪的工具。我们很难读懂他人的想法，但感受情绪就容易多了。我们都会捕捉他人的情绪。我们彼此之间的物理界限比我们想象中的要模糊得多。人们总是不断对我们的情绪产生影响。你要做的就是把这种生理反应转化为信息。认真观察人们的情绪，这一点可以从肢体语言和语气中看出来。当他们说话的时候，语气与内容有时相符，有时不相符。语气可以表达出自信、不安、防御、傲慢、沮丧或欣喜。而反映在肢体上则是声音、手势和姿态。每次打交道的时候，要在他们开口之前发现这些信息。它们会作用在你的身上，由身体做出反应。如果对方是防御性的语气，你也会产生类似的反应。

我们需要弄清一个关键因素，也就是人们的意图。任何意图背后、任何话语之外几乎都有一种情绪作为支撑，你会根据他们想要的东西和目标进行自我调整，只要留心，这些都会反映在自己身上。例如，某个认识的人突然对你的生活表现出不同寻常的兴趣，以从未有过的兴致关注你。也许对方是真的想和你交朋友，也可能是为了让你分心，是软化且利用你达到目的的手段。与其关注对方说了什么，表现出激动兴奋的感觉，不如感受一下自己接收到的整体情绪。对方真的在认真听你说话吗？他们和你是否有持续的眼神交流？你有没有觉得他们虽然在听你说话，但其实还沉浸在自己的世界里？如果对方是突然对你产生兴趣的，而且似乎并不靠谱，他们很可能是想向你提出一些要求，以某种方式利用和操纵你。

同理心很大程度上源于镜像神经元——看到某人做某件事，比如捡起某个东西，就好像我们自己也在做一样。这样我们就可以站在别人的角度上感受。研究再次证明，在同理心测试中得分高的人通常有很强的模仿能力。当人在痛苦中微笑或啜泣时，他们会不自觉地模仿这种表情，体会对方的感受。当人在微笑、心情很好的时候，往往也会对我们产生传染性。我们可以有意识地利用这种力量体会对方的情绪，通过模仿对方的面部表情或以类似经历的记忆来唤起情绪。在亚历克斯·哈里开始写《根》之前，他跑到黑漆漆的船舱内部，重现奴隶们经历的幽闭恐惧环境。情感产生的内在联系让他在自己的作品中代入了他们的世界。

作为连带效果，对人进行镜像模仿会引起他们的共鸣反应。反应可能是身体层面上的，我们称之为变色龙效应。在交谈的过程中，在身体和情感上相互连接的人往往会模仿对方的姿势，比如双腿交叉。某种程度上，你可以通过模仿对方来有意识地达到这一效果。同样，在对方说话时点头微笑也会加深双方的联系。你甚至可以接近对方的精神世界，被他们深深吸引并将这种状态反映给对方。你创造出了一种融洽的感觉。人们在日常生活中总是暗暗渴望这种情感的融洽，因为很少能获得这样的感受。它具有催眠的效果，会成为一面镜子，吸引对方的自恋情绪。

在实践同理心的过程中，记得注意保持一定距离。你不能完全沉浸在另一个人的情绪中。这会让人很难思考听到的东西，还可能导致失控，这是很不健康的。此外，如果做得太过头也会产生令人毛骨悚然的效果。在适当的时刻点头、微笑，镜像动作应当是微妙的，几乎让人无法察觉。

同理心分析。我们之所以能理解自己的朋友或伴侣，主要是因为拥有很多关于他们的喜好、价值观和家庭背景的信息。大家都有过这样的经历，我们自认为了解某个人，但随着时间的推移，我们得到了更多的信息，就不得不调整对他们最初的印象。因此，即便身体层面的同理心作用非常强大，我们也要辅之以同理心分析。对于那些我们抵触或难以认同的人，这样做是很有帮助的——要么是因为对方与我们截然不同，要么是因为他们的某些特质令我们感到排斥。在这种情况下，我们自然而然地会做出判断，将他们归类。对有些人不必努力去理解——那些无可救药的傻瓜和真正的精神病患者。但对于大多数难以理解的人，我们应该将其看作一种极好的挑战，是提高我们水平的一种方式。正如亚伯拉罕·林肯所言："我不喜欢那个人。但我必须更了解他。"

同理心分析大部分发生在交谈和收集信息的时候，让你能进入对方的精神世界。某些信息会显得格外有价值。例如，你想了解对方的价值观，这大部分是在早年间形成的。人们基于与父母之间的关系，构建起自己心中关于坚强、敏感、慷慨和软弱的定义。女人看到男人哭泣，认为这是敏感的表现并受其吸引；而看到另一个女人哭泣，则认为这是软弱惹人嫌的。如果不理解人们在这个层面上的价值观或是把自己的价值观投射在对方身上，就会误解这一反应，造成不必要的冲突。

那么，你的目标是尽可能多地收集对方早年的生活情况，还有他们与父母和兄弟姐妹的关系。请记住，对方在现阶段家庭中的关系也会反映过去的情况。去了解他们面对权威人士时的反应。这将帮助你看到他们叛逆或顺从的倾向程度。

他们对伴侣的选择也会说明很多问题。

如果对方看起来不愿交谈，可以试着问一些开放式的问题或从自我坦白开始建立信任。一般来说，人们喜欢谈论自己和过去的事，这很容易让对方敞开心扉。寻找敏感的触发点（参见第一章），如果对方来自另一种文化，就更应当从他们的经历中了解这种文化。你的目标是找出对方的独特之处。你要寻找对方与自己有什么不同，与认识的其他人有什么不同。

同理心技巧。拥有同理心也需要过程，这一点和其他事没什么两样。为了看到自己确实在进步，能在更深层次上理解他人，你需要反馈。反馈有两种形式：直接反馈和间接反馈。直接反馈是指询问对方的想法和感受，看看自己是否猜对了。这样做需要相当谨慎，要基于一定程度的信任，但它又可以非常准确地对你的能力做出评估。间接反馈是指你可以感受到对方表达的亲和力，看到某些技巧产生了作用。

为了掌握这项技巧，请记住以下几点：交流的人越多，在这方面就会做得越好。你遇到的人越多样，技巧就会越娴熟。此外，还要保持发展变化的心态。对他人不要轻易下结论。在交往的过程中，要集中注意力，观察对方在谈话过程中的变化以及自己对他的影响。活在当下。在人们互动的过程中观察——在面对不同人的时候，人们的表现往往会大相径庭。不要把注意力放在分类上，而是要关注对方带给你的感受和情绪，它在不断变化。随着你的技巧越来越娴熟，会发现更多心理线索。你会看到更多东西，不断将其与内在分析融合在一起。

看到自己的技巧提升，会让你感到非常兴奋，激励自己继续深入学习。一般来说，由于避免了不必要的冲突和误解，你会发现生活变得更加顺畅了。

> 人性最根本的原则是渴望被人欣赏。
>
> ——威廉·詹姆斯

三个自恋类型的例子

戏剧型自恋狂。一六二七年，法国卢丹地区乌尔苏拉修道院的院长迎来了一位新修女珍妮·德·贝尔西。珍妮是个怪人。虽然她相当矮小，却有一张天使般的漂亮面庞，只是眼神中闪烁着恶毒的光芒。在之前的修道院里，她常常讽刺他人，得罪了不少人。但令院长惊讶的是，自从来到新地方之后，珍妮似乎变了不少。现在的她好像完全成了天使，主动帮助院长完成所有的日常工作。此外，她还阅读了一些关于圣特雷莎和神秘主义的书籍并沉迷于此。她花了很长时间和院长讨论灵体问题。几个月后，她成了神秘学专家。人们发现她会冥想祈祷几个小时，比其他任何修女的时间都要长。同年晚些时候，院长调去了另一家修道院。由于被珍妮的精神深深打动，院长不顾其他人的劝告，推荐珍妮接替她的位置。突然之间，年仅二十五岁的珍妮成了卢丹乌尔苏拉修道院的院长。

几个月后，卢丹的修女们听到珍妮讲起非常奇怪的故事。她做了很多梦，当地教区的牧师于尔班·格朗迪耶来找她并对她实施了人身攻击。梦境越来越色情暴力。奇怪的是，在做这些梦之前，珍妮邀请过格朗迪耶来做乌尔苏拉的主管，对方婉言谢绝了。卢丹的当地人认为，格朗迪耶引诱了年轻女子。但珍妮所讲的都是自己的幻想吗？她非常虔诚，很难相信她编造了谎言，而且这些梦境似乎非常真实，异常生动。就在她把梦境告诉其他人后不久，又有几个修女说自己做了类似的梦。有一天，修道院的牧师会成员米尼翁听一位修女讲了这样一个梦。米尼翁和其他人一样，长期以来一直瞧不起格朗迪耶，眼下他从梦里看到了一个除掉对方的机会。他为修女们叫来一群驱魔师，很快几乎所有修女都说格朗迪耶每晚都会来骚扰自己。对驱魔师来说，这已经再明显不过，这些修女被格朗迪耶控制的魔鬼附体了。为了教化市民，米尼翁及其盟友将驱魔仪式对外开放，人们从四面八方蜂拥而至，目睹了极具娱乐性的场面。修女们在地上翻滚扭动，露出双腿，不停尖叫着，说着脏话。在这群修女中，珍妮表现得最为疯狂。她扭曲得最为剧烈，经由她之口吐出的撒旦的咒语最为凄厉。这是人们见过的最厉害的附身，便争相目睹她的驱魔仪式。在驱魔师们看来，尽管格朗迪耶从未踏入过这栋房子，也从未见过珍妮，但他一定是以某种方式迷惑了卢丹的修女，令她们放荡了起来。他很快就被捕并被指控使用了巫术。

基于这些证据，格朗迪耶被判处死刑。经过了一番折磨，他于一六三四年八月十八日在火刑柱上被烧死。当时有大批人围观。很快，整件事就平息了下来。修女们身上的恶魔已经清除干净，除了珍妮之外。恶魔不仅没有离开她，仿佛对她的控制力越来越强。耶稣会听说了这个臭名昭著的附身事件，决定负起责任，指派神父让-约瑟夫·苏林前去驱魔。苏林发现她非常迷人。她十分精通神鬼学这类事情，对自己的命运感到绝望。但是，她似乎没有奋力抵抗魔鬼的影响，也许她已经屈服了。

有一件事可以肯定：她非常喜欢苏林，把他留在修道院中好几个小时进行灵体讨论。她开始花更多的精力祈祷冥想。她放弃了所有享乐的东西：睡在坚硬的地板上，在食物里倒满令人作呕的苦艾药水。她向苏林讲述自己的进步，并表示

“已经离上帝非常近，甚至接受了……他的一个吻”。

在苏林的帮助下，恶魔相继离开了她的身体。此时她展现了第一个奇迹：在她的左手掌上可以清晰地看到约瑟夫这个名字。几天后，这个名字消失了，取而代之的是耶稣的名字，然后是玛丽，然后是其他名字。这是一个圣痕，是上帝真实恩典的象征。在这之后，珍妮病得很重，似乎快要死了。她说有一个年轻漂亮的天使前来拜访自己，天使身后飘着金黄色的长发。随后约瑟夫亲自来到她的身旁，抚摸她疼痛的身体，并且用一种芳香的油膏为她擦拭。她恢复了过来，油脂在她身上留下了清晰的五个水滴的痕迹。恶魔已经消失了，对苏林来说是巨大的解脱。故事结束了，但珍妮提出了一个奇怪的要求：她想去欧洲旅行，向所有人展示神迹。她认为这是她的责任。这似乎与她谦逊的性格很矛盾，显得有那么一点儿世故，但苏林还是答应陪同前往。

在巴黎，大群人拥到她下榻的酒店外，想要看她一眼。她面见了枢机主教黎塞留，对方颇受触动，亲吻了那件如今已成为圣人遗物的香膏。她向法国国王和王后展示了自己的圣痕。接下来旅行继续，她与那个时代最伟大的贵族和名人们一一相见。在一个小镇上，每天都有七千多人走进她所在的修道院。人们强烈要求听她讲自己的故事，于是她决定发行一本印刷品小册子，其中详细描述了她被附身的经历、最私密的想法和发生的奇迹。

如今她被称为珍妮·安格斯，死于一六六五年。她的头颅被砍下制成木乃伊，放在一个带水晶窗的银鎏金盒子里。它被陈列在卢丹乌尔苏拉修道院中，放在神赐膏药的旁边供人参观，直到法国大革命时期才消失。

解析：在早年的岁月中，珍妮·德·贝尔西便展现出对注意力贪婪的需求。她厌倦了自己的父母，他们最后将她送进了普瓦捷的一所修道院才得以摆脱她。在那里，她讽刺的话语和令人难以忍受的优越感令修女们不胜其扰。最后她们将她送去了卢丹，而她似乎想以一种不同的方式来获得自己迫切需要的认可。获得灵体方面的书籍后，她决心要在知识和虔诚的举止上做到极致。她在这两方面做得很好，得到了院长的青睐。在执掌修道院之后，她感到无聊且认为自己没有获得期望的关注度。她关于格朗迪耶的梦是虚构与自我暗示的混合产物。驱魔仪式之后，她拿到了关于恶魔学的书籍，也就是将她吞噬的这种东西，在掌握了恶魔的各种来龙去脉之后，她开始用最戏剧化的手段为自己赋予相应的特点，驱魔人一看到就会认定是附身的证据。她成了公众场合的明星。即便是在附身的过程中，她堕落和猥亵的举止也比其他人更为出格。

格朗迪耶的死亡大大触动了修女们，她们一定对自己在这场无辜杀戮中扮演的角色感到愧疚，但珍妮却无法容忍注意力的撤离，于是她加大了赌注，拒绝释放恶魔。她俨然已经成为能够感知周围人弱点和隐藏欲望的大师，先是院长，随后是驱魔人，然后是苏林神父。他渴望成为救赎她的那个人，才会轻信如此简陋的圣迹。至于那圣痕，后人猜测她有可能是用酸腐蚀出了这些名字或是用有色淀粉描摹出来的。奇怪的是，这些文字只会出现在她的左手上，这里是很容易书写的。众所周知，在极度歇斯底里的时候皮肤会变得非常敏感，仅用手指甲就可以达到这样的效果。作为长期使用草药疗法的人，她很容易涂抹芳香药膏。一旦人们相信了圣痕，也很难去怀疑药膏的功效了。

连苏林都对旅行的必要性产生了怀疑。在这一点上，她不再对自己的欲望加以掩饰。几年后，珍妮写了一本自传，承认自己性格中有完全戏剧化的一面。她不断扮演角色，但她仍坚称奇迹是真实的。很多每天都和她打交道的修女看穿了她的外表，把她描述成一个沉迷于关注和名声的技艺精湛的女演员。

关于深度自恋有一个奇怪的悖论，它往往令人难以察觉，直到这种行为变得太极端，令人无法忽视。其原因也很简单：深度自恋者可以成为伪装大师。他们很早就察觉到，如果向他人展现真实的自我——他们需要持续的关注度和优越感——很容易遭人排斥。他们将缺乏连贯的自我当成一种优势。他们可以扮演很多角色。他们可以通过各种戏剧性的手段来掩饰自己对注意力的需求。他们可以在表面上看起来更加道德高尚，更加利他主义。他们从来不会真正对他人给予支持——他们只是做做样子罢了。但谁会怀疑这样的道德感和诚意呢？或者他们会反其道而行，陶醉于自己的受害者身份中，沉迷于被他人压榨或被世界忽视的状态中。我们很容易被这样的戏剧性迷惑，随后才痛苦地发现他们是有所求的，或者为了达到自己的目的而利用我们。他们玩弄了别人的同情心。唯一的办法就是看穿他们的把戏。我们可以从焦点是否总在某些人身上来识别这类人。看看他们是如何在所谓善良、苦难或肮脏方面做到总是异于常人的。看看他们是怎样不断制造戏剧性并做出那些表演的。他们所说所做的一切都是为了消费公众。不要让自己在他们的戏剧中受到连带伤害。

自恋的伴侣。一八六二年，就在三十二岁的列夫・托尔斯泰和当时只有十八岁的索尼娅・贝尔斯结婚的前几天，他突然决定向对方坦白所有秘密。作为这个计划的一部分，他给她看了自己的日记，没想到她读过之后哭了起来，而且非常生气。在日记中，他写了很多以前的事，包括他一直迷恋附近的一个村妇，还和她生了一个孩子。他写自己经常光顾妓院，染上了淋病，还有无休止的赌博。她感到强烈嫉妒的同时也感到厌恶。为什么要让自己看这些？她指责他花心，不是真的爱自己。他被这种反应吓了一跳，也指责她。他想跟未婚妻分享过去的生活方式，这样她才会明白自己是真的愿意和她在一起，从而放弃了原来的生活。她为什么要对自己的诚实横加指责呢？很显然，她并没有他想象中那样爱自己。为什么在婚礼前，她那么痛苦地和家人告别？难道她对自己家人的爱胜过对他的爱吗？他们还是和解了，然后举行了婚礼，但这种相处模式确定了下来，一直持续了四十八年。

对索尼娅来说，虽然他们经常争吵，但婚姻总体还是稳定在一个相对舒适的节奏中。她成了他最信任的助手。除了在十二年里生了八个孩子，养活了其中五个之外，她还潜心为他抄写书籍，包括《战争与和平》和《安娜·卡列尼娜》，并且主要负责管理他的出版业务。一切似乎都进行得很顺利——他是个有钱人，既有从家族继承下来的财产，也有书籍销售的收入。他有一个大家庭，大家都很宠爱他。他很有名气。但在五十岁的时候，他突然感到非常郁闷并为自己所写的书感到羞愧。他不知道自己是谁。他正在经历一场严重的精神危机，东正教过于严格的教条无法帮助他。他的生活不得不发生转变。他不再写小说，而是像个普通农民一样生活。他想要放弃自己的财产，放弃所有书籍的版权。他要求家人们也过这样的新生活，致力于帮助他人，过精神富足的生活。

令他失望的是，索尼娅带领家人们做出了愤怒的反应。他是要他们放弃自己的生活方式，放弃舒适的生活，让孩子放弃未来的继承权。索尼娅认为没有必要对生活方式做出任何剧烈的改变，他认为她已经变得邪恶且充满物欲，因此才会奋力抵抗，这让她感到非常愤怒。他们吵来吵去，谁也不肯让步。此时，托尔斯泰眼中的妻子是一个为了名声和金钱操控他的人。这就是她嫁给自己的原因。而她眼中的托尔斯泰变成了彻头彻尾的伪君子。虽然他放弃了自己的财产权，但仍然活得像个地主一样，向她要钱买生活用品。他穿得像个农民，但如果生了病，就会坐着豪华的私人马车去南方别墅疗养。尽管他立下了禁欲的誓言，却仍然让自己怀了孕。

托尔斯泰渴望过一种简单的、精神上的生活，而她成了阻碍这一切的绊脚石。他感到有她在的家非常压抑。于是他写了一封信，在信中最后说："你把一切都归功于自己，除了一件事，你是我深感痛苦的无心之因。我们之间正在进行一场生死搏斗。"出于对她物欲的恼怒，他写下了小说《克莱采奏鸣曲》，显然就是以他们的婚姻为原型的，他在书中把她描绘成极度糟糕的样子。对索尼娅而言，这一切的影响就是她觉得自己快疯了。终于在一八九四年，她崩溃了。她决心模仿托尔斯泰故事中的人物自杀，走到雪地里把自己冻死。家人追上了她，把她拖回了家。她又尝试自杀了两次，但都没有成功。

到此刻为止，二人的相处模式愈发尖锐。托尔斯泰一旦逼迫她，她便做出一些绝望的举动，托尔斯泰又会对自己的冷漠感到懊悔，乞求她的原谅。他会在一些事情上做出妥协，例如允许家人保留自己早期著作的版权。随后她的某些举动又会让他感到后悔。她总是想让孩子们和他对立起来。她坚持要读他所有的日记内容，如果他把日记藏起来，她一定会找出来偷偷读。她注视着他的一举一动。他会因为她多管闲事而疯狂斥责她。若他在这个过程中生了病，她又会懊悔自己的所作所为。是什么维系着他们的关系？二人都渴望得到对方的接纳和爱，但那似乎已经是不可能的了。

经历了多年的折磨，一九一〇年十月下旬，托尔斯泰终于受够了。半夜，他在一位医生朋友的陪同下偷偷离开了家，决心离开索尼娅。他一路战战兢兢，生怕被妻子追上，最后他登上火车离开了她。当索尼娅得知这一消息时，又一次企图自杀，投入附近的池塘中，又被人及时救下。她给托尔斯泰写了一封信，恳求他回来。是的，她会改变自己的生活方式，放弃所有的享乐物品，她可以过精神生活，可以无条件地爱他。她不能没有他。

对托尔斯泰来说，他只浅浅品尝了一点儿自由的滋味。如今报纸上都是他离家出走的消息。无论火车停靠在哪里，都有记者、忠实的粉丝和好奇的看客围绕着他。他实在受不了火车上的拥挤和冰冷的环境。不久后他就病重，被人抬到铁路旁一个站长的小屋里，那是一个偏僻的村庄。他躺在床上，走向生命的尽头。他听说索尼娅已经到了镇上，但又不想见到她。家人们把她关在外面，他奄奄一息之时还在透过窗户窥探着。最后他失去了意识，她才进了屋。她跪在他身旁，不断亲吻着他的额头，在他耳边低声说："原谅我。请原谅我。"不久后他便去世了。一个月后，托尔斯泰家的一位访客说索尼娅说了如下这番话："我怎么了？我是怎么了？我为什么会这样？……你知道是我杀了他。"

解析：列夫·托尔斯泰展现出了深度自恋者的多重特点。他的母亲在他两岁时便去世了，这在他身上留下了一个巨大的黑洞，尽管他一直努力，安排了很多事务，却永远无法将其填满。他年轻时行为鲁莽，好像这样才能让他感到充实。他总是对自己感到厌恶，不知道自己究竟是谁。他把这种不确定性倾注在自己的小说中，通过自己创造的人物扮演不同角色。到了五十岁的时候，他终于因为支离破碎的自我而面临了严重的危机。索尼娅在自恋光谱上也有很高的得分。在看人的时候，我们往往会过分强调他们的个人特质，而没有关注关系中的双方是如何塑造对方的。一段关系有自己的生命和个性。关系可以是深度自恋的，甚至可以引发双方的自恋倾向。

一般来说，自恋关系形成的原因是缺乏同理心，这会使伴侣在自我防御的状态下越陷越深。托尔斯泰一家的例子可以通过阅读他的日记窥见一斑。双方有各自的价值观，并且依据自己的价值观看待对方。对在传统家庭中长大的索尼娅而言，这个男人明显后悔向自己求婚了，对托尔斯泰这个先锋派艺术家而言，她的反应表明她不能理解他的灵魂，看不到他对新婚生活的渴望。双方对彼此充满了误解，坚守自己的立场持续了四十八年。

托尔斯泰的精神危机是自恋形态的缩影。如果在那一刻，每个人都能用对方的眼睛看待这一切，托尔斯泰可以清楚地预见她的反应。她一生都过得相对舒适，这帮助她渡过了频繁怀孕和养育子女的难关。她并没有深刻的精神世界，他们之间的联系从来都是身体层面上的。为什么突然要她有所改变呢？他的要求几乎带有虐待的性质。他完全可以解释自己的立场，不要求对方必须与自己步调一致，他甚至可以对她的观点和需求表示理解。这才能将自己真正的精神世界袒露出来。而她也不会只看得到他的虚伪，而是看到这个明显对自己不满的人，一个从幼年开始就没有感受过足够爱的人，一个正在经历真实的个人危机的人。她本可以为他的新生活提供爱和支持，婉转地表达出自己不会和他有同样的生活方式。

运用共情的方式可以抵消自恋的效果。虽然是由一方发起的，但另一方往往也会软化下来，加入共情的行列。如果对方能从你的角度看问题，体会你的感受，进入你的精神世界，你也很难坚持抵抗。共情在召唤你加入它的行列。人总是暗暗渴望能放下戒备心。无限度的防备和猜疑让人非常疲倦。

在人际关系中运用同理心的关键是要了解对方的价值体系，他的价值体系必然与你的不相同。对方眼中的爱、关注和慷慨的标准往往与你的想法相左。这些价值体系很大程度上是幼年时期形成的，并不是人们有意识创造的。牢牢记住对方的价值体系，这样你才能进入他的精神世界，通过他的视角看问题，而不会被自己下意识的防御机制所阻碍。陷入自恋再深的人，都可以通过这种方式被拉出来，毕竟这样的关注实在太难得了。用自恋光谱来衡量你的人际关系，并不是哪些人需要改变，而是看待方式本身需要改变。

健康的自恋者——读心者。一九一五年十月，伟大的英国探险家欧内斯特·亨利·沙克尔顿爵士下令放弃“持久号”，该船在南极洲的浮冰上被困了八个多月，此刻开始进水。对沙克尔顿来说，这意味着他不得不放弃自己伟大的梦想——带领部下成为横穿南极大陆的第一人。这本是他探险家生涯辉煌的巅峰，但此时他心中有更大的责任，无论如何也要将二十七名船员平安送回家。他们的生命全部维系在他每日做出的决定上。

想要实现这个目标有许多阻碍：严冬即将到来，洋流可能会把他们扎营的浮冰拉向任何方向，即将到来的日子不会有任何光亮，食物不断减少，没有任何无线电联络装备，也没有船只来运输。但最大的危险同时也是最令他担忧的是手下的士气。只要有几个人表示不满，传播愤怒和消极的情绪，这些人很快就不会再努力工作了；他们会把他赶走，失去对领导的信心。一旦这种情况发生，每个人都只会为自己着想，在这样的气候下，灾难和死亡很容易发生。他必须密切关注自己的团队情绪，而不是天气的变化。

他首先要做的是在问题出现之前用适当的情绪感染船员。一切都要从领导人开始。他必须将自己所有的疑虑和恐惧隐藏起来。在浮冰上的第一个早晨，他比任何人起得都早，准备了一大壶热茶。当他亲自为大家服务的时候，他感觉大家都在从他身上寻找应对困境的线索，于是他故作轻松，对他们的新家和即将到来的黑暗进行调侃。现在不是讨论如何摆脱困境的时候，那会让大家过于焦虑。他不会在口头上表达对前景的乐观，但会让大家从他的态度和肢体语言中感受到这一点，哪怕是装出来的。

他们都知道自己困在了这里，即将迎来冬天。他们需要的是分散注意力，找一些能够占据头脑，让自己精神振奋起来的东西。为此，他每天都会列一份工作表，列出谁要做什么事。他尽量让人员混在一起，把人分成不同的小组，保证不让人经常做同样的事。每天都有一个简单的目标要完成，比如猎杀企鹅或海豹，从船上把什么东西搬进帐篷里，完善营地。当一天结束的时候，他们可以坐在篝火旁，由于做了一些工作，这会让大家感到更加轻松。

随着时间的推移，他感知大家情绪变化的能力越来越敏锐。在篝火旁，他会走到每个人身边与之谈话。和科学家谈科学，和文艺的人谈自己喜欢的诗人和作曲家。他对每个人的精神世界加以关照，对他们遇到的任何问题都特别关注。厨师感到非常委屈，因为他要杀掉自己的宠物猫，他们没有食物可以喂它了。沙克尔顿自告奋勇替他做这件事。船上的物理学家做体力活很辛苦，晚上吃东西很慢，还在疲惫地叹气。沙克尔顿和他谈话的时候，能感到他的情绪一天比一天低落。沙克尔顿没有让他觉得是自己在偷懒，而是调整了安排，让他去做比较轻松但同样重要的任务。

他很快发现了团队中的几个薄弱环节。首先是船上的摄影师弗兰克·赫尔利，他的工作能力很强，对工作从不抱怨，但他非常需要别人的重视。他有点儿喜欢摆架子。在冰上的前几天，沙克尔顿在安排所有重大事务时特意征求赫尔利的意见，比如食物储存之类的事，还对他的想法表达赞许。此外，他还把赫尔利安排在自己的帐篷里，这既让对方感到自己比其他人更重要，也让沙克尔顿更容易盯住他。领航员胡伯赫特·赫德森说，这个人非常以自我为中心，是个糟糕的倾听者。他需要不断吸引关注。沙克尔顿和他的交谈次数比其他任何人都要多，还把他带到自己的帐篷里。如果还有其他人展现出不满的情绪，沙克尔顿会把他们分散在不同的帐篷里，稀释他们潜在的影响力。

随着冬天的到来，沙克尔顿加倍提高警惕。某些时候，他能感到大家很无聊，聊天的时候越来越少。为了改变这种情况，他会在没有阳光的时候在冰上举办体育赛事，晚上还组织娱乐活动——唱歌、讲笑话、讲故事。他们认真过每个节日，准备隆重的宴席。无尽漂流的日子不知为何变得非常精彩，很快他注意到不同寻常之处：大家明显开朗了起来，似乎很享受在浮冰上的生活挑战。

有一次，他们所处的浮冰缩得太小太危险了，他便命令大家从“持久号”上抢出来三艘救生小艇。他们要前进，寻找陆地。他把船靠在一起，抵抗波涛汹涌的海水，最后成功在附近一个叫象岛的狭窄海滩上登陆。他观察这座岛发现，岛上的情况甚至还不如之前的浮冰。时间对他们很不利。就在同一天，沙克尔顿命令一艘船做好准备，进行一次极其冒险的尝试，前往该区域最容易抵达和居住的地方——南乔治亚岛，位于东北方向大约一千三百千米处。虽然成功的机会很渺茫，但这些人无法在象岛上长期生存，毕竟这里暴露在海洋中，可猎杀的动物少之又少。

沙克尔顿谨慎地为这次航行选了五个人，其中包括他自己。他选了哈里·麦克尼什，这个人选相当奇怪。他是船上的木匠，已经五十七岁，是船上最年长的船员。他脾气很暴躁，不愿做苦力。尽管搭乘小船航行会是一段极其艰难的旅程，沙克尔顿也不敢把他留下。他让他负责为这次旅程装船。有了这项任务，他会对船的安全负起责任。在行船的过程中，他的心思被监控船的适航情况占据了。

在航行中，有一次他发现麦克尼什精神萎靡不振，没在划船。沙克尔顿感觉这样很危险——如果他对麦克尼什发火或是命令他划船，可能会让他变得更加叛逆，而且这几个人在船上挤了好几个星期，食物也不多了，情况可能会恶化。他当机立断停了船，给大家热了牛奶。他说大家都累了，自己也累了，此时他们需要振奋精神。这样麦克尼什就不会因为单独被责难而感到尴尬，在接下来的旅程中，沙克尔顿经常在必要时重复这个策略。

在离目的地几千米的地方，一场突如其来的风暴把他们推了回去。当他们正拼命寻找登岛新办法的时候，一只小鸟一直在他们头顶盘旋，想要落在船上。沙克尔顿一贯镇定，此时却突然失去了理智，站在那里对着鸟疯狂挥舞拳头，大声吼骂。他几乎立刻就感到尴尬了，然后坐了回去。十五个月来，他为了手下，为了维持士气，一直把所有的挫折都压在心底。他已经奠定了基调。现在还不是反悔的时候。几分钟后，他拿自己开了个玩笑并暗暗发誓，无论压力多大都不能再出现这样的情况。

在经历了世界上最恶劣的海洋环境之后，小船终于成功在南乔治亚岛登陆，几个月后，在岛上捕鲸人的帮助下，象岛上剩下的人也全部获救。考虑到他们面对的困难、气候、糟糕的地形、极小的船只以及匮乏的资源，这成了历史上最了不起的求生故事。渐渐地，关于沙克尔顿领导力的故事传开了。正如探险家埃德蒙·希拉里爵士之后总结的："论科学的领导力当属斯科特[1]，论快速有效的行动当属阿蒙森[2]，但当人处于绝望境地，似乎已经没有出路的时候，请跪下来向沙克尔顿祈祷。"

解析：当沙克尔顿发现自己处于绝境之中，还要对很多生命负责的时候，他明白了生与死之间的差别：人的态度。这是看不见摸不着的东西。书本上也很少讨论分析。关于这个问题没有训练手册，但它又是至关重要的东西。士气稍有低落，团结就会出现裂痕，在这样的压力之下，想要做出正确的决定实在很困难。如果出于应付少数人的急躁和压力的目的尝试离开浮冰，必然会导致死亡。从本质上来说，沙克尔顿回到了人类作为动物最基本、最原始的状态——处于危险之中的群体彼此相依为命。正是在这样的状态下，我们遥远的祖先进化出了高超的社交技能，能够读懂他人的情绪和思想，与之展开合作。在浮冰上没有日光的几个月里，沙克尔顿重新发现了这些沉睡在我们每个人身上的古老共情能力，因为他必须这样做。

沙克尔顿完成这一任务的过程应当成为我们所有人的榜样。

第一，他明白自己的态度在其中发挥了重要的作用。领导者会用自己的心态

---

1 罗伯特·斯科特（1868—1912），英国海军军官、探险家，罗尔德·阿蒙森登顶南极的竞争对手，他发现并命名了爱德华七世半岛。——本书脚注均为译者注。

2 罗尔德·阿蒙森（1872—1928），挪威探险家，历史上第一个到达南极点的人。

感染周围的人。这在很大程度上并非语言层面上的，而是从领导者的肢体语言和语气中得到的信息。沙克尔顿给自己灌输了一种自信和乐观的气息，带动大家的精神状态。

第二，他要在个人和群体之间平均分配注意力。在群体中，他观察大家吃饭时聊天的状态、工作时发出的咒骂声以及娱乐活动中情绪响应的速度。对于个人，他会从大家的语气、吃东西的速度和起床的速度判断情绪的状态。如果某天他发现大家有特殊的情绪，会把自己放在类似的情绪中预测他们可能会做什么。他会从大家的语言和动作中寻找沮丧或不安的迹象。他会根据每个人的特殊心理区别对待，还会不断调整自己的判断结果，因为大家的情绪变化很快。

第三，察觉到士气低落或情绪消极时，他仍然保持温和的情绪。责骂只会让人感到羞愧和孤立，这将在日后导致情绪的传染。最好能和他们聊一聊，进入对方的精神世界，用间接的方式缓和情绪，或是在对方不自觉的情况下将他们隔离开。在沙克尔顿实践的过程中，他发现自己在这方面能力很强。只需早晨一瞥，他就可以判断出这群人一整天会如何行动。某些船员甚至认为他会通灵。

理解：我们发展出这样的共情能力是必然的。如果我们发现生存取决于判断他人的情绪和心理，就会找到那个关键点，发掘出相应的能力。只是通常情况下，我们并不需要这样做。我们自以为很了解对方。生活是艰难的，我们总有很多事要做。我们还很懒惰，喜欢进行预判。但事实上，这是一件生死攸关的事，我们能否成功正取决于这些技能是否能得到锻炼。我们只是没有意识到这一点，因为没有看到生活中的问题与不断误解对方情绪和意图之间有什么联系，也没有看到由此错过的无数机会。

因此，第一步是最重要的。意识到自己拥有非凡的社交才能，而你却没有好好运用它。看清这一点最好的方法就是试一试。停止内心无休止的独白，对他人给予更深入的关注。让自己适应个人和群体的情绪变化。读懂每个人的特殊心理，了解他们的动机。尝试从对方的角度出发，进入他们的世界和价值体系。你会突然发现一个从未注意过的非语言世界，仿佛眼睛突然看到了紫外线。一旦你感受到这种力量，就会明白它的重要性，唤醒新的社交可能性。

我从不去问伤员的感受……我直接让自己变成受伤的人。

——沃尔特·惠特曼

第三章

看穿人们的面具：角色扮演法则

人们总喜欢戴面具，把自己最好的一面展示给别人——谦逊、自信、勤奋。他们只说正确的话，脸上带着微笑，看起来似乎对我们的想法很感兴趣。人们学会了隐藏自己的不安和嫉妒。如果我们把这种表象当作现实，就永远无法了解他们真实的感受，有时还会被突然的抗拒、敌意和操纵行为蒙蔽双眼。幸运的是，面具是有裂缝的。人不可能完全控制住自己的面部表情、声音变化、紧张的肢体动作，这些非语言线索不断泄露着他们的真实感受和无意识的欲望。你必须掌握这种语言，把自己变成优秀的读人专家。掌握了这些知识，你就可以采取适当的防御措施。另外，既然人们都是通过外表进行评判，你也必须学会把最好的自己展现出来，令其发挥最大功效。

第二语言

一九一九年八月的一个清晨，未来的催眠大师、二十世纪最有影响力的心理学家之一、十七岁的米尔顿·艾瑞克森醒来时，发现自己身体的某些部位瘫痪了。在接下来的几天里，瘫痪蔓延开来，很快确诊为小儿麻痹症，这在当时几乎是一种流行病。当他躺在床上的时候，他听到母亲正在另一个房间和请来的两个专家讨论他的病情。他们以为艾瑞克森睡着了，一个医生说："这个孩子明早就会死。"他的母亲走回房间，明显掩饰着自己的悲伤，全然不知儿子听到了谈话。艾瑞克森一直让她把床边的抽屉柜挪到这儿，再挪到那儿。她以为儿子精神错乱了，实际上他自有道理：他想分散她的注意力，让她从痛苦中解脱出来，而且他想把柜子上的镜子挪到正确的位置上。一旦意识开始变模糊，他就专注地看镜子反射的夕阳，尽量保持清醒。太阳总会回来的，也许他可以证明医生说错了。几个小时后，他陷入了昏迷。

艾瑞克森三天后恢复了意识。不知为何他骗过了死神，现在瘫痪蔓延到了全身，连嘴唇也麻痹了。他无法移动或做手势，也不能用任何方式和人交流。他现在唯一能动的就是眼球，用来扫视狭窄的空间。他隔离的地点是威斯康星州乡下农场的房子，也是他长大的地方，陪伴他的是七个姐妹、一个兄弟、父母和一个私人护士。对思维活跃的人来说，无聊是极其痛苦的。但有一天，当他听姐妹们交谈的时候，突然意识到从前没有注意到的事。她们说话的时候，脸上会有各种表情，声音语气也完全不同。一个姐妹对另一个姐妹说："对，这是个好主意。"但她的语气很平，还带着明显的笑意，似乎都表明了："我觉得这主意根本不怎么样。"嘴上的"是"竟然意味着"否"。

此时他注意到了这一点。这是一场激动人心的游戏。接下来的一天，他记下了自己听到的十六种不同形式的"否"，强硬程度不同，伴随着不同的面部表情。有一次他看到一个姐妹一边说着"是"，一边摇头。这很微妙，但他看到了。如果人们嘴里说着"是"，但心里并不这样认为，他们会通过笑容和肢体语言表现出来。还有一次，他瞥到一个姐妹给另一个姐妹递苹果，但她脸上紧张的表情和绷紧的手臂表示这样做仅仅是出于客气，显然她想自己吃。对方没有接收到这个信号，但他却看得一清二楚。

由于无法交谈，他的心思完全放在了观察人们的手势、扬起的眉毛、声音的高低以及突然抱起的手臂上。例如，他注意到姐妹们站在他旁边时脖子上的血管会跳动，这表明她们在他面前感到紧张。她们说话时的呼吸模式吸引了他，他发现某些节奏表示无聊，接着就会打哈欠。头发也扮演着很重要的角色。故意向后拢头发表示不耐烦："我已经听够了，请你立刻闭嘴。"但快速无意识地抚摸头发是听得入神的表现。

由于困在床上，他的听力变得更加敏锐。他可以听到另一个房间里的对话，此时他们不再表现得像在他面前这样愉快了。很快他注意到一种奇特的模式——人在交谈的时候很少直截了当。某个姐妹可能会花好几分钟的时间兜圈子，留下各种暗示，告诉别人自己想做的事，可能是借一件衣服，也可能是希望对方道歉。她把自己的欲望藏得很深，用语气对某些内容进行强调。她希望能由别人发现这一点，提供她想要的东西，但这些暗示往往会遭人忽略，她不得不自己把想要的东西说出来。谈话总是陷入这种反复的模式。很快，他开始把它当成一个游戏，在尽量短的时间内猜出姐妹暗示的是什么。

在瘫痪的时候，他突然意识到人类交流的第二种语言，人们用这种语言表达自己内心深处的东西，而且有时是不自觉的。如果他能掌握这种复杂的语言会怎样？这会改变他对别人的看法吗？他能不能把判断能力拓展到那些几乎看不见的细节上，比如嘴唇、呼吸、手部绷紧的程度？

几个月后的一天，他坐在家人为他设计的一把靠窗的斜椅上，听着兄弟姐妹在外面打闹。（他的嘴唇恢复了，可以说话，但身体依然瘫痪。）他很想一起去玩。那一瞬间他好像忘了自己已经瘫痪，在脑海中他站了起来，突然他感到腿部肌肉在抽搐，这是他第一次感觉到身体动了。医生曾告诉他的母亲，他再也没办法走路了，但他们是错的。基于这个最简单的抽搐，他决定做一个实验。他把注意力集中在腿部的某块肌肉上，唤起自己瘫痪前的感觉，迫切想要移动它，想象着它再次动起来。护士也帮助他按摩这个部位，慢慢地一点点进步，先是感到抽搐，然后缓缓挪动肌肉。这是个令人痛苦而缓慢的过程，他让自己重新站了起来，接下来能迈出步，然后能绕着房间走，再之后能走出屋去，越走越远。

不知为何，他可以凭借自己的意志力和想象力改变身体状况，重获完整的行动能力。显然，他意识到心灵和身体是共同运作的，只是我们很难注意到。他想进一步探索这个问题，于是决定从事医学和心理学的工作，二十世纪二十年代末，他开始在不同的医院从事精神病治疗的工作。他很快发展出一套自己的方法，这与该领域接受过训练的人截然相反。几乎所有心理学家都把精力投入到语言上。他们会让病人讲话，尤其是讲述自己早期童年的事情。通过这种方式，他们希望病患处于无意识状态。而艾瑞克森则主要关注人们的身体，以此作为进入精神世界和无意识的入口。语言常常会掩盖真相。他会让病患处于完全自在的状态，发掘隐藏的紧张和未满足的欲望，从脸部表情、声音和姿势中寻找迹象。这样做可以更深入地探索非语言沟通的世界。

他的座右铭是“观察，观察，再观察”。为此，他有一个笔记本，专门记录自己观察到的各种内容。其中让他特别着迷的是人的走路姿势，这也许和他重新学会用腿走路的艰难过程有关。他会观察城市里各色人等的步态。他注意到步伐有轻有重，有的人步履坚定，充满决心；有的人步态轻盈，似乎更加优柔寡断；那些看起来很懒散的人步态悠闲而流畅；陷入沉思的人走的路线弯弯曲曲。他观察到，臀部有额外的摆动或挺胸抬头、趾高气扬都说明这个人自信程度很高。人为了掩盖一些弱点或不安全感，会有特殊的走路方式——夸张的男性化步伐、叛逆少年漫不经心的步子。他注意到人在兴奋或紧张时走路姿态会突然变化。这些都为他研究情绪和自信心提供了无尽的信息。

在他的办公室，书桌放在房间的最后面，病人需要向他走过来。这样他就能观察到诊疗开始前和结束后对方步态的变化。他仔细观察他们坐下来的方式、手扶椅子扶手的紧张程度、谈话时朝向的方向。短短几秒钟内，无需语言，他就能看到对方的不安和僵硬，这些从肢体语言中清晰地反映了出来。

在艾瑞克森的职业生涯中，他在精神病院工作过。有一次，医院的心理学家对一位病人无计可施——他以前是个商人，赚了很多钱，但经济大萧条夺走了一切。这个人一直在哭，手在胸前来来回回地移动。没人知道他为什么这样抽搐，也没办法帮助他。想要让他开口说话并不容易，而且毫无头绪。然而对艾瑞克森来说，他一看到这个人就明白了问题的根源——这个姿势是他在表达自己一生中为了取得成功所做的徒劳努力，以及这种失望给他带来的痛苦。艾瑞克森走到他面前说："你的一生经历了很多波折。"他一边说一边把手臂上下移动。这个人似乎对这样的新动作很感兴趣，自己也跟着动了起来。

艾瑞克森与一名职业治疗师合作，让病人把双手放在砂纸上，在他面前放了一块粗糙的木料。很快，病人就被打磨木头和打磨时散发的香气吸引了。他不再哭泣，开始上木工课，专心雕刻精工象棋并进行售卖。通过观察他的肢体语言，改变肢体动作，艾瑞克森可以改变那些已经锁定的思维模式来治愈对方。

另一个让他着迷的主题是男女之间非语言交流的差异，以及其中反映出的思维差异。他对女人的举止特别敏感，也许是因为他花了几个月的时间仔细观察过自己的姐妹。他可以发现她们每一个身体语言的细微差别。有一次，一个年轻漂亮的女人前来就诊，她说自己看过各种心理医生，但都没什么用。也许艾瑞克森能帮助她。她说了不少话，但始终对自己的实质问题避而不谈，艾瑞克森看她从袖子上摘了些线头。他边听边点头，提了几个无趣的问题。

突然，他用非常自信的语气说她找对人了，他确实能帮助她。病人被他自负的态度吓了一跳，问他为什么会有这种感觉。他说自己需要再问一个问题来证明这一点。

"多长时间了？"他问道，"你穿女装多长时间了？"

"你怎么知道？"他惊讶地问道。艾瑞克森解释说，自己注意到他摘线头的方式，他的手臂并没有下意识地在路过胸前时有迂回绕开的姿势。他已经观察了太多次这样的动作，不可能观察不到。此外，他用强硬的方式讲述自己的需求来测试艾瑞克森，声音抑扬顿挫，这明显是男性化的。其他精神科医生都被这极度女性化的外表和精心调整过的声线唬住了，但身体是不会说谎的。

还有一次，艾瑞克森走进办公室，看到一个新来的女病人在等自己。她解释说，自己前来是因为有飞行恐惧症。艾瑞克森打断了她的话。在没有解释缘由的前提下，请她离开办公室重新进来。她看上去很恼火，但还是照做了。他仔细观察了她走路的姿势以及坐在椅子上的姿势，然后请她陈述问题。

“我丈夫九月要带我出国，但我很害怕坐飞机。”

“夫人。”艾瑞克森说，“看精神科医生的时候，你不能隐瞒任何信息。我观察到你的一些情况，会问你一些不太愉快的问题……你丈夫知道你有外遇吗？”

“不知道。”她惊讶地说，“但你是怎么知道的？”

“是你的肢体语言告诉我的。”他解释说，她的双腿紧张地交叉在一起，一只脚完全贴在另一只脚的脚踝之下。根据他的经验，有外遇的已婚女性都会用这种姿势锁住自己的身体。另外，她说“出国”的时候中间停顿了一下，仿佛是为自己感到羞愧。她行走的姿势表明，她自觉陷入了复杂的关系之中。在随后的诊疗过程中，她带来了自己的情人，也是一位已婚人士。随后艾瑞克森要求见情人的妻子，当她到来时，又以同样的姿势锁住自己，一只脚贴在另一只脚的脚踝之下。

“所以你有外遇了。”他说。

“是的，是我丈夫告诉你的吗？”

“不，是我从你的肢体语言中看出来的。现在我知道你丈夫为什么会有慢性头痛了。”很快，他把他们都治愈了，帮助他们走出了禁锢而痛苦的状态。

经过多年的发展，他的观察能力扩展到了几乎难以察觉的非语言交际领域。他可以通过呼吸的方式判断人们的精神状态，他也可以通过模仿这些模式来引导病人进入催眠状态，创造一种深度的融洽感。人在表达时未必要张口说话，他能读懂这些潜意识和下意识的语言。这就是算命师、通灵师和一些魔术师的谋生之道。他可以通过秘书打字下手的轻重判断她是不是来了月经。他可以通过人们手的样子、步子轻重、歪头的样子、声音的变化猜测其职业背景。对病人和朋友们来说，艾瑞克森似乎有了超能力，但他们根本不知道他为了掌握这门第二语言研究了多久，付出了多少努力。

解析：瘫痪不仅让米尔顿·艾瑞克森看到了另一种沟通形式，更让他明白这是一种完全不同的与他人产生关联的手段。她听着姐妹们说话，从面部表情和声音中提取新信息，不仅在用自己的感官进行记录，也在体会她们内心的想法。他需要思考对方为什么嘴上说“是”，真正的意思却是“否”，他瞬间感受到对方一些矛盾的欲望。他必须观察到对方梗起脖子的样子并用自己的感官进行记录，才能理解对方为什么突然感到不适。他发现观察非语言交流时，不能简单地通过思考将对方的思想转化为言语，而必须跟随对方的面部表情和肢体状态，用身体来感受。这是一种完全不同的信息形式，与我们镜像神经元的原始天性有关。

想要掌握这门语言，他需要放松下来，控制自己不去用语言或分类的形式解释自己看到的东西。他需要压制住自我，少让自己说话，而把注意力向外引导到对方身上，贴合对方身体语言反映出来的情绪变化。他发现这种关注改变了自己。他对人们不断发出的信号越来越敏感，将自己变成了优秀的社交演员，与他人的内心相通，发展出更强大的亲和力。

随着艾瑞克森在这方面的不断进步，他发现大多数人都在反向而行——随着年岁的增长变得更加关注自我，对别人愈发漫不经心。他喜欢积累工作中的逸事，这些事足以说明这一点。例如，他曾要求医院里的一群实习生悄悄观察一位躺在病床被子下的老妇人，观察她卧床不起的原因。他们观察了三个小时，没人注意到她的两条腿都被锯掉了。另外有一次，有很多观众听完他的公众演讲后问，为什么他在讲解的时候没有用手里样子奇怪的教鞭。他们没有观察到，艾瑞克森跛脚相当厉害，他需要手杖。生活的艰难让大多数人将注意力转向了内部的自我。他们连进行简单观察的思维空间也没有了，第二语言基本上已与他们挥手告别。

理解：我们是地球上最杰出的社会性动物，这有赖于我们为了求得生存和成功而发展出的沟通能力。据估计，超过百分之六十五的人类交流都是非语言性的，但人们只能接受消化其中大约百分之五。相反，几乎所有的注意力都被语言吸引走了，而这些语言往往是为了掩盖真实想法和感受而生的。非语言信息可以告诉我们，对方想用语言和潜台词来表达什么，在沟通中这是相当细微的差别。这些信息可以告诉我们对方想要隐藏什么，真实的欲望又是什么。它可以直接反映人的情绪和心情。错过这些信息无异于盲人摸象，只会招致误解，注意不到对方发出的真正需求的信号，失去影响他人的很多机会。

你的任务很简单：第一，你必须认识到自恋的现实，知道自己观察到的内容实际上少之又少。基于这样的认识，才可能产生培养观察力的动力。第二，你必须像艾瑞克森那样理解这种沟通形式的不同之处。它要求你打开自己的感官，更多地在身体层面与他人产生联系，吸收对方发出的身体能量，而不仅仅停留在语言上。不能只是简单地观察面部表情，你要用内心感受它们，这样它才能一直停留在你心中并与你交流。随着你掌握的这种语言词汇变多，一个手势就能和可能的情绪关联起来。随着敏感度的提高，你会逐渐发现自己错过的信息。同样重要的是，你会发现一种新的、与人产生更深层次交往的方式，这将帮助你提高社交能力。

> 如果总指望看到别人长着犄角摇着铃铛四处走，那么你永远只能被这个世界上的魔鬼和傻瓜围捕戏弄。应该记住，在与人交往的过程中，人就像月亮一样：他们只展示了一个侧面。每个人都有一种与生俱来的天赋……根据自己的相貌制作面具，这样一来，他看起来就是自己假装的样子……效果极具欺骗性。只要他的目的是讨好对方来获得好名声，就会戴上面具；可以将其视作用蜡或纸板制成的东西并进行观察。
>
> ——亚瑟·叔本华

人性的关键

人类是完美的演员。我们在很小的时候就学会了做出某种能勾起父母怜爱之心的样子，得到自己想要的东西。我们学会了如何向父母或兄弟姐妹隐瞒自己的想法和感受，在脆弱的时刻保护自己。我们越来越善于奉承重要的大人物，比如受欢迎的同学或老师。我们和别人穿同样的衣服，说同样的话来融入群体。随着年龄的增长，我们努力开拓自己的事业，学会了表现出一副合适的模样以便受到雇用，融入群体文化。如果成了高管、教授或酒保，我们就必须扮演好相应的角色。

想象一下，如果一个人从来没有训练过这些表演技巧，当他不喜欢你说的话时就愁眉不展，当你让他感觉无聊时他就不由自主地打起哈欠，自说自话，想法和行为完全以自己为准，无论是和老板还是和孩子说话，他的行为都是一样的，你已经能想象到他会遭到回避、嘲笑和鄙夷。

我们都是优秀的演员，自然到甚至连自己都意识不到这一点。我们总以为自己在社交场合是真诚的，好演员都会告诉你，这就是演得令人信服的秘诀。我们认为这样的技能是自然而然的，但观察一下自己和家人沟通以及和老板、同事沟通的不同之处，就会发现自己讲话时有微妙的不同，声音语调、行为举止和身体语言都会有所不同，以此来适应不同的谈话对象和情景。当你想给某人留下深刻印象时，你表现出来的样子肯定和面对不需要防备的熟人时不同。这样做几乎是不假思索的。

几个世纪以来，众多作家和思想家从外部审视着人类族群，被社会生活中的戏剧特质所吸引。最著名的一句话出自莎士比亚："全世界是个舞台，所有的男男女女不过是一些演员；他们都有下场的时候，也都有上场的时候。一个人的一生中扮演着好几个角色。"[1]如果戏剧和演员代表了传统意义上的面具符号，那么莎士比亚等作家暗示的则是所有人都戴着面具。有些人的演技比别人要好。比如戏剧《奥赛罗》中的恶棍伊阿古，把自己的敌意隐藏在友好、善良的微笑背后。而另一些人则会表现得格外自信豪迈，因此往往能成为领导者。拥有精湛演技的人能够更好地驾驭复杂的社会环境并获得成功。

虽然我们都是专业演员，但同时我们也隐隐感觉到这种表演是一种负担。我们是地球上最成功的社会性动物。几十万年来，狩猎采集的祖先通过大量非语言信息相互交流以生存。在语言出现之前经历了漫长的发展时间，所以人类的面部才会如此具有表现力，手势才会如此复杂。我们渴望交流情感，同时又需要隐藏情感以保证正常的社会交往。在这些截然相反的作用力之下，我们无法对交流的内容有绝对的控制能力。真实情感不断以手势、声调、表情和身体姿态的形式泄露出来。然而，没有人训练我们注意人的非语言信息。我们把注意力集中在人们说的话上，同时思考接下来自己要说什么，这完全是出于习惯。也就是说，我们只动用了人类潜在社交技能中的一小部分能力。

想象一下，你和最近遇到的人进行交谈。通过观察他们表达的非语言信息，你可以感知到对方的情绪并将这种情绪反射回去，让他们不自觉地在你面前放松下来。随着谈话的进行，对方对你的手势有了镜像回应的迹象，这让你可以更进一步。通过这种方式，你可以建立起融洽的关系，赢得宝贵的盟友。相反，想象一下那些瞬间对你露出敌意的人。你能看穿他们虚假、紧绷的笑容，捕捉到那一闪而过的恼怒，以及在你面前表现出的微妙不适感。看到这种情况，你可以礼貌地从互动中退出，保持警惕，寻找对方的其他敌对迹象。你把自己从一场不必要的斗争、难看的算计中拯救了出来。

作为人性的研习者，你的任务有两个。首先，你必须理解并接受生活的戏剧特质，不对角色扮演和戴面具进行道德批判，它们对这个社会的正常运作具有至

1　节选自朱生豪译本的莎士比亚诗歌《皆大欢喜》。

关重要的作用。实际上，你的目标是在人生的舞台上以高超的演技扮演好自己的角色，吸引人们的注意力，占据聚光灯的焦点，让自己成为能令人产生共鸣的主演。其次，不要天真地将看到的表象误认为是现实。不要被对方的演技所迷惑。你要让自己变成解码对方真实情绪的大师，在日常生活中多多训练自己的观察和实践能力。

为了达到这样的目的，此处有三条法则：学会观察他人、学习解码非语言交际的基本要点、掌握印象管理的艺术，把自己的角色作用发挥到最大效果。

观察技巧

在孩童时代，我们都是卓越的观察者。由于身材矮小瘦弱，我们的生存有赖于对周围人的微笑和语气进行解码。我们常常被成年人奇特的走路方式、夸张的笑容和行为习惯所影响。我们会通过模仿他们取乐。我们可以从一个人的肢体语言中感受到威胁。这就是为什么儿童是那些惯于撒谎的人、骗子、魔术师以及装模作样的人的克星。因为孩子很容易看穿他们。慢慢地，大约从五岁开始，这种敏感性就消失了，因为我们开始朝内转向，变得更加关注别人怎样看待我们。

你需要意识到，这个过程不是获取新的技能，而是重新拾起幼年时曾经拥有的技能。这意味着要慢慢扭转向内的自恋，重新找回小时候那种向外的视野和好奇心。

与所有技能一样，它需要耐心。你需要通过练习重新给大脑接线，创造新的神经元连接。我们并不希望一开始就接收过多的信息，这样会导致过载。你需要慢慢来，每天前进一小步。在与人闲聊的时候给自己定一个目标，观察一两个似乎与对方所说的内容相反的面部表情或是一些额外信息。注意观察微表情，注意脸部快速的抽动以及勉强的笑容（详见下一节）。一旦在一个人身上完成了这个简单的练习，就换一个人再次尝试，把注意力集中在面部活动上。如果你发现自己对捕捉面部活动已经很熟练了，可以对声音进行类似的观察，注意声调和语速的变化。从声音可以看出人的自信度和满足度。随后再关注肢体语言，例如姿势、手势、腿的位置。将练习简化，定下简单的目标。把观察到的结果写下来，尤其是你发现的模式性内容。

在练习的过程中，要以放松、开放的心态对待看到的东西，而不是急于用文字来解释。你需要参与到谈话之中，尽量少说话，努力让对方多说话。尝试进行镜像反馈，根据他们所说的内容进行评论，表达自己在听他们说话。这样做会让他们放松下来，想要更多地交流，从而泄露出更多的非语言信息。对人的观察绝不能太过明显。如果对方感觉到你在审视他，就会控制自己的表情。过多的眼神接触会出卖你。你需要表现得自然专注，快速用余光观察对方脸部、声音和身体上的变化。

如果长时间观察某个人，你需要有一条针对他的表情和情绪的基准线。有些人天生沉默寡言，性格矜持，他们会有特殊的面部表情。有些人比较活泼，精力充沛，而有些人始终挂着焦虑的表情。观察一个人日常的行为举止可以帮助你识别出异常状态，比如一个平时矜持的人突然活跃起来或习惯性紧绷的人突然显出轻松的样子。古罗马的马克・安东尼天性乐观，他总是笑嘻嘻地打趣别人。他在恺撒遇刺后突然变得沉默寡言、闷闷不乐，安东尼的对手屋大维就明白了是他在搞鬼，对他产生了敌意。

还有一项练习是观察那些兴高采烈要去做某件事的人，比如要去某个吸引人的地方旅游，或是与正在追求的人约会，或是其他很值得期待的事情。注意他们期待的神情，眼睛是否一直睁得很大，面色是否红润富有生机，嘴唇上是否挂着微笑，这一切都是因为他们在想即将发生的事情。再与那些即将参加考试或工作面试的紧张情绪进行对比。在关联情绪和面部表情方面，你的词汇库在不断扩大。

要对接收到的混合信息予以关注：某个人表示很欣赏你的看法，但表情和语气却显得很紧张；某个人祝贺你成功升职，笑容却很勉强，表情也很悲伤。这种混合的信息特别常见，涉及身体不同部位的反应。在亨利・詹姆斯的小说《使节》中，叙述者注意到一个拜访过他的女人谈话的大部分时间里都在微笑，但拿着伞的手却很紧张。只要注意到这一点，就能感受到她真正的情绪——不适。对于混合的信息，你要意识到大量非语言沟通会泄露负面情绪，要对这些负面的信息更为重视，这表明了对方真实的感受。在某些时候，你可以自问他们为什么会感到悲伤或嫌恶。

你可以尝试不同的方式进行进一步的练习。你可以坐在咖啡馆等公共场所观察周围的人，不需要参与对话。倾听他们的对话，寻找声音线索。注意他们走路的方式和肢体语言。有条件的话可以做笔记。当你在这方面进行了足够的练习后，可以通过得到的线索猜测对方的职业，从他们的肢体语言中猜测他们的性格。这应该是个相当有趣的游戏。

随着不断进步，你在分配注意力时也会更加得心应手——既能倾听对方的谈话，也会仔细注意非语言信息。你会接收到从前未曾注意到的信号，不断扩大自己的词汇库。要记住，人们做的每件事都是一种信号；所有的手势都包含着信息。你会注意到人们的沉默、他们穿的衣服、办公桌上摆放的物品、呼吸的模式、某些肌肉的紧绷程度（尤其是颈部），还有交流中的潜台词，也就是那些没有说出口的隐含信息。这些发现会让人感到兴奋，激励你继续努力。

在锻炼这种技能的时候，你需要注意一些常见的错误，否则可能会误入歧途。语言表达的是直接的信息。我们可以讨论某句话到底是什么意思，阐述的可能性是相当有限的。非语言信息则更加含糊间接。没有字典能告诉你那究竟是什么意思。它取决于个体和背景。如果不够小心，你会很容易把收集到的信息解释为符合自己对他人臆想的偏见，这不仅令观察失效，还会使你陷入危险之中。如果你观察的是一个你不喜欢的人或令你联想起不快经历的人，你会倾向于把所有信息解读为不友好或敌对的情绪。而对于你喜欢的人，你又会做出相反的判断。在这些练习中，你需要努力消除自己的喜好和偏见。

与此相关的例子便是奥赛罗式错误。在莎士比亚的戏剧《奥赛罗》中，主人公奥赛罗认为妻子苔丝德蒙娜与他人通奸，因为当他问起某些证据时对方显得非常紧张。实际上苔丝德蒙娜是无辜的，但奥赛罗的咄咄逼人和偏执的本性使得他在提问时令对方感到紧张，他把这种紧张当成了罪恶感的信号。在这个例子中，我们从对方那里接收到某些情绪化的暗示，比如说紧张，就认定了它一定与某个原因有关。我们急于找到一个符合自己内心愿望的解释。但紧张的情绪可能有多种原因，很可能是我们的提问方式和整体环境造成的。此时的问题不在于没有观察，而在于解码错误。

一八九四年，法国军官阿尔弗雷德·德雷福斯因向德国人泄密而被误捕。德雷福斯是犹太人，当时很多法国人都有反犹情绪。在第一次出庭接受质询时，德雷福斯平静而有条理地作答，这是他接受的官僚培训的结果，也是他努力控制自己紧张情绪的表现。但大多数公众认为，真正无辜的人一定会大声抗议。因此，他的举止一定是有罪的表现。

请记住，不同文化背景的人会有不同的行为认知，这叫行为规则。在某些文化中，人们习惯于少微笑多触碰，或者他们的语言更强调声调。一定要把对方的文化背景考虑进来并据此对信息进行解释。

作为练习的组成部分，你还可以观察自己。注意假笑的频率和时机，看看紧张的情绪如何反映在你的声音、手指的敲打动作、拨弄头发的手和颤抖的嘴唇上。

如果对自己的非语言行为有敏锐的意识，也会帮助你更敏锐地感知他人发出的信号。情绪与信号可以更准确地对应起来。而且，你还会对自己的非语言行为有更强的控制力，这对扮演正确的社会角色有很大的帮助（参见本章最后一节）。

最后，在培养观察能力的过程中，你会发现你和自己、他人的关系发生了变化。你会对人们的情绪变化越来越敏感，甚至能体会到他们内心的感受，预知他们的情绪。如果走得足够远，这种力量会让你像米尔顿·艾瑞克森一样，仿佛有通灵的本领。

解码的关键

要记住，人们总是想向世界展示自己最好的一面。这意味着要尽可能地隐藏对立情绪、对权力或优越感的渴望、讨好的企图以及不安全感。他们会用语言来掩饰自己，利用人们对语言的关注度转移你的注意力。他们也会动用某些简易的面部表情令对方以为自己是友好的。你的任务是排除干扰因素，抓住泄露出来的迹象，揭示面具下的真实情感。你需要观察识别出三类最重要的信息：不喜欢 / 喜欢、支配 / 顺从、欺骗。

不喜欢 / 喜欢的征兆。想象一下这样的场景：出于嫉妒或不信任等原因，有人不喜欢你，但在群体环境中不能公开表达，否则他会因为破坏团结而自取其辱。所以他对你微笑，与你交谈，似乎还很支持你的想法。有时你可能会觉得事情不大对劲，这些迹象非常微妙，当你正视对方的时候，似乎就会忘记它们。突然之间，他开始阻挠你或是表现出恶劣的态度。面具脱落了。你为此不仅要面对工作或个人生活上的困难，还包括情感上的伤害，以及由此产生的挥之不去的影响。

理解：人们的敌意和抵抗行为从来不会凭空出现。他们在采取任何行动之前都是有征兆的。对他们来说，要把这种强烈的情绪完全压制住实在太困难了。问题不仅在于我们没有关注，本质上还在于我们不喜欢预想冲突和分歧。我们宁愿避免触碰它，认为人们都是站在自己这一边的，至少也是中立的。大多数情况下，我们都会察觉出不对劲的地方，但都忽略了这种感受。我们必须学会相信这种直觉反应，寻找能验证这些的迹象。

人们在肢体语言中会表达出明显的厌恶或敌对情绪。其中包括：跟你说话的时候突然眯起眼睛、瞪起眼睛、嘴唇抿到几乎消失、脖子僵硬，在你还没有讲完话时就做出离开的动作，在你试图表达观点的时候抱胸或是身体全面处于紧张状态。问题是除非对方的情绪已经强烈到无法掩饰，否则你总是看不到这样的迹象。你需要学会读懂对方的微表情和更加微妙的迹象。

微表情是心理学家近一段时间的研究成果，他们通过影像进行了记录。它持续的时间连一秒都不到，这有两种原因。一是人们意识到了这种消极情绪并试图掩盖它，但还是没有控制住瞬间的泄露。二是人们没有意识到这种敌意，但它却在脸上或身体上快速闪现了出来。它们可能是瞬间瞪眼、面部肌肉紧张、嘴唇紧抿、露出冷笑或轻蔑的表情、眼睛向下看。意识到这样的现象后，我们就可以去寻找这样的表情了。你会惊讶地发现它们出现的频率非常高，因为要完全控制面部肌肉并及时压制这些迹象几乎是不可能的。你需要放松并集中精力，不要表现得很明显，而是从眼角去捕捉它们。一旦你注意到这些表情，就会越来越容易捕捉到它们。

微妙的迹象同样具有说服力，紧张或冷漠的信号很可能会在脸上持续几秒。例如，当你靠近一个心怀恶意的人时，如果从一个出其不意的角度走过去，可以清晰地看到对方还没来得及戴上亲切和蔼的面具，脸上还保留着不快的样子。他们看到你并不高兴，而且这种不快会持续一两秒。或是你表达了某种强烈的意见，他们便开始翻白眼，但又会用微笑进行掩盖。

突然的沉默可以说明很多问题。可能是你说了某些话，引起对方的嫉妒或不快，使他们不得不陷入沉默和沉思。他们可能会用微笑来掩盖内心的愤怒。相较于害羞和无话可说，你会在其中发现明显的恼怒的迹象。对于这种情况，最好在最终惹恼对方前有所察觉。

人们经常会给出混合的信息，比如嘴上说着积极的评价，身体却表现出消极的状态。这会缓解他们总要保持愉快气氛的紧张感。他们是在赌你会把注意力集中在话语上，忽略他们龇牙咧嘴的苦笑。也要注意一些相反的情形，比如有人嘴上说着尖酸刻薄的话，直接指向你，但语气诙谐面带微笑，仿佛在暗示这是一种幽默。如果把话当真，好像显得太不礼貌了。但实际上，如果这种情况反复出现，你应当注意的是语言，而不是肢体动作。这是他们压抑敌意的方式。注意那些嘴上赞美奉承你，但眼睛黯淡无光的人。这是潜在的嫉妒的表现。

在司汤达的小说《帕尔马修道院》中，莫斯卡伯爵收到一封匿名信，挑起了他关于深爱的情妇的嫉妒之情。在思考信是由谁送来的时候，他想起了当天早些时候和帕尔马王子的一番谈话。王子认为与爱情带来的快乐相比，权力的愉悦十分苍白，在他说这番话的时候，伯爵发现他眼中闪烁着相当恶毒的光，同时还伴随着暧昧的微笑。这番话虽是泛泛而谈，但那眼神却是针对他的。由此他正确地推断出信是王子寄来的；王子无法控制自己，内心恶毒的快乐表露了出来。这就是一种混合信息。人们嘴里说着泛泛的话题，但眼神会微妙地指向你。

解读矛盾情绪的时候有一个很好的衡量标准，也就是比较人们面对你和面对其他人时的肢体语言。你可能会察觉到，人们对其他人明显更加热情友好，对待你则戴上了礼貌的面具。在谈话中，他们会情不自禁地在眼神中表现出短暂的不耐烦和恼怒，但也只有在和你说话的时候才会出现。同时也要记住，人们在醉酒、困倦、沮丧、愤怒或压力下也更容易泄露真实感受，包括敌对情绪。事后他们往往会以此作为借口，仿佛那一刻自己已经不是自己，其实那时的他们比任何时候都更像自己。

在寻找征兆的过程中，最好的方法是做测试，甚至可以说是给人挖陷阱。国王路易十四就是这方面的高手。他是凡尔赛宫廷的最高权力者，其中满是贵族成员，这些成员对他绝对的权力充满了敌意和怨恨。但在文明的凡尔赛宫，所有人都是完美的演员，要把自己的感情，尤其是对国王的感情掩藏好。但是路易有自己的考量方法。他会在没有打招呼的情况下突然出现在对方面前，观察他们脸上瞬间的表情。他会要求贵族举家迁入凡尔赛宫，他知道这样做的代价很大，而且会招致对方不快。他会仔细观察对方面部或声音中恼怒的迹象。他会对一个朝臣说一些关于对方盟友的负面信息，注意对方当下的反应。如果对方表现出大量不适的迹象，就证明他有潜藏的敌意。

如果你怀疑某个人对你心生嫉妒，不妨客观地谈谈最近自己的好消息。看看对方脸上有没有失望的微表情。你还可以用类似的方式探索隐藏的愤怒和怨恨，这些都是人们无法一瞬间掩盖的情绪。一般来说，人们总会在多看你一眼、少看你一眼、表现漠然这三种状态中来回切换，但最终往往会转向其中一种状态。这一点可以在对方回复邮件或短消息的速度，见到你第一眼时的肢体语言，以及在你面前的整体语调中表现出来。

尽早发现潜在的敌意和负面情绪可以增加你战略选择的操作空间。你可以为对方布下陷阱，故意挑起对方的敌意，诱导他们采取攻击性行动，从整体情况来看，只会令他们自己陷入尴尬的境地。你也可以加倍努力，消除对方对你的厌恶，甚至用自己的魅力赢得青睐。或者你也可以干脆制造距离，采取不雇用、解雇或拒绝与之交往的措施。最终，你会避免遭遇突如其来的破坏行为，使自己的道路更加顺畅。

而在硬币的另一面，虽然我们不太需要隐藏自己的积极情绪，但我们往往也不喜欢太明显地表达出喜爱与欣赏的情绪，特别是在工作场合中，甚至是在求爱的过程中。人们总喜欢表现出冷漠的社交面孔。所以，如果你能观察到对方被你迷惑的迹象，是有很大价值的。

根据心理学家保罗·艾克曼等人对面部特征的研究，对你情感积极的人面部肌肉往往比较放松，尤其是额头和嘴周围的部分；他们的嘴唇会更突出，整个眼睛周围的区域都会扩展开来。这些都是不自觉表现出的舒适和坦然的状态。如果感受更为强烈，比如与眼前的人坠入爱河，血液会涌向脸部，种种迹象都活跃放大起来。由于人处于兴奋状态，瞳孔会放大，眼睛自然会放出更多的光。这是一个人看到自己喜欢的东西时表现出来的特征。伴随着瞳孔扩张，眉毛也会上扬，使眼睛看起来更大。我们很少会凝视瞳孔，因为在某种情境下注视他人的眼睛有明显的性暗示。我们必须训练自己，如果发现对方的眼睛睁大，可以迅速瞥一眼瞳孔的状态。

在培养识别技能的时候，你还需要学会区分真笑和假笑。在人们想掩盖自己的负面情绪的时候，最常用的方法就是假笑，因为这很容易，一般人很少会注意笑的区别。因为真笑其实很少见，你需要识别它。真笑会拉扯眼睛周围的肌肉向外扩张，往往会扯出眼睛两侧的鱼尾纹。此外还会把脸颊向上拉。如果眼睛和脸颊没有明显的变化，那这个笑就不是真实的。有人会试图用大幅度的笑来假装是真的，也会扯到眼睛。所以除了肢体语言，还要看情景。真挚的笑通常源自突然的动作或语言，它是自发形成的。那么这个笑与当下的情景有无关联，说出的话能否引出这样的表情？会不会是一个人想努力给人留下深刻的印象或是有什么战略目标？微笑的时机是否有偏差？

最能展现积极情绪的元素可能非声音莫属。对我们来说，控制面部表情是比较容易的。我们可以通过照镜子练习达到这样的目的。但除了专业演员之外，人们很难有意识地调节声音。当人很投入、很兴奋地与你交谈时，声音的音调就会升高，情绪比较激动。即使人处于紧张状态，语调也会温和自然，而不会像推销员一样假装热情。你会听到声音中有类似呼噜般的愉快声音，有人将其比作声音在微笑。你也会听到声音中没有丝毫的紧张和犹豫。在交谈的过程中，相互打趣、节奏加快都是关系越来越融洽的特征。欢快活泼的声音往往会感染我们的情绪，引起类似的反应。感觉到这些的时候自然会知道，只是我们往往会忽略这些感觉，专注于好听的说辞和话术。

也就是说，在你想要影响和诱惑他人的过程中，关注非语言线索是必不可少的。这是衡量对方在多大程度上受到了你的蛊惑的最好方法。如果对方在你面前感到舒适，他们就会站得更近或是靠过来，他们绝不会双臂交叠，也不会露出任何紧张感。如果你正在演讲或讲故事，频繁的点头、专注的目光和诚挚的微笑都表明人们同意你说的话，而且逐渐失去了抵抗力。他们会更频繁地与你交换眼神。最理想的标志是同步，也就是对方在不自觉地模仿你。腿向着同一个方向交叉，头以类似的方式倾斜，一个微笑引发了另一个微笑。在终极的同步中，就像米尔顿・艾瑞克森发现的那样，连呼吸都进入了同样的节奏，此时便会以一个吻告终。

你可以训练自己，不仅要注意由自身引发的变化，还要通过积极的暗示诱惑对方。慢慢站起来或是离对方更近一些，都能微妙地流露出敞开心扉的信号。在别人说话的时候点头微笑。模仿对方的行为和呼吸模式。在这个过程中观察情绪传导的迹象，感应到阻力慢慢崩塌之时再更进一步。

诱惑的高手会动用一切积极的暗示，模仿出与你沉浸在恋爱中的状态，只为让你深深为其所控制，很少有人会在接触的早期阶段就自然而然地流露出大量的情绪。如果你认为对方操之过急甚至有些刻意，可以提醒他们放慢节奏，观察他们是否出现了沮丧的表情。

支配/顺从的征兆。作为地球上最复杂的社会动物，人类基于地位、金钱和权力形成了复杂的等级制度。我们知道它的存在，但不喜欢公然谈论它，当他人谈论自己更加优越的时候会令我们产生不适。相反，主导或顺从的迹象多数是通过非语言交流来表达的。我们从其他灵长类动物，特别是黑猩猩那里获得了这样的交流方式，他们有一套完备的符号来表明黑猩猩个体在社会中的等级位置。处于优越地位的人会显露出自信并通过肢体语言向外辐射。有些人在自己尚未获得权力地位之前就显露出这样的自信，当他人为之所吸引时，这种自信便成为一种自我实现的预言。一些雄心勃勃的人可能会试着模仿这样的自信感，但一定要做得恰到好处。假装的自信会让人很不舒服。

自信通常伴随着松弛感，它清晰地反映在脸上并伴有更大的行动自由。权力在手的人可以更多地扫视周围的人，选择和自己喜欢的人进行眼神交流。如果眼皮呈现闭合的状态，便是认真和干练的体现。如果他们感到无聊或烦躁，也能更自由、更公开地表现出来。他们很少笑，频繁微笑会表现出缺少安全感。他们会觉得自己更有资格去触碰他人，比如友好地拍拍后背或手臂。在会议中，他们会占据更大的席位，在周围空出更大的空间。他们会站得比较高，姿态也轻松舒适。

最重要的是，别人不得不模仿他们的风格和举止。领导者会以一种非常微妙的方式将非语言沟通的内容强加给群体。你会发现人们不仅模仿着他们的想法，还在模仿他们或冷静或狂热的状态。

男性领导喜欢用某些方式来表明自己在等级社会中的优越地位。他们的语速比别人快，自觉拥有打断和控制谈话节奏的权力。他们握手非常用力，几乎要将对方的手捏碎。当他们走进办公室的时候，你会发现他们的姿态高傲，昂首阔步，通常走在下属前面。在动物园里观察黑猩猩的话，也会发现它们有类似的行为。

对身处领导岗位的女性而言，最有效的往往是冷静、自信的表达，既热情又务实。最好的例子也许是德国总理安格拉·默克尔。她比一般男性政治家更少露出微笑，但当笑容出现时一定别有意义。她从不会显得虚假。她听人讲话时总是全神贯注的样子，脸色非常平静。虽然让其他人做了大量的发言，但自己总是掌控着谈话的进程。她不需要通过打断别人来维护自己的地位，当她想要攻击对方时，会显出厌烦、冰冷或轻蔑的表情，绝不会用虚张声势的语言。俄罗斯总统普京曾带着自己的宠物狗参加会谈，企图恐吓她，他知道默克尔被狗咬过，对狗很恐惧。她明显紧张了起来，但迅速又镇定下来，平静地注视着他的眼睛。相对于普京，她的站位更高，没有被对方牵着鼻子走。相比之下，普京显得幼稚又小气。她的行为举止中看不到男性领导的肢体语言。她更安静，但自有其力量。

随着越来越多的女性走上领导岗位，这种不太引人注目的权威风格会逐渐改变人们长期以来对权力相关的一些支配性暗示的看法。

需要注意的是，在你所处的群体中，那些掌握权力的人是否有支配他人的迹象。在非语言暗示中表现得紧张犹豫的领导者，一般都对自己的权力缺乏安全感或是感到了威胁。焦虑和不安的迹象很容易发现。他们说话会经常停顿，而且停顿的时间比较长。声音语调会比较高，而且长时间维持在这个频率上。他们喜欢转移视线，虽然总想眨眼，但又要尽力控制眼部运动。他们总会强颜欢笑，笑声也很局促。虽然有权力触摸他人，但他们更倾向于触摸自己，这也就是所谓安抚行为。他们会摸自己的头发、脖子和额头，都是为了安抚自己的神经。如果想要掩饰自己的不安全感，在自我陈述的过程中声音就会很大、声调很高。在这个过程中，他们会紧张地四处张望，眼睛睁得很大。或者虽然话题非常活跃，但他们的手和身体都异常安静，这就是焦虑的信号。他们难免会发出混合的信号，你要注意的是那些预示着潜在不安全感的部分。

尼古拉·萨科齐担任法国总统时是个喜欢用肢体语言来强调自身存在感的人。

他会拍别人的后背，指导大家站在那里，紧盯着别人，打断别人说话，在多数时候他都支配着房间里的所有人。在欧元危机期间，默克尔在与他的一次会面中看到了他一贯霸道的行径，但又注意到他的脚一直在紧张地抖动。过分强硬的作风也许是他转移他人视线、隐藏自己不安全感的方式。这是能为默克尔所利用的宝贵信息。

人们的行为往往会包含支配和服从的暗示。例如，经常迟到的人以这种方式展示自己的优越性，这种优越性也许是真实的，也许是想象出来的。他们没有义务准时到场。此外，谈话模式也揭示了人们自认为所处的相对位置。例如，那些感觉自己占有主导地位的人会倾向于多说话并经常打断对方，以此来维护自己的地位。如果争论上升为人身攻击，他们会揪住一点，在对方身上找到一个足以引发争议的行为，但其实这只是模式的一种。他们会通过语气和锐利的眼神来表达自己是主事人。如果你从外部观察一对夫妻，常常会发现有一个人处于主导地位。只要与他们交谈，主导者便会与你进行眼神交流，但不会与自己的伴侣进行交流，而且会显得对伴侣的发言漫不经心。微笑也是表达优越感的一种微妙暗示，特别是我们所说的紧绷的微笑。这通常出现在回应某些人说话的时候，表现为一种紧缩面部肌肉的微笑，表达了自己对下位者的嘲讽和蔑视，但仍用表面的友好加以掩饰。

最后一种非常微妙的非语言信号是通过病症来维护自己在关系中的主导地位。比如一方突然出现头痛或其他疾病，或是开始酗酒，或是陷入消极的行为模式。这样迫使另一方按照自己的规则行事，迁就脆弱的自己。这是一种故意用同情心来换得权力的方式，非常奏效。

最后，你需要利用这些从线索中收集到的信息，衡量他人的自信心水平并采取适当的行动。对于那些内心充满不安并外露于非语言表达中的领导者，你可以利用这种不安感并借此获得力量，但最好不要过度依赖这类人，随着时间的推移，他们往往不会有很好的表现，还会连你一起拖垮。对于那些虽不是领导者却把自己当成领导者的人，你的反应要依据他们的性格类型来决定。如果是充满自信与使命感的后起之秀，那么随着他一起爬升就是明智之举。这类人会在周身散发出一种正向的能量，你一定会注意到。如果是傲慢而小气的专制主义者，应当努力避免与之交往，这类人是口惠而实不至之人。

欺骗的征兆。人类天生容易受骗。我们想要相信某些事，比如可以不劳而获，可以通过一些新鲜的轻松技巧重获身体健康，甚至可以躲过死亡；他们相信大多数人本质上都是善良可信任的。这种思想上的倾向性是骗子和操纵者行动的基石。

如果我们不那么容易受骗，对人类的未来会是件大有裨益的事，但人性是无法改变的。相反，我们能做的是学会识别某些骗人的迹象，在调查研究的过程中保持怀疑的态度。

一个最明显也最常见的征兆是一个人表现得异常活跃。他们总在微笑，热情得过头，甚至表现得很讨喜，这些表现很容易让人上钩，让人对其影响力的抵抗能力大大降低。林登·约翰逊总统想要蒙蔽某位参议员的时候，他会步行一千六百米，把对方逼到衣帽间的角落里，讲一些不合时宜的笑话，摸摸对方的胳膊，看起来格外真诚，把笑容咧到最大。同样，如果人们试图掩盖一些事情，往往会表现得情绪异常激烈、义正词严、格外健谈，其实他们用的是信念偏见的把戏（参见第一章）——如果否认的时候气势汹汹，摆出一副受害者的样子，对方就很难怀疑我。我们对真相有着格外的执念。事实上，如果有人用夸张的方式阐述自己的想法或是用强烈的态度为自己辩护，这就是应当提高警惕的时候。

在掩盖事实和话术推销的时候，欺骗的一方要努力使你分心，转移你对真相的注意力。虽然活泼的面孔和手势可能纯粹出于热情友好，但如果出自一个你并不熟悉的人或是对你可能有所隐瞒的人时，就必须提高警惕。此时，就需要寻找非语言迹象来证明你的怀疑。

你往往会发现，欺骗者的脸部或身上的某一处有更强的表现力，他们想以此吸引你的注意力。这经常体现在嘴巴周围，笑容非常灿烂，表情灵活多变。这是人们最容易操控、最灵活的身体部位。也有可能是用手或手臂做出夸张的动作。关键在于，你会发现他身体的其他部位非常紧张，因为他不可能控制所有的肌肉。虽然露出了灿烂的笑容，但眼睛却紧绷着不眨眼，身体其他部位完全僵硬，或是虽然用眼神想要骗取你的同情，但嘴巴却微微颤抖。这些都是人为调整的迹象，是太想控制身体某一部位的表现。

有时，真正聪明的骗子还会用制造相反印象的手段实现目的。如果他们想要掩盖不法行为，会把罪恶感隐藏在极其严肃和干练的外表下，脸上表现得异常平静。他们不会大声否认，而是对一连串事件给出一个非常合理的解释，甚至用“证据”来证实这一点。他们描述的内容几乎天衣无缝。如果是想要获得你的金钱或支持，他们会摆出一副极度专业的样子，甚至表现得有点儿无聊，将大量的数据砸向你。骗子经常用这类手段。骗术大师维克托·勒斯蒂格会用专业术语将受害人催眠，把自己伪装成官僚或研究债券和证券的书呆子专家。伯尼·麦道夫看起来平平无奇，没人会怀疑他参与了如此大胆的骗局。

这种类型的骗局更难看穿，因为能观察到的线索更少。但你还是要寻找那些不自然的地方。现实从来不会这样轻巧流畅。真实情况总是会有突如其来的干扰和意外。现实是混乱的，碎片之间很难衔接得非常完美。这就是水门事件的破绽，这引起了人们的怀疑。如果解释过于圆滑或专业，就要警惕起来。从另一个侧面来看，正如陀思妥耶夫斯基在小说《白痴》中通过一个角色之口说的那样："在你撒谎的时候，如果巧妙地把一些不太常见、有些古怪的东西放进去，而实际上你知道，它从未发生或很少发生，这谎言听起来会更真实。"

一般来说，当你怀疑别人想要转移你的注意力的时候，最好的方法是不要主动与他们对抗，而是通过言行表现出兴趣，鼓励对方继续下去。只有让对方多说话，才能观察到更多紧张和欺骗的线索。在适当的时候，你突然抛出令对方不适的问题或评论，表达出自己已经看穿了。此时注意他们的微表情和肢体语言。如果他们真的是有意欺瞒，往往在接收到信息后会有一个愣住的状态，然后迅速企图掩盖自己的焦虑感。这是神探可伦坡在同名电视剧中最喜欢用的方法，面对那些想要推翻证据、推卸责任的犯罪分子，可伦坡会摆出一副友好无害的面孔，突然提出一个令人不适的问题，然后仔细观察对方的面部表情和肢体动作。

面对老练的骗子，揭穿他们的最好方法就是注意他们如何用非语言线索佐证自己说出的话。人类是很难做到这一点的。强调需要通过提高声调、加强语气、挥动手臂、高抬眉毛、睁大眼睛来实现。我们还可能会身体前倾或是踮起脚尖。当我们情绪饱满、想要给自己说的话加上感叹号的时候，就会表现出这样的行为。而骗子是很难模仿的。他们用声音或肢体进行强调的时候，表现出来的样子和所说的话并不完全相关，有的不符合当下的情景，有的表现得晚了一步。当他们用拳头敲击桌子的时候，并不是应当情绪激动的时候，而是提早了很多，好像是在暗示，在制造效果。这些都给真实性增添了裂痕。

最后，对于欺骗是有衡量标杆的。在量尺的最底部，有一些非常无害的小谎言。这些包括了日常生活中各种形式的恭维："你今天看起来很不错。""我喜欢你的剧本。"也包括不向他人透露今天做了什么或是对某些信息加以隐瞒，人不可能完全透明、毫无隐私。只要留意，比如看看微笑的真挚程度，这样的小谎言是很容易发现的。但最好还是忽略这些底层的谎言。社会是否文明有礼取决于能否偶尔说出一些不太真诚的话。如果不断揭露这样的欺骗，对社会会有很大的破坏作用。你应当把警觉性留给那些风险较大的事，在他人想从你身上获取价值的时候保持警惕。

印象管理的艺术

一般来说，角色扮演这个词有负面的含义。我们会用它来和真实情况做比较。人们认为一个真实的人不需要在生活中扮演角色，只要简单做自己就可以。这个观点在朋友关系和亲密关系中是有价值的，对方希望我们能摘掉面具，以舒适的状态展示自己独特的一面。但在职业关系中就复杂多了。在完成社会生活中的具体工作或扮演某种角色的时候，人们对什么是专业是有预判的。如果飞机驾驶员突然变得像汽车销售员一样，机械维修师突然变得跟医生一样，教授突然变得像摇滚乐手一样，我们都会感到不适应。如果这类人表现得放飞自我，丢掉面具，拒绝扮演自己的角色，我们会质疑他们的能力。那些在人们看起来很真实的政治家和公众人物只是善于表现出这种品质。他们知道，如果表现得谦逊或是讨论自己的私生活，讲一些曾经难以启齿的往事，都会产生“真实”的效果。人们看到的不是他们在家中真实的样子。想要在公共领域生活，就意味着要戴起面具，有些人甚至会戴起“真实”的面具。即便是嬉皮士和叛逆青年也在扮演角色，他们要摆出特定的姿势，还需要文身。他们没有突然穿上商务西装的自由，圈内人士会质疑他们的忠诚度，而忠诚度有赖于正确的打扮。直到人确立了自己的地位，能力不再受到质疑，才拥有更多的自由。此时他们可以将更多的个人元素带入自己扮演的角色当中，但这也是有限度的。

大多数人都会自觉或不自觉地遵守角色要求，因为我们都知道社会上的成功正取决于此。有些人拒绝玩这样的游戏，最终会被边缘化而成为局外人，随着年龄的增长，他们的选择越来越少，自由度越来越低。一般来说，最好能接受这种状态并从中努力获得一些乐趣。你不仅要呈现出恰当的外表，还要知道如何令其发挥出最大效果。然后，你可以把自己变成一个生活在舞台上的优秀演员，享受聚光灯下的时刻。

以下是关于印象管理艺术的一些基本知识。

掌握非语言表达。在某些情况下，人们想要了解我们的身份，会更加注意我们的非语言表达。比如在求职面试、小组会议或公开露面的时候。如果意识到这一点，聪明的社交表演者就知道如何表达了，他们会有意识地发出一些恰当的、积极的暗示。他们知道怎样显得讨人喜欢，或是翩然一笑，或是使用接纳对方的肢体语言，模仿对方的动作。他们还知道怎样通过支配性的暗示表达自信，知道想要传达不屑或感兴趣的态度，肢体语言比口头语言更有表现力。一般来说，你需要了解自己的非语言表达风格，这样才能有意识地在某些方面进行调整以达到更好的效果。

做有方法的演员。在训练表演的过程中，演员可以通过训练表现出适当的情绪。如果角色需要，他们可以通过回忆或想象类似的经历来表达出悲伤的情感。关键是要有控制的能力。在现实生活中，我们不可能把自己训练到专业演员的程度，但如果没有丝毫的控制力，如果随时都沉浸在情绪之中，你散发出的会是一种软弱、缺乏自我掌控力的信号。想要有意识地处于正确的情绪之中，你需要想象在当下的场合中，自己应当有怎样的情绪，为什么要有这样的情绪。跟随此时的感受，让面部和肢体自然而然地动起来。有时候，如果想要露出微笑或皱眉的表情，你需要感受到相应的情绪。同样重要的是，还要训练自己在平静的时刻恢复平静的表情，注意不要太过情绪化。

适应你的听众。虽然扮演角色需要符合一些特点，但还是要保持灵活性。表演大师比尔・克林顿从来没有忘记自己作为总统需要树立自信和大权在握的形象，但在对着汽车制造厂工人演讲的时候，他会调整自己的口音和用词来贴近听众。而如果面对的是一群高管，他也会做相应的调整。了解你的听众，根据他们的风格和品位调整非语言信息。

给人留下适当的第一印象。事实证明，人们倾向于根据第一印象以及重新评估这些第一印象的困难程度进行判断。了解这一点之后，你需要格外注意自己在个人或群体前第一次亮相的状态。一般来说，最好减少释放出的非语言信息，展现出更平和的一面。如果太兴奋，会发出不安全的信号，令人徒增怀疑。在初次见面的时候，只要放松地微笑，看着对方的眼睛，就能够自然而然地降低他们的抵抗力。

制造戏剧性效果。这主要是指掌握出席和缺席的艺术。如果你总是出现在人们面前，对方会经常看到你并准确预测出你接下来会做什么，那么他们就会对你产生厌倦。你需要学会有选择地缺席，调节自己出现在他人面前的频率和时间，让他们总想要多看到你，而不是不想看到你。为自己披上神秘的外衣，表现出一些微妙的矛盾特质。人们不需要知道你所有的事。要学会隐藏信息。一般来说，要让自己的外表和行为不那么容易被人预测到。

展现圣人的品质。无论生活在哪个历史时期，总有一些品质是人们眼中比较积极的，你需要了解如何展示它们。比如，圣人的外表就永远不会过时。今天的圣洁与十六世纪的标准已经有所不同，但本质上都是一致的——你需要把那些人们认为是好的、无可指摘的一面展示出来。在现代社会，这意味着要表现出进取、宽容和开放的心态。在社交媒体上，你的理想形象是大力支持某种事业并为之慷慨解囊。表现出真实诚恳的形象总能取得很好的效果。偶尔将自己脆弱的地方袒露出来会收获良好的效果。出于某些原因，人们会将谦逊视为真实的象征，不管这份谦逊是不是佯装出来的。学会偶尔低头表达谦逊。对于某些不得不做的脏活，让别人去做。你的手是干净的。永远不要公开扮演马基雅维利式的领导者，这样的形象只在电视剧里起效。使用恰当的暗示让人们觉得你很强大，哪怕你还没有达到那样的高度。你需要让人们觉得你是注定要成功的人，这种神秘效果总会奏效。

古罗马皇帝奥古斯都当属这方面的大师级人物。奥古斯都明白一个好敌人的价值，对方可以反衬自己。于是，他让早期与自己争夺权力的对手马克·安东尼成为衬托自己的完美对象。奥古斯都亲身践行罗马社会的一切传统习俗，甚至把家安在传说中罗马建城的地方。在安东尼前往埃及与女王克莱奥帕特拉调情，深陷奢华生活中时，奥古斯都不断强调他们二人之间的不同，让自己成为罗马价值观的化身，而安东尼则成了叛徒。等到他成为古罗马领袖后，奥古斯都公开表示出自己的谦逊之意，将权力还给元老院和人民。他讲的是更本土的拉丁语，过着简单的生活，就像普通人一样。因此，他获得了人们的尊敬。当然，这只是一种表演。实际上，他大部分时间都是在罗马城外的豪华别墅里度过的，还有很多来自埃及等异国他乡的情妇。虽然他看似放权，但实际却紧紧抓住了真正的军队控制权。奥古斯都对戏剧情有独钟，他是一个表演大师，也是个戴着面具的人。他一定认识到了这一点，因为他临终前的最后一句话是："在这生命的闹剧中我扮演的角色够好了吗？"

我们需要认识到以下几点：个性（personality）一词源于拉丁语 persona，其含义是"面具"。在公众面前，我们都戴着面具，这是有积极作用的。如果我们展示出自己真实的样子和想法，几乎会得罪所有人，将需要隐藏起来的特质暴露出来。戴着面具扮演好角色，其实可以保护自己不被他人看穿，不会被不安全感侵扰。其实你的角色扮演得越好，就越能积攒力量，进而更自由地展现自己更多的特质。如果你做得足够好，面具上会呈现出很多符合你个人的特点，但它们都是为了提升效果而存在的。

"你似乎能在她身上看出很多我看不出来的东西。""不是看不出，华生，而是不注意。你不知道该看哪里，所以忽略了所有重要的东西。我永远无法使你认识到袖子的重要性，从大拇指指甲中看出问题，或者在鞋带上发现大问题。”

——阿瑟·柯南·道尔爵士《身份问题》

第四章

决定性格的因素：强迫行为法则

在选择和自己一起工作和打交道的人的时候，不要被对方的名声所迷惑，也不要被对方塑造出来的表面形象吸引。学会深入观察，看到对方的性格。人的性格是由其幼年经历和日常习惯构成的。它会迫使人们在生活中重复某些行为，陷入消极模式之中。仔细观察这类模式，记住人们做一件事从不会只做一次。他们总是无可避免地重复着自己的行为。我们可以通过他们面对逆境的能力、适应能力、与人合作的能力、学习的耐心和水平来衡量他们性格的相对韧性。与那些性格坚毅的人在一起，避开各种毒性性格。只有彻底了解自己的性格后，才能打破自己的强迫模式，掌握自己的命运。

模　式

小霍华德·休斯在得克萨斯州的休斯敦长大，在阿姨、叔叔和祖父母眼中，他是个相当腼腆笨拙的孩子。母亲在生产的时候差点儿送命，从此不能再生育，所以她相当溺爱儿子，一直担心他会生病，紧盯着他的一举一动，竭尽全力保护他。孩子很敬畏自己的父亲老霍华德，他在一九〇九年创办了夏普-休斯工具公司，很快让整个家族发家致富。父亲总是出差不在家，所以霍华德和母亲在一起的时间很长。在亲戚们眼中，他是个有点儿敏感的孩子，随着年纪的增长，他变成了彬彬有礼、举止温和的年轻人，对父母相当忠诚。

一九二二年，三十九岁的母亲溘然长逝。他的父亲没能从妻子的早逝中恢复过来，两年后也撒手人寰。此时，年仅十九岁的霍华德要独自生活了，他失去了两个最亲密的家人，他们曾在自己生命的各个阶段起到了引导的作用。亲戚们决定填补这个空白，对年轻人予以指导。但在父亲去世的几个月后，他们看到的是从未见过或预料到的小霍华德·休斯。那个举止温和的年轻人突然变得戾气十足。从听话顺从变得非常叛逆。他没有按照他们的建议继续读大学。他没有遵从他们的任何建议。亲戚们越是坚持，他越是好斗。

由于继承了家族财富，年轻的霍华德可以完全独立生活，他把这一点做到了极致。他立刻开始工作，买下了亲戚手中夏普-休斯工具公司的所有股份，完全控制了这家利润丰厚的企业。根据得克萨斯州法律，有能力证明自己可以自食其力的人可以向法庭申请宣布自己成年。休斯结识了一位法官，很快拿到了他想要的声明。此后他可以不受干扰地经营自己的生活和工具公司了。他的亲戚们对这一切感到震惊，很快双方就断绝了所有联系。是什么让这个可爱的男孩变成了攻击性极强且叛逆的年轻人？这是他们永远也解不开的谜。

宣布独立后不久，霍华德在洛杉矶定居，他决定投身于自己感兴趣的两件事——电影制作和飞机驾驶。他有钱供自己沉迷在这两方面的兴趣中。一九二七年，他决心将二者合而为一，制作一部关于第一次世界大战期间飞行员的史诗级大片，名为《地狱天使》。他请了导演和编剧团队，但很快和导演闹翻，解雇了他。随后他又请了另一位导演卢瑟·里德，此人也是一位航空爱好者，很适合这个项目，但因为无法忍受休斯对项目的不断干涉，他也很快辞职了。他对休斯说的最后一句话是："既然你知道这么多，干吗不自己当导演呢？"休斯听从了他的建议，自己做了导演。

由于他要追求最大限度的真实感，预算开始飙升。月复一月，年复一年，休斯雇用了上百名机组人员和特技飞行员，其中有三人在严重的事故中丧生。经过无休止的斗争，最后他几乎把所有部门的负责人都炒掉了，全部亲自操刀。他对每个镜头、每个角度、每个故事板都煞费苦心。最终，《地狱天使》于一九三〇年首映并大获成功。虽然故事一塌糊涂，但飞行和动作戏让观众兴奋不已。此时，霍华德·休斯的传奇诞生了。他是年轻潇洒特立独行的人，颠覆了体制，创造了轰动效应。他是个坚强的个人主义者，无论什么都是亲力亲为。

这部电影的制作成本高达三百八十万美元，亏损了将近二百万，但没有人关注这一点。休斯本人很谦逊，声称自己从中吸取了教训："自己拍摄《地狱天使》是我最大的错误……一个人做十二个人的工作实在太愚蠢。我从痛苦的经验中明白，没人能够了解所有事。"

在二十世纪三十年代，休斯的传奇只增不减，他驾驶飞机的速度创下了多项世界纪录，多次逼近死亡。休斯从父亲的公司中拆出了一家新企业，名叫休斯飞机公司，他希望把这家公司做成世界上最大的飞机制造商。当时，想要达到这个目标需要拿到大量的军用飞机合同，美国进入二战时，休斯公司拿到了大量这样的合同。

一九四二年，国防部诸多官员被他在航空领域的壮举以及在采访中流露出的对细节一丝不苟的精神所打动，加上他不懈地努力游说，他们决定给予休斯飞机公司一千八百万美元拨款，用于生产三架名为“大力神”的巨型运输机，在战争中向各条战线运送士兵和物资。这些被称为飞行船的飞机翼展比足球场还要长，机身比三层楼还要高。如果工作顺利，按时按预算把飞机制造出来，他们会拿到更多飞机订单，垄断运输机市场。

不到一年又传来了好消息。空军很喜欢他的 D-2 小型飞机漂亮时尚的设计，便以四千三百万美元的价格订购了一百架拍摄侦察机，就按照 D-2 的思路进行重新配置。但很快，休斯飞机公司开始麻烦不断。这家公司本身只是休斯的一个爱好。他把好莱坞和航空界的各色朋友安排进公司担任高层。随着公司的发展，部门的数量也在增加，但他们之间几乎没有交流。所有的事都要通过休斯本人来处理。哪怕是最小的决定也要征求他的意见。由于他对工作的干涉，几个一流的工程师辞职了。

休斯发现了问题，于是聘请了一位总经理来帮助完成大力神的生产并整顿公司，但总经理两个月后就辞职了。休斯承诺自己将全权负责公司的工作，但几天后他就开始否决自己的决定，破坏自己的威信。一九四三年夏末，为生产第一架大力神飞机预留的九百万美元已花掉了六百万，但飞机还远未完工。国防部中支持休斯完成这项工作的人开始恐慌了。拍摄侦察机对战争至关重要。大力神号导致的内部混乱和工期延误是否预示着更重要的侦察机也出了问题？难道他们都被休斯的魅力和公关活动欺骗了吗？

到了一九四四年，侦察机的订单生产已经无可挽回地落后于计划了。军方现在坚持要求他聘请一位新的总经理来进行抢救工作。幸运的是，当时有一位最能胜任这份工作的人：查尔斯·佩雷勒，人称“奇迹小子”。佩雷勒本不想接受这份工作。他和公司里的所有人都知道休斯飞机公司内部的混乱局面。此时，休斯自己也感到绝望了，便发动了魅力攻势。他坚称自己已经意识到了错误，他需要佩雷勒的专业知识。他和佩雷勒预想的不一样，显得非常谦虚，让人觉得他才是公司内部无良高管争斗的牺牲品。他知道生产飞机所有的技术细节，这打动了佩雷勒。他答应授予佩雷勒所需的权力。就这样，佩雷勒违背了自己的判断，接受了这份工作。

仅仅几周之后，佩雷勒就后悔了。飞机的生产进度比预计要慢得多。所见之处毫无专业气息，甚至飞机图纸都相当粗劣。他开始削减浪费的开支，精简部门，但没有人尊重他的权威。大家都知道谁才是公司真正的管理者，而休斯一直在破坏佩雷勒的改革行动。随着订单进一步落后，压力越来越大，休斯便彻底消失了，显然是精神崩溃了。直到战争结束，一架侦察机都没有制造出来，空军取消了合同。佩雷勒也因为这段经历而崩溃，于当年十二月辞去了工作。

休斯想从战争年代抢救出一些东西，他表示一艘飞行船已经完工，也就是后来的“云杉木鹅号”。他声称这是一个奇迹，是一项规模巨大的杰出工程。为了向质疑声证明，他决定亲自试飞。然而，他飞过海洋上空时痛苦地发现，飞机的动力不足以支撑巨大的自重，飞行一千六百米后他降落在水面上，让人把它拖了回来。这架飞机从此再也飞不起来了，停在机库里每年要花费一百万美元，但休斯拒绝将其拆掉报废。

到了一九四八年，雷电华电影公司的老板弗洛伊德·奥德伦打算将公司出售。雷电华是好莱坞最赚钱、最负盛名的电影公司之一，休斯渴望在电影业中占有一席之地，重新成为公众关注的焦点。他买下了奥德伦的股份，获得控股权。雷电华公司内部一片恐慌。高管们都知道他喜欢多管闲事。这家公司刚刚请来多尔·沙里掌权，准备把雷电华变成炙手可热的年轻导演工作室。沙里决定在羞辱来临前辞职，但他出于好奇，同意先见见休斯。

休斯很有魅力。他握住沙里的手，直视他的眼睛说：“我不想参与工作室管理。由你全权负责。”沙里对他的诚意感到惊讶，再加上自己的改革提议获得批准，他便屈服了，在最初的几个星期里，一切确实如休斯承诺的一样。但电话随后便打来了。休斯希望沙里在最新的电影拍摄中替换一位女演员。沙里意识到自己的错误，立刻辞职并带走了许多员工。

休斯开始用听从自己命令的人填补职位，雇用自己喜欢的演员。他买下了一个名为《密战计划》的剧本，打算将其制作成一九四九年版的《地狱天使》。该片由约翰·韦恩主演，大导演约瑟夫·冯·斯滕伯格执导。几周后，斯滕伯格再也无法忍受电话轰炸，一走了之。休斯接手了。他重回《地狱天使》的节奏，那部电影花了将近三年才完成，主要原因是其中有航拍，预算也因此飙升至四百万美元。休斯拍的镜头太多，已经完全不知如何剪辑了。他花了六年的时间才将这一部电影完成，那时喷气式飞机的场景已经完全过时了，韦恩看起来老了不少。电影没有溅起水花。很快，这个陷入困境的电影公司亏损了一大笔钱。一九五五年，股东们对他的经营不善感到愤怒，休斯把雷电华卖给了通用轮胎公司。

二十世纪五十年代到六十年代初，美国军方为适应时代发展调整了作战理念。为了在越南一类的地方发动战争，他们需要轻型侦察直升机来协助作战。军队了解潜在的供应商后，于一九六一年选择了两家提供最佳方案的制造商，而从休斯工具公司拆分出来的第二家飞机公司的设计没有获选（原休斯飞机公司已完全脱离休斯本人运营）。休斯拒绝接受这样的失败。他的公关团队开始了大规模的游说活动，大肆宴请军方高层，就像二十多年前拿到拍摄侦察机的合同一样，他们花了大把的钱。这次的努力获得了成功，休斯公司的方案和另两家公司一起进入了最终竞争的行列。军方决定，给出最低报价的公司胜出。

休斯的报价让军方大吃一惊，他的报价太低了，公司几乎不可能在制造直升机上赚到钱。他的方法很明确，在初期生产上通过赔钱竞标拿到合同，在后续的订单上再加价。一九六五年，军方终于和休斯签订了合同，这对制造飞机屡次失败的公司而言是一次不得了的胜利。如果这一单生意做得好，能按时出货，军队很可能订购数千架直升机，休斯可以以此为跳板生产商用直升机，那是一个大有可为的市场。

随着越南战争的不断升温，军方一定会增加订单，休斯公司也将收获丰厚的利润，但当大家等着第一批直升机交付时，和休斯签订合同的人开始慌张起来：公司的进度远远落后于约定的时间，于是他们展开调查，想要了解到底发生了什么。令他们恐惧的是，公司根本没有搭建起有组织的生产线。各种细节都有错误，图纸不专业、工具不足、现场技术工人太少。好像这家公司根本没有设计飞机的经验，只能边干边想。这与制造拍摄侦察机时的困境一模一样，但军方没什么人记得这件事。很明显，休斯并没有从之前的惨败中吸取一丝教训。

正如眼下可预料的情况，直升机也难产了。军方高层感到绝望，他们把直升机的订单数量扩大至两千二百架，重新进行竞价，希望更有经验的公司以更低的价格进入，迫使休斯的公司退出。休斯公司恐慌了起来。如果输掉这次竞价，就意味着破产。公司还指望着提高新订单的价格以挽回初期生产的巨大损失。这就是休斯下的赌注。如果他想以低价拿到新增的直升机订单就无法回本，而出价不够低又会被收购，迎来最终的失败。最终，制造直升机为休斯带来了九千万美元的损失，对公司造成了毁灭性的影响。

一九七六年，霍华德·休斯在从阿卡普尔科飞往休斯敦的飞机上去世，尸检后公众才知道他生命的最后十年发生的事。多年来，他一直滥用止痛药和麻醉剂。他住在密闭的酒店房间里，极度害怕被细菌感染。他死的时候，体重只有八十四斤。他几乎完全与世隔绝，只有几个助理照顾他，他极力逃离公众的视野。最讽刺的是，这个最害怕失去控制权的人在最后几年完全由几个助理和高管摆布，这些人看着他因滥用药物慢慢死去，从他手中夺走了公司的全部控制权。

解析：霍华德·休斯的行为模式很早就建立了起来。他的母亲性格焦虑，在知道自己无法生育之后，她把大量的焦虑感放在了唯一的儿子身上。她时时刻刻注视着他，她成了他最亲近的陪伴者，几乎不让他离开自己的视线。父亲对儿子寄予了极大的期望，他希望儿子继承家族荣耀。他的父母为他决定了所有事情——穿什么、吃什么、朋友是谁（数量很少）。他们让他从一所学校换到另一所学校，就是为了寻找一个完美的环境，而孩子本身展现出了超强的敏感性，并不容易相处。他每件事都完全依赖父母，因为极度害怕父母对他失望，他表现得彬彬有礼，非常顺从。

然而，他其实非常痛恨这种全然的依赖性。父母去世后，他的真实性格终于可以从微笑和顺从的面具下显露出来了。他对亲戚没有任何感情。他宁愿独自面对未来，也不愿有任何权威凌驾于自己之上。即便自己只有十九岁，他也必须完全掌控自己的命运，否则就会勾起孩提时代的焦虑。有了继承下来的财富，他也拥有了独立实现自己梦想的能力。对飞行的热爱反映了他的性格特点。只有在空中独自掌舵的时候，他才能真正体会到控制的愉悦，从焦虑中解脱出来。他可以高高在上地翱翔，暗自鄙视下面的人。他可以勇敢地死去，他尝试了很多次，死亡也可以由自己控制。

他的性格在好莱坞和其他商业领域中展现得更为清晰。如果编剧、导演或高管提出自己的想法，他会将其视为对个人权威的挑战。这会激起他以往关于无助和依赖他人的焦虑。为了对抗这种焦虑，他必须控制业务的各个方面，甚至连广告的拼写和语法也不放过。他公司的内部结构非常松散，所有高管都要为了争夺他的注意力而斗争。只要一切都由他做主，出现内部混乱也没关系。

这其中的矛盾在于，如果他想完全获得控制权，往往就会失去它，一个人不可能掌控所有事情，所以会出现各种不可预料的问题。当项目失败时，气氛变得紧张，他便会消失不见或是很快病倒。他要控制住周围的一切，甚至是自己交往的女人，他会监控对方的一举一动，让私家侦探跟踪她们。

对于那些选择与他合作的人，霍华德·休斯小心翼翼地构建出了一个能掩盖性格中明显弱点的公众形象。他把自己塑造成一个绝对的个人主义者，一个美国与众不同的特立独行者，而不是不明事理的面面俱到的管理者。最具破坏性的是，他把自己塑造成了成功的商人，领导着价值数十亿美元的帝国。但实际上，是他从父亲那里继承了一家高利润的工具公司。多年来，他的帝国中取得了可观利润的只有工具公司和从中拆分出来的第一家休斯飞机公司。出于各种原因，这两家公司独立运营，不受休斯管理，他对这两家公司的经营没有任何投入。由他个人经营的其他业务，比如后期的飞机公司、电影企业以及拉斯维加斯的酒店和房地产，都损失了大量资金，缺口幸好有另外两家公司弥补。

实际上，休斯是个糟糕的商人，失败的模式也是显而易见的。但这正是人性中的盲点：对于打交道的人，我们对其品格的判断能力很弱。他们的公众形象和此前的声誉都会迷惑我们。我们会被外表吸引。如果他们像休斯一样，用迷人的神话将自己包裹起来，我们会想要去相信它。我们不是根据他们与人合作的能力、遵守承诺的能力以及在逆境中保持坚定的能力来判断他们的性格，而是根据光鲜的履历、对方的智力和魅力选择与对方合作或雇用对方。但是，如果这个人恰好性格软弱可疑，那么即便是充满智慧这样的正面特质也毫无价值。所以，正因为我们有盲点，才会遇到不坚定的领导者、事无巨细的老板和不可靠的合伙人。这是悲剧总在重复的根源，也是我们这个物种的行为模式。

你需要不惜一切代价改变这种看待他人的方法。训练自己忽略人们表现出来的样子以及他们构建起来的神话光环，深入挖掘他们的性格特点。这可以从他们反映过去的行为模式、决策的质量、如何解决问题、如何给他人授权以及与人合作等不计其数的迹象中推测出来。坚毅的性格像黄金一样稀有而珍贵。这样的人能够适应、学习和自我提高。你能否成功取决于同事和老板是怎样的人，因此要将他们的性格划为重点关注的对象。这样才不会等发现他们真实性格的时候悔之莫及。

> 性格决定命运。
>
> ——赫拉克利特

人性的关键

几千年来，人类相信命运：它是迫使我们以某种方式行事的力量，比如灵魂、神灵或上帝。在我们出生时，整个人生就已经被安排好了，成功或失败早已注定。现在我们看待世界的方式已经大为不同。我们相信，自己可以很大程度上控制发生在身上的事，我们可以决定自己的命运。但是，我们偶尔也会有一瞬间倒向祖先的感受。也许是人际关系变差，也许是职业道路受到阻碍，这些困难与过去发生在我们身上的事无比类似。或是我们意识到自己的工作方式需要改进，可以把事情做得更好。我们想改变自己的做法，但却发现自己又在按照之前的方式做事情，得出一样的结果。我们可能会瞬间觉得是某种像诅咒一样的邪恶力量迫使我们重蹈覆辙的。

我们往往可以更清楚地在他人的行为中观察到这类现象，尤其是那些与我们最亲近的人。例如，我们看到朋友总是不断爱上错误的人，不自觉推开正确的人。他们的某些愚蠢行为会让我们感到畏惧，比如在投资或职业选择中考虑不周，几年后一旦忘了教训又会重蹈覆辙。有的人总是在错误的时间得罪错误的人，所到之处四处树敌。有的人在压力下会崩溃，模式总是如此类似，把过错推给别人或埋怨运气不好。当然，我们也看到那些摆脱了毒瘾又重回泥沼的瘾君子，也可能是他们又找到其他形式的毒品。我们能看到这些模式，但他们本人却看不到，没人愿意相信自己的行为方式是强迫性的、无法控制的。这种想法令人相当不安。

如果我们能诚实地面对自己，就必须承认命运这个概念是有一定道理的。我们很容易以同样的方式做决定和处理问题。我们的生活是有一定模式的，这一点在错误和失败中体现得更加明显。但对这个概念有另一种看法：控制我们的不是鬼神，而是我们的性格。性格（character）一词来源于古希腊语，指的是一种用于雕刻或印章的工具，它迫使我们以某种方式行事，我们没有意识到且无法控制它。我们可以设想性格有三个组成部分，一层叠在一层之上，性格由此产生了深度。

最早出现也是埋藏最深的一层源自遗传，这是我们大脑特殊的连接方式，使我们偏向于某些情绪和喜好。比如，某些遗传因素会使一些人容易患上抑郁症。某些因素使人变得内向，另一些人变得外向。还有些因素甚至会使人容易变得贪婪，贪图关注、特权和财产。研究婴儿的精神分析学家梅兰妮·克莱因认为，贪婪和获取型儿童是带着这种性格特点来到世界上的。也许还存在其他遗传因素，它们使我们更易于产生敌意或是更容易变得开放。

第二层建立在第一层的基础之上，源自我们最初的经历，也就是我们与母亲和照看者之间形成的特殊依恋关系。在人生最初的三四年里，我们的大脑有很强的可塑性。我们对情感的体验非常强烈，留下的记忆刻痕比此后的任何事都要深刻得多。在这一时期，我们最容易受到他人影响，这些年的记忆也非常牢固。

约翰·鲍尔比身为人类学家和精神分析学家，研究了母亲和孩子之间的依恋模式，提出了四种基本形态：自由 / 自主、忽视、矛盾和无序。自由 / 自主的模式来源于母亲，她们给了孩子自由探索的机会，对孩子的需求非常敏感，同时提供了保护。忽视型的母亲往往是疏离的，甚至有时会表露出敌视与排斥感。这样的孩子会有一种遭人遗弃的感觉，认为自己必须自力更生。矛盾的母亲对孩子的关注度总在变化，有时投入得令人窒息，有时又因为自己的问题焦虑退缩。她们给孩子的印象是照顾者才是应该被照顾的人。无序的母亲会向孩子发出激烈冲突的信号，反映出的是自己内心的混乱，也许源自其早期的情感创伤。孩子做什么都是错的，这样的孩子会产生严重的情感问题。

当然，每种类型里都有很多变体，也有很多组合，但无论是哪种类型，幼年的依恋模式都会对内心产生深层的影响，尤其是在我们运用关系处理和调节压力的时候。比如，遭到父母忽视的孩子会倾向于避免任何形式的负面情绪，并且将自己与情绪感知分离开来。他们很难投入到一段关系之中，会不自觉地推开别人。矛盾型的孩子在人际关系中会感到非常焦虑，会感知到诸多矛盾的情绪。他们对人的态度很矛盾，这会反映在生活的行为模式中，他们会追求他人，又会无意识地退缩。

一般来说，基于最初几年的经历，人们的性格会展现出特殊的基调——充满敌意且具有攻击性、安全且自信、焦虑且逃避、不自信且矛盾。这两层性格埋藏得相当深，除非下大力气仔细观察自己，否则我们很难意识到它们以及它们迫使我们形成的行为模式。

在这之上会出现第三层性格，它随着我们年龄的增长，由习惯和经验塑造而成。在前两层的基础上，我们会习惯依靠某些方式应对压力、寻找快乐以及为人处世。这些方式是年轻时形成的习惯。性格的某些侧面可能会随着我们打交道的朋友、老师、恋人的反应而改变。但一般来说，这三层会构建起明确的模式。在我们做出某个决定的时候，它已经在大脑神经系统中印刻好了。由于路已经铺好，我们只是被迫重复。它变成了一种习惯，而我们的性格是由这成千上万的习惯组合而成的，最早的习惯在我们还没有意识的时候就已经形成了。

性格其实还有第四层。它是在童年晚期和青春期形成的，此时人们认识到了自己性格上的缺陷，竭力进行掩盖。如果他们发现自己内心深处是个焦虑胆怯的人，就会意识到这不是社会能够接受的特质。人们会学着用正面积极的样子进行演示，用外向、无忧无虑，甚至相当跋扈的样子进行弥补。这使得我们更加难以判定对方的性格特点。

有些性格特点是积极的，可以反映内在的力量。例如，有些人慷慨开放、富有同情心，在压力之下具有韧性。但越是强大、灵活的品质越需要有意识地锻炼和培养，这样才可能成为稳定的习惯。随着年龄的增长，生活会打击我们，让我们很难坚守住自己的同理心（参见第二章）。如果对每个人都反射性地慷慨解囊、敞开心扉，最后很可能会遇到很多麻烦。自信如果失去了自知之明和自控力，很可能会变得膨胀浮夸。如果无意识地努力，优点会逐渐消失甚至变成弱点。也就是说，我们性格中最薄弱的部分就是促成习惯和强迫行为的部分，因为这些特点不需要通过努力和锻炼来维持。

最后，我们可能会有性格冲突的特点，它可能源自自身的遗传特点和早期影响之间的差异，也可能是父母给予的价值观存在差异。我们自觉既是理想主义者，又是现实主义者，二者在内心深处不断斗争。但法则是不变的。这些早年间形成的矛盾性格会展现出不同的行为模式，这类人做出的选择往往会反映出其矛盾摇摆的心理。

作为研究人性的学生，你的任务有两个。

首先，需要了解自己的性格，尽自己所能审视那些过去的影响因素以及在生活中反复上演的行为模式，这些大多数是负面的。你不可能摆脱这些性格刻痕，它们印得太深了。但你可以通过意识学会控制或改变某些消极的模式。你可以努力将性格中负面的内容和弱点转化为优势。你可以尝试通过练习创造新的习惯和行为模式，积极塑造自己的性格，继而改变命运（参见本章最后一节）。

其次，你需要培养自己判断他人性格的能力。做到这一点，在选择工作伙伴或亲密伴侣的时候，需要把性格作为首要考虑因素。也就是说性格比魅力、智慧或声誉更有价值。他人的性格可以从行为和处事模式中观察到，这种观察能力是相当重要的社交能力。它可以帮助你精准地避开错误的决定，避免长时间遭受痛苦，如不称职的领导、阴暗的同事、狡猾的助手以及在生活中起毒害作用的伴侣。但这是一项需要有意识培养的技能，人类普遍不擅长评估这方面因素。

不擅长的根源在于，我们对他人的判断往往建立在那些最明显的事物上。正如前面所说，人们往往会用积极的一面将弱点掩盖起来。他们看起来自信满满，实则相当傲慢且不懂倾听。他们看似坦率真诚，但随着时间的推移我们会发现他们其实相当粗鲁，不会考虑他人的感受。有的人看似谨慎且深思熟虑，但最终表明他们骨子里是怯懦的，害怕受到任何批评。同样，那些向我们施展个人魅力、阿谀奉承的人凭借我们对他们的喜爱来蒙蔽我们的双眼，阻止我们深入观察他们性格上的缺陷。

与此相关，当我们遇到某个人的时候往往只会注意他的名声、他周围的光环以及他的个人地位，而忽略掉他本人。我们总是相信，成功的人一定天性慷慨、聪明、善良，一切成就都是他们应得的。但成功人士也是多种多样的。有的人善于利用他人来达到自己的目的，掩盖自己的无能。有的人可谓操纵大师。成功人士和普通人一样，也有很多性格缺陷。此外，我们往往认为信奉宗教、政治体系或道德准则的人一定拥有与之相匹配的品格。但是，人是带着自己的性格进入某个职位或是信奉的宗教中去的。他既可以是进步的自由主义者，也可以是充满爱心的基督徒，但内心仍然是狭隘的暴君。

因此，研究性格的第一步就是要识别这些外表和幻觉，训练自己看穿它们。无论外表如何，处于怎样的位置，我们都要仔细观察表达性格的符号。牢牢记住这一点后，我们就可以在几个关键环节上下功夫了：某些环境可以清晰地揭示人的性格，从中识别性格的符号；学习性格的基本类型，与人进行匹配（比如是强势性格还是弱势性格），最后识别出哪些性格是有毒有害的，尽量主动避免与之相遇。

性格符号

想要衡量人的性格，最重要的标准是他们长期以来的行为。虽然人们会说，自己已经得到了教训（比如霍华德·休斯），说自己多年来已经有了改变，但你总会发现有些类似的行为和决定总在他们的人生中反复出现。这些决定揭示了他们的性格。我们需要关注那些突出的行为，比如在压力过大时玩消失，丢下未完成的重要工作；受到挑战时变得格外好斗，在重压之下能扛起重担。有了确定的思路，就可以对他们的过往进行研究。在回忆的过程中，看看自己观察到的模式是否有行为佐证。关注对方当下的所作所为，不要把某个行为当作孤立事件，而是要看成强迫模式的一部分。如果忽略了行为模式，那么只能责怪自己。

我们要始终牢记这一法则的重要推论：某些事人从来不会只做一次。他们可能会为自己开脱，说当时自己失去了理智，但可以肯定的是，他们还会在另一个场合重复这愚蠢的行径，因为这是受到性格和习惯驱使的。实际上，他们往往会在完全违背自身利益的情况下重复行动，暴露出自身的弱点和强迫性。

卡修斯·塞维鲁是臭名昭著的律师兼演说家，曾在罗马皇帝奥古斯都时代风光无限。他首次获得关注是因为用激烈的演讲攻击了罗马高层的奢侈生活。他获得了一批追随者。由于他的演讲风格夸张且幽默，公众非常喜欢。在关注度的鼓舞下，他开始侮辱其他官员，不断提高攻击性。当局警告他不要再讲。新鲜感逐渐消失，听众越来越少，但塞维鲁却越来越卖力。

最后，当局终于受够了。公元七年，他们烧掉了他的书籍，将其流放到克里特岛上。令罗马当局郁闷的是，他在克里特岛上还继续着自己令人讨厌的活动，并且把自己谩骂的副本寄回罗马。他们再次予以警告，但塞维鲁置之不理，并且开始侮辱克里特岛的官员，官员们想要把他处死。公元二四年，元老院明智地将其流放到爱琴海中央塞里福斯的无人岛上。他在那里度过了生命的最后八年。我们可以想象，即便是在那里他也依然会说着无人聆听的侮辱性演讲。

我们很难相信人们会无法控制地走向自我毁灭，我们都希望像罗马人那样，认为人都是无辜的。但还需记住《圣经》中的明智之句：“愚昧人行愚妄事，行了又行，就如狗转过来吃它所吐的。”

你可以从人们处理日常事务的方式中看到他们的性格符号。如果连简单的任务都不能按时完成，那么大事也无法按时完成。如果一些小事便会使其烦躁，那么大麻烦更有可能令其崩溃。如果平时健忘且不注意细节，那么面对重要的事也会如此。看看他们在日常环境中如何对待员工，注意他们表现出来的个性与对下属的态度是否一致。

一九六九年，杰布·马格鲁德来到圣克莱门特参加尼克松政府班底的面试。面试人是参谋长鲍勃·霍尔德曼。霍尔德曼非常认真，全身心投入到尼克松的事业之中，他的诚实、敏锐和智慧给马格鲁德留下了深刻的印象。面试后他们准备乘坐高尔夫球车在圣克莱门特游览一圈，霍尔德曼突然狂躁起来，因为车没有了。他对负责安排车辆的人大发雷霆，极尽侮辱之能事，几乎歇斯底里。马格鲁德本应察觉到这个迹象，霍尔德曼本质上与他表现出来的样子不符，他的控制力有问题，而且性格非常凶狠，但马格鲁德被圣克莱门特的权力光环迷了眼，非常想要得到这份工作，便选择忽视这一点，这导致了他后来的沮丧和失望。

在日常生活中，人们往往可以很好地掩盖自己的性格缺陷，但在紧张或危急时刻，这些缺陷会变得非常明显。处于压力之下的人失去了正常的自制力。他们对自己的声誉感到不安，对失败充满恐惧，缺乏内在的韧性。而另外一些人会勇担重任，展现出非凡的力量。除非遇到极端的环境，否则很难做出判断，因此你需要格外留意这样的时刻。

同样，人们面对权力和责任的态度也会展现出很多特点。正如林肯所说："如果你想测试一个人的性格，就给他权力。"在通往权力的道路上，人们会倾向于扮演奉承者的角色，表现得毕恭毕敬，跟随政党的脚步，尽一切努力向上攀登。一旦达到顶端，束缚便会减少，此时便会暴露出一些之前未曾被人注意到的东西。有些人即便身居高位也依然遵循着此前的价值观，仍然尊敬他人，富有同理心。而另一些人会在突然拥有权力后对别人区别对待。

林登·约翰逊成为参议院多数党领袖，获得最高安全地位后就发生了类似的情况。他厌倦了多年来一直扮演的奉承者的角色，开始享受自己拥有的权力，打击羞辱那些过去和自己对立的人。此时，他可以走到这个参议员面前，却只和自己的助手说话。当某个他不喜欢的参议员发表演讲时，他会起身离场，并且让其他参议员跟着自己离场。一般来说，只要仔细观察，就能从人们过去的言行中发现这些性格符号（约翰逊在政治生涯早期就暴露出了这样令人厌恶的迹象），但更重要的是，你需要观察人掌权后暴露出的东西。所以，我们常常认为是权力改变了人，但实际上，它只是更多地暴露了他们的本质。

人对配偶或伴侣的选择可以说明很多问题。有些人会寻找可以支配和控制的伴侣，也许是年轻的、不那么聪明或成功的人。有些人选择了身处糟糕环境中的伴侣，自己扮演救世主的角色，这是另一种控制形式。然而，另有一些人希望有人来填补爸爸或妈妈的角色。他们希望得到更多的呵护。这些选择与理性无关，反映的是人的早年生活和依恋模式。他们有时会让人感到惊讶，比如有的人选择了一个看起来和自己很不一样、从外表来看不相称的人，但这种选择总是有内在逻辑的。例如，一个人非常害怕被自己所爱的人抛弃，这反映了婴儿时期的焦虑，所以他们会选择在长相或智力上明显逊色于自己的人，因为他们知道这个人无论如何都会黏着自己。

另一个需要观察的领域是人在远离工作时的表现。在游戏或运动中，他们会不自觉地流露出竞争的本性。有的人害怕在任何事情上被人超越，即便是开车时也不例外。他们必须走在前面。这一点可以在工作中得以应用，但在非工作时间却会暴露出深层次的不安全感。看看人们输掉游戏时的状态。他们表现得大方吗？肢体语言可以暴露很多问题。他们是否会想尽办法规避或改变规则？他们是否想逃避或放松一下，还是在这种时刻也要坚持自我？

一般来说，人可以分为内向型和外向型，这对人的性格会有很大影响。外向型的人很大程度上被外部标准所左右。主导他们的问题是“别人怎么看我”。他们倾向于喜欢别人喜欢的东西，他们所归属的群体经常左右着他们的观点。他们会对建议或想法持开放性态度，但前提是这些建议和想法是主流的，或者是他们尊敬的权威人士所主张的。外向型的人重视外在的东西，比如好看的衣服、好吃的美食以及与他人分享具体的快乐。他们追求新奇，对潮流有敏锐的嗅觉。他们不仅能适应噪音和喧嚣，甚至还会主动寻找这样的环境。如果胆子够大，他们会寻求极限冒险。如果胆子不大，他们会享受身体上的舒适。在任何情况下，他们都渴望获得刺激和关注。

内向型的人比较敏感，容易因为过量的外部活动而疲惫不堪。他们喜欢储存精力，喜欢独处或与一两个亲密的朋友相处。外向型的人迷恋事实和统计数字，而内向型的人则对自己的观点和感受更感兴趣。他们喜欢理论化，喜欢提出自己的看法。如果他们制造了某个东西，也不喜欢推广，他们觉得这种事很讨厌。做出来的东西应该自然售卖。他们喜欢把自己的一部分生活与他人分隔开，拥有自己的秘密。他们的意见不来自别人的看法，也与任何权威无关，而是来源于内心的标准，至少他们是这样认为的。人越多，他们越会感到迷茫和孤独。他们会显得笨拙且抱有疑虑，不喜欢受到他人关注。他们往往也会比一般的外向型的人更加悲观忧虑。他们的大胆会体现在提出新奇的想法和创造力上。

你可能会在某些人或自己身上发现双向发展的倾向，但一般来说，人总是朝着一个方向发展的。判断这一点很重要，原因很简单：内向型的人和外向型的人并不能自然而然地理解对方。在外向型的人看来，内向型的人无趣又固执，甚至有点儿反社会。在内向型的人看来，外向型的人肤浅且跋扈，过分在意别人的看法。无论成为哪一类人，一般都是由遗传因素决定的，这会让两类人对同一件事有完全不同的看法。一旦你明白面对的是和自己完全不同的人，就需要重新评估对方的性格，而不是把自己的好恶强加给对方。不过，有时候内向型和外向型的人可以很好地合作，因为这两种特质会有互补作用，但更多的时候，双方并不能融洽相处，而且很容易产生误会。请记住，世界上外向型的人比内向型的人数量要多。

最后，衡量人们性格的相对韧性也很重要。可以这样想：这种韧性源自人的内心深处。它可能是遗传、安全感、父母教育、好导师的陪伴以及不断进步等因素的混合体（参见本章最后一节）。不论成因是什么，韧性绝不是虚张声势、展露在外的，而是体现在整体的韧性和适应能力上。有韧性的性格好比一块质地优良的金属，具有拉伸性，它可以弯曲，但依然保持着整体形状且永远不会断裂。

韧性源自个人的安全感和自我价值感。这样的人能够接受批评并从经验中吸取教训。他们不会轻易放弃，因为他们想要学习如何变得更好。他们严谨而执着。性格强韧的人对新想法和新方式保持开放的态度，但不会任其侵害自己坚持的基本原则。在逆境中，他们能够保持头脑清醒。他们可以处理混乱且无法预知的事，不会向焦虑屈服。他们信守承诺，很有耐心，可以组织安排大量材料，把事情做完。他们不会长时间对自己的状态感到不安，也能够将个人利益纳入集体利益之中，因为那些事对集体而言是好事，会让大家的生活更轻松、更美好。

性格脆弱的人则是相反的。他们很容易受到外部环境的碾压，失去依靠。他们暧昧含糊、躲躲闪闪。最糟糕的是，这样的人很难引导，因为向他人学习就相当于受到批评。这样一来，他们在与人打交道的时候会不断碰壁。即便他们暂时听从了指示，但还是会反复回到自认为最好的境地之中。

我们都是强韧与脆弱的混合体，只是有些人明显更偏向一个方向。你要尽可能多与强韧的人合作交往，避免与脆弱的人为伍。这就是沃伦·巴菲特所有投资决策的基础。他看重的不是数字，而是和自己打交道的总裁，他要对这些人的韧性、可靠性和自力更生的能力进行评估。如果将这种衡量标准应用在我们日常雇用、接纳合作伙伴，甚至选择政客的时候，该多好啊。

虽然在亲密关系中肯定会有很多左右选择的因素，但性格的强弱也应当成为考量的一部分。富兰克林·罗斯福选择埃莉诺为妻很大程度上就是由于这个原因。身为英俊的富家少爷，他本有大量更漂亮的年轻女性可选择，但他欣赏埃莉诺对新事物的开放态度和非凡的决心。放眼未来，他能看到这样的性格比什么都重要。最终证明这确实是非常明智的选择。

在衡量性格强弱的时候，看看人们是怎样处理压力和责任的。观察对方的行为模式：究竟完成了什么？专长于什么？你可以进行测试。比如一个善意的玩笑就能很好地展现出对方的想法。他们会大方地回应，没有受到不安感的影响，还是眼神躲闪显现出怨恨甚至愤怒？为了衡量他们作为团队成员的可靠程度，分享给大家一些战略信息或传言，看他们会不会迅速将信息传给其他人？会不会迅速将你的想法包装成自己的想法？若是直接批评，他们会把批评放在心上、努力学习改正，还是会公开表示不满？给他们布置开放性的任务，减少日常指导，看看他们如何组织思路和安排时间。用困难的任务或新奇的方式进行挑战，看看他们如何应对，如何处理自己的焦虑。

记住：性格软弱会消解掉一个人拥有的所有优秀品质。例如，智商高但性格软弱的人可能会提出好想法，甚至把工作做得很好，但他们会在压力下崩溃，不擅长面对批评，可能他们只会关注自己的事，傲慢和恼人的样子会导致周围的其他人退出，损害大环境。与这样的人合作或是雇用这样的人是有隐性成本的。从长远来看，一个魅力较弱、智商平平但性格坚毅的人往往更可靠、高效。真正坚韧的人就像金子一样珍贵，如果你找到他们，应当像发现宝藏一样回应他们。

有毒的类型

虽然每个人的性格都像指纹一样独一无二，但在历史的长河中，我们还是会看到某些反复出现的类型，与这类人打起交道来特别凶险。与那些远在一千六百米开外就能看到的明显很邪恶或操纵欲极强的人相比，这类人更加棘手。他们常常用外表来引诱你，把弱点表现为积极的东西。只有随着时间的推移，你才能看到外表之下的毒性，但为时已晚。最好的防御手段就是掌握与此类型相关的知识，在卷入其中之前就观察到迹象，与他们保持距离。

超级完美主义。你是被对方努力工作的样子吸引过来的，这类人专注于将自己制作的东西做到最好。他们投入的时间比最底层的员工都要长。是的，他们会因为下属没有做好工作而暴怒、吼叫，那是因为他们想保持最高的标准，这本是一件好事。但如果不幸与这类人合作或为其工作，你会慢慢发现真实情况。他们从不委派任务，必须监督一切。与其说这是高标准和奉献精神，倒不如说是对权力和控制的渴望。

这类人往往在家庭关系中有依赖方面的问题，比如霍华德·休斯。一旦他们感到自己要依赖某人做某件事，便会揭开旧伤疤，引起焦虑。他们无法信任任何人。在自己看不到的地方，他们会想象每个人都在偷懒。他们细致入微的管理是强迫性的，这导致了他人的不满与暗中抵触，而这恰恰是他们最害怕的。你会注意到，他们领导的集体并不是很有组织，因为所有事都必须由他们来决定。这会导致混乱与内斗，朝臣们要努力接近控制着一切的国王。超级完美主义者常常会有健康方面的问题，因为他们已经把工作刻进了骨子里。他们喜欢把一切错误归咎于他人，责怪别人不够努力。他们最初会取得成绩，但之后便是倦怠与轰轰烈烈的失败。在陷入这种困扰之前，最好认清这种类型。无论你做什么他们都不会满足，而是会用焦虑、辱骂和控制欲慢慢将你嚼碎。

无情反抗。乍看之下，这类人活得很精彩。他们讨厌权威，爱护弱者。几乎所有人都暗暗被这样的特质吸引着，它能勾起我们青春期时对老师嗤之以鼻的渴望。这些人不按照规则或先例做事。循规蹈矩是为软弱呆板的人准备的。通常这类人会有一种尖锐的幽默感，可能会对你产生攻击性，但这也是他们真实性格的一部分，他们需要打压每一个人或是让你产生这样的感觉。如果你碰巧遇到这类人而且与之关联很紧密，就会发现这是他们自己也无法控制的，这是一种强迫性的优越感，而不是什么更有道德的品质。

在童年时期，父母的形象可能令他们感到失望。于是他们对所有的掌权者产生了不信任和憎恨的感觉。最后，他们不能接受别人的任何批评，因为其中散发着权威的味道。别人永远不能指挥他们做事。一切必须按照他们的规则进行。如果你在某种程度上超越了他们，便会成为他们心中的压迫者，成为恶毒幽默的主要攻击对象。他们以这种叛逆的姿态获得关注，并且很快对这样的关注上瘾。最后，一切都是权力的问题，没有人可以凌驾于他们之上，任何敢于挑战的人都会付出代价。看看他们的过去，这些人倾向于和别人撕扯得很难看，还会用侮辱性的话把场面变得不堪。不要被叛逆的姿态所迷惑。这种人永远停留在青春期，事实会证明，如果尝试与他们合作，相当于把自己和一个闷闷不乐的青少年捆绑在一起。

个人化主义。这些人看起来很敏感、体贴，拥有罕见的美好品质。虽然他们看上去有些忧伤，但敏感的人总是生活得很辛苦。人往往会被这种气质吸引，想要去帮助他们。他们还会显得相当聪明、体贴、好相处。后来你才发现，他们的敏感其实全部指向内部。他们容易把别人说的或做的每件事都当作是在针对自己。他们往往会纠结一件事好几天，对你而言无伤大雅的评论，对他们而言就是针对自己的。小时候，他们永远无法从父母那里得到足够的爱、关注以及物质财富，于是滋生出极为痛苦的情绪。随着年龄的增长，一切都会让他们联想起自己没有得到的东西。这是他们一生怨恨的东西，希望别人在自己没开口之前就把东西交给自己。他们无时无刻不在防备着，你是否关注他们，是否尊敬他们，是否肯为他们付出。出于烦躁和敏感的特质，他们难免会把别人推开，而这又会让他们更加敏感。从某一刻开始，他们便总是一副失望的表情。

你会发现，他们在生活中会多次与人发生争执，而总会将自己看作被冤枉的一方。千万不要在无意中侮辱这类人。他们的记忆力很好，可以花好几年的时间来报复你。如果能尽早识别这类人，最好避开他们，因为他们总能让你感觉心有愧疚。

善于作秀。这类人会用自己精彩的表演吸引你。他们总有不寻常的能量，讲着稀奇古怪的故事。他们的特点是活跃，甚至可以说是相当机智。在剧情走向变得难看之前，待在他们身边都会觉得很有趣。小时候，这类人找到了持续获得爱和关注的唯一方法，那就是将父母拉入他的烦恼和麻烦之中，这些问题必须足够大，才能让父母在情感上长期投入。这种方法形成了习惯，变成了他们感觉自己活着且被人需要的方法。大多数人想到对抗总有畏惧感，而他们似乎就是为此而生的。随着你对这类人的深入了解，你会听到更多关于他们生活中的争吵和斗争的故事，而他们总能将自己定位为受害者。

你要意识到，他们最大的需求就是通过各种可能的手段让你咬住钩子。你不仅会被卷进他们的作秀之中，还会因为逃脱而感到内疚。最好的办法是尽早识别这类人，免得被套牢和拖累。观察过去的经历，寻找佐证这种模式的证据，如果你怀疑自己正在和这类人打交道，赶紧溜之大吉吧。

大话王。他们的想法、正在考量的项目总会给人深刻的印象。他们需要帮助和支持，你也很同情他们，但要冷静地审视一下他们的过往，看看是否有已经成形的东西。你可能在和这类人打交道，他们看起来并不危险，但事实证明他们会令人疯狂，并且浪费你宝贵的时间。这些人本质上是矛盾的。一方面，他们内心很害怕为了将想法转化为行动要付出的努力与承担的责任。另一方面，他们渴望获得关注和权力。两种想法在内心争斗，焦虑的那部分总会胜出，而他们也会在最后一刻溜走。即便给出了承诺，他们还是会找些理由来脱身。他们自己从来没有完成过任何事。最后，他们倾向于将愿望没有实现归因于他人，比如社会、虚无缥缈的敌对势力、运气不好。或者，他们想找到一个勤劳地做所有工作的傻瓜，把自己模糊的想法变成现实，而一旦出了问题，全部都是这个人的责任。

这类人的父母往往是前后矛盾的，会突然因为一点儿小错误而大发雷霆。因此，他们的人生目标是避免让自己受到任何批评和评判。他们的解决办法是学会说好话，用故事打动对方，等到需要负责的时候就找借口逃走。仔细观察他们过去有没有过这种行为迹象，如果他们确实是这种人，可以听听他们的故事，但不要进一步交往。

性泛化。这类人总是充满能量，令人耳目一新。他们有一种将工作和快乐混合在一起的能力，在合适的时机下模糊边界感。你可能会觉得这种方式健康且自然，但实际上，这是一种强迫行为，来源于黑暗之处。在幼年时，这类人可能在某种程度上遭受过性虐待，可能是身体层面上的，更多的是心理层面上的，父母可能用眼神和抚摸表达了一些隐晦但不恰当的情感。

这种行为模式植根于内心深处，无法控制，他们会倾向于将每段关系都看作潜在的性关系。性成为自我验证的手段，在他们年轻的时候，过着滥交的刺激生活，因为他们发现大家往往会为自己倾倒。随着年龄的增长，如果长时间无法得到自我验证，抑郁和自杀倾向便随之而来，他们会变得更加绝望。如果他们走上领导者的岗位，会利用权力夺取自己想要的东西，而这一切都打着自然且放肆的幌子。年龄越大，这种情况越可悲可怕。你无法帮助他们，也无法将他们从蛊惑中拯救出来，你能做的只有拯救自己，不与他们产生任何瓜葛。

娇生惯养的王子和公主。他们高贵的气质吸引了你。这类人沉着冷静，永远有一种优越感。看到这样自信满满、仿佛头戴皇冠的人，你会觉得很有趣。慢慢地，你会发现自己帮他们做了很多事，无偿付出了许多努力，又不知道一切是怎么发生的或是为什么会变成这样。他们总是表现出需要被人照顾的样子，是获得他人宠爱的高手。童年时期，他们的父母百般纵容，保护他们不受外界的苛责和侵扰。还有一些孩子会在父母面前表现得特别无助来获得怜爱之情。无论是哪种原因，成年后他们最大的愿望就是重获早年时的宠爱。那就是他们失落的乐园。你常常会注意到，如果他们没有得到自己想要的东西，便会表现出一些类似婴儿的状态，比如噘嘴或发脾气。

对待亲密关系时无疑也是类似的模式，除非你有很强烈的宠爱他人的愿望，否则这段关系会令你发狂。他们不具备处理成人生活中残酷一面的能力，要么操纵别人，自己扮演一个娇滴滴的角色，要么用喝酒和吸毒来麻痹自己。如果你因为没能帮助他们而感到愧疚，那说明你已经上瘾了，要注意照顾好自己。

取悦他人。你从来都没有遇到过如此善良体贴的人。你几乎不相信对方竟然这样包容又迷人。你慢慢地有了一些疑虑，但又没有什么可以指摘的地方。也许是他们没有按时出勤或是工作做得不够好，但又无可名状。然而随着时间推移，他们似乎开始起到破坏作用或是在背后说你的坏话。这类人是完美的下属，他们脾气很好，并不是出于对人类同伴有真正的感情，而是一种防御机制。也许他们的父母非常严厉，会惩罚他们，对他们的一举一动都严格审查。微笑和恭敬的姿态是转移敌意的一种方式，也成了他们人生的行为模式。他们也会对父母撒谎，而且可以说是相当有经验的专业骗子。

就像他们小时候一样，微笑和奉承的背后是对自己要扮演的角色的极大不满。他们暗暗渴望能伤害或侵袭那些自己需要服务或服从的人。你一定要警惕那些主动施展魅力以及表露出远远超出自然范畴礼貌行为的人。他们可能具有被动攻击性，尤其容易在你放松警惕时攻击你。

救世主。你简直不能相信自己有这么好的运气，遇到了能把你从困难中解救出来的人。不知为什么，他们能意识到你需要帮助，于是便带着要读的书、要用的策略或要吃的东西来了。最初，这一切都很诱人，但当你想要坚持自己、独立做事时，疑虑便环绕着你了。

在童年时期，这类人往往不得已成了父母或兄弟姐妹的看护者。例如，如果母亲把自己的需求作为家庭首要的关注点，这类孩子就会从颠倒的关系中获取权力感以弥补自己在获得照顾方面的不足。这就形成了一种行为模式：他们从救人中获得了大量的满足感。他们对可能需要拯救的人有敏锐的嗅觉。但通过他们对控制你的渴求，你可以发现这种行为是强迫性的。如果他们愿意在最初提供了帮助之后让你自力更生，那才是真正的贵人。否则他们就是为了让自己行使权力。无论如何，摆脱困难最好的方法永远是自立，还是让救世主去拯救他们自己吧。

轻易评判。这些人总是表达着对各种不公的愤慨，而且通常很有口才。凭借这样的信念，他们收获了像你这样的追随者。但有时候你会发现，他们正直的外表也有裂痕。他们对待员工态度不好，对配偶居高临下，你可能发现了他们秘密的生活或恶习。小时候，他们常常因为自己强烈的享乐冲动和欲望感到羞愧。因为受到了惩罚，他们便想压抑这些冲动。如此一来，他们便生出了一种自我厌恶的情绪，很快将这种负面想法投射到他人身上或者羡慕地看着那些不受压抑的人。他们讨厌看到别人自我感觉良好的样子。但他们没有表达出羡慕之情，而是选择了批判和谴责。即便在成年人的世界里，也没有任何细微的差别。人非善即恶，没有中间地带。实际上他们无法接受不完美的特质，一直在与人性做斗争。他们的评判标准就像喝酒或赌博一样随意，而且具有强迫性，既不需要做出任何自我牺牲，又可以说出很多漂亮话。他们在政治正确的文化氛围中如沐春风。

而实际上，他们会暗自被自己谴责的东西所吸引，因此难免会有秘密的一面。如果和他们走得太近，肯定会成为被讨伐的目标。尽早注意到他们缺乏同理心的一面并与之保持距离吧。

（更多关于有毒类型的内容，请参见第十章、第十一章和第十六章。）

优越的性格

这条法则既简单又无情：你的性格已经成形了。它是由一些在你的意识形成之前就已经存在的元素组合而成的。在内心深处，这种性格迫使你重复某些行动、策略和决定。大脑的结构也促成了这一点：一旦你思考并采取行动，就会形成一条神经通路，导致你一次又一次地重复这件事。对于这条法则，有两个方向供你选择，它们决定了你人生的方向。

第一个方向是无知并且否认。你没有发现自己生活中的行为模式，也不认为早期经历留下的深刻而持久的印记迫使你以某种方式行事。你认为性格是可塑造的，你可以随心所欲地重塑自己。即便与他人的成长环境完全不同，你也同样可以走上他们的名利之路。一成不变的性格仿佛是一座监狱，很多人暗暗希望通过毒品、酒精或电子游戏让自己离开这座监狱。这种否认的态度导致的结果很简单：强迫性行为和处事方式只会更加顽固。你不可能违背自己的性格，也不能指望它凭空消失。它实在太强大了。

这正是霍华德·休斯的问题所在。他自认是个伟大的商人，要建立超越父亲的帝国。但从性格上来说，他并不是个善于管理的人。他真正擅长的其实是技术层面上的事，他在飞机的设计和制造工程方面很有远见。如果他能看到并接受这一点，大可以凭借自己的飞机公司开创出辉煌的职业生涯，把日常运营交给真正有这方面能力的人。但他活在与自己性格并不相符的幻想里。这导致了他失败的行为模式和悲惨的生活。

另一个方向更加艰难，但这是通往真正的力量、锻造优越性格的唯一道路。它的运作方式是这样的。你要尽可能细致地观察自己。看看性格的最深层次，确定自己是外向型还是内向型的人，是否容易受到高度焦虑、敏感、敌意、愤怒或与人交往的强烈需求的影响。审视自己原始的倾向性，看看自己会不自觉地被哪些问题或行为吸引。看看自己与父母是哪种依恋模式，它会很明显地体现在当下你所处的亲密关系之中。以极度诚实的态度看待自己犯下的错误以及不断阻碍你的行为模式。你知道自己有局限性，知道在哪些事情上没能做到最好。你也会意识到自己性格中存在的天然优势，它们在青春期之后依然保留了下来。

现在，有了这样的意识，你不再是性格的俘虏，不会无休止地被迫重复某种方法和错误。如果看到自己跌回某种惯常模式中，你可以及时抓住自己，后退一步。可能你永远无法根除这种模式，但通过练习可以减轻它造成的影响。了解自己的局限性之后，你就不会去尝试超出自己能力或意愿的事。相反，你会选择适合自己也符合性格的职业道路。总的来说，你接受并拥抱了自己的性格。你的愿望不再是成为别人，而是更彻底地做自己，实现自有的潜力。把性格看作自己手下的泥土，慢慢把弱点转化为优点。你不会逃避自己的缺点，而是把它当成真正的力量源泉。

我们来看看琼·克劳馥的职业生涯。她的早年生活似乎预示了她绝不可能过上成功的生活。父亲在她出生后不久便抛弃了家庭，她不知道父亲是谁。她在贫困中长大。母亲非常讨厌她，经常对她拳打脚踢。在她还是个孩子的时候，就明白自己仰慕的继父并不是自己的亲生父亲，而对方也很快抛弃了她们。童年无休止的惩罚、背叛和遗弃给她留下了终身的创伤。她很小的时候便开始了电影演员生涯，她用无情客观的态度审视自己的缺陷：过度敏感脆弱。她有很多无法摆脱也无法掩饰的痛苦和悲伤，极度渴望被爱，不断寻找着父亲的角色。

在好莱坞这样无情的地方，不安全感很容易成为一个人的死穴。但她通过大量的内省和工作磨炼，成功地将这些弱点转化为事业成功的支柱。比如，她把自己的悲伤和遭人背叛的感受带入所扮演的不同角色中，让全世界的女性感到认同；她不像其他女演员那样表现得天真又肤浅。她将自己对爱的迫切追求转向了镜头，观众能感受得到。电影导演成了她崇拜的父亲，她对他们极为尊敬。她最明显的特质是极度敏感，但她将这份敏感从内部转向外部。她仿佛长出了非常纤细的天线，专用来感知导演的喜好。即便不去看也不去听，她就能感觉到导演对自己演技的不满，提出正确的问题并迅速采纳他们的批评意见。她是导演的梦。她用强大的意志力把一切结合起来，铸就了长达四十多年的职业生涯，这在好莱坞演员中是闻所未闻的。

你需要对自己使用炼金术。如果你是一个喜欢控制一切的超级完美主义者，就把这种能量投射在工作中，而不要放在人身上。只要正确地加以引导，对细节的关注和高标准要求也会变成积极的因素。如果你总想取悦他人，那么你已经拥有了为人属下的能力和魅力。如果能看清这种特质的来源，你可以控制其中强迫性和防御性的部分，把它转化为一种真正的社交技能，为自己带来巨大的能量。如果你是个高度敏感的人，容易将事情个人化，可以努力将其调整为一种积极的同理心（参见第二章），把缺陷转化为资源，进行积极的社交。如果你有叛逆的性格，天生不喜欢约定俗成，不喜欢按惯常的方法做事，那就可以把它引向某种创造性的工作之中，而不要强迫性地侮辱和疏远他人。这样每个弱点就都转化为相对应的优点。

最后，你还要培养强大的性格特质，比如压力下的韧性、对细节的关注、完成工作的能力、团队合作能力、对不同人的包容性。锻炼的唯一方法是改变习惯，让它慢慢成为你性格的一部分。比如让自己不断置身于紧张或不利的环境中，克制自己的冲动，适应这些环境。在日常枯燥的工作中，你可以培养自己的耐心和对细节的关注。你可以刻意接受略高于自己能力的工作。在完成的过程中，你必须加倍努力，这能帮助你建立条理性和更好的工作习惯。训练自己不断思考哪些事对团队更加有利。寻找表现出强大性格的人，尽可能与这类人交往，吸收他们的能量，学习他们的习惯。培养性格的韧性，这是力量的标志，偶尔敲打一下自己，尝试一些新方法和新思维方式，做一些自己一般不会去做的事。

通过这样的努力，那些由幼年经历塑造而成的性格再也无法奴役和强迫你。甚至还可以更进一步，你可以积极重塑自己的性格和命运。

> 任何情况下，如果认为某人做的事、完成的动作是一次性行为，便大错特错了。（那些说着“让我们当牛做马卖力存钱，等到三十岁的时候就可以享受了”的人，等到了三十岁只会变得更贪婪、更加卖命工作，他们永远不会享受生活……）做过的事总会重复，而且很可能在遥远的过去已经做过了。生活令人痛苦之处在于，是我们自己决定困在这里，让车轮从身上碾压过去。（事实是，在做出决定之前，我们已经在朝着那个方向前进了。）一个决定、一次行动，都会正确预示出下一次我们会做什么，这不是某种模糊、神秘的占星学，而是源自重复性的自动反应。
>
> ——切萨雷·帕韦泽

第五章

成为不可捉摸的欲望投射对象：贪婪法则

缺席和现身会对我们产生非常原始的影响。四处现身会令人感到窒息，而一定程度的缺席会激发出人的兴趣。人的特点是不断渴望拥有自己没有的东西，那就是幻想投射的对象。学会在自己周围制造一些神秘感，利用战略性的缺席激发人们对于你回归的渴望以及占有你的渴望。向对方炫耀他们一生缺失或是由于禁止而无法拥有的东西，他们会被欲望冲昏头脑。篱笆那边草更绿。若想克服自己身上的这种弱点，那就拥抱环境，拥抱命运。

欲望投射的对象

一八九五年，十一岁的加布里埃·香奈儿在母亲床边坐了好几天，看着三十岁的她慢慢因肺结核死去。加布里埃生活的窘迫，如今只会雪上加霜。她和兄弟姐妹们在贫困中长大，从一个亲戚家搬到另一个亲戚家。父亲是个流动杂货小贩，厌恶任何形式的束缚和责任，很少在家。母亲经常陪着父亲出摊，是孩子们生活中唯一的抚慰。

正如加布里埃担心的那样，母亲去世几天后，父亲出现了，将加布里埃和两个姐妹送到了法国中部的一所修道院中。他答应很快会回来接她们，但一去不返。修女们住在一座中世纪前期的修道院里，这里收留了各种各样的女孩，大多数是孤儿。她们必须严格遵守纪律。简陋的修道院墙壁阴暗，女孩们节衣缩食地过着苦行的生活。她们每个人只有两件衣服，样式都一样，没有版型可言。这里严禁奢侈品。唯一的音乐是教堂音乐，食物也非常简单。在最初的几个月里，加布里埃努力适应新环境，但她感到无比不安。

有一天，她找到一套言情小说，不知为什么修道院里会有这个，但很快这套小说成了她唯一的救赎。故事的作者是皮埃尔·德库尔塞勒，几乎所有的小说都是灰姑娘的类型，讲的是在贫困中长大的女孩受尽孤立和鄙视，却因为机缘巧合闯入了富人的世界。这些角色让加布里埃感同身受，她特别喜欢那些对女主角穿着的详细描述。宫殿和城堡的世界离她非常遥远，但她沉浸其中，感觉自己也参与到了小说的情节里，这让她产生了强烈的想让其变为现实的欲望，尽管对她来说这些东西是遭到禁止的，而且似乎永远不可能成真。

十八岁时，她离开了修道院，进入由修女开办的寄宿学校。她在这里接受了缝纫培训。学校坐落在小镇上，她很快发现自己对戏剧有浓厚的兴趣。她喜欢那里的服装、布景和带妆的演员。那是一个充满变化的世界，人可以成为任何人。此时，她想成为一名演员，在剧院里扬名立万。她给自己取了可可这个艺名，尝试了演戏、唱歌、跳舞。她有大量的精力和魅力，但她很快意识到自己缺乏天赋，无法获得自己心中的那种成功。

接受这个现实后，她很快燃起了新的梦想。很多无法靠工作谋生的女演员成了有钱人的情妇。这些女人有巨大的衣橱，可以随心所欲地去任何地方，虽然社会也会排斥她们，但她们可以不受专制丈夫的束缚。幸运的是，有个倾慕她舞台表演的年轻人艾蒂安·巴尔桑邀请她住在他家附近的城堡里。他继承了一笔家产，可以悠闲过活。此时人们已经把加布里埃称作可可，她接受了这个邀请。

城堡里住满了在欧洲各处进进出出的情妇。其中有些人很有名气。她们既美丽又世俗。这里的生活相对简单，大家以乡间骑马为生活中心，晚上举办奢华的派对。这里的阶级差异非常明显。每当有贵族或重要人物造访城堡时，像可可这样的女人就会和仆人们一起吃饭，无法出席。

她无所事事又深感不安，便分析起自己的前途和未来。她的野心很大，但她总在追寻自己无法把握的东西，梦想着不可能实现的未来。最开始是言情小说中的宫殿，接下来是舞台上灯红酒绿的生活，想着变成下一个莎拉·伯恩哈特。如今她的梦想依然荒诞。出名的情妇都是丰满的美女。可可看起来就像个男孩子。她的身材没有曲线，并不是典型的美女。她的魅力源于存在感和活力，但这种情况无法持续太久。她总想得到别人的东西，想象着那是隐藏的宝藏。即便是其他女人的男朋友或丈夫，她最大的欲望也是把男人抢走，这件事她已经做过很多次了。但每当她得到了自己想要的东西，无论是男朋友还是城堡里的生活，都会对现实感到失望。到底什么才能让自己满意，这是一个谜。

有一天，她不知不觉晃进了巴尔桑的卧室，偷拿了他的一些衣服。她开始自己搭配衣服，开领衬衫配呢子大衣，再搭上一些自己的衣服，头戴一顶男士船夫帽。穿上这些衣服后她注意到两件事。抛弃了女性紧身衣、紧身礼服和烦琐的头饰之后，她感到一种难以置信的自由感。各方投来的新目光也让她备感欣喜。其他情妇毫不掩饰自己的羡慕之情。她们被这种雌雄同体的风格迷住了。这套新衣服很适合她的身材，没有哪个女人能穿得这么好看。

巴尔桑也被她迷住了，给她介绍了自己的裁缝，在她的指挥下，裁缝为她定做了一套小男孩穿的骑马服，并且配上了马裤。她自学骑马，而且没有像其他女人那样侧骑。她的性格里一直有运动的天赋，几个月就成了骑术高手，穿着奇怪的骑马装四处游荡。

新形象建立起来之后，她终于看清了自己那模糊的愿望：她想要的是跟男人一样的权力和自由，这一点在男性宽松的衣服上就有所体现。她能感觉到，城堡里其他的情妇也认同这一点。空气中满是被压抑的欲望，而她已经将其激发了出来。几周后，开始有情妇来到她的房间，试戴用丝带和羽毛装饰的草帽。与女性佩戴的精致帽饰相比，这些帽子更容易戴。此时，情妇们戴起香奈儿的帽子在城里走来走去，很快附近的其他女人便开始询问哪里可以买到。巴尔桑为她提供了位于巴黎的公寓，她可以在那里制作更多的帽子，也许还可以做生意。她很高兴地接受了这个提议。

不久，又有一个男人走进了她的生活，他是个英国富翁，名叫亚瑟·卡佩尔。他被她新奇的外表和巨大的野心所吸引，二人成了恋人。卡佩尔把自己的贵族女性朋友介绍到可可的工作室，很快她的帽子引起了一阵热潮。除了帽子，她开始出售一些自己设计的衣服，这些衣服都有自己穿着的那种雌雄同体的风格，虽然针织面料都是最便宜的，但提供的是一种与当时的风格截然不同的运动的自由。卡佩尔鼓励她在海边城市多维尔开一家店，当时所有巴黎的时尚人士都在那里过夏天。事实证明这是个完美的点子：在这个小镇上，挤满了看热闹的时髦女人，她可以制造出轰动效应。

她在海里游泳，震惊了当地人。女人不会做这样的事，当时也没有女性泳衣，所以她穿的泳衣是用制衣的面料自制的。几周之内，女人们来到她的店里争相购买。她穿着自己独特的衣服在多维尔漫步，雌雄同体，行动自如，面料贴身，略带挑逗。她成了全城的焦点。女人们迫切想要知道她的衣服是从哪里来的。她不断在男性服装的基础上即兴创作出新造型。把卡佩尔的一件毛衣剪开，加上几个纽扣，创造了现代版专为女性设计的开衫羊毛衫。如今这已经成了一种风潮。她知道自己的脸型适合短发，便把头发剪短，突然也变成了流行新趋势。她感应到了势头的重要性，免费把衣服送给了一些漂亮、人脉广的女性，她们也留着和自己类似的短发。这些女性四处参加派对，看起来仿佛是香奈儿的克隆人，这股新风潮从多维尔一路刮到了巴黎。到了一九二〇年，她已经是世界上最先锋的时装设计师之一，也是当时最伟大的潮流引领者。她的衣服代表了新女性的自信、挑衅和轻微的叛逆感。虽然衣服还是用针织面料制作，成本很低，但她却卖出了极高的价格，富裕的女性愿意花钱购买香奈儿的神秘感。但很快，她的老毛病又犯了。她想要一些别的东西，想要创造出一种能更快接触到各阶层女性的东西。为了实现这个梦想，她决定采取不同寻常的方法，创造并推广自己的香水。

在当时，时装品牌推广香水是很少见的事，如此下大力气也是闻所未闻的。但香奈儿有了计划。这款香水会像她的衣服一样与众不同，更具气质，这种弥漫在空气中的味道会让男男女女兴奋起来，使人燃起想要拥有它的欲望。想要实现这一点，她与其他香水走了截然相反的路线，当其他香水还在主打自然、花香主题的时候，她想要打造一款无法识别源头的香味。她想让它闻起来是“一束抽象的花”，既宜人又新奇。和其他香水相比，它在不同女人身上会散发出不同的味道。为了更进一步，她决定给它取一个最不寻常的名字。当时的香水名字都很有诗意，很浪漫。而她以自己的名字命名它，附加了一个简单的数字编号，香奈儿五号，听起来仿佛是科学的混合物。她把香水装在时尚现代主义风格的瓶子里并加上了她的新标识，一对交错在一起的C，从外面看起来仿佛空无一物。

为了推广这款香水，她决定进行一次潜意识层面的宣传。首先，她在巴黎的商店里四处喷洒香水。空气中弥漫着香水的味道。女人们不停问这是什么，她装作不知道。然后，她把去掉标签的香水瓶塞进那些最富有、最善于社交的客户的包里。很快，大家都开始讨论这种奇怪的新香味，它令人难以忘怀，又无法辨认是哪种花香。香奈儿又出新款的消息像野火一样蔓延开来，女人们很快冲进她的店里，求她把刚放在货架上的香水卖给自己。在最初的几周，库存永远不够卖。这种情况在业内从未发生过，未来它会成为历史上最成功的香水，为她带来财富。

在接下来的二十年里，香奈儿品牌在时尚界独占鳌头，但在二战时期她与纳粹为伍，在纳粹占领时期留在巴黎，并且明显地站在了占领者这一边。她在战争初期就关闭了商店，等到战争结束时，她由于政治立场而在法国人面前颜面扫地。

她意识到了这一点，也许是感到羞愧，她自我放逐到了瑞士。然而到了一九五三年，她觉得自己不仅要复出，还要做一番更大的事业。虽然她已经七十岁了，但她对当时的时尚潮流感到厌恶，仿佛又回到了她想要摧毁的旧有束缚和烦琐之中。也许这也标志着女性要回归到更加顺从的角色中去。对香奈儿来说，这是一项极大的挑战，她已经离开业界十四年，几乎已经被人遗忘了。没人还会认为她是潮流的引领者，她几乎是要从头开始。

她的第一步是散播自己即将复出的传言，但她没有接受任何采访。她想要激起外界对她的讨论和兴奋情绪，但又用神秘包裹住自己。她的新秀于一九五四年正式亮相，店门口挤满了围观的好奇人群。但人们立刻就失望了。这些衣服大多是二十世纪三十年代风格的翻版，只不过做了一些新的修饰。模特们都是香奈儿的模样，模仿的是她走路的方式。在观众看来，香奈儿无可救药地停留在了过去。这些衣服已经过时了，媒体对她大为抨击，同时挖出了她在战争中和纳粹的关系。

对设计师来说，这是毁灭性的打击，但她似乎对这一切都无动于衷。她一如既往地有自己的计划，并且看得非常清楚。在巴黎首秀之前，她就决定将美国人列为这一系列服饰的目标受众。美国的女性最能将她感性的特点体现出来，这些衣服富有运动气质，行动起来颇为轻便，剪裁不加修饰且非常实用。而且，她们比世界上任何国家的人都有钱。果然，新设计线在美国引起了轰动。很快，法国的批判声音也逐渐减少。她复出一年便重新成为世界上最重要的设计师，而此时的时装也回到了她一直推崇的简单、经典的造型上。杰奎琳·肯尼迪开始在很多场合公开穿着香奈儿的套装，这是香奈儿重获权力的明显象征。

当她重回巅峰后，又做出了与时代和行业背道而驰的事。盗版是时尚界的一大问题，一场秀之后，世界各地都会出现设计的仿冒品。设计师们小心翼翼地守护着自己的秘密，通过法庭打击仿冒行为。但香奈儿却反其道而行之，欢迎各种人来到秀场，允许他们拍照。她知道这样做会纵容盗版，但她就想要这样。她甚至会邀请富婆们带上自己的裁缝，让她们绘制设计草图，然后复制作品。比起赚钱，她更想把自己的时装传播到各地，让自己和自己的作品成为各个阶层、各个民族女性渴望的对象。这是一个从小遭人忽视、不被宠爱、受人孤立的女孩最终的“报复”。她要让数以百万计的女性穿上她设计的衣服，她要让自己的形象和标识随处可见，事实上，复出几年后她做到了。

解析：香奈儿试穿艾蒂安·巴尔桑的衣服时引起了新的关注，她灵机一动便永远改变了自己的人生轨迹。在此之前，她总是觊觎一些越轨的事，刺激自己的幻想力。卑微的孤女渴望跻身上层社会而不得。演员和情妇都不是好的选择，尤其是对一个在修道院长大的人来说。

现在，她穿上马裤戴上船夫帽在城堡里骑行，突然变成了他人觊觎的对象。众人被她服装中凸显的越轨性和对于性别角色的刻意蔑视吸引了。她没有沉浸在充满梦幻和想象的世界里，而是成为激发他人幻想的人。此时需要做的是扭转自己的视角，以考虑观众为先制订策略，激发他们的想象力。她从小到大渴望的东西都是些模糊、难以捉摸、充满禁忌的。这就是魅力所在。这就是人类欲望的本质。她只需要将其转为自己所用，将这样的元素融入创造的作品之中。

她是这样施展魔法的：首先，用神秘的光环把自己和作品包围起来。她从不谈论自己困苦的童年。她编造了无数自相矛盾的故事来掩盖过去。没人真正了解任何关于她的具体信息。她小心控制着自己公开露面的次数，深知暂时消失带来的价值。她从未透露过香水配方或制作过程。那引人注目的怪异标识激发了人们解读的热情。这一切都使公众对可可神话有了极大的想象空间。其次，她总是将自己的设计隐隐约约地与越轨联系在一起。这些衣服明显具有男性化气息，又保留了女性化特征。给人的感觉是跨越了一部分性别的界限，让人在身体和心理上获得了松弛。衣服不仅更加合体，还与运动和性别联系了起来。穿上香奈儿的衣服，就相当于发出了年轻与现代的宣言。这一点一旦为人所接受，年轻女性就很难抵挡这种呼声。

最后，她从一开始便让自己的衣服散播开来。看到其他人这样穿着，可以激发女性竞争的欲望，大家都想拥有一样的衣服，这样才不会被淘汰。可可还记得自己是多么渴望那些有妇之夫。他们之所以令人向往，是因为他们是别人的。这种竞争的冲动在每个人身上都很强大，在女人身上也是如此。

实际上，她最初设计的船夫帽不过是百货商场里的普通商品。最初设计的衣服也都是最便宜的材料制成的。香水是茉莉花等普通花卉和化学药剂的混合体，并没有任何异国情调或特别之处。将它们从物品转化为激起人们强烈占有欲的对象，这纯粹是一种心理魔法。

理解：就像香奈儿一样，你需要扭转视角。你需要训练自己把注意力放在别人身上，放在他们被压抑的欲望和未得到满足的幻想上，而不是把注意力放在自己想要和觊觎的东西上。你需要训练自己，看看别人如何看待你和你的作品，就好像是你从外部看待自己和自己的作品一样。这会使你拥有塑造他人看法、激发他人兴趣的无限力量。无论人们怎么说，实际上他们从不渴望真相和诚恳。他们只希望自己的幻想得以激发，超越平庸的环境。他们希望有幻想和欲望投射的对象供自己觊觎和摸索。在你和作品周围营造神秘气氛，把它与新奇、陌生、异域、激进和禁忌联系起来。不要阐释，要让它保持模糊的状态。要制造出一种无处不在的假象，让目标四处可见，化为众人渴求的欲望。接下来就等着人类暗藏的贪婪出场来做剩下的事，引发欲望的连锁反应。

> 我终于得到了想要的东西。我快乐吗？也不尽然。少了什么呢？我的灵魂不再因欲望而激动。哦，不要自欺欺人了，快乐不在于满足，而在于追求。
>
> ——皮埃尔-奥古斯丁·卡龙·德·博马舍

人性的关键

从本质上来说，人类并不容易对所处的环境感到满足。在内心某种乖张力量的驱使下，在得到自己所求之物的那一刻，我们便向着新的、不同的东西走去，想象自己可以拥有更好的东西。新的目标越是远大，越是遥不可及，拥有它的欲望就越大。我们可以将其称作“篱笆那边草更绿”现象，这是一种心理上的错觉，如果我们离草足够近，来到目标的旁边，就会发现它其实并没有更绿。

这种综合征在人类本性中扎根极深。最早的记录可见于《旧约》中出埃及记的故事。摩西被上帝选中，带领希伯来人前往应许之地，带领他们进入旷野并流浪了四十年。希伯来人曾在埃及做奴隶，他们的生活一直很艰难。然而一旦在沙漠里遭受苦难，他们便对曾经的生活燃起怀念之情。面对饥饿，上帝从天堂赐予他们甘露，但他们却拿它与在埃及看到的美味水果、黄瓜和肉食做比较。面对上帝的神迹（比如使红海分开），他们并没有心怀敬畏，反而决定铸造并朝拜一头金牛犊，但当摩西因此惩罚他们的时候，他们又迅速放弃了对这个新神的朝拜。

他们一路不停抱怨，让摩西头疼不已。男人们贪恋异域女子，民众不断寻找新神追随。上帝自己也被他们无休止的不满激怒了，他禁止摩西在内的整整一代人进入应许之地。即便下一代在流着牛奶和蜂蜜的土地上站稳了脚跟，抱怨声依然没有减少。无论人拥有什么，他们都梦想着能拥有更好的东西。

我们可以看到这种综合征在日常生活中同样发挥着作用。我们总是盯着别人，他们似乎总是比我们过得更好，他们有父母关怀、事业有成、生活悠闲。也许我们本身就处在一段完美的关系之中，但心思却止不住地往其他人身上游走，那些人没有伴侣身上的各种缺点，至少我们是这样认为的。我们梦想着从枯燥的生活中走出去，见识充满异域情调的文化，那里的人总比过着灰暗生活的我们更加快乐。一旦有了工作，我们便幻想着其他更好的东西。在政治层面上，政府腐败亟须改变，也许需要一场革命。在这场革命中，我们幻想的是名副其实的乌托邦，用它来取代我们不完美的生活。我们绝不会想到历史上大多数的革命都是一样的，甚至只能更糟。

在上述这样的情况中，如果我们离自己羡慕的人更近一点儿，离所谓幸福家庭更近一点儿，离觊觎之人更近一点儿，离我们想要了解的异国人民更近一点儿，离那个更好的工作更近一点儿，离乌托邦更近一点儿，就会明白这些都是幻象。我们在朝着欲望迈进的过程中，往往就会失望地意识到这一点，但这并不能够改变行为。下一个闪闪发光的东西就在远处，另一种异域风情的邪教或快速赚钱的计划依然在诱惑着我们。

有一个突出的例子可以佐证这种综合征，那就是当我们成年后回看童年的感受。大多数人都觉得是一段可以愉快玩耍的金色时光。随着年龄的增长，它在记忆中变得愈发闪闪发光。当然，我们很容易遗忘童年时期的焦虑、不安和伤痛，比起记忆中短暂的快乐，这些可能占据了更多的精神空间。但童年随着年龄增长越行越远，所以我们能够将其理想化，把它看得比草还要绿。

这种综合征可以用人脑的三个特质来解释。首先是诱导，也就是积极的东西在脑海中产生一个相对的负面形象。这在我们的视觉系统中最为明显。当我们看到红色或黑色之类的颜色时，往往会加强对周围相反颜色的感知度，在这个例子中就是对绿色和白色的感知度。当我们看到红色物体的时候，经常能看到一个绿色的光环围绕着它。一般来说，心灵也是通过对比来运作的。我们通过意识到某一事物的反面来形成与它相关的概念。大脑不断地在挖掘这些对比内容。

也就是说，每当我们看到或想到某件事的时候，大脑便会不自觉地看到或想到相反的东西。如果文化环境禁止我们思考某个特定的问题或是满足某种特定的欲望，那么这种禁忌会立刻让我们联想到被禁止的东西。所有“不”都会引发相应的“是”。（正是因为维多利亚时代封禁情色，才造就了第一个色情产业。）我们无法阻止内心的这种对比。它只能促使我们去思考、渴望自己没有的东西。

其次，对人类这种有意识的动物来说，自满对于进化是相当危险的。如果我们早期的祖先对生活环境感到满意，就不会对安全环境中潜藏的风险足够敏感。

我们的生存和发展都基于持续的警觉意识，因此在任何情况下都会去思考和想象可能存在的消极因素。虽然我们的生存环境已经不再是充满掠食者和自然危险的热带草原或森林，但大脑依然如此。因此，我们倾向于持续产生消极的偏见，这种偏见往往会通过抱怨和牢骚表达出来。

最后，真实的东西和想象的东西在大脑中并没有太大的分别。多种实验已经证明了这一点，在实验中，受试者想象某一物体时所产生的脑电波和化学物质，与真实生活中遇到这一物体时产生的脑电波和化学物质非常相似，核磁共振可以清晰地显示这一点。现实是很残酷的，充满了限制和麻烦。我们都会死去，每天都在变老、变虚弱。想要获得成功，就需要付出代价努力工作。但在想象的世界里，我们可以超越这些限制，有各种各样的可能。想象力是无限的。而想象的效果几乎与真实经历相当。所以我们总是能想象出比现实更好的情况，享受一些现实无法带来的快乐。

我们的心理构成不可避免地导致了“篱笆那边草更绿”综合征。对于人性中这种可能存在的缺陷，我们不应当上升到道德层面，也不应当抱怨。它是每个人精神生活的一部分，也有很多好处。这是人们思考新的可能性和创新能力的来源。正是由于它的存在，我们的想象力才会如此强大。另外，它也可以成为我们感动、刺激和诱惑他人的方式。

懂得利用人类天生的贪念是一门永恒的艺术，所有形式的劝说都有赖于它。如今我们面临的问题不是人们突然不再贪婪，恰恰相反，我们失去了掌握这门艺术并从中汲取力量的方法。

在文化环境中可以看到这样的证据。我们生活在轰炸与饱和的年代。广告商不断展示信息和品牌，引导我们去指定的地方点击购买。电影让人头脑发热，冲击感官。政治家可谓挑动和利用不满情绪的高手，但他们不知道如何激发人们对未来的想象力。这些情形消解掉了一些微妙的东西，生硬地对人的想象力施加影响，而实际上我们却暗暗渴望着其他东西。

在个人关系中也能看到类似的情况。很多人都认为，别人之所以对自己产生渴望之情，是因为他们了解自己。于是他们便不断展示自己的情况，暴露自己的所有好恶，以便让对方尽快熟悉自己。他们没有为想象或幻想留出一丝一毫的空间，当对方失去对自己的兴趣时就破口大骂，在网上攻击男人的肤浅和女人的无耻。自恋的程度越深（参见第二章），越难以进入对方的心理世界，难以看清对方想从我们身上得到什么，而不是我们想从对方身上得到什么。

理解：人们可能会用这些证据来佐证自己变得越来越真诚了，但人类的本性并不会在几代人的时间里改变。人之所以变得更加直率，并不是出于某种深刻的道德感召，而是越来越沉浸在自恋和整体性的懒惰之中。不需要任何努力，只需要做自己或是将自己的信息曝光。不努力就无法给对方的心理造成影响。这意味着，人们对你的所谓兴趣其实非常稀薄。他们的注意力会迅速转移，而你看不清其中的原因。不要囫囵吞枣地接受当下简易的道德主义，以牺牲欲望和诱惑为代价获得诚实。要往相反的方向走。懂得欲望艺术的人少之又少，这为我们提供了无穷的机会，可以利用人们受压抑的幻想让自己大放异彩。

刺激欲望的方法

运用好这一法则的关键在于将你和你的作品对象化。通常你会将自己锁在思绪和幻想里，想象别人应当因为你是你而爱你、尊重你。你认为自己精心创作的东西理应受到欢迎。毕竟投入了这么大的精力，你对成功寄予厚望。但其他人看不到这些。对他们来说，你只是人群中的一员，你激发的不是好奇和兴奋就是冷漠，甚至是敌意。他人将自己幻想中的成见投射在你身上。作品只要公之于众，便完全脱离了你的期望和幻想，它能激发的情绪是强是弱也完全不受你的控制。如果能接受作品让他人以自己的方式感知，你就有能力改变他们的认知，创造出欲望投射的对象。

以下是创造出这类对象的三种主要方法。

懂得如何以及何时退出。这是艺术的本质。人们看到你出现，便会对你进行解读。如果你太容易让人看到，人们太容易揣摩和看穿你，或者你的需求表达得太过明显，他们便会不自觉地开始对你产生一定程度的不尊重，久而久之，他们会失去兴趣。你的出现需要带有一些冷淡感，仿佛自己可以不需要别人。这就向他人发出了信号，你是值得受到尊重的，不自觉地提高了你在他们眼中的价值。这样人们才会想追逐你。这种冷淡感是你必须掌握的第一条退路。此外，你的身份也要有一些空白和模糊点。永远不要过度暴露自己的看法、价值观和品位。这会留给对方根据自己的需要进行解读的空间。电影明星是这方面的高手。他们把自己的脸和存在感放在银幕上，供人们投射幻想。总的来说，你需要营造出神秘的氛围，供他人进行解读。

一旦你发现自己进入了他人的想象空间，放好了钩子，那么就一定要缺席或退席。你不能让自己很容易被人找到。你可以消失一天或一周。对方的内心会产生一种空虚和痛苦感。缺席反而令你占据了对方更多的精神空间。他们只会想要更多地拥有你。

音乐家迈克尔·杰克逊就曾完美地运用了这一方法。他深知自己频繁推出音乐和公开露面会使市场出现饱和的风险。于是他分散地发行专辑，勾起公众的渴望之情。他小心地控制着采访和演出的频率，从不谈论歌词的意义，也不公开宣传任何信息。偶尔他会让公关人员透露一些关于自己的新鲜事，比如他用高压氧舱来永葆青春。他既不会证实也不会否认这些故事，媒体却疯狂报道。他散播了故事和流言，但其中并没有任何实质性内容。通过这种捉摸不定的方法，他把自己变成了欲望不断投射的对象，人们既想要更好地了解他，也想听到他更多的音乐。

你可以通过作品创造出令人觊觎的效果。表现形式和信息可以相对开放。人们可以对你的作品进行多种阐释。永远不要确切地定义应当如何认识或使用它。莎士比亚和契诃夫等伟大戏剧家的作品之所以能够永存，永远鲜活精彩，正是出于这个原因。每一代人都可以在他们的戏剧中解读出自己需要的东西。这些作家描述的是人性中永恒的元素，而且没有加以评判或是引导观众如何思考。你的作品也要以此作为参照。

以下几点需要记住：想象力越活跃，从中收获的快乐就越大。当我们还是孩子的时候，如果游戏规则非常明确，我们很快就会失去兴趣。但如果是自己发明的游戏或是游戏流程比较松散，可以将自己的想法和幻想放进去，我们的兴趣持续时间就会更长。欣赏抽象画、观看难以理解的电影、听到一个模棱两可的笑话或广告，都会激起我们解读的欲望。想象力得以锻炼是一件很让人激动的事。你需要通过努力，最大限度地激发人们的这种愉快感。

制造欲望之间的竞争关系。人的欲望从来都不是个体现象。我们是社会性动物，自己想要的东西基本上也是别人想要的。这一点源于我们幼年的经历。我们会把父母的关注（我们最初渴求的东西）看作一种“零和游戏”。如果兄弟姐妹得到了更多关注，那么我们得到的关注就会减少。因此我们必须和其他人竞争以获得关注和爱护。当看到兄弟姐妹或朋友收到礼物或恩惠时，会激发出自身的竞争欲望，想要拥有同样的东西。如果某件东西或某个人不被他人需要，我们往往也会冷漠对待，甚至产生厌恶之情，因为一定有哪里不对劲。

于是它变成了一种终身模式，在某些人身上比较明显。在恋爱的过程中，他们只对那些已经有了另一半的男人或女人感兴趣，成为插足的第三者。他们渴望夺走这个爱的对象，战胜对方，这种行为模式源于他们的童年。如果有人通过一些新噱头赚到了钱，他们不仅想要参与，而且想垄断市场。对另一群人来说，这一点体现得更加微妙。看到别人拥有了令人羡慕的东西后，他们的愿望不是把它抢走，而是与对方分享或参与到这种体验中。无论是哪一种类型，当我们看到人或事物被别人渴望时，就会觉得其价值提升了。

你必须学会利用这一点。如果你能以某种方式让人认为自己受人艳羡或是作品被人追捧，就会把对方拉进你的节奏里，既不用多说一句话，也不用逼迫对方做事，他们自己就会追着你走。但你必须努力让光环包裹住自己，至少是创造出这样的幻觉。

创造这种效果有几种方法。让目标对象无处不在，甚至不惜鼓励盗版，就像香奈儿那样。不必直接介入。这种方法必然会引发某种病毒式的驱动力。你可以通过媒体传播流言或利用故事来加快这一进程。人们议论纷纷，口耳相传的效果便将其推广开来。即便是负面评价和争议也有其效果，有时甚至比赞美声更加有效。它们会为目标对象裹上一层挑衅和侵犯的形象。人们总是会被负面的东西吸引。你的沉默和缺席会使人们在自己的故事和解读里陷入疯狂状态。你还可以让重要人物或评论家来谈论这件事，起到煽风点火的效果。他们会表示，你的作品是全新的、革命性的，以前从未听说过。你贩卖的是未来和趋势。到某一时刻，你吸引到了足够多的人，没有人愿意被排除在外，又会拉来更多的人。这场游戏中唯一的问题在于，当今世界的病毒效应也有很多竞争对手，公众是极度善变的。你不仅要成为创造连锁反应的高手，还要能够快速迭代，创造新的反应链条。

作为个体，需要清楚地表明你过去的故事以及人们对你的渴望之情。这段故事不能太过复杂，否则会引发人们的不信任，但又要足以表明自己是如何受欢迎的。表述一定是间接的。让他们了解你的过去。让他们真切地看到你受到男男女女的关注，但这一切都不能靠叙述。吹嘘或明确的信号会将这种效果抵消掉。

在谈判的过程中，要努力引入第三方或第四方来争夺你的服务，制造出一种欲望的竞争场景。这样做会立即将你的价值抬高，它不仅体现在竞价方面，人们还会对你产生渴望之情。

进行诱导。与过去相比，我们自认为生活在一个非常自由的时代，但实际上，我们目前的生活比以往要遵循更多的规则。数字化时代监控着我们的一举一动。规范人类行为的法律包罗方方面面，数量比以往更多。社交媒体的存在感不断增强，对政治正确的追求也愈演愈烈。但在内心深处，大多数人都会因为身体和精神上的限制感到困扰和压抑。人们渴望打破界限，很容易被推向那个禁忌的“不”或“是”。

把目标投射对象与一些违法的、非传统的或政治激进的东西联系起来。香奈儿通过雌雄同体的风格和对性别角色的蔑视做到了这一点。代际斗争总能为我们提供优质的素材。你可以将自己的风格与上一代呆板的形象形成鲜明的对比。约翰·肯尼迪就是这样做的，他把自己与二十世纪五十年代以及艾森豪威尔时代对立起来，认为那个年代太过僵化和循规蹈矩。相比之下，把选票投给自己就是投给了青春、活力以及去男性化。从本质上讲，他利用的是对父亲这一角色隐秘的怨恨感，以及想要摆脱这一角色的越轨欲望。这种欲望在年轻人之中是禁忌的东西，但又无处不在。

几乎所有人都有一种不正当的欲望，那就是偷窥。窥视他人的私生活触犯了社会在隐私方面的禁忌，但每个人都想知道别人关起门来做了什么事。戏剧和电影正是基于偷窥的欲望而诞生的。它带着我们走进别人的房间，造成仿佛在窥视他人的一种体验。你可以将这一点融入工作之中，让人感觉你透露的是一些不应当分享出来的秘密。有些人会感到愤怒，但每个人都会感到好奇。分享的可以是关于自己的秘密，可以是你完成自己的工作的方法，也可以是关于其他人的秘密。

无论如何，你提供的都应当是新鲜的、他人不知道的、具有奇异性的内容，至少看起来要呈现这样的效果。要与外部麻木的传统形成鲜明的对比，这才能够产生令人渴望和追求的拉力。

最后，将那些人们抓不住或不可能实现的愿景放在他们面前。生活中充满了各种恼人的限制和困难。想要获得财富和成功，就必须付出巨大的努力。每个人都锁在自己的性格里（参见第四章），不可能成为别人。我们无法找回失去的青春，也无法重获健康体魄。人的每一天都在朝死亡靠近，这是终极的限制。然而，你提供的投射目标可以给予对方迅速获得财富、找回青春、变成另一个人，甚至是征服死亡本身的幻想。人们会贪婪地抓住这些不可能存在的东西。根据诱导法则，我们可以想象拥有了这些捷径（就像我们幻想存在独角兽一样），这让人燃起了走上捷径和实现幻想的欲望，而想象过就仿佛体验过了一样。

记住，暗中的推动力不是占有，而是欲望。拥有某样东西不可避免地会带来失望并激发人追求新事物的欲望。你在掠夺他人对幻想的需求和追逐幻想的乐趣。从这个意义上来说，你需要不断迭代。人们一旦得到了自己想要的东西或是占有了你，你的价值和所受的尊重便会立刻下降。只有不断抽离、令人感到惊讶、刺激人们追逐，才能获得力量。

至高无上的欲望

人需要不断深入理解自己的本性。在内心深处清晰地意识到“草更绿”综合征的巨大影响力以及受它支配采取的行动。我们需要区分哪些欲望是积极的、能产生效益的，哪些欲望是消极的、会产生反作用的。从积极的方面看，不安和不满可以激发我们去寻找更好的东西，不满足于现有的成就。对所处环境的不满会促使人们思考其他可能性，进而增进想象力。随着年龄的增长，我们往往会变得愈发自满，重拾早年的不安感可以帮助我们保持青春，促进思维活跃。

然而，这种不安需要受到意识的控制。人的不满是一种长期状态，对改变的渴望实际上是模糊的，是对抗无聊的方式。这导致了大量宝贵的时间被浪费。对职业发展感到不满，就要自觉地做出大改变，学习新的技能，获得新的人脉。我们享受着这一切带来的新鲜感。但几年之后，不满又开始悸动。这条新路也变得不对劲。应当更深入地思考这个问题，对职业生涯中不顺的地方进行总结，以更温和的方式进行改变，选择一个与这份职业相关但又需要调整技能的方案。

在情感方面，我们确实可以用一生的时间来寻找完美的另一半，并且有很大的概率孤独终老。人无完人，不如接受一个人的缺点，接纳对方，甚至从弱点中发现其独特的魅力。平复贪婪的欲望，我们就可以学会妥协的艺术，让关系顺利进行下去从来不是一件容易或理所应当的事。

与其不断追逐最新的潮流，将欲望模式化为追逐别人喜欢的东西，不如花时间更好地了解自己的喜好和欲望，这样才能分辨出哪些是自己真正需要或想要的东西，哪些是广告商或病毒效应制造出来的东西。

人生苦短，精力有限。在贪欲的引导下，我们在徒劳的寻找和改变中浪费了太多时间。总的来说，不要总是等待、期望得到更好的东西，而是要充分利用自己拥有的东西。

可以这样考虑：你所处的环境是由认识的人和经常出入的地方构成的。这就是你的现实生活。由于人类的本性，你的思想总是不断从中抽离。梦想着去异国他乡旅行，而一旦抵达那里，你还是不会满意。寻找能为你带来幻想的娱乐方式。阅读的书籍中满是与日常生活毫无关系的内容，充满了对几乎不存在的事物的空洞猜测。这些对遥远事物的无休止的渴望并不会为你带来任何满足感，只会激起更多幻想。最终，你还是无法逃避自己。

另外，现实生活在向你招手。把心思放在离你最近的东西上，不必探向远方，这会给你带来一种不同的感觉。和圈子内的人在一起，你总能产生更深层次的交流。对于和自己打交道的人，有些事你永远不会知道，这也是无穷魅力的来源。你要与环境更深入地连接在一起。你生活的地方也有深厚的历史，令人沉浸其中。更好地了解自己所处的环境，这会为你带来更多力量和可能性。至于你自己身上，总有你永远无法完全了解的隐秘角落。在尝试更好地了解自己的过程中，你可以控制自己的本性，不去成为它的奴隶。工作中有无限改进和创新的可能，对想象力的挑战无穷无尽。这些都是离你最近的东西，构成了一个真实而非虚拟的世界。

最后，我们真正需要追寻的是与现实更深层次的联系，它会为你带来平静、专注和改变可改变的现实的力量。

> 最好时不时让你认识的每个人感觉到他们对你而言可有可无，无论是男人还是女人，这会巩固友谊。对多数人而言，若是在与之相处的过程中掺杂一丝不屑也不是什么坏事，这会让他们更加珍惜这份友谊。……如果你真的很欣赏某个人，应当像罪犯一样把欣赏之情藏起来。这听起来不是什么好事，但应当这样做。为什么呢？一条狗都受不了别人对它太好，更何况是一个人呢！
>
> ——亚瑟·叔本华

第六章

提升视野：短视法则

人的动物本性倾向于对当下的所见所闻产生深刻的印象，无论是最新的新闻报道和流行趋势，还是周围人的观点和行为，只要是引人注目的东西都会产生这样的效果。所以你总会被那些承诺快速见效和轻松赚钱的诱人计划迷惑。这也是人们对当下环境过度反应的原因，当下的情况朝着某个方向发展时，人会过度兴奋或恐慌。学会根据视野来衡量一个人，避免和那些看不到自己行为后果的人纠缠在一起，这些人会一直陷于被动模式之中。你会受到这种能量的感染。眼睛要紧盯那些起支配作用的大趋势，盯着那些无法马上看到结果的东西。永远不要忽视长期目标。有了更高的视角，你就有了耐心，看得清楚眼前，继而可以实现一切目标。

疯狂的时刻

一七一九年夏天到初秋这段时间，南海公司的主要负责人之一，英格兰人约翰·布伦特对巴黎传来的最新消息越来越焦虑。当时法国正处于引人注目的经济繁荣期，这主要得益于密西西比公司的大获成功，该公司由旅居在外的苏格兰人约翰·劳创办，旨在对法属路易斯安那州殖民地进行开发经营。劳将公司股票出售，随着股价不断上涨，各阶层的法国人纷纷套现成为富翁。百万富翁（millionaire）一词就是在这几个月的时间里创造出来的，专指这类暴发户。

这一消息让布伦特又生气又嫉妒。他是一个忠诚的英格兰人。随着密西西比公司大获成功，欧洲各地的投资资本涌入巴黎。如果继续发展下去，法国很快会变成世界金融中心，超过阿姆斯特丹和伦敦。对法国的死敌英格兰而言，这样的新权力只会带来灾难，特别是二者之间再次爆发战争。

就个人而言，布伦特是个野心勃勃的人。他是一个卑微鞋匠的儿子，从小的志向就是进入英国社会的最高层。他相信想要达到这一目标，就要掀起一场席卷欧洲的金融革命，其核心就是密西西比公司以及南海公司这类股份制公司普及化。积累财富的传统手段是占有土地，但管理成本高，税赋也很高，购买股票赚钱相对更加容易，而且赚取的利润不用缴税。这种投资方式在伦敦风靡一时。布伦特打算把南海公司变成欧洲最大、最繁荣的股份公司，但却被约翰·劳抢了风头。劳大胆冒进，得到了法国政府的全力支持。为了自己和英格兰的未来，布伦特必须拿出更宏伟的方案。

南海公司成立于一七一〇年，负责处理英格兰政府的部分巨额债务，作为交换，公司获得了英格兰与南美洲贸易的垄断权。多年来，公司几乎没有进行任何贸易活动，而是充当了政府的非正式银行。身为公司高层，布伦特与英格兰最富有、最有权势的人建立了联系，其中最著名的是国王乔治一世，他是公司最大的投资人之一，也是名义上的董事。布伦特的人生格言一直是“眼光要长远”，这句话对他很重要。他绞尽脑汁想要超过法国人，终于在一七一九年十月拿出了一份无愧于自己座右铭的方案，他觉得自己一定会改变历史的进程。

以国王为首的英格兰政府面临的最大问题是，在与法国和西班牙开战的三十年中，政府欠下了巨额的债务。布伦特的方案简单却令人震惊：南海公司将向政府支付一笔不菲的费用，完全接手这笔高达三千一百万英镑的债务。（相应地，公司每年将收到这笔债务的利息。）随后，公司将这三千一百万英镑债务私有化，将其作为南海公司的股票发售，一股相当于一百英镑的债务。那些借钱给政府的人可以把借据转换成南海公司的等值股份。剩下的股份将向公众出售。

一股的价格为一百英镑。价格和普通股票一样，既有可能上涨也有可能下跌，但对南海公司来说，只要处理得当肯定会上涨。公司的名字引人遐思，暗示了它有可能从南美贸易中获得巨额的财富。购买股票体现了英格兰债权人帮助国家消解债务的爱国之心，同时赚到的钱有可能比政府每年支付的利息多得多。几乎可以肯定，股价上涨后持有者可以套现获利，公司可以拿到不菲的股息。就如同魔法一般，债务可以转化为财富。这是解决政府面临的所有问题的方法，也将为布伦特带来长久的名望。

一七一九年十一月，乔治国王第一次听了布伦特的提议，他感到非常困惑。

负数（债务）究竟为什么会瞬间变成正数。此外，新鲜的金融术语直接冲昏了他的头脑。但布伦特的提议很有说服力，他用自己的热情感染了国王。毕竟，他有望一举解决乔治面临的两大难题，人很难抵挡这样的诱惑。

乔治国王很不受欢迎，他是英格兰有史以来最不受欢迎的国王之一。这并不能完全归咎于他：他不是在英格兰出生的，而是出生在德国。他之前的头衔是不伦瑞克公爵和汉诺威选帝侯。一七一四年英格兰安妮女王去世时，乔治是与她血缘最近的新教徒。当他继任时，臣子们发现他并不讨喜。他的英语带有可怕的口音，举止相当粗俗，总是热衷于追逐金钱。尽管他年事已高，但除了妻子之外他还不断追求其他女性，而且这些女性长得又很难看。在他执政的前几年有过几次政变，可惜没有成功。

乔治极力想要向臣民证明，他可以用自己的方式成为伟大的国王。他最痛恨的就是他登上王位之前政府的沉重债务。乔治几乎对任何债务都有过敏反应，仿佛自己的血已经被榨干了。

现在布伦特告诉他可以有机会消掉债务，给英格兰带来繁荣，加强君主制度。这简直好得让人难以置信，他全力支持这个建议。他指派财政大臣约翰·艾斯拉比在一七二〇年一月向议会提交了该提案。议会必须以法案的形式予以批准。布伦特的提议立刻激起了几位议员的强烈反对，其中一些议员认为这一建议荒唐可笑。但在艾斯拉比发表演讲的几个星期里，反对者沮丧地发现支持自己一方的人在慢慢减少。这家企业将预售股份赠予了最有权势的英格兰人，其中包括知名议员，他们觉得自己一定会从中获利，便同意了该法案。

当年四月法案通过，乔治国王亲临南海公司并存入十万英镑购买新公司的股份。他希望以此展现对它的信心，但这一举动毫无必要，因为法案的通过已经吸引了大批公众的注意力。公众对南海公司股票的兴趣已经飙升到了狂热的程度。交易场所设在伦敦一个名叫交易巷的地方，几乎所有股票均在此处销售。此时，巷子里和周围狭窄的小路都被密集的人群堵死了。

最初，大多数来购买股票的都是坐着豪华马车的有钱有势的人。买家中还有艺术家和知识分子，比如约翰·盖伊、亚历山大·蒲柏和乔纳森·斯威夫特。很快，艾萨克·牛顿爵士也加入进来，投入了七千英镑的积蓄。但几个星期后，他有了疑虑。虽然价格在不断上涨，但肯定会下跌，于是他在投资翻了一番的时候选择了套现。

很快流言四起，有人说公司马上要开始与南美洲进行贸易，那里藏着无数的宝藏。这无异于火上浇油，各阶层人士汇聚伦敦，都来购买南海公司的股票。据报道，布伦特是金融炼金术士，他找到了将债务转化为财富的密码。农民们从床底下掏出毕生积蓄，让儿子和侄子们尽可能多地购入股票。这股热潮蔓延到了各个阶层的妇女身上，她们向来不涉足这一领域。但如今，女演员们会在交易巷与公爵夫人们挤在一起。与此同时，股票价格不断上涨，超过了三百英镑，而且很快涨到四百英镑。

和之前的法国一样，这个国家呈现一派壮观的繁荣景象。五月二十八日，国王庆祝了自己的六十岁生日。对一向以节俭著称的他来说，这是一场奢华的宴会。巨大的浴缸里装满了红葡萄酒和香槟。派对上的一位女士身着缀有价值五千英镑珠宝的豪华裙子炫耀自己新获得的财富。伦敦四处都是拆掉豪宅换更大更豪华的房子的富人。搬运工和男仆们辞掉了工作，自己也买了豪华马车，雇用了搬运工和男仆。一位年轻女演员赚了一大笔钱后决定退休，她租下整个剧院向自己的粉丝们告别。一天晚上，一位贵族夫人在剧院惊讶地看到自己曾经的女仆占着一间比自己的更贵的包厢。乔纳森·斯威夫特在给朋友的信中写道："我曾向一些从伦敦来的人打听，那里信仰的宗教是什么？他们告诉我是南海公司的股票。英格兰的政策是什么？答案还是一样。贸易是什么？还是南海。那生意又是什么？除了南海之外其他什么都没有。"

在热火朝天的买卖中，约翰·布伦特就站在打气筒旁边，不择手段地挑动人们对南海股票的兴趣，使股票价格不断上涨。他以各种方式出售股票，提供优厚的付款条件，有时只需预付百分之二十的资金就可以购买入手。每投资四百英镑，布伦特就会借出三百英镑。他要让需求跟上，让每个人都觉得自己可能会错过唯一的发财机会。很快，价格超过了五百英镑并继续上涨。到了六月十五日，他把认购价定到了一千英镑这个天文数字，只需支付百分之十就可以买到，分期付款可延长到四年。很少有人能拒绝这样的诱惑。就在那个月，乔治国王将布伦特加封为爵士。约翰·布伦特成了男爵，站上了英格兰社会的顶峰。是的，他长得并不好看，而且相当自负。但他让许多人变得如此富有，这使他成了英格兰最受重视的名人。

当有钱有权的人们离开伦敦准备去度夏时，民众的情绪可谓如醉如狂。布伦特制造出一种自信且无忧无虑的社会氛围，在这种氛围之下，他自己开始担忧，甚至感到恐慌。有很多事超出了他的预期。他无意中激发了一连串的投机活动，有些是合法的，但有一些明显是荒谬的，例如发明永动机。人们加入浪潮之中，把一些钱投到这些新的股份公司中去。往这些公司中每投入一英镑，往南海公司投入的就会少一英镑，这个问题日益严重，因为英格兰的现金只有这么多，而他提供的信贷范围是有限的。同样，作为未来的一项安全投资，人们开始把钱投到土地上，南海的股票经常会被兑现用于此类投资。布伦特本人就在做这件事，只是其他人并不知情。

更麻烦的是，法国人已经对密西西比的投资失去了信心，纷纷套现离开，现金变得日益稀少，法国经济突然陷入萧条之中。这肯定会对伦敦人的情绪有所影响。在人们度夏归来之前，布伦特必须采取行动。

他与议会一起通过了一七二〇年的《泡沫法案》，禁止所有未经皇家特许授权的股票发售。猖獗的投机行为遭到杜绝。但这一法案引来了始料未及的后果。成千上万的人把自己的积蓄投到这些新公司里，现在公司变成非法企业，他们的钱拿不回来了。他们唯一能做的就是出售南海股份。许多利用信贷购买南海股份的人看到自己无法承担分期付款的压力，也想要套现。南海的股价开始下跌。那年八月，南海公司外人头攒动，人们都急于出售股票。

八月末，布伦特自己也绝望了。他决定发起第四轮资金认购，再次以一千英镑的价格发行。此时的条件比以往都要优厚，除此之外他还承诺圣诞节会有百分之三十的惊人红利，以及之后百分之五十的年度红利。有些人被这样诱人的条件拉回坑里，比如艾萨克·牛顿爵士。但另外也有一些人如梦初醒，开始对整件事产生怀疑：一家在南美洲还没有任何生意的公司，唯一的有形资产就是政府为其债务支付的利息，如何拿得出这么大的红利呢？此时看来，那看似炼金术或魔法之类的东西不过是个骗局。到了九月初，人们开始恐慌抛售，急于将纸质股票换成真实的东西，转换成钱币或其他任何形式的金属。

随着对现金恐慌的升温，英格兰银行几乎被压垮了，货币快用完了。现在已经很清楚了，英格兰的派对要结束了。很多人在瞬间失去了自己一生的积蓄。艾萨克·牛顿爵士赔了大约两万英镑，从那时起，只要一提到金融或银行就会令他感到不适。人们试图卖掉自己所有能卖的东西。很快出现了自杀浪潮，其中包括约翰爵士的侄子查尔斯·布伦特，他在得知实际的损失后割破了自己的喉咙。

布伦特本人在街上遭人追捕，差点儿被杀手干掉。他只能火速逃离伦敦，在巴斯小镇上度过余生，议会没收了他通过南海计划获得的所有财产，他只能靠自己仅有的微薄收入勉强度日。也许在孤独之中，他可以回味这一切是多么讽刺，他确实改变了历史的进程，并且遗臭万年，因为他制造出了商业史上最荒谬也最具破坏性的一幕。

解析：约翰·布伦特是个务实、精明的商人。他只有一个目标，那就是为自己和家人创造一笔持久的财富。然而在一七一九年的夏天，这个极度现实的人被冲昏了头脑。当他研究巴黎的情况时，被那份戏剧性震撼了。他读到了普通法国人一夜暴富的故事。在此之前，他从未想过投资股份制公司可以这么快看到成果，但法国的证据又无可辩驳。他想给英格兰带来类似的好运气，在制订计划的时候，他很自然地模仿了劳的很多特点，只是扩大了规模。

然而，令人震惊的是有一个显而易见的问题他从未思考过。这个计划有赖于股价上涨。如果那些把政府债券转换成股票的人需要支付每股二百英镑而非一百英镑，他们得到的股票就会减少，留出更多的股票卖给公众，赚取丰厚的利润。如果以二百英镑的价格购买股票且价格继续上涨，那么在某个点卖出时价格会更高。看到价格上涨，会有更多的人把债券转化为股票，带动更多人买进。只有价格不断上涨，大家才会得益。但是，如果价格并不是建立在实际资产（比如贸易）的基础之上，怎么可能不断上涨呢？如果价格开始不可避免地下跌，一定会出现恐慌，人们会对这一计划失去信心，引发连锁的抛售反应。布伦特怎么会没有预见到这一点呢？

答案其实很简单：布伦特的心理预期时间萎缩得很厉害，他失去了展望几个月后情况的能力。他被法国的情况迷惑，想象着自己拥有了所有的财富和权力，因此只能专注于当下，确保计划顺利启动。最初获得的成功只会令他想象这股趋势会延续很长时间。随着时间的推移，他明白必须让价格尽快上涨，而唯一的手段就是通过优厚的信贷条件来吸引更多的投资者。这一举动令计划更加不稳定，接下来的解决方案又带来了更多的新风险。《泡沫法案》的出台和更加丰厚的红利引发了更直接的风险，此时他的心理预期已经萎缩到只剩几天了。他只求让船再漂浮一周，让他找到新的解决方法。终于，他没有时间了。

如果人们无法将自己的行为和后果联系起来，就失去了对现实的掌控，越往后越会显得疯狂。布伦特的疯狂很快传染给了国王、议会，最终感染了以拥有常识为美德的整个国家的公民。一旦大家看到周围人赚了大钱，而这确实也是事实，这个计划就必须成功。大家都失去了思考几个月之后情形的能力。看看理性的典范艾萨克·牛顿爵士落得了怎样的下场。他在最开始就赶上了这股热潮。但一周之后，他的逻辑思维帮助他发现了这个计划中的漏洞，于是他卖掉了自己的股票。后来，他看到别人赚的钱比他这微不足道的一万四千英镑多得多，心里十分苦恼。

到了八月，他忍不住再次投资，但当时绝对是最糟糕的时刻。艾萨克·牛顿爵士也失去了思考未来的能力。正如一位荷兰银行家对交易巷中场景的描述：所有人都像是从疯人院里逃出来的。

理解：我们人类倾向于活在当下，这是动物天性中的一部分。我们会优先对自己的所见所闻、对最引人注目的东西做出反应。但我们不仅仅是被束缚在当下的动物。人类的现实包括了过去，在无尽的历史因果链条中，每一件事都与之前发生的事相关。当下的所有问题都有其深刻的历史根源。现实中还包括了未来。无论我们做什么，都会影响到未来的岁月。

如果把思维局限在感官体验到的事物上，只能看到眼前的东西，我们就下降到了纯粹的动物层面，推理能力就消解掉了。此时的我们想不明白事情为何会发展成这样。我们想象着持续了几个月的成功会继续保持下去。我们不再考虑自己的行为会带来哪些后果。眼前只有一小块拼图，只能对当下做出反应。这样的行为自然会导致意外后果，甚至会出现像南海危机和二〇〇八年金融危机这样的灾难。

更复杂的是，周围人不断的回应会加剧我们沉溺于当下的程度。推销员和煽动性政治家正是利用了人性中的这一弱点，用轻松获利和即时满足的许诺来欺骗我们。唯一的对策是训练自己从眼前匆忙的事务中抽离出来，提升视野。不要仅仅做出即时反应，而是后退一步审视更宽广的背景。考虑采取的行动会导致怎样的后果。牢记自己的长期目标。通常情况下，为了提升视野，我们选择什么都不做，也不做出反应，只是任凭时间流逝，看看它能揭示出什么。（如果布伦特等几个月，就会看到劳的计划分崩离析，英格兰也不会遭受毁灭性的打击了。）这样的理智和平衡不是唾手可得的，而是需要通过努力才能获得的能力，是人类智慧的最高境界。

> 我可以计算天体如何运动，但计算不出人类有多疯狂。
>
> ——艾萨克·牛顿爵士

人性的关键

几乎所有人都有过类似经历。当需要或依赖的人没有给予我们适当的关注，没有回电话的时候，我们就会感到沮丧，会为了得到回应而向对方表达感受或加倍努力。遇到了某个问题，某个项目进展不顺，我们便定下方法采取行动。生活中出现了新人，我们被对方的鲜活和魅力吸引，想与其成为朋友。

几个星期后，我们不得不重新对发生的事和我们的反应进行评估。新的信息浮出水面。没有回应我们的人是因为自己被工作压得喘不过气。如果我们耐心等待，不那么急躁，就可以避免将宝贵的盟友从身边推开。想要解决的那个问题其实并不那么紧迫，却因为自己急于求成而让情况变得更糟。我们需要在行动之前了解更多情况。我们后来发现那个新朋友并没有那么迷人，事实上，时间一长，我们发现对方是个具有破坏性的反社会分子，这段友谊带来的伤害要许多年才能愈合。距离远一点儿可以让我们提前看到危险的信号。回顾自己的生活，我们会发现自己总有急躁和反应过度的倾向，是长期以来的一种行为模式，这种模式在当下看不出，但在之后却变得愈发清晰。

这意味着此时此刻的我们是缺乏远见的。随着时间的推移，我们得到了更多的信息，看到了更多的真相，看到过去看不到的东西，再回想起来时，一切都清晰了。时间是最伟大的老师，也是现实的揭示者。

我们可以打个视觉化的比方。在山脚下有一片茂密的森林，我们看不到自己的位置，也无法绘制出周围的地图。我们只能看到自己眼前的东西。如果沿着山路向上走，能看到更多周边环境以及它们与其他景观的关系。我们爬得越高，就越能意识到自己在山脚下的想象并不准确，那是一个有些扭曲的视角。在山顶上，我们终于能看清全景，周围的布局也清晰了起来。

对我们人类而言，锁定在当下就好比生活在山脚下。我们眼中只能看到最显眼的东西，比如周围的人和森林，这是一种有限的、扭曲的现实视角。时间的流逝就如同慢慢爬山。当下感受的情绪已经不再那么强烈，我们可以抽身出来，把事情看得更清楚。随着时间的推移，越往上爬看到的信息就越多。事后三个月看到的与一年后看到的相比，就显得不那么准确了。

由此看来，智慧的到来往往很晚，大多是后见之明。但实际上，人类可以制造出时间效应，在当下扩展视野。这种远见卓识需要以下过程。

首先，面对问题、冲突和令人心动的机遇，我们要学着从当下的热度中脱离出来。努力让自己的兴奋和恐惧感平静下来。这样就产生了一些距离感。

接下来，我们开始深化拓展自己的视野。在考虑眼前问题性质的时候，不要只抓住那个最直接的解释，而是深入挖掘，考虑其他的可能性，考虑其他有关人员可能存在的动机。强迫自己审视事情的整体背景，不仅仅将视线局限在引人注目的东西上。尽最大努力思考各种方案的消极后果。考虑随着时间的推移，这些问题和机遇会有怎样的变化，会不会有目前尚不明显，但会突然放大的问题或议题，甚至超过目前我们正在处理的问题。专注于自己的长期目标，根据这些目标调整当前的优先事项。

换句话说，这一过程需要与当下保持距离，更深入地审视问题的根源，以更广阔的视角审视整体背景，进一步展望未来，其中包括我们行动的后果和长期的优先事项。

在这个过程中，某些选项和解释会比当下抓人眼球的东西更符合逻辑和现实。多年来，我们从自己的行为习惯中也学到了不少教训。两相结合后，虽然无法完全制造出时间流逝后的效果，但已经能够接近这种状态了。大多数情况下，几个月的时间会带来更多信息和更优的选项。但人为制造出的时间效应可以在当下帮助我们拓宽思考范围、打开思路。我们在不断攀爬。这种高屋建瓴的视角能帮助人冷静下来，在事情进展的过程中保持好自己的心态。

这是一种理想状态，我们必须承认，这种视野在人类中是相当罕见的。它需要我们付出超越自身局限的努力。原因很简单：短视思维是植入人类系统中的，我们天生就需要对眼前的事做出反应，获得即时满足。对早期的人类祖先来说，想要注意环境中潜在的危险，寻找获得食物的机会，这一反应是有价值的。人类大脑并不是为了研究事件全貌和背景进化出来的，它总会注意到最引人注目的东西。在相对简单的环境中，在部落原始的社会组织中效果很好。但它并不适合我们现在所处的复杂世界。我们注意到的大多是刺激感官和情绪的东西，错过了观察全貌的机会。

人如何看到潜在的快乐或痛苦，这一点起到了决定性的影响。大脑会注意到周围环境中能瞬间对我们造成伤害的东西，却不会注意到未来会出现的隐隐约约更加抽象的危险事物。所以我们倾向于更加关注恐怖主义（眼前的痛苦），当然它也是值得仔细研究的，但对全球变暖（遥远的痛苦）一类的事不太关心，而实际上全球变暖有更大的危险，地球上的生物都会受到威胁。但这种危险目前来看非常抽象。等到它不再抽象的时候可能为时已晚。即便知道有负面的长期效果，我们还倾向于抓住那些能给当下带来快感的东西。所以人们会持续抽烟、喝酒或做出一些自我毁灭式的举动，因为这些破坏不是直接的，也不会出现得那么突然。

在复杂的世界里，未来有无数的危险，这些短期的倾向对自身构成了持续的威胁。随着技术的进步，我们的注意力持续时间不断减少，这种威胁日益明显。

人在很多方面是由自身与时间的关系定义的。如果我们只是对所见所闻做出反应；在戏剧性新闻之间来回摇摆，时而激动兴奋，时而恐惧惊慌；总是为了获得瞬时快乐而不思考行动的后果，那么可以说我们屈服于动物本能，向神经系统中最原始、最具有潜在破坏性的部分投降了。

努力违背这一规律，更深入地思考自己所做之事的后果以及那些长期优先事项，才算是发挥了人类思考的潜力。正如短视思维会传染一样，如果一个人有远见卓识的智慧，也会对周围的人产生巨大的积极影响。这样的人让我们也能认识到大局的重要性，展现出一种优越的思维方式。人们都想要模仿这样的人。

古往今来，有各种拥有这一智慧的先贤激励引导着我们。《旧约》中的约瑟夫能够洞察人心、预见未来；古希腊的苏格拉底教会我们如何在思考的过程中少一些愚昧、多一些逻辑性；中国古代杰出的战略家诸葛亮能预判敌人的一举一动；像女王伊丽莎白一世和亚伯拉罕·林肯这样的领导人也以善于制订长期战略而闻名；有着非凡耐心和预见性的科学家查尔斯·达尔文最终揭示了时间对万物进化的影响；还有有史以来最成功的投资人沃伦·巴菲特，他最伟大的力量便是其远见卓识。

如有可能，尽量避免与那些时间感狭窄、困在反应模式中的人深度接触，努力与那些对时间认知更加宽广的人加强交往。

短视的四个特质及克服方法

大多数人都自认为会进行某种形式的长期思考，毕竟每个人都有目标和计划。但实际上这是自欺欺人。只要和其他人谈论他们对近期和遥远未来的计划和安排，就可以清晰地看到这一点：人们的所谓计划往往极其模糊且缺乏深思熟虑。计划更像是希望和愿景，如果遇到紧急情况承受强压，需要做出即时反应，这些单薄的目标和计划就很容易被吞噬。多数情况下，每个人都是在信息不充分的情况下随机应变做出反应。但我们基本上否认这一点，因为我们很难看清楚自己的决策过程。

克服这个问题最好的方法是认识到生活中明显的短视思维特质。和人性中其他因素一样，认识是关键。只有看到这些特质，才能与之抗衡。以下是短视思维最常见的四种表现形式。

事与愿违。历史上这种现象不胜枚举。在古罗马，一群忠于共和国的人担心尤利乌斯·恺撒会将独裁统治永久化，建立君主制政体。公元前四四年，他们用刺杀行动恢复了共和制。经历了一段时间的混乱和权力真空后，恺撒的甥外孙屋大维迅速登上权力巅峰，建立了君主制，彻底结束了共和历史。恺撒死后，人们才发现他根本没有打算建立君主制。叛乱者亲手创造出了自己不愿看到的结果。

十九世纪的印度处于英国的殖民统治之下，当局认为德里街头有毒的眼镜蛇太多了，让住在这里的英国人及其家人生活感到十分不便。为了解决这个问题，他们决定给打死眼镜蛇的人发放奖励。很快，当地就出现了富有创业精神的眼镜蛇饲养人，从赏金中牟利。政府发现后取消了这一计划。饲养者对统治者的行为心存怨恨，决定把眼镜蛇放回大街上，蛇的数量与计划执行前相比增加了两倍。

还有其他臭名昭著的例子，比如一九二〇年美国的禁酒令《第十八修正案》，该法案的目的是遏制酗酒现象的蔓延，但最终大大拉升了酒类消费。还有一九四一年日本偷袭珍珠港，原本旨在一举歼灭美国海军，迫使美国屈服。但它却把美国人从根深蒂固的孤立主义中拉了出来，逼迫美国动员起全国的人力物力，不仅打败了日本，还彻底消灭了日本的军事力量。偷袭的成功带来了与预期完全相反的后果。

在日常生活中，我们找不到这么戏剧化的例子。但我们见到了想要对叛逆少年的行为进行控制，反倒让其更加叛逆，无法控制。我们想让抑郁的人振作起来，让其意识到自己的生活是阳光灿烂的，没有那么糟糕，却发现对方更加抑郁了，对自己的情绪感到内疚，觉得自己毫无价值，在不快乐中愈发孤独。妻子想要伴侣敞开心扉，与自己建立更加亲密的关系，便询问他在想什么，这一天发生了什么。他却将此解释为入侵，进一步封闭了自己，这使得妻子更加怀疑并不断打探，而他则更加封闭。

这种由来已久的综合征根源比较简单：我们对当下的某件事感到惊慌失措，来不及深入思考问题的背景、根源以及可能随时到来的意外后果，便迫不及待地去解决它。大多数时候这是一种反应，而不是思考，我们的行动建立在不充分的信息基础上——恺撒并不打算建立君主制；德里的穷人厌恶殖民者，不会轻易放过飞走的钱财；如果受到袭击，美国人也愿意参战。基于扭曲的观点做出的行为，自然会产生各种不利的后果。在这种情况下，如果我们能往山上走一走，就能看到负面影响竟然这样明显：例如，悬赏杀掉眼镜蛇，自然会促使贫困的居民养殖眼镜蛇。

此时人们的思维总会异常简单和懒惰：杀掉恺撒共和国便会回来，A 行为会导致 B 后果。在现代世界中，这种想法还有一个变种思想，如果人们是好心，就一定会有好结果。只要政治家是诚实善良的，他们就一定会为我们带来预期的结果。事实上，良好的愿望往往会导致眼镜蛇效应，愿望最崇高的人往往被自以为是蒙蔽了双眼，没有考虑其他人复杂且往往恶毒的动机。

非后果性思维是当今世界的一种名副其实的瘟疫，随着获取信息的速度越来越快，方式越来越便捷，这种情况只会越来越严重，它让人们产生了一种错觉，认为自己是知情的，对事物进行了深入的思考。看看二〇〇三年入侵伊拉克这类自我毁灭性的战争，美国政府为了短期的政治利益让政府停摆，从科技股到房地产，金融泡沫越来越多。与此同时，人们逐渐与历史本身脱节，因为大家倾向于把眼下的事件与时间隔离开来看待。

理解：世界上的所有现象天生都是复杂的。与你打交道的人同样也很复杂。任何行动都会引发无限的连锁反应。A 从来不会仅仅导致 B。B 会导致 C，进而影响 D，甚至更多人。其他人也会被拉进这幕剧中，很难预测他们的动机和反应。你不可能绘制出所有的链条，也不可能完全控制住后果。但是，如果你能在思考的时候具备后果视角，至少能意识到一些可能发生的比较明显的负面情况，这往往就会是成败的关键。想要深入思考，就尽可能在想象中多进行一些排列组合。

通常，这个过程会让你相信什么都不做只是等待就是明智之举。如果叛乱的人想到这一点，等着恺撒自然死亡或战死沙场，谁知道历史会变成什么样呢？

这种思维模式对个人很重要，对大型组织来说更为关键，因为其中关系到很多人的利益。在所有小组和团队中，至少要安排一个负责制订战略，分析不同行动路线可能带来哪些后果的人，最好是一个具有怀疑精神和审慎心态的人。这项工作只少不多，所有花费的时间和金钱都会得到很好的回报，你可以避免潜在的灾难，制订出更加坚实的计划。

争斗深渊。你发现自己陷入好几场斗争之中，似乎一无所获，但已经投入了这么多时间和精力，放弃是巨大的浪费。其实你已经忘了自己的长期目标，忘了自己真正为之奋斗的东西是什么。这已经变成了坚持自我、证明自己正确性的问题。我们经常在婚姻争吵中看到这种状态：不是为了修复关系，而是为了证明自己的观点。有时，在这些争斗的过程中，你会感到自己具有防御性，心胸变得狭窄，精神层次也被拉低了。这是一个很明显的信号，表明你已经陷入了争斗的深渊。我们的大脑是专门为了思考战术设计的，可以朝着目标提前算好接下来的几步棋。但在争斗的深渊中，你永远没办法把视角拉升到足够的高度进行思考。只能不断针对他人的举动做出反应，被他们的表演和情绪困扰，不断绕圈子。

唯一的解决方法是暂时或永远退出这些争斗，特别是当争斗关系到好几件事的时候。你需要与其保持距离，眼光放长远。让自我冷静下来。提醒自己，即便是赢了一场争论，证明自己的观点正确，从长远来看也一无所获。你需要通过行动而非语言取胜。重新思考自己的长期目标。在生活中建立一个价值和优先级的排序阶梯，提醒自己什么对自己是最重要的。如果你确定某场争斗至关重要，那么凭借着这样的超脱感，你可以策划出更有战略意义的应对措施。

更多的情况下，你会发现总有些争斗是不值得的。它们在浪费你宝贵的时间和精力，而这两样东西在价值排序中应当是很高的。无论你在循环斗争中陷得有多深，都最好从中抽身。精力和精神状态都是很重要的东西。自我感觉心胸狭隘和挫败会对你的思考和行动能力产生影响。经历了上述过程，你的视野自然而然会得到提升，思维也会来到制订战略的层面上。生活如同战场，战略家总是会战胜战术家。

股票行情纸带热潮。一九二九年华尔街股市崩盘前夕，很多人沉迷于股市之中，而且对一种真实的声音格外沉迷，那就是电子记录股市行情波动的纸带声。听到它咔嚓咔嚓的声音就说明有事情发生，有人在交易赚钱。很多人都被这种声音吸引了，认为它就是华尔街的心跳。如今我们已经不再使用这种股票行情纸带了。今天，很多人沉迷于每分钟都在更新的新闻，沉迷于追逐“当下的趋势”，沉迷于推特消息带来的麻醉效果。我们觉得自己与生活的潮流连接在了一起，与实时变化的事件联系在了一起，与同样关注即时报道的其他人联系在了一起。

这种想要及时了解的需求有一种内在的动力。一旦我们燃起迅速得到消息的期待，就再也回不到一年前那样的慢节奏里了。实际上，我们希望自己能更快地获得更多的信息。这种不耐烦会蔓延到生活的其他方面，比如开车、看书、看电影。我们的注意力持续时间变短了，对障碍的容忍度也下降了。

我们都能意识到生活中这种紧张急躁的迹象，但并不知道它会对思维产生扭曲效应。商界和政界的趋势都蕴藏在更大的趋势之中，在数周数月的时间中显露征兆。时间跨度拉长之后，无论是投资项目、战略思想、运动队伍还是政治候选人的优点和弱点都会暴露出来，而它们往往与我们当下在短趋势中看到的情况相反。如果单独来看，民调和股价并不能反映出太多关于优势和劣势的信息。它们会给人一种假象，当下的一切都会随着时间的推移显露无遗。了解时下新闻很正常，但若想根据这些内容迅速做出决定，就要承担误读局势的风险。

此外，人们还会对当下积极或消极的变化过度反应，难以抗拒地陷入亢奋或恐慌的状态之中。

看看在科技尚不发达的时代，亚伯拉罕·林肯是怎样做的。在南北战争爆发时，从大局来看，据他估计应该是北方获胜。因为北方的人力和物力更加雄厚。唯一不利的是时间。想要联军发展成一支战斗力量需要时间，此外还要找到合适的将军，可以按照林肯的要求指挥战争。如果时间拖得太长且没有获得重大胜利，舆论导向可能会变得不利，一旦北方内部出现裂痕，林肯就无法继续工作了。他需要耐心，也需要战场上的胜利。

战争的第一年，北方在奔牛河战役中受到重创，一时间所有人都怀疑总统的能力。此时，即便是诸如著名编辑霍勒斯·格里利这样头脑冷静的北方人也开始敦促总统进行和平谈判。其他人则表示应当把北方的所有物资都投入到战争中，一举粉碎南方，但实际上军队还没有做好这样的准备。

情况一直持续下去，压力不断增加，北方没能取得一次实实在在的胜利。直到一八六三年，尤利西斯·格兰特将军对维克斯堡的围攻取得胜利，不久后乔治·米德将军又夺下了葛底斯堡的胜利。现在，林肯突然成了天才。但大约六个月后，格兰特在南方联盟总司令罗伯特·李的追击下陷入困境，伤亡人数不断增加，恐慌再次蔓延。格里利再度敦促与南方进行谈判。林肯似乎已经注定无法连任了。他很不讨人喜欢。战争拖得太久了。一八六四年八月底，林肯察觉到了事情的重要性，终于起草了一封信，详细列出了打算交给南方的和平条件。但就在那天晚上，他为自己失去了信心而感到羞愧，把信藏在了抽屉里。潮水必将逆转，南方注定会失败。仅仅一周后，威廉·特库姆赛·谢尔曼将军进军亚特兰大，所有环绕在林肯周围的疑虑突然间消失了。

经过长期的思考，林肯正确地估量了双方相对的强弱以及战争最后的趋势。其他人都陷入了每日的战争进展报告中。有些人想要和谈，有些人想要加快进度，而一切都基于瞬间的运气波动。软弱的人会在压力下屈服，战争的结局便会大不相同。作家哈丽耶特·比彻·斯托在一八六四年拜访过林肯，后来写道："在叛徒、虚情假意的人、胆小鬼、边界州代表、自由州代表、激进的废奴主义者和保守主义者种种相互矛盾的主张包围之下，他听取了所有人的意见，权衡了每个人的观点，等待着，观察着，左右权衡着。但总的来说，他还坚守着一个坚定诚恳的目标，驾驶着这艘国家之船走向远方。"

林肯为我们提供了面对热潮的解决方案。首先，我们必须培养耐心，耐心就像肌肉一样，需要训练和重复才能变得强大。林肯是个极有耐心的人。当我们面对问题或障碍的时候，要以他为榜样，努力放慢脚步，退后一步，等一两天再行动。其次，在面临重要问题的时候，我们需要对长期目标以及如何实现它有一个明确的认识。其中包括评估各方面的优势和劣势。清晰的认知可以帮助我们承受住周围人因不断情绪化而带来的过度反应。最后，最重要的是要相信时间会证明你是对的，并且保持住这样的决心。

沉迷琐事。杂乱的工作把你淹没了。既要掌握所有的细节，又要把握全球趋势，仿佛这样才能更好地控制住所有事情，但信息把你淹没了。身处森林中自然难以看到全貌。这个迹象表明，你已经无法看清哪些是优先事项，哪些事情更重要，哪些细节需要给予更多关注。

这种综合征的代表人物是西班牙国王菲利普二世。他对文书工作和西班牙政府各个方面都有极大的兴趣。这给了他一种掌控全局的感觉，但实际上却让他失去了最终的控制权。他会为在埃斯科里亚尔新建的王宫厕所的建造位置及其与厨房的精确距离大费周章，会花好几天时间来商讨某些神职人员的问题以及支付报酬的方式。但他却忽略了重要的谍报信息和关于国家安全问题的报告，而是不断地翻阅关于土耳其军队状况的报告，得出对方出现了极度虚弱的迹象，应当对其发动战争的结论。但是他的判断是错误的。这场战争持续了十八年，最终也没有明确的结果，使西班牙血本无归。

在涉及英格兰的问题上也是一样。国王阅读了每一份关于英格兰海军的报告，掌握人民对伊丽莎白女王的支持度，了解国家财政和海岸线防御的每一个细节。基于多年来的研究，他决定于一五八八年派出舰队，他认为只要舰队规模足够大，西班牙一定会获胜。但他没有关注天气预报，这一点是关键因素，海上的风暴可以将舰队解体。同时他还忽略了一个事实，当他整理吸收了足够多关于土耳其和英格兰的信息时，形势实际上已经发生了变化。所以，虽然他看起来极其重视细节，但实际上从来没能完全掌握任何情况。这些年来，菲利普由于阅读量过大，导致大脑过度紧张，经常头晕目眩。他的思考能力绝对受到了损伤，他的决定直接导致了西班牙帝国不可逆转地走向衰落。

在某些方面，你可能没有意识到自己与国王菲利普二世何其相似。在生活中，你可能会关注一些看起来对当下非常重要的细节，而忽略了可能导致计划失败的天气预报。就像菲利普一样，你习惯于接收信息，却不考虑哪些应当优先处理，哪些是真正重要的。但大脑是有极限的。吸收太多的信息会导致精神疲劳和混乱，产生无助感。所有事最初看起来都同等重要，无论是厕所的位置还是可能与土耳其爆发的战争。你需要建立起基于优先级和长期目标的心理过滤系统。知道自己最终想要完成什么会帮助你把非必要的事情剔除出去。你不一定需要知道所有的细节。有时候你需要授权，让下属来处理信息收集工作。记住，对一件事更大的控制力来源于对当下形势的评估，这恰恰是沉浸在琐事之中的大脑最难做到的。

有远见的人

大多数人都生活在一个相对狭窄的时间范围内。我们通常会把时间流逝与一些负面的东西联系在一起，比如衰老和越来越近的死亡。我们本能地不愿意对未来和过去进行深入的思考，因为这样会让我们想起时间已经逝去了。关于未来，我们可能会试着思考一两年的计划，但这种思考更像是某种白日梦或愿望，而不是深入的分析。对于过去，我们可能会有一些关于童年和其后岁月或美好或痛苦的回忆，但总的来说，过去令人感到迷惑。每一年我们都在发生巨大的变化，五年前、十年前、二十年前的我们仿佛是个陌生人。我们对自己究竟是谁并没有一种整体性的看法，五岁的自己和三十五岁的自己之间仿佛没有任何联系。

在两个方向上都不愿走得太远，我们大部分时间都活在当下。对自己的所见所闻和他人的反应做出反应。我们为眼前的快乐而活，分散掉对时间流逝的注意力，自我感觉更有活力。但我们为这一切付出了代价。压抑对死亡和衰老的思考使人产生持续的潜在焦虑。我们没有接受现实。不断针对当下的事件做出反应，这把我们送上了过山车，随着命运的变化上下颠簸。这只能徒增焦虑感，生命在眼前匆忙的事件中流逝得如此之快。

作为人性的研习者，我们渴望发挥出人类这种动物最大的潜力，因此要尽可能拓宽你与时间的关系，让它慢下来。这意味着不要把时间的流逝当作敌人，要将其看作优秀的盟友。人生的每个阶段都有其独特的优势，年轻时的优势最为明显，但随着年龄的增长，你会拥有更大的视野。衰老不会让你感到害怕，死亡同样是你的朋友（参见第十八章）。它激励着你充分利用每一刻，它给了你一种紧迫感。时间是伟大的老师和指引者。它深深影响着当下的你。想想一年之后，眼前的问题早已显得不那么重要，就会帮助你降低焦虑感，调整优先事项。时间会暴露出计划中的弱点，你对待它的态度会更加小心谨慎。

对于未来，你需要对长期目标进行深入思考。它不应当是一个模糊的梦想，而是具体的目标，并且有一条实现它的路径。对于过去，你能感觉到自己与童年有很深的联系。是的，你确实在不断变化，但变化是表面上的，它造成了一种假象。其实，你的性格、对某些行为的倾向性和喜恶在幼年时已经定型了（参见第四章）。随着年龄的增长，性格只会变得更加明显。如果可以与过去的自己有机地联系起来，会让你产生强烈的认同感。你知道自己的喜恶，你知道自己是谁。这会帮助你保持自爱，避免陷入深度自恋，让自己发展出同理心（参见第二章）。同时，你还会更加注意过去犯过的错误和吸取的教训，而那些只活在当下的人往往会把这些错误和教训压抑住。

和所有人一样，你也享受着当下带来的快乐。毕竟你不是苦行僧。你可以与当下的趋势和当前的生活联系在一起。但实现长期目标以及克服困境可以为你带来更大的愉悦感。拓展与时间的关系会对你产生一定的影响。它会使你更加平静、现实，能够做好重要的事。它还会使你变成卓越的人生战略家，对于当下发生的事，人们难免会过度反应，而它并不能完全影响你，你可以看到未来更远的事情，这才是我们挖掘的人类潜在的力量。

学问积年而成，而每日不自知。

——拉尔夫·沃尔多·爱默生

第七章

承认对方，化解抵抗：防御法则

生活是残酷的，人需要相互竞争。我们自然要考虑自身的利益。同时我们希望自己可以独立做自己的事。所以当别人想要说服或改变我们的时候，我们会生出防御和抵抗心理。这向人们对自主感的需求提出了挑战。所以我们需要让对方从自我防卫中走出来，要让他们所做的事看起来是根据自由意志选择的。温情有助于化解对方的抵抗情绪，让他们愿意帮助你。千万不要攻击对方的信仰，也不要让对方怀疑自己的智慧和良善之心，那只会加强他们的防御心，使你无法完成任务。要让对方认为你希望对方做的是一件高尚、利他的事，这是终极的诱惑。学会驯服自己顽固的本性，把自己的心灵从防卫和封闭之中解放出来，释放自己的创造力。

影响力游戏

一九四八年十二月，得克萨斯州参议员汤姆·康纳利接待了该州新当选的第二位参议员林登·贝恩斯·约翰逊。约翰逊此前在众议院担任过十二年民主党国会议员，有野心勃勃的名声却没有实现目标的耐心。他性子急但很有主见，有点儿爱出风头。

康纳利了解这些事，但他还是愿意自己来观察一下这个人。他仔细研究了这个年轻人（康纳利比约翰逊大三十一岁）。康纳利以前见过他，认为他是个相当精明的人。几句寒暄之后，约翰逊透露了自己真正的野心：他想要在参议院拨款、财政和外交这三个最有名望的委员会中谋得一个席位。康纳利在其中两个委员会中担任资深成员。约翰逊似乎是在暗示同乡康纳利帮自己一把。康纳利觉得约翰逊显然不了解参议院是怎样运作的，于是他当即决定让对方安分一点儿。

他表现出要帮约翰逊一个大忙的样子，提出可以帮他在农业委员会中谋得一个职位，他很清楚约翰逊会将此当成一种侮辱，因为这是所有委员会中最不讨喜的一个。康纳利把刀插得更深一点儿，他说自己一直在关注约翰逊的参议员竞选活动，曾多次听到他感叹自己是农民的朋友。此时就是证明的大好机会。农业委员会是个完美的选择。约翰逊无法掩饰自己的不快，在椅子上不自在地扭动。康纳利总结道："林登，等你在参议院待一段时间之后再去外交或财政委员会，为公众提供真正的服务。"康纳利所说的"一段时间"是指十二到二十年，所有参议员基本都需要这么长的时间累积足够的影响力。这就是所谓资历，也是游戏的规则。康纳利自己就花了将近二十年时间才得到了规划和土地使用管理委员会的职位。

接下来的几个星期，参议员间流传着一则消息，约翰逊是个要小心防范的人，是个潜在的刺儿头。所以当他正式就职时，很多人第一次看到他时都感到很惊喜。他完全不是传闻中的样子。这个人彬彬有礼，对人相当恭敬。他经常到大家的办公室拜访。他会向外间办公室的秘书自报家门，然后耐心等待对方叫他进去，有时甚至会等上一小时。而他似乎并没有任何不耐烦，而是忙着读书或做笔记。一进屋，他就会询问对方的妻子和家庭近况，询问对方喜欢哪一个运动队，显然他针对参议员都做了功课。他很喜欢自嘲，常常首先称自己是"拥有压倒性优势的林登"，而大家都知道他在参议院席位竞争中是以微弱的优势获胜的。

当然，大多数时候他还是来谈论正事和征求意见的。他会询问一两个关于某法案或参议院程序的问题，而且倾听得十分专注，状态很打动人，几乎就像个孩子。他那双棕色的大眼睛会一直盯着对方，下巴搁在手上，偶尔点点头，时不时再提出一个问题。参议员们看得出他很重视自己，因为他总是会根据他们的建议采取行动或是把他们的话复述给别人听，而且总是把功劳归于讲出这些话的参议员。他会带着感激和谢意离开，感谢对方付出的时间以及他们提供的宝贵经验。他看起来和传闻中的刺儿头完全不是一个人，这种对比为他增光不少。

参议员们经常在会场上看到他，和其他成员不同，他每场会议都参加，而且全程坐在位子上。他会做大量的笔记。他想要了解参议院的所有程序，虽然很枯燥，但他好像很着迷。不过，他绝不是个无聊的书呆子。参议员在走廊或衣帽间遇到他的时候，他总会讲些笑话或逸事。他早年在贫困的农村生活，虽然接受过良好的教育，但言语间依然带有得克萨斯州农民和迁徙劳工的气息，有一种尖酸的幽默感。参议员都觉得他很有意思。就连汤姆·康纳利也不得不承认自己在某种程度上误解了他。

年长的参议员一般被称作“老牛”，他们特别欣赏林登·约翰逊。虽然因为资历老而占据着很有权威的位置，但他们常常对自己的年纪（有些人八十多岁了）和力不从心的状态深感不安。但约翰逊却频频造访他们的办公室，希望向他们吸取智慧的经验。

来自佐治亚州的理查德·罗素是一位年长一些的民主党参议员，他特别喜欢约翰逊。虽然只比约翰逊大十一岁，但自一九三三年以来他一直在参议院任职，并且成为其中最有权力的成员之一。他们之所以互相认识，是因为约翰逊在军事委员会中求得了一个席位，而罗素在其中资历排名第二。二人在衣帽间、走廊、参议院大厅中都有交集，约翰逊似乎无处不在。虽然他每天都要去办公室见罗素，但对方很喜欢他来拜访。像罗素一样，约翰逊关注的几乎都是业务上的事情，尤其是对神秘的参议院程序提出了很多问题。他开始称呼罗素为“大师”，经常会说：“嗯，这是大师的教诲。我会记住的。”

罗素是参议院中少数几个单身人士。但他从不承认自己孤单，把所有时间都花在办公室里，即使周日也是如此。由于约翰逊经常在罗素办公室里和他讨论问题到很晚，有时他会邀请罗素到家里吃饭，他说自己的妻子伯德夫人厨艺精湛，尤其擅长南方菜。前几次罗素都婉拒了，但最后他的态度还是软化了，而且很快成了约翰逊家每周的常客。伯德夫人很有魅力，他很快也喜欢上了她。

渐渐地，罗素和约翰逊的关系日益密切。罗素是个棒球迷，让他高兴的是约翰逊也说自己喜欢这项运动。所以他们会一起去看华盛顿参议员队的夜场比赛。二人没有一天不见面，因为只有他们周末会来办公室。他们有很多共同的兴趣点，比如内战历史；二人对南方民主党人关心的问题看法一致，比如他们反对民权法案。

很快，大家就从罗素口中听到他吹捧这位年轻的参议员，说他是个“能干的年轻人”，具有与自己相当的工作能力。约翰逊是他漫长职业生涯中唯一的“弟子”。但二人的友谊更加深厚。在参加了约翰逊在得克萨斯州组织的一次狩猎聚会之后，罗素给他写信道：“自从我回到家就一直在想，我会不会醒过来，发现自己一直在做梦，梦见自己去了一趟得克萨斯州。一切都太完美了，很难相信这是真实生活中发生的事。”

一九五〇年战争爆发，军事委员会需要成立一个专门调查军队战前准备情况的附属委员会。二战时期就有这样的机构，当时由哈里·杜鲁门执掌，而杜鲁门也正是经由这段经历成功上位的。军事委员会现任主席是来自马里兰州的参议员米拉德·泰丁斯。按照惯例，泰丁斯会出任附属委员会主席，毕竟附属委员会是个很好的可以增加知名度的平台。

约翰逊向泰丁斯提出了一个方案。那年泰丁斯正面临连任竞选，约翰逊表示自己只在选举前担任这个附属委员会主席，让泰丁斯专心选举。随后他便会让位，由泰丁斯继续出任这一职位。泰丁斯为了维护自己的权力，拒绝了约翰逊的提议。但后来罗素和他讲了一些事，让泰丁斯改变了主意。约翰逊成为委员会主席，这对上任仅一年半的参议员来说是件天大的事，而他在这个职位上做了很久，因为泰丁斯连任失利了。

作为委员会主席，约翰逊瞬间受到全国公众的关注，报道参议院新闻的记者发现，他是个和媒体打交道的高手。他小心地对委员会的调查结果做好保密工作，不允许向记者泄露。他用巨大的神秘感和戏剧性把委员会的工作包裹起来，给人一种他要揭露军方真正的丑闻的感觉。他只给一些有权势的记者提供报道信息，而这些记者写出的文章又是他认可的。其他记者只能争抢那些无关紧要的边角信息。

这位年轻的参议员让记者团很是着迷，他工作态度强硬，但同时又能体谅记者的工作。最重要的是，他知道怎样给大家一个好故事。很快，一些人开始将他描述为热心的爱国者，是未来的一股政治力量。此时，罗素终于可以为自己提拔约翰逊出面说话了，这位来自得克萨斯州的参议员做得很好，为参议院赢得了正面的宣传机会。

一九五一年五月到六月，约翰逊和罗素密切合作，召回了麦克阿瑟将军。罗素亲眼看到了约翰逊的参谋部，对其高效感到震惊，这个参谋部比自己的规模更大、更有组织。罗素感到自己与时代脱节了。但约翰逊仿佛看穿了他的想法，开始帮助他建立更加现代化的参谋团队。他让罗素与自己培养的法律和公关队伍接触，向他展示这支队伍可以帮助他们做哪些事。随着二人在这方面的合作，他们的关系更加紧密了。有一天，罗素对一个记者说："林登·约翰逊是当总统的材料，而且会是个好总统。"记者大吃一惊。这话完全不像是罗素说出来的，他从未如此恭维过别人。

一九五一年春天，明尼苏达州的参议员休伯特·汉弗莱正等着乘坐地铁前往国会大厦，林登·约翰逊突然向他走来，提议一起坐车聊聊天。这番话让汉弗莱受宠若惊，他几乎不敢相信约翰逊是真心的。汉弗莱和约翰逊是同一时间进入参议院的，汉弗莱曾经是大家眼中的明星，是个有魅力的自由主义者，有朝一日可能成为总统。但是，汉弗莱也有制约自己崛起的问题：他对自由主义的信仰十分坚定，以至于疏远了其他人。他在参议院发表第一次演讲时就批评该机构改革步伐缓慢，氛围过于安逸。很快他就看到了反馈，被贬去了最糟糕的委员会。他提出的议案杳无音讯。每当他走进参议院的衣帽间，几乎所有人都会回避他。随着这种排斥情绪越来越严重，汉弗莱感到愈发抑郁沮丧。有时下班开车回家，他会停下车来哭泣。他的事业走上了一条弯路。

在同坐的地铁车厢里，约翰逊对他赞不绝口。他说："休伯特，你不知道，能和你一起坐车去参议院议事厅是多美妙的事。我在很多方面都很羡慕你。你口齿伶俐，知识面又那么广。"听到这番话，汉弗莱松了一口气，可随后约翰逊激烈的批评让他感到非常惊讶。"可是真见鬼，休伯特，你花了那么多时间演讲，都没有时间去做别的事了。"汉弗莱需要更加务实、更加合群。当他们最后分开时，约翰逊邀请汉弗莱找时间去他办公室喝一杯。汉弗莱很快成了那里的常客，这位和保守派罗素关系甚密、令北方自由派相当厌恶的南方参议员让他很是着迷。

首先，约翰逊是个非常有趣的人。他每一句话都夹杂着民间逸事，往往非常粗俗且有很多歪点子。他们在他的办公室里喝得酩酊大醉，阵阵笑声在走廊里回荡。对于这种给人带来好心情的人，任何人都很难抗拒。他的存在感异常强烈。正如汉弗莱之后写道："他的出现仿佛潮水席卷了所有地方。他能穿墙而过，穿过一扇门，把整个房间都占满。"

其次，他分享了很多宝贵的信息。他向汉弗莱讲解了复杂的参议院程序，以及他经由密切观察累积的各位参议员的心理弱点和信息。他是参议院有史以来最厉害的计票人，能够以惊人的准确度预测参议院所有的投票结果。而他把其中的窍门分享给了汉弗莱。

最后，他教会了汉弗莱多一些务实，少一些理想主义，通过妥协可以拥有很大的力量。他分享了富兰克林·罗斯福总统的故事，这是汉弗莱心中的英雄。在约翰逊就职众议院的时候，就已经和总统成了亲密的朋友。约翰逊认为罗斯福总统是完美的政治家，懂得用以退为进甚至是妥协的方法来达成目标。此处的潜台词是，约翰逊表示自己其实是个潜在的自由主义者，他也将罗斯福作为自己的偶像，也和汉弗莱一样希望民权法案可以通过。他们都站在同一个阵营里，为同样崇高的事业而奋斗。

如果和约翰逊合作，汉弗莱在参议院内外前途无限。正如约翰逊猜测的那样，汉弗莱确实有当总统的野心。约翰逊自己绝不可能当得了总统，他和汉弗莱说，这个国家还没有准备好迎接一位南方出身的总统。但他可以帮助汉弗莱登顶。他们可以组成一支战无不胜的团队。

然而，真正让汉弗莱下定决心的是约翰逊让自己在参议院中的日子好过了起来。约翰逊向自己的南方民主党同僚介绍汉弗莱的幽默和智慧，说他们之前误解了这个人。经过这样的软化，约翰逊重新把汉弗莱介绍给参议员们，大家也觉得他很有魅力。最重要的是，他让罗素改变了主意，而罗素是化腐朽为神奇的人。现在，汉弗莱可以与更有权势的参议员推杯换盏，他的孤独感渐渐消失了。他觉得有必要回报这份好意，让更多北方自由主义者改变对约翰逊的看法，此时，约翰逊的影响力像空气一样扩散开来了。

一九五二年，随着德怀特·戴维·艾森豪威尔当选总统，共和党以横扫之势控制了参议院和众议院。在这次选举中，来自亚利桑那州的欧内斯特·麦克法兰成为牺牲品之一，他曾是民主党在参议院的领袖。如今领导职位空缺，众人开始争夺接班人的位置。

约翰逊建议罗素自己出任这个职位，但罗素拒绝了。他在幕后反而有更多的操作空间。相反，他说约翰逊应该成为下一任领导人，罗素可以帮助他实现这一目标。约翰逊表现得非常惊讶，他说自己会考虑一下，但前提是罗素要继续做自己的大师，每一步都能给自己建议。他什么都没再说。几周之内，罗素基本帮他敲定了这个职位，这是一件不得了的事。约翰逊年仅四十四岁就变成了迄今为止两党历史上最年轻的领导人。

在他就任新职位几周后，他向罗素提出了一个不寻常的要求。几十年来，重要委员会的职位一直是论资排辈，但是，这也意味着委员会主席往往无法胜任这项工作。人到了七八十岁，思想还停留在过去。他们没有搞出大动作的兴趣。如今，共和党已经全面夺取了控制权，他们要推翻罗斯福总统在新政和外交政策方面的一些重大成就。在中期选举开始前，这两年会很难熬。

约翰逊作为参议院民主党的领袖，希望可以改变委员会的权力格局。他并不主张激进的做法。只是要对人员和主席职位进行一些调整，引入一些新鲜血液。比如，他想把新当选的参议员约翰·肯尼迪以及休伯特·汉弗莱调整到外交委员会中。这些年轻人会成为公众眼中党派的新鲜面孔，为抨击共和党提供弹药。罗素能看出这种做法的明智之处，他默许了约翰逊，但同时警告他：“你正在处理参议院最敏感的问题……这是在玩火。”约翰逊又接触了一些年长的参议员。有些人很容易被说服，比如罗伯特·伯德，他对这位新的领导人很有好感。自由派也加入了进来，这要归功于汉弗莱在其中做的工作，如今他是约翰逊和北方代表之间的联络人，拥有巨大的权力。其他人则要顽固得多。然而，约翰逊不会放弃斗争。对于继续抵抗的人，他提升了攻击力度。他变得毫不留情。他会花几个小时在办公室里自言自语，排练自己的论点，练习如何反驳这些顽固的参议员，直到确定自己找到了完美的对策。他会用一些纯粹实用主义的手段对付某些人，不惜一切代价打败共和党人。而对待另一些人，他会追忆罗斯福时代的光辉岁月。对待南方参议员，他会明确表示让党派变得更强大、更团结会有助于自己的工作，作为南方同胞，他始终都会是他们牢靠的盟友。

他在办公室里为大家端上无数的酒水，拿出自己所有的智慧和魅力。他会一直给他们打电话。如果有参议员一直不肯接听，他会在晚上的时候打。他从不激烈争论，也不试图强行解决问题。理解对方的立场后，他提出了很多交换条件。最后，参议员们一个接一个地让步，终于，最后一个人也屈服了。不知从何时起，约翰逊成了一个令人畏惧的人，如果有人不肯屈服，成为少数几个反对派成员之一，那么他在未来几年的日子会很不好过。

最后事件公开时，共和党人和新闻界对林登·约翰逊的成绩感到震惊。在他担任领导职务的短短几周内，就获得了前所未有的权力。他跨过资历制度直接拿到了委员会的任命权。如今他无可争议地成了“参议院的主人”，同僚们的口头禅也变成了“让林登去做”。而被他拉进势力范围的都是最不可思议的人，从理查德·罗素到休伯特·汉弗莱。最让人吃惊的当数参议员汤姆·康纳利。在短短四年的时间里，约翰逊不仅成功上位，还缓慢而稳健地积累了影响力，夺取了参议院民主党的控制权，远远超过康纳利在二十多年任期内积累的权力。

解析：从政治生涯之初，约翰逊就只有一个野心——有朝一日成为美国总统。为了达到这个目标，他需要快速崛起。越在年轻的时候担任领导职务，就越有时间在党内名声大噪，获得影响力。二十八岁时他当选为众议院议员，似乎已经得偿所愿，但在众议院的时候，他的事业却陷入了困境。这个地方太大、太复杂，他不擅长和一大群人打交道。他不是那种能够鼓舞人心的公开演讲家。他的魅力体现在一对一的会后。因此他变得非常沮丧和不安。终于在四十岁的时候，他带着焦急的情绪来到了参议院，和康纳利的会面就能够佐证这一点。在就职前不久，他参观了参议院的大厅，获得了顿悟：这里的规模要小得多，更像是个自在的绅士俱乐部。他可以在这里一对一地展开工作，通过积累影响力慢慢获得权力。

然而，为了达到这个目的，他必须做出改变。他天生具有攻击性，但他必须控制住自己，放慢速度，后退一步。他必须学会闭嘴，避免激烈的争论。让别人来说话，让他们认为自己才是主角。不能只考虑自己，在参议员们讲话的时候，要把注意力完全放在他们身上。做出一副年轻参议员拜师学艺的低姿态，认真学习那些枯燥的程序和法令。在晚些时候，他对机构深入的了解转化成了利益交换的筹码。

就任后的几个月，他就改变了自己在众议院时的声誉。看起来他好像并没有什么威胁性，随着议员们防备心下降，约翰逊可以开始动手了。

他把注意力集中在赢得关键盟友这一点上。正如他预判的那样，如果能在高层或接近高层的地方有一个关键盟友，就可以达到移山填海的效果。很早的时候他就发现参议员罗素是个很完美的目标，他孤独、强大，又没有任何追随者。约翰逊是真心喜欢罗素，他一直在寻找父亲的影子，但他的殷勤和举动都是经过战略安排的。首先他保证自己成为军事委员会的成员，这里是和罗素见面机会最多的地方。他们经常能在走廊或衣帽间相遇。他还不着痕迹地创造了很多二人共处的时间。约翰逊从来都不喜欢棒球，也对内战没有兴趣，但他很快培养起自己对这两点的兴趣。他将自己保守的价值观和职业道德回应给罗素，让这位孤独的参议员觉得自己不仅有了朋友，还有了崇拜自己的儿子和信徒。

约翰逊很小心地不求对方帮忙。相反，他还默默地送了罗素很多人情，帮助他实现了幕僚现代化。当约翰逊最终想要得到什么，比如附属委员会主席，他会含蓄地表达自己的愿望，而不会直接表达。罗素会把他当作自己政治野心的延伸，会为自己的追随者做任何事。

几年之内，约翰逊就得到了计票高手的名声，他对每个参议员的秘密都了如指掌，这些信息在通过法案的时候是非常有用的。此时，参议员们会向他来打听信息，而在他分享信息的同时，某种程度上也需要回报。影响力逐渐扩散开来，但他意识到，若想在党内和参议院中占据主导地位，还有一个重要障碍，那就是北方自由主义者。

约翰逊又一次找到了完美的目标，那就是参议员汉弗莱。他认为汉弗莱也是个孤独的人，需要被认可，同时野心勃勃。想要抓住汉弗莱的心有三个要点：让他感觉自己是受欢迎的，承认他是当总统的好苗子，给他实现抱负的实用工具。

就像他对罗素所做的那样，约翰逊给汉弗莱留下的印象是，他是暗中支持他的，通过分享对罗斯福总统的崇拜之情，约翰逊对汉弗莱最深层次的价值观做出回应。经过几个月的努力，汉弗莱已经愿意为约翰逊做任何事了。此时，北方自由派也有了桥头堡，约翰逊的影响力扩展到了参议院的各个角落。

等到领导人职位空缺的时候，约翰逊已经建立起了巨大的声誉，他是个懂得还人情的人，能够把事情做好，而且有非常强大的盟友。他希望获得任命委员的控制权，这就要对制度进行彻底改变，但他小心翼翼地将其包装为增强民主党实力的模样，帮助一些参议员与共和党人进行斗争。把权力交给林登·约翰逊符合他们的利益。影响力是一步步累积的，他从来没有表现出咄咄逼人甚至威胁的模样。当党内人意识到状况的时候为时已晚，他完全控制了棋盘，成了参议院的主人。

理解：想要对人产生影响力并从中获得力量，方法可能与你想象的完全相反。平时，我们试图用自己的想法去迷惑别人，以最好的姿态展现自己。我们会大肆宣扬自己过去的成就，向别人表述自己的伟大。我们要求别人帮忙，认为诚实是最好的方法。但我们没有意识到所有的注意力都在我们身上。世人越来越自恋，这样的结果是每个人都更加向内发展，让个人利益凌驾于集体利益之上。

正如约翰逊的故事一样，想要获得影响力和权力的道路是一条反向的道路：把焦点放在别人身上，让对方说话，让他们成为主角和明星。他们的观点和价值观是值得效仿的。他们的事业是崇高的。这样的关注在这个世界上非常难得，而人们对此非常渴望，这会给对方以认可，降低对方的防御，让他们敞开心扉，接受你想要投射的想法。

首先你总是要后退一步，与对方相比，你处在较为次要的位置。做法要含蓄，去征求对方的意见。人们都很希望能传授自己的智慧和经验。一旦你感觉他们对这种关注上瘾了，就可以帮助他们做一些小事，帮助对方省时省力，这样就启动了人情循环。对方会立刻想要回报你，而且不觉得自己是被操控或逼迫的。一旦对方帮了你的忙，他们就会继续帮助你。在这个过程中，他们已经得出了你值得被这样对待的结论，如果对方停止帮助你，就意味着他们对自己最初的判断产生了怀疑，而这是人们非常不愿意做的事。慢慢地在群体中开展工作，在不显得咄咄逼人或具有目的性的前提下扩大影响力，这是对野心最终极的掩饰方式。

谈话真正的意义在于让别人发挥出聪明才智，而不是让自己更多地展现

> 出才情。如果对方能对自己的聪明才智感到满意，对你也会感到十分满意。多数人……与其说想要得到指导，不如说是为了获得赞美和掌声，这会让他们更加高兴。
>
> ——让·德·拉布吕耶尔

人性的关键

人类从早期开始，个性中就有防御性和自我保护的一面。它始于一个人的幼年，源于一种不受他人侵犯的物理空间感。后来，它扩展为一种个人尊严感，也就是他人不应当强迫或操纵我们做不愿意做的事。我们想要自由选择自己想要的东西。这是作为社会化人类成长的必然发展结果。

然而随着年龄的增长，这些防御性的品质往往会愈发固化，这也是有充分理由的。人们总是不断对我们进行评判和评价，看我们是否足够称职，足够优秀，足够有团队精神。我们从来无法完全摆脱这样的审视。在生活中，只要有一次明显的失败，审视就会变成负面的评判，让人内伤很长时间。此外，我们还有一种感觉，就是别人总想从我们身上进行掠夺，他们想要支配我们的时间、金钱、想法和劳动力。面对这一切，我们自然而然变得更加自恋、具有防御性，我们必须照顾好自己的利益，除了自己没人会做这件事。我们在周围搭建起围墙，阻止入侵者和掠夺者进入。

等到了二十多岁的时候，我们的防御系统成形了，但在某些情况下，内心的墙还是会轰然倒塌。比如和朋友狂欢时喝了点儿酒，就会觉得自己和别人关系很亲密，不会受到评判。思想松懈，突然有了新的、有趣的想法，我们就会敞开心扉去做一些平时根本不会做的事。又或者是去参加公众集会，听到投身于某项事业的人鼓舞人心的演讲，感受到与数百人站在一起的群体精神的吸引力，我们有可能突然受到感召去行动，为某项事业而努力，而通常情况下我们对此是抗拒的。

最能说明问题的例子是当我们坠入爱河，感情得到回应的时候。对方对我们最积极的品质做出反应，表达赞赏。我们觉得自己是值得被爱的。在这样的咒语之下，我们会放下自我和习惯性的固执，他人可以对我们的意志力产生惊人的影响。

这些时刻有一个共同点：我们的内心感到安全，没有受到评判，而是被朋友、集体或亲人接纳了。我们在别人身上看到了自己的影子，这让人放松了下来。在内心深处，我们感觉被认可了。此时不再需要朝内转向和防卫系统，而可以将思想向外引导，超越自我，投向某一事业、新想法或他人的幸福。

理解：创造被认可的感觉是打开人类防线的金钥匙。如果不具备这样的力量，我们就无法在这个竞争激烈的世界中生存发展。

我们总会遇到需要他人转变立场、使其不再抵触某件事的情况。我们需要对方的帮助或是需要改变对方丑恶的行为。如果耀武扬威、即兴发挥、恳求哄骗对方，甚至让人感到内疚，只会增加对方的防备心。而即便是用上述的某种方法得到了我们想要的东西，对方也不会表达支持，而是让怨恨潜滋暗长。我们从对方身上夺走了时间、金钱、想法，他们会将自己封闭起来，拒绝我们进一步施加影响。长时间面对抵抗且一无所获的话，我们可能会面临一种非常危险的状态，对人们的漠不关心感到越来越沮丧。这会巧妙地影响我们自己的状态。在需要对他人施加影响的时候，对方会感受到我们有所求的心情和不安的状态。我们会在讨好别人的过程中用力过度，看起来有点儿绝望，这样的话，在开始之前就失败了。这会变成一种消极的自我实现，让人不断被边缘化，却无法意识到问题的根源。

在抵达那一步之前必须扭转这种状态，就像约翰逊在四十岁时所做的一样。我们可以通过给予对方渴望的认可来降低其防御性，这是一种有效的力量。想要实现这一点就要充分认识到人性的基本法则。

这条法则是这样的：人对自己有一种认知，我们称之为自我评估。这种评估可能是准确的，也可能是不准确的，但这并不重要。重要的是人如何看待自己的性格和价值。人普遍会对自己有三个评估结论："我是独立自主的，可以按照自由意志行事""我有自己的聪明才智""我本质上是个善良正派的人"。

对于第一条普遍结论（我是按照自由意志行事的），我们选择加入了某个团体、相信某件事或购买某个产品，实际上很可能是受到他人的操纵或向周围的压力屈服的结果，但我们不会这样解释这件事。如果人意识到自己被他人胁迫着做事，比如不得不服从自己的老板，他们就会告诉自己这是无可奈何的，或是对被操纵这件事深感不满。如果是第二种情况，虽然表面上微笑着服从，实际上还会暗中想办法反抗。换句话说，我们认为自己需要不断表达和维护自己的自由意志。

对于第二条普遍结论（我很聪明），我们可能会意识到自己不是爱因斯坦，但在自己专属的领域中，我们有自己的办法，我们也很聪明。水管工人会得意于自己关于房屋内部构造的丰富知识和高超技术，这是一种智慧的体现；他还会认为自己的政治观点源自扎实的常识，在他看来这是另一种智慧的体现。一般而言，对于自己可能轻信他人、不够聪明这类的想法，任何人都不会感到舒服。如果不得不承认自己不是传统意义上的聪明人，至少也会认为自己比别人聪明。

对于第三条普遍结论（我是一个好人），我们倾向于认为自己支持的是正确的事业。我们对待他人很友善，是团队中的一员。如果恰好是老板，我们会很喜欢向下属灌输纪律概念，并称之为“严厉的爱”，所有的行为都是为了别人好。

除了这些具有普遍性的结论，人们还会有很多个性化的自我评估，这些评估之所以存在，是为了对各种不安进行调节。比如，“我是个自由自在、独一无二的人”“我只靠自己，不需要任何人帮助”“我长得很好看，可以靠这个吃饭”“我是个叛逆的人，藐视一切权威”。在这些不同的自我评估中，隐含着在某一领域的优越感。“我是个叛逆的人，你就不是了。”这些自我评估很多都与幼儿时期的发展问题有关。比如，叛逆型的人可能有个让他失望的父亲，也可能是受过欺负，不能忍受任何的自卑情绪。他必须对一切权威抱有鄙夷的情绪。独立型的人可能有个遥不可及的母亲，幼年时被遗弃感困扰，塑造出了粗犷独立的个人形象。

自我评估是很重要的，它对我们的很多思想和价值观起决定性作用。我们不会接受与自我评估相冲突的想法。比如说，如果自认是个非常坚强自立的人，那么就自然会对那些现实、强硬、对他人的弱点严苛以待的思想和哲学心生好感。在这种情况下，如果恰好是基督徒，那么就会对基督教教义进行重新解读，以符合自己强悍的形象，比如在基督教中寻找强调自力更生、严厉之爱等元素。一般来说，我们会选择能够印证自身高尚、智慧的群体。也许我们会认为自己有独特的想法或价值观，但实际上，它取决于我们有怎样的自我评估结果。

当你试图说服他人去做某件事时，会出现三种情况。

第一，你可能无意中挑战了对方自我评估的某个方面。讨论有可能变成争论，对方会感到自己很愚蠢、被人洗了脑或是不舒服。即便你表达得很含蓄，但言下之意还是你知道得更多。在这种情况下，对方会产生防备心和抵触情绪。墙如果建了起来，永远都不会倒下。

第二，将对方的自我评估放在一个中立的位置上，既不挑战也不回应。在处理问题的时候尽量保持冷静，避免任何情绪上的极端情况。在这种情况下，对方依然会有抵触和疑虑，但至少没有紧张，你可以用理性论证获得一定的操作空间。

第三，积极回应对方的自我评估。此时你满足了对方最大的情感需求。每个人都可以自认为独立、智慧、正派、可靠，但只有他人才能帮助自己真正证实这一点。在这个残酷且充满竞争的世界里，每个人都容易陷入不断的自我怀疑之中，很少能得到自己渴望的认可。如果能给对方这样的感受，就会看到仿佛醉酒、聚会或恋爱一般的神奇效果。对方会放松下来，不再感到不安，让注意力转向外部，此时对方的思想会更加开放，更容易受到暗示和影响。如果他们决定向你提供帮助，也是出于自愿的行为。

你的任务很简单：给对方的内心注入安全感。认可他们的价值观，表明自己喜欢且尊重他们。让对方感觉到你尊重他们的智慧和经验。营造一种相互温暖的氛围。和对方一起欢笑，培养出融洽感。这些情感最好不要是完全装出来的，这样的效果最佳。锻炼自己的同理心，进入对方的视角（参见第二章），才能更真切地感受到一部分同样的情感。多做这方面的练习，认可对方的自我评估结果就会成为一种下意识行为，那么遇到的每个人都会被你感化松动。

有一点需要注意的是：大多数人的自我评估结果都比较高，但也有些人的评估比较低。他们会告诉自己“我不值得拥有美好的东西”“我不是个优秀的人”“我有很多毛病和问题”。这些人总是等着坏事降临在自己身上，等坏事真的发生时，他们往往会感觉松了一口气，仿佛这就是应当发生的。通过降低自我评估结果，他们可以缓解自己对获得成功的不安。如果你面对的就是这样的人，法则同样适用。如果你坚持认为只要按照自己的建议，他们的生活就会变好，就会和对方的信念发生冲突，因为他们认为世界就是在和他们作对，好事不应当发生在他们身上。此时他们绝不会认同你的观点，并且会产生抵触情绪。相反，你必须从对方的自我评估结果出发，对生活中的不公和困难表示同情。等到对方感到自己受到了认可，你就有了一定的回旋余地，可以温和地做出修正，甚至运用一些逆向心理学方法（参见下节）。

最后，在培养这种能力的过程中，最大的障碍来自文化对影响力这一概念的偏见。“为什么我们不能坦诚相待，直截了当地说明自己想要什么呢？为什么不能让每个人都做自己，而不是试图改变他们呢？使用策略操纵他人是很丑恶的事。”首先，如果有人和你说这样的话，要提高警惕。人类无法承受无力的感觉。我们需要具有影响力，否则会变得很痛苦。即便是诚实的人也不例外，但他们需要表明自己具有天使般的品质，所以无法将这种自我评估结果和对影响力的渴求联系起来。于是，他们往往会呈现出一种被动攻击的状态，让别人感到内疚，从而获得自己想要的东西。所以千万不要将这样的话信以为真。

其次，人类无法避免自己影响他人。我们所说的每一句话、做的每一件事都会受到他人的审视和解读，想要从中寻找我们的真实意图。沉默不语也会被解读为心烦意乱，正在整理头绪。即便是认真倾听，也会变成想给对方留下礼貌的好印象。无论做什么，人们都能在其中解读出你想要施加影响力的意味，而这种解读并没有错。作为社会性动物，我们不得不玩这个游戏，无论自身有没有意识到这一点。多数人不愿意花费心思去考虑别人，总想找到突破对方防线的战略做法。他们很懒惰，只想做自己、说实话，或是什么都不做，辩解说自己的行为遵从了某种伟大的道德。

既然这个游戏是无法避免的，那么熟练掌握它总比否认它或即兴发挥要好得多。归根到底，善于影响他人比坚守道德立场对社会的益处更大。拥有这样的力量之后，我们可以去影响那些危险或有反社会倾向的人。想要精通说服之术，就需要置身于他人的视角，锻炼自己的同理心。也许我们需要遵循文化偏见，承认应当完全坦诚，但内心要明白这是无稽之谈，并且为了自己的幸福做出必要的行动。

成为说服大师的五种方法

以下五种方法是从历史上最伟大的影响者身上提炼出来的，旨在帮助你深入观察目标，达到降低对方的抵抗的效果。明智的做法是将这五种方法全部付诸实践。

成为深度倾听者。在日常对话的过程中，我们的注意力是分散的，一般只听到谈话的部分内容，为的是跟进和保持对话。同时，我们还在思考接下来自己要说什么，要讲哪些精彩的故事。或者我们还有可能在做一些无关紧要的白日梦。原因很简单：我们对自己的想法、感受和体验看得比对方的想法、感受和体验更重。如果不是这样，我们一定会全神贯注地倾听。一般来说办法是少说多听，但只要我们还在内心上演独白，这种办法就毫无意义。唯一的办法是以某种方式刺激我们扭转这一局面。

你可以这样想：对自己你已经很了解了，没什么新鲜事了，思维总在围绕着同样的主题打转。但如果遇到的每个人都代表着一个充满惊喜的未知国度。想象一下，如果能走进对方的内心世界会是多么奇妙的旅程。看似安静沉闷的人，往往有着最奇妙的内心值得探索。即便是面对野蛮人和傻瓜，也可以将其当成认识人类缺陷本源和本质的学习素材。变成深度倾听者，你不仅会发现相互敞开心扉是一件非常有趣的事，也能领悟到人类心理学层面上的宝贵经验。

一旦拥有了倾听的能力，剩下的事就相对简单了。不要让倾听显得太有目的性，要让对方感觉这只是一次热情的交流，即便他们自己可能说了百分之八十的话。为了达到这个目的，千万不要用一连串好像求职面试的问题打击他们。相反，要注意对方的非语言线索。谈到某些话题的时候，对方的眼睛会亮起来，那么一定把话题往这个方向引导。人会在不知不觉中变得非常健谈。几乎所有人都喜欢谈论自己的童年、家庭、工作的过往，还有一些他们很看重的事业。可以偶尔用一两个问题或评论来回应他们谈论的事。

要全神贯注地听对方说话，但要显得很放松。可以保持一定的眼神交流，在对方说话时点头表达自己在听。最好能偶尔说一些呼应前文的话，但要用自己的话进行转述，这能表明你很认真地听了对方的话。最终他们说得越多，就越会透露出自己的不安全感以及没有满足的欲望。

你的目标是让对方从冲突中走出来，对自我感觉良好。让他们成为节目的主角，把性格中更机智、更有趣的一面展现出来。他们会因此喜爱你，期待着下一次相遇。当他们在你面前越来越放松的时候，你就拥有了给对方植入想法、影响对方行为的操作空间。

以适当的情绪感染对方。作为社会动物，我们对他人的情绪非常敏感。既然如此，也就可以用适当的情绪感染他人，对其施加影响。如果你很放松，对交流抱着一种愉快的期待，情绪本身就可以交流，在对方身上产生镜像效果。对此，最好的态度就是完全顺其自然。不去评判对方，而是接受这种情绪。

在小说《使节》当中，作者亨利·詹姆斯在玛丽·德·维奥内身上描绘了这种理想形象，她是一位行为举止无懈可击的法国妇人，在恋爱的过程中暗暗利用了一个叫兰伯特·斯特瑞塞的美国人。自从遇到她的那一刻起，斯特瑞塞就被她深深吸引了。她似乎是“明朗和神秘的混合体”。她深情地听着他说话，虽然没有回应，却给了他一种完全被理解的感觉。她用自己的同情心将他包裹起来。从一开始，她就表现出二人已经是好朋友的样子，不是通过言语，而是通过动作。他认为对方有一种“美丽而有意识的温和感”，对他有一种催眠的力量。在她开口求助之前，他就已经完全被迷住了，愿意为她做任何事。这样的态度实际上是模仿了母亲的形象，亦即提供无条件的爱。这份爱不是由语言表达的，而是通过眼神和肢体语言表达的。它对男女都有效果，几乎可以催眠任何人。

另一种变体是通过笑声和喜悦的情绪分享快乐，用温暖的亲和力感染周围的人。林登·约翰逊就是这方面的高手。当然，他用的是酒精，在他的办公室里酒可以随便喝，目标人物从来不知道，林登喝的酒经过了大量稀释，他完全可以自控。他风趣的笑话和丰富多彩的逸事为大家创造了一个舒适的俱乐部氛围。人们很难抗拒这样的气氛。约翰逊还很会用肢体表达，比如经常搂着对方的肩膀、触碰手臂。很多非语言线索研究表明，在人的互动过程中，触摸手和手臂会带来不可思议的力量，会让对方在不知不觉中对你产生积极的评价。只要轻轻拍一下，就可以产生一种由内而生的亲切感，但注意此时不要进行眼神交流，否则会包含性意味。

记住，你对他人的期待也是通过非语言的形式传递给对方的。比如有证据表明，如果希望学生表现得更好，即便不说出来，也可以找到传递积极影响的方法。如果要见到某个人，感觉非常兴奋，可以用很有力的方式向对方传递这一信息。如果你需要向人求助，可以尽量把对方想象成慷慨友善的人。有人说只要觉得对方长得帅气好看，就会得到很好的沟通效果。

确认对方的自我评估。回忆一下那些自我评估比较高的人有哪些特质，下面我们来逐一分析。

自主。一旦人感觉自己受到了某种形式的强迫或操纵，那么任何影响力都不会起作用。必须让对方认为是自己选择做了某件事，虽然是你让对方做的，但至少要让他体会到这是自己的选择。越能造成这样的印象，你的成功概率就会越大。

在小说《汤姆·索亚历险记》中，十二岁的主人公是个极其聪明的男孩子，由姨妈抚养长大，对人性极其敏感。虽然汤姆很聪明，但他总是惹上麻烦。从书的第二章开始，汤姆就因为打架而受罚。夏天一个炎热的周六下午，汤姆没能和朋友们一起去河里游泳玩耍，而是不得不去粉刷屋前的大篱笆。当他开始工作的时候，朋友本·罗杰斯走了过来，吃着看上去就很好吃的苹果。本和汤姆一样调皮，看他在做这种无聊的家务事，就想来折磨他一下，明明知道他没办法去游泳，还是来问他打不打算去。

汤姆装出一副对工作很感兴趣的样子。本不禁好奇了起来。他问汤姆，是不是刷篱笆比玩更有意思。此时汤姆终于对他说话了，但眼睛还盯着自己的工作。他说，自己的姨妈不会把这样的工作交给任何人。人们经过他家时，首先看到的就是这个篱笆，这是一项非常重要的工作，很久才会出现一次。过去他但凡和朋友在上面画点儿东西就会有麻烦，现在他可以随意画。这是一个挑战，是对技术的考验。是的，他非常享受这件事。任何周末都可以游泳，但这件事可不是随时都有的。

本问他自己能不能试试，想看看汤姆的反应。经过几次恳求，汤姆终于答应了，但本必须把自己的苹果给他。不久，又有其他的男孩路过，汤姆又进行了同样的推销，获得了很多水果和玩具。一小时后，汤姆躺在树荫下，一群朋友帮他完成了工作。汤姆动用了基础心理学拿到了自己想要的东西。首先，他向本重新解释了这个工作，不是通过叙述，而是通过专注的工作态度和肢体语言证明这个任务一定有其有趣之处。其次，将这项工作变成对技能和智慧的考验，将它变成一个难得的机会，这对所有好胜的男孩子都有吸引力。最后，他知道一旦附近有男孩子看到也会想加入进来，整件事会变成一项集体活动。没人愿意被排除在外。汤姆本可以恳求这十几个朋友来帮助他并碰一鼻子灰，但他利用了另一种方法，让他们心甘情愿来做这件事。他们来找自己，求着做这项工作。

想要传播自己的影响力，你也需要遵循类似的逻辑：怎样才能把你想要的东西变成他人渴望的东西？可以将其定义为令人快乐的事情、千载难逢的机会或别人想做的事，一般都会有很好的效果。

另一种方式是激发人类竞争的本能。一九四八年，导演比利·怀尔德为新片《柏林艳史》选角，该片将在战后的柏林进行拍摄。其中的主要角色是一名叫埃丽卡·冯·施卢托的女子，她是德国一家歌舞厅的歌手，在战争期间与纳粹有可疑的联系。怀尔德知道玛琳·黛德丽是出演这一角色的完美演员，但黛德丽曾公开表示自己强烈厌恶一切纳粹相关的事，而且一直在为盟军的工作奔走。第一次谈到这一角色时，她表达出了极度的反感，讨论因此结束。

考虑到黛德丽出了名的固执，怀尔德并没有争辩或是恳求她，这些只能是徒劳。相反，他告诉她，自己已经找到了两个非常合适的美国女演员来出演，想听听她的意见，看看哪个更合适，不知道她能否前去观看试镜。由于拒绝了自己的老朋友怀尔德，黛德丽自己也心怀愧疚，自然同意了这件事。怀尔德对两位女演员的试镜安排非常巧妙，他知道这二人完全不适合这个角色，会把一个性感的德国歌舞厅歌手变成笑话。这个伎俩非常有效。争强好胜的黛德丽对她们的表演感到震惊，主动要求接下了这一角色。

最后，如果想要赢得对方的支持并送上礼物或奖励的时候，礼物最好小一点儿，不要太大。大礼会显得像是在收买对方，侵犯对方的独立性。即便有些人确实因为需要而接受了大礼，过后也会产生反感或怀疑的情绪。小一点儿的礼物会有更好的效果，对方会自我暗示这是他们应得的东西，并不是收买或贿赂。事实上，随着时间的推移，小礼会比大礼更容易让双方捆绑在一起。

才智。如果你不同意对方的意见，还把自己的反对观点强加于人，就是在暗示自己才是更了解情况的人，对问题进行了理性的考虑。一旦受到了这样的挑战，对方自然会更加看重自己的意见。你可以通过更加中立的态度来防止此类情况发生，好像自己对相反的意见很感兴趣，而它可能是错的。但如果能更进一步，你还可以去理解对方的观点并表示赞同（赢得争论是一件费力不讨好的事）。对方的才智得到肯定后，你就有了操作空间，可以温和地改变对方的意见或降低其寻求帮助的防御心理。

十九世纪的英国首相兼小说家本杰明·迪斯雷利提出了非常机智的方法，他写道："如果你想赢得一个人的心，就让他来驳斥你。"在最初，你需要和目标人物在某一问题上持有不同意见，态度甚至可以激烈一些，然后逐渐了解对方的观点，从而证明对方的智慧和影响力。他会感到更胜你一筹，这就是我们想要达到的目的。此时他们会更加容易受到你的影响。你还可以通过向对方寻求建议来创造类似的效果。这意味着你尊重对方的才智和经验。

一七八二年，法国剧作家皮埃尔-奥古斯丁·卡龙·德·博马舍对其伟大的作品《费加罗的婚礼》进行了最后的润色。剧作需要得到国王路易十六的批准，国王阅读手稿之后非常生气，他说："这样的戏剧会引发革命。这个藐视一切的角色必须对统治表达出敬意。"在巨大的压力下，他只能同意在凡尔赛的一个剧场里私下演出。贵族观众都很喜欢这出戏，国王只能允许其继续演出，但他指示审查员把剧本拿过来，在公之于众之前修改其中他认为最糟糕的段落。

为了避免这样的事发生，博马舍建立了由学者、知识分子、朝臣和高官组成的审判法庭，一起研究这部戏剧。一位参会人写道："博马舍先生宣布，他将完全服从在场所有先生们，甚至女士们的所有删减和修改意见……每个人都想往里面加东西……德-布勒特伊先生建议加一段俏皮话，博马舍接受并表示感谢……'它挽救了第四幕剧。'德-马提翁夫人为其中一页的缎带颜色提出了建议。这一颜色最终获得采用并成为一种时尚。"

博马舍确实是非常聪明的人。哪怕是最细小的改动他也全盘接受，极大地奉承了对方的自尊心和才智。当然，国王路易的审查员要求进行更大的改动，博马舍没有再松口。那时他已经赢得了自己审判法庭成员的好感，他们全都站出来激烈地为他辩护，路易不得不退让。在不太重要的问题上退让有助于降低人的防卫心，因此带来更大的自由度，使他们向着你所希望的方向发展，在更重要的问题上向你让步。

善良。在日常考虑问题的时候，我们总认为自己的行为是符合道德标准的。如果是公司的员工，我们一定是最好的团队成员。如果是老板，我们一定是善待员工的，给予了他们很好的报酬和支持。我们一定在做正确的事业。一般来说，人不喜欢把自己看成自私、狭隘、只专注于自己事情的人。同样，我们也希望别人是这样看待我们的。看看社交媒体，大家是怎样表达自己对好事的支持态度的。很少有人匿名捐款给慈善机构，大家都希望自己的名字被大声宣扬出来。

对于这样圣人般的自我认知，你绝不能表达出怀疑。为了利用好这样的特质，你可以将需要对方做的事放置在一项更伟大的事业之中。他们不仅仅是在买衣服，而是在保护环境或支持当地就业。在做出这类举动的时候，人们会对自己有更高的评价。要注意不让他人察觉到。如果你要为某项工作招募新人，让他人来广为宣传，把工作变成符合社会期待且受欢迎的模样。要让人愿意主动加入进来，而不是恳求他们。要特别注意自己的用语和标签。比如说，称某人为团队成员就比称其为雇员要好。

为了放低姿态，你可以犯一些无伤大雅的错误，甚至可以用比较明显的方式冒犯对方，再祈求对方的谅解。通过这样的请求，把对方推到了道德高位上，人们都喜欢这样的位置。此时，他们会更容易受到暗示的影响。

最后，如果你需要他人的帮助，不要提醒对方你过去为他们做了什么以期激发出他们的感激之情。人很少有感恩之心，它往往会提醒我们自己的无助以及对他人的依赖。我们喜欢独立的感觉。相反，你可以提醒对方过去做了哪些帮助自己的事。这会帮助他们证实自我。“是的，我是个慷慨的人。”一旦激活了这样的念头，人就会想要继续保持这种形象，再做一件好事。突然宽恕自己的敌人并与之建立起和睦的关系也会产生类似的效果。在这样的情绪波动中，他们会感到自己不能辜负当下你对他们的高度评价，会产生证明自己价值的特殊动力。

缓解对方的不安全感。每个人都有自己特殊的不安全感，在意自己的长相、创造力、阳刚之气、权力地位、独特性、受欢迎程度等。你需要做的是通过引导对话来了解这种不安全感。

一旦你确定了不安的种类，首先要非常小心，不要触发它们。人都有敏感的触角，会感知到他人表现出的一切关于自己外貌、人气或其他不安全感的质疑言语或肢体语言。要意识到这一点并保持警觉。其次，最好的办法是赞扬和恭维最令对方感到不安的点。即便在某种程度上，我们看穿了对方的赞美意图，但还是掩盖不住对此的渴望。毕竟我们生活的世界很艰难，总是不断接受着批判，昨天的胜利很快就会被今天的失败抹平。我们从未感受到真正的安全。如果对方奉承得好，我们只会觉得对方喜欢我们，而人往往都会喜爱喜欢自己的人。

想要恭维得好是有方法的。如果我知道自己篮球打得特别差，那么所有称赞球技的话都是假的。但如果我对自己的技术没有把握，心里想着自己也许没那么糟糕，那么此时任何恭维都会收到奇效。要找到对方没有把握的点并加以肯定。切斯特菲尔德勋爵在信（后于一七七四年出版）中建议儿子："黎塞留枢机主教无疑是他那个时代最杰出的政治家……也有一份成为当世最杰出诗人的虚荣心：他对伟大的高乃依十分仰慕。因此，那些善于奉承的人很少会赞美他处理国家事务的能力，或者只是随口一提，因为这是实实在在的事。真正能让他受用的赞美只有夸奖他是一位诗人。"

如果你的目标是强悍的马基雅维利式人物，他可能会对自己的道德品行感到不安。如果恭维他们手腕灵活可能会适得其反，但也不能直接赞美他们拥有善良的品质，因为他们太了解自己了。相反，你可以讲自己怎样从他们的建议中获益良多，讲他们的批评如何帮助你有所改进，这些可以迎合他们的自我评价——强硬且公正，在粗暴的外表下有一颗善良的心。

要赞扬他人所付出的努力，而不是他与生俱来的天赋。赞美天赋总带有一丝轻微的贬低色彩，仿佛对方生来就有好运。每个人都希望通过努力获得成绩，这才是赞美需要瞄准的对象。

对于和自己地位平等的人，往往有更多奉承的空间。但对于上级，最好的办法是接受他们的意见，验证他们的智慧。直接奉承会显得意图太过明显。

永远不要在奉承之后立刻提出请求或是说出自己想要的东西。奉承是一个"陷阱"，需要一些时间。在最初的一两次接触中，不要显出刻意讨好的样子。最好表现出一点点冷淡的感觉，这会给你带来回旋的余地。几天之后，你逐渐喜欢上这个人，针对对方的不安全感说几句奉承话，对方的防备心便会融化。可能的话，让第三方转达你的赞美之词，就好像他们只是无意中听到一样。赞美不要过度，也不要使用过于绝对的说法。

还有一个巧妙的方法是，在评价对方成绩的时候掺入一点儿小小的批评，这样既不会诱发对方的不安全感，又能够让你的赞美显得足够真实，比如："我喜欢你的剧本，尽管我觉得第二幕还需要再完善一下。"不要说："你的新书比上一本写得好得多。"如果别人问起你对他们工作、性格或长相之类的看法，一定要非常小心。他们想要的不是真相，而是尽可能真诚的支持和肯定。要主动为他们提供这样的支持。

要尽可能显得真诚。如果可以选择，最好选择你真正欣赏的品质来赞美。在任何情况下，给人留下印象的都是非语言信号，比如赞美的时候肢体僵硬、挂着假笑或眼睛瞟向别的地方。感受自己表达的美好情绪，这样即便夸张也不会显得很突兀。要记住的是，赞美的目标一定要有相对高一些的自我评价。如果对方的自我评价比较低，奉承的话与他们的自我感觉会有较大的差距，因此会显得非常空洞，但对那些自我评价比较高的人来说，这样的赞美就会显得非常自然。

利用人的抵抗和顽固特质。有些人对任何形式的影响都特别抗拒。他们往往有较深的不安全感和较低的自我评价。它可能会表现为一种反叛精神。这种类型的人觉得自己好像在和全世界对抗。他们必须不惜一切代价坚守住自己的信念，抵制任何形式的改变。他们会做出与他人建议相反的事。即便会就某一问题或症状向他人寻求建议，却能发掘出几十个理由证明对方给出的建议对自己不起作用。最好的应对方法是和这类人玩心理柔道游戏。在柔道中，你不会自己出力抗击对方，而是引诱对方动用攻击性力量（抵抗）从而把自己绊倒。在日常生活中，有一些可以付诸实践的方法。

利用他们的情绪。在《改变》一书中，身为心理学家的几位作者（保罗·瓦茨拉维克、约翰·威克兰德和理查德·菲什）讨论了一个叛逆少年的案例，他由于贩毒而被学校停课。虽然他依然可以在家完成作业，但被禁止在校园内活动。这让他的贩毒交易受了很大影响。于是这个男孩燃起了复仇之心。

他的母亲向心理学家进行咨询，对方告诉她要做以下几件事：跟儿子说校长认为只有亲自到校上课才能学得好。在校长看来，不让他上课就是要放任他成绩滑坡。如果他能在家学得比在学校还好，会让校长感到很丢脸。但最好还是不要学得太用功，最好证明校长是正确的，这样才能获得他的好感。当然，这套说辞完全是为了刺激儿子的情绪。此时，他只想让校长丢脸，于是在学习中投入大量的精力，这当然是心理学家的唯一目的。从本质上讲，这个方法不是要与对方激烈的情绪对抗，而是与之一起行动，找到办法将其引向正确的方向。

利用他们的语言。心理学家米尔顿·艾瑞克森（参见第三章）描述了一个自己经手的案例。一位丈夫向他寻求建议，不过他似乎心意已决。他和妻子都来自非常虔诚的家庭，结婚主要是为了让双方的父母高兴。夫妻二人都是很虔诚的人。但他们的蜜月就是一场灾难。二人的性生活非常不和谐，感觉根本没有爱。丈夫认为双方都没有错，他们应当“友好地离婚”。艾瑞克森对他的观点表示同意，并且提出了如何实现这种“友好离婚”的各种建议。他指导对方在酒店预订一个房间，在这里度过离婚前的最后一个“友好”之夜。他们还要喝最后一杯“友好”的香槟酒，最后一次“友好”地接吻，等等。这些指导确保了妻子受到丈夫的诱惑。正如艾瑞克森希望的那样，丈夫遵循了他的建议，夫妇二人度过了一个激动人心的夜晚，他们愉快地决定保持这段婚姻。

艾瑞克森凭直觉认为，丈夫并不是真的想离婚，只是二人的宗教背景让他感到束手束脚。他们都对自己身体的欲望感到深深的不安，又拒绝任何形式的改变。艾瑞克森同样使用了丈夫的语言，顺从了他对离婚的渴望，但他找到了另一种方法，将注意力引向了其他地方。当你用对方的语言进行回应的时候，会产生催眠一样的效果。你的建议使用的是对方的语言，那么他们怎么可能不听呢？

利用他们的僵化思想。一家当铺老板的儿子带着问题前来请教十八世纪伟大的禅宗大师白隐：他想让父亲修行，但父亲总是假装在忙着记账，从来没有时间诵经祈祷。白隐了解这个当铺老板，他是个不折不扣的守财奴，他只是以记账为借口逃避修行，认为这是浪费时间。于是白隐让男孩转告父亲，他本人每天都会向男孩的父亲购买祈祷和诵经。这是一笔彻头彻尾的买卖。

当然，当铺老板对这笔买卖很满意，既能让自己的儿子闭嘴，又能在这个过程中赚钱。他每天都会给白隐开一张账单，而白隐也会支付报酬。但到了第七天，他没有出现。他沉浸在了诵经之中，完全忘了计算次数。又过了几天，他向白隐坦言自己已经完全投入到诵经之中，感觉非常好，不再需要报酬了。不久后，他就成了白隐寺庙中一个相当慷慨的施主。

人们之所以会固执地反对某件事，可能是对变化的不确定性感到深深的恐惧。这类人必须感到一切尽在自己的掌控之中。如果你试着建议他们做出改变，就会落入对方的圈套，给了对方可以对抗的东西，证明其僵化是合理的。他们会变得更加固执。不要和这样的人发生争执，可以利用这种僵化行为实行温和的改变，这样反而会有更好的效果。他们可以自己发现一些新鲜的东西（比如佛教祈祷的力量），有进一步的变化，这些都是由你的柔道方法决定的。

要记住以下几点：人们一般不会按照别人的要求做事，因为每个人都想维护自己的意志。如果你衷心表达出对反叛的赞同，告诉他们应当继续坚持下去，那就意味着如果他们真的坚持下去，就是在听从你的建议，这会让他们感到厌恶。他们很可能会再次反叛，朝着相反的方向坚守自己的意志，这也是你想要达到的目的——逆向心理学的本质。

灵活的心态：自我调整策略

如果对方纯粹因为固执而抵抗你的一番好意，你会感到沮丧，但你同样忽略了一个问题：你自己的固执是如何影响和限制创造力的。

在孩童时期，人的思维相当灵活。孩子的学习速度远超成年人。我们可以把这种能力归结于弱势和脆弱感。和那些年长的人相比，我们感到自卑，因此有很强的学习动力。我们对新事物充满了好奇与渴望。对父母、同龄人和老师施加的影响持有开放的态度。

在青春期，很多人都有过受到某本伟大著作或某位作家深刻影响的经历。我们被书中新奇的想法迷住了，由于对外界影响力持有开放的态度，这些早期涉猎的动人心魄的观点深深刻在了我们的脑海中，成为思想的一部分，在此后的几十年中发挥着影响作用。这种影响丰富了我们的内心世界，事实上，我们的智慧水平取决于吸收更年长、更聪明的人的经验和想法的能力。

但是，正如身体随着年龄增长会萎缩一样，我们的心灵也是如此。正如当初的弱势和脆弱感激发了人对学习的渴望，随着优越感不断累积，我们会慢慢地与新思想隔离开来。有些人说我们身处的现代世界让人变得疑虑重重，但实际上，更危险的是随着年龄的增长，个人的思想会日益封闭，而这一点似乎也在影响着我们的文化。

我们把理想的心理状态定义为：既保留了年轻人的灵活性，又有成年人的推理能力。这样的心态对他人的影响是开放的。就像你使用策略来软化对方的抵触情绪一样，也要对自己做同样的事，努力软化自己僵化的心理模式。

为了达到这样的理想状态，我们首先要采纳苏格拉底的关键哲学原则。苏格拉底最早有个叫凯勒丰的年轻追随者。他看到雅典有很多人并不像自己这般崇敬苏格拉底，不免感到沮丧，于是他询问德尔菲神谕：“在整个雅典，有没有人比苏格拉底更聪明呢？”神谕回答没有。

凯勒丰觉得自己对苏格拉底的崇拜得到了印证，急忙把这个好消息告诉了他的老师。但是苏格拉底是个谦虚的人，听到这个消息之后他一点儿也没有高兴，还决心证明神谕是错的。他拜访了很多人，每个人在自己专精的领域——政治、艺术、商业中都很有名气，苏格拉底提出了很多问题。只要是自己领域内的知识，他们都显得相当聪明。但对于自己一无所知的知识，他们也会大谈特谈。只不过他们所说的都是口耳相传的传统知识，自己并没有仔细思考过这些想法是对还是错。

最后，苏格拉底不得不承认神谕是准确的，他之所以比其他人更聪明，是因为他意识到了自己的无知。他一次又一次地审视自己的想法，在其中寻找不足之处和幼稚的情绪。他的人生格言变成了“未经审视的生活是不值得过的”。苏格拉底的魅力让雅典的年轻人如此着迷，是因为他的思想高度开放。从本质上讲，苏格拉底自认处于无知儿童般的弱者地位，所以总在问他人问题。

可以这样试想，我们都对十七世纪大多数人持有的迷信和非理性思想嗤之以鼻，但二十五世纪的人又会如何嘲笑我们呢？尽管科学在不断进步，人对世界的理解总是有限的。我们的想法受制于父母、文化和所处的历史时期所灌输的偏见。同时，思想还会日益僵化。如果能对自己所知的东西多一点儿谦逊，会使我们对更广阔的思想燃起更多的好奇心和兴趣。

在面对自己固有的想法和观念时，将它们看作手中的玩具积木。有些会保留下来，有些会推倒，你的思维仍然是灵活的、有趣的。

若想更进一步，你可以采用尼采的方法：“无论谁想真正了解一件新事物（不管是一个人、一件事，还是一本书），都需要用全部可能的爱来接纳它，尽可能忽视、忘记它的所有不友好、令人反感或虚假的部分。比如，我们会给予某本书的作者最大的起跑优势，接下来就像观看赛跑一样，心情忐忑地盼望他能到达终点。通过这么做，我们得以深入新事物的内核，进入它的动力中心，而这正是了解一件事物的内涵所在。一旦到达那个阶段，理智就会设定它的限度。过高的评价和批判机制的偶尔失衡，都是将事物的灵魂引诱到开阔地的手段。”[1]

即便是与自身想法相抵触的内容中，也常常包含真实的东西，它们代表着“事物的灵魂”。以这种方式放开自己去接受新事物，养成一种心理习惯，能够让你更好地理解事物，甚至提出正确的批评。有些时候，“灵魂”也会对你有所触动，在这个过程中丰富你的内心世界。

偶尔突破自身最深层次的规则和限制也是一件好事。十四世纪伟大的禅宗大师拔队得胜在寺庙门口张贴了僧侣必须遵守的三十三条戒律，不遵守的会被扫地出门。戒律中有多条涉及饮酒，这是严格禁止的事。为了让那些死脑筋的僧人警醒一点儿，一天晚上他在谈话前喝了个酩酊大醉。他既没有道歉，也没有重复类似的举动，但想表达的意思很简单：这些戒律只是准则，为了彰显自己的自由，

1　译文摘自弗里德里希·尼采所著的《与孤独为伍》，孙若颖译。

我们需要时不时地违反它们。

最后，在触及自我评价的时候，可以试着和它保持一些距离，让自己意识到它的存在以及它是如何在你体内运作的。要接受这样一个事实：你并没有自己想象中那样自由自主。你的观念会符合所属群体的观念；你会因为受到潜意识的影响而购买某件产品；你还可能会被人操控。同时也要意识到，自己并不像心中那个理想化的形象一样美好。和所有人一样，你也会陷入自恋情绪，沉迷于自己的事情里。有了这样的意识，你就不需要得到别人的肯定。相反，你会更努力地使自己真正独立，关心他人的幸福，不再停留在自己的幻想之中。

> 对别人施加影响的感觉真是迷人，简直无与伦比。把自己的灵魂投射到某种高雅的东西中并让它在那里稍做停留；听到自己理性的见解与激情和青春的音乐相呼应；把自己的气质当成某种微妙的流体或奇异的香气，灌注进别人心里；这些都能给人以真正的快乐，在我们这个局促又庸俗的时代，在这个耽于享乐且不思进取的时代，也许这就是最令人心满意足的快乐。
>
> ——奥斯卡·王尔德《道林·格雷的画像》

第八章

转变态度，改变环境：自毁法则

每个人都有看待世界、解读事件和周围人行为的特殊方式。这就是一个人的态度，它决定了生活中的很多事。如果我们底层的态度是恐惧，在周围环境中就只会看到负面的东西。我们会阻止自己抓住机会。我们会将错误归咎于旁人，无法有所长进。如果底层的态度是敌意和怀疑，对方会感知到这种情绪。在无意之中，我们创造了最糟糕的环境，破坏了事业发展和人际关系。但是，人的态度是可以改变的。让态度变得更加积极、开放、宽容，可以激发不同的动力，促使我们在逆境中学习，从无到有地创造机会，将他人吸引到我们身边。我们需要探索自己意志力的极限，看看它能带我们走多远。

终极自由

著名作家安东·契诃夫小时候，每天早晨都会生出一种恐惧感：今天究竟会被父亲殴打，还是能以某种方式幸免于难？他的父亲帕维尔·叶戈罗维奇会在毫无征兆的情况下狠狠打他几次，有时是用手杖，有时是用鞭子或手背。让人备感困惑的是，他的父亲并非出于任何明显的恶意或愤怒而殴打他。他告诉安东，这样做是出于爱。打孩子是上帝的旨意，是为了教会孩子谦逊。这就是他本人的成长经历，如今他变成了一个优秀的人。挨打之后，小安东还必须亲吻父亲的手祈求宽恕。在这场折磨中，他并不是孤单的，四个兄弟和一个妹妹都受到了同样的对待。

殴打并不是他唯一害怕的事。到了下午，他听到父亲在破旧的木屋外来回走动的脚步声，就会害怕得发抖。更多时候，他在这个时间回家是为了让孩子替他去俄国塔甘罗格这个偏远小镇上的杂货店工作，他是这家小店的老板，全家都住在这里。一年的大部分时间，这家店都冷得让人无法忍受。安东在看店的时候会试着写作业，但手指很快会僵掉，笔筒里的墨水也会被冻住。在这家散发着馊肉味的乱七八糟的小店里，满耳充斥的都是在此处工作的乌克兰农民的荤段子，满眼都是徘徊在这里喝伏特加的醉汉的淫秽行为。在这一切的干扰下，他必须把每分钱都算清楚，否则就要面临父亲的一顿毒打。如果父亲在其他地方喝得酩酊大醉，他就要在这里待上好几个小时。

他的母亲会试图进行干预。她是个温柔的人，根本不是丈夫的对手。她说，孩子还太小了，不适合工作。孩子需要时间学习，坐在冰冷的商店里会毁了他的身体。父亲会反驳说，安东天生懒惰，只有努力工作才能成为受人尊敬的公民。

父亲没有给孩子任何喘息的机会。到了星期日商店关门的那一天，他会在凌晨四五点钟叫醒孩子们，为唱诗班排练歌曲，他是唱诗班的负责人。唱完回家后，他们还要再重复一次，一个仪式接着另一个仪式，再回来参加正午的弥撒。等到结束的时候，他们已经都累得不行了。

如果有时间，安东会在镇上闲逛。对孩子来说，塔甘罗格的环境很恶劣。几乎所有的房子正面都破损烂掉，摇摇欲坠，仿佛它们已经成了古老的废墟。路没有铺过，当雪融化的时候，到处都是泥浆，巨大的坑洞可以把一个孩子吞下去。街上没有路灯。囚犯的任务是找到街上的流浪狗并把它们打死。唯一安静安全的地方是墓地，安东经常会去那里。

在游荡的时候，他会思考自己和这个世界。自己是否真的一无是处，以至于父亲每天都要殴打自己呢？也许吧，但父亲本人就是活生生的矛盾体——他懒惰、酗酒，尽管对宗教很狂热，但对顾客一点儿也不诚实。塔甘罗格的居民同样荒唐而虚伪。他会在墓地观察他们，虽然大家在葬礼上表现得都很虔诚，但彼此又会窃窃私语，讨论稍后会在寡妇家里吃到的美味蛋糕，好像这才是他们出现在这里的原因。

面对无尽的痛苦和无聊，他唯一的办法就是笑对一切。他成了家里的小丑，模仿塔甘罗格的各色人物，编造关于他们私生活的故事。有时候这种幽默显得咄咄逼人。他会对邻居家的孩子做出残忍的恶作剧。母亲把他送到市场上，他却常去折磨那些用麻袋装着的活鸡活鸭。他变得相当顽皮，而且非常懒惰。

一八七五年，契诃夫家族发生了巨大的改变。安东的两个哥哥亚历山大和尼古拉受够了自己的父亲。他们决定搬到莫斯科去，亚历山大去攻读大学学位，尼古拉想成为一名艺术家。这种对权威的蔑视激怒了父亲，但他无力阻止他们。大约也是在这时，帕维尔·叶戈罗维奇要面对杂货店管理失误的结果，多年来堆积的债务现在要到期了。在破产和将被债主抓走关起来的困境下，他在一个夜晚偷偷溜出小镇，没有告诉自己的妻子，只身逃往莫斯科，打算和儿子们一起生活。

母亲卖掉家中的财物来抵债。一个租客提出可以帮助母亲和债主打官司，但令人没有想到的是，他利用自己和法庭的关系将契诃夫夫妇的房子骗走了。身无分文的母亲只能带着剩下的孩子去莫斯科。只有安东留下来完成自己的学业，等着拿到文凭。他的任务是卖掉剩余的所有家庭财物，尽快把钱送到莫斯科。曾经的租客变成了房主，他给了安东一个房间的角落来住，于是在十六岁的时候，安东既没有钱，也没有家人照顾，滞留在塔甘罗格自生自灭。

安东此前从未真正孤独过。无论好坏，家庭是他生活的全部。现在生活仿佛被掀了个底朝天。没有人可以帮助他。他把被困在塔甘罗格的悲惨命运归咎于父亲。前一天的愤怒和痛苦，第二天就变成了沮丧。很快他就发现，自己没有时间去理会这些情绪。他既没有钱也没有资源，但还是得活下去。他尽可能多找了一些家教的主顾。如果他们去度假，他常常会挨饿好几天。他仅有的一件外套破烂不堪，也没有长筒靴来应付大雨。当他走进别人家的时候浑身发抖，脚都湿了，感到很羞愧。但至少他现在有能力养活自己。

他决定成为一名医生。他有科学的思维框架，而且医生又有很高的收入。为了进入医学院，他必须更加努力地学习。他常去镇上的图书馆，那是唯一可以安静学习的地方，他开始阅读文学和哲学书籍，很快就感到自己的思想可以在塔甘罗格之外翱翔。有了书，他不再觉得自己很困窘。到了晚上，他回到自己的角落写故事、睡觉。他没有隐私，但依然保持着这一角的整洁，不受周围混乱状态的影响。

他终于安定了下来，新的想法和情绪涌上心头。他不再害怕工作，他喜欢把心思放在学习上，家教的工作让他感到自豪且有尊严，能让他自力更生。他的家人来信了——亚历山大咆哮着抱怨父亲让每个人都很痛苦；家里最小的儿子米哈伊尔觉得自己毫无价值、情绪低落。安东给亚历山大回信：不要再纠结于父亲，要照顾好自己。他给米哈伊尔写道："为什么你要说自己是'毫无价值、微不足道的小兄弟'？你知道哪里才会让你意识到自己是无价值的吗？也许只有在上帝面前……但绝不是在人面前。在人群中，你应当意识到自己的价值。"对于信里这样的新语气，安东自己也感到很惊讶。

在被遗弃几个月后的一天，他在塔甘罗格的街上徘徊，突然从内心深处涌出一股对父母巨大的、压倒性的同情和爱。这感觉从何而来？他以前从未有过这种感觉。在此前的几天里，他一直在认真思考自己的父亲。他真的应该为所有的问题负责吗？帕维尔的父亲叶戈·米哈伊洛维奇生来就是农奴，这是一种契约式的奴隶制形式。契诃夫家几代人都是农奴。叶戈终于赎回了自由身，他把三个儿子安排在了不同的领域，帕维尔是家里的商人。但他没办法应付这些事。他有一种艺术气质，本可以成为一个有天赋的画家或音乐家。他对自己的一间杂货铺和六个孩子的命运感到痛苦。他的父亲殴打他，所以他也殴打自己的孩子。虽然已经不再是农奴，但帕维尔仍然向每一个地方官员和地主鞠躬，亲吻他们的手。他在内心仍然是一个农奴。

安东可以看出来，自己和兄弟姐妹都陷入了同样的心理模式——痛苦，暗暗觉得自己一无是处，只想把一腔怒火发泄在别人身上。现在他独自生活，渴望获得最真实意义上的自由。他想要摆脱过去，摆脱自己的父亲。在此时此刻，在他走在塔甘罗格街道上的时候，他从这些新想法和新情绪中获得了答案。他要理解父亲，甚至是接受并爱他。父亲不是强硬的暴君，只是个很无助的老人。拉开一些距离后，他能生出怜悯之情，原谅那些曾经挨过的打。他不会陷入被父亲激发的负面情绪中，也终于可以重新审视自己善良的母亲，不去责怪她软弱。随着头脑中的怨恨和对失去童年的怨气清空，他仿佛突然卸下了一个沉重的包袱。

他向自己发誓：不再向人鞠躬道歉，不再抱怨和指责，不再把生活过得乱七八糟，不再浪费时间。一切的答案就是工作和爱，工作和爱。他必须把这件事告诉自己的家人，并且拯救他们，他要通过自己的故事和戏剧与人类分享它。

一八七九年，安东终于搬到了莫斯科与家人团聚并进入医学院学习，而这里的一切让他感到绝望。契诃夫一家和几个租客都挤在红灯区中心一个公寓的地下室里。房间里没有通风设备，也几乎没有光线。最糟糕的是大家的士气。母亲被金钱和对持续的地下生活的焦虑打倒了。父亲酗酒更厉害，只做一些零工，状态大不如当初做小店老板的时候。他还在殴打孩子。

安东的弟弟妹妹辍学了（家里负担不起），感觉自己一无是处。尤其是米哈伊尔，他比以往显得更加消沉。亚历山大在一家杂志社工作，但他觉得自己理应得到更好的待遇，于是开始酗酒。他把自己的问题归咎于父亲，正是因为他跟着自己到了莫斯科，持续纠缠自己，才变成了这样。艺术家尼古拉总是睡得很晚，工作不稳定，大部分时间都在当地的酒馆里。整个家庭以惊人的速度坠落，他们居住的地方让情况变得更糟。

父亲和亚历山大最近搬了出去。安东决定反其道而行之，搬进这个狭窄的房间，他要成为改变的催化剂。他不会说教或批评，而是要树立一个正确的榜样。重要的是让这个家庭团结起来，让他们打起精神。他对不知所措的母亲和妹妹说，自己会负责家务。看到安东打扫卫生熨烫衣服，兄弟们也同意分担这些工作。他从自己的医学院奖学金中节衣缩食，又从父亲和亚历山大那里拿到了一些钱。有了这些钱，他把米哈伊尔、伊万和玛丽亚送回学校。他想办法为父亲找到了一份更好的工作。他用父亲的钱和自己的积蓄，把家搬到了一个更大的、能看到外面样子的公寓里。

他努力改善着生活的各个方面。他让兄弟姐妹阅读他选出来的书籍，到了晚上，他们会就科学和哲学的最新发现展开讨论。慢慢地，他们在更深的层次上连接了起来，他们开始称他为安托沙老爹，是家庭的领导者。这与首次重聚时自怨自艾的样子已经大不一样了。现在两个弟弟都兴奋地谈论着他们未来的事业。

安东最大的工程是让亚历山大有所转变，他认为亚历山大是家里最有天赋但又最麻烦的成员。有一次，亚历山大喝得酩酊大醉回到家里，侮辱母亲和妹妹，威胁要打安东的脸。家人对这些谩骂已经习以为常，但安东不会容忍这种情况。第二天，他告诉亚历山大，如果他再对家庭成员大喊大叫，就把他锁在外面，不认这个兄弟。他必须尊重自己的母亲和妹妹，不能把责任归咎于酗酒和玩女人的父亲。他必须活得有尊严，要穿好衣服，照顾好自己。这是这个新家的行为准则。

亚历山大道了歉，行为也有所改善，但这是一场持续的斗争，需要安东付出所有的耐心和爱，毕竟契诃夫家族身上有着根深蒂固的自我毁灭倾向。这导致了尼古拉酗酒早逝，如果不加干预，亚历山大也容易走上同样的道路。慢慢地，安东让他戒了酒，帮助他的新闻事业走上正轨，亚历山大最终过上了宁静满足的生活。

一八八四年，安东开始吐血，对他来说，这显然是肺结核的初步征兆。但他拒绝接受其他医生同事的检查。他宁愿自己不知道，继续写作行医，不去想未来的事。但随着戏剧和短篇小说越来越出名，他开始体验到一种新的不适感，那就是其他作家对他的嫉妒和琐碎的批评。他们形成了不同的政治团体，无休止地相互攻击，其中也包括安东本人，他拒绝与任何革命事业结盟。这一切让安东对文学越来越失望。他在塔甘罗格燃起的激情正在消散。他变得郁郁寡欢，并且考虑完全放弃写作。

到了一八八九年年底，他想到了一个办法，让自己从日益消沉的状态中解脱出来。他从在塔甘罗格时起，就对社会上最贫穷、最卑微的人感兴趣。他喜欢深入到小偷和骗子的内心去写他们。俄国最卑微的阶层是囚犯，他们的生活条件极其恶劣。最臭名昭著的监狱位于日本北部的萨哈林岛。岛上有五块刑事殖民地，住着几十万囚犯及其家人。它就像一个影子国家，俄国人根本不知道岛上发生了什么。这可能是解决他目前痛苦的答案。他打算穿过西伯利亚前往该岛。他要采访最恶劣的罪犯，将那里的一切详细记录成书。这样可以远离那自命不凡的文学圈子，和最真实的东西联系起来，找回在塔甘罗格燃起的激情。

朋友和家人都试图劝阻他。他的身体状况越来越差，这一趟旅程可能会要了他的命。但他们越是劝阻，他就越是觉得这是拯救自己的唯一途径。

经过三个月的旅程，他终于在一八九〇年七月抵达该岛，随后立刻沉浸在这个新世界里。他的工作是尽可能地采访每个囚犯，包括最凶残的杀人犯。他要观察这些人生活的各个方面，目睹最残酷的刑罚，跟随他们进入当地的矿场工作，看着他们被锁在手推车上。即便是服刑期满的囚犯也不得不留在岛上的劳改营中，萨哈林岛上到处都是等着和劳改营中的丈夫团聚的妻子。这些妻子和女儿为了活命会选择卖淫。这里的一切都在贬损人的精神，耗尽他们的最后一丝尊严。这让他想起了自己的家，但这里的规模更大。

这可能是他见过的最底层的地狱，对他产生了深深的影响。他现在很想回到莫斯科，写下他看到的一切。他的平衡感恢复了。他终于把那些压在自己身上的琐碎想法和担忧甩掉了。现在他可以跳出自己的圈子，再次感受到慈悲之心。《萨哈林岛》一书引起了公众的关注，引发了对岛上生活环境的实质性改革。

一八九七年，他的健康状况恶化，经常咳血。他再也无法掩饰结核病了。诊疗医生建议他放弃所有工作，永远离开莫斯科。他需要休息，也许住在疗养院里可以延长几年寿命。但安东不愿意这样做。他要若无其事地继续生活。

围绕着契诃夫开始形成狂热的崇拜气氛，其中包括年轻的艺术家以及喜爱他戏剧的崇拜者，这些使他成为俄国最著名的作家之一。大批人前来探望，尽管他显然生着病，但他散发出来的平静气息让所有人深感惊讶。这一切是从何而来的？他生来就是这样的吗？他似乎将自己完全融入了来访人的故事和问题中。没有人听他说过自己的病。

一九〇四年冬天，随着病情的恶化，他突然有了到乡下乘坐敞篷雪橇的愿望。听雪橇的铃声，呼吸寒冷的空气，一直是最大的一项乐趣，他需要再感受一次。

对此他情绪高涨，不再关心后果，这是很可怕的。几个月后，他去世了。

解析：从母亲离开，自己在塔甘罗格独自生活的那一刻起，年轻的安东·契诃夫就感到自己被困住了，仿佛被扔进了监狱。他被迫在学习之余尽可能地多找工作。此时他困在这绝望沉闷的落后地区无人可依，住在一个小房间的角落里。在为数不多的空闲时间里，命运和错失童年的痛苦不断啃噬着他。但随着时间的推移，有个非常奇怪的现象，他发现自己很喜欢所做的家教工作，虽然报酬很低，而且需要不断地在镇上奔波。他的父亲一直说他很懒，他也是这样相信的，但现在不那么肯定了。每天都有新挑战，要找到更多的工作，把食物带回家里。他在这一点上是成功的，不需要做挨打的可怜虫。此外，工作也让他走出自己的局限，让思想沉浸在学生的问题中。

读书将他从塔甘罗格抽离出来，为他注入了许多有趣的想法，这些想法会在他脑海里徘徊好几天。塔甘罗格本身也没那么糟糕了。每家商店、每间房子都有最古怪的人，为他提供了无尽的故事素材。而房间的那个角落，便是他的王国。他不仅不再感到困顿，甚至感到解放了。是什么发生了变化呢？当然不是周围的环境，不是塔甘罗格，也不是房间的那一角。变化的是态度，他对新事物和可能性敞开胸怀。一旦有了这样的感受，人就会再往前走。阻碍他获得自由的最大障碍是他的父亲。无论怎么努力，他似乎都无法摆脱深深的苦楚。仿佛他仍能感觉到父亲的殴打，听到无休止的尖锐批评。

最后，他只能试着去分析自己的父亲，把他当成故事中的一个人物。他想起了父亲的父亲以及世世代代的契诃夫们。父亲性格反复无常，又拥有狂野的想象力，他可以理解这种被环境所困的感受，以及他为什么转向酗酒和家暴。他也很无助，与其说是压迫者，不如说他是受害者。对父亲的理解成了他对父母无条件之爱的基础。新的情绪袭来，他终于完全从怨恨和愤怒中解放了。过去的负面情绪终于从他身上消失了。此时他的思想完全开放。这种感觉非常令人振奋，他必须与兄弟姐妹们分享，让他们也获得自由。

契诃夫能做到这一点，源于他在非常年轻的时候就要独自面对危机。大约十三年后，他又经历了一次这样的危机，为圈内作家的诸多琐事所困扰。他的解决办法是再次回到塔甘罗格那样的地方，但这次是他要抛弃所有人，强迫自己回到孤独和脆弱中去。通过这种方式，他重新体验到了在塔甘罗格体会到的自由与同情之心。肺结核病的判决是他最后的危机。他要全力以赴地生活，放下对死亡的恐惧以及对生命缩短而产生的痛苦。这种终极的自由赋予了他一种光芒，此时与他相见的人都能感受得到。

理解： 安东·契诃夫的故事实际上是我们每个人都要面对的生活范本。我们都带着幼年时期受到的创伤和疼痛。在社会生活中，随着年龄的增长，越来越多的失望和侮辱感不断累积。我们也常常被一种无价值感所困，觉得自己配不上生活中的美好事物。我们都有对自己产生巨大怀疑的时候。这样的情绪会引发强迫性的想法，支配我们的思想。为了管理这样的焦虑和失望感，我们不再去体验新事物。这样的感受会让我们转向酒精或类似的东西来自我麻痹。在不知不觉中，我们对待生活的态度变得消极且恐惧。这变成了一座自我封闭的监狱。但它并非必要的。契诃夫感受到的自由源于自主选择，他改变了看待世界的方式，这是一种态度上的转变。我们每个人都可以走这样一条路。

这种自由本质上基于一种悲悯之心，既是对自己也是对他人的悲悯。通过接受、理解，甚至爱对方，我们可以把思想从强迫性和琐碎的情绪中解放出来。不必再对人们一切的行为和言论做出反应。我们可以拉开一定距离，让自己不再对所有的事耿耿于怀。内心空间释放出来后，可以用于更高层次的追求。如果对他人怀有悲悯之心，对方会被我们吸引并希望表现得与之相符。如果对自己怀有悲悯之心，便不再觉得必须点头哈腰，玩虚假的谦卑游戏，暗暗怨恨自己无法获得成功。我们通过工作和自身努力获得需要的东西，不去依赖他人，就可以站在高处，发挥作为人类的潜力。我们可以不再在周围制造负面情绪。一旦秉持这样的新态度，便可感受到振奋的力量，并且想要尽可能走得更远。

多年后，契诃夫在给朋友的信里总结了自己在塔甘罗格的经历，他以第三人称来指代自己。“写下这个年轻人如何从自己身上把奴隶的血一滴一滴挤出来，在一个美好的早晨，他醒来时发现自己血管里流淌的不再是奴隶的血，而是一个真正的人的血。”

> 我们这一代人最伟大的发现是，人类可以通过改变自己的心态来改变自己的生活。
>
> ——威廉·詹姆斯

人性的关键

人类喜欢想象自己对世界有客观的认知。我们想当然地认为，每天感知到的就是现实——这种现实对每个人来说都差不多。但这是一种幻觉。没有任何两个人会以相同的方式看待和体验世界。我们感知到的只是个人版本的现实，是自己创造出来的。认识这一点是我们理解人性的关键一步。

想象下面的情景。有个美国年轻人要在巴黎学习一年。他性格胆小又谨慎，容易产生抑郁和自卑的情绪，但他对这机会感到非常激动。等到了巴黎，他发现语言很难学习，自己犯的错误和巴黎人略带嘲讽的态度让他的学习更加艰难。他觉得这里的人一点儿都不友好。天气潮湿又阴沉。食物太油腻了。即使是巴黎圣母院也让人提不起兴趣，周围挤满了游客。当然他也有快乐的时候，但总的来说，他感到疏离且郁闷。于是他得出结论，巴黎是个被高估的、令人相当不愉快的地方。

现在想象在同样的场景下，出现了一个年轻的女人，她喜欢旅行，更有冒险精神。她不会因为说错法语而烦恼，也不会因为巴黎人偶尔的冷言冷语而郁闷。她认为学习语言是一件愉快且富有挑战的事。周围的人觉得她的活力很吸引人，因此她更容易交到朋友，随着和人接触增多，她的法语也越说越好。这里的天气很浪漫，和这里很相配。对她来说，这个城市代表着无尽的冒险，她觉得它很迷人。

在这个例子中，两个人对同一个城市产生了相反的看法。作为客观存在的现实，巴黎的天气既不积极也不消极。云只是从头顶飘过而已。巴黎人究竟友好不友好也是一种主观判断，取决于你遇到了什么人，以及他们和家乡的人相比如何。巴黎圣母院只是一堆石块组成的建筑。世界只是按照其本来面目存在的，既不好也不坏，没有对也没有错，不丑也不美。是我们自身的特殊视角为事物和人增减了色彩。我们既可以把注意力放在美丽的哥特式建筑上，也可以放在恼人的游客上。随着心态的不同，对方回应我们的方式也会有友好和不友好之分，这取决于自身情绪是焦虑还是开放。我们塑造了自己可以感知的大部分现实，这些都是由自身情绪和情感决定的。

理解：每个人都是以特定的视角看待世界的，视角为感知塑形着色。我们把这样的视角称为人的态度。伟大的瑞士心理学家卡尔·荣格对此有如下定义："态度是指心理准备好以某种方式行动或反应……有态度意味着对某一明确的事物做好了准备，即便对方是无意识的；有态度是对某一明确事物的先验取向。"

也就是说，在一天的过程中，大脑会对环境中成千上万的刺激做出反应。根据大脑回路和心理构成，某些刺激——比如天空中的云彩、人群——会产生更加强烈的反应。反应越强烈，注意力便会越集中。有些人会对其他人忽略的东西更加敏感。如果一个人不自觉地容易产生悲伤的感觉，那么无论出于什么原因，他都比常人更有可能捕捉到引起悲伤的线索。如果一个人生性多疑，便会对他人显示负面情绪的面部表情更加敏感并夸大自己感知到的东西。这就是“准备好以某种方式……反应”。

我们从未意识到这个过程，只是体验到了这些敏感处和大脑反应的后遗症；把它们综合起来就是人的总体情绪或情感基础，比如抑郁、敌意、不安、热情或冒险。虽然人经历了许多不同的情绪，但整体而言，我们看待和理解世界有一种特殊的方式，它是由一种或几种情绪混合主导的，比如敌意和怨恨的混合体。这就是人的态度。一般来说，具有抑郁态度的人也能感受到快乐的情绪，只是他们更倾向于体验悲伤，这种情绪在日常生活中更加常见。

荣格用例子进行了解释。想象一下，在远足的时候，前行必须跨过一条小溪。有个人没有多想，直接跳了过去，中间碰到了一两块石头，根本没有担心自己会摔倒。他喜欢这种纯粹的身体体验，不在乎是否失败。另一个人也很兴奋，但这种兴奋和身体体验无关，而是享受小溪带来的精神挑战。她会计算出最有效的渡河方法并从计算中获得满足感。还有一个人生性谨慎，会花更多时间去思考。他对过河并不感兴趣，而是被眼前的障碍激怒了，但还要继续向前走，只能尽最大努力安全地穿过去。第四个人则直接掉头了。她认为没有必要过河，她将自己的恐惧合理化，表示徒步的时间已经够长了。

溪水冲刷着岩石，但大家看到的不止于此。人的头脑不仅能感受到存在于此的事物，每个人对同一条小溪的看法和反应都不相同。这取决于他们特定的态度——比如冒险、恐惧。

人一生持有的态度来源于以下几部分：

首先，我们来到世界上就带有某些遗传倾向——敌意、贪婪、同情、善良。我们可以注意到这些差异，比如在契诃夫一家的例子中，面对父亲的身体虐待，孩子们做出了各自的反应。安东在很小的时候就表现出了嘲讽的态度，他嘲笑这个世界，以某种超然的态度看待事物。所以在独立生活后，他更容易重新审视自己的父亲。但其他孩子明显缺乏这种拉开距离的能力，更容易被父亲的暴行牵连。这似乎表明安东的大脑确实有些不同之处。有些孩子比其他人更贪婪，从早期就对关注显现出更多的需求。他们总会看到自己少了些什么，还能从别人那里得到什么。

其次，我们早期的经历和依恋模式（参见第四章）在塑造态度方面起到了很大的作用。父母的声音已经内化了。如果他们非常专制且主观，我们就会倾向于对自己比别人更严厉，对眼前的一切有更多的批评倾向。随着年龄的增长，家庭之外的经历也同样重要。在喜爱或钦佩某个人时，我们会将对方的一部分内化，这些人积极地塑造了我们看待世界的方式。他们可能是我们的老师或同龄人。负面和创伤性的经历则会产生束缚作用，将我们的思想封闭起来，拒绝任何可能重新体验到这份痛苦的东西。态度就是这样不断受到周围事物的重塑，但最早期的态度总会残留在我们身上。无论长进到何种程度，契诃夫仍然容易受到抑郁和自我厌弃的情感的影响。

我们必须了解的是，态度不仅会影响认知，还会决定我们生活中发生的各种事情的走向，比如身体状况、人际关系以及人生成就。人的态度是自我实现的动力。

再回顾一下那个身处巴黎的年轻人。他紧张且缺乏安全感，对语言学习过程中犯的错误做出了防御性的反应。这会让学习变得很艰难，反过来导致他难以结识他人，使得自己更加孤立。精力越是因为抑郁而消退，循环就越是周而复始。他的不安全感会将周围的人推开。我们看待他人的方式往往会在交往过程中产生类似的影响。如果心中有敌意和批评，往往就会激发对方的挑刺心理。如果心中是满满的防备，也会传递给对方相同的感受。这个年轻人的态度就将他锁在了这种消极的循环里。

另一个年轻女性的态度引发了一种积极循环。她既能够学习语言，也结识了不少人，这些都影响了她的情绪和精力，使得周围人从她身上感受到了吸引力和有趣之处。

虽然态度有很多种类，相互有所混合，但我们一般可以将其划分为消极狭隘与积极豁达两种类型。那些持消极态度的人往往会从对生活的恐惧出发。他们会不自觉地想要控制自己看到的和经历的事，使得自己有更多的掌控权。但具有积极态度的人，他们的恐惧感会少得多。他们对新的经验、想法和情感持开放态度。如果将态度比作我们看世界的镜头，消极的态度缩小了镜头的光圈，积极的态度则尽可能地把光圈扩大。我们可能会在二者之间来回移动，但一般来说，我们更倾向于用一个更封闭或更开放的固定镜头来看世界。

作为人性的研习者，你的任务有两个。

第一，需要意识到自己的态度，观察它是如何影响你的感知的。在日常生活中很难察觉到这一点，因为它离你太近了，但还是有一些方法可以观察到它是如何运作的。如果客观地评价他人，你会得出怎样的结论？是很快看到对方的负面品质、反面意见，还是在看到缺陷的时候显得更加慷慨和宽容？在面对逆境和阻力的时候，你会看到自己身上很明显的态度倾向。你会很快将错误忘记或掩盖起来吗？你会不会本能地将发生在自己身上的所有坏事都归咎于别人？你是否害怕任何形式的改变？你是否倾向于按部就班，想要避免一切意外和不寻常的事？如果有人对你的看法和权威发起挑战，你能否打起精神来应对？

你也可以从周围人对你的反应中捕捉到这一迹象，尤其是那些非语言的信息。对方在你面前有没有显得紧张且具有防备心？在生活中，你是否很容易吸引那些扮演你母亲或父亲角色的人？

认清了自己态度的组成部分——无论是积极还是消极的情绪——就更有可能去改变它，使它朝着积极的方向发展。

第二，不仅要意识到态度对自己的作用，也要认识到它具备的改善周围环境的巨大力量。你不是别人控制的游戏棋子，而是积极投身其中的玩家，可以随意移动棋子，甚至改写规则。态度与健康也息息相关。如果对冒险持有兴奋和开放的态度，就可以挖掘出意想不到的储备能量。心灵与身体是一体的，你的想法影响着身体的反应。人可以通过纯粹的愿望和意志力从疾病中更快地恢复过来。人的智力和界限并不是生来就固定的。大脑是个神奇的器官，会不断学习和进步。大脑中丰富的神经连接、不断涌现的创造力，都是通过接受新经验和新想法而发展出来的。把问题和失败看作学习和磨砺自己的手段。只要坚持不懈，你就能渡过难关。把他人看待你的方式视为对你态度的反应，这是一件你可以控制的事情。

不要惧怕夸大了意志力的作用。这种夸大是有目的的。它会促使你产生积极的自我实现动力，这才是我们要关心的事。将这种对态度的塑造看作生活中最重要的创造活动，不要让它变成偶然事件。

狭隘（消极）的态度

生活的本质是混乱和不可预测。然而，人类这种动物并不能很好地应对不确定性。一些特别软弱和脆弱的人的生活态度，往往是减少自己经历的事，以降低意外事件发生的概率。这种消极、狭隘的态度往往源于幼儿时期。一些儿童在面对世界的可怕之处时得不到安慰或支持，于是他们会发展出各种限制自己经历的心理逻辑。这些精心设计的防御措施将其他看法和观点拒之门外。这类人会变得越来越自恋。在大多数情况下，他们会等着坏事发生，生活目标围绕着预测和解决坏事打转，他们认为这样才能更好地控制这些事。随着年龄的增长，这种态度变得愈发根深蒂固，使他们很难产生任何形式的心理成长。

这样的态度有一种自我毁灭的力量。这类人会让别人感觉到同样负面的情绪，这反过来又巩固了他们对周围人的看法。他们看不到自己的行为起了哪些作用，也注意不到自己才是负面反应的始作俑者。他们只看到别人在迫害自己，自己运气太差。由于不断把周围的人推开，想要在生活中获得成功就变得加倍困难，身处孤立的环境中，态度也变得越来越糟。这是一个恶性循环。

以下是五种最常见的狭隘态度。负面情绪有一种束缚力——愤怒的人更容易感受到怀疑、不安、怨恨等情绪。因此，我们常常会发现不同的消极态度相互组合，相互滋养。你的目标是认识到自己身上潜在的此类迹象并将其根除。同时看看它是如何在其他人身上起作用的，以便更好地理解他们对生活的看法，学习如何与秉持这种态度的人相处。

敌意的态度。有些孩子在很小的时候就表现出敌对的态度。他们把断奶和与父母的自然分离解释为敌对行为。还有些孩子面对的是喜欢惩罚和伤害自己的父母。在这两种情况下，孩子满眼都是世界的敌意，于是他们得出结论，自己要成为敌意的来源，这样才能控制它。至少这样一来，敌意就不再显得那么随机和突然了。随着年龄的增长，他们变得越来越善于激发他人的愤怒和挫折感，这就证明了他们原来的态度——“看，所有人都反对我，所有人都讨厌我，又没有明显的理由。”

在一段关系中，有敌意的丈夫会指责妻子并不是真的爱他。如果对方抗议并生出防卫心，他会认为对方在被迫掩饰真相。如果对方被吓得沉默不语，他会认为自己一直是正确的。妻子感到困惑，并且因此生出了一些敌意，这又证实了他的观点。秉持这种态度的人还有很多其他小手段，以此激起自己心里暗暗希望看到的对方的敌意——比如在错误的时候撤回项目合作、不断迟到、把事情搞砸、故意给人留下不好的第一印象。但他们从不认为自己在煽动对方此类情绪上做过任何事。

他们的敌意渗透到了所做的每件事上，比如他们争论和挑衅的方式（自己总是正确的）、讲笑话时讨厌的语气、对关注的贪婪，以及从批评和看到别人的失败中获得快乐。在这些情形中，你可以通过容易动怒来识别他们。在这类人的生活中，正如他们自己描述的那样，生活中充满了争斗、背叛、迫害，但这些与他们完全无关。实际上，他们是把自己的敌意投射到其他人身上，随时准备在所有看起来无害的举动中解读出敌意。他们的生活目标是感受到被人迫害，并且渴望以某种形式报复对方。这种人在职业发展上一般都存在问题，因为愤怒和敌对的情绪经常会爆发出来。这反过来又给了他们抱怨的理由，这也是世界在和他们作对的一个证据。

如果你在自己身上注意到这种态度的迹象，这是摆脱它的一个重要步骤。你可以进行一个简单的实验。带着积极的想法去结识一个新人或重新看待之前的泛泛之交——“我喜欢他们”“他们看起来是聪明人”。这不仅仅是口头上说的，还要尽力去感受这种情绪。如果对方确实带有敌意和防御性，那也许这个世界确实在和你作对。但更有可能的是，你找不到任何可以解读出负面情绪的东西。实际上，你会看到完全相反的结果。那么很明显，敌意的来源就是你自己。

在与这种类型的极端人士打交道的时候，要尽量避免以对方所期待的对立态度进行回应。保持自己的中立性。这会让对方感到困惑，暂时停止这样的游戏。他们会以你的敌意为食，不要给他们提供燃料。

焦虑的态度。这一类型的人遇到任何情况都会预估各种可能产生的障碍和困难。在与人相处的时候，他们经常会预想招致某种批评，甚至发生背叛。所有的预想都会在事情真正发生前激发出人额外的焦虑感。他们真正害怕的是失去对形势的控制。为了解决这一问题，就要限制可能发生的事情，缩小自己需要面对的世界。也就是说要限制自己的去处，限制自己尝试新事物。在一段关系中，他们会巧妙地控制日常作息和习惯；他们会显得很脆弱，需要获得额外关注。这会防止他人批评自己。一切都要按照他们的要求进行。在工作中，这类人是极度的完美主义者和微观管理者，最终会因为想维持太多事情而让自己崩溃。一旦离开舒适区，比如家庭或由他们主导的关系，人就会变得异常焦躁。

有时，他们会把控制欲伪装成爱和关心的模样。一九二一年，三十九岁的富兰克林·罗斯福患上了小儿麻痹症，他的母亲萨拉竭尽全力地限制他的生活，把他关在家里的一个房间里。他几乎要放弃自己的政治生涯，向她的照顾投降了。但富兰克林的妻子埃莉诺更了解他。他想要也需要慢慢恢复到以往的生活。这成了母亲和儿媳之间的一场战斗，埃莉诺最终赢得了胜利。母亲会通过表面上的爱来掩饰自己的焦虑以及支配儿子的欲望，她想把他变成一个无助的废人。

还有一种与以爱之名类似的伪装，就是想要取悦和哄骗他人，消解对方可能存在的不可预测以及不友好的行为（参见第四章，有毒的类型之取悦他人）。

如果你注意到自己有这种倾向，最好的办法是将精力投入到工作中。把精力向外集中，投入到某个项目上，会产生让人平静的效果。只要控制住自己的完美主义倾向，你就可以把自己的控制欲发挥到其他事情上。在与人相处的时候，试着慢慢打开自己，适应对方的习惯和做事节奏，不要想着施加影响。这一切都会告诉你，放下控制欲也没什么好怕的。故意把自己放在最害怕的环境中，就会发现恐惧被严重夸大了。可以慢慢地把混乱引入有序的生活中。

如果与带着这种态度的人打交道，尽量不要被对方的焦虑所感染，要努力为对方提供他们早年间缺失的舒缓的氛围。如果你能散发出平静的气息，态度会比语言产生更大的影响力。

回避的态度。抱有这种态度的人会隔着不安全感来看待世界，通常会对自己的能力和智力产生怀疑。在儿童时期，他们想在兄弟姐妹中脱颖而出，而这样的努力让他们感到内疚和不适；他们还会为一切错误或可能存在的不当行为心怀内疚。他们最害怕的是父母的评判。随着这类人年龄的增长，生活的主要目标变成了避免任何可能危及自尊、受到评判的责任或挑战。如果在生活中不过度努力，就不会遭遇失败或受到批评。

为了使这套方法行之有效，他们总是会自觉或不自觉地寻求逃避的途径。人总能找到完美的理由，比如早早离开工作岗位、改变职业生涯或者断绝一段关系。身处高风险项目中，他们会突然患上某种疾病，导致不得不离开。这类人很容易出现各种身心疾病。他们可能会成为酗酒者、瘾君子，总能在适当的时候掉链子，并且将其归咎于自己的“疾病”以及导致他们成瘾的糟糕的成长环境。他们会说，如果不是因为喝酒，自己本可以成为伟大的作家或企业家。还有一些其他的借口，比如浪费了太多时间，开始得太晚，他们总能找到一些理由来解释为什么会发生这种事。这样一来，他们就不会因为平庸的结果受到指责了。

这类人很难对事情做出承诺，这也是有原因的。如果他们长时间停留在工作或恋爱关系中，别人就会看清自己的缺点。最好的办法是在适当的时候溜走，保持对自己和对他人的幻想，仿佛自己是非常伟大的，只要……虽然他们一般是害怕失败以及随之而来的评判，但他们也暗自害怕成功，因为成功会带来责任，这份责任不能辜负。成功可能也会引发他们早期对脱颖而出的恐惧。

通过他们多变的职业、短暂的情感关系，你可以很容易地识别出这类人。他们可能会让自己看起来像个圣人，这样可以掩盖问题的根源，他们看不起那些成功的人以及永远需要证明自己的人。一般来说，他们会表现为崇高的理想主义者，说着一些永远不会实现的想法，这会增强他们心中希望投射在自己身上的圣人光环。谈论理想可能会招致批评或失败，所以他们选择的是那些崇高到不切实际的理想。不要被这样神圣的外表所迷惑。看看他们的行动以及一无所成的状态，再看看那些从未开始的伟大计划，他们总能找到好借口。

如果你在自己身上发现了这种态度的迹象，可以选择负责一个小规模的项目，一路走到最后，并且接受失败的可能性。如果真的失败了，你也已经将打击缓冲了，毕竟已经有所预料，而且它不会像你想象中那样痛苦。由于自己终于做出了尝试并完成了它，你的自尊心会提升。恐惧一旦减少，进步就会变得更容易。下一次你还会继续尝试。如果成功，那是最好的，但无论结果如何，你都是赢家。

如果你发现其他人有这样的态度，那么与其建立伙伴关系时就要非常警惕。到了出错的时候，这类人是偷溜的高手，会把所有艰苦的工作丢给你，而且让你在失败时承担责任。一定要避免产生帮助或拯救他们的念头。这样的人太擅长回避的游戏了。

抑郁的态度。在儿童时期，这一类型的人没有感受到父母的爱和尊重。对无助的孩子而言，很难想象父母在养育他们的过程中存在错误或缺陷。即便得不到爱，孩子依然依赖着父母。因此，他们的防御措施通常是将负面评价内化，想象自己确实不值得被爱，确实有问题。通过这种方式，他们会产生一种错觉，那就是父母强大且有能力。这一切都是在不知不觉中发生的，无价值的感觉会困扰这类人的一生。在内心深处，他们会对自己的身份感到羞愧，并且自己也不清楚为何会有这种感受。

成年后，他们会在自己的经历中预感到各种抛弃、失去和悲伤的可能性，在周围的世界中看到各种潜在的令人沮丧的迹象。他们暗暗地被世界的阴暗面吸引，被生活中不光彩的一面缠绕。如果能以这种方式制造出能感受得到的抑郁，至少证明一切还在控制之中。他们认为世界是个沉闷的地方，并从这种想法中获得宽慰。这类人一生都在从生活和人际交往中退出。这也滋养了他们的抑郁情绪，使其某种程度上成为可控的东西，避免给自己制造创伤。

这个类型有一个很好的例子，那就是德国天才作曲家兼指挥家汉斯·冯·彪罗。一八五五年，冯·彪罗邂逅并爱上了作曲家弗朗茨·李斯特的女儿科西马·李斯特。这是一个很有魅力的姑娘。科西马被冯·彪罗的忧郁气质吸引了。他和自己专横且充满敌意的母亲生活在一起，科西马非常同情他，想要将他拯救出来，让他成为伟大的作曲家。很快他们就结婚了。随着时间的推移，科西马发现彪罗在自己智慧和坚强的意志面前显得相当自卑。不久，他开始怀疑妻子对自己的爱。在抑郁症发作期间，他不断地躲避。当她怀孕时，他又突然患上了某种神秘的疾病，使得自己无法出现在她身边。他会在没有任何征兆的情况下，突然变得非常冷漠。

她感受不到爱和重视，便开始与著名作曲家理查德·瓦格纳交往，后者是冯·彪罗的朋友和同事。科西马觉得冯·彪罗甚至不自觉地鼓励了他们的恋情。当她最终离开冯·彪罗与瓦格纳一起生活的时候，冯·彪罗开始给她写信，为这一切感到自责，说自己不值得被爱。随后他会继续陈述事业上的不顺利、各种缠身的疾病以及自己的自杀倾向。虽然他是在批评自己，但她还是不禁觉得自己负有某种责任，感到内疚和郁闷。叙述苦难似乎是一种能够伤害她的微妙方式。她把每一封信都比作“扎在我心里搅动的剑”。这些信年复一年地出现，直到他再婚，和新妻子重复同样的模式。

这类人往往有一种隐秘的想要伤害别人的欲望，他们会鼓励背叛和批评的行为，这能够滋养他们的抑郁症。即便获得了某种形式的成功，他们也会自己破坏掉，在内心觉得自己不配。他们会在工作中制造障碍，把批评看作不该继续从事自己事业的理由。抑郁类型的人往往很能吸引别人的关注，因为他们天生敏感，能刺激人们想要帮助他们的欲望。但就像冯·彪罗一样，这类人会批评和伤害那些想要帮忙的人，直到他们再度退出。这种推拉会让人困惑，一旦被这样的魔力吸引，就很难脱离他们且不感到内疚。他们有一种天赋，可以让其他人在自己面前感到压抑。这会给他们提供更多的燃料。

我们大多数人某些时候都有抑郁的倾向。最好的处理办法是意识到它们存在的必要性——这是身心告诉我们放慢速度、降低能耗、抽身出来的方式。这种抑郁的周期可以起到积极的作用，只要能意识到它是有作用的、是暂时的即可。今天缠绕你的抑郁情绪下周就会消散，你是可以摆脱它的。可能的话，想办法提高自己的能量水平，在身体层面帮助自己摆脱这样的情绪。对于反复出现的抑郁情绪，最好的办法是将精力投入工作中，尤其是艺术类创作。习惯了抽身和独处，不如利用这些时间来探索自己无意识的部分。将珍贵的敏感度和对黑暗的感受外化成工作本身。

不要试图向抑郁的人宣扬生活的美好，以期对方能够振作起来。相反，最好是要顺着他们对世界的阴暗想法，同时巧妙地把他们往积极的体验上引导，这样可以在不直接出手的前提下拉升对方的情绪和能量。

愤怒的态度。在儿童时期，这一类型的人从来不觉得父母给予的爱和关心可以满足自己，他们总是贪婪地想要得到更多关注。他们一生都带着这样的不满和失望，从来没有得到应有的认可。在扫描人脸寻找不尊重和不屑情绪方面，他们是真正的专家。眼前的一切都与自己有关，如果有人比自己拥有更多，这就是不公正，是对个人的侮辱。如果他们感到缺乏尊重和认可，并不会愤怒地爆发。这类人通常很谨慎，喜欢控制自己的情绪。但这样的伤害会在体内淤积，再回想的时候，遭遇不公的感受越来越强烈。他们不是轻易容易忘记这些的人。在某些时候，他们会以某种精明的手段采取破坏或被动攻击等报复行为。

由于总是感觉受了委屈，他们往往会把感受投射到世界中，到处都能看到压迫者。这样一来，他们常会成为一些深感不满和受压迫者的领袖。如果这样的人获得了权力，会变得相当恶毒且具有复仇精神，最终将自己的怨气发泄在受害者身上。一般来说，他们自带一种傲慢的气质，感觉自己凌驾于他人之上，只不过他们自己认识不到这点。这一类型的人头抬得非常高，经常挂着微微的假笑或不屑的神情。随着年纪的增长，他们很容易变得爱挑刺儿，这是因为长期积累的怨恨无法控制。这种痛苦的态度会将很多人推开，最终他们只能和秉持同样态度的人聚集在一起，建立自己的小团体。

罗马皇帝提比略也许就是这一类型最典型的例子。他小的时候，他的家庭教师就注意到这个男孩有点儿问题。“他是一个用血和胆汁铸成的投掷手”，这位老师曾给自己的朋友写道。了解提比略的作家苏埃托尼乌斯这样描述他：“他骄傲地挺起胸膛……他总是沉默不语，只偶尔说上一句话……即便如此，他也是极不情愿的，还总是做着不屑的手势。”他的继父奥古斯都皇帝不得不经常向元老院道歉，因为“他的举止令人不快，充满了傲慢的态度”。提比略憎恨自己的母亲，认为她对自己的爱永远不够。他也从未感觉奥古斯都、士兵或罗马人民真的赞赏自己。等他成为皇帝之后，便开始慢慢地、有条不紊地对那些他认为曾经轻视自己的人展开报复，这种报复相当冷酷无情。

随着年纪的增长，他越来越被人们讨厌，敌人数不胜数。他感受到了臣民对自己的憎恨，便隐退到了卡普里岛上，在那里度过了自己统治的最后十一年，完全避开了罗马。在最后的几年中，他曾对别人说：“我死之后，希望大火烧尽这片世界！”等到他去世后，罗马爆发了庆祝活动，大家为了抒发自己的感情，创造了一句著名的谚语：“把提比略丢进台伯河。”

如果你注意到自己内心有积攒怨恨的倾向，最好的办法是学会放下生活中受到的伤害和失望情绪。最好当下就把愤怒的情绪爆发出来，即便发火是非理性的，也比在心里与幻觉不断纠缠，把轻视行为夸大要好得多。通常来说，他人对你的命运是漠不关心的，而不是像你想象中那样敌对。他们的行动中很少有真正针对你的部分。不要以个人眼光看待所有事情。尊重是一种必须通过成绩赢得的东西，而不仅仅因为你是人对方就要尊重你。你需要打破这怨恨的循环，对他人和人性展现出更宽容的心态。

与这类人打交道的时候，你需要保持高度谨慎。虽然他们表面在微笑，看起来很愉快，实际是在仔细观察你，寻找任何可能的侮辱信号。他们过去会有与他人斗争的历史，也可能会突然与人决裂或对他人轻易下判断，这都是识别这类人的信号。你可以试着慢慢取得对方的信任，减少对方的怀疑，但要注意在他们身边的时间越长，就越容易给他们提供燃料，让他们有东西可以怨恨，此时的反应可能相当恶毒。有可能的话，尽量避免与这类人相处。

豁达（积极）的态度

大约五十年前，很多医学家开始以一种新的革命性的方式思考健康问题。他们表示，与其关注具体问题，如消化、皮肤疾病或心脏状况，不如将人体作为一个整体来看待。如果人能改善自己的饮食和运动习惯，所有的器官都将受益，因为身体是一个相互联系的整体。

这件事在我们现在看来是理所当然的，这种系统性的思维方式对我们的心理健康也会产生很大影响。现代人比以往更加关注自己的具体问题——抑郁症、缺乏动力、社交能力不足、厌倦。但这些看似独立的问题实际都是由我们的态度支配的，它决定了我们每天如何看待这个世界。我们就是这样来对事件进行阐释的。如果态度能得到整体改善，创造力、抗压力、自信度、人际关系等一切都会有所提升。伟大的美国心理学家威廉·詹姆斯在十九世纪九十年代首次提出了这个想法，如今这一理论迎来了一场变革。

消极、狭隘的态度牺牲了生活的丰富性，人的创造力、成就感、社会生活乐趣和最重要的能量都大大萎缩了。不要在这样的状态下浪费时光了，你的目标应当是突破，扩大自己看到的、经历的事。镜头的光圈要开得越大越好。这才是你的路线图。

如何看待世界。把自己看作探索者。凭借意识的天赋，站在人类刚刚开始研究的广阔未知的宇宙面前。大多数人喜欢固守某些想法和原则，这些是他们在人生早期习得的。对于不熟悉、不确定的东西他们会暗暗害怕。判断取代了好奇心。到了三十岁的时候，他们表现得好像已经知道了自己需要知道的一切。

作为探索者，你要把确定的东西都抛在脑后，不断寻找新的想法和思维方式。思想可以四处漫游，不受限制，不必在意眼前突然出现的东西和几个月前相信的东西完全矛盾。思想是一种可以把玩的东西。如果你长时间固守，它就会变成死的东西。你需要找回自己的童心和好奇心，也就是回归“自我意识和正确性比和世界产生联系更重要”之前的时刻。在那段时期，你愿意探索各种形式的知识，接受各式各样的文化。你想要接受挑战。

通过这种方式打开心灵，释放出未被察觉的创造力，会给你带来巨大的精神愉悦。要敞开心扉，探索自己无意识层面的洞察力，就像在梦境中、在疲惫的时刻、在某些被压抑的欲望迸发出来时那样。没有什么可害怕的，也没有什么可压抑的。无意识只是你自由探索的一个领域而已。

如何看待逆境。生活中不可避免地会遇到障碍、挫折、痛苦和分离。早年间解决这些问题的手段对整个人生态度的发展起着很大作用。对许多人来说，这些困难的时刻提醒他们要限制自己看到的、经历的事。他们在生活中会避免遇到任何形式的逆境，也就是说他们不会真正挑战自己，也不会在事业上获得巨大的成功。他们不想从消极的经验中学习，而是想要压抑它们。你的目标是朝着与他们相反的方向努力，将遇到的所有障碍转化为学习的经验、变强的手段，这样才能拥抱生活本身。

一九二八年，女演员琼·克劳馥在好莱坞的事业发展相当成功，但她对有限的角色类型感到越来越沮丧。很多天赋平平的女演员在自己眼前大放异彩。也许问题在于她不够自信。她决定向米高梅电影公司最权威的制片人之一欧文·萨尔伯格表达自己的意见。但她没有意识到，萨尔伯格将这番陈述看作厚颜无耻的要求，而他天生有很强的报复心。因此，他让她出演了一部西部片，因为这是她最不愿意出演的角色，这类角色对很多女演员来说都是死路一条。

琼吸取了教训，决定接受自己的命运。她要让自己喜欢上这种风格。于是她练就了一身骑术，阅读了关于旧西部的资料，其中的民间传说让她很是着迷。如果只有这样才能成功，她就要变成西部片的女主角。至少这能锻炼她的表演技巧。这成了她一生的工作态度，也是一名女演员在好莱坞面临的最大挑战。因为在这个圈子里，职业生涯是非常短暂的，每一次挫折都是成长和发展的机会。

一九四六年，二十岁的马尔科姆·利托（后被称为马尔科姆·艾克斯）因入室盗窃要在监狱中服刑八到十年。一般来说，监狱会让罪犯变得冷漠，使其原本已经很狭窄的世界观变得更加狭隘。但马尔科姆重新评估了自己的人生。他在监狱的图书馆里花了大量时间，爱上了书籍和学习。在此时的他看来，监狱为他提供了改变自己生活态度的最佳途径。有了这么多时间，他可以学习并且获得学位。他可以培养自己一直缺乏的纪律性。他可以把自己训练成一个演说家。他毫无怨言地接受了这一经历，并且比以前更加坚强。即便离开了监狱，他也会把大大小小的困难都看作考验和磨砺自己的手段。

虽然逆境和痛苦通常都是无法控制的，但你有能力决定自己的反应和由此改变的命运。

如何看待自己。随着年龄的增长，我们倾向于限制自己在生活中能走多远。多年来，我们已经将他人的批评和怀疑内化了。我们接受了自己智力和创造力的极限，将此作为一种自我实现的动力，结果它真的成了我们的极限。在这个世界上，你并不需要如此谦虚和自卑。这样的谦逊并不是一种美德，而是他人为了压制你而提出的一种价值观。无论你现在做的是什么，实际上你都有能力做更多的事，只要这样想，你就会生出截然不同的动力来。

古代有很多伟大的领导人，诸如亚历山大大帝和恺撒大帝都认为自己是神的后裔，自己体内有神圣的组成部分。这种自我认知会提高他们的自信心，他人也会从中受益并表达认可。这就是一种自我实现的语言。当然你并不需要沉浸在这样宏大的思绪中，但要相信自己注定要做一些伟大或重要的事，当遭到他人反对或抵制的时候，这种信念会给你一定的抗压能力。你不会时刻将怀疑内化，而是会保持一种进取的精神。你会不断尝试新事物，甚至甘于冒险，从失败中触底反弹并获得信心，认为自己注定会取得成功。

当契诃夫顿悟可以创造属于自己的终极自由时，他就获得了美国心理学家亚伯拉罕·马斯洛所说的“高峰体验”。在这样的时刻，人从日常工作中解脱出来，感觉到生活中存在着一种长期被忽视的更大、更崇高的东西。在契诃夫的例子中，它是由危机和孤独引发的，使得他完全接纳了周围的人和世界。这样的时刻会在你努力超越自己心中的极限时到来；可能是克服了巨大的障碍，翻越了一座高山，来到截然不同的文化环境中旅行，实现任何形式的爱的深刻结合。要刻意去寻找这样的时刻，有机会的话，要促使这样的事发生。其效果正如契诃夫经历的一般，可以改变你的态度。你的生活会有更多可能性，对生活本身的思考也会更加深入，记忆是印刻在你心里的东西，会为你带来无限灵感。

一般来说，这种看待自身的方式与后现代世界中倾向于冷静、讽刺的态度是背道而驰的，很多人认为永远不要太有野心，永远不要对事情或生活太过积极，他们总是抱着一种不冷不热、非常虚假的谦逊态度。这种类型的人把积极、豁达的态度看作盲目乐观、头脑简单。但实际上，他们冷静的态度只不过是一副聪明的面具，掩盖的是自己巨大的恐惧——害怕出丑、失败、表露出过多情绪。文化中也有这样的趋势，冷淡的态度最终会逐渐消失，成为二十一世纪的遗物。朝着相反的方向前进，你会获得更多的进步。

如何看待能量和健康。我们都是凡人，无法控制的疾病总会对我们产生影响，但需要认识到意志力对健康起着相当重要的作用。你肯定或多或少感受过这一点。当人坠入爱河或在工作中格外亢奋的时候，会突然感到能量十足，从疾病中恢复的速度也大大加快。当人情绪低落或压力过大的时候，便会成为各种疾病的猎物。我们的态度对健康会有重大影响，科学家已经开始研究这一问题，在未来几十年中还会进行更深入的研究。一般来说，如果在某件事上格外努力、感到亢奋、乐于挑战，往往能推动自己超越自己认知的身体极限。如果承认自己的身体极限，人只会变老甚至过早衰老，形成一个自我实现的闭环。那些虽然上了年纪，但经过适度调整后仍然持续进行体育活动的人会显得更加年轻。你也有能量和健康的源泉尚待挖掘。

如何看待他人。首先，你需要克服认为他人的言行在针对自己的这种自然倾向，尤其是对方的言行令你感到不快的时候。即便对方对你提出批评或违背你的利益展开行动，往往也是出于他们过去的深层次的痛苦，你只不过是他们发泄多年来累积的挫折和怨恨的比较方便的目标。他们只是在投射自己的负面情绪。如果你能以这种方式看待他人，会更容易不做出反应、不愤怒、不卷入琐碎的斗争中。如果对方确实是恶意的，那么自己不要情绪化，才能更好地策划反击行动。这样你也能让自己避免积累伤害和痛苦的情绪。

把人看作自然界的产物。他们形形色色，就像自然界既有花也有石头一样，人也有傻瓜、圣人、反社会分子、自大狂和神圣的战士；既有敏感的人也有不敏感的人。他们都在我们的社会生态中发挥着作用。但这并不意味着我们只能放任那些关系密切或能对自己施加影响的人做出有害于我们的行为。我们不可能重装人性这套系统，即便以某种方式成功了，结果也可能更糟糕。接受他人就是这个样子，他们与你不同，不必将他们视为对自我或自尊的挑战，而要将他们看作值得欢迎和拥抱的对象。

从更中立的立场出发，可以在更深层次上理解自己面对的人，就像契诃夫理解自己的父亲一样。越是这样做，越会对人和人性变得宽容。这种开放、豁达的精神会让你的社会交往更加顺畅，人们会被你吸引。

最后，我们可以对照古代"灵魂"的概念来思考现代"态度"的概念。灵魂的概念几乎在所有古代文化和前现代文明中都有迹可循。它最初指的是渗透在宇宙中的外部精神力量，以灵魂的形式存在于个体人类中。灵魂不是思维或身体，而是一个人整体的精神，是体验世界的方式。它是一个人区别于其他个体的原因，灵魂的概念与最早的人格观念有关。根据这一概念，一个人的灵魂是有深度的。有些人拥有更加强大的精神力量，拥有更丰富的灵魂。还有些人缺乏这样的力量，灵魂比较乏味。

这与我们谈到的态度有很大联系。在现代的灵魂概念中，我们用生命本身，或者说生命力取代了这种外在的精神力量。生命的本质是复杂且不可预测的，它的力量远远超过了我们能够理解和控制的范畴。这种生命力反映在自然界和人类社会中，就是我们看到的显著的多样性。

我们发现人们的生活目标是压抑和控制这种生命力。这会导致人走向自我毁灭的道路。他们会限制自己的思想，坚守一些已经失去意义的观点。他们会限制自己经历的事。一切都在围绕个体、琐碎的需求以及个人问题打转。他们经常会痴迷于让某个特定的目标支配自己所有的思想，比如赚钱或获得关注。这些都会使他们的内心死气沉沉，将自己与丰富的生活和多种多样的经历隔离开来。这样一来，他们就失去了灵魂，内心缺乏深度和灵活性。

你的目标始终都要朝着相反的方向前进。重新找回孩童时期的好奇心。一切事物和人都可以成为有趣的来源。不断地学习、不断地扩展自己的知识和经验范围，对人就会更加慷慨豁达，甚至对敌人以及那些灵魂贫乏的人也是一样。苦难或怨恨是无法奴役你的。不去责怪他人或环境，而是看看自己的态度和行动对失败起了怎样的作用。你需要适应环境，而不是抱怨它的存在。接受和拥抱意外和不确定性，将其视为生活的宝贵品质。这样，你的灵魂会成为生命本身的延伸，充满生命力。

学会用灵魂的深度来衡量和自己打交道的人，有可能的话，尽量多与那些心胸豁达、知识广博的人交往。

这就是为什么面对同样的外部事件或环境，两个人的表现完全不同；即使有相似的环境，每个人也都生活在自己的世界里。……一个人生活的世界主要是通过他看待世界的方式形成的，因此对不同的人来说，世界也是不同的；对一个人来说，它是贫瘠、枯燥和肤浅的；对另一个人来说，它是丰富、有趣且充满意义的。当听到一个人经历了有趣的事件时，很多人会希望自己生活中也发生类似的事，但他们忘记了，自己应当羡慕的是使这些事件具有意义的精神。

——亚瑟·叔本华

第九章

面对自己的阴暗面：压抑法则

人很少是外表看上去的样子。在彬彬有礼、和蔼可亲的外表下，不可避免地隐藏着阴暗的一面，包括他们压抑的不安全感和咄咄逼人、自私的冲动，这些都小心翼翼地暗藏在公众视野之外。这种阴暗面会在行为中暴露出来，让你感到困惑和受伤。你要学会识别阴影出现的迹象，以免它们对你造成伤害。看到表现出来的坚毅、圣洁等品质的时候，也要意识到它们所掩盖的相反的品质。要意识到自己的阴暗面。只有意识到这一点，才能控制和引导潜伏在你身体中无意识层面的创造性能量。将黑暗面融入自己的人格之中，你会成为更加完整的自己，散发出真实感，吸引他人靠近你。

阴暗面

一九六八年十一月五日，共和党人理查德·尼克松可以说完成了美国政治史上最伟大的复出，以微弱的优势击败了民主党竞争对手休伯特·汉弗莱，当选为美国第三十七任总统。仅仅八年前，他在第一次竞选总统时毁灭性地输给了约翰·F. 肯尼迪。那一次的选举结果非常接近，但显然在芝加哥民主党的操纵下，伊利诺伊州投票的过程中有不少小动作。两年后，他在竞争加州州长的过程中也输得很惨。媒体在竞选过程中对他百般纠缠和挑衅，让他感到很痛苦，在经历了这次失败后的第二天，他对媒体发表讲话，最后说："想想你们失去的是什么。再也没有尼克松可以给你们踢来踢去了，因为，先生们，这是我最后一次新闻发布会。"

这番发言带来了压倒性的负面效果。公众指责他沉湎于自怨自艾。美国广播公司新闻频道还播出了一档名为《理查德·尼克松的政治讣告》的半小时特别节目。《时代》杂志刊登了一篇关于他的总结性文章，认为："除非发生奇迹，否则理查德·尼克松绝不可能再次担任任何政治职务。"

各种迹象表明，他的政治生涯应该在一九六二年就结束了。但是，理查德·尼克松的生活一直是一连串无休止的危机和挫折，这些只会使他更加坚定。年轻时，他的梦想是进入常春藤名校，这是在美国获得权力的关键一步。年轻的理查德很有抱负。但他家境相对贫寒，无法支付这样的教育费用。但他克服了这个看似不可逾越的障碍，让自己变成了非常优秀的学生，因其非人的学习习惯，他获得了"铁屁股"的绰号，成功获得了杜克大学法学院的奖学金。为了保住奖学金，他必须保证在班上名列前茅，这一点需要常人难以忍受的艰苦努力，而他做到了。

在美国参议院工作了几年后，一九五二年，德怀特·戴维·艾森豪威尔选了他作为共和党副总统竞选伙伴，但很快就后悔了。尼克松在共和党里保留了一笔秘密资金，说是要用于私人目的。事实上，这完全是子虚乌有的事，但艾森豪威尔看他很不顺眼，这成了排挤他的借口。以这种方式遭到解雇肯定会毁掉尼克松的政治生涯。他再次接受挑战，在电视直播中讲述自己的生平，为自己遭到的指控辩护。演讲收到了很好的效果，公众要求艾森豪威尔把他留下来，后来他担任了八年的副总统。

就这样，一九六〇年和一九六二年的惨败再次成为磨砺他、令他从职业生涯中起死回生的经历。他就像一只有九条命的猫，没什么能杀死他。低调过了几年后，他在一九六八年的选举中一举杀回。现在他是"全新的尼克松"了，变得更加放松和蔼，是个喜欢打保龄球、讲老套笑话的人。在吸取种种失败的教训后，他的竞选工作开展得既顺利又老道，在击败汉弗来的时候，所有敌人和怀疑者都吃了瘪。

当选总统后，他似乎已经到达了权力的顶点。但在他心中，有一个最大的挑战尚待克服。尼克松的自由派敌人认为他就是个善于搞政治的人，为了赢得选举不择手段。对憎恨他的东海岸精英们来说，他是来自加利福尼亚州惠蒂尔的乡巴佬，野心昭然若揭。尼克松要证明他们都错了。他不是他们想象的那个样子。在内心深处，他是一个理想主义者，不是无情的政治家。他深爱的母亲汉娜是一名虔诚的贵格会教徒，向他灌输的思想从来都是平等待人、促进世界和平。他要打造史上最伟大的总统政治遗产。既是为了纪念早些时候去世的母亲，实现她的贵格会理想，也是向诋毁他的人证明他们的误解有多深。

他的政治偶像是法国总统戴高乐，他见过戴高乐，对其非常钦佩。戴高乐塑造的是一个散发着权威感和爱国情怀的人物形象。尼克松也要这样做。他在笔记本里开始自称 RN —— 世界领袖版本的自己。RN 是个强大、坚定、富有同情心的人，而且极具男子气概。在他治下的美国正遭遇反战抗议、城市骚乱、犯罪率上升等问题的困扰。他要结束战争，努力实现世界和平。在国内，他要为美国人带来繁荣、法律、秩序，让国家重新获得体面。如果能完成这些工作，他将会与自己崇敬的亚伯拉罕·林肯、伍德罗·威尔逊跻身同一行列。他会像以往那样，将这一切付诸行动。

在执政的头几个月，他迅速行动，组建了一流的内阁，其中包括杰出的国家安全顾问亨利·基辛格。在工作人员方面，他挑选了清一色的年轻人，这些人会对他非常忠诚，成为他实现美国伟大抱负的工具。其中包括幕僚长鲍勃·霍尔德曼、国内政策负责人约翰·埃利希曼、白宫顾问约翰·迪安和白宫助理查尔斯·科尔森。

他不希望身边都是知识分子，他要的是行动派。但尼克松也不是天真的人。他明白在政治上的忠诚是短暂的。因此，在执政早期，他在整个白宫里安装了秘密的声控录音系统，只有少数人知道这件事。通过这种手段，他可以谨慎地监视所有工作人员，提前发现其中可能出现的叛徒或泄密者。如果有人试图歪曲与他的谈话内容，录音也可以在日后成为证据。最重要的是，一旦总统任期结束，这些经过编辑的录音带可以成为他这个伟大领导者的证据，说明他以清晰理性的方式做出了各项决定。这些录音带可以确保他留下政治遗产。

在最初的几年，尼克松努力执行自己的计划。他是一位积极主动的总统，签署了环境保护、工人健康、消费者权益等法案。这只是他上任的开始。

然而，尽管开始的几年很顺利，理查德·尼克松的内心却涌起一些奇怪的东西。他无法摆脱焦虑感，这是伴随他一生的问题。这一问题在和工作人员的闭门会议上、在深夜的推杯换盏间显现出来。尼克松会和他们分享自己过去丰富多彩的经历，在这个过程中，他会回顾自己受过的政治创伤，苦涩的情绪从心底升起。

二十世纪五十年代，精英多数都是哈佛大学的毕业生，他们悄悄地将尼克松和他的妻子帕特隔离在社交圈子之外，限制了他接触政治圈。这些人在新闻界的盟友也对尼克松一切的错误言论和可能存在的不当行为发出毫不留情的嘲笑声。

是的，尼克松不是天使。他喜欢胜利，这些自由主义者的虚伪让他感到无比厌恶——罗伯特·肯尼迪是政界的肮脏伎俩之王，哪个记者公开报道他了呢？

他夜以继日地和工作人员一起深入研究这些事，提醒他们这段经历并没有过去。这些宿敌依然在对他进行攻击。哥伦比亚广播公司的记者丹尼尔·肖尔似乎对尼克松怀恨在心。在报道越战的时候，他总要想方设法突出战争最糟糕的部分，让尼克松很难看。还有《华盛顿邮报》的老板凯瑟琳·格雷厄姆，这家报纸似乎与他有很多私人恩怨。她是乔治敦社交界的宠儿，多年来一直冷落尼克松和帕特。最糟糕的是现任民主党主席拉里·奥布莱恩，作为肯尼迪政府的重要顾问，他让尼克松接受过国税局的审计。在尼克松看来，奥布莱恩是政界的邪恶天才，他会不惜一切代价阻止尼克松在一九七二年连任。

敌人简直无处不在，他们不遗余力地在媒体上刊发负面报道，从官僚机构内部获取令人尴尬的泄密信息，对他进行监视，即便是最轻微的丑闻也会招致最猛烈的扑杀。他会问自己的员工，我们这边能做什么？如果团队没有任何应对措施，他们只能责怪自己。他的遗产、野心都岌岌可危。有一次，科尔森谈到要对一些棘手的对手进行报复，尼克松插话说："总有一天我们会抓住他们——我们会在最合适的场合抓住他们，把脚伸过去，狠狠踩在他们身上碾——对吗，查尔斯，对吗？"

当得知劳工统计局的很多工作人员是犹太人时，他觉得这可能就是那里传来一些不好看的经济数据的原因。他对霍尔德曼说："政府里都是犹太人，大多数犹太人都是不忠诚的。"东海岸建制派的中流砥柱顽固地反对他。有一次，他对霍尔德曼说："能不能给我几个犹太人的名字，你知道的，就是那些给民主党捐款的犹太人头子……能不能调查调查其中的几个混蛋？"对他们展开审计也是很有必要的。对于如何中伤凯瑟琳·格雷厄姆，让丹尼尔·肖尔难堪，他还有更刻薄的想法。

尼克松对自己的公众形象越来越焦虑，这些遗产至关重要。他催促工作人员，甚至要求亨利·基辛格向媒体宣传自己强有力的领导风格。在采访中应该称他为和平先生，基辛格不应该获得这么多赞誉。他想知道在乔治敦的派对上，精英们是怎么评价他的。他们对理查德·尼克松的看法究竟有没有改变？

虽然很紧张，但到了一九七二年，局势对他还是非常有利的。在连任竞选中，民主党派出的是一名顽固的自由派参议员乔治·麦戈文。尼克松在民意调查中保持领先，但他还想要更进一步。他想要通过完全压倒性的胜利展现自己得民心。

他认为奥布莱恩这种人一定有些诡计，便向霍尔德曼要求搞一些间谍活动，从民主党那边挖一些污点黑料。他希望霍尔德曼组建一支“冲锋”团队，高效地完成一些见不得光的任务。至于细节全由霍尔德曼负责。

令他感到懊恼的是，当年六月，尼克松在《华盛顿邮报》上读到有人非法闯入水门酒店的报道，这群人想要在拉里·奥布莱恩的办公室安装窃听器。三名与尼克松总统连任委员会相关的人——詹姆斯·麦科德、E. 霍华德·亨特和 G. 戈登·利迪被捕。这次非法闯入事件搞得如此拙劣，尼克松甚至怀疑这是民主党人设下的陷阱，并不是自己倡导建立的高效冲锋团。

几天后，也就是六月二十三日，他和霍尔德曼讨论了这起闯入事件。联邦调查局正在调查此案。被捕的人有些是前中情局特工。霍尔德曼建议，也许他们可以让中情局的高层对联邦调查局施加压力，使其放弃调查。尼克松同意了。他告诉霍尔德曼：“我不打算参与其中。”霍尔德曼回答说：“不，先生。我们也不希望您参与进来。”随后尼克松补充道：“强硬一点儿。他们就是这么干的，我们也要这么干。”尼克松让他的顾问约翰·迪安负责内部调查，并且明确指示他搪塞联邦调查局，白宫和此事没有任何联系。无论如何，尼克松从未直接下令闯入。水门事件不过是一件小事，并不能玷污他的声誉。这件事会和其他暗藏的、记录在案的肮脏政治行为一起逐渐消失。

实际上，他是正确的，就此时而言，公众根本没有关注这次非法闯入。随后尼克松取得了选举以来最大的一次压倒性胜利。他横扫了除马萨诸塞州和哥伦比亚特区以外的所有州。他甚至还赢得了很大比例的民主党人的支持。现在，他有四年的时间来巩固自己的遗产，没什么能够阻止他。他的支持率从来没有这么高过。

然而，水门事件死灰复燃，总是不肯放过他。一九七三年一月，参议院决定启动调查。三月，麦科德最终松口，白宫的工作人员不同程度地被牵扯到这起闯入事件中。亨特开始要求封口费，否则就要透露自己知道的实情。想要摆脱这一困境的方法简单而明确——聘请外部律师，在尼克松和团队的充分配合下，对闯入事件进行内部调查，将所有细节曝光。虽然尼克松在声誉上会受到影响，有人会进监狱，但他还可以活跃在政坛上，他可是起死回生的高手。

但是，尼克松不能这样做。这会造成很大的直接损失。一想到自己要坦白所有知道的事情和下达的政令，他就害怕得要命。在和迪安会面的时候，他还在继续讨论掩盖真相的问题，甚至建议他们从哪里筹措封口费。迪安告诫他不要卷入其中，但尼克松似乎对自己制造的越来越多的麻烦沉迷起来，无法抽身。

不久后，他被迫解雇了霍尔德曼和埃利希曼，二人都与闯入事件有直接联系。让他亲自解雇二人是一种折磨，当他向埃利希曼传达这一信息时，自己崩溃了，泣不成声。但他所做的一切都无法阻止水门事件调查的势头，它已经离尼克松越来越近了，他感到自己像是一只被困住的老鼠。

一九七三年七月十九日，他收到了最坏的消息：调查水门事件的参议院委员会了解到白宫内安装了秘密录音系统，他们要求将录音带作为证据交给他们。尼克松认为，如果录音带被公开，自己会处于极度尴尬的境地。他会成为世界的笑柄。想想自己说过的话、主张下的狠手。他的形象、他的遗产、他想要努力实现的所有理想都会被一举毁灭。他想到了自己的母亲和家人——他们从未听过自己在办公室里讲的那些话。在这些录音带里，自己仿佛是另一个人。时任参谋长亚历山大·海格告诉尼克松，他必须在收到正式传票之前拆掉录音系统，销毁所有录音带。

尼克松此时似乎瘫痪了。销毁录音带就等于承认了自己的罪行；也许录音带可以为他开脱罪责，因为它们可以证明自己从未直接下令闯入酒店。但一想到这些录音带会被公开，他就感到害怕。他在脑海中来来回回地思考这个问题，最后还是决定不销毁它们。他会援引行政特权拒绝移交出去。

最后，压力逐渐增加，一九七四年四月，尼克松决定以一千二百页书稿的形式发布经过编辑的录音带副本，希望能得到一个好结果。公众对其中的内容感到震惊。是的，很多人以为他是个滑头的人，但实际上他语言强硬、满口脏话，有时歇斯底里、语气偏执，在下达各种非法指令的时候丝毫没有顾虑或犹豫，这揭示了尼克松不为人知的一面。甚至连他的家人也感到非常震惊。在水门事件中，他显得软弱且优柔寡断，完全不是他想塑造的戴高乐的形象。他从来没有表现出丝毫想要查明真相、惩治不法分子的愿望。那个尊崇法律和秩序的人去哪儿了？

七月二十四日，最后一击到来：最高法院命令他交出录音带，其中包括一九七二年六月二十三日的谈话录音，他在谈话中同意让中情局来阻止联邦调查局的调查。这将是“确切无疑的罪证”，证明他从一开始就参与了掩盖真相的行动。尼克松注定要倒台了，虽然有悖于自己的信仰，但到了八月初，他还是决定辞职。

在向全国发表辞职演讲的第二天早晨，尼克松最后一次向自己的工作人员发表讲话，他努力控制自己的情绪，最后说：“永远不要灰心，永远不要小气；永远记住，可能会有人恨你，但恨你的人不会赢，除非你也恨他们，这样才会毁了你自己。”随后，他和家人一起坐上了前往政治流放地的直升机。

解析：对那些与理查德·尼克松共事的人来说，这个人像是一个谜。据其首席演讲稿写手雷·普莱斯说，尼克松有两面，一面是光明，一面是黑暗。光明面的“特别体贴，特别有爱心，多愁善感，是个慷慨善良的人”。黑暗面的尼克松“易怒，极具报复性，脾气不好且心胸狭隘”。他认为双方在不断进行斗争。但是，也许观察最敏锐、最接近谜题真相的是亨利·基辛格，为了便于操纵他，他仔细研究过尼克松。根据基辛格的说法，尼克松这种分裂人格的根源在其童年。基辛格曾指出：“你能想象吗，如果有人爱他，他会变成什么样子？”

婴儿时期的尼克松异乎寻常地需要他人关注。他是个有名的爱哭鬼，要花很大力气才能安抚他，而且他总是不断地抽泣。他希望得到更多的关注，得到更多的照顾，如果得不到这些东西，就会搞出很多事情。他的父母并不喜欢孩子这样。在南加州的拓荒者时代，他们更想要一个坚忍不拔、自力更生的孩子。尼克松的父亲在身体和精神上都对孩子相当冷酷无情。母亲更有爱心，但常常郁郁寡欢，喜怒无常。她面对的是丈夫生意上的失败和理查德两个多病的兄弟，他们在很小的时候就夭折了。理查德经常要一个人待上好几个月，因为母亲要去照顾他的兄弟，这让他在某种程度上感到自己被遗弃了。

在与难以取悦的父母打交道的过程中，尼克松逐渐形成了自己的个性。为了克服和掩盖自己的弱点，他创造了一个很符合自己需要的人格，先是用来应对家人，然后用来应对公众。这个人格强调了他的优势，同时融入了一些新的优点。他变得极其强硬、坚韧、勇猛、果断、理性，而且很不好惹，尤其是在辩论的时候。（据基辛格说，他最害怕的是被人当作弱者。）但内心深处那个脆弱的孩子并不会奇迹般地消失。如果需求从未得到满足，就会沉入潜意识中，沉入人格的阴影中，等着以更奇怪的方式出现，这就是人黑暗的一面。

对尼克松来说，每当他感受到压力或极其焦虑的时候，这种阴暗面就会从内心深处爆发出来，形成强烈的不安全感（没人欣赏我），疑心重重（到处都是敌人），他会突然发脾气，产生强烈的掌控欲，并且伤害那些他认为超过了自己的人。

尼克松极力压制和否认自己的这一面，甚至在和自己的员工说最后一句话时也是这样。他经常和别人说，他从来不哭、不记仇、不关心别人对自己的看法——而事实恰好相反。在大部分时间里，他能很好地扮演 RN 的角色。但是，阴影一旦升起，就会出现奇怪的景象，让熟悉他的人感觉到自己确实在和两个尼克松打交道。对基辛格来说，就像看到了不受宠的那个孩子复活了一样。

尼克松的阴暗面终于化为录音带这种更为具体的东西。他知道自己说的每一句话都会被记录下来，但他从来没有因此住口或思考自己应该说什么。他在背后诋毁自己亲密的朋友，沉浸在疯狂的偏执和复仇的幻想之中，即便是最简单的决定也犹豫不决。他非常害怕内部泄密，几乎怀疑周围的所有人都会背叛自己，但他却把自己的命运托付给了录音带，相信这些带子永远不会未经编辑就被公开。即便到了录音带确有可能公开的时候，有人建议他将其销毁，他仍然坚持，此时已经是另一个尼克松在掌控局面了。仿佛在内心深处，他希望自己得到惩罚，内心深处的孩子和阴暗面因为强行遭到压制而展开了报复。

理解：尼克松的故事其实与你自己的有很多类似之处。你也像他一样，精心设计了自己的公众形象，突出自己的优点，掩盖自己的缺点。你也将自己童年时期不被社会接受的特征强行压制住了。你已经变得非常好，非常讨人喜欢。只是和他一样，你也有自己的阴暗面，有自己不愿承认或审视的一面。它包含了你最深的不安，包含了隐隐伤害他人的欲望，甚至伤害你最亲近的人，其中还包含了对复仇的幻想、对他人的怀疑，以及对更多关注和权力的渴望。这些阴暗面困扰着你的梦想。在莫名其妙地抑郁、焦虑、敏感、脆弱、疑虑的时候，它会悄悄溜出来。它会在不经意的言论中出现，事后又让人相当懊悔。

有的时候，就像尼克松一样，它甚至会导致破坏性的行为。虽然想将这些情绪和行为归咎于环境或他人影响，但它们总是反复出现，因为你没有意识到它们的来源。抑郁和焦虑是因为自己并不完整，总在扮演另一个角色。压抑阴暗面需要耗费大量的能量，暴露出来的令人不快的举动是释放内心紧张情绪的一种方式。

作为人性的研习者，你的任务是了解和检视自己性格中的阴暗面。一旦受到有意识的审视，它就会失去破坏力。如果你能学会在自己身上发现这样的迹象（参见下方内容的指导），就可以将这种黑暗的力量引导到具有产出性质的活动中去。你可以把自己对外在的需求和内在的脆弱性转化为同情心。把攻击的冲动引导到有价值的事情和工作中去。承认自己的野心，承认自己对权力有渴望之心，不必因此内疚或遮遮掩掩。你会看到自己多疑的倾向，看到自己将负面情绪投射在别人身上，看到自己体内也有自私伤人的一面，自己并不是想象中的天使，也没有那么强大。有了这种意识，你会变得更加平衡，对他人更加宽容。

似乎只有不断向外投射力量和圣洁光环的人才能获得成功，但事实并非如此。

如果将角色扮演进行到这种程度，努力去实现那些并不真实的东西，你只会向他人显露出虚情假意的模样。看看亚伯拉罕·林肯、温斯顿·丘吉尔这样伟大的公众人物，他们有能力对自己的缺陷自省自嘲。这些人表现出了真实的人性，这也是他们的魅力所在。尼克松的悲剧在于，他拥有巨大的政治才能和智慧，如果他能审视自己的内心，看到性格的阴暗面就好了。这是所有人都要面对的悲剧，只是我们在内心深处将其压抑住了。

> 对这种疯狂的渴望伴随着我们的一生。当我们和某个人一起站在深渊边、高塔上的时候，谁没有过突然想要推对方一把的冲动？为什么明明会后悔，我们还是会伤害自己所爱之人？我们之所以存在，是因为要与内部的黑暗力量斗争。活着就要在心里和灵魂上与巨魔作战。写作就是对自己的审判。
>
> ——亨利克·易卜生

人性的关键

回忆一下我们平常认识和见到的人，一般都比较让人愉快。大多数情况下，他们似乎也很高兴和我们在一起，相对而言，他们坦率自信，有社会责任感，能够与团队合作，能照顾好自己，并且善待他人。但是，每隔一段时间，我们就会在这些朋友、熟人和同事身上瞥见一些与日常状态相矛盾的行为。

可能会出现以下几种情况：他们突然对我们提出批评，有些话甚至很不中听；对我们的工作或性格提出严厉的指摘。这是他们的真实感受吗？是平时努力掩饰的想法吗？在那一瞬间，他们变得很不友好。我们还听过有些人关起门时对家人或雇员的态度很糟糕。有些人突然和最荒谬的对象发生婚外情，最终导致破坏性的结果。有些人把钱放在一些愚蠢的、风险很高的金融项目中。有些人会做出轻率的举动，将自己的职业生涯置于危险之中。有些人在撒谎或操纵他人的过程中被人察觉了。我们也可以注意到，在公众人物和名人身上也有这样的时刻，这些抹黑声誉的事件始于一些奇怪的情绪，后续要用漫长的道歉加以弥补。

我们在这些时刻瞥见的就是他们性格中的阴暗面，就是瑞士心理学家卡尔·荣格所说的阴影。阴影是由人们想要自我否认和压抑的品质组成的。这种压抑藏得非常深，以至于人们经常察觉不到阴影的存在，它是在无意识层面运行的。根据荣格的观点，阴影有一定的厚度，这取决于压抑的程度以及被掩盖的特质有多少。尼克松可以说有一个特别厚实的阴影层。人在暴露自己阴暗面的时候，我们可以从他们的脸上看到一些东西，声音和肢体语言都发生了改变，仿佛面前换了另外一个人，那个不安的孩童特质突然变得非常清晰。我们可以看到影子缓缓浮现了出来。

阴影埋在内心深处，但在人压力很大或深层的创伤和不安全感被触发的时候，它会变得非常活跃。随着年龄的增长，它也会出现得越来越频繁。当我们年轻的时候，一切都是丰富的多彩的，我们需要扮演各种社会角色。但到了晚年，人会对自己戴的面具感到厌倦，阴影泄露出来的机会也更多。

我们很少看见阴影，所以打交道的人某种程度上对我们来说是陌生的。这就好像我们只看到人们的二维平面形象，这是他们愉快合群的一面。只有加上阴影的轮廓，才能看到生动的三维形象。这种全面了解一个人的能力是我们理解人性的关键。掌握了这些知识，我们就能预测人在压力下的行为，了解潜藏的动机，不会受到自我毁灭倾向的拖累。

阴影产生于人生的早期阶段，源自我们感受到的两种相互冲突的力量。首先，我们是带着炽烈的能量来到这个世界的。由于分不清哪些行为是可接受的，哪些是不可接受的，我们体验到的是自然的冲动。这些冲动有些是具有攻击性的。我们想要独占父母的注意力，比兄弟姐妹得到更多的关注。我们经历过情深意切的时刻，也感受过强烈的厌恶和憎恨，甚至憎恨父母没有满足自己的需求。我们渴望印证自己在某些方面是优越的并因此获得赞赏——比如外表、力量或智慧。如果想要的东西遭到剥夺，我们可能会变得非常自私，并且通过一些狡猾的手段来获得它。甚至我们还可以在伤害他人的过程中找到一些乐趣，幻想着展开报复。我们感受并表达了全部的情绪。谁也不是人们想象中的天真的孩童或无辜的天使。

与此同时，我们又完全处于弱势，要依靠父母生存。这种依赖性持续了很多年。我们密切关注着父母，注意他们脸上每一个准许和不准许的信号。他们会责怪我们精力过于旺盛，希望我们保持坐着不动。有时他们还会认为我们太任性。有时候他们会觉得别人在用孩子的行为来评判他们，因此希望我们能好好表现，在别人面前表演得像个可爱的天使。父母敦促我们要懂得合作，公平竞争，尽管有时候我们希望表现得与众不同。他们鼓励我们压抑自己的需求，在他们紧张的生活中更多地满足他们的需要。他们还会阻止我们发脾气或做出任何形式的撒气举动。

随着年龄的增长，展示特定面孔的压力来源有了变化，更多地来自同伴和老师。此时可以表现出一些野心，但不能太过头，否则会显得很反社会。我们可以表达自信，但不能太过头，否则会显得很张扬。此时融入群体的需要成为首要动机，所以我们学会了抑制和约束性格中的阴暗面。我们把文化中做个好人的理想内化，秉持着亲近社会的价值观。这一点对社会生活顺利运行至关重要，但在这个过程中，我们本性中的很大一部分被转移到了地下，变成了阴影。（当然，也有人一直没能学会控制这些黑暗的冲动，最终反映在了社会生活中——比如罪犯。但即便是罪犯，很多时候也会努力表现得很好并为自己的行为辩护。）

我们当中的绝大多数人都成功地变成了积极的社会动物，同时也付出了代价。最终，我们放弃了童年炽烈的能量以及本能够体验到的全部情感，还有这种狂野的能量带来的创造力。但在暗地里，我们又渴望以某种形式重新体验它。于是一些外界禁止的性行为或社交行为总会吸引人的目光。由于感到感官迟钝，思想被传统束缚，我们还有可能会寻求酒精或其他刺激物。如果一路上积累了太多伤痕和怨恨，我们只会努力向别人隐瞒，阴影会越来越厚。如果生活中获得了成功，我们会沉迷于这种积极的关注，等到这种关注度强心针消退的时候，阴影又会泛滥起来。

将阴暗面隐藏起来需要能量；持续保持美好、自信的一面会让人感到疲惫。因此，阴影也会通过释放一些内在紧张情绪的方式重返人间。正如诗人贺拉斯说过的："你不可能用干草叉赶走人性。"要善于识别他人释放阴暗情绪的时刻，对其进行合理解读，看到此时阴影的轮廓。以下是释放阴暗情绪时最为明显的特点。

矛盾行为。这种迹象是最有说服力的信号。它掩盖在人们精心构建的外表之下。例如，满口伦理道德的人突然做出道德沦丧的事，外表强硬的人不合时宜地爆发出不安和歇斯底里，宣扬自由、爱和开放精神的人突然跋扈而独断。这种奇怪、矛盾的行为正是阴影出现的直接表现。（关于这类迹象及其解释，请参见本章的下一节内容。）

情绪爆发。一个人突然失去了自己惯常的自制力，尖酸刻薄地表达了深深的怨恨，说了一些伤人的话。这样一番释放之后，他们可能会将其归咎于压力，说自己当时的话没有任何意思，而实际上情况恰恰相反——是阴影开始说话了。要把他们说的话当事实。即便是情绪不太激烈的时候，人也有可能突然变得异常敏感。这是因为从小到大埋藏最深的恐惧和不安不知不觉间被激活了，此时他们会对任何可能存在的轻视都保持高度的警惕，随时准备爆发出来。

激烈否认。根据弗洛伊德的说法，让我们在无意识层面感到不愉快、不舒服的东西想要达到意识层面，唯一的途径就是激烈否认。我们会表达出与埋藏在心底的想法完全相反的内容。也许一个严词反对同性恋的人，实际感受恰恰相反。尼克松经常做出这样的否认，比如他用最强烈的措辞告诉别人，他从来不哭、不记仇、不向软弱屈服，也不在乎别人怎么看待他。我们要将这些否认重新解释为阴影欲望的积极表达。

“意外”行为。人们总说自己要戒掉一些瘾，或是不要那么努力工作，或是结束一段自毁式的关系。然后他们就沉回自己想要摆脱的行为中去了，然后将其归结为无法控制的病症或依赖性。这样既放纵了阴暗面，同时也给良心以救赎；其实他们根本无法控制自己。忽略这些理由之后，你会看到是阴影正在运作。还要记住一点，如果人喝醉后表现出与平时截然不同的行为举止，这往往不是酒精在说话，而是阴影在说话。

过度理想化。它是阴影最有力的掩护者。我们相信某些主张，比如政治行动必须公开透明，敬仰并追随信奉某一主张的领导者，决定参与某种由抵押贷款等支撑的证券投资并相信它是最新潮、最复杂的致富途径。在这种时候，支撑你的远远不只是热情，而是强大的信念。此时我们会将所有缺点、不一致或可能存在的问题掩盖起来。以黑白分明的方式看待一切，认为自己的事业是有道德感的、现代的、进步的，而包括怀疑者在内的另一方是邪恶反动的。

此时，为了某些主张我们可以做任何事——欺骗、操控、谍报、伪造科学数据、打击报复。领导人做任何事都是正当的。在投资方面，以往觉得存在巨大风险的事，此时也变得稀松平常，因为这次的金融工具是不同的、新潮的、不受日常规则限制的。我们尽情放纵贪欲，不必担心后果。

我们往往会被人类信念的力量迷惑，把过度的行为解释为热情所致。但我们应该从另一个角度看待它。对某一主张、人物或物体过度理想化，人就将支配权交给了阴影。这是一种无意识动机。打着理想、事业旗号衍生出来的欺凌、操控和贪婪的行为只是表面现象，过于强烈的信念掩盖了压抑的情绪，让其开始发挥作用。

在争论的过程中，人们会利用强大的信念作为掩护，遮掩自己欺凌恐吓他人的欲望。他们会拿出统计数据和逸事（总能找到这类东西）来佐证自己的观点，然后继续侮辱指责我们。他们会说，这不过是一种思想交流。要注意他们欺凌的语气，不要被他们愚弄。知识分子可能会更加狡猾，他们会用晦涩的语言和难以理解的观点来压制别人，而对方会因为自己的无知感到自卑。无论是哪种情况，只需要将其看作受压抑的攻击性找到了宣泄的出口。

投射。这是迄今为止我们最常见到的阴影形式，它几乎每天都给阴影提供释放的窗口。由于不能承认自己对性、金钱、权力或某些领域的优越性心存欲念，所以我们会把这些欲望投射到别人身上。有时我们只靠简单想象，完全无中生有地投射出某些心仪的品质并用它来批判他人。还有些时候，其他人以某种形式表达了这些禁忌的欲望，我们就会放大这件事以证明自己的厌恶或憎恨。

例如，我们在冲突中指责对方独裁的欲望。实际上，对方可能只是在为自己辩护。我们才是暗暗希望主宰一切的人。但如果在对方身上看到这一点，我们就会以判决的形式发泄自己压抑的欲望，实则是为自己的独裁反应进行辩护。比如，我们在人生的早期阶段压抑了武断和冲动的欲望，这对孩子来说是很自然的。不自觉地，我们希望重新拥有这些特质，只是无法突破内心的禁忌。对那些不那么拘谨、更有自信、野心表达更强烈的人，我们会夸大对方的这些倾向。我们在鄙视他们的同时，也在借机发泄一些自己无法承认的情绪。

十九世纪伟大的德国作曲家理查德·瓦格纳经常表达出反犹太主义的倾向。他指责犹太人以其折中主义的品位、多愁善感的情绪以及过于强调技巧的倾向对西方音乐造成了毁灭性打击。他渴望的是一种更纯粹的德国音乐，而他创作的也是这类音乐。在音乐方面，他对犹太人的指责大部分都是他自己编造的。但奇怪的是，瓦格纳自己就有很多与犹太人相同的品质。他的个人品位也是相当折中的，也有多愁善感的倾向。与他合作的很多钢琴家和指挥家都是犹太人，因为他们相当精通技巧。

记住，在所有强烈的仇恨背后，往往是对受害人或受害民族抱有的隐秘且难以言说的嫉妒。只有通过仇恨的方式，它才能从无意识中释放出来。

在观察人类阴影的时候，把自己看作侦探。通过发现的种种迹象，你可以填补出对方压抑欲望的轮廓。这会帮助你预测未来可能出现的类似阴影导致的行为。请放心，这些行为绝不会只发生一次，而是会在不同领域出现。例如，如果你看到某个人在争吵的过程中有欺凌对方的倾向，那么在其他场合会再次看到它。

可能你会觉得阴影的概念有点儿过时了。毕竟，我们如今生活在一个更加理性、科学的文化环境中。可以说，人类比以往任何时候活得都透彻，更具自我意识。祖先要应对的是有组织的各种宗教压力，相比之下，我们要压抑的东西更少了。但是，事实可能恰恰相反。在很多方面，我们的意识、社会性自我和无意识阴影比以往任何时候都更加分裂。当下的文化拥有强大的强制执行力，每个人都必须遵守这些准则，否则就要在社交媒体上面对各式各样的难堪。我们都要达到无私的境界，但这显然是不可能的，因为大家谁也不是天使。这一切都促使我们性格中的阴暗面转入地下。

这也是有迹可循的，比如，每个人都被文化中的阴暗面深深地、秘密地吸引着。我们看到马基雅维利式的人物带有欺骗和操纵性质的节目表演时总是备感兴奋，热衷于阅读新闻报道中被抓个正着的故事以及随之而来的羞辱他人的快乐。连环杀手和邪教头目的故事总是那么吸引人。在观看节目和报道的时候，我们可以鄙视这些恶棍，但实际上，文化不断输出这样的人物，是因为人们渴望表达自己黑暗的一面。这些在一定程度上为我们提供了释放的渠道，让人从扮演天使和显得正确的紧张感中解脱出来。

这些是相对无害的释放途径，也有一些形式比较危险。人们越来越容易被那些宣泄阴暗面的人物吸引，他们表达的都是我们暗藏于内心的敌意和怨恨。他们说了我们不敢说的话。有了群体安全和事业正义性作为后盾，我们可以将自己的不满轻易地发泄在替罪羊身上。将团体事业理想化之后，我们可以自由地去做个人不敢做的事。这些煽动家善于夸大眼前的威胁，把一切都描绘得非黑即白。他们挑起恐惧、不安和报复的欲望，这些原本隐藏的欲望，随时都等待着在群体环境中爆发。经历的压抑和紧张情绪越严重，就越会出现这样的人物。

一八八六年，作家罗伯特·路易斯·史蒂文森出版了小说《化身博士》。主人公杰基尔博士是一位受人尊敬且富有的医生兼科学家，行为举止无可挑剔，非常像我们文化中善良的典范。他发明了一种药剂，把自己变成了海德先生，也就是他阴影的化身，他开始实施谋杀和强奸，沉溺于最疯狂的感官享受。史蒂文森的想法是，外表越是文明道德，阴影中潜藏的危险就越大，人也会越激烈地否认它。正如主人公杰基尔博士描述的那样："我的魔鬼已经在笼子里关了太久，他咆哮着出来了。"

解决办法绝不是下更大力气压制或宣扬正确性。我们永远无法通过强加善意扭转人类的本性。干草叉是不起作用的。同样，我们也不能在群体中寻找释放阴影的缺口，这样既不稳定也很危险。答案是在行动中观察自己的阴影，变得更具自我意识。一旦我们意识到自己内心的运作机制，就很难再将这股秘密的冲动投射到别人身上，也不会再将某些事情过度理想化。有了这样的自我认知，我们可以将阴暗面有效地、创造性地融入自己的意识当中。（关于这一点，请参见本章最后一节。）这样一来，我们会变得更加真实、完整，最大限度地利用好自然赋予我们的能量。

解读阴影：矛盾行为

在生活中，你会遇到一些特征非常明显的人，他们总有一些与众不同之处，比如不寻常的自信、特别的善良亲切、伟大的道德品质和圣洁的光环、坚韧粗犷的男子气概、令人生畏的超高智商，这似乎是他们力量的源泉。如果仔细观察，你可能会注意到这些特质有一点儿夸张的感觉，仿佛他们是在表演，妆化得有点儿厚重。作为研究人性的学生，你需要了解现实情况：强调出来的特质一般都建立在与之相反的特质之上，用以分散和掩盖公众的注意力。

我们可以看到两种形式：在人生早期，一些人感到脆弱不安，令他人感到尴尬不适。于是他们不自觉地发展出相反的特质，有了一层或富有弹性或坚韧的保护壳。还有些人拥有某些反社会的品质，比如野心或私心过重。于是他们发展出了与极度亲社会相反的品质。

上面的两个例子中，他们都在多年的时间中完成了对公众形象的完善和打磨。潜在的脆弱和反社会特性成为各自阴影的关键组成部分，都遭到了否认和压抑。但人性的规律是压抑得越深，阴影的波动性就越大。随着年龄的增长和外部压力的增加，表面会出现裂痕。他们扮演的是相当极端的角色，这很消耗精力。真实的自我则会通过情绪、妄念、隐秘的恶习对外部形象进行反向攻击，其结果常常是自我毁灭。

你的任务很简单：身处这些拥有强调性特征的人周围时要格外警惕。人们很容易被外表和最初的印象迷惑。随着时间的推移，相反的迹象就会出现。一旦你了解了他们的类型，处理起来就会容易得多。以下是七种最常见的强调性特征，你要学会识别和处理它们。

硬汉。这类人表现出一种粗犷的男子气概，目的是恐吓对方。他们会表现出豪迈的气势，表明自己是不好惹的。他们喜欢吹嘘自己过去的丰功伟绩，包括征服过的女人、参与过的斗争以及与对手谈判的次数。虽然这些故事听上去很有说服力，但总给人一种夸张的感觉，让人难以信服。不要被表象迷惑。这样的人已经学会了掩饰自己潜在的软弱，那是一种深藏在内心的、令他们感到恐惧的情感弱点。有时你会看到他们敏感的一面，他们可能会哭泣、发脾气或突然表现出同情心。他们自己会对此感到尴尬，很快用强硬甚至残酷的行为来遮掩。

对棒球运动员雷吉·杰克逊来说，洋基队的经理比利·马丁就是这类好口角的人。马丁在谈到自我时相当动人，他的情绪总在不断变化（这一点并不是很有男子气概），并且会暴露出明显的不安情绪，杰克逊其实可以从这些角度看到他虚张声势背后的软弱。压制的情感总会不可抑制地浮出水面，而这类人一定会试图掩盖。虽然他们喜欢支配女性，但最后往往会娶到一位支配他们的妻子，这是这类人心中一个隐秘的愿望。

你一定不要被眼前的场景吓到，但也要注意不要质疑对方的高谈阔论或阳刚之气，这样会激起他们内心深处的不安全感。他们是出了名的易怒和薄脸皮，如果你触发了对方的不安全感，他们会从你脸上察觉到细微的表情，然后凶狠地用蔑视来掩盖。如果碰巧你遇到了这样的对手，他们是很容易上钩的，会做出过度的反应，暴露出不那么强硬的一面。

圣徒。这类人是善良和纯洁的典范。他们支持的是最好、最进步的事业，如果生活在这样的圈子里，这类人可以游刃有余；如果身处一个政治腐败和妥协的环境中，他们会表现得超然物外；他们还会对各种类型的受害者展现出无尽的同情心。这样的圣徒外表其实是为了掩盖他们对权力的渴望和对感官欲望的强烈需求。讽刺的是，如果把圣人的光环投射到极致，他们会获得巨大的权力，进而领导一个邪教或政党。一旦掌权，阴影就有了运作的空间。他们会变得非常狭隘，对不纯洁的人大加挞伐，必要时还会出手惩罚他们。在法国大革命时期崛起的马克西米连·罗伯斯庇尔（绰号“不可腐蚀者”）就是这种类型的人。在他的统治下，无数人命丧断头台。

他们暗暗地被性、金钱和聚光灯吸引着，同时也被那些和圣徒身份相抵触的东西吸引着。这种压力和诱惑太大了——他们总会和自己的学生发生关系。在公众面前是一副圣徒的模样，但在家人或配偶面前则是一副魔鬼的嘴脸。（参见第二章中托尔斯泰夫妇的故事。）世上确实有货真价实的圣徒，但他们绝不会宣传自己的事迹，也不会抢夺权力。想要区分谁是真谁是假，不要理会他们的言语或投射的光环，只需关注行为和生活细节——是否享有权力和关注度，累积了多少财富，拥有多少情妇，自我陶醉的程度有多高。一旦识破这种障眼法，就不要追随这样的人，要保持一定距离。如果对方是敌人，只需将灯光照向那些明显的虚伪迹象。

作为此类型的一个变体，有的人喜欢宣扬自由恋爱，一切皆有可能的哲学；但实际上他们追求的只有权力。这类人更喜欢与那些依赖他们的人发生关系。当然，只要符合他们的标准，自然一切皆有可能。

有魅力的被动攻击者。第一次见到这类人时，他们非常友好且包容，所以你很快让他们进入了自己的生活。他们总是微笑，而且非常乐观，也愿意帮助你。某些时候，为了回报他们的善意，你还会雇用对方，在事业上帮他们一把。在这个过程中，你们的关系出现了一些裂痕，也许他们突然开始发表批评性的言论，或者你突然发现他们一直在背后议论你。然后，发生了一些丑陋的事，也许是矛盾大爆发，也许是出现了背后搞破坏的行为，总之他们已经和最初你结识的那个善良、迷人的家伙大不相同了。

实际上，这类人很早就意识到了自己有难以控制的攻击性和嫉妒心。他们想要获得权力，但直觉告诉他们，这样的倾向会让生活变得非常艰难。于是多年来他们锻造出了相反的形象，实际上这种友善极具攻击性。通过这种方法，可以获得社会权力。但在心底，他们很反感扮演这样毕恭毕敬的角色，因此无法保持这种状态。在压力之下，有时仅仅是因为扮演太过劳累，他们也会发怒伤害你。此时做这件事是轻而易举的，因为他们已经很了解你的弱点了。当然，事后所有的责任都归咎于你。

最好的防御措施是一开始就对这些显得过于迷人、友好的人保持警惕。这种极端的友善是不自然的。保持距离，在早期寻找一些迹象，看看对方是否有攻击性的评论。如果你注意到对方很不寻常地热衷于某人的恶评八卦，那么就可以确定是他们的阴影在作祟，总有一天你也会成为这种流言蜚语的目标。

狂热分子。无论是支持什么问题，这类人的热情很容易给人留下深刻的印象。他们讲话很有力度，不允许有任何妥协。他们会扫清障碍，将事业推向高峰。由于散发出强大的力量感和信念感，追随者众多。他们有着夸张和引人关注的天赋。但到了要兑现承诺的关键时刻，总是会发生意外。这类人会在不恰当的时刻变得优柔寡断，或者把自己弄得筋疲力尽而病倒，或者做出各种拙劣的行为，让一切分崩离析。仿佛他们突然失去了信念或暗地里想要失败。

实际情况是，这类人在人生初期就有巨大的不安全感。他们对自我价值存在怀疑，从未拥有过足够的爱，生活充满了恐惧和不确定性，因此他们会用自己对事业的执念来掩盖这一切。你会发现他们转变过自己的信仰体系，有时甚至是翻天覆地的转变。这是因为信仰什么并不重要，只要有强烈的信念就可以，他们会根据时代的发展更换信念。有信念对他们来说就像“毒品”一样。但自我怀疑总会找上门来，他们自己也不知道能不能完成任务。因此在压力之下，他们会展现出相反的状态，变得优柔寡断、怀疑自己。这类人会突然解雇助理和经理，给人以雷厉风行的印象，但实际上这种破坏并不是必要的。把一切事情搞砸之后，他们会把责任推给别人。

永远不要被对方的信念和夸张的天赋迷惑。始终遵循这样一条规则：说话越尖锐，背后的不安和疑虑就越深。不要成为这类人的追随者，他们只会让你出丑。

僵化的理想主义者。我们每个人都有不理性的倾向。这是人类起源至今留下的遗产，我们永远无法摆脱它。人类很容易迷信，把两件没有关联的事联系在一起。我们喜欢各种巧合，喜欢把自己的感受拟人化，投射到其他人身上和周围的世界中去，我们还会偷偷查阅占星手册。我们要接受这一点。实际上，我们经常将非理性行为当作一种放松的方式，比如愚蠢的笑话、无意义的活动、偶尔涉足的神秘学。始终保持理性让人非常厌烦。但对有些人来说，这种非理性的东西会让他们感到非常不舒服。他们认为这种原始的思维方式是软弱的、神秘主义的、与科学和技术发展相悖的。一切都要极度清晰、理性。他们是虔诚的无神论者，意识不到上帝的概念既不能被证实，也不能被证伪。无论如何，这只是一种信仰。

但是，被压抑的东西总会回潮。他们对科学和技术的信仰带着一种宗教气质。在与人争论的时候，会把自己的想法强加于人，用智商碾压对方，甚至其中还会带着一丝愤怒，这揭示了内心原始的躁动和欺凌他人的情感需求。在极端情况下，他们会陷入最不可思议的、与形象完全相悖的恋情之中，比如教授和年轻的模特私奔。他们还会做出一些错误的职业选择，陷入一些不可理喻的金融投资陷阱，对某些阴谋论深信不疑。在情绪方面，这类人很容易突然性情大变，在阴影的刺激下情绪爆发。诱使他们做出过度的反应，就可以刺破智商泡沫。真正的理性应当是保持清醒，对自己的能力保持怀疑，不过度自我宣扬。

摆架子的人。这类人对与众不同有巨大的心理需求，必须要凌驾于人类大众之上。在涉及艺术、电影评论、美酒、美食、复古朋克摇滚唱片的时候，他们有着最精致的审美品位。关于这些东西，他们积累了丰富的知识，令人印象十分深刻。他们还很注重外表，比其他人显得更“另类”，文身更加独特。很多人的身世背景都很奇特，祖先并不是普通人。他们周围的一切都超乎寻常。当然，后来大家会发现这些背景完全是夸大其词，甚至完全是谎言。十九世纪初臭名昭著的花花公子博·布鲁梅尔实打实地出身于中产阶级家庭，但他兜售的东西恰好相反。香奈儿艺术总监卡尔·拉格菲尔德的家族并没有财产可以继承，而是以典型的资产阶级的方式赚钱，这与他讲述的故事也是相反的。

实际上，平庸是人类生活的一部分。我们生命中大部分时间都在做最无聊乏味的工作。对大多数人来说，父母的工作平常且朴素。我们的性格和技能也都有平庸的一面。但喜欢摆架子的人对此非常敏感，这可能是因为出身的平庸为其带来了巨大的安全感缺口。为了处理这个问题，他们用外表来分散他人的注意力（而不是在工作中做真正有创造性的事），用非凡的事物和小众的知识将自己包裹起来。在这包裹之下，只是个平凡普通的真正的人。

在任何情况下，那些真正具有创造力、与众不同的人都不需要大张旗鼓地自我宣传。实际上，他们往往会因为自己的与众不同感到尴尬，并且学会显得更加谦逊。（作为这方面的例证，可以看下一节中亚伯拉罕·林肯的故事。）对那些不遗余力地炫耀自己与众不同的人要格外警惕。

包办一切。乍一看，这类人似乎拥有非常积极的品质，尤其是在工作领域。他们保持着非常高的标准，对细节非常关注。他们愿意自己做大部分工作。如果有天赋加持，这类人往往会在人生早期获得成功。但在表面之下，失败的种子正在生根发芽。首先，他们无法接受他人的意见，也不需要任何人。实际上，他们不相信那些没和自己保持同样高标准的人。随着事业的成功，他们只能被迫承担起越来越多的责任。

如果他们真的足够独立，就会知道向下级授权的重要性，这样可以保持高层次的控制，但总有阴影在暗处蠢蠢欲动。很快，情况就变得混乱起来。其他人不得不介入并接管业务。他们的健康和财务状况一塌糊涂，只能完全依赖医生或外部理财。最后他们从完全控制型变成了完全依赖型。（想想流行歌手迈克尔·杰克逊人生的最后时光。）

这种极度独立的外表往往掩盖了一种隐秘的愿望，他们希望别人能来照顾自己，倒退回童年完全依赖他人的时代。但他们永远不能承认这一点，也不能表现出这种软弱的迹象，但在不知不觉中，他们被诱惑着制造了各种混乱，自己崩溃之后不得已进入某种依赖的状态之中。在事前也会有种种迹象：比如反复出现健康问题，在日常生活中突然需要被人嘘寒问暖地呵护。当他们失去掌控力，没有采取措施阻止情况恶化的时候，还会出现更明显的迹象。在职业生涯中，最好不要与这类人纠缠在一起，因为他们很有可能带来很多附加伤害。

完整的人

在生活中，我们总会遇到一些看起来活得很自在的人。他们会有这些特征：

能够自嘲；承认自己性格上的缺点以及自己所犯的错误；顽皮，有时甚至有点儿冒失，仿佛内心保留了很多孩子的状态；能够在生活中扮演自己的角色，并且会有一点儿距离感（参见第三章最后一节）。有时，他们会不自觉地散发出迷人的气息。

这种人发出了一种真实的信号。如果说大多数人在成为社会化的成年人这一过程中失去了很多自然特征，那么真实的人则以某种方式让这些特征得以保持鲜活。我们可以很容易地将他们和相反类型的人进行对比：敏感的人对所有蔑视都非常警惕，他们给人的印象是对自己总是不满意，总想要隐藏一些东西。人类是辨别这类差异的高手，只需要观察非语言行为就可以清晰地感受到不同——身体语言放松还是紧张，话语流畅还是有停顿，眼睛注视你的方式，是否对你表达出友好欢迎的意图，以及有没有真诚的微笑。

有一件事是肯定的：真实的人是非常吸引人的，虚假的人会让人排斥。原因很简单：我们都在为自己失去的野性、自然、感受力和开放性等孩子般的天性暗自哀伤。人整体的能量因为丧失了这些天性而减弱。这些散发着真实气息的人向我们发出了另一种可能的信号，我们可以将儿童与成人、黑暗与光明、无意识与有意识整合在一起。我们希望和这样的人在一起，也许他们的能量可以转移到我们身上。

如果说理查德·尼克松在很多方面都表现得不够真实，我们可以找到很多相反的例证来激励自己——在政界，有温斯顿·丘吉尔和亚伯拉罕·林肯；在艺术界，有查理·卓别林和约瑟芬·贝克；科学界有阿尔伯特·爱因斯坦；在社会生活中，有杰奎琳·肯尼迪·奥纳西斯。这些人为我们指明了方向，也就是要以自我意识为中心。了解自己的阴影，控制、引导并且将其整合。意识到自己失去了什么，才能重新与自己沉入阴影的部分获得连接。

以下是实现这一目标的四个明确且实用的步骤。

看到阴影。在整个过程中，这一步是最困难的。阴影是我们否认和压抑的东西。挖掘他人的阴暗面，对其指指点点是很容易的。但对自己来说，想要内观自己的这一面是很反常的举动。但要记住，如果一直把这部分藏起来，你只能是半个人。这个过程需要勇气。

最好的开始方式是寻找间接的迹象，就如同上几节中介绍的那样。例如，注意自己身上是否有特别偏颇的、格外顽固的特质。假设在内心深处藏着完全相反的东西，可以试着在自己的行为中寻找更多相关特质的迹象。看看自己在情绪爆发和极端感性的时候，某人某事触动心弦的时候是怎样的。如果你对某句话或某句指责非常敏感，就是阴影在蠢蠢欲动，进而表现出了一种深深的不安。你要把它带到光明之中。

对于自己投射向周围的人，甚至整个群体的情绪和特质要深入研究。例如，如果你非常厌恶自恋或爱出风头的人，实际上可能是你自己存在自恋倾向和独断的隐秘愿望，并且以强烈的否定或憎恨的形式与之抗争。对他人身上的特质和弱点越敏感，越有可能是自己深深压抑的东西。回看自己年轻时（二十岁左右），你的行为举止并不讲究，甚至有些粗暴。人在年轻的时候，对阴影的控制力还比较弱，因此总会不断暴露出来，到了晚年压抑的力量是很强大的。

作家罗伯特·布莱到了职业生涯的后期变得很沮丧。他的写作变得毫无生气。他开始思考自己性格中的阴暗面，下定决心要找到这方面的迹象并开始有意识地仔细研究它。布莱是波希米亚型的艺术家，在二十世纪六十年代的反主流文化中相当活跃。他的艺术根基可以追溯到十九世纪初的浪漫主义艺术家，也就是那些赞颂男性和女性自然性、自发性的一派。布莱在自己的很多文章中抨击广告人和商人——在他看来，这些人精打细算，把一切都算计到极致，害怕生活出现混乱，而且很会操纵他人。

但是，他内观后发现自己身上也有这种斤斤计较、操纵他人的特质。私下里他也害怕生活中出现混乱，喜欢万事计划周全。他之所以会对这些人如此恶毒，是因为他内心深处也有股票经纪人和广告人的特质。有人说，他的品位和写作手法都相当古典（指构思精巧），这让他很反感，因为他的想法恰好相反。但随着对自己越来越坦诚，他发现这个说法是对的。（别人总能比自己更容易看到阴影，在这个问题上征求他们的坦率意见是明智之举。）

他一步步挖掘自己内心的黑暗特质——僵化、过度强调道德主义——在这个过程中，他感到自己心灵的另一半补全了。对自己诚实，便可以创造性地引导阴影。他的抑郁和写作障碍都得到了缓解。

重新审视早期的自己，可以让这一过程更加深入。看看童年时期由父母和同龄人塑造出来的特质，它们可能是一些缺点和弱点，让你感到很羞耻。也许父母不喜欢你内省的特点，或者不喜欢你对某些问题感兴趣。他们把你引向了符合自己口味的职业和兴趣。看看自己过去容易产生哪些情绪，触发敬畏感或焦虑感的事已经消失了。随着年纪的增长，你已经变得越来越像别人，要重新发现自己失去的真实部分。

最后，把梦境看作阴影最直接、最清晰的显现方式。只有在这里，你才会看到生活中有意识小心避免的各种行为。阴影是在用这种方式和你交谈。不必去寻找符号或隐藏的深意，而要注意它们激发的情绪和整体感受，在一天中保持这种状态。它可能是出乎你意料的大胆行为，由某些事情刺激产生了强烈的焦虑而将身体困住，翱翔在一切之上，探索一块超出边界的禁区。焦虑可能源于你没有面对心中的不安全感，翱翔和探索是内心隐藏的欲望想要浮出水面。养成记录梦境的习惯，深入地去感受它们。

反复经历这个过程，就能比较容易看到阴影的轮廓了。你会进而发现更多迹象，因为紧张的肌肉已经松弛了下来。某种程度上，这个过程的痛苦会演化成发现的快乐。

拥抱阴影。人在揭露和面对自己的阴影时总会感觉不适，只想蜻蜓点水地一扫而过。但你的目标必须是相反的，不仅要完全接受阴影，还要将它融入自己的人格之中。

亚伯拉罕·林肯从很小的时候起就喜欢进行自我分析，在内观的过程中经常会出现一个主题，他的性格是分裂的——一面是天性中近乎冷酷的雄心壮志，另一面是沮丧、敏感和软弱。这两种本性让他感到既不适又奇怪。例如，关于自己粗暴的这一面，他喜欢拳击，喜欢在拳击场上将对手痛击在地。在法律和政界，他也有一种相当尖刻的幽默感。

有一次，他给一家报纸写了匿名信，攻击一个他认为是小丑的政客。这些信非常奏效，被攻击的人气得发狂。他发现信的来源是林肯，便向他提出决斗。这变成了城中的一桩话题事件，林肯本人也相当尴尬。他设法从其中脱身，发誓再也不放纵自己的冷酷倾向。他了解自己的特质，并不会否认它。相反，他把自己的进取心和竞争的力量倾注在赢得辩论和选举之中。

他也有柔软的一面，他喜欢诗歌，也非常喜欢动物，讨厌目睹任何形式的身体虐待。他讨厌喝酒，也讨厌喝酒对人的影响。在感觉最糟糕的时候，他很容易陷入深深的忧郁和对死亡的沉思。总而言之，对政界的粗暴而言，自己过于敏感了。他没有否认这一面，而是出人意料地将其转化为对公众和普通人的同情之心。他深切关注战争中逝去的生命，为尽早结束战争付出了全部的努力。他没有把南方塑造成邪恶的代名词，而是对其所处的困境感同身受，筹划建立一个没有仇恨的和平国家。

他还把自己的身体状况变成幽默感的一部分，常常拿自己丑陋的样貌、尖锐的声音和忧郁的性格开玩笑。他接受了这些对立的特质，将其融入自己的公众形象之中，给人以极强的真实感。人们从未见过这样的政治领导人。

探索阴影。阴影是有深度的，其中包含着巨大的创造性能量。探索其深度，其中包含我们原始的思维形式和动物本性中最黑暗的冲动。

孩童时期的思维是流动开放的，我们会在各种想法之间来回跳跃，生出最令人惊讶且具有创造性的联想。但随着年纪的增长，人会倾向于将其收紧。这是一个复杂且充满高新科技的世界，具有支配地位的是统计数字和从大数据中集合而成的看法。思想之间的自由连接、梦境中的图像、直觉感受似乎已经是不合理且主观的代表。这样的思维形式是贫瘠的。在无意识层面和心灵的阴暗面里，富含我们需要学会利用的力量。实际上，我们中间最有创造力的人就在进行这方面的积极思考。

阿尔伯特·爱因斯坦的相对论就基于一幅梦境的图像。数学家雅克·阿达马的重要发现是在公交车上或洗澡时突然闪现出来的，他声称自己当时是无意识的。路易斯·巴斯德的实验室发生了事故，当时他冒出了一个没来由的想法，提出了和免疫有关的伟大发现。史蒂夫·乔布斯声称自己最棒的点子都来源于直觉，也就是思想最自由的时刻。

理解：我们所依赖的有意识的思维是相当有限的。人的短期和长期记忆只能保留一定量的信息。但无意识中留存的是无限的记忆、经验和学习吸收的信息。经过对某一问题的长期研究，无意识会在梦境和不相关的日常活动中，趁着思想放松的时候开始工作，随机关联出各种想法，其中就会涌现出很有趣的东西。我们都会做梦、出现直觉，想法之间会产生随机的联系，只是我们很少关注或认真对待这些事。你要做的是，养成经常运用这种思维形式的习惯，利用松散的时间让想法自由组合，扩大思考的范围，关注那些不自觉冒出来的东西。

同样，你也可以探索自己内心深处最黑暗的冲动，甚至那些看起来像犯罪的冲动，找到一种表达或外化它们的方式，比如可以放在日记里。我们都有攻击性和反社会的一面，甚至面对我们所爱的人时也是如此。每个人都有来自幼年的创伤，这些创伤与那些试图遗忘的情绪有关。各种媒介宣传的伟大艺术都以某种方式表达了这些阴暗面，所以才会在所有人身上引起强大的共鸣，因为它们都被压抑住了。英格玛·伯格曼的电影和费奥多尔·陀思妥耶夫斯基的小说就有这样的力量，你也可以通过外化自己的阴暗面获得相同的力量。

展现阴影。大多数时候，我们都暗暗遵守着无尽的社会准则。每个人都要表现得友善、讨喜、合群。最好不要表现出过多的自信和野心。要尽量显得谦虚，和其他人保持相似，这就是游戏的规则。在遵循这一规则的过程中，我们获得了合群带来的舒适感，也变得更加防备，心怀怨恨。友善成了一种习惯，但也很容易变成胆怯、缺乏自信和优柔寡断。同时，阴影也会现身，不知不觉地以爆炸性的方式出现，而且往往会带来不利的后果。

看看那些在各自领域内获得成功的人。我们会发现，其中大多数人都不太受这些准则的约束。他们普遍更有自信，表现出更加明显的野心。这些人不太在乎别人的看法。他们会公开且自豪地藐视寻常规则。他们并没有受到惩罚，而是得到了极大的奖励。史蒂夫·乔布斯就是一个典型的例子。他在与他人合作的过程中展现了自己粗暴阴暗的一面。我们在看待乔布斯这样的人时，倾向于欣赏其创造力，而将他的黑暗特质隐去，认为这是不重要的。如果他能更友善一点儿，就是一个圣人。但实际上，他的阴暗面与权力和创造力密不可分地交织在一起。他不听别人的劝告，只走自己的路，粗暴也许正是他成功的关键，对此我们都相当崇敬。很多有创造力、有权力的人都是如此。如果去掉这些活跃的阴影，他们也会变成寻常人。

理解：恭敬友好比有意识地展示阴影要付出更大的代价。第一，要想展示阴影，就得从更尊重自己的意见、少遵循他人的意见开始，尤其是在涉及你的专业领域的时候。相信自己的天赋和想法。第二，在日常生活中养成多坚持、少妥协的习惯。这一点可以在比较受控和适当的情况下进行。第三，少在意别人对你的看法，这样可以获得巨大的自由感。第四，有时你不得不得罪甚至伤害那些阻碍你前进、价值观扭曲以及对你提出不公正批评的人。在明显遭遇不公的时刻，把阴影骄傲地展示出来。第五，自由地扮演一个厚脸皮、任性的孩子，嘲笑他人的愚蠢和虚伪。

最后，藐视那些必须严格遵守的惯例。几个世纪以来，甚至直到今天，性别角色仍然带有巨大的惯性。男性和女性可以做什么、说什么都是有严格规定的，甚至从社会习俗差异上升为一种生物差异。女性受到社会化洗礼，变得格外友好和顺从。她们持续承受着压力并误以为这是自然而然的。

历史上一些最有影响力的女性都是故意打破这些准则的人，比如玛琳·黛德丽和约瑟芬·贝克这样的表演家，埃莉诺·罗斯福这样的政治家以及可可·香奈儿这样的商界女性。她们都释放出了自己的阴影，做了传统上男性才会做的事，混淆了性别角色。

即便是杰奎琳·肯尼迪·奥纳西斯也是通过与传统的政治家妻子类型进行斗争而获得了巨大权力。她有一种明显的不良底色。诺曼·梅勒在一九六〇年第一次看到她的时候，感觉她似乎在取笑他："她眼睛里有一些好笑又好气的神采，仿佛一个非常顽皮的八岁小孩。"她似乎并不在意别人对自己的看法，散发着一股自然的气息，由此形成了轰动效应。

一般来说，这是一种驱魔的方式。这些欲望和冲动一旦展现出来，就不会再隐藏于人格的角落里，以秘密扭曲的方式运作。魔鬼已经被释放出来，使你变成了一个更加真实的人。这样一来，阴影就成了你的盟友。

> 不幸的是，毫无疑问，人作为一个整体，并不如自己想象或期望中那么好。每个人都带着阴影，它在个体意识中出现得越少，就越黑暗、越密集。
>
> ——卡尔·荣格

第十章

当心脆弱的自我：嫉妒法则

人类总是自然而然地被迫相互进行比较。我们不断衡量地位的高低，受尊重和受关注的程度，在意自己拥有的和对方拥有的有何差异。对我们当中的一些人来说，这种比较是对工作的一种刺激，能让人在工作中表现得更加出色。而对其他人来说，它可能会变成深深的嫉妒，带来自卑、沮丧的感觉，让人暗中发动攻击和破坏行为。没人会承认自己的行为是出于嫉妒。你必须认识到早期的警告信号——热情到过度的赞美和示好；以善意的幽默做幌子悄悄打探情况；对你的成功表现出明显的不安情绪。这种迹象最有可能出现在朋友或同行当中。学会转移嫉妒情绪，把注意力从自己身上移开。从内部发掘自己的价值感，不再接连不断地进行比较。

致命的朋友

一八二〇年底，小说《科学怪人》的作者玛丽·雪莱和自己二十八岁的丈夫诗人珀西·比希·雪莱经过几年的旅行，搬到了意大利的比萨。玛丽的日子很不好过，她两个年幼的孩子都在意大利因发烧夭折。最近她又生了一个孩子，是个名叫珀西的男孩，她始终担心孩子的健康状况。对于孩子们的死亡，她感到非常内疚，终于和丈夫起了冲突。他们曾经非常亲密，一起经历了很多事，几乎可以读懂对方的想法和情绪。如今丈夫与她渐行渐远，对其他女人产生了兴趣。她希望可以在比萨安定下来，夫妻重新回到紧密的关系中，并且能认真地开始写作。

一八二一年初，一对名叫简·威廉姆斯和爱德华·威廉姆斯的年轻英国夫妇来到比萨，他们抵达的第一站就是去拜访雪莱夫妇。他们和珀西·雪莱的一个表亲是好友，也想住在比萨，面见这对夫妇显然是为了拜会名人。玛丽已经习惯了这类访客，她和丈夫早已因此出名，即便是来自欧洲各地的好奇的波希米亚人也会来看一看，想要结识他们。

当然，威廉姆斯和其他访客一样，也了解雪莱夫妇的过往。玛丽的双亲是英国最杰出的知识分子。她的母亲玛丽·沃斯通克拉夫特可以说是历史上首位伟大的女权主义作家，以其著作和丑闻式的爱情故事闻名。她生下玛丽后便去世了。父亲威廉·葛德文是著名作家兼哲学家，倡导激进思想，其中不乏对私有财产的抨击。很多有名的作家都会来看望玛丽，她是个非常有趣的孩子，有着和母亲一样醒目的红发，一双炽烈的眼睛，智慧和想象力都远超出她的年龄。

威廉姆斯夫妇肯定知道，玛丽在十六岁时就遇到了诗人珀西·雪莱，展开了一段不光彩的爱情故事。雪莱是贵族出身，可以从父亲那里继承一大笔财富，他曾与一个名叫哈丽耶特的年轻美女结婚，但又为了玛丽抛弃了她，他们和玛丽的继妹克莱尔一起在欧洲旅行、同居，所到之处尽是丑闻。雪莱是自由恋爱的忠实信徒，也是公开的无神论者。后来，他的妻子哈丽耶特自杀了，玛丽永远对此心怀内疚，甚至觉得自己和雪莱的孩子也是被诅咒而死的。哈丽耶特死后不久，玛丽和雪莱就结婚了。

威廉姆斯夫妇肯定也知道，雪莱夫妇与另一位著名的叛逆者、诗人拜伦勋爵的关系。他们曾一起在瑞士共同度过了一段时光，也正是在那里的午夜讨论中，玛丽在恐怖故事的启发下获得了创作伟大小说《科学怪人》的灵感，这是她十九岁时的作品。拜伦勋爵也有极为丰富的丑闻和无数的爱情逸事。三个人源源不绝地吸引着谣言，拜伦勋爵现在也住在意大利。英国媒体将他们称为“乱伦和无神论者联盟”。

最初，即便一起吃了几顿饭，玛丽也没怎么对这对夫妇上心。她觉得简·威廉姆斯沉闷且自命不凡。正如玛丽给离家几星期的丈夫写信所说的那样：“简当然很漂亮，但她缺乏活力和理智，说的话也没有什么特别之处，而且语气缓慢单调。”简不擅长阅读，她最喜欢的是插花、弹踏板竖琴、唱小时候在印度学会的歌曲，并且摆出相当漂亮的造型。她是个肤浅的人吗？玛丽有时会发现，简在用很不友善的眼神盯着自己，一旦被发现立刻又用愉快的微笑加以掩饰。更重要的是，威廉姆斯夫妇在欧洲旅行时认识的一个普通朋友在信中警告玛丽，要与简保持距离。

但是，爱德华·威廉姆斯是个相当有魅力的人。他似乎很崇拜雪莱，自己想成为他这样的作家。他非常想要取悦雪莱，为他服务。有一天，他把自己和简的浪漫故事告诉了玛丽，玛丽非常感动。

威廉姆斯夫妇实际上并没有结婚。来自中产阶级的简·克利夫兰嫁给了一名英国高级士兵，却发现他是个虐待狂。这时她遇到了英俊的爱德华·威廉姆斯，他也在印度生活过，是个军人，二人立刻坠入爱河。一八一九年，虽然简仍然和第一任丈夫保持着婚姻关系，但实际上已经和爱德华冒充夫妇前往欧洲大陆。像雪莱夫妇一样，他们也曾在瑞士居住，来意大利是在猎奇的同时享受好天气。简盼着和爱德华生下第二个孩子，此时玛丽也再次怀孕了。从命运的角度来看，她们似乎有很多共同之处。更重要的是，玛丽对他们的恋情以及相互做出的牺牲深表同情。

随后，简生下了第二个孩子。两个女人作为年轻的母亲走到了一起。终于有人可以在这异国他乡和自己讨论养育婴儿的困难了，玛丽的丈夫从不关心这件事。此外，雪莱夫妇没有什么英国朋友，在意大利的英国人像躲避瘟疫一样躲着他们。在生命如此动荡的时刻，如果日常能有人陪伴，真是一种解脱。玛丽很快就对简的陪伴产生了依赖，忘了要对她有警戒心。

雪莱似乎对夫妇二人很热情。爱德华殷勤地表示自己愿意以任何方式提供帮助。爱德华喜欢航海，吹嘘自己的航海技术。雪莱对此也很痴迷，虽然他从未学过游泳。也许爱德华可以帮他设计一艘完美的帆船。雪莱也开始对简产生好奇，在她身边待的时间越来越长。简和玛丽是完全不同的人，她从不争论，只是钦佩地看着他，附和他说的每一句话。她是那样开朗。他可以做她的老师，指导她写诗，将她变成自己新的缪斯女神，这是自己阴郁的妻子办不到的事。他给简买了一把吉他，喜欢听她唱那些非常熟悉的印度歌曲，她有一副好嗓子。他为她写诗，慢慢迷恋上了她。

玛丽注意到了这些，她了解自己的丈夫。他总是要找一个和身边的女人完全不同的女人来刺激自己，打破单调的关系。他的第一任妻子哈丽耶特更像简，人长得漂亮且性格单纯，所以他爱上了更复杂的玛丽。现在又在重蹈这一覆辙，他爱上了更单纯的简。但她怎么能把简当作对手呢？她太平凡了。他只是把她诗意化了，最终总会看清她的本来面目，逐渐感到厌烦，所以玛丽并不害怕失去他。

一八二二年，雪莱和威廉姆斯夫妇已经形影不离，他们决定沿着海岸线向北，搬去可以俯瞰莱里奇湾的地方。从一开始，玛丽就讨厌这个地方，恳求丈夫另选他处。这个地方实在是与世隔绝，想要找补给品也不容易。当地的农民相当野蛮且不友好，两对夫妇只能完全依赖他们的仆人。除了玛丽之外，没人在意家庭管理的事，尤其是简，时间已经证明她是个很懒惰的人。但与这一切相比，最可怕的是玛丽对这个地方有可怕的预感。她非常担心自己三岁的儿子珀西。从荒郊别墅的墙壁上，她嗅到了灾难的味道，进而变得紧张且歇斯底里。她知道没人愿意看到她这个样子，但她没办法平息自己的焦虑。雪莱对此的反应是越来越喜欢和简待在一起。

在别墅定居几个月后，玛丽流产了，而且差点儿丢了性命。丈夫照顾了她几个星期，她康复了。但很快，他又燃起了一个新的计划，让玛丽感到无比恐惧。他和爱德华一起设计了一艘船，漂亮、光滑、速度快。那年六月，雪莱夫妇的一些老朋友来到了意大利，其中包括利·亨特及其妻子。亨特是个出版商，对年轻的诗人很支持，雪莱是他的最爱。雪莱计划和爱德华一起沿着海岸线航行，去见亨特夫妇。玛丽恳请他不要去，但雪莱让她放心：爱德华是航海专家，他造的船也很适合航行。玛丽不相信这些，这艘船在波涛汹涌的水域里脆弱得很。

尽管如此，雪莱和爱德华还是在七月一日出发了，除二人之外还有一名船员。七月八日他们开始返程时，遭遇了该地区特有的一种风暴，船的设计确实很糟糕，最终沉入了海底。几天之后，三人的尸体都找到了。

玛丽几乎立刻就被懊悔和内疚攫取了。她在脑海中回放对丈夫说的每一句气话，对他作品的每一次批评以及对他爱意的所有怀疑。这一切都让人难以承受，于是她当即决定，要用余生让雪莱的诗歌出名。

最初，简对这场悲剧表现得极其崩溃，但她比玛丽恢复得更快。她必须要实际点儿。玛丽很可能从雪莱家拿到一笔不小的遗产，但简一无所有。她决定回到伦敦，想办法养活自己的两个孩子。玛丽对她的困境感同身受，给了她一份在英格兰的重要联系人名单，其中包括雪莱年轻时最好的律师朋友托马斯·霍格。霍格也有自己的问题，他总是会爱上和雪莱最亲近的人，先是雪莱的妹妹，然后是雪莱的第一任妻子，最后是玛丽本人，他试图勾引过她。但那是很多年前的事了，现在他们仍然是好朋友，而且作为律师，霍格可以为简提供一些帮助。

玛丽决定留在意大利。她几乎没有任何朋友了，但亨特夫妇还在意大利。然而令她失望的是，利·亨特对她出奇冷淡。在她最脆弱的时刻，他似乎失去了所有的同情心，而她完全搞不清楚为什么。这让她更加痛苦。当然，他肯定知道玛丽对丈夫的爱有多深，以及她是如何悼念亡夫的。虽然她不像简一样公开表达玛丽的情感，但在内心深处，她比任何人都要痛苦。过去的其他朋友也开始变得很冷淡，只有拜伦勋爵站在她这一边，二人的关系日益亲密。

雪莱的父母对儿子放荡的举止感到震惊，他们并不承认珀西是自己的孙子，当然，只要他还由玛丽照顾，他们就不会承认。玛丽没有钱，唯一的办法就是回伦敦。也许雪莱家族看到珀西之后，就会知道自己是个尽职的母亲，可能会改变主意。她给简和霍格写信征求意见，他们二人现在已经是亲密的朋友了。霍格似乎认为她应该等一等再回来，而且信写得非常冷淡，他也突然变得疏远了。但最让玛丽感到惊讶的是简，她建议自己放弃珀西，不要回英格兰。玛丽想要解释这件事从感情上来说就是不可能的，简更坚定了自己的看法。简用实际行动表达了这一点，玛丽在伦敦根本不受欢迎，雪莱家只会更加讨厌她，而这确实非常不近人情。

在丈夫离世后的几个月里，她们在意大利时关系变得非常亲密。简是玛丽生命中最后一个和她丈夫有联系的人。玛丽已经原谅了二人的一切不检点行为。失去简的友谊仿佛是经历另一场死亡。她决定带着儿子一起回伦敦，重新找回和简的友谊。

一八二三年八月，玛丽回到伦敦，发现自己已经成了名人。《科学怪人》被改编成了戏剧，更突出了书中的恐怖元素。这部戏引起了很大的轰动，故事和“弗兰肯斯坦”这个名字已经渗入了大众文化。玛丽的父亲成了一名书商兼出版商，他推出了《科学怪人》的新版本，明确指出玛丽是作者（第一版是匿名出版的）。玛丽、父亲和简去看了戏剧版，所有人都明白，玛丽已经炙手可热——这个轻盈温柔的女人居然写出了如此有力度的恐怖故事。

拜伦勋爵在玛丽回到伦敦后不久便在希腊去世，这让玛丽变得更加出名，因为她曾是拜伦最亲密的朋友之一。全英国的知识分子都想见见她，以便更多地了解关于她、拜伦勋爵和她丈夫的事。就连简也恢复了与她的友谊，只不过她似乎总对玛丽有所保留。

虽然名气日渐高涨，但玛丽并不快乐。她对这些关注不感兴趣，而且关于过去的各种流言蜚语扑面而来，对她是否遵从道德横加批判。她厌倦了被他人注视和评判，只想把自己藏起来抚养儿子。于是她决定搬去靠近简的地方，去伦敦更偏远的地方居住。珀西可以和简的孩子们一起玩。她们也可以相互依靠，分享回忆，重拾过去。简是那么开朗的人，玛丽本人要振作起来。作为回报，她会不惜一切代价来照顾简。

一八二四年夏天，两个女人经常见面。很明显，霍格一直在追求简，但他是个笨拙且不讨人喜欢的人，玛丽很难想象简会回应他的感情。此外，她的丈夫也才去世不久。但在一月份的一个晚上，玛丽清楚地意识到自己已经被欺骗了很长时间。那天已经有点儿晚了，她和儿子珀西待在简家里，珀西是为了和简的孩子一起玩，玛丽则是想多聊一会儿天。此时霍格来了，简突然对玛丽大发脾气，玛丽在朋友的脸上看到了一种从未见过的表情。她突然粗鲁地要求玛丽离开，显然她已经和霍格有了私情，再也无法掩饰自己对玛丽的恼怒。这段时间里，她注意到简变得越来越冷淡，越来越不喜欢和她在一起，现在她终于明白为什么了。

她们仍然是朋友。玛丽同情她这样一个孤独的寡妇，了解她需要一个丈夫。简此时怀了霍格的孩子。玛丽努力压抑了自己的恼怒，尽可能地帮助她，但二人彼此见面的次数越来越少。

为了打发自己的孤独感，玛丽结识了一个名叫伊莎贝尔·罗宾逊的青年美女。伊莎贝尔有一个私生子，迫切需要帮助，如果被父亲发现真相，肯定会和她断绝关系。玛丽花了几个星期秘密地帮助她，打算把她送去巴黎和一个“男人”一起生活，这个“男人”会冒充她的父亲——实际上，这个男人是一个叫多兹小姐的女人，是个有名的女同性恋，她喜欢打扮成男人，可以很轻松地完成冒充工作。

玛丽很高兴能促成这件事，在陪伴伊莎贝尔前往巴黎之前的一天下午，她受到了人生中的巨大打击：伊莎贝尔向她详细讲述了这几个月来简告诉她的关于玛丽的故事——雪莱从未真正爱过自己的妻子；他仰慕她，却对她没有感情；她并非丈夫需要或想要的那个女人；实际上简才是雪莱一生的挚爱。她甚至向伊莎贝尔暗示，玛丽让丈夫非常忧郁，所以在离开的那天，他其实暗自希望自己死去，玛丽需要对雪莱的死负某种责任。

玛丽简直不敢相信，但伊莎贝尔没有理由编造这样的故事。当她更深入地思考这一问题时，才发现事情的严重性——霍格、利·亨特和其他人一定也听过这些故事，所以才突然对她冷淡了起来；玛丽成为公众关注的焦点时，简看她的眼神；她把玛丽赶出家门时脸上的表情；她希望玛丽远离伦敦，放弃孩子，这意味着放弃雪莱家的遗产。这些年来，她从来不是朋友，而是竞争对手，现在已经很清楚了，不是玛丽的丈夫追求简，而是简主动用自己的姿势、娇媚的外表、弹拨的吉他、装出来的温柔勾引他。她的内心是虚伪的。这是玛丽在丈夫离世后遇到的最严重的打击。

简不仅相信这些骇人听闻的故事，还让别人也相信这些故事。玛丽知道多年来丈夫有多爱自己，尤其他们共同经历了那么多事。说她以某种方式害死了自己丈夫，这无比伤人，就像是一把刀扎进了旧伤口里。她在日记中写道："事实证明，我的朋友虚伪且背信弃义，难道我不是个傻瓜吗？"

经过几个月的考虑，玛丽终于和她当面对质。简突然哭了起来，把场面弄得很夸张。她想知道是谁传播了她背信弃义的可怕故事，并且否认了这一点。她指责玛丽冷酷无情。但对玛丽来说，仿佛是从梦里清醒过来了。她已经能看穿对方虚假的愤怒、虚假的爱，简用戏剧化的方式混淆视听，但已经回不去了。

在随后的几年里，玛丽并没有切断和简的联系，但二人的关系已经完全由她来主导。简的生活慢慢分崩离析，和霍格的关系也逐渐变成一场灾难，玛丽感到一种奇怪的满足感。随着自己的小说和雪莱诗作的出版，玛丽变得越来越有名气，她和那个时代最伟大的作家、政治家们为友，慢慢地与简断了联系。她再也无法信任简了。正如她在若干年后的日记里所写的那样："生活只有在我们希望遗忘之时，才会变得痛苦。简用悲惨的感受启发了我，一如她所玷污的过去的岁月——夺走了记忆的甜蜜，只剩毒蛇的牙齿。"

解析：我们来看看嫉妒在头脑中引发了怎样的转变，简·威廉姆斯就是个很好的例子。当简第一次看到玛丽的时候，情绪是很矛盾的。一方面，玛丽是个很讨人喜欢且让人钦佩的人。她的举止令人愉快，显然很有才华，对儿子有深厚的感情。她还是个相当慷慨的人。另一方面，她让简感到深深的自卑；玛丽拥有的东西简都没有，而她觉得自己应当拥有这些东西——自己也拥有过人的才能、为爱牺牲的精神以及迷人的天性，理应受到关注。玛丽的吸引力引发的便是嫉妒，简不可避免地渴望拥有和玛丽一样的东西，获得拥有它们的资格，但显然她无法轻易合法地得到它们。伴随而来的嫉妒是一种隐秘的欲望，她想要对自己的嫉妒对象实施伤害和盗窃行为，以纠正这种优越性带来的不公平现象。

简将自己内心涌动的嫉妒压抑了起来，其原因有很多。第一，暴露出嫉妒心是社会不容许的。它会显示深深的不安和敌意，是非常丑陋的，肯定会将人拒于千里之外。第二，她和丈夫的未来都指望着雪莱夫妇，所以简一定要让爱德华成为雪莱的朋友、助手和航海专家。雪莱是出了名的慷慨大方，如果对玛丽采取敌对态度，一切都很难进行下去。最后，嫉妒是一种痛苦的情绪，要承认自己处于劣势，这是人类难以忍受的事，很难坐下来细细品味这种情绪。我们喜欢向自己隐瞒这一点，殊不知它刺激着我们的行动。

考虑到这些之后，简自然采取了下一步行动：和玛丽结为朋友，回应对方的好意。她其实是喜欢对方的，有名人对自己如此关注让她受宠若惊。简渴望得到关注。她选择了玛丽作为朋友，自己怎么能去嫉妒她呢？但她在玛丽身边待的时间越长，二人之间的不平等就越来越明显。玛丽有杰出、英俊的丈夫，背后有大笔遗产，与拜伦勋爵情谊深厚，想象力极其丰富且非常有才华。因此，她和玛丽相处的时间越久，嫉妒之情就越强烈。

为了向周围人掩饰这种嫉妒，要采取符合逻辑的方法：她要在心理上把玛丽转化为一个不值得同情的人。玛丽没什么才华；她只是幸运；如果不是有名人父母和身边的男人，她绝不会如此幸运获得今天的地位；她不配拥有这样的名声；她是个讨厌的人，喜怒无常、抑郁、黏人，没有趣味；她对自己的丈夫一点儿也不好，对方也不爱她，她没什么女人味。完成这个过程之后，敌意战胜了友善。她觉得自己应当积极勾引珀西·雪莱，并且向玛丽掩盖自己的真实感情。对玛丽的婚姻最具破坏性的是，每当雪莱向简抱怨玛丽的时候，她总会添油加醋，加深了二人的裂痕。

当然，要把玛丽变成完全不讨喜的人，简必须忽略一些事实——她有两个深爱的孩子夭折，丈夫对她很冷淡，还有其他女人在追求她的丈夫。但是，为了让自己有理由采取破坏性行为，嫉妒的人必须创造出一种叙事方式：对方所做的一切都有负面原因，他们不配拥有优越的地位。此时，简得到了自己想要的东西，珀西·雪莱的爱慕，他与妻子完全疏离。雪莱死后，她便开始散布带有恶意的故事以发泄心中的嫉妒，她说玛丽在失去亲人后似乎并没有特别伤心，这让包括利·亨特在内的人深感不安，于是他们也和玛丽疏远了。

简回到伦敦，玛丽也来与她会合，这种模式再次重复。简仍然被她吸引着，多年来她们相互分享了很多东西，但在玛丽身边的时间越长，她就越发现玛丽的名气日渐增长，朋友圈越发显赫，她对其他受到虐待的女性非常慷慨，对儿子付出全部，对亡夫十分怀念。一切都和她的叙述不相符，所以简在自己的脑海中又迈出了一步："玛丽是虚伪的，她还在靠丈夫和他人的遗产生活，之所以如此善待他人不是因为慷慨，而是出于她自己的需要。要是其他人也看到这一点就好了。"于是她偷走了玛丽的朋友霍格，这是一种对偷走对方丈夫的又一次拙劣重复。她继续散布关于玛丽的谣言，这一次还加上了更加恶毒的元素，她说自己才是雪莱生命中最后的挚爱，他从未爱过自己的妻子，是玛丽迫使他自杀的。在伦敦，这种肮脏的故事给玛丽的声誉造成了巨大的损害。

很难计算这些年来她给玛丽带来了多少痛苦，玛丽和丈夫因为她而加剧争吵，最亲密的朋友突然对自己莫名冷淡，简和自己之间的拉拉扯扯，每当玛丽想要再与她亲近一些时，对方总是突然后退，最终发现竟然背叛了自己。竟然有这么多人相信简的故事，给玛丽带来了许多年的困扰。这就是一个可怕的嫉妒者所能造成的隐痛。

理解：朋友间的嫉妒最常见，也最痛苦。我们只是认为在一段关系中，有什么东西导致了朋友倒戈相向。有时，我们经历了背叛、践踏以及恶毒的批评，却从未理解激发这些行为的潜在嫉妒。

有一点是很矛盾的：会产生嫉妒心的人往往有和我们成为朋友的动机。就像简一样，如果我们拥有一些让对方感到自卑的品质，对方感受到的是一种兴趣、吸引力和嫉妒的混合体。成为朋友之后，他们可以对自己的嫉妒进行伪装。他们往往还会更甚一步，为了确保友谊的坚固，他们会变得特别殷勤和急迫。但随着关系越来越密切，问题也会越来越严重。潜在的嫉妒心会不断涌起。他们每天都要见证那些刺激自己自卑感的特质。比如良好的地位、扎实的工作态度、好人缘等。

就像简那样，他们会构建起另一种叙事：被嫉妒的人只是太幸运了，太过野心勃勃，根本没有那么伟大。作为朋友，嫉妒者可以发现我们身上的缺陷和薄弱环节。在这段友谊中，他们更能践踏我们，偷走我们的配偶，散布混乱的谣言。一旦他们展开攻击，我们往往会感到内疚和迷茫："也许我应该接受对方的某些批评。"如果愤怒地回应对方，只会落得更加不受欢迎的口实。因为彼此是朋友，才会感到双重的受伤和背叛，伤口越深，施虐者的满足感越强。我们甚至可以推测，嫉妒者潜意识中会去结交让自己嫉妒的人，以便拥有这样的伤害力。

虽然这样致命的朋友狡猾又难以捉摸，但总会有一些警告信号。要学会重视自己的第一印象。（如果玛丽这样做就好了。）通常直觉会告诉我们对方很虚伪，但当他们做出友好姿态的时候，我们就会忘记这一点。我们总会对那些看起来更喜欢我们的人更友好，而嫉妒者也知道这一点。可以参考朋友和中立第三方的意见。玛丽的很多朋友认为简是个祸根，甚至有点儿吓人。朋友之间的嫉妒之情会突然在某个眼神或恶评中流露出来。嫉妒者会给出匪夷所思的建议，通常会违背我们的利益，但在他们看来是有道理的。他们希望我们犯错，常常试图引导我们犯错。一旦我们收获成功，获得更大的关注度，他们就会泄露出更多真实的感受。

这不是偏执，一旦发现某些疑似嫉妒的迹象，就要保持警惕。了解哪些人特别容易感到嫉妒（关于这一点，请参见下一节），避免和这类人过度纠缠。虽然很难说避免遭受嫉妒攻击会给你带来什么，但可以这样考虑：一个嫉妒你的朋友造成的痛苦会产生回响，毒害你很多年。

> 每当有个朋友成功了，我就会死去一点点。
>
> ——戈尔·维达尔

人性的关键

在人类的所有感情中，嫉妒是最棘手且难以捉摸的。想要真正辨识出是什么引发了嫉妒或察觉自己受到了他人的嫉妒攻击，都是非常困难的事。所以处理这件事总是让人很沮丧，同时也很危险。

难以捉摸的原因很简单：人很少直接表达自己嫉妒的心情。如果对方说了什么、做了什么使人感到愤怒，我们只会用各种原因将其掩盖，因为这明显是带有敌意的。最终，这种愤怒会通过非语言行为表露出来。如果将愤怒付诸行动，对方可以明显感受到，而且瞬间了解到底是什么导致了你的愤怒。但嫉妒完全不同。

所有人都会产生嫉妒的心理，认为别人拥有更多我们渴望的东西，比如财产、关注和尊重。我们也应当拥有这些东西，但又对如何获得它们感到无力。正如上文所讨论的，嫉妒意味着我们要承认自己在珍视的东西上不如别人。承认带来的自卑不仅让人痛苦，如果让别人发觉这一点，感觉还会更糟糕。

因此，在最初感受到嫉妒之情的时候，我们就会主动进行掩饰——这种感受不是嫉妒，而是对物品或注意力的分配感到不公，这是对不公正的愤怒和怨恨。此外，对方并非真的高人一等，而是运气太好，野心太大或不择手段。这就是他们能走到今天的原因。说服自己这不是嫉妒，而是其他情绪之后，别人就更难发现这份潜在的嫉妒之情了。他们能看到的只是我们生气、愤慨、出言不逊、恶毒地赞美。

在古代，嫉妒心极其强烈的人可能会采取暴力行动，强行夺取对方的物品，甚至谋杀别人。在《旧约》中，该隐因为嫉妒杀死了亚伯；约瑟夫的兄弟们因为父亲更偏爱他，把他扔进沙沟里等死；扫罗王看到年轻的大卫如此英俊且有天赋，多次试图杀死他，最后因嫉妒而发狂。

然而，如今人们的做法更具政治性，更加间接，可以将公开的攻击性举动控制住，掩饰自己的感受。嫉妒者不会使用暴力，但会毁掉我们的工作、关系、声誉，抓住我们最深层的不安来批评折磨我们。这样能够让他们保持住自己的社会地位，同时给对方造成伤害，而伤害目标甚至不会怀疑是嫉妒在作祟。他们可以为自己的行为辩护，表示自己只是在纠正不公行为。

如果有人对你表达愤怒，并且付诸行动，你可以对这种愤怒进行分析，想办法化解或保护自己。但是如果我们看不到潜在的嫉妒，只能不可避免地被对方的敌视行为迷惑，从而使自己的痛苦加倍。“为什么人们突然对我冷淡了？”“为什么那个项目突然失败了？”“为什么我被解雇了？”“为什么那个人要反对我？”

作为人性的研习者，你的任务是把自己变成解读嫉妒的大师。分析的过程是冷酷无情的，因为你决心找到人们行为的根源。嫉妒的迹象很难辨认，但它是存在的，你可以通过努力和对细节的洞察掌握这门语言。将它看作一种智力挑战。如果能将其解码，你就不会再感到困惑了。事后你会明白，自己遭到了嫉妒的攻击，从而更好地从中走出来。也许你还能提前发现攻击的预警信号，成功将其化解和转移。一次精心策划的嫉妒攻击，会为你造成持续多年的情感伤害。解读嫉妒不会把你变成偏执的人，反而能帮你从朋友（或同事）中剔除那些虚伪致命的人，留下真正可以信任的人。

在沉浸到这种微妙的情绪中之前，区分被动的嫉妒和主动的嫉妒是很重要的。每个人在一天中都会不可避免地遭受嫉妒之苦，因为我们总是无意识地注意着周围的人，看到他们拥有更多的东西。社会生活的现实情况是，总有一些人在财富、智力、讨喜或其他品质方面比我们优秀。如果恐慌上升到意识层面造成刺痛，我们可能会说出一些伤人或刻薄的话，作为发泄情绪的一种方式。但一般来说，在经历这种被动形式的嫉妒时，我们不会做出任何实质性的举动来损害和朋友或同事的关系。在发现他人出现被动嫉妒的迹象时（比如小小的贬损或不经意的评论），你应当容忍这一点，这是作为社会动物的常识。

但是有些时候，被动嫉妒会变成主动嫉妒。潜在的自卑感如果过于强烈，就无法通过贬损来发泄敌对的情绪。长时间和自己嫉妒的人待在一起会相当痛苦且令人沮丧。但是，如果对嫉妒对象的不公行为进行攻击，反而会使人兴奋。基于嫉妒采取行动，做出伤害对方的事，会给人带来一种满足感，就像简做的一样，虽然满足感很短暂，但嫉妒者总能找到新的嫉妒对象。

你的目标是在嫉妒的形式尖锐化、变成危机之前就发现它的迹象。以下三种方式可以帮助你做到这一点：了解嫉妒泄露出来的迹象，了解哪些人更容易因嫉妒而采取行动，了解可能引发人主动嫉妒的环境和行为。你不可能察觉到所有的嫉妒行为，因为人太擅长伪装了。但是这三种解码方法可以增加你发现这些迹象的机会。

嫉妒的迹象

虽然迹象都很微妙，但嫉妒的情绪往往还是会泄露出来，只要善于观察就能够发现。如果只是孤立地看到某一种迹象，可能表明对方是被动嫉妒或是较弱的嫉妒。你要寻找的是它们组合重复的迹象，再进入警戒的模式。

微表情。当人们最初感到嫉妒之情的时候，还没有自己骗过自己，所以最初的泄露是比较容易发现的。这就是为什么第一印象往往是最准确的，在这种情况下更要给予额外的重视。嫉妒和眼睛的关联度最高。嫉妒的拉丁语词根是 invidia，意思是“像匕首一样用眼睛探测”。这个词早期的含义与“邪恶之眼”有关，人们相信一个眼神就足以传达某种诅咒并对人的身体造成伤害。

眼睛确实是很有说服力的一项指标，但嫉妒的微表情会影响整张脸。你会发现他们的眼睛盯住你，眼神中流露出蔑视和一丝敌意。这就像是一个感到受骗的孩子的表情。此时嘴角往往向下，鼻子以一种讥讽的方式微微向上翘，下巴突出。这种表情非常直接，而且持续的时间有点儿长，但不会超过一两秒钟。随后，对方一般会换上一个紧张的假笑。一般这种表情都是在不经意间看到的，通常是在你突然转头或感到他们好像在盯着你的时候。

德国哲学家亚瑟·叔本华设计了一种快速测试嫉妒的方法。他告诉被试者一些关于自己的好消息，比如升职、找到一种新爱好或拿到一份书籍合同。此时对方会迅速浮现出一种失望的表情。在祝贺你的语气中也会透露出一些紧张和压力。同样，如果告诉对方一些不幸的事，对方看到你的痛苦会流露出快乐的微表情，这也就是众所周知的“幸灾乐祸”。他们的眼睛会在刹那间亮起来。嫉妒者在听到他们嫉妒的对象遭遇厄运时，总会不由自主地感到快乐。

如果在和某个人头几次接触时就看到了这样的眼神，就像玛丽和简一样，而且这种情况发生过不止一次，那就要保持警惕了，这个危险的嫉妒者想要进入你的生活。

恶毒的赞美。在嫉妒演化为攻击之前，往往会有一些嫉妒的言论，这些言论会让你很受用。混乱且自相矛盾的赞美就是一种很常见的形式。比如说你完成了一件工作——写完一本书、制作完一部电影或创造性地进行了一次冒险，一般来说大家的第一反应都是积极的。嫉妒者会发表评论，说你会为此大赚一笔，从而暗示你从事这项工作主要是为了赚钱。你希望对方针对工作本身和你的努力表达赞许，而他们则会暗示你为了钱出卖了自己。这让人感到困惑，对方虽然赞美了你，但方式却让人感到不舒服。这样的评论会出现在特定的时刻，以便给人造成最大的伤害，比如在你刚刚听到好消息，感到无比欣喜的时刻。

同样，在发现你获得成功的时候，他们还会提到最不喜欢你作品的那部分受众，也就是可能会对你不利的粉丝或消费者。“嗯，相信华尔街的高管们也会喜欢这个的。”这句话会混迹在其他正常的评论中，但联想引来的负罪感会在你脑海中挥之不去。或者他们会在你失去某件东西之后对其大加赞美，比如工作、坐落在优美社区的房子或离开你的配偶。“那房子多漂亮啊，真可惜。”这些话看似充满怜悯，实际却让人非常不适。恶毒的赞美总是和嫉妒相关。他们觉得自己需要表达赞美，但占据主导地位的却是潜在的敌意。如果你发现对方有以这种方式赞美的习惯，那么对方可能内心涌动着更强烈的情绪。

诽谤。如果对方喜欢说闲话，尤其是喜欢说你们共同熟人的闲话，那么你可以肯定他们也会说你的闲话。八卦通常是掩饰嫉妒的好方法，是一种通过分享恶意的谣言和故事来发泄嫉妒的方便形式。在背后议论他人的时候，你会看到他们眼睛发亮，声音高低起伏——这是一种堪比幸灾乐祸的快乐。他们会讲出任何关于熟人的负面新闻。八卦的主题一般是“没有人真的那么伟大，一切都是假装出来的”。

如果你曾听说他们散布关于你的故事，其中带有那么一点儿负面色彩，就需要引起警觉。在这种情况下，主动嫉妒指的是他们是你的朋友，但他们觉得自己需要向第三方发泄自己潜在的敌意，而不是将它藏起来。如果你发现有朋友或同事无缘无故对你冷淡了，这种八卦可能就是源头，需要把它揪出来。在任何情况下，不断说人闲话的人都不会成为忠诚和值得信赖的朋友。

若即若离。正如我们在简·威廉姆斯的例子中看到的，嫉妒者常常把建立友谊和亲密关系作为伤害嫉妒对象的最佳方式。他们极度渴望和你成为朋友，使你的注意力饱和。如果你在某些方面缺乏安全感，这一点会非常有用。他们会在一开始的时候就赞美你，表现得格外热情。通过建立亲密关系，他们可以收集关于你的信息，找到你的弱点。等到你开始投入真情实感的时候，他们便会用尖锐的方式批评你。这些批评让人很迷惑，和你所做的事没有特别的关系，但仍然会让你感到内疚。然后他们又回到最初安慰你的暖心状态，这种模式不断重复。你被困在了这温暖的友谊和偶尔被施加的痛苦之间。

他们是批评你的专家，会专挑你性格中可能存在的缺点或已经后悔说出口的话，对此不断强调。他们就像律师立案指控你一样。等到你受不了而决定为自己辩护，批评对方甚至断绝友谊的时候，他们会把卑鄙和残忍都归结在你身上，并且告诉其他人。你会注意到在他们过去的人际关系中，也有相当戏剧性的结束方式，而且错误总是对方的。这种模式的源头有一些难以辨认的东西，是他们选择与羡慕的人结交，再以巧妙的方式折磨他们。

总的来说，如果有人对你的批评看起来很真诚，但实际又与你做的事情没有直接关系，通常就是嫉妒发出的强烈信号。对方想用一些负面的东西欺负压制你，既造成了伤害，又可以掩盖嫉妒的迹象。

嫉妒的类型

根据精神分析学家梅兰妮·克莱因的观点，某些人一生都容易感受到嫉妒，这是从婴儿时代开始的。在生命的最初几周和几个月的时间里，母亲和婴儿几乎从未离开过彼此。但随着年龄的增长，婴儿必须学会应对母亲不在身边的情况，这就需要进行痛苦的调整。但是，有些婴儿对母亲的偶尔离开更加敏感。他们渴望得到更多的食物和关注。他们意识到了父亲的存在并要与之争夺母亲的注意力。他们还可能意识到兄弟姐妹的存在并视其为竞争对手。专门研究婴儿期和儿童早期阶段的克莱因注意到，有些儿童因父亲和兄弟姐妹（羡慕对象）得到更多的关注而心存敌意和怨恨，对母亲没有给自己足够的关注感到不满。

当然，也有一些父母因为偏爱或故意退缩使孩子更加依赖自己，制造或加剧了这种嫉妒情绪。无论如何，感受了这种嫉妒情绪的婴儿或儿童不会因为自己受到关注而感激或体会到爱，而是感到不断被剥夺且不满足。他们一生都设定在这一个模式，无论是儿童还是成年人，没有什么是足够好的。所有潜在的积极情绪都被这种应当拥有更多、更好的感觉破坏了。如果有缺失的东西，他们只会想象是其他人欺骗了他们。他们会发展出一种锐利的目光，专门搜寻别人拥有而自己没有的东西。这会成为他们人生的主要情绪。

我们大多数人在童年时都经历过这样的时刻：其他人得到了我们本应得到的关注，但我们可以用其他经历来抵消这种感受，因为我们体验过毋庸置疑的爱意，并且对此深怀感激。随着年龄的增长，我们可以将这种积极的情绪转移到一系列人身上——兄弟姐妹、老师、朋友、恋人和配偶。我们会在想要得到更多以及感到满足和感激之间来回交替。但是，那些容易感到嫉妒的人会有完全不同的体验。他们会把最初的嫉妒和敌意转移到那些导致他们失望或受伤的人身上。满足和感激几乎是不存在的，他们告诉自己，只有“我想要，我想要更多”。

因为嫉妒会带来痛苦的感觉，这类人终生都在想办法减轻或压制这种痛苦。他们会对世界上美好的人或事进行诋毁。这意味着外界根本没有真正值得羡慕的人。也许他们会变得极其独立。如果不需要别人为自己做任何事，就可以减少暴露在容易产生嫉妒的场景中。还有另一个极端，他们会贬低自己，觉得不配拥有生活中美好的事物，所以没有必要和他人竞争注意力和地位。克莱因认为，这些常见的方法都是很脆弱的，在压力下会崩溃——事业下滑、抑郁症发作、自我受到创伤。早年间经历的嫉妒仍然潜伏着，随时准备攻击他人。实际上他们在寻找嫉妒的对象，这样就可以重新体验到这种原始的情绪了。

根据心理构成，他们会倾向于表现出某类特征。如果能在早期识别这种类型的人，会有很大好处，因为他们可能会变成积极的嫉妒者。下面是五种常见的嫉妒类型，看看他们是如何伪装自己的，了解一下他们特定的攻击形式。

平庸者。第一次见到他们的时候，平庸者看起来很有趣。他们往往有种顽皮的幽默感，善于打击权威人士，让自命不凡的人望而却步。他们似乎对这个世界上的不公有极其敏锐的嗅觉。但他们与真正同情弱者的人不同，他们几乎不能欣赏任何卓越的人，除了那些已经死去的人。他们的自我非常脆弱。在生活中取得成就的人让他们没有安全感。他们对自卑高度敏感，最初对成功人士的羡慕很快就会被愤慨掩盖。他们抨击那些获得成功的人玩弄体制、野心太大，或者仅仅是因为运气好，不值得称赞。他们会把卓越和不公联系在一起，以此安抚自己的不安。

你会发现，虽然他们可以打击别人，却不能轻易接受任何关于自己的笑话。他们赞扬低级文化和无用之物，只有平庸的工作才不会激起他们的不安。除了玩世不恭的幽默之外，你还可以通过他们谈论自己的生活方式来识别这种人：他们喜欢讲述诸多发生在自己身上的不公之事，而他们总是不需要对此负责的。这一类型的人是优秀的职业批评家，他们可以利用这种媒介来拆穿自己暗自羡慕的人并因此获得回报。

他们的主要目标是把每个人都降到和自己一样的平庸水平。这就意味着不仅要把成功人士和强者拉下来，还要把那些过得好的人，那些对自己特别满意的人，那些有很强使命感的人拉下来，这些都是平庸者欠缺的东西。

在这种人身边要保持警惕，特别是在工作场合，因为他们会让你对自己追求卓越的冲动感到内疚。他们会从被动攻击的评论开始，用“野心”这个丑陋的词来挖苦你。你可能会变成压迫者阶层的一员。他们会用丑陋和伤人的方式批评你，可能会主动破坏你的工作，并且辩解说这是一种正义的报复行为。

自命不凡的懒人。在当今世界中，很多人认为自己应当获得成功，享受生活中美好的事物，但通常他们也明白，这需要牺牲和努力工作才能换来。但是，有人觉得他们应当得到关注，也应当获得生活中许多的奖赏，而且这一切都是应得的。这类自命不凡的懒人一般都相当自恋。他们会为自己的小说或电影剧本写最简单的大纲，或者给一项辉煌的事业出“点子”，觉得只要这样就足以吸引赞美和关注。但在内心深处，这些懒人对自己获得渴望东西的能力非常不安，所以他们从未真正形成过律己的规则。当他们发现身边取得很高成就的人在非常努力地工作，为自己赢得真正的尊重时，他们才会意识到自己一直想要压抑住对自己的怀疑。此时他们的情绪会迅速从嫉妒变成敌意。

克里斯托弗·雷恩是他那个时代最伟大的一位天才，他是著名的科学家兼建筑师，最著名的作品是坐落于伦敦的圣保罗大教堂。几乎所有和他一起工作的人都很喜欢他。他热情、技术精湛、工作勤恳，因此在公众和项目员工中都很受欢迎。但是，有一个人深深地嫉妒着他，那就是威廉·塔尔曼，在几项重要的工作中，他都是雷恩任命的助理建筑师。塔尔曼却认为他们的角色应当颠倒过来。他对自己有极高的评价，态度十分尖酸，但他明显相当懒惰。

雷恩的两个项目里出现了几起事故，导致一些工人死亡，塔尔曼便开始大肆指责老板疏忽大意。他挖出了雷恩在漫长职业生涯中所有可能存在的不当行为，试图证明他不配拥有崇高的声誉。多年来，他发动了一场诋毁雷恩声誉的运动，称他对生命和财产都漠不关心，声名过誉。由于他在其中混淆视听，国王终于将其他重要的委托项目交给了没什么才华的塔尔曼，这一举动激怒了雷恩。塔尔曼不断窃取雷恩多年的创新成果。这场与塔尔曼的丑恶斗争对雷恩的情绪造成了很大影响，并且持续了许多年。

在工作中，要格外小心那些喜欢通过魅力攻势和政治手段，而不是通过把事情做好来维持自己地位的人。他们非常容易嫉妒和憎恨那些努力工作取得成果的人，会在没有任何预警的情况下诽谤打击你。

迷恋地位的人。作为社会动物，人类对自己在任何群体中的等级和地位都非常敏感。通过比较自己得到的关注和尊重，可以衡量出自己的位置。我们不断观察着差异，将自己与他人进行比较。但对一些人来说，地位不仅仅是衡量社会地位的一种方式，它是确定自身价值最重要的因素。你会注意到有这样的狂热分子，他们会问你赚多少钱，是否拥有自己的房子，房子坐落在什么样的街区，你是否偶尔乘坐商务舱，以及各种其他琐碎的事，这些都可以成为比较的点。如果你的社会地位比他们高，他们表面上会表示羡慕，暗自掩盖住自己的嫉妒。如果你是同龄人或碰巧与他们一起工作，他们会嗅到任何偏袒或让自己失去特权的迹象，在暗中攻击你，破坏你在群体中的地位。

对棒球名人堂成员雷吉·杰克逊来说，他的洋基队队友格雷格·内特尔斯就是这种类型的人。在杰克逊看来，内特尔斯特别在乎别人得到了哪些赞誉，尤其是自己没有的。他总会讨论和比较薪水。让内特尔斯生气的是，杰克逊的薪水更高，而且能得到媒体的更多关注。杰克逊通过自己的击球能力和有趣的性格赢得了这份薪水和关注度，但嫉妒的内特尔斯并不这样认为。他觉得杰克逊只是知道怎么玩弄媒体，知道如何讨老板乔治·施泰因布伦纳的欢心。他认为，杰克逊是个玩弄权术的人。他的嫉妒之情以恶劣玩笑的形式流露出来，对杰克逊投出恶毒的赞美和敌视的眼神。他使得洋基队大部分人都不喜欢杰克逊，把他的生活搞得很凄惨。正如杰克逊在自传中所写："我总感觉他在我身后，随时转着一把刀。"他觉得内特尔斯的嫉妒中多少带有一些种族主义色彩，好像黑人运动员不可能得到比自己多那么多的薪水。

这类迷恋地位的人会把一切都归因到物质层面，可以从这一点来识别他们。他们会评论你穿的衣服、开的车，他们很关注这些东西花了多少钱，在谈论这些东西的时候，你会发现他们有点儿幼稚，好像在重温一场家庭剧，仿佛自己的兄弟姐妹有了更好的东西，愚弄了自己。不要被他们驾驶的旧车或寒酸的衣着迷惑。这类人往往会试着从相反的方向来证明自己的地位，表明自己是完美的修道士、理想主义的嬉皮士，同时又暗自渴望着那些无法通过努力工作获得的奢侈品。如果你身边有这类人，尽量把可能引发嫉妒的东西淡化或隐藏起来，并且想办法把话题引向他们的财产、技能和地位。

追随者。在所有带有等级权力色彩的环境中，你都会发现有人去追随那些成功或有权势的人，这不是出于钦佩，而是一种隐秘的嫉妒。他们想办法让自己成为对方的朋友或助手，让自己变得有用。可能上级有某些品质确实令人钦佩，但在内心深处，他们只是认为自己需要得到关注，却不需要付出更多的努力。在高成就者身边待的时间越长，这种感觉就越让人咬牙切齿。他们自己有才华、有梦想，为什么他们的上级就能这样受到关注？他们善于通过过度的谄媚来掩盖嫉妒的暗流。但这种类型的人之所以会依附他人，只是因为破坏和伤害拥有更多资源的人会让他们感到某种满足。有权势的人之所以吸引他们，是因为他们有以某种方式伤害对方的欲望。

尤兰达·萨尔迪瓦就是这样一个极端的例子。她为著名的特哈诺歌手赛琳娜建立了粉丝俱乐部，后来又通过为她经营服装店来讨她的欢心，因此积累了很大的权力。没人比她更崇拜这位歌手。但她对赛琳娜的名气深感嫉妒，而且变得非常有敌意，她开始挪用企业资金并认为这样做是合理的。当赛琳娜的父亲对此提出疑问的时候，她的反应是策划谋杀赛琳娜本人，并且最终在一九九五年付诸行动。

这种类型的人有一种对所有嫉妒者而言都很常见的特征：他们对自己的生活缺乏明确的目的感（关于这一点参见第十三章）。他们不知道自己的使命是什么，感觉自己可以做很多事，他们认为自己应当经常尝试不同的工作。他们四处游荡，内心感到空虚。他们自然嫉妒那些有目标感的人，甚至会去依附这样的人生活，其中一部分原因是渴望得到自己缺失的东西，另一部分原因则是希望伤害对方。

一般来说，要警惕那些急于依附你、急切表明自己很有用的人。他们试图与你建立关系，不是通过经验和能力，而是通过对你的奉承和关注。他们攻击的方式是收集与你相关的信息，以便作为八卦散播出去损害你的声誉。要学会雇用那些经验丰富的人，与其一起工作，而不是仅仅看重讨好的态度。

没有安全感的雇主。对一些人而言，身处高位可以验证自我评价，提高自尊。但也有一些人比较焦虑，身居高位往往会增加他们的不安，他们会变得小心翼翼，暗自怀疑自己是否配得上这个责任。他们会用嫉妒的眼光去看其他拥有更多才能的人，甚至包括低于自己的人。

你之所以为这样的老板工作，是你以为他们一定是自信的，否则怎么会成为老板呢？你会格外努力工作，想要给他们留下好印象，表现出自己是个正在进步的人，但几个月后你突然发现自己被降职或解雇了，又找不出什么具体原因，显然你的工作都完成了。你丝毫没有意识到自己在和没有安全感的人打交道，无意中触发了他们的自我怀疑。他们暗地里嫉妒你的青春、活力、前途以及才华。如果你的天赋是他们不具备的，情况会更糟糕。他们会自己编出一套理由来为解雇和降职辩护，而你永远不会发现真相。

迈克尔·艾斯纳是执掌迪士尼大权二十年的首席执行官，他就是这样一类人。

一九九五年，他解雇了自己负责电影工作的二把手杰弗里·卡森伯格，表面上看是因为他性格粗暴，无法和团队共处。实际上，卡森伯格在自己的位置上取得了很大成就，他监制的电影是迪士尼的主要收入来源。他拥有黄金般的触觉。艾斯纳从不肯承认这一点，但他显然嫉妒卡森伯格的才华并将其转化为敌意。这种模式在他身边的创意人员身上一次又一次地重现。

注意自己的上司是否有不安和嫉妒的迹象。他们一定会有各种奇怪的解雇他人的记录。而且他们也不会对你提交的优秀报告感到特别满意。因此一定要服从对方，让他们看起来很优秀，这样才能赢得信任，达到保全自我的目的。把自己精彩的想法化作对方的想法，把自己辛勤工作的所有荣誉归功于对方。只要没有无意中刺激到他们的不安全感，你闪光的时刻总会到来。

嫉妒的触发

虽然某一类人更容易产生嫉妒心，但你也必须意识到，有些情况必然会引发他人的嫉妒。在这种情况下，你必须格外警惕。

最常见的情况是你的地位突然发生了变化，与朋友和同事之间的关系改变了。这一点在职场上更加常见。自古至今都是如此。正如赫西奥德在公元前八世纪时所说："陶工嫉妒陶工，手艺人嫉妒手艺人，作家嫉妒作家。"如果你获得了成功，同一领域中有类似愿望并且仍在奋斗的人自然会感到嫉妒。这一点你应当合理地容忍，因为如果情况颠倒过来，你可能也会有同样的感觉。不要把敷衍的赞美和含蓄的批评看得太重。但要注意，在同事之间有些嫉妒会变为行动和风险。

文艺复兴时期的艺术家如果突然得到委托，就很容易成为对手嫉妒的目标，而且他们会变得相当凶恶。米开朗基罗显然很嫉妒年轻有才华的拉斐尔，所以尽其所能地玷污对方的名声，阻挠他得到委托。作家们对同行的嫉妒也是很出名的，尤其是对那些更赚钱的作家。

在这种情况下，你最好能带着幽默感自嘲一番，不要用自己的成功刺激别人，毕竟其中可能包含一定的运气成分。事实上，在和可能嫉妒你的人讨论自己的成功时，可以尽可能强调运气的成分。对于那些和你最亲近的人，要尽可能帮助他们解决内心的纠结，而不要表现得爱搭不理。同样不要犯的错误是，在一个作家面前称赞另一个作家，在一个艺术家面前称赞另一个艺术家，除非被称赞的人已经死了。如果你发现同事中有嫉妒的迹象，尽可能远离这样的人。

要记住，那些年纪越来越大、事业正在下滑的人自尊心是很脆弱的，很容易出现嫉妒心理。

有的时候，人的天赋最能激起他人强烈的嫉妒。我们可以通过努力精通某一领域，但却不能重新设计自己的生理机能。有些人天生就有姣好的外表，运动机能更出色，想象力更灵动，天性更加开放慷慨。如果天赋异禀的人同时拥有良好的职业操守和运气，那么无论他们走到哪里，嫉妒都会随之而来。对这种人而言，更糟糕的是他们往往会过于天真。由于自己不嫉妒别人，所以他们根本不能理解这种心理。由于意识不到危险，他们会很自然地展示自己的才华，进而引来更多的羡慕。玛丽·雪莱就是这样的人，她有出色的想象力和超高的智力，同时还相当天真。更糟糕的是，嫉妒型的人很厌恶那些对嫉妒免疫的人。这会显得嫉妒的本性在自己身上体现得更加明显，激起他们伤害他人的欲望。

如果你有某种高于他人的天赋，一定要意识到危险，避免炫耀这种才能。相反，你还要直截了当地展示一些缺陷，钝化人们的嫉妒心，掩盖自己的优势。如果你在科学方面很有天赋，就向别人表明自己希望拥有更多社交方面的技巧，展示自己专业知识以外笨拙的一面。

对美国公众而言，约翰·F. 肯尼迪近乎完美。他英俊、聪明且有魅力，妻子也非常美丽，这很难让人认同或喜欢他。但他在执政初期犯了入侵古巴（即猪湾事件）的大错，又承担下了这次失败的全部责任，他的民调数字便开始急速攀升。这一错误将他人性化了。虽然不是有意为之，但你确实可以讨论自己过去犯的错误，选择性地展示一些尴尬的时刻，既不会降低整体声誉，也能产生类似的反转效果。

女性获得成功和名望会更容易招致嫉妒和恨意，只不过这份感情总会被装扮成其他东西，人们会说这样的女性太冷漠、太有野心、没有女人味。很多时候，我们会崇拜那些取得伟大成就的人，但崇拜就是嫉妒的反面。此时面对他人的成就时，我们不会感到自己受到了挑战。我们可以效仿对方，将他们作为自己努力实现更多目标的动力。但不幸的是，成功的女性很难给人这种感觉。一位成就很高的女性会给其他女性和男性带来更大的自卑感（“我不如一个女人？”），不会带来钦佩，只会招致嫉妒和恨意。

可可·香奈儿是那个时代最杰出的女商人，而且她还是孤儿出身（参见第五章），她一生都饱受这类嫉妒。一九三一年，她在权力最巅峰的时刻遇到了保罗·伊里巴，他是个事业正处于衰退期的插画家兼设计师。伊里巴是个勾人心魄的专家，他们有很多共同点。但交往几个月之后，他开始批评她奢侈，还有他看到的其他各种缺点。他想控制她生活的各个方面。由于害怕孤独和绝望，她坚持了下来，但后来她写道："我的名气越来越大，使他日渐衰落的荣耀黯然失色……伊里巴爱我，也暗暗希望毁掉我。"爱和嫉妒并不矛盾。

成功女性不得不承担起这一负担，直到这种根深蒂固的价值观有所改变。在此期间，她们只能学着转移嫉妒，打谦虚牌。

罗伯特·鲁宾是比尔·克林顿手下的两任财政部部长，他是个掩盖自身优势、抵御嫉妒攻击的大师级人物。他于一九六六年在高盛公司开始了自己的职业生涯，并在一九九〇年慢慢晋升，成为该公司的联合主管。他是让高盛公司在华尔街逐步成为最强大的投资银行的关键人物之一。他非常勤奋，在金融工作方面非常出色，但随着他在高盛内部的权力越来越大，他在各种交流互动中变得越来越谦虚。在一场显然他最权威的会议上，还会特意询问会上资历最浅的同事的意见，并且全神贯注地听对方讲话。如果下属问他某些危机或问题要如何应对时，他会平静地看着对方问："你怎么想？"然后认真地听取对方的回答。

正如高盛的一个同事后来评价："没人比鲍勃更擅长谦逊了。"他每天都要把"这只是个人意见"挂在嘴边。更难能可贵的是，考虑到公司内部的竞争环境，鲁宾竟然赢得了这么多人的钦佩，很少有人对他有负面评价。因此，将注意力放在他人身上而不是自己身上，与对方进行有意义的接触，可以减少嫉妒发生的可能。

如果你发现自己受到了嫉妒的攻击，最好的方法是控制自己的情绪。一旦你意识到嫉妒是源头，一切就容易得多了。嫉妒者会利用你的过度反应作为批评你的素材，为自己的行为进行辩护，并且将你进一步卷入其中。要不惜一切代价保持镇定。可能的话，也要保持一些物理距离，以各种方式向对方开火，切断联系。不要幻想自己能以某种方式修复这段关系。你的慷慨只会加剧对方的自卑感。他们还会再次发动攻击。要通过各种手段保护自己免受他们所传播的流言蜚语的攻击，但不要抱有复仇的幻想。嫉妒者是可悲的。最好的办法是让他们远远地熬着他们"苦涩的毒药"，没有任何办法再来伤害你，就像玛丽对简做的那样。长期的痛苦对他们而言已经是足够的惩罚了。

最后你可能会想，嫉妒在现代世界中是很罕见的。毕竟，这是一种原始、幼稚的情绪，而现代生活是非常复杂的。此外，没有多少人会把嫉妒作为主流社会元素进行分析或讨论。但实际上，嫉妒比过去更加普遍，这主要是因为有社交媒体的存在。

我们可以通过社交媒体这个窗口持续不断地了解真朋友、假朋友和名人的生活。我们看到的并不是未经修饰的世界，而是他们呈现出来的高度理想化的形象。在这里只能看到他们度假时最激动人心的场景，朋友和孩子快乐的笑脸，不断的自我提升，遇到的迷人有趣的人，参与的伟大事业和工作，通过努力获得成功的例子。我们也有这么多快乐吗？我们的生活是否像他们的一样充实呢？我们是不是错过了什么？一般来说，我们都有分享美好生活的权利，但如果同龄人看起来拥有更多的东西，那么一定是有某些人或事在作怪。

在这种情形下，我们感受到的是一种很普遍的不满情绪。如果读到或看到的某些东西令人感到不安，那便是内心中隐藏的嫉妒受到触发，变成了更加尖锐的类型。如果大批人群中弥漫着嫉妒的气氛，甚至可以成为一股政治力量，煽动者可以据此号召大众，反对某些似乎比其他人更容易拥有某些事物的阶层。人可以通过潜在的嫉妒团结起来，但就像人种问题一样，没人会承认这一点，也不会从这个角度看问题。公众的嫉妒可以迅速转向公众人物，特别是在他们经历不幸的时刻，嫉妒便会以幸灾乐祸的形式出现。（如果玛莎·斯图尔特被爆出触犯了法律，人们便会对她充满敌意。）关于有权势的人物的八卦似乎已经变成了一个产业。

这样的意味很明显：我们会发现周围有越来越多的人容易产生被动嫉妒的情绪，如果我们不小心，这种嫉妒会演变成更剧烈的形式。如果站在众人面前，我们就必须准备好迎接来自朋友、同事和公众反应的准备。在过热的社会环境中，学会识别迹象，辨认出嫉妒者绝对是关键的技能。由于我们现在更容易感受到嫉妒，也就必须学会管理自己的这种情绪，将其转化为更加积极的东西。

超越嫉妒

像大多数人一样，你也会倾向于否认自己有过嫉妒情绪，至少绝没有强烈到采取行动的地步。但你对自己不够诚实。如上所述，你只意识到了自己的愤慨和怨恨，他们掩盖了嫉妒最初带来的恐慌。你需要克服这种情绪的自然阻力，看它在你内心搅动的样子。

我们都会拿自己和他人进行比较，对自己在看重的领域中究竟占据多少优势感到不安，通过某种形式的嫉妒对此做出反应。（它与我们的天性紧密相连，研究表明猴子也会感受到嫉妒的情绪。）你可以从简单的实验开始：下一次听到或读到某些人在你所在的领域突然获得成功时，观察自己是否不可避免地产生想要得到同样东西的感受（悸动），以及随后对嫉妒目标产生的敌意，它可能很含糊，发生的速度也很快，你很容易错过这个阶段，但还是要努力抓住它。这一系列的情绪是很自然的，不应当有负罪感。检视自己，你会看到更多这样的例子，这会帮助你慢慢超越嫉妒带来的影响。

但让我们现实一点儿，人基本不可能完全不将自己与他人做比较。作为社会动物，这是我们天性中根深蒂固的东西。相反，我们追求的是慢慢将比较的倾向转化为积极的、能起到帮助作用的、社会友好型的东西。以下五个简单的练习可以帮助你实现这一目标。

靠近嫉妒的目标。嫉妒会在亲密的环境中快速生长——在每日碰面的公司里、家庭中、社区中，以及任何同龄人群体中。但人们总倾向于将自己的问题隐藏起来，把最好的一面展现出来。我们听到的都是获得了成功、建立了新关系、用金点子挖到了金矿。但如果走得更近，就会看到关起门时的争吵，看到新工作中有可怕的老板，此时就失去了嫉妒的理由。没有什么会像表面看起来那么完美，而且如果仔细观察，往往会发现自己是错误的。与自己嫉妒并渴望拥有的家庭相处一段时间，你会重新评估自己的看法。

如果你嫉妒拥有名望和关注度的人，请提醒自己，这种关注伴随的是大量的敌意和审视，这是相当痛苦的。富人往往是很悲惨的。你可以看看历史上最有名的富人亚里士多德·奥纳西斯生命最后十年记载的故事，他与魅力四射的杰奎琳·肯尼迪结婚，你会看到财富给他带来了无尽的噩梦，其中包括对孩子的溺爱和遗弃。

走近的过程有两个方面：一方面，试着看清人们光鲜亮丽的背后是怎样的；另一方面，试想一下他们的地位伴随而来的是哪些不可避免的劣势。这并不是要贬低对方。你并没有贬低这些伟大之人的成就。你只是在减轻自己对他们个人生活的嫉妒情绪。

向下进行比较。一般来说，你总会关注那些看起来拥有更多东西的人，但更明智的做法是看看那些拥有更少东西的人。想要做这样的比较，你总能找到很多人。他们生活在恶劣的环境中，面临许多生命威胁，对未来有更深层次的不安全感。你甚至可以看看那些比你处境更糟糕的朋友。这不仅会激发对大多数人的同情心，还会让你对自己所拥有的东西心怀感激。这种感激之情是嫉妒的最佳解药。

作为相关练习，你可以写下生活中自认为理所当然的积极事件——有恩于你的人、健康的身体。感恩是一种需要锻炼的肌肉，否则会萎缩。

学习乐人之乐。幸灾乐祸指的是从别人的痛苦中收获快乐的体验，与嫉妒有明显的关系，一些研究已经证明了这一点。当我们嫉妒某些人时，如果他们遭遇挫折或遭受痛苦，我们就很容易感到兴奋甚至快乐。但明智的做法是反其道而行之，也就是哲学家尼采所说的乐人之乐（Mitfreude）——“共同快乐”。正如他所写的：“毒蛇刺咬是为了伤人，而它也乐见其成；低等动物可以想象他人的痛苦。但想象别人的快乐并为之喜悦是最高等级动物的最高特权。”

这意味着你需要积极尝试感受他人的快乐，这是一种同理心的表现，而不是仅仅祝贺对方交好运，这种事很容易做到且容易被遗忘。这可能会有点儿不自然，因为我们的第一倾向是感到嫉妒，但可以训练自己想象他人体验到幸福和满足时的感受。这不仅能清除我们大脑中丑陋的嫉妒，还能创造出一种不同寻常的关系。如果我们是乐人之乐的对象，会感受到对方真的在为我们高兴，而不是仅仅说了几句好听的话，这也会促使我们对其产生相同的感觉。这种情况很罕见，它是一种将人联系在一起的巨大力量。在内化他人喜悦的时候，我们增加了自己感受这种情绪的能力。

将嫉妒化为模仿。我们无法阻止大脑中的比较机制，所以最好能把它转变成更有用、更有创造性的东西。对于那些获得更大成就的人，不要伤害他们，也不要想从他们身上盗取什么东西，而是要努力把自己提升到对方的水平上。这样一来，嫉妒就变成了卓越的鞭策力。我们甚至可以试着和那些能激起自己竞争欲望的人在一起，和技能水平略高于我们的人在一起。

要做到这一点，需要在心理上有一些转变。首先，我们必须相信自己有自我提高的能力。对自己学习和精进的整体能力充满信心，可以成为缓解嫉妒的特效药。我们并不是因为想拥有同样的东西又无能为力才采取破坏性行动，而是感到自己有争取同样东西的冲动并相信自己有这份能力。其次，我们需要培养自己坚实的职业准则来作为支撑。秉持严谨和坚持不懈的精神，我们可以克服一切障碍，提升自己的地位。懒惰和不自律的人更容易感受到嫉妒。

与此相关的还有一点，就是有目标感，感受到人生的使命是让自己免于嫉妒的好办法。你会专注于自己的生活和计划，这些既清晰又令人振奋。只有自己的潜力才能带来满足感，即便博取到公众的眼球也是很短暂的。这样你会对比较看得更淡，让自我价值更多地来源于内心而非外部。

欣赏人类的伟大。欣赏是与嫉妒相反的极致，我们承认人们取得了成就，向他们表示祝贺，且并不为此感到不安。我们是在承认他们在艺术、科学或商业领域取得了重要进展，而不必为此感到痛苦。更进一步的是，在承认某个人的伟大时，我们是在庆祝人类这个物种具备的最高潜力。我们体验的是人类本性中最美好的东西，也就是乐人之乐。这是在分享人类取得伟大成就的自豪感。这种欣赏超越了日常的琐事，可以产生使人平静的效果。

虽然我们更容易不带嫉妒情绪地钦佩那些故去的人，但还是要试着在万神殿里供奉至少一个活人。如果你很年轻，崇拜的对象在某种程度上也可以成为你效仿的榜样。

最后，在生活中积攒一些感受到巨大满足感和幸福感的时刻，它们与成功无关。通常是自己身处美景之中的时刻，比如山川、海洋和森林之中。此时感受不到他人的窥探和比较，只需要关注和坚定自我。我们只是对自己眼前的东西感到敬畏，它具有强烈的治疗作用。当我们思考宇宙的广袤，思考生命的不可思议，思考我们生前与身后无限的时间时也会出现这样的效果。这些伟大的时刻可以帮助我们尽可能远离嫉妒的琐碎和毒性。

> 没有多少人……可以爱上一位富有的朋友，
> 并且保持一颗平和之心；嫉妒是大脑中苦涩的毒药，
> 会使生活带来的所有痛苦加倍。
> 他只能自我疗愈伤痛，并且感受他人快乐的诅咒。
>
> ——埃斯库罗斯

第十一章

了解自己的极限：膨胀法则

人类有一种高度评价自己的强烈需求。如果外界将我们的善良、伟大和才华拔高到偏离现实的程度，我们便会膨胀起来。我们会幻想自己有那些优点。一般来说，只要一点儿成功便会把天生的自负情绪提高到危险的程度。外界证实了高度自我意识的正确性。我们忘了运气在成功中扮演了重要角色，也忘了他人做出的贡献。我们想象自己有点石成金的能力。如果与现实失去联系，只会做出不理性的决定。这就是为什么成功往往不能长久。留意自己身上和他人身上膨胀的迹象，看看是否对计划的结果过于乐观；如果受到批评是否会动怒；是否对任何形式的权威都不屑一顾。对自己和自身局限性有清醒的认识，这样可以抵御膨胀的诱惑。把膨胀的感受与自己的工作、成就和对社会的贡献联系起来。

成功的错觉

一九八四年夏天，派拉蒙电影公司的总裁迈克尔·艾斯纳再也按捺不住几个月来困扰自己的烦躁情绪。他迫不及待地想进入一个更大的舞台，撼动好莱坞的根基。这种躁动是他一生的主基调。他在美国广播公司开始了自己的职业生涯，从不安于现状，经过九年的多次晋升，他成为黄金时段节目的负责人。但是，电视对他来说太狭窄，束缚太多，他需要更大、更宏伟的舞台。一九七六年，前美国广播公司老板，如今已是派拉蒙电影公司主席的巴里·迪勒邀请他来领导派拉蒙电影工作室的工作，他抓住了这个机会。

派拉蒙长期以来一直处于低迷状态，但在迪勒的操盘下，艾斯纳很快将其变成好莱坞最炙手可热的工作室，出品了一连串令人瞩目的成功影片：《周末夜狂热》《油脂》《闪电舞》和《母女情深》。虽然迪勒在这次转变中扮演了重要角色，但艾斯纳认为自己才是最主要的推动力。毕竟，他想出了一种让电影稳赚不赔的万全之策。

这个办法在于降低成本，这是他最看重的事。要做到这一点，一部电影必须从伟大的概念开始，它需要有一个原创的、易于概括的、戏剧性的概念。高管们可以为一部电影雇用最昂贵的编剧、导演和演员，但如果基础概念薄弱，再多的钱也会被浪费掉。而且，概念强大的电影会自我推销。电影公司可以大量生产这种相对便宜的电影，只要获得一定的成功，就可以确保有稳定的收入来源。这种想法与二十世纪七十年代的大片理念背道而驰，但看着艾斯纳为派拉蒙带来的无可辩驳的利润，谁又能提出异议呢？艾斯纳在一份备忘录中将其记录了下来，这份备忘录很快成为救世福音，在好莱坞传播开来。

但多年来，艾斯纳在派拉蒙和迪勒分享荣耀，努力取悦公司的首席执行官，和营销总监、财务人员扯皮，他已经受够了。如果他能不受约束地经营自己的工作室就好了。凭借着他的理念和冷酷的野心，可以打造出世界上最伟大、最赚钱的娱乐帝国。他已经厌倦了让其他人在自己的想法和成功上搭便车。如果能独自在顶层控制，他可以一揽所有荣誉。

一九八四年的夏天，艾斯纳在考虑自己职业生涯关键的下一步要怎么走，他最终确定了助力自己实现野心的完美目标——华特·迪士尼公司。乍一看，这似乎是个费解的选择。自从华特·迪士尼一九六六年去世后，电影工作室仿佛就被冻结在了时间里，每一年都比过去更加古怪。这个地方的运作方式就像个乏味的男子俱乐部。很多高管午餐后就不工作了，下午都在打牌或在蒸汽房里游荡。几乎没有人被解雇过。该工作室大约每四年制作一部动画片，一九八三年只制作了三部真人电影。自一九六八年的《万能金龟车》之后，他们再没有出品过一部成功的电影。位于伯班克的迪士尼片场就像一座鬼城。演员汤姆·汉克斯一九八三年时在此处工作过，他将其描述为“二十世纪五十年代的灰狗巴士站”。

但是，这破败的地方正是艾斯纳施展魔法的完美场所。工作室和公司只可能向好的方向发展。董事会成员急于扭转局面，以避免被恶意收购。艾斯纳可以为这一领导职位提条件。他向罗伊·迪士尼（华特的侄子，迪士尼最大的股东）介绍自己是公司的救世主，并且提出一份详细且具有鼓动性的计划，说是可以让公司实现巨大的转变（比派拉蒙的转变更大），罗伊就这样被说服了。在罗伊的支持下，董事会批准了这一决定，一九八四年九月，艾斯纳成为华特·迪士尼公司的董事长兼首席执行官。前华纳兄弟公司负责人弗兰克·威尔斯成为总裁兼首席运营官。威尔斯会专注于业务方面的工作。艾斯纳要领导整体工作，威尔斯要辅助他。

艾斯纳没有浪费时间。他开始对公司进行大范围的重组，致使一千多名员工离职。他开始起用派拉蒙的人充实行政队伍，其中最引人注目的是杰弗里·卡森伯格，他曾是艾斯纳在派拉蒙的得力助手，此时被任命为华特·迪士尼工作室的主席。卡森伯格可能会表现得很粗暴，甚至可以说粗鲁，但在好莱坞没人比他更有效率、更努力工作，他总能把事情做好。

几个月内，迪士尼开始按照艾斯纳的理念推出一系列出色的作品。在其最初的十七部电影中，有十五部带来了盈利，比如《贝弗利山庄》和《谁陷害了兔子罗杰》。这种成功在好莱坞任何工作室中都是闻所未闻的。

有一天，艾斯纳和威尔斯到伯班克片场探班时走进了迪士尼图书馆，发现了数百部从未放映过的黄金时代动画片。无尽的架子上存放着迪士尼全部伟大的经典动画片。看到这些宝藏，艾斯纳的眼睛亮了起来。他可以通过录像带的方式重新发行这些动画片（当时家庭录像带市场正处于爆炸性增长的阶段），这是纯粹的利润。在这些动画片的基础上，公司可以创设商店来推销迪士尼的卡通人物。迪士尼是一座待开发的虚拟金矿，艾斯纳要充分利用这一点。

商店很快开张了，录像带卖得也很好，影片的热卖给公司带来了利润。迪士尼的股价飙升。它已经取代了派拉蒙成为最热门的电影公司。为了培育更多的公众形象，艾斯纳决定复播过去的《迪士尼的奇妙世界》节目，这曾是一档由华特·迪士尼本人在二十世纪五六十年代主持的老牌电视节目。这一次，主持人是艾斯纳。他在镜头面前并不自然，但他觉得观众会越来越喜欢他。他可以像华特一样哄孩子。实际上，他开始认为自己和华特之间有某种神奇的联系，他不仅仅是公司的负责人，而是华特·迪士尼本人的亲儿子和继承人。

尽管他获得了巨大的成功，但是不安分的情绪再次出现。他需要一次新的冒险、一个更大的挑战，而他很快就找到了。华特·迪士尼公司计划在欧洲建造一个全新的主题公园。上一家主题公园是一九八三年的东京迪士尼乐园，已经取得了成功。负责主题公园项目的人已经选好了两个备选地点，一个在西班牙的巴塞罗那附近，另一个在巴黎附近。虽然巴塞罗那的选址因为气候更好而更具经济意义，但艾斯纳还是选择了法国。这不仅是一个主题公园，还是一次文化宣言。他要雇用世界上最好的建筑师。与其他主题公园常见的玻璃纤维城堡不同，欧洲迪士尼的城堡会用粉红色的石头来建造，装配手工绘制的彩色玻璃窗，上面有各种童话故事的场景。即便是喜欢摆架子的法国精英也会争相前去参观。艾斯纳喜欢建筑，这里可以让他成为现代版的美第奇。

随着时间的推移，欧洲迪士尼的成本不断攀升。艾斯纳放弃了自己一贯的底线理念，他认为如果建造得好，人自然会来，公园最终会收回成本。但是，当它最终如期于一九九二年开业时，艾斯纳很快就发现自己并不了解法国人的口味和度假习惯。他们不愿意在游乐设施面前排队，尤其是天气恶劣的时候。和其他主题公园一样，这里不提供啤酒或葡萄酒，这对法国人来说是一种亵渎。酒店的房间太贵了，一家人不可能在这里住一天以上。尽管建筑十分关注细节，但粉红色的石头城堡看起来仍然像是俗气的仿制版本。

参观游客的人数仅有艾斯纳预期的一半。迪士尼在建设过程中产生的债务已经膨胀，从游客那里拿到的收入甚至不够偿还利息。这是一场灾难，也是他光辉职业生涯中的首次失败。当他最终接受这一现实时，认定弗兰克·威尔斯应当对此负责。他的工作是监督项目的财务情况，却失败了。过去艾斯纳对他们的工作关系只有褒奖，而现在却经常抱怨自己的副手，并且考虑解雇他。

在这场日益严峻的失败中，艾斯纳还察觉到一个新的威胁——杰弗里·卡森伯格。他曾把卡森伯格称为自己忠诚且勤奋的黄金猎犬。他监督了工作室早期一系列成功的项目，其中最成功的包括《美女与野兽》，这部电影是迪士尼动画部门复兴的标志。但是，卡森伯格的一些情况却让他越来越紧张。也许是卡森伯格一九九〇年所写的一份备忘录，他在其中剖析了迪士尼最近在真人电影方面的一系列失败原因。他写道："自一九八四年以来，我们已经慢慢偏离了经营企业的最初愿景。"卡森伯格批评了工作室想要拍更大制作电影的想法，比如《至尊神探》，想要制作"现象级电影"。迪士尼已经陷入了"大片思维"，在这个过程中失去了灵魂。

这份备忘录让艾斯纳感到不舒服。《至尊神探》是他自己最看重的项目。卡森伯格难道是在间接批评自己的老板？想到这一点，他觉得对方似乎是在模仿自己在派拉蒙时期所写的备忘录，当时他主张拍摄成本较低、概念突出的电影。现在他想到，卡森伯格可能认为自己是下一个艾斯纳。也许他想取代自己的工作，巧妙地破坏他的权威。这让他感到不舒服。为什么现在卡森伯格不让他参与故事策划会了？

动画部门很快成为工作室的主要利润来源，新作如《阿拉丁》和《狮子王》都是卡森伯格的掌上明珠，他从提出概念开始从头到尾参与了创作。杂志文章开始介绍卡森伯格，仿佛他才是迪士尼该类型电影中崛起的创意天才。那么负责动画业务的副主席罗伊·迪士尼呢？负责一切事务的艾斯纳本人呢？在艾斯纳看来，卡森伯格就是在玩弄媒体，助长自己的气焰。一位高管曾向艾斯纳汇报说，卡森伯格到处说："我就是当世的华特·迪士尼。"怀疑很快变成了憎恶，艾斯纳已经无法和他相处下去了。

一九九四年三月，弗兰克·威尔斯在滑雪旅行中因直升机事故丧生。为了让股东和华尔街放心，艾斯纳很快宣布他将接替威尔斯出任总裁。但卡森伯格突然用电话和备忘录不断地骚扰他，提醒艾斯纳曾承诺说如果威尔斯离开公司，卡森伯格将出任这一职位。悲剧才发生不久，他是多么麻木不仁啊。艾斯纳不再回复卡森伯格的电话。

最后，在一九九四年八月，艾斯纳将杰弗里·卡森伯格解雇了，此举震惊了好莱坞所有人。他解雇的是最成功的制片厂主管。《狮子王》是好莱坞历史上最赚钱的电影之一。卡森伯格还是迪士尼收购米拉麦克斯影业公司的幕后推手，随着《低俗小说》的大获成功，他完成了一项重大变革。看起来似乎是疯狂之举，但艾斯纳并不在意。他终于摆脱了卡森伯格这个巨大的阴影，可以放松下来，靠一己之力将迪士尼带入新纪元，不再受任何干扰了。

为了证明自己没有失去敏锐的嗅觉，他很快通过迪士尼对美国广播公司展开收购，让娱乐界一时眼花缭乱。这次大胆的改革使他再次成为关注的焦点。现在，他要打造一个超乎所有人想象的娱乐帝国。但是，此举带来一个问题，公司的规模几乎翻了一倍。对一个人来说，它太复杂了。就在一年前，他接受了体外循环心脏手术，已经承受不了额外的压力了。

他需要另找一个弗兰克·威尔斯，并且很快看中了自己的老朋友迈克尔·奥维茨，他是创新艺人经纪公司的创始人和负责人之一。奥维茨是好莱坞有史以来最伟大的交易商，也是这里最有权力的人。他们可以一起统治这个领域。很多业内人士警告他不要雇用奥维茨，他和弗兰克·威尔斯一点儿也不像；他既不是搞财务的行家，也不是掌控细节的大师，这一点奥维茨自己也承认。艾斯纳并没有理会这些建议，人们的想法太传统了。他决心用一个非常诱人的方案吸引奥维茨离开创新艺人经纪公司，并且给他总裁的头衔。在几次讨论中，他向奥维茨保证，虽然他是二把手，但两个人最终会共同管理这家公司。

奥维茨最后在一通电话里同意了所有条款，但挂掉电话的一刻，艾斯纳意识到自己犯了人生中最大的错误。他到底在想什么？他们是最亲密的朋友，两个互为挚友的人怎么能在一起工作呢？奥维茨是渴望权力的人。他的问题是卡森伯格的两倍。但是此时已经太晚了，他已经得到了董事会的聘用批准。作为首席执行官，他的决策和声誉岌岌可危，他必须让一切运转起来。

他很快下了一个决定，缩小奥维茨的职责范围，对他严加约束，让他证明自己有能力坐上总裁的位置。这样一来，奥维茨想要赢得更多权力，就要赢得艾斯纳的信任。从第一天起，艾斯纳就想向奥维茨展示谁才是真正的老板。艾斯纳没有让他搬去迪士尼总部六层弗兰克·威尔斯的旧办公室，那间屋紧挨着艾斯纳的办公室，而是把他安排在五层一个很不起眼的屋子里。奥维茨喜欢用礼物和奢华的宴会招待来宾，四处撒钱，但艾斯纳让他的团队监视着奥维茨在这方面花的每一分钱以及他的一举一动。奥维茨背后有没有和其他高官接触？他会不会逐渐变成另一个卡森伯格？

很快情况就变成了这样。奥维茨会向他提出一些潜在的意向，而艾斯纳不会出言阻止。等到了下决定的关键时刻，艾斯纳会坚决反对。慢慢地，业内流传着奥维茨已经失去影响力，无法完成交易的传言。奥维茨开始惊慌失措，他急切地要证明自己无愧于这个角色。由于两家公司合并得并不顺利，他主动提出搬到纽约去帮助管理美国广播公司，但艾斯纳不同意。他告诉副手们要和奥维茨保持距离。他并不是值得信任的人，而是圣费尔南多谷一个卖酒人的儿子，和他的父亲一样，他只是个滑头的推销员而已，沉迷于媒体的关注。在公司内部，奥维茨完全被孤立了。

随着时间的推移，奥维茨也明白发生了什么，他向艾斯纳痛苦地抱怨。自己离开了经纪公司来到迪士尼，把自己的声誉寄托在这份总裁的工作上，而艾斯纳毁了他的声誉。在行业里，没人再尊重他了。艾斯纳像个虐待狂一样对待奥维茨。但在艾斯纳心中，奥维茨根本没有通过自己的测试，他没有证明自己的耐心，他也不是弗兰克·威尔斯。一九九六年十二月，在迪士尼工作仅仅十四个月后，奥维茨被解雇了，并且带走了巨额的遣散费。这样的快速坠落简直令人目眩。

艾斯纳终于从这个重大的错误当中脱身，开始在公司内部巩固权力。美国广播公司的情况并不理想，他必须采取一些干预措施。他开始出席节目制作会议，大谈自己在美国广播公司的黄金时代以及当时创作的伟大节目，如《拉维恩和雪莉》和《快乐时光》。公司要回归早期理念，为家庭创造概念亮眼的节目。

随着互联网的兴起，艾斯纳也大举进入。在高管们的影响下，他拒绝对雅虎进行收购，反而启动了迪士尼自己的门户网站，命名为Go。这些年来他有了一个教训，一定要设计经营自己的业务。迪士尼会主宰互联网的发展。他曾经两次证明了自己是扭转乾坤的天才，随着迪士尼如今陷入低迷，他要再度出手。

但是，灾难很快一波又一波地侵袭而来。被解雇之后，卡森伯格起诉迪士尼，要求根据合同取得自己的业绩奖金。奥维茨担任总裁期间，为了避免卡森伯格闹上法庭，曾和他谈到九千万美元的赔偿金额，但在最后一刻艾斯纳拒绝了，他认为自己不欠卡森伯格什么东西。二〇〇一年，法庭判决卡森伯格胜诉，赔偿金额高达两亿八千万美元。迪士尼在网站Go上倾注了大量资源，但最终还是以失败告终，不得不关闭网站。欧洲迪士尼的成本也消耗着公司的资产。迪士尼与皮克斯有合作关系，他们一起制作了《玩具总动员》等热门作品。但皮克斯现任首席执行官史蒂夫·乔布斯明确表示自己绝不会再与迪士尼合作，他对艾斯纳事无巨细的管理方式深恶痛绝。美国广播公司表现不佳。迪士尼制作的大部分电影不仅相当失败，成本也非常高昂，这一点终于在二〇〇一年五月上映的大片《珍珠港》中到达高潮。

突然之间，罗伊·迪士尼似乎对艾斯纳失去了信心，股价急剧下跌。他让艾斯纳最好辞职。多么忘恩负义，多么狂妄自大！他，艾斯纳，让公司走向成功。他，艾斯纳，单枪匹马让公司起死回生。他把罗伊从灾难中拯救出来，让他发了财，人们过去都以为他是华特的白痴侄子。但现在，在艾斯纳的至暗时刻，罗伊竟然要背叛他？艾斯纳从未感到如此愤怒，他迅速开展反击，逼迫罗伊从董事会辞职。这让罗伊完全放开了手脚，他组织了一场名为“拯救迪士尼”的股东大会，二〇〇四年三月，股东们投票表决，对艾斯纳的领导层进行了严厉的斥责。

很快，董事会决定剥夺艾斯纳的董事会主席职务。他建立的帝国正在土崩瓦解。二〇〇五年九月，在几乎失去所有盟友的孤独和背叛中，艾斯纳从迪士尼辞职。这一切怎么会如此迅速地解体？他告诉朋友们，他们会想念自己的，他指的是整个好莱坞再也不会有像他这样的人了。

解析：可以说，迈克尔·艾斯纳在职业生涯的某一阶段，在权力面前陷入了一种妄想，思维完全脱离了现实，以至于做出了灾难性的商业决策。让我们跟随这种特殊形式的妄想发展，看它是如何占据他的头脑的。

在美国广播公司开始职业生涯的时候，年轻的艾斯纳对现实有很准确的把握。他是个非常务实的人。他知道要最大限度地利用自己的优势——雄心勃勃，富有竞争性，拥有极强的职业道德，对普通美国人的娱乐口味十分敏锐。艾斯纳头脑灵活，善于鼓励他人进行创造性思考。靠着这些优势，他很快升入高层。他对自己的才能拥有很强的信心，在美国广播公司获得的一系列晋升证实了这种观点。此时的他有点儿自负也是可以理解的，作为一名制作人他在工作中学到了很多东西，技能有了很大提升。他走上了通往高层的快速通道，三十四岁时就被任命为美国广播公司黄金时段节目的负责人。

作为野心勃勃之人，他很快发现电视行业有很多束缚。他可以制作的娱乐节目种类很有限。电影行业更宽松、规模更大、更有魅力。因此，他自然接受了派拉蒙的职位。但在派拉蒙发生的一些事，让他的心智开始微妙地失衡。因为舞台更大，他又是工作室的负责人，便开始受到媒体和公众的关注，作为好莱坞最炙手可热的电影人出现在杂志封面上。这与在美国广播公司获得晋升的满足感有着本质的不同。如今，上百万的人都欣赏他。他们的看法怎么会出错呢？对大家来说，他就是天才，是改变制片厂面貌的新式英雄。

这真是令人沉迷。它让人不可避免地拉高了对自己的评价，但同时也带来了巨大的风险。艾斯纳在派拉蒙取得的成功并不完全归功于他。当他来到工作室的时候，已经有几部电影在筹备之中了，其中包括《周末夜狂热》，是这部影片带来了一系列转机。巴里·迪勒是艾斯纳完美的陪衬。他无休止地和艾斯纳争论，迫使艾斯纳把自己的想法梳理得更加清晰。由于受到关注，艾斯纳认为这些赞誉全部源于自己的努力，因此他很自然地从成功中剔除了运气和其他人贡献的因素。此时，他的想法开始巧妙地与现实脱离开来。他不再关注观众，不再关注如何娱乐大家，而是越来越多地关注自己，听信了他人宣扬的关于自己如何伟大的神话。他相信自己可以点石成金。

在迪士尼期间，这种模式不断重复且愈演愈烈。他沉浸在自己取得成功的光辉中，很快便忘了自己在家庭录像带和家庭娱乐大爆炸时期碰巧继承了迪士尼图书馆中的宝藏。他忽略了威尔斯在平衡方面起到的关键作用。随着自我膨胀感不断增长，他面临着一个两难的境地。既然已经沉迷于制造轰动效应，用大事件来博人眼球，他就不能简单满足于不断增长的利润带来的满足感。他必须为神话添砖加瓦，使其保持活力。欧洲迪士尼便是答案。他要向世界展示自己并不只是一个企业高管，而是一个文艺复兴者。

在建造公园的过程中，有经验的顾问建议选址巴塞罗那，并且适度控制以降低费用，但他没有听取这一意见。他没有关注法国文化，而是坐在伯班克指挥一切。他认为自己作为电影制片人的技能完全可以移植到建设主题公园上。他显然高估了自己的能力，此时他的商业决策已经和现实严重脱离，达到了妄想症的程度。一旦这种失衡的心理占据上风，只会变得更加糟糕，因为回到地面上就是承认此前过高的自我评估是错误的，而人类永远不会承认这一点。相反，我们只会将每一次失败和挫折归咎于他人。

在这种妄想之中，他犯下了最严重的错误，解雇了杰弗里・卡森伯格。迪士尼体系依赖于源源不断地推出新动画作品，这些作品会为商店和主题公园提供新角色、新商品、游乐设施和宣传材料。卡森伯格显然深谙创造这类作品的诀窍，《狮子王》的空前成功就是例证。解雇他会使整个生产线处于危险之中。谁来接手工作呢？当然不会是罗伊・迪士尼或艾斯纳本人。此外，他肯定知道卡森伯格会带着这些技能去别的地方，而对方确实也是这样做的，他与人共同成立了新工作室梦工厂。在那里，他制作了更多动画作品。梦工厂提高了熟练动画师的薪酬，大大增加了制作一部动画的成本，威胁到了迪士尼的整个利润体系。但是，艾斯纳并没有牢牢抓住这一现实，而是把注意力放在对关注度的竞争上。卡森伯格的崛起威胁到了他高高在上的自我评价，他不得不以牺牲利润为代价来安抚自我。

下降的通道已经开启。在“大即是好”的观念下，对美国广播公司的收购暴露了他与现实日渐疏远的状态。在新媒体时代，电视是垂死的商业模式。这不是一次现实的商业决策，而是一场宣传的游戏。他创造了一个娱乐业的庞然大物，一团没有明确身份的模糊之物。聘用和解雇奥维茨更是妄想的进一步体现。他人已经成了艾斯纳手里的工具。奥维茨是好莱坞公认最令人畏惧、最有权势的人。也许艾斯纳不自觉地被羞辱对方的欲望驱动。如果他能让奥维茨摇尾乞食，那么他一定是好莱坞最有权力的人。

很快，所有妄想带来的问题开始不断暴露——欧洲迪士尼的成本不断上升、卡森伯格索要奖金、两个电影部门都缺乏亮点、美国广播公司资源持续流失、奥维茨离职。董事会无法再对下跌的股价视而不见。解雇卡森伯格和奥维茨让艾斯纳成为好莱坞最让人讨厌的人，随着财富的不断减少，所有的敌人都站出来加速他的毁灭。他的坠落既迅速又壮观。

理解：迈克尔・艾斯纳的故事比你想象中离你更近。他的命运很可能变成你的命运，可能是一个微缩版本。原因很简单：人类拥有一个潜藏的弱点，将我们推进妄想的深渊，而我们从未意识到这一点。这个弱点源自我们过高估计自己能力的自然倾向。相对于现实而言，我们一般都会有较高的自我评估。我们非常需要感受到自己在智力、美貌、魅力、人气或道德方面优于他人。这可以表现为积极的一面。一定程度的自信会促使我们接受挑战，突破预设的极限，从中有所收获。可是一旦我们体验到了个人或群体更多的关注、晋升或项目资金之类的成功，这种自信就会以极快的速度上升，我们的自我评价与现实之间的差距会越来越大。

生活中的所有成功都不可避免地取决于运气、时机、他人的贡献、一路上老师的提携、公众对新事物的需求等因素。我们倾向于忘记这一切，想象一切成功都是源于自我的优越。我们以为自己在准备好之前就能应对新的挑战。毕竟，周围人已经用注意力证明了我们是伟大的，而我们希望能保持住这种关注度。我们认为自己有点石成金的能力，可以神乎其神地将自己的技能转移到其他媒介或领域之中。不知不觉中，我们越来越关注自我和幻想，远离了客户和观众。我们与提供帮助的人越来越疏远，将其看作可利用的工具。对于出现的所有失败，我们都会指责他人。成功有一种不可抗拒的吸引力，往往会蒙蔽人的头脑。

你的任务有以下几点：在取得任何形式的成功时，对其展开原因分析。看看其中哪些是运气成分，哪些有包括导师在内的其他人的功劳，他们在其中扮演了怎样的角色。这会中和你夸大自己能力的倾向。要提醒自己，伴随成功而来的是自满，对注意力的关注变得比工作还重要，循环往复。如果获得了成功，必须要提高警惕。每个项目都要从零开始，清除过去的痕迹。掌声越来越大的时候，尽量少去关注它。看到自己的极限并接受它，动用自身所有的能力来完成工作。不要相信“大即是好”的说法，往往集中力量才是明智的选择。不要因为自身的优越感不断增长而得罪他人，你总会需要盟友。把自己的脚牢牢踩在地上，弥补成功带来的毒品般的效应。以这种缓慢而坚实的方式建立起来的能力会更真实、持久。记住，神对那些靠自大的翅膀高飞的人是无情的，他们会让你付出代价。

> 他总是觉得仅仅求生存是不够的；他往往有更高的要求。也许只是由于自己那些欲望的力量，当时他就把自己看作比别人能享有更多权利的人。
>
> ——费奥多尔·陀思妥耶夫斯基《罪与罚》

人性的关键

比方说，你有一个计划要执行，或者你希望说服某个人或团体去做某件事。我们可以用以下方式来描述实现目标的实际态度：获得自己想要的东西总归不是容易的事。成功取决于大量的努力和一些运气成分。为了达成目标，你可能不得不放弃过去的方法，毕竟情况总在变化，你需要保持开放的心态。实际上，人们的反应通常都会让你感到惊讶和沮丧。他们有自己的需求、经验和独特的心理，和你完全不同。为了给对方留下深刻的印象，你必须关注他们和他们的想法。如果没能实现自己的愿望，要仔细检查自己做错了什么并努力从中吸取教训。

你可以把面前的目标或任务想象成一块大理石，要把它雕刻成精美的作品。这块大理石比你大得多，材料也很坚硬，但任务是可以完成的。只要足够努力、专注、灵活，你就可以慢慢把它雕刻成自己需要的东西。但是，工作需要有一定的分寸感——目标很难达到，人会有抵触情绪，你能做的事也是有限的。带着这样一种现实的态度，你就可以带着必不可少的耐心开始工作了。

但是想象一下，你的大脑染上了一种精神疾病，影响了你对大小和分寸的感知。在这种疾病的影响下，你看不到面前的任务有多庞大，看不到材料有多坚硬，你认为大理石块很小，有很强的可塑性。失去了分寸感，你笃定很快就可以把大理石雕刻成心中成品的模样。你幻想着自己接触的人第一反应不是抵触，他们的反应都可以预测。你知道他们一定会回应你伟大的想法，一定会喜欢这个点子。他们需要你甚于你需要他们，应当让他们来求你。重点不在于你需要做什么才能获得成功，而在于你觉得自己应该得到什么。可以预见，这个工作会为你带来很多关注度，如果失败了，一定是别人的责任，因为你有天赋，你做的事都是正确的，只有带着恶意和嫉妒的人才会阻挡你的道路。

我们可以把这种心理疾病称为膨胀。当感受到它的影响时，对现实的分寸感就已经被颠覆了，你的自我变得比周围的一切都要庞大。这就是你看待任务和周围人的视角。这不仅仅是一种深度自恋（参见第二章），在这种情况下，一切都必须围绕着你转。这是把自己扩大化［膨胀（grandiosity）一词的词根有“大”和“伟大”的意思］、优越化，自己不仅值得关注，甚至值得崇拜。这已经不是人，而是神的感觉。

你可能会认为，只有那些公众眼中有权势的、自负的领导人才会感染这种疾病，但这种想法是错误的。当然，我们看到很多诸如迈克尔·艾斯纳的有影响力的人都有严重的自我膨胀问题，他们受到的关注和赞誉会刺激自我剧烈地膨胀起来。但日常生活中也有轻微的症状，几乎在每个人身上都可以看到，因为它是人类本性中的一种特质。它源自我们对自我重要性、受人尊重的重要性，以及在某些方面要优于他人的强烈需求。

你很难意识到自己的傲慢，因为它改变了你对现实的看法，使你很难对自己有一个准确的评估。因此，你不知道此刻它可能给你带来怎样的问题。轻微的膨胀感会使你高估自己的技能和能力，低估面对的障碍。因此，你会承担起超出自己实际能力的任务。你会幻想他人以特定的方式回应你的想法，而当他们并没有这样做的时候，你会变得失落，并且责怪他人。

你可能会变得焦躁不安，突然转换职业，却没意识到膨胀的根源——现在的工作并不能证明你的伟大和卓越，如果真的想要变得优秀，需要多年的练习并发展新的技能。因此最好的办法是辞职，被新职业的新可能性诱惑，对伟大抱有幻想。这样一来，你永远无法完全掌握任何东西。你可能有几十个伟大的想法，但没有一个付诸行动，因为那会逼迫你面对自己实际水平有限的现实。在没有意识到这一点的情况下，你会变得非常被动——希望别人理解你，把想要的东西交给你，而且对你非常友善。你从未想过赞誉是要通过努力得来的，而是觉得自己有资格获得赞美。

在这样的情况下，你的低级膨胀会妨碍你从错误中学习和进步，因为你一开始就已经把自己想象成大人物了，想要承认自己不够好太困难了。

作为人性的研习者，你的任务有三个。第一，要了解膨胀现象本身，为什么它在人类的天性中如此根深蒂固，以及为什么现如今的世界上有那么多膨胀的人。第二，你要学会观察膨胀的痕迹，知道如何与这样的人打交道。第三，也是最重要的一点，你要看到自己身上的病症，不仅要学会控制自己的膨胀倾向，还要学会将这种能量转化为有价值的东西（具体参见本章最后一节）。

根据著名精神分析学家海因茨·科胡特的观点，膨胀的特质在我们生命的早期就已经扎下了根基。在最初的几个月里，大多数人都和母亲紧密相连。我们没有独立的身份。她能够满足我们的一切需求。我们便开始相信，给予食物的乳房实际上是我们自己的一部分。我们是万能的，所要做的就是表达饥饿以及其他各种诉求，母亲都会满足我们，就好像我们有控制她的神奇力量一样。但后来，我们慢慢来到人生的第二个阶段，被迫面对现实——母亲是独立的个体，她还有其他人要照顾。我们不是万能的，而是非常弱小的，具有依赖性的。这种认知非常痛苦，也是我们诸多行为的根源——有强烈的要证明自己没有那么无助的诉求，会幻想自己拥有不具备的能力（孩子们经常会幻想自己有穿墙透视、飞行、读心等能力，这也是超级英雄的故事吸引他们的原因）。

随着年龄的增长，我们的身体不再那么弱小，但自身的渺小感只会越来越严重。我们逐渐意识到，我们不仅是一个大家庭、一所学校、一个城市中的一分子，还是这个地球上数十亿人中的一员。我们的生命是相对短暂的，技能和脑力是有限的。有太多我们无法控制的事，特别是我们的职业发展和全球趋势。我们会死去，很快被人遗忘，被永恒吞噬，这种想法是相当难以忍受的。我们想在某种程度上感到自己是重要的，这样才能对抗天生的渺小，延展自我意识。三四岁时的经历不知不觉地困扰着我们的整个人生。我们在感觉自己渺小和试图否认它之间来回切换。人很容易因此想方设法幻想自己具有优越性。

有些孩子没有经历童年早期的第二阶段，没有面对自己相对渺小的现实，他们会在此后的生活中更容易受到膨胀的影响。他们是被宠坏的人。父母不断让孩子认为自己是宇宙的中心，保护他们免受直面现实的痛苦。他们的每个愿望都会成真。即便让他听从最简单的指令，他也会向父母大发脾气。此外，这类孩子会对任何形式的权威都不屑一顾。与自己和自己的能力相比，父亲的形象显得非常软弱。

这种早期的纵容影响了他们的一生。他们需要受到宠爱，而且会成为操纵宠爱他们、给他们关注之人的大师。他们自然会觉得没有人比自己更伟大。如果这类人还有天赋，他们会更加目中无人，仿佛生来头上就有一顶皇冠，并且将其变成一种自证预言。和其他人不同的是，他们从未在渺小和伟大之间来回切换，他们只熟悉后者。当然，艾斯纳就是这样的出身背景，他有一个满足自己一切需求的母亲，为他完成作业，为他提供庇护，使他免受冷酷、残忍的父亲的伤害。

过去，人们会将膨胀的欲望代入宗教之中。在古时候，我们的渺小感不仅来源于多年依赖的父母，还来源于我们与自然界中的敌人的斗争。上帝和神灵代表着自然界中的原始力量，我们的力量则相形见绌。通过对它们的崇拜，我们可以获得庇护。与比自己更伟大的东西产生关联后，我们会感觉自己的力量也扩展了。毕竟，诸神或上帝关心我们的部落或城市的命运，关注我们个人的灵魂，这是我们自身意义的标志。我们并不是简单地死亡并消失。千百年之后，我们也用这种类似的方式崇拜那些代表了伟大事业、建立未来乌托邦的领导人，比如法国大革命和拿破仑·波拿巴。

在如今的西方世界，宗教和伟大的事业已经失去了约束力，人很难相信这些东西，也很难通过对更庞大力量的认同来满足自己膨胀的欲望。但是，想要感受伟大、重要的需求并没有简单地消失，它比以往任何时候都更为强烈。如果没有其他的释放渠道，人们会倾向于将这种力量导向自己。他们会找到一种自我意识扩大化的方式来感受伟大和卓越。虽然我们很少意识到这一点，但我们选择理想化并崇拜的是自我。正因为如此，我们才会发现周围有越来越多膨胀的个体。

其他因素也促成了我们的持续膨胀。首先，越来越多的人在童年时期得到了呵护和关注，这种情形比以往任何时候都要普遍。这样一来，人就很难摆脱想象自己是宇宙中心这件事。人们开始相信，自己做的任何事或取得的任何成果都是可贵的，值得关注的。其次，越来越多的人很少或根本不尊重权威及专家，即便对方有高超的水平和丰富的经验，而自己其实并不具备。他们会认为："为什么他们的意见比我的更有价值呢?""没有那么伟大的人，他们只是更有特权罢了。""我的文章、音乐和其他人的一样有价值。"他们不觉得自己之外还有高人，值得享有权威，于是他们把自己放在了最高处。

还有，科技给了人们这样一种印象，生活中的一切都可以像上网搜索信息一样快捷和简单。它给我们灌输了这样一种理念：人不需要再花费数年时间来学习一项技能，而是只需要通过一些技巧，每周练习几个小时就可以精通任何事情，同样，人们还相信自己的技能可以很轻易地跨行转移。"我拥有写作能力，说明我也能导演一部电影。"更普遍的现象是，社交媒体在传播膨胀病毒。通过社交媒体，我们有无限的拓展自己存在感的能力，创造受到成千上万，甚至数百万人关注乃至崇拜的幻觉。我们享有的是过去的国王、王后，甚至神明一般的名气和地位。

在所有因素的共同作用下，我们比以往任何时候都更难保持现实的态度和与之相称的自我意识。

在观察自己身边人的时候，你必须意识到他们的膨胀（以及你自己的）会有多种形式。人们一般会通过获得社会威望来满足这种需求。虽然他们声称自己对工作本身或提升人类极限感兴趣，但往往在内心深处真正有激励作用的是对关注的渴望，是高高在上的自我获得他人的崇拜和肯定，是对强人和膨胀的需求。如果这类人富有才华，可以在几年或更长的时间内获得所需的关注，但就像艾斯纳的故事一样，对荣誉的渴求总会引诱他们一再向深处走去。

如果对自己的事业感到失望，却依然认为自己伟大却不受世人认可，人可能会转向其他补偿手段——酒精、滥交、购物、自命不凡、嘲弄他人。那些膨胀心态没有得到满足的人往往会充满狂躁的能量——这一刻告诉大家自己会写出伟大的剧本或勾引到很多女人，下一刻就会因为现实而陷入抑郁。

人类倾向于将领导人理想化并崇拜他们，这当然是一种膨胀的表现。相信有人可以使一切变得伟大，追随者便可以同样感受到这种伟大的情绪。他们的思想也随着领导人的发言攀上云霄，觉得自己比非追随者更加优越。在更私人的层面上，人们往往将自己所爱之人理想化，将其提升到男神或女神的地位，并且将这种力量反射到自己身上。

在现今世界中，你还会发现消极的膨胀也在盛行。很多人觉得自己必须掩盖膨胀的欲望，不仅针对别人，也包括自己。他们经常会表现得非常谦逊，对权力和自我重要性不感兴趣，或者说他们只是这样说而已。他们对自己的小日子感到满意，不希望拥有过多的财产，没有汽车，也对地位不屑一顾。但你会注意到，他们会将这种谦逊以公开的方式表现出来。这是一种膨胀的谦卑，他们在用这种方式获得关注，享受道德上的优越感。

还有一类变种是膨胀型受害者，这类人遭受了很多痛苦，无数次成为受害人。虽然他们喜欢将其归结为不幸，但你会发现他们实际上有一种倾向，在亲密关系中总会爱上人渣，或者总把自己置于注定失败和受苦的环境中。从本质上讲，他们创造出了让自己成为受害人的一出好戏。事实证明，所有关系都是围绕着他们的需求展开的，由于过去遭受了太多痛苦，他们无法关注你有什么需求。他们是宇宙的中心。感受和表达自己的不幸让他们感觉自己很重要，在痛苦这件事上高人一等。

以下是几种衡量膨胀程度的简单方法。例如，注意对方如何回应对自己和工作的批评。在受到批评的时候，所有人都会产生防卫心理，感到有些不安，这很正常。但有些人会变得恼怒且歇斯底里，那是因为他们对自己的伟大产生了怀疑。可以肯定的是，这类人拥有较为严重的膨胀感。另外，这类人还有可能将愤怒隐藏在受难者痛苦的表情后面，其目的是让你感到内疚。重点不在于批评本身，也不在于他们需要学习改进的地方，而在于他们的不满。

如果一个人获得了成功，注意他们在私下是怎样行事的。他们是否会放松下来自嘲，摘下自己的公众面具，还是已经过度认同了自己强大的公众形象，以至于延伸到了私人生活中？如果是后一种情况，说明他们已经开始相信自己的神话，被巨大的膨胀感控制住了。

膨胀之人一般都是吹牛大王。他们会为所有与自己相关的工作邀功，编造成功的历史。他们会说自己有先见之明，预见了某一趋势或某一事件，但这些都无法得到证实。一旦听到这样的话，就要加倍小心。如果一个人在大庭广众之下不顾他人感受说了一些话，从而给自己找了一些麻烦，也可以将其归咎于内心的膨胀。他们对自己伟大的观点非常笃定，甚至认为其他人都会以正确的方式来解读，并且赞同这些观点。

高度膨胀之人一般同理心水平都比较低。他们不善于倾听。如果人们的注意力不在他们身上，他们的眼神会飘得很远，手指会不耐烦地抽动。只有当焦点落在他们身上时，这些人才会活跃起来。他们喜欢把他人看作自己的延伸，也就是自己计划使用的工具或关注度的来源。最后，他们的非语言行为也会表现出膨胀的特征。手势夸大且具有戏剧性，在会议上占用很多空间，声音往往也比别人大，这类人的语速很快，不给别人插话的时间。

对于那些膨胀感表现得比较适度的人，我们应当表现出宽容。几乎所有人都会在优越感和现实感之间来回切换。在对方身上寻找现实感的时刻，这是他们处于正常状态的标志。但对于那些自我评价超高且不允许任何人质疑的人，最好避免与其产生关联或纠缠。在亲密关系中，他们会要求你给予崇拜感和片面的关注。如果这类人是你的雇员、商业伙伴或老板，他们会过度夸大自己的能力。这种自信会分散你对其想法、工作习惯和性格缺陷的关注。如果无法避免和这样的人打交道，要注意这类人有肯定自身想法的倾向，要保持自己的怀疑态度。关注想法本身，不要被他们具有迷惑性的自信蒙住眼睛。不要抱有幻想，认为自己可以与其对抗，将其拉回现实，这样做只会招致愤怒。

如果这类人碰巧是你的对手，那么你应该感到幸运。他们很容易被嘲弄，在引诱之下做出过度的反应。只要指出他们并不是那么伟大，对方就会惊慌失措，变得更加不理智。

最后，要管理好自己的膨胀倾向。膨胀也能产生积极的效果。它带来的旺盛精力和高度自信心可以用在工作当中，有助于激发灵感（具体参见本章最后一节）。但总的来说，还是要接受自己的局限性，尽自己所能展开工作，而不是幻想自己拥有神一样永远无法企及的能力。对你来说，最好的自我保护方式是秉持现实的态度，防止膨胀产生。了解自己喜欢什么科目和活动。你不可能对所有事样样精通，要发挥自己的长处，不要幻想自己在所有事上都有出色的表现。要彻底了解自己的能力限度，知道自己可以把事情推进多远，以及这个限度会随着年龄的增长如何变化。对自己的社会位置有明确的认识——了解你的盟友、与你关系最融洽的人、工作中的伙伴。毕竟你不可能取悦所有人。

这种自我意识是身体的一部分，要学会对它保持敏感。做符合自己天然倾向的事情时，努力也会感到轻松。你会学习得更快，拥有更多精力，更能承受必要的枯燥乏味。如果承受的东西太多，超出了自己的处理能力，不仅会感到疲惫，还会烦躁和紧张，很容易头痛。在生活中获得成功时，你会很自然地感到一丝恐惧，仿佛好运会消失。这种恐惧自己爬得太高（就像眩晕症一样），感觉太过优越带来的危机感会告诉你要回到地面上来。学会听从身体向你发出的信号，它会在你违背自己的优势时提示你。

在认识自己的过程中，要接受自己的局限性。你只是世界上千千万万人中的一个，生来并不比任何人优越。你不是神或天使，只是跟其他人一样是个有缺陷的人。接受这样一个事实：你无法控制自己周围的人，没有任何方法是万无一失的，人性是不可预测的。有了这样的自我认知和局限认知，你就会有一种分寸感。你会到工作之中去寻找伟大。如果感到自我评价超出了合理范围，自知之明就会像某种引力一样把你拉回来，引导你采取最适合自己的行动，做出最恰当的决定。

人类之所以如此强大，正是因为现实和务实。几千年前，我们就是这样在充满敌意的环境中克服了身体上的弱点，学会与他人合作，建立起强大的社群并学会使用工具，得以生存下来。由于不再需要依赖这种智慧求生存，我们已经偏离了这样的实用主义，但实际上它是我们作为地球上最杰出的社会动物的珍贵本性。在变得更加现实的过程中，你也会变得更加人性化。

膨胀的领袖

如果高度膨胀之人拥有天赋和充沛的自信，就可以爬升到很有权势的位置。这种大胆和自信的气质很吸引人，使他们成为一种超越生命本身的存在。如果被这样的形象迷惑，就很难看清他们决策当中的非理性，会随着他们一起进入灾难之中。他们可能非常具有破坏性。

关于这一类型的人，我们要认识到一个简单的事实——他们的存在依赖于我们给予的关注。如果没有关注，没有公众的崇拜，他们就无法证实自己高高在上的自我认知，此时他们所仰仗的信心就会萎缩。为了让我们感到敬畏，分散我们对现实的关注度，他们会采取一些戏剧性的手段。我们需要看穿这些舞台伎俩，去伪存真，将他们变回正常人类的大小。这样一来便可以抵制诱惑，避免危险。以下是六种最常见的幻觉。

我是天选之人。膨胀的领导人往往会给人一种印象，他们终归是要做大事的。在描述自己的童年和青年时期故事的时候，他们会表现出自己的独特性，仿佛自己是被命运选中的人。他们会强调早年间那些能够佐证自己拥有不同寻常的韧性或创造力的事件，这些故事要么是编造出来的，要么是重新阐释过的。他们会讲述自己职业生涯早期的故事，在这个过程中，他们克服了不可能的困难。未来的领袖在年轻时就已经初露端倪，或者说他希望别人是这样认为的。当你听到这类故事的时候，要秉持怀疑的态度。他们显然是在创造神话，而他们自己可能已经相信了。要寻找这些故事背后更平凡的事实，可能的话，将它们公布出来。

我是个普通人。在某些情况下，膨胀的领导人也可能是从社会下层崛起的，但总的来说，这类人要么有优越的出身条件，要么因为自己获得成功已经远离了人们日常的生活。然而，他们必须向公众展示自己，成为普通人的代表。只有通过这样的展示，他们才能吸引足够多的关注和崇拜，从而满足自己。

英迪拉·甘地于一九六六年至一九七七年、一九八〇年至一九八四年担任印度总理，她出身皇室，父亲贾瓦哈拉尔·尼赫鲁曾任该国第一任总理。她在欧洲接受教育，一生中大部分时间都生活在远离印度贫困地区的地方。作为后期相当独裁的一位膨胀的领导人，她将自己定位为和人民打成一片的人，她表达的是人民的声音。在公众面前讲话时她会改变自己的语言，在访问小村庄时则会使用家庭式的比喻。她会像当地妇女那样穿上纱丽，用手指吃饭。她喜欢将自己称作“母亲英迪拉”，并且以一种令人熟悉的、母亲般的方式统治印度。这种风格在竞选时非常有效，只不过这是一种纯粹的舞台手段。

膨胀的领导人会强调自己的文化品位，而非自己出身的阶层。他们可能会搭乘头等舱，穿最贵的西装，但他们似乎和公众有同样的烹饪品位，看普通人也喜欢的电影，并且不惜一切代价摒弃自己的精英主义气息。实际上，他们会不遗余力地嘲讽精英，尽管他们还要仰仗其中的专家对自己进行指导。他们和外界的普通人一样，只不过拥有更多的金钱和权力。虽然其间存在明显的矛盾，但可以获得公众的认同。但是，膨胀的意义不仅仅是为了获得更多的关注。这类领导人通过获得群体认同而自我膨胀。他们不仅仅是一个个体，而是整个国家或利益集团的体现。追随他们就是忠诚于这个群体本身。批评他们就是要把领导人钉在十字架上，就是背叛事业。

即便是在乏味的商业世界里，我们也能看到这种宗教式的认同。例如，艾斯纳喜欢说自己代表了整个迪士尼精神，不管它意味着什么。如果你注意到了这些自相矛盾和原始形式的大众联想，退后一步分析一下现实情况，你会看到核心部分存在一种类似神秘主义的非理性的东西，而且相当危险，因为膨胀的领导人会认为自己已经得到了公众的授权，可以做自己想做的任何事。

我能拯救你。这类人往往会在困难和危机之中上位。他们的自信心会让公众或股东感到安慰。他们是把人民从当下诸多问题中解救出来的人。为了实现这一点，他们的承诺宏大且模糊。宏大的承诺可以激发梦想，模糊的承诺即便没有兑现，也不会有人追究个人责任，因为没有具体的细节标准。对未来的承诺和愿景越是宏大，就越能激发出膨胀的信心。信息一定要简单易懂，可以简化为一句口号，承诺之事要能够刺激情绪。作为方法的一部分，这类人需要找到方便的替罪羊，一般是精英人士或局外人，以此加强群体认同，进一步煽动大家的情绪。围绕领导人展开的运动也是针对替罪羊的仇恨运动，此时的替罪羊已经成为人群中每一丝痛苦和不公的源头。领导人承诺要将这假想的敌人打倒，从而使领袖的权力成倍增长。

此时你会发现，他们创造了一个邪教，而不是领导政治运动或商业活动。他们的名字、形象和口号都会被大量复制，仿佛是神一样无所不在。某些颜色、符号或音乐也可以用来强化群体身份，引出人类最原始的本能。此时邪教的信徒深陷其中，可以为自己的任何行动找到借口。在这种情况下，没什么能够阻拦这些信徒，你只能在内心与其保持距离，维护好自己的分析能力。

我改写了规则。人类有一个隐秘的愿望，那就是可以不循规蹈矩，只要跟随内心的光芒就能获得力量。当膨胀的领导人声称自己拥有这种力量时，我们会暗自兴奋，希望能相信他们。

迈克尔·西米诺导演了一九七八年的奥斯卡最佳影片《猎鹿人》。然而，对那些与他共事的人来说，他不仅仅是导演，还是个特别的天才，打破了僵化的好莱坞体系。在一九八〇年的电影《天堂之门》中，他谈成了一份好莱坞历史上绝无仅有的合同，这份合同允许他在合适的时候增加预算，精准地拍出他设想的电影，没有任何附带条件。在片场，西米诺花了几周时间让演员们排练他想要的一场轮滑戏。有一天，他为了等待完美的云彩进入画面，让摄像机等了好几个小时。成本飙升，他交出的影片粗剪版长度超过五个小时。最后《天堂之门》成为好莱坞历史上最大的灾难之一，几乎摧毁了西米诺的职业生涯。这样来看，传统的合同实际上起到了一定作用，那就是约束电影导演天然的膨胀之心，将他限定在一定范围内工作。大多数规则背后其实都有常识和理性做铺垫。

作为这一类型的变种，膨胀的领导人往往会依靠自己的直觉行事，不顾及专业小组的意见或科学的反馈。他们认为自己和真理有一种特殊的内在感应。他们喜欢创造神话，甚至认为是直觉引导自己取得了梦幻般的成功，但仔细观察就会发现，他们的直觉有时候是对的，有时候是错的。如果你发现领导者说自己非常特立独行，能摒弃现行规则和科学结论，一定要将其视为疯狂的标志，这绝不是圣灵附体。

我能点石成金。高度膨胀之人会创造自己永不失败的神话。如果在职业生涯中遇到挫折或失败，那一定是别人背叛了他们。美国陆军上将道格拉斯·麦克阿瑟就是个推卸责任的天才，他自称在漫长的职业生涯中从未打过败仗，但实际上他输了很多次。但是，他大肆宣扬自己的成功，为失败寻找无穷无尽的借口，比如遭到了他人背叛，于是他创造了自己的战场神话。膨胀的领导人总是不可避免地会使用这样的营销魔法。

与此相关的是，他们相信自己的技能可以轻松地转移，电影制片人可以去设计主题公园，商人可以成为国家领导人。因为他们拥有神奇的天赋，可以尝试任何自己感兴趣的事。这往往是致命之举，因为他们尝试的东西超出了自己擅长的范围，很快就会因为缺乏经验而被复杂和混乱的现实淹没。在和这类人打交道的时候，要仔细研究他们的过往，看看究竟有多少次明显的失败。虽然人们在膨胀因素的影响下可能并不会认可你的证据，但还是要以尽可能中立的方式公布他们的真实经历。

我无坚不摧。膨胀的领导者需要冒险。这很容易吸引人的注意力，再加上大胆之人往往会成功，他们看起来仿佛超越了自身。但是，这种胆大并没有受到控制，而是因为他们必须创造轰动效应以保持关注度，从而验证超高的自我评价。他们不能休息或退缩，那会造成宣传的真空期。更糟糕的是，他们会认为自己是无坚不摧的，毕竟他们过去曾多次以冒险的方式逃脱成功，即便遇到挫折，他们也能凭借胆识克服。此外，这些冒险的活动会让他们感觉到自己还活着并处于紧张的状态之中。它变成了一种“毒品”，需要更大的赌注和奖赏来维持这神一般无坚不摧的感觉。在这种压力下，他们可以一天工作二十个小时，可以赴汤蹈火。

实际上，他们只会越走越远，直到一切崩溃。例如，美林证券的首席执行官斯坦·奥尼尔在其他人都退出的时候坚持持有抵押贷款证券，从根本上摧毁了这个国家最古老的金融机构之一。突然间，无坚不摧的光环被打破了。这是因为他们的决定不是出于理性的考虑，而是出于对关注度和荣誉的需求，最终现实还是超越了他们，给予其沉重一击。

一般来说，在与膨胀的领导者打交道的时候，要尽力扭转他们塑造的神圣、光荣的形象。他们会有过度的反应，追随者会变得狂躁起来，但慢慢地，其中一些追随者会改变自己的想法。最好的办法是学会祛魅。

现实的膨胀

膨胀是人类固有的原始能量。它刺激我们想要拥有更多的东西，得到他人的认可和尊重，与更宏大的事物产生关联。问题不在于可以助长我们野心的膨胀本身，而在于它的导向。一般来说，膨胀会让幻想中的我们比实际更伟大、更卓越。我们可以称之为幻想的膨胀，因为它是基于幻想和关注度得到的扭曲的印象。另一种形式我们称之为现实的膨胀，既不容易实现，也不是自然而然附加在我们身上的，但它可以成为力量与自我实现的原动力。

现实的膨胀并不是基于幻想，而是基于现实。这种能量可以用于达成工作目标、解决问题或改善关系等方面。它促使我们精进、磨炼技巧。成就会让我们感觉自己更伟大。我们可以通过工作吸引他人的注意力。以这种方式获得关注会让人感到满足，使自己保持充沛的精力，但更大的满足感来源于工作本身，我们会在这个过程中克服自己的弱点。对注意力的渴求是可控的、次要的。自尊心可以获得提升，这种提升来源于真实的成就，而非模糊、主观的联想。通过工作和对社会的贡献，我们感觉自己的存在感扩展了。

能否引导能量流向正确的方向取决于你所在的领域和技术水平，以下有五个通用原则，可以帮助你通过基于现实的膨胀获得高水平的成就感。

接纳膨胀的需求。最初的立场要诚实，坦承自己确实想要被重视，想成为注意力的中心，这是很自然的事。是的，你也想拥有优越感，也和其他人一样有野心。过去，膨胀的欲望会导致你做出一些错误的决定，现在你承认了这一点，便可以对其进行分析。否认才是最大的敌人。有了这样的自我意识，你才能把能量转化为实际有效的东西。

集中精力。幻想的膨胀会让你在奇思妙想之间来回穿梭，想象着自己得到了所有的赞美和关注，但实际上却没有实现一个目标。你需要反其道而行之，培养专注于一件事的习惯。目标要尽可能简单，可以花费几个月，但不要分散在几年的范围里。把目标分解成小步骤和小目标，沿着这条路线走下去。你的目的是进入一种心流的状态，思想沉浸在工作中，不时产生新想法。这种感觉令人快乐和上瘾。控制住自己不要去幻想远方的其他目标，尽可能地投入到当下的工作中。

如果无法进入心流的状态，你会不可避免地陷入多线程工作，降低精力集中度。要努力克服这个问题。

它可能是你在工作之外的一个目标。这里指的不是你投入了多少时间，而是你付出了多少努力和坚持。

与此相关的是，最好能在这一过程中应用到你已有或正在磨炼的技能。此时的目标是通过专注的练习，实现技能水平的不断提升。你的信心也会提升，帮助你继续前进。

保持与现实的对话。项目会从一个点子开始，当你打磨这个点子的时候，让想象力飞起来，对各种可能性保持开放的态度。在某一刻，计划要转入执行阶段了。此时，你需要积极地从自己尊敬的人或受众那里获取反馈和批评。要倾听计划中的缺陷和不足，这是你提高的唯一途径。如果项目最终没有达到理想的效果或者问题没有得到解决，也要接受这个结果，这是一次很好的学习过程。认真分析自己做错了什么，下手要狠一点儿。

得到反馈并分析出结果后，可以再回到项目中或重新开始一个项目，再次张开想象力的翅膀，将自己从经验中学到的东西纳入进来。这是一个不断循环的过程，可以观察自己是怎样通过这种方式获得提高的。如果在想象的阶段待得太久，创造出来的东西往往也是虚浮且与现实脱节的。如果完全听从反馈的意见，整个作品反映的都是别人想要的东西，最后必然是平庸无趣的。在现实（反馈）和想象力之间保持对话，才能创造出实际而有力量的东西。

如果你的项目取得了成功，一定要从受到的关注中后退一步。思考一下运气在其中起到了多少作用，你从他人那里获得了多少帮助，防止自己产生成功的错觉。当你在下一个项目上集中精力的时候，会发现自己又回到了原点。每个新项目都代表着新挑战和新方法。你很可能会失败。你要和上一次一样专注，永远不要因为自己的成就放松了精神。

校准挑战的目标。幻想的膨胀问题在于，你总是想着实现伟大的新目标，比如写出皇皇巨著或建立收入颇丰的创业公司。这个挑战太大了，即便真的着手，也很快就会感到失望，因为你会意识到自己根本无法胜任。如果你是雄心勃勃、自信满满的类型，很可能会一路走下去，最后陷入欧洲迪士尼一样的局面，不知所措、大败而归、责怪他人，而且绝不会从失败中吸取教训。

你的目标应当是寻找那些略微超出自己能力范围的挑战。如果尝试那些低于或等同于能力水平的目标，很快就会感到厌倦，注意力也无法集中。如果目标过于庞大，你又会因为失败而崩溃。但是，如果你能将下一个目标校准得比上一个更具挑战性，但难度适中，就会发现自己很兴奋且精力充沛。接受这样的挑战，你的注意力水平也会提高。这是学习的最佳途径。如果你失败了，也不会感到不知所措，而是会从中吸取更多教训。如果你成功了，信心就会增加，但这种信心的增长是与工作和迎接挑战相关联的。这种成就感会满足你追求伟大的欲望。

释放膨胀的能量。一旦你驯服了这种能量，让它为你的野心和目标服务，就可以获得安全感，偶尔可以放任它生长。可以将它想象成一只野生动物，需要偶尔放它出去驰骋，这样它才不会因为躁动而发狂。也就是说，偶尔可以允许自己接受那些过去从未想过的挑战、点子或项目。你会感到越来越自信，想要探索自己。可以考虑在不相关的领域学习一种新技能，可以试着写那本曾经认为会分散工作注意力的小说，或者在某一计划中更自由地发挥自己的想象力。

如果你在公众面前需要表演，不必克制自己，让膨胀的自信心鼓足能量。这会让你的姿态更加生动，表现更有魅力。如果你是领导者，团队正面临着困难或危机，让膨胀感帮助你提升完成任务的信心，激励团队成员。温斯顿・丘吉尔在第二次世界大战期间之所以能展现出如此强大的领导气质，正是由于释放了膨胀的能量。

无论如何，你都可以感觉自己充满神性，因为此时你的技能和实际成就确实有了很大提升。如果适当地在工作中使用了其他原则，膨胀只不过是几天或几小时的跨度，随后你自然会回到现实中。

最后一点，婴儿期时的膨胀来源于与母亲强烈的连接感。这种感觉完整且令人愉悦，所以我们会花很长时间想用某种方式重新获得这种感觉。这是我们超越平庸存在的欲望根源，渴求之物庞大到让人无法表述清楚。置身于亲密关系之中或感受到无条件之爱都会让我们回想起那抹原始的微光，但这些状态相当罕见，转瞬即逝。在工作中进入心流状态，与人产生更深层次的共鸣（参见第二章）会给我们带来更多类似的感受，满足这份欲望。我们会感到自己和工作或其他人融为一体。人可以更进一步，体验到与生命本身更深层次的联系，这就是弗洛伊德所说的“海洋般浩渺的感觉”。

可以这样考虑这个问题。几十亿年前，在地球上形成生命需要一系列极不可能发生的事件的组合。生命的开始源于一场脆弱的实验，在早期的任何时刻都有可能夭折。但是从那时起，出现了如此庞杂的生命演化形式，而演化的终点就是我们所知的唯一对整个过程有意识的动物——人类。

你的生命本身也是一件不可思议的事情。它需要一连串非常特殊的事情接连发生，最终才能使得你的父母相遇并生下你，在这个过程中有可能事情走向会完全不同。此时此刻，在你读到这里的时候，和其他数十亿人意识到自己活着，时间很短暂，直到最后死去。完全接受这个现实就是我们所说的“高尚”（具体内容请参见第十八章）。这一点难以用语言表述。它实在令人敬畏。感受到生命是一场脆弱实验的一部分，也可以抵御膨胀的攻击，你不会再因为自己的相对渺小而不安，而是为自己是这海洋中的一滴水而狂喜。

> 那时，我被丧子的悲痛压倒了，于是我派人去问神明，应该怎么做才能快乐地度过余生。他回答我说：“哦，克罗伊斯啊，只有认识你自己，才能活得快乐。”……（但是）陶醉在那些财富里，我受到了前来蛊惑我、让我做统帅的人的诱惑，他们说假如我去做统帅，会完全任由我指挥，我会成为最伟大的人，这番话让我头脑发热，周围所有的王子也都选我做战争的领袖，于是我接受了，认为自己生来就是最伟大的人；但是我似乎并不了解自己。我以为自己有能力同你作战，但我却不是你的对手……因此，由于这样的无知，我得到了应有的报应。
>
> ——色诺芬《居鲁士的教育》

第十二章

重新与内在的男性或女性连接：性别僵化法则

每个人都同时拥有男性和女性的特质，其中有些是遗传的，有些是来自父亲或母亲的深刻影响。但是，为了在社会中表现出一致的身份，我们倾向于压抑某些品质，过度认同社会期望我们扮演的男性或女性角色。但是，我们为此付出了代价，失去了性格中宝贵的一面。我们的思维和行为方式变得僵化。我们与异性的关系会受到影响，因为自己会将幻想和敌意投射到对方身上。你需要意识到自己失去了一些男性或女性的特征，并且慢慢重新和它们产生联系，在这个过程中释放出创造性的力量。你的思维会变得更加流畅。展现出性格中阳刚或阴柔的底色后，真实的你会更加迷人。不要扮演某种预期的性别角色，而要创造适合自己的角色。

真实的性别

卡泰丽娜·斯福尔扎小的时候，就梦想着成为米兰赫赫有名的斯福尔扎家族的一员。她出生于一四六三年，是米兰公爵加莱亚佐·马里亚·斯福尔扎和一位美丽贵妇的私生女，一四六六年，加莱亚佐的父亲去世，他继承了头衔。作为公爵，加莱亚佐命人把自己的女儿带进乔维亚堡，当成斯福尔扎家族的一员来抚养。他的妻子，也就是卡泰丽娜的继母将其视如己出，让女孩接受了最好的教育。著名的人文主义者弗朗西斯科·菲莱尔福曾任加莱亚佐家族的家庭教师，此时负责教授卡泰丽娜。他教给她拉丁语、希腊语、哲学、科学，甚至军事史。

卡泰丽娜经常独自一人，她几乎每天都会在城堡巨大的图书馆里徘徊，这里是欧洲最大的图书馆之一。对于自己最喜欢的书，她会一遍又一遍地阅读。其中一本是关于斯福尔扎家族的历史的，是由菲莱尔福本人以荷马史诗的风格撰写的。这本书配有精美的插图，可以读到斯福尔扎家族崛起的光辉历史，如何从雇佣军队长逐渐成为米兰公国的统治者。斯福尔扎家族在战斗中因其才智和果敢而闻名。除此之外，她还喜欢阅读那些关于穿戴盔甲的骑士以及伟大领袖的故事书籍；其中，她最喜欢的是薄伽丘的《名媛》，讲述的是历史上最著名的女性事迹。在图书馆打发时间的时候，这些书在她脑海中汇聚，不仅让她幻想起家族未来的荣耀，而且不知何故自己也成了其中的一分子。所有幻想的核心人物是她的父亲，这个人和她所读到的所有伟人一样充满传奇色彩。

虽然和父亲的接触总是很短暂，但卡泰丽娜每次都很紧张。他对她一视同仁，表扬她的聪颖，鼓励她继续学习。从早年开始，她就对父亲表现出高度的认同——体验他的痛苦与胜利，仿佛一切都发生在自己身上一样。和斯福尔扎家的所有孩子一样，女孩也接受了剑术训练和严格的体能训练。她会和家人一起到城堡附近的树林里去打猎，这也是教育的一部分。她学会了猎杀野猪、雄鹿和其他动物。在狩猎的过程中，她会怀着敬畏之心观察父亲。他是个出色的骑手，骑马很有冲劲，好像没有什么能伤害到他。在狩猎的时候，面对庞大的猎物也丝毫没有惧色。在宫廷中，他是完美的外交家，总能保持优势。他告诉她自己的方法——要提前思考，未雨绸缪，这样才能在任何情况下都掌握主动权。

此外，她的父亲还有另外一面，这同样加深了她对他的认同。他喜欢美的东西；就像一个艺术家。她永远不会忘记全家在领地巡游并访问佛罗伦萨的那一次。他们带着各种剧团，演员们穿着奇装异服。即便是在乡间，他们也会在最漂亮的帐篷里用餐。在行进的过程中，马匹和士兵都穿上了斯福尔扎家族的大红和白色的衣服，蔚为壮观。这是一幅迷幻且激动人心的景象，是由她的父亲策划的。他总是喜欢穿着最新的米兰时装，一身镶有宝石的精致长袍。她也开始喜欢这类东西，爱上了华服和珠宝。他在战斗中很有男子气概，但听到自己最喜欢的合唱时，又会像个孩子一样哭泣。他对生活的各个方面都有无尽的兴趣，她对他的爱和钦佩是无止境的。

因此，在一四七三年时，父亲为十岁的卡泰丽娜安排好了婚事，她唯一的想法就是履行自己作为斯福尔扎家族成员的责任以取悦父亲。加莱亚佐为她挑选的人是教皇西克斯图斯四世三十岁的侄子吉罗拉莫·里亚里奥，这次联姻可以使罗马和米兰之间建立起宝贵的联盟关系。为了准备这桩婚事，教皇买下了位于罗马涅由斯福尔扎家族占领了几十年的伊莫拉，并且册封这对新人为伊莫拉公爵及公爵夫人。随后，教皇又将附近的弗利划归到二人的财产中，于是他们控制了威尼斯以南、意大利东北部的非常具有战略意义的地区。

在最初与他接触的时候，卡泰丽娜的丈夫似乎不是个让人快活的人。他喜怒无常、自以为是，而且精力非常旺盛。他对她唯一的兴趣就是性，而且等不及她成年了。幸运的是，他依然住在罗马，而她留在米兰。几年之后，米兰一些心怀不满的贵族谋杀了卡泰丽娜心爱的父亲，斯福尔扎家族的权力似乎受到了威胁。作为巩固与罗马关系的棋子，她的地位比任何时候都重要。于是她迅速来到罗马安顿下来。在那里，她必须扮演模范妻子的角色，与丈夫保持良好的关系。但越是和吉罗拉莫相处，她就越看不起他。他是个急性子，四处树敌，而且她没有想到会有男人如此软弱，与自己的父亲相比，他在各个方面都很失败。

于是她把注意力放在了教皇身上，费了很大心思获得他和朝臣们的青睐。此时的卡泰丽娜出落成了一个年轻美丽的女子，有一头金色的头发，这在罗马很罕见。她从米兰订购了最精致的长袍，一件衣服绝不会穿两次示人。如果她戴上长面纱头巾，立刻就会变成一股风潮。作为罗马最时尚的女人，她醉心于受到的关注，波提切利将她当成一系列伟大画作的模特。由于饱读诗书且修养良好，她成了艺术家和作家们的开心果，罗马人对她热情了起来。

然而几年之后，一切都土崩瓦解了。她的丈夫与意大利几大家族之一的科隆纳家族不和并展开争斗。一四八四年，教皇突然去世，失去庇护的卡泰丽娜和丈夫处于极度危险的境地。科隆纳家族策划着展开报复。罗马人讨厌吉罗拉莫。而且几乎可以肯定的是，新教皇会是科隆纳家族的朋友，在这种情况下，卡泰丽娜和丈夫会失去一切，包括弗利和伊莫拉。考虑到自己的家族在米兰的弱势地位，情况变得非常令人绝望。

在选出新教皇之前，吉罗拉莫依然是教皇卫队的队长，驻扎在罗马城外。几天以来，卡泰丽娜看着自己的丈夫，他因为恐惧而瘫痪，做不出任何决定。他不敢进入罗马，也害怕在拥挤的街道上和科隆纳家族及其盟友作战。他只想等下去，但随着时间的推移，他们的选择似乎越来越少，消息也对他们越来越不利——暴民洗劫了他们居住的宫殿，在罗马的少数盟友也抛弃了他们，枢机主教们正聚在一起选举新教皇。

当时正值八月，闷热的天气让怀有七个月身孕的卡泰丽娜昏昏沉沉，一阵一阵恶心，她现在怀的是他们的第四个孩子。考虑到即将到来的厄运，对父亲的思念占据了她的脑海，她仿佛感到他的灵魂停留在了自己身上。设想他会怎样面对困境，她一下子兴奋起来，制订了一个大胆的计划。她没有告诉任何人，在漆黑的夜里骑马偷溜出营地，以最快的速度骑到罗马。

正如她所料，没人认出她，她顺利进入了罗马城，直奔圣安杰洛城堡，这是罗马最具战略意义的地方，与市中心隔着台伯河，并且靠近梵蒂冈。这里有坚不可摧的城墙和足以瞄准罗马任何地方的大炮，足以让控制城堡的人控制整座城市。罗马一片骚乱，暴民们走上街头。城堡仍由忠于吉罗拉莫的一名中尉看守。卡泰丽娜亮明身份，进入了圣安杰洛城堡。

进入城堡后，她以丈夫的名义接管了这里，把她不信任的中尉赶了出去。她让城堡里发誓效忠自己的士兵向外传递消息，设法偷运进更多的部队。她把圣安杰洛的大炮指向通往梵蒂冈的各条道路，让枢机主教们无法聚在一处选举新教皇。为了表明威慑力，她命令士兵发射炮弹以示警告。她是认真的。交出城堡的条件很简单，他们必须承诺不会剥夺自己的财产，其中包括弗利和伊莫拉。

接管圣安杰洛后的几个晚上，她在长袍外穿上了盔甲，沿着城堡巡视。这给了她一种强大的感觉，在城市的上空俯视着下面疯狂的人，他们对这个因怀孕而步履蹒跚的女人无能为力。正在选举新教皇的枢机主教派来特使与她谈判，似乎不愿意同意她的条件，于是她站在城墙上喊，以便所有人都能听到："所以（枢机主教）是想和我斗智吗？他们不明白，我有加莱亚佐公爵的脑子，我和他一样聪明！"

在等待对方反应的时候，她知道自己控制住了局势。唯一令人担心的是，她害怕丈夫会背叛她而投降，她担心八月的高温会把自己击倒，等不到最后的结果。最后，一群枢机主教感受到了她的决心，前来城堡与她谈判，同意了她的要求。第二天早晨吊桥放下，公爵夫人离开城堡时，她看到一大群人围了过来。罗马的各个阶层都想来一睹这位控制了城市十一天的女人的风采。他们曾认为公爵夫人是个轻浮的年轻女子，沉迷于衣物，是教皇的小宠物。现在他们惊讶地看着她，她穿着一件丝绸长袍，腰间挂着一把沉重的佩剑，怀孕的迹象非常明显。他们从来没见过这般景象。

公爵和公爵夫人的头衔保住了，他们搬到了弗利，统治自己的领地。由于教廷不再提供资金，吉罗拉莫主要关心如何才能获得更多的钱。因此，他增加了对领地居民的税收，在此过程中激起了许多不满情绪。很快他便与这一区域最强大的奥尔西家族对立起来。由于担心自己的生命受到威胁，伯爵把自己藏在宫殿里。慢慢地，卡泰丽娜接管了领地大部分的日常事务。考虑到未来的情况，她安排了值得信赖的盟友担任指挥官，控制该地区的拉瓦尔迪诺城堡。她尽可能地与当地人交好，但在短短几年的时间里，她的丈夫已经造成了太多的破坏。

一四八八年四月十四日，一群身穿盔甲的人在卢多维科·奥尔西的带领下冲进宫殿刺死了公爵，将他的尸体从窗户扔到了城市广场上。公爵夫人和家人们正在旁边的房间用餐，听到叫喊声后，她迅速把六个孩子推进宫殿塔楼里更安全的房间。她把门闩上，透过一扇窗户给最信任的几个部下发出指令：通知米兰的斯福尔扎家族和本地区的其他盟友，敦促他们派军队来解救自己；无论何时，拉瓦尔迪诺城堡的守护者都不会交出这里。几分钟后，刺客就闯进了她的房间，把她和孩子们都俘虏了。

几天后，卢多维科·奥尔西和同谋贾科莫·德尔·隆奇将卡泰丽娜带到拉瓦尔迪诺，要她命令城堡的指挥官向刺客们投降。她任命的城堡指挥官托马索·费奥从城墙上往下看，卡泰丽娜似乎为自己的生命担忧。她的声音因为激动而破碎，她乞求费奥放弃抵抗，但对方拒绝了。

两个人继续对话，隆奇和奥尔西感觉公爵夫人在和费奥玩某种游戏，用暗语交谈。隆奇终于受够了。他将长枪锋利的边缘紧紧抵在她的胸前，威胁她让费奥投降，否则一枪击穿她的胸膛，并且威胁地瞪着她。突然间，公爵夫人的表情变了。她向前一步抵在刀刃上，脸离隆奇只有十来厘米，用不屑的语气说道：“哦，贾科莫·德尔·隆奇，你休想吓唬我……你可以伤害我，但你吓不到我，因为我是不知恐惧者的女儿。你想干什么就干什么。你已经杀了我的丈夫，当然可以杀了我。毕竟，我只是个女人！”隆奇和奥尔西被她的言语和举止唬住了，决定用其他方法给她施压。

几天后，费奥和刺客们说，他可以交出城堡，但前提是公爵夫人必须支付拖欠他的工资并签署一份免除他投降罪责的信。奥尔西和隆奇再次把她带到城堡前，密切监视着她和费奥的谈判。最后，费奥坚持让公爵夫人进入城堡签署文件。他担心刺客们欺骗他，坚持让她单独入内。一旦签署了这封信，他便会履行承诺。

谋叛者们觉得别无选择，同意了他的要求，给了公爵夫人一个很短的时间期限来完成这件事。就在从吊桥上消失进入拉瓦尔迪诺的瞬间，她冷笑着转过身来，对隆奇和奥尔西比了一个类似于中指的意大利手势。过去几天的整场戏都是由她和费奥策划上演的，她通过各种信使和他们进行了沟通。她知道米兰人已经派了一支军队来营救，她只需要拖延时间。几个小时后，费奥站在城墙上，大声说他扣留了公爵夫人做人质。

愤怒的刺客们受够了。第二天，他们带来了她的六个孩子，把卡泰丽娜叫到城墙上。用匕首和长矛以最具威慑的方式指着他们，孩子们哀号着求饶。他们命令卡泰丽娜交出城堡，否则会把孩子全都杀光。当然，他们已经证明了自己是愿意见血的。作为斯福尔扎家族的女儿，她可能确实无所畏惧，但没有一个母亲能看着自己的孩子在眼前死去。卡泰丽娜没有浪费时间，她朝下面喊道："那就动手吧，你们这些蠢货！我已经怀上了里亚里奥公爵的另一个孩子，我有的是办法生出更多的孩子来！"说到这里，她掀起裙子，似乎是要强调自己所说的话。

卡泰丽娜早已预料到了对方会拿孩子来周旋，她看清了刺客们是一群软弱无力、优柔寡断之辈，他们早该在第一天的混乱中将她和她的家人杀死。现在，他们绝不敢痛下杀手：刺客们知道，如果做了这样的事，正在赶来的斯福尔扎家族会展开凶残的报复。而如果她现在投降，她和孩子们都会被囚禁起来，被灌下带毒的食物。她不在乎他们如何看待自己这个母亲。她必须继续拖延时间。为了强调自己的决心，在拒绝投降之后，她让城堡的大炮对准奥尔西的城堡开火。

十天后，一支米兰的军队赶来营救，刺客们四散而逃。公爵夫人恢复了权力，新教皇亲自确认了她作为摄政者的统治地位，直到长子奥塔维亚诺成年为止。她在拉瓦尔迪诺城堡上对刺客大喊大叫的事传遍了整个意大利，关于美丽的公爵夫人卡泰丽娜·斯福尔扎的传说开始有了自己的生命。

丈夫死后不到一年，公爵夫人就找了一个情人贾科莫·费奥，也就是拉瓦尔迪诺指挥官的弟弟。贾科莫比卡泰丽娜小七岁，他和吉罗拉莫截然相反，既英俊又阳刚，他来自社会下层，为里亚里奥家族做过马夫。最重要的是，他不仅深爱卡泰丽娜，还非常崇拜她，对她百般呵护。公爵夫人一生都在控制自己的情感，将个人利益置于实际事务之下。突然间，贾科莫的感情将她淹没了，她失去了惯有的自制力，无可救药地陷入了爱河。

她任命贾科莫成为拉瓦尔迪诺的新指挥官。他必须住在城堡里了，她便在城堡里为自己建造了一座宫殿，并且越来越寸步不离。贾科莫对自己的地位明显缺乏安全感。卡泰丽娜给他封了爵位，并且在一个秘密仪式上举行了婚礼。为了消除他的自我怀疑，她逐渐把弗利和伊莫拉的管理权交给他，自己开始退出公共事务。她无视了下属和外交官们的警告，他们认为贾科莫完全是为了自己，而且这已经超出了他的能力范围。她没有听从儿子们的意见，他们担心贾科莫正计划着把他们赶走。在她眼里，丈夫不会做错事。一四九五年的一天，当她和贾科莫离开城堡去野餐时，一群刺客包围了他们，在她眼前将他杀死了。

这一行动让卡泰丽娜措手不及，大为愤怒。她把密谋者们集中起来处决，将他们的家人关进监狱。在随后的几个月里，她陷入了深深的抑郁，甚至考虑过自杀。在过去的几年里都发生了什么？她是如何迷失方向，放弃自己的权力的？少女时代的梦想去哪里了？父亲的精神又在哪里？是什么蒙蔽了她的心灵？她求助于宗教，回到了自己的领地。慢慢地，她恢复了过来。

有一天，乔凡尼·德·美第奇前来拜访她，三十岁的他是这个显赫家族中的成员，也是佛罗伦萨很重要的一位商人。他来到这里是为了在城市之间建立起商业联系。和其他人比起来，他更像她的父亲，英俊、聪明、博览群书，性格中有一种温和感。最后，她终于遇到了一个在知识、权力和修养方面都与自己相当的人。这种倾慕是相互的。很快，二人便形影不离，于一四九八年结婚，意大利最显赫的两大家族结合在了一起。

现在，她终于可以构建自己梦想中伟大的疆域了，但无法控制的事总会破坏她的计划。同年，乔凡尼病逝。她来不及哀悼就要开始应对面前的巨大危机。新教皇亚历山大六世（原名罗德里哥·迪博尔贾）盯上了弗利。他想通过占领土地来扩大教皇的领地，他的儿子恺撒·迪博尔贾担任教皇卫队的指挥官。弗利是教皇眼中重要的棋子，于是他开始操作，在政治上间离卡泰丽娜及其盟友。

为了应对即将到来的入侵，卡泰丽娜与威尼斯商人结成了新的联盟，在拉瓦尔迪诺内部修建了一系列精心设计的防御工事。教皇试图向她施压，逼她交出领地，并且做出了各种回报承诺。她知道最好不要相信迪博尔贾家族的人。等到了一四九九年秋天，这一天终于还是来了。教皇与法国结盟，恺撒·迪博尔贾带领一支一万两千人的军队出现，又会合了两千人的法国精锐部队。他们迅速占领了伊莫拉，并且轻松进入了弗利城。剩下的就是拉瓦尔迪诺了，到十二月下旬，迪博尔贾的军队将这里包围了。

十二月二十六日，恺撒·迪博尔贾本人身着一身黑衣，骑着一匹白马来到城堡前，十分扎眼。卡泰丽娜从城墙上向下看，她想起了父亲。今天是他被暗杀的纪念日。他代表了自己珍视的一切，而她绝不会让他失望。她是所有子女中最像父亲的人。正如他习惯的一样，她已经提前考虑到了这些，一定要争取时间，等到剩下的盟友前来支援。她巧妙地加固了拉瓦尔迪诺的防线，如果城墙被攻破，她可以一直退到防御工事后面。最后，他们必须用武力从她手里抢走城堡，而她已经准备好手持利剑，为保卫城堡而死。

迪博尔贾开口讲话，很明显他是个拍马屁和调情的高手——每个人都知道他有个魔鬼诱惑者的名声，很多意大利人都认为卡泰丽娜道德观念淡漠。她一边听一边微笑，偶尔提醒他自己过去的所作所为以及斯福尔扎家的声誉——如果他想让自己投降，还要更努力一些。他坚持示爱并要求与她面对面谈判。

她最终还是被他的魅力征服了；毕竟她是个女人。她命令放下吊桥，向他走去。他继续据理力争，而她的眼神和微笑仿佛是在说自己已经被他迷住了。二人只有十来厘米的距离了，他伸手去抓她的胳膊，而她俏皮地往回收手。她带着腼腆的表情表示，他们应该在城堡里谈论这些问题，并且邀请他跟自己往回走。当他踏上吊桥准备追上去的时候，桥开始上升，他又立刻跳回另一边。对于这一番戏耍，他感到愤怒和尴尬，发誓要报复。

在接下来的几天里，他朝城堡密集地发射炮火，终于炸开了一个缺口。在经验更加丰富的法国人的带领下，迪博尔贾的部队涌了进来。此时是一场面对面的格斗，在剩余部队最前方站着的是卡泰丽娜。法军首领伊夫·达勒格惊讶地看着她，这位美丽的公爵夫人穿着带有装饰性护甲的裙子，迎面朝他的手下冲来，她娴熟地挥舞着自己的剑，没有一丝恐惧。

她准备和手下往城堡后面撤退，根据计划延长战斗时间，此时她自己的一个士兵从背后抓住了她，用剑指着她的喉咙，将她带到一边。迪博尔贾给她的项上人头开了个价，士兵背叛了她以换取酬劳。围攻结束了，迪博尔贾亲自占有了伟大的战利品。那天晚上，他强奸了她并把她关在他的房间里，想让全世界知道这个声名在外的公爵夫人、这个女战士是自愿委身于他的。

即便是在这样的威胁之下，她也拒绝签字放弃自己的领地，因此她被带到罗马，投入圣安杰洛城堡可怕的监狱中。在长达一年的时间里，她被关在狭小且没有窗户的牢房里，孤独地忍受迪博尔贾家族无尽的折磨。她的健康状况每况愈下，似乎要死在监狱里，直到最后，充满骑士精神的法国队长伊夫·达勒格被她迷住了。他坚持要以法王的名义释放她，最终成功地让她抵达了佛罗伦萨。

从公共生活中隐退后，卡泰丽娜收到了欧洲各地男人们寄来的信。有人前些年见过她，大多数人只是听说了她的事迹。他们为她的故事感到着迷，向她表白爱意，乞求获得一些纪念品或可以拿来崇拜的物品。当她第一次到罗马的时候，有个人瞥见了她，便写信道："如果我睡着了，就会梦见和你在一起；如果我在吃饭，就会离开餐桌去和你说话……你已经铭刻在了我的心上。"

由于在监狱中受了一年的折磨，公爵夫人于一五〇九年去世了。

解析：在卡泰丽娜·斯福尔扎生活的年代，女性扮演的角色是受到严格限制的。她主要的任务是做个贤妻良母，如果没有结婚，她就要把自己的生命献给宗教，也有极小的可能变成一名妓女。时代仿佛在每个女人身边画了一个圈，他们不敢超越这个圈。在她们最初接受的教育中，就将这些规则内化了。只学习有限的科目，练习某些特定的技能，即便一个人想延展自己的角色也无法做到。知识就是力量。

卡泰丽娜是个扎眼的例外，这源于她成长的特殊环境。那时斯福尔扎家族刚刚掌权。在家族崛起的过程中他们发现，一个坚强且有能力的妻子会给家庭带来很大帮助。于是他们教授女儿狩猎和剑术，以此来磨炼她们，让她们无所畏惧——作为联姻的棋子，这是非常重要的品质。然而，卡泰丽娜的父亲在这方面更进一步。也许他在女儿身上看到了女性版的自己。他给她配备了自己的家庭教师，表明二人之间有某种认同感。

于是，在乔维亚城堡中展开了一场独特的实验。由于与外界隔绝，这里有极大的自由度，卡泰丽娜可以按照自己的愿望自我发展。在智力层面上，他可以探索各种形式的知识，可以沉溺在自己感兴趣的东西里——对她而言，就是时尚和艺术。在体能训练层面，她可以自由发展大胆和冒险精神。在这种早期教育中，她可以发展出性格中的很多侧面。

因此，当她十岁进入公共生活的时候，自然迈出了那个强加给女性的限制性圈子。她可以扮演许多角色。作为一个尽职的斯福尔扎家族成员，她可以成为忠诚的妻子。天生具有同情心和爱心的她，可以成为尽职尽责的母亲。作为教皇宫廷中最时尚、最美丽的年轻女性，她也感到非常高兴。但当丈夫的行为使家庭陷入困境时，她受到感召去扮演另一个角色。在父亲的激励下，她思考之下便可以成为勇敢的战士，将整个城市置于自己的控制之下。她可以成为敏锐的战略家，在危局中筹谋布局。她可以率领部队，手握利剑。作为年轻的女孩子，她幻想着可以扮演不同的角色，而在现实生活中她也自然而然地这么做了，并且感受到深深的满足。

我们可以说卡泰丽娜有一种女性主义精神，带有明显的阳刚之气，是她父亲的倒影。阴柔和阳刚的特质融合在一起，使她具有独特的思维和行事风格。在统治领地的时候，她表现出高度的同情心，这一点在当时并不寻常。当瘟疫在弗利肆虐时，她不顾危险前去安抚病人。她宁愿在监狱里忍受最恶劣的环境，也要保障孩子们的遗产，这对一个有权力的人来说是一种罕见的自我牺牲行为。但与此同时，她又是个精明强硬的谈判高手，无法忍受无能者和弱者。她雄心勃勃并以此为荣。

在面对冲突的时候，她总会制订战略，以智取的方式面对咄咄逼人的男性敌人，避免流血事件。面对恺撒·迪博尔贾，她试图用女性的魅力引诱他走上吊桥；随后，她还试图将他引到城堡深处，将他困在旷日持久的对峙战中，给盟友足够的营救时间。这两次努力差点儿都成功了。

这种扮演不同角色，将男性和女性特质融为一体的能力正是她的力量源泉。她仅有的一次放弃这种能力的时刻就是与贾科莫·费奥的婚姻。当她与费奥相爱后，就处于弱势的位置。她面对的是一个绝望的、虐待她的丈夫，她承受的压力是巨大的，经历了无数次疲惫不堪的怀孕，她需要维持自己建立的脆弱的政治联盟。此时她突然感受到来自费奥的崇拜，她自然想从沉重的负担中解脱出来松一口气，放弃权力来换取爱情。但是，一旦把自己压缩到忠诚妻子的角色中后，她必须要压制自己固有的豪爽性格。她要把精力用在解决丈夫的不安全感上。在这个过程中，她失去了所有主动权，付出了代价，经历了严重的抑郁症，几乎丢掉了性命。于是她吸取了教训，在余生中都保持对自己忠诚。

在卡泰丽娜·斯福尔扎的故事里，也许最令人惊讶的是她对那个时代的男人和女人产生的影响。我们本以为人们会将她当成女巫或悍妇，对她蔑视性别惯例的行为予以谴责。相反，几乎所有接触过她的人都为她着迷。女性敬佩她的力量。与她同时代的曼托瓦统治者伊莎贝拉·德·埃斯特认为她具有鼓舞人心的力量。在她被迪博尔贾俘虏后，伊莎贝拉写道："如果法国人批评意大利男人懦弱，至少他们应该赞扬意大利女人的胆识和勇气。"无论是艺术家、士兵、牧师、贵族还是仆人，所有男人都为她着迷。即便是诸如恺撒·迪博尔贾这类想要摧毁她的人，也感受到了她最初的魅力，燃起了占有她的欲望。

男人们可以和她谈论战斗和战略，感觉对方是个与自己一样平等的人，而不像他们生活中的其他女人那样，几乎无法交谈。但更重要的是，他们在她身上感受到一种自由，这让人非常兴奋。他们要扮演自己的性别角色，虽然这个角色不像女性角色那样束缚重重，但同样有其弊端。他们必须始终处于控制地位，坚忍不拔、百折不挠。但在暗地里，他们被这个危险的女人吸引，和她在一起会让他们失去控制。她不是个洋娃娃，她的存在不是为了被动地取悦男性。她是个不受压抑的、真实的人，这激发了他们的欲望，让人放开手脚，超越局限自己的角色。

理解：你可能会想，如今的性别角色已经发生了很大的变化，卡泰丽娜·斯福尔扎的世界离我们太过遥远，没有可比性。如果你真的这样想，就大错特错了。性别角色的具体细节会因文化和时代的不同有所差异，但模式基本相同：我们出生时都是完整的，有很多不同的侧面。我们会有异性的特质，其中既有遗传因素，也有来自父亲或母亲的影响。我们的性格天然具有深度和广度。研究表明，男孩在很小的时候对情绪的感知比女孩更敏感。他们拥有高度的同理心和敏感度。女孩的天性中也有冒险和探索精神。她们拥有强大的意志力并能借此改造所处的环境。

然而随着年龄的增长，我们必须向世界展示一个前后一致的身份。我们要扮演某种角色，达到某种预期。因此必须修剪砍掉某些天然的品质。男孩失去了丰富的情感，为了出人头地压抑了天然的同理心。女孩则要牺牲掉自己自信的一面。她们必须善良、保持微笑、恭顺、先人后己。女性可以成为老板，但她必须温柔而谦和，永远不能太具有侵略性。

在这个过程中，我们失去了立体性，符合了文化和时代对我们的预期。我们失去了性格中宝贵而丰富的部分。有时，我们会遇到那些没有压抑天性的人，在为他们感到着迷的时候，才能意识到这一点。卡泰丽娜·斯福尔扎就有这样的影响力。历史上还有很多男性也有相同的特点——十九世纪的英国首相本杰明·迪斯雷利、艾灵顿公爵、约翰·F. 肯尼迪、大卫·鲍伊，这些人都有非常明显的女性底色，并且因此更加引人注目。

你要做的是放下对预期性别角色的过度认同，打破僵化的心态。探索男性与女性之间的中间地带，力量就蕴藏在其中，蕴藏在与人们的期望相悖的地方。找回自己已经丢弃或压抑的强硬或软弱的性格。在与人交往的过程中，培养更多的同理心，学着不去那么恭顺。在遭遇问题或阻挠的时候，训练自己用不同的方式做出反应——在通常防御的时刻选择攻击，或者做相反的操作。在你的思维中，要学会将理性分析和直观感受结合起来，这样才会更具有创造性（参见本章最后一节）。

不要害怕释放出性格中敏感或有野心的一面。把压抑的渴望释放出来。在人生的舞台上延展自己扮演的角色。不要担心他人对你的变化做出的反应。如果你不那么容易被归类，反而会让人着迷，你可以把玩他们对你的看法，根据自己的心意进行调整。

爱情最可怕的骗局在于，它并非源自外部世界真实的女人，而是我们脑海中的一个玩偶——那是我们可以支配的唯一女人，也是我们永远拥有的唯一女人。

——马塞尔·普鲁斯特

人性的关键

人类喜欢相信自己是始终如一的、成熟的，可以合理控制自己的生活。我们做出的决定是经过了理性思考的对我们最有利的选项。我们有自由意志，基本了解自己是谁。但在人生的某个特定时刻，这些自我观点很容易被打破——比如当我们坠入爱河的时候。

在爱情中，我们无法控制地成为情绪的猎物。对于伴侣的选择很难用理性解释，而这些选择最终往往是不幸的。我们当中很多人在一生中至少会有一段成功的关系，但往往也有很多明显失败的关系，不欢而散。我们经常会一再选错伴侣，仿佛内心受到了魔鬼的蛊惑。

回想起来，我们会告诉自己，在恋爱的时候自己是一时陷入了疯狂。我们认为这种时刻是性格中反常的部分，不是常规的样子。但是，让我们暂时考虑一下另一种可能——在有意识的日常生活中，我们其实是在梦游，不知道自己到底是谁；我们向世界展示了符合常理的一面，把面具误认为事实。当我们坠入爱河的时候，才更贴近真实的自己。此时面具滑落，我们发现无意识的力量深刻地影响了很多行为。天性中的非理性与我们的联系更加紧密。

我们来看看恋爱时一些常见的变化。通常情况下，我们的精神是分散的。但是爱到浓稠时，注意力会完全被一个人吸引。我们会为一个人痴迷。

我们喜欢向世界展示特殊的一面，突出自己的优势。但在恋爱的时候，反而会显现出相反的特质。一个看起来强大而独立的人可能会突然变得无助、依赖他人且歇斯底里。一个有教养、有同情心的人可能会突然变得专横、苛刻、自以为是。

作为成年人，我们都自认是比较成熟和实际的人，但在爱情中会突然倒退回幼稚的状态。恐惧和不安迅速放大。一想到可能被抛弃就充满恐惧，仿佛一个被单独留下几分钟的婴儿。我们的情绪会疯狂波动，从爱到恨，从信任到偏执。

通常情况下，我们幻想自己能很好地判断他人的品质。但是，一旦迷恋上某人或陷入爱河，我们就会把自恋之人误认为天才，把令人窒息之人误认为哺育人，把懒惰之人误认为叛逆者，把控制狂误认为保护自己的人。其他人往往能看到真相，并且试图打消我们的幻想，但那不会产生效果。更糟糕的是，我们会一次又一次地做出类似的错误判断。

在观察这些状态变化的时候，我们会不自觉地将其形容为被附体了。比如我们通常是理性人甲，但在迷恋作用的影响下，非理性人乙出现了。最初，甲和乙交替出现，甚至可以相互影响，但随着爱得越来越深，主导者变成了乙。乙在对方身上看到的品质是虚幻的，行为方式是错误的、自我毁灭式的，甚至是相当不成熟且抱有不切实际的期望的，因此乙做出的决定在甲看来往往都难以理解。

在谈到这些情形下的行为时，我们从来没有真正理解到底发生了什么。无意识在其中起到了很大作用，而我们无法理解其作用过程。著名心理学家卡尔·荣格在其漫长的职业生涯中分析了数千名有痛苦爱情经历的男女，他对人们坠入爱河时所发生的事给出了解释，这种解释也许是最深刻的一种。根据荣格的观点，在这种时候，我们确实被附体了。他给占据了身体的乙取名为阿尼玛（anima，对男性而言）和阿尼姆斯（animus，对女性而言）。它存在于我们的无意识之中，当出现迷人的异性时才会浮现出来。以下是阿尼玛和阿尼姆斯出现和运作的方式。

我们都拥有异性的激素和基因。这些对立性别的特质虽然比较少（因人而异），但它们存在于我们的内心，是性格的一部分。异性父母对我们的心理影响也同样重要，我们从他们那里吸收了男性或女性的特质。

在年幼的时候，我们是完全开放的，很容易受他人的影响。异性父母是我们首先接触到的与自己有巨大差异的人。在与他们相处的过程中，我们的大部分性格也随之形成，变得更加立体多维。（对于同性父母，我们往往会有一定程度的熟悉感和认同度，不需要特意花精力去适应。）

例如，小男孩往往能从母亲那里学到表达情感的技巧和特质，例如表达自己的情绪、同情心和敏感性。相反，小女孩往往会从父亲那里学到一些特点，比如攻击性、勇敢、严谨、理性和强健的体魄。每个孩子可能天然拥有这些异性的特质。此外，父母也有孩子会吸收和处理的阴影面。例如，母亲拥有的可能不是同情心而是自恋，父亲无法提供保护或展现强大的状态，而是跋扈或软弱的。

孩子需要适应这一点。在任何情况下，男孩和女孩都会无意识中将异性父母积极和消极的品质吸收。与异性父母相处时，会受到身体层面和心理层面的各种情绪的影响，令人时而兴奋着迷，时而怅然若失。

但是，我们很快就进入了人生早期的一个关键时刻，要与父母分开，确定自己的身份。确认身份最简单也最有效的方法是围绕男性女性的性别展开。男孩子倾向于与母亲建立一种矛盾的关系，这一点会伴随他一生。一方面，他渴望母亲给他安全感和崇拜的关注；另一方面，他会感到母亲对他的威胁，仿佛她的女性气质会使他窒息，失去自我。他惧怕她的权威，害怕她对自己的生活施加影响力。从某个年龄段开始，他觉得必须要将自己分离出来。他需要建立自己男性的身份认同感。当然，随着年龄的增长，身体的变化会有助于这种男性认同的形成，但在这个过程中，他往往会过度认同这个角色（除非他认同的是女性角色），强调自己的强硬和独立性，要与母亲分离。那些从母亲身上吸收的或者他身上固有的同情心、温柔，以及对交往的需求都受到了压抑，沉入无意识之中。

女孩子可能具有冒险精神，将父亲的毅力、决断力吸收到了自己的性格之中。但随着年龄的增长，她可能会感到压力，要被迫遵从某些文化规范，围绕女性性格塑造自己的身份。女孩需要善良、可爱、恭顺。她们需要先人后己，收敛自己的野性，打扮得漂亮，成为欲望投射的对象。对每个女孩来说，这些期望都汇聚成了她脑海中的声音，不断评价她，使她对自己产生怀疑。在如今的年代，这样的压力会变得更微妙，但依然有着强大的影响力。如果她选择了传统的女性角色，那些天生或从父亲身上吸收而来的探索欲、攻击性和阴暗面会受到压抑，沉入无意识之中。

男孩子和男性无意识中的女性部分就是荣格所说的阿尼玛。女孩子和女性无意识中的男性部分就是阿尼姆斯。它们在心中埋藏得很深，我们在日常生活中从未真正意识到它们的存在。但当我们为异性着迷时，阿尼玛和阿尼姆斯便会活跃起来。对方的吸引力可能纯粹是肉体上的，但更多时候，吸引我们注意力的是潜意识中对方与我们的母亲或父亲有一些相似之处，这种相似既可能是身体上的，也可能是心理上的。要记住的是，这种原始的关系充满了能量、兴奋感和压抑的妄念。如果一个人可以引发这类联想，就注定会成为吸引我们注意力的磁铁，即便当事人意识不到这吸引力的来源。

如果与父母的关系整体上是积极的，我们会倾向于将自己理想中的父母品质投射到对方身上，以期重温早年间天堂般的体验。例如，对一个小男孩来说，如果母亲照顾和爱护他，他很可能变成一个可爱、有爱心的小朋友，对母亲有着深厚的感情，这也反映了母亲的特质。但当他成长为独立的、塑造起男性形象的成人时，会在自己身上压抑这些特征。但遇到了让他想起母亲的女人时，会勾起他希望对方崇拜自己的欲望。这是他心底所渴望的，这会让他精神上兴奋起来，身体上散发出吸引力。她身上的特质是他未曾发展出来的一部分。他爱上的是自己的阿尼玛，只不过投射在了所爱的女人身上。

如果对父母的感情整体上是矛盾的（他们的关注反复无常），我们往往会爱上一个让自己想起不完美的父母，能让自己有机会修复曾经关系的人，我们希望可以抹掉那些负面的特质，获得早年间未曾拥有的东西。如果和父母的感情完全是负面的，我们可能会去寻找和他们的特质完全相反的人，那往往是黑暗、阴郁的特质。例如，如果一个女孩的父亲过于严格、疏离且挑剔，那么她可能会暗暗地存在反叛的欲望，又不敢有所行动。进入青年时代后，她可能会被叛逆、不拘小节的人吸引，这个人可以代表她从未显露出来的野性的一面，与她的父亲截然相反。反叛就是她的阿尼姆斯，只是通过对方表现了出来。

无论是哪种情况，无论与父母的感情是积极、消极还是矛盾的，都会触发人剧烈的情绪，仿佛又回到了童年的原始关系中，而我们的行为往往也会与扮演的角色相反。我们会变得歇斯底里、黏人、有强迫症、有控制欲。阿尼玛和阿尼姆斯都是性格中的一部分，所以当它们出现的时候，我们就仿佛变成了另一个人。这并不是一段真正的男女关系，而是我们内心的投射，最终结果总会让人失望，好像对方并不像我们想的那样，应该谴责他们。这样的关系往往会因为双方的误解而分崩离析，但由于很难意识到根源问题，又会进入下一个类似的循环。

这些模式有无数种变化，毕竟每个人都是特殊的刚柔混合体。例如，有的男性在心理层面上比女性更加温柔，有的女性在心理层面上比男性更为刚强。亲密关系中，男性会被那些拥有自己从未发展出来的男性化特质的女性吸引。他们更偏向于阿尼姆斯而非阿尼玛。女性则会被女性化的男性吸引。有很多这样性别互换的伴侣，有些会非常明显，只要双方都能得到自己想要的东西，他们的关系就是稳定的——著名的例子有作曲家弗里德里克·肖邦和作家乔治·桑，桑更像是丈夫，肖邦更像是妻子。一般来说，人总是失衡的，会过度认同男性或女性身份并被其反面吸引。

作为人性的研习者，你的任务有三个。

第一，要努力观察他人身上表现出来的阿尼姆斯和阿尼玛，特别是在亲密关系之中。观察他们在这种情况下的行为模式，你会接触到无意识层面，而这一层通常是看不到的。你可以观察到他们压抑自己的那一部分，它们会产生巨大的影响。要特别留意那些过度男性化或女性化的人。可以肯定的是，在这样的表面之下，潜藏着非常女性化的男性阿尼玛和非常男性化的女性阿尼姆斯。如果人过分压制自己的女性或男性特质，它们就会以更讽刺的方式流露出来。

例如，过度男性化的人会暗自沉迷于衣服和外表。他们会对别人的外表展现出不同寻常的兴趣，甚至包括其他男性，还会对别人做出相当刻薄的评论。理查德·尼克松总要在下属面前创造出一个男子汉总统的形象，但他会对周围人穿的西装和办公室窗帘的颜色横加评论，百般挑剔。过度男性化的男性会对汽车、技术或政治表达强烈的看法，但这些内容并不是基于真实的知识，如果指出这些问题，他们会歇斯底里地辩解，大发脾气，绷起脸来。他们总在试图控制自己的情绪，但情绪往往有自己的想法。例如，在无意间突然变得非常多愁善感。

过度女性化的女性往往压抑着巨大的愤怒，对自己被迫扮演的角色心怀怨恨。对男性展现诱人的、少女般的一面只是获得权力、挑逗、诱骗和伤害目标的手段。如果受到被动攻击，她刚强的一面便会显露出来，会试图在关系中以不正当的方式支配他人。在甜美、顺从的外表下，她可能有一颗相当倔强的心，对他人很有自己的看法。她们的倔强隐藏在表面之下，会在小事上表现出相当不理性的顽固。

你的第二个任务是观察自己内心的投射机制。（关于常见的投射类型请参见下一节内容。）投射在生活中起着积极的作用，即便想要阻止也做不到，它是下意识的举动。没有投射效应，你就不会专注地关注一个人，为之着迷，将其理想化并坠入爱河。但是，随着关系的进展，你需要有意识地去掉这些投射，这样才能看到对方真正的样子。在做这件事的时候，也许你会发现双方并不能共处，或者恰恰相反。一旦与真实的人产生联系，你还可以继续将对方理想化，但这次是基于对方实际拥有的积极特质。也许你会发现对方的缺点也很迷人。这一切都基于你认识了自己的行为模式以及投射到他人身上的特质。

这件事对于与异性的非亲密关系也大有裨益。想象一下，在办公室里有同事批评了你的工作或把你的会议推迟了。如果对方恰好是异性，不满、恐惧、失望和敌意等情绪都会爆发，同时还会产生各种投射效应，如果对方是同性别的人，这种反应会小得多。在日常生活中我们经常能看到这种情况，你如果可以更好地控制它，与异性的关系也会更加顺畅。

你的第三个任务是内观，看看自己体内被压抑或尚未开发出来的女性或男性特质。在与异性的关系中，你会瞥见自己的阿尼玛或阿尼姆斯。你希望在男性身上看到自信，在女性身上看到同情心，这实际是你希望在自己身上发展出来的特质，带有男性或女性的底色。你所做的实际上是将内在的、被压抑的特质融入日常的人格中。它们不会再独自运行，而是成为你日常自我的一部分，人们会被你身上的这种真实性所吸引。(关于这一点，参见本章最后一节。)

最后，在谈到性别角色的时候，我们总幻想这件事是在不断完善进步的，最后会实现完全平等，而且理想的这一天已经不远了。但实际上并非如此。虽然在某些层面上我们可以看到明显的进步，但在另一个层面上，在更深的层面上，我们可以看到两性之间的关系越来越紧张、两极分化，仿佛男女之间不平等的旧模式在无意识间对我们产生了影响。

这种紧张的关系有时候感觉像是一场战争，它源自两性之间心理距离的拉大，在这种情况下，异性仿佛是外来生物，有着我们无法理解的习惯和行为模式。这种距离在一些人中会变成敌意。虽然在男性和女性中都能看到这种情况，但男性的敌意更强烈。也许这与许多男性对母亲的潜在敌意有关，因为母亲不自觉地会引发依赖性和软弱的特质。男性的刚强往往有一层防御边界，显示出一种潜在的不安全感。这种不安全感只会随着性别角色的转变而更加严重，进一步增加了男性和女性之间的怀疑和敌意。

但是，两性之间的外部冲突反映的是没有解决的内部冲突。只要内心的女性化和男性化受到压抑，外部的距离就会越拉越大。只有从内部消除这种距离，我们对异性的态度才会改变，感受到更深层次的联系。我们可以与他们交谈，就像和自身的一部分连通一样。两性之间的极性仍然存在，仍然会导致双方相互吸引并坠入爱河，但现在双方都有了接近彼此的愿望。这与两性之间的两极分化大不相同，在两性关系中，距离和敌意最终一定会凸显出来，把对方推远。内在的联系会极大地促进外在的联系，这才是我们追求的理想。

性别投射：类型

虽然变化的类型有很多种，但以下六种是最常见的性别投射类型。你需要通过以下三种方式来运用这些知识。

首先，要认识到自己的倾向是哪一种。这会帮助你了解自己早期形成的一些根深蒂固的东西，这样才能更容易地摆脱对他人的投射。其次，你需要将它作为一种宝贵的工具，可以进入对方的无意识领域，看到他们的阿尼玛或阿尼姆斯在运作。最后，你需要注意别人是如何将自己的需求和幻想投射在你身上的。要记住，如果自己成为他人的投射目标，你要面对的诱惑是变成对方理想化的样子，完成对方的幻想。他们兴奋的样子很吸引人，不禁让人想象自己真的那样伟大、强壮、富有同情心。在不知不觉中，你开始扮演对方期望的角色，成为他们渴望的母亲或父亲。但不可避免的是，你会对此产生反感，因为它妨碍了你做自己，真实的品质没有受到赞赏。最好能在这种力量困住你之前意识到它的存在。

邪恶的浪漫主义。这类受到蛊惑的女性通常会迷上年长成功的浪荡子。这些人总是忍不住要追求年轻女性。但这类人很浪漫。在坠入爱河时，他们会非常在意某个女人。如果对方决心要诱惑他，成为他关注的目标，就会满足他的幻想。他怎么可能不想稳定下来，痛改前非呢？她会沉浸在他的爱之中。但不知为什么，他并没有她想象得那样强壮、阳刚或浪漫。他是个有些自私的人。她没能得到自己期待的关注，或者关注不会持续很长时间。他根本不会改过自新，最终还是离开了她。

这类女性通常与父亲的关系相当紧张，甚至相当暧昧。这类父亲发现自己的妻子很无聊，而年轻的女儿更有魅力、有趣。他们转而向女儿寻求灵感，女儿则对父亲的关注上瘾，努力扮演父亲想要的样子。这会带给她一种力量感，毕生的目标都是重新获得这种关注以及随之而来的力量。所有与父亲形象相关的人都会引发投射机制，她会虚构或夸大男性的浪漫本性。

杰奎琳·肯尼迪·奥纳西斯就是这类的典型例子。她的父亲杰克·布维尔很宠爱自己的两个女儿，而杰奎琳是他最爱的。杰克英俊潇洒，风度翩翩。他是个自恋狂，痴迷于自己的形体和精致的衣服。他自认为是个很有男子气概的人，是个真正的冒险家，但在外表之下，他实际上相当女性化，而且并不成熟。他是个臭名昭著的花花公子。对他而言，杰奎琳更像是玩伴和情人，而不是女儿。对杰奎琳来说，父亲不会做错事。她对他在女性中广受欢迎感到自豪。母亲与父亲争吵时，她总是站在父亲这一边。与父亲的玩闹气质相比，母亲的性格拘谨又刻板。

即使在父母离婚后，她仍然在他的公司待了很长时间，也经常会想起他，杰奎琳深深吸收了他的能量和精神。作为年轻女性，她把所有注意力都转向了年长、有权势、不那么传统的男人，与他们在一起时，她可以继续扮演与父亲在一起时的角色，扮演那个总需要获得关爱的小女孩，可以跟对方打情骂俏。但是选中的男人总是让她失望。约翰·F. 肯尼迪是最接近她理想的人选，因为他在长相、气质方面都非常接近她父亲。但是，肯尼迪永远不会提供她渴望的关注。他太自恋了，总是忙着和其他女人发生关系。他并不是真正浪漫的人。在这段关系中，她总是受到折磨，随后又反复陷入这种模式中，后来她嫁给了亚里士多德·奥纳西斯，也是年长、非传统、拥有巨大权力的男人，他看起来潇洒又浪漫，但对她并不好，经常欺骗她。

这类女性被父亲早期对她们的关注困住了。她们必须不断展现魅力，令人振奋，打情骂俏来吸引关注。她们的阿尼姆斯很有诱惑性，由于吸收了父亲大量的能量，因而带有攻击性和刚强的气质。但她们总是在寻找一个不存在的男人。如果对方事事周到、浪漫至极，她们便会感到厌倦。这样的人在她们眼里太软弱。她们暗自被幻想中男人魔鬼般的一面及随之而来的自恋所吸引。陷入这种投射的女性会在很长时间里花很多精力去迎合男性的幻想，并且因为极少得到回报而心怀怨恨。对这类女性而言，摆脱困境的唯一方式就是意识到这种投射的存在，停止对父亲的神化，关注这类不恰当的注视造成的伤害。

难以捉摸的完美女性。他认为自己找了理想的女人。她给予的是此前关系中缺失的东西，也许是野性，也许是宽慰和同情，也许是创造性的火花。虽然他与这个女人的实际接触不多，但能想象和她在一起会有各种美妙的经历。他越是想她，越是确定自己没有她便活不下去。在谈到这个完美的女人时，他会发现并没有太多的具体细节来佐证这份完美。如果确实与对方建立了关系，他很快就会失去幻想。她不是自己臆想中的人，她误导了自己。随后，他会将幻想投射到下一个目标身上。

这是一种常见的男性投射形式。它包含了所有他认为没能从母亲那里得到、也从未在生命中其他女性那里得到的东西。这个完美的伴侣萦绕在他的梦境里。她并不会以某个认识的人的形象出现在他面前，而是一个想象中的女人——通常都年轻、难以捉摸又无所不能。在现实生活中，某些类型的女性会触发这种投射机制。这类人通常让人有些摸不着头脑，符合弗洛伊德所说的自恋女人的特征，自成一体，并不真的需要男人或任何人。她的内心可能有点儿冷漠，像一块空白的屏幕，男性可以在上面投射任何自己渴望的东西。或者她可能有着自由的灵魂，充满了创造性的能量，但没有明确的身份意识。对男性而言，她是缪斯女神，是想象力之光，诱惑着自己给僵化的思想松绑。

容易产生这种投射的男性往往没有能全身心陪伴自己的母亲。也许这样的母亲希望儿子能给予自己从丈夫那里得不到的关注和肯定。由于需要发生了逆转，当男孩长大成为男性时，内心会非常空虚，需要不断填补。他无法确切地表达自己想要什么或缺失了什么，因为他的幻想是模糊的。他会用一生的时间来寻找这个飘忽不定的人，永远不会满足于真实的女性。完美的永远是下一个人。如果他爱上了自恋型的人，就会重复他和母亲之间的模式，爱上一个不能给自己渴望之物的女人。他的阿尼玛比较虚幻、内省且喜怒无常，这是在恋爱时会表现出来的状态。

这种类型的人必须认识到自己行为模式的本质。他们需要找到真实存在的女人并与之相处，接受对方不可避免的缺点，更多地付出自己。他们往往喜欢追逐自己的幻想，只有这样他们才能掌握控制权，在现实中可以自由地离开。为了打破这种模式，这类人必须放弃一些控制权。如果需要缪斯女神，他们则需要学会从内心中寻找这样的灵感，释放出内心深处更多的阿尼玛。他们和自己内心的女性部分太过隔离，需要放松自己的精神限制。如果不在精神层面幻想女性的这种野性特质，他们可以更好地和生活中的真实女性产生联系。

讨喜的叛逆者。受到这类人吸引的女性对权威有着明显的蔑视。对方不是守规矩的人。与邪恶的浪漫主义不同，这种男性往往很年轻，事业上也没有那么成功。他往往不会踏进她的熟人圈子里。他们的关系有那么一点儿禁忌的感觉——她的父亲肯定不会同意，也许她的朋友和同事也不会赞同。但是真正相处之后，她会看到他完全不同的一面。他没有办法胜任自己的工作，不是因为叛逆，而是因为懒惰无能。尽管他有文身、剃光头，但实际上相当传统，控制欲强且霸道。这段关系会破裂，但幻想不会消失。

有这种投射模式的女性往往有一个强势的父权制父亲，既疏远又严苛。父亲代表着秩序、规则和惯例。他经常对女儿颇有微词——她永远不够好，不漂亮也不聪明。她把这种批评的声音内化了，它一直回荡在脑海中。作为女孩子，她梦想着反抗，坚持自己的立场，反对父亲的控制，但她经常会变成一个服从、恭顺的女儿。她压抑了自己反叛的欲望，将它放进了自己的阿尼姆斯当中，既愤怒又充满怨恨。她没有发展出自己的叛逆性，而是在男性身上寻找这种外化的特征。如果她认为某个男人有这样的潜质，就会根据他的外表投射出令自己兴奋的带有性意味的幻想。通常情况下，她会选一个相对年轻的男性，这样不会那么具有威胁性，不会像个父权主义者。但他的年纪和不成熟致使这段关系无法走向稳定，而她愤怒的一面会随着不满爆发出来。

一旦这类女性认识到自己容易产生这样的投射倾向，就必须接受这样一个简单的事实：她想要获得的是独立、自信和不服从的力量。这个过程永远不会太晚，但这些品质必须一点一点地培养起来，在日常遇到挑战时，她要学会说不，试着打破一些规则，等等。如果变得更加自信，就能获得更加平等且令人满意的关系。

堕落的女人。对这类男性而言，让他们着迷的女性似乎与他认识的人都不相同。也许她来自不同的文化或社会阶层。也许她不像自己这样受过教育。她的性格和过往可能有一些可疑之处；她在肢体上也不像大多数女性那样克制。他认为她很朴实，需要受到保护，需要获得教育，需要钱。他要变成拯救她的人。但不知何故，越是接近她，结果就越和自己所期望的不同。

在马塞尔·普鲁斯特的小说《追忆似水年华》第一卷中的《在斯万家那边》中，主人公查尔斯·斯旺是个美学家、艺术鉴赏家。他也是个唐璜一样的人物，对任何形式的关系和承诺都极度恐惧。他勾引过很多阶层的女性。但后来，他遇到了一个叫奥黛特的女人，此人明显来自另一个社交圈子。她没有受过教育，有点儿粗俗，有人会说她是个妓女。但他对她很感兴趣。随后有一天，当他盯着一幅波提切利的《圣经》壁画的复制品欣赏时，他认定奥黛特与画中的一个女人很相似。此时他被迷住了，开始将她理想化。奥黛特的生活一定很艰难，她应该得到更好的待遇。尽管自己害怕承诺，但他还是要和她结婚，在生活中用美好的事物感召她。但他没有意识到，她并不是自己幻想中的那个女子。她非常聪明，有很强的意志力，比他强悍得多。她最终将他变成了自己的奴仆，而自己继续同其他人发生关系。

这类男性的童年往往有个强势的母亲存在。他们是乖巧、听话的孩子，是学习优秀的学生。他们会不自觉地被受过良好教育的女性吸引，被那些看起来很完美的人吸引。但在不知不觉中，他们还会被不完美的、残缺的、性格可疑的女性吸引。在心底，他们渴望遇到与自己相反的人。这是一种典型的母亲 / 妓女的分裂心理——他们希望妻子是母亲的样子，但妓女、堕落的女人、喜欢展示自己躯体的女性又对他们有很强的肉体吸引力。孩童时代性格中的顽皮、感性和本能的一面受到了压抑。他们太过僵化死板了。唯一能与这些特质联系起来的办法就是寻找和自己完全不同的女性。就像斯旺一样，他们找到了一种方法，用一些与现实毫无关系且高雅的参照物将她们理想化。将他们自己的心理投射到这些女性的弱点和脆弱性上。虽然他们认为自己是想保护对方，但真正吸引他们的是这些女性身上的危险性和顽皮的愉悦感。由于低估了女性的能力，他们最终往往会沦为对方的棋子。他们的阿尼玛是被动的、受虐的。

有这种投射倾向的男性需要发展自己性格中不太循规蹈矩的一面。他们需要走出自己的舒适区，尝试新的体验。他们需要更多挑战，甚至尝试一些危险的事。这样做有助于放松他们的情绪。也许在工作中他们需要承担更多的风险。还需要释放自己肢体层面和感官层面的欲望。他们不必去寻找堕落的女性来满足自己，任何类型的女性都可以满足他们的需求，不需要等着对方将自己引入歧途，而是主动走向罪恶的快乐。

卓越之人。他看起来才华横溢、技巧娴熟、强大且稳定。他散发着自信和力量。也许他是个有名的商人、教授、艺术家、大师。尽管他的年龄比较大，身体也不那么具有吸引力，但他的自信心为他套上了一个颇具吸引力的光环。对被这种类型的人吸引的女性来说，这段关系会间接地带给她力量和优越感。

在乔治·艾略特的小说《米德尔马契》中，主人公多萝西娅·布鲁克是个十九岁的孤儿，由富有的叔叔抚养。多萝西娅相当漂亮，是一个理想的结婚对象。而且，当地年轻的詹姆斯·切塔姆爵士正热情地追求她。但有一天晚上，她遇到了年长得多的爱德华·卡苏朋，他是个富有的地主，一生都致力于学术研究，他引起了她的好奇。她开始注意他，他也向她求爱，这让她的姐姐和叔叔感到非常害怕。在他们看来，这个人很丑陋，脸上有痣，皮肤黯淡。他吃东西啧啧有声，话也不多。但对多萝西娅来说，他的脸非常精神。他太与众不同了，可以不拘小节。他很少说话，是因为没人理解他。和他结婚就像是和帕斯卡或康德结婚一样。她可以学习希腊语和拉丁语，帮助他完成伟大的杰作《所有神话的钥匙》。而他会培养和提升她的修养。他会弥补自己未曾意识到的缺失的父亲角色。只是和他结婚之后，她才发现真相——他的内心已经死了，而且控制欲非常强。他只把她看作享受无上荣光的秘书。她踏入了一段无爱的婚姻。

虽然如今这类关系可能会有不同的细节，但这种类型的投射在女性中非常常见。它源于自卑感。在这个案例中，女性将父亲和其他人对自己批评的声音内化了，这些人告诉她自己是谁，应该如何表现，这样的行为降低了她的自尊。由于没能发展出自己的力量和自信心，她会倾向于在男性身上寻找这些品质并夸大自己看到的一切迹象。很多回应她的男性注意到了她的低自尊，认为这一点很具诱惑力。他们喜欢获得女人的崇拜和关注，对方通常比较年轻，这样就可以支配和控制对方。这是典型的教授勾引学生。这样的男性很少像她想象中那样出色、聪明、自信，女性要么失望离开，要么困在自己的低自尊当中，屈从于对方的操纵，将所有问题归因于自己。

这类女性要做的是，认识到自己的不安全感来源于他人的批评和意见，而她已经接受并内化了。这种感受并不是源于她的智力或是否有价值。她需要积极努力，通过行动来发展自己的自信心——去承担项目、创办企业、掌握新技术。要把男人看作与自己平等的人，自己也有同样的潜力和创造力，甚至比对方更强。

有了真正的自信心，她们才能更好地判断遇到的男性的真正能力和性格。

崇拜自己的女性。他既有发愤图强的内在驱动力，又有野心，但生活总是很艰难。这是个残酷无情的世界，很难找到宽慰。他觉得自己的生活中缺少一些东西。此时，这个女人出现了，她很有耐心、热情且迷人。她似乎很欣赏他。他被对方迎面而来的活力深深吸引了。这个女人可以让自己变得完整，可以宽慰到他。但随着关系的发展，她似乎不再那样友好，也没有那么细心了。她肯定已经不再崇拜自己。于是他得出结论，她欺骗了自己或变了心。这样的背叛让他很生气。

这种男性的投射模式源于他们与母亲的一种特殊关系——母亲崇拜儿子并对他倾注了大量的心血。这也许是为了弥补她未能从丈夫那里得到自己想要的东西。她让儿子充满了自信并沉迷在自己的关注之中，渴望她的温暖和包容，这就是她想要的。

长大之后，他们往往相当有野心，总想着不辜负母亲的期待。他会把自己逼得很紧。他会选择某种类型的女性去追求，巧妙地让对方扮演母亲的角色，安慰、仰慕、鼓舞自己。在多数情况下，对方会发现他是如何操纵自己扮演这个角色的，并且会产生反感。她会停止自己安抚和仰慕对方的行为。而他会对这种变化加以斥责，但实际上，这是他投射出来的虚幻的特质，想要对方符合自己的期待。随之而来的分手对男方无疑是非常痛苦的，因为这份投入源自幼年的经历，这会让他觉得自己被母亲一样的人抛弃了。即便他成功地让对方扮演了这个角色，也会对自己的依赖感到不满，就像对母亲依赖的矛盾心理一样。他可能会破坏这种关系并从中退出。他的阿尼玛非常锋利，总是准备好抱怨和责备他人。

这种类型的男性需要看清自己生活中的关系模式。应当注意，要从自身内部发展出更多的母性特质，而不是将其投射到女性身上。还要注意到，这种野心的本质是想取悦母亲，不辜负她的希望，于是把自己逼得太紧了。要学会安慰和安抚自己，不时抽离出来，欣赏自己的成就。要学会照顾自己，这会极大地改善自己与他人的关系。要更多地付出，而不是等待他人的敬仰和照顾。这样才能真正和女性建立联系，对方反而会不自觉地提供更多抚慰，而不是被动地做这件事。

初始男性 / 女性

人类有一段共同的经历，那就是到人生的某一阶段——通常是接近四十岁的时候，会经历所谓中年危机。此时工作变得机械而麻木，亲密关系也失去了兴奋感、喜悦感。我们渴望改变，于是通过新的职业、关系、经验，甚至危险来寻找改变。这样的变化会给我们带来短期的疗效，却没有触及问题的真正源头，萎靡不振的情绪会再度来袭。

让我们从不同角度来看待这一现象——这是一种身份危机。在孩童时代，我们的自我意识相当松散。我们会从周围的人和事中吸取能量，可以广泛地感受到情绪，对经验持开放态度。但到了青年时期，我们必须塑造一个社会性自我，这个形象需要有凝聚力，使我们能融入某一群体。为了做到这一点，我们只能将流动的灵魂修剪、收敛起来。这种收敛大部分是针对性别角色进行的。我们必须压抑自己男性或女性的一面，以呈现出一个更一致的自我。

在十几岁到二十几岁的时候，我们不断适应和调整着这个身份，这是一个持续性的工作，在塑造这个身份的时候也收获了一些乐趣。生活也许可以朝多方发展，无数的可能性令人眼花缭乱。但随着岁月的流逝，扮演的性别角色越来越固定，我们发现自己缺失了一些基础的东西，年轻时的自己看起来如此陌生。我们的创造性能量已经枯竭了。我们会自然而然地向外部寻找危机的根源，但实际它来自内部。此时的人失去了平衡，过于僵化地认同了自己的角色以及呈现给他人的面具。在最初的性格中，我们本来融入了母亲或父亲的特质，以及在生物学上属于异性的特质。在某种程度上，我们内心对这部分的缺失非常抗拒。

在世界各地的原始文化中，部落中最聪明的人是萨满，他们是能与灵魂世界交流的使者。男性萨满身体里有一个女人或妻子，他会仔细聆听对方说的话，对方会引导他。女性萨满身体里则有一个丈夫。萨满的力量来源于他们能与内心深处的人进行深度沟通，其呈现方式是内心深处有一个真实的女人或男人。萨满的形象反映了我们的原始祖先接触到了心理学的真谛。事实上，在波斯人、希伯来人、希腊人、埃及人的古代神话中，原始人类是男女同体的；这样的人类太过强大，以至于众神由于惧怕把他们分成了两半。

理解：找回本性中的力量元素。与身体内天然的女性或男性部分建立联系，受到压抑的能量才会释放出来；你的心灵会恢复其流动性；你可以更好地理解异性并与之相处；消除自己在性别角色方面的防御性，对自我恢复认同。这种回归需要你根据自己失衡的状况，发挥出更多男性或女性的思维和行为风格。但在讨论这一过程之前，我们需要先接受人类对男性和女性根深蒂固的偏见。

几千年来，男性和女性的角色很大程度上是由男性定义和判断的。女性的思维方式是非理性的，行为方式软弱且卑劣。外在层面上，我们可能确实在两性不平等上取得了进步，但在内心当中，这些判断仍然是根深蒂固的。男性的思维方式受到推崇，女性的特质意味着软弱。很多女性已经将这种判断内化了。她们认为平等意味着要像男性一样强硬且具有攻击性。但是，现代世界真正需要的是平等地看待男性和女性潜在的思维和行动能力，他们只是方式不同而已。

比如在谈到思维、行动、吸取经验以及与他人建立联系时，就有男性风格和女性风格之分。几千年来，这些风格始终体现在男性和女性的行为中。有些与生理差异有关，有些则主要源于文化影响。当然，有些男性有女性风格，有些女性有男性风格，但几乎所有人都是失衡的。我们的任务是向相反的方向敞开心扉。逐渐消退的只有我们僵化的思想。

男性化和女性化的思维方式。男性化思维倾向于关注现象之间的区别并进行分类。寻找事物之间的区别，更好地标记它们。这种思维方式倾向于把事物拆解开，就像拆一台机器一样，看看每一部分是怎样组成整体的。这种思维方式是线性的，目的是弄清一件事的步骤。它倾向于从外部看问题，带有情感上疏离的特点。男性化的思维方式倾向于专业化，对具体事物深入研究。如果能发现其中的规律，会令人非常激动。它倾向于建立复杂的结构，这一点既可以体现在一本书中，也可以体现在一家公司里。

女性化的思维方式是不同的。这种方式喜欢关注整体，观察各部分之间的联系，关注整体的格式塔。在观察一群人的时候，倾向于观察人和人之间是怎样相互联系的。观察不是为了研究并将其定格，而是关注有机体本身，看某一事物如何成长为另一事物。在面对难题的时候，女性化风格会倾向于从几个方面进行思考，呈现出吸收的模式，让答案或解决方案慢慢向着自己的方向走来，就像做饭需要一段时间才能做熟一样。事物间的联系会突然在眼前变得清晰可见，这种思考方式便是洞察力的体现。与专业化相反，这种方式对不同领域的内容或信息如何相互关联更感兴趣。例如，在研究其他文化的时候，这种思考方式想要更加接近文化本身，从内部进行体验。它对来自感官的信息更加敏感，而不仅仅依赖抽象推理。

长久以来，人们认为男性化的风格更加理性和科学，但这并非实情。历史上最伟大的科学家都表现出刚柔并济的特征。生物学家路易斯·巴斯德最伟大的发现源于他能够敞开心扉接受多种可能性，让它们在自己的脑海中酝酿，以便看到现象之间广泛的联系。爱因斯坦把自己最伟大的发现归功于直觉，通过长时间的思考，他突然洞穿了某些事件之间的联系。人类学家玛格丽特·米德既使用了她那个年代最抽象的模型来严格分析土著文化，又将模型和几个月的生活经历结合起来，深入部落内部进行感知。

在商业领域，沃伦·巴菲特是两种风格融合的又一例证。当他考虑收购一家公司的时候，会将其分解为多个组成部分，对其进行深入的统计分析，但同时他也会了解企业的整体风格、员工之间的关系以及高层倡导的企业文化——这是大多数商人都会忽视的无形资产。他会从公司的外部和内部同时进行考量。

几乎所有人都会更倾向于某一种思维方式。我们需要让自己更加倾向于另一边以达到平衡。如果你更偏向男性化风格，就要拓宽自己关注的领域，寻找不同信息之间的联系。在寻找解决方案时，要考虑更多的可能性，给思考过程留出更多时间，允许自己更自由地联想。要认真对待那些深思熟虑之后出现的直觉，不要忽视情感在思考中的价值。失去了兴奋和灵感，思考只会变得呆板且毫无生气。

如果你更偏向女性化风格，就要锻炼专注和解决具体问题的能力，抑制自己扩大搜索面和多线程工作的冲动。要培养自己在一个问题的一个方面深入研究并从中寻找乐趣的能力。构建一个因果链并不断完善它，这将使你的思维更具深度。虽然本质上倾向于将结构和秩序视为枯燥乏味的事，想通过表达想法从中获得灵感。但你需要学会深入一本书、一项论证或项目的结构之中寻找乐趣。具有创造性且足够清晰的结构会为你的素材注入强大的影响力。有时你需要从感情上更加抽离地看待问题，必须强迫自己这样做。

男性化和女性化的行为方式。在谈到行动的时候，男性风格的倾向是向前迈进，探索、攻击和征服。如果半途遇到障碍，会试图突破它们，古代军事领袖汉尼拔很好地表达了这种欲望："要么找到一条路，要么创造一条路。"这种方式会让人从攻势和承担风险中获得快乐，喜欢保持自己的独立性，有回旋的余地。

在遇到问题或需要采取行动的时候，女性风格的人往往喜欢从眼前的情况中后退一步，深入思考各种可能的选择。这种方式一般会寻找避免冲突的办法来平息局势，在不开战的情况下获得胜利。有时，最好的行动是不行动，跟随事态的发展，更好地理解事件，敌人会通过开展侵略性的行动自取灭亡。

女王伊丽莎白一世就是这种风格，她喜欢静观其变：在西班牙庞大的海上舰队大军压境之时，她首先要确切了解舰队的出海时间和当时的天气状况，不做任何战略上的表态，努力减缓进攻的速度，让恶劣的天气击溃对方，将伤员损失降到最低。女性化的风格不是冲锋陷阵，而是为敌人埋下陷阱。其基本特征不是独立性，实际上这种方式更关注事物之间的相互依存关系，以及一举一动会对盟友造成哪些伤害，对联盟产生怎样的连锁反应。

在西方世界，人们将这种女性化的方式和行为方式视为软弱和胆怯。但在其他文化中，看法却大相径庭。对中国的战略家来说，“无为”或“不为”往往是智慧的最高境界，贸然行动反而是愚蠢的表现，这样做缩小了一个人的选择余地。事实上，女性化的风格中包含着巨大的力量——耐心、韧性和灵活性。对伟大的武士宫本武藏来说，退后等待可以让对手在反击之前感到精神疲惫，这是成功的关键。

对那些具有攻击性的男性化的人而言，要学会在采取行动之前退后一步，以此达到平衡。考虑一下这种可能性：先等一等，看看事情如何发展，甚至根本不做反应。在没有妥善考虑周全的情况下贸然行动会显出软弱和缺乏自制力的一面。为了平衡起见，总要考虑事物之间相互依存的关系，以及每个群体或个人会受到怎样的影响。如果你发现自己今后在生活和事业上受阻，就要掌握后退一步的力量，在做出重要决定之前反思自己是谁，有什么需求，优势劣势各为什么，真正的利益是什么。这样的思考可能要花费几周或几个月的时间。历史上一些最伟大领导人的伟大想法是在监狱中磨炼出来的，正如法国人所说的，要“以退为进（reculer pour mieux sauter）”。

对风格偏女性化的人来说，要让自己习惯不同程度的冲突和对抗，对冲突的回避要出于战略考虑而非恐惧。这需要一步步进行，在处理较大冲突之前，先在日常生活中处理一些小型对抗。不要总考虑对方的感受，有些坏人需要受挫，同理心只会助长对方的气焰。你要学会自如地说不，学会拒绝对方。有时为了顺利解决事情，需要的不是同理心或手段，而是对讨厌之人的厌恶。你受过训练，是个恭敬礼貌的人，但要摆脱这种冲动。要重新找回自己曾经拥有的勇敢和冒险精神，在战略选择中既有进攻也有防御。有时你会想得太多，选择太多，行动可以解决这些问题，而积极采取行动可能会让对手感到不安。

男性化和女性化的自我评估和学习方式。研究表明，当男性犯错时，他们倾向于向外看，在其他人或环境上找原因。男性的自我意识与他们的成功紧密相连，如果失败了，他们不喜欢向内观察。这就使得他们很难从失败中学习。另外，男性会倾向于认为生活中所有的成功都有自己的功劳。这让他们对运气和他人提供的帮助等因素视而不见，从而助长了自我膨胀的倾向（参见第十一章）。同样，如果出现问题，男性化的风格是试图自己解决，请求援助是示弱的表现。一般来说，男性总会高估自己的能力，对自己的技能表现出自信，而环境往往并没有表现出这种征兆。

对女性来说，情况恰恰相反。每当遭遇挫败时，她们倾向于向内看，进行自我责备。如果获得了成功，她们倾向于看到他人为自己提供了哪些帮助。她们可以很轻易地向人寻求帮助，并不会认为这是自己能力不足的表现。她们倾向于低估自己的能力，不大容易产生男性经常出现的膨胀感。

对那些男性化气息比较重的人来说，在谈到学习和自我提高的时候，最好能把顺序颠倒过来——在犯错的时候朝内看，成功的时候朝外看。不要将自我和每个成功的行动或决定联系起来，这样做会令你受益良多。将这种反转变成一种习惯。软弱来源于不会提问和学习。降低自己的自我评价。你并不像自己想象中那样厉害或技艺娴熟。这种鞭策会真正促使你实现自我提高。

对那些女性化风格的人来说，遇到失败或错误之后很容易自责。这种反省可能会过头。将功劳归于别人这一点也容易做得太过头。女性比男性更容易受到低自尊的困扰，这不是先天的，而是后天形成的。她们经常会把外在的批评声音内化。荣格将这些称为阿尼姆斯的声音：它是多年以来评判女性长相和智力的男性的声音。你要在这些声音出现时抓住它们，摆脱它们的影响。失败和批评可能会对你产生很大的影响，并且因为害怕而不再尝试，这会减少学习的可能性。要更多地学会男性化的自信，但不要被随之而来的愚蠢行为所影响。在日常与人接触的时候，尝试放弃或尽量减少对事情的情绪反应，拉开一些距离。要训练自己不要把事情看得太针对个人。

男性化和女性化的人际交往和领导方式。与雄性黑猩猩一样，在群体环境中，男性化倾向的人需要领导者，而且自己渴望成为这个角色，或者成为权力最忠诚的追随者。领导者也会指定各种副手执行自己的命令。男性形成了等级制度，会惩罚那些不守规矩的人。他们具有高度的地位意识，对自己在群体中的地位有高度的认知。领导者会倾向于利用恐惧来保持团体的凝聚力。男性化的领导风格就是制定并实现目标。它强调的是结果，无论它是如何实现的。

女性化的风格更注重团队精神，保持成员之间关系融洽，减少个人分歧。这种方式更具有同理心，会考虑每个成员的感受，希望大家更多地参与决策过程。结果固然重要，然而实现它的方式，也就是过程，也同样重要。

对男性化风格更强的人来说，要延展自己对于领导的概念，这一点相当重要。认真考虑团队中的个人，采取能让大家更多参与进来的方法，会取得更好的结果，调动团队的精神和创造力。研究表明，男孩和女孩同样具有同理心。例如，他们都对母亲的情绪高度敏感。但是，当男性开始发展自己的武断之风时，同理心就慢慢被排挤掉了。但是，历史上一些最伟大的男性领导人保留了自己的同理心。比如欧内斯特·亨利·沙克尔顿爵士（参见第二章）这样的领导人，并没有因为自己不断考虑每个人的情绪而自降了身份，他变成了更强大、更高效的领导者。亚伯拉罕·林肯也是如此。

对女性化风格更强的人来说，一定不要害怕承担强有力的领导角色，特别是在危急时刻。考虑每个人的感受，倾听过多的意见会削弱你的行动力。尽管女性是很好的倾听者，但有时最好能适当暂停，按照自己的计划行事。一旦你发现团队里有愚蠢之人、无能之人和自私自利之人，最好解雇他们，甚至可以在摆脱这些害群之马时享受到一丝快乐。给副手们灌输恐惧并不总是一件坏事。

最后，我们可以这样来看：由于天性的驱使，我们会自然地向女性或男性的一侧靠拢。但够聪明的人会意识到，我们的内心也受到了同样的压力。几个世纪以来，男性一直把女性当作缪斯，当作灵感的来源。实际情况是，无论男女，缪斯都在心中。靠近自己的阿尼玛或阿尼姆斯会让你更接近自己的无意识，其中有着未开发的创造性宝藏。他人身上吸引你的男性或女性因素，最终会在你自己的工作、思想和日常生活中体验到。就像萨满一样，内心的妻子或丈夫会成为不可思议的力量源泉。

阳刚男子最有魅力的地方在于他有点儿女性化的东西；而娇柔女子最有魅力的地方在于她有一点儿男子气概的东西。

——苏珊·桑塔格

第十三章

向着使命感前进：无目标法则

人类与其他动物不同，动物是靠本能指引它们度过危机的，而人类必须依靠自己有意识的决策。即使在职业道路和日常生活中不可避免地遭遇挫折，我们也能尽力解决。但在脑海中，我们总感觉缺乏方向感，总是被自己的情绪和别人的情绪拉扯。为什么要在这个地方做这个工作？这样的拉扯会走向死胡同。为了避免这样的命运，关键是要培养目标感，发现人生的使命，用它来指导自己的决策。我们可以更深入地了解自己，包括自己的品位和倾向。我们会相信自己，知道要避免哪些争斗和弯路。甚至在自我怀疑的时刻，失败也是有意义的，它会使我们更加坚强。有了这样的动力和方向，行动就有了不可阻挡的力量。

声　音

马丁·路德·金在佐治亚州亚特兰大一个中产阶级黑人社区长大，拥有快乐且无忧无虑的童年。他的父亲老马丁是亚特兰大信徒众多的埃比尼泽浸礼会的牧师，所以他家过得是相对宽裕的。他的父母关爱且关注孩子。他的家庭生活稳定而舒适，祖母对马丁非常宠爱。他有不少朋友，但在社区外遇到的少数种族主义者破坏了这个田园诗般的童年，相对而言，他没有受到伤害。然而，马丁对他周围人的感受特别敏感。随着年龄的增长，他从父亲那里感觉到了一些事情，引发了内心的紧张和不安。

父亲的管教非常严格，他为三个孩子设定了严格的行为界限。如果马丁有任何不当行为，就会受到鞭打，父亲还会告诉他这是为了让他变成真正的男人。鞭打一直持续到他十五岁。有一次，父亲在教堂的社交活动中抓到马丁与一个女孩跳舞，便在朋友面前对他进行了激烈的责骂，马丁便努力不再重复这种会引起父亲暴怒的行为。但这种管束并没有恶意。老马丁对儿子的感情是真实可感的，孩子只会对父亲的失望感到内疚，并没有其他感觉。

父亲对儿子寄予厚望，愧疚感对马丁来说更有压力。在他还小的时候，就表现出了不同寻常的语言表达能力。他可以说服朋友做各种事，在口才方面相当早熟。当然他是个很聪明的孩子。老马丁心中有个计划，大儿子会追随自己的脚步，在亚特兰大的莫尔豪斯学院完成学业，成为牧师，到埃比尼泽担任助理牧师，最终继承父亲的职位，就像老马丁从他岳父那里继承的那样。

有时，父亲会讲述这个计划，但马丁从父亲自豪的样子中感受到的更多的是期望的重量。这让他很焦虑。他对父亲深深地感到敬佩，但对方是个非常有原则的人。马丁不可避免地感觉到自己和父亲之间在品位和气质上的差异越来越大。自己是更加随和的人。他喜欢参加聚会，穿漂亮的衣服，和女孩约会，还有跳舞。随着年龄的增长，他又发展出了严肃内敛的一面，书籍和知识深深吸引了他。仿佛他体内有两个人，一个热爱社交，另一个是孤独的反思者。但是他的父亲一点儿都不复杂。

在宗教问题上，马丁有自己的疑虑。父亲的信仰坚定且简单。他是一个宗教激进主义者，认为《圣经》要从字面意思上进行解释。他的布道针对的是教民的情感，对方也做出了同样的回应。但是马丁有一种冷静的气质。他很理性，也很实际。父亲似乎更关心在来世帮助人们，但儿子则对现世的生活以及如何改善生活、享受生活更感兴趣。

成为牧师的念头加剧了这些内心的冲突。有时，他会想象自己走上了父亲的职业道路。作为对任何形式的痛苦或不公正都非常敏感的人，牧师可能是他帮助他人的完美方式。但怀着这样脆弱的宗教信仰能成为一名牧师吗？他讨厌与父亲发生任何形式的冲突，因为与他是不可能发生争论的。于是他采用了这样的方法：无论他父亲说什么，他都会说好。应对内心紧张的冲突，他的办法是推迟一切可能导致裂痕的决定。等到十五岁高中毕业时，他决定去莫尔豪斯大学读书，父亲非常高兴。但他心中有一个计划，他要研究他感兴趣的，自行决定要走的道路。

在最初的几个月里，他想过从医，也想过学习社会学，后来又对法律感兴趣。他在各个专业间不断游走，对眼前的所有科目都很感兴趣。他上了一堂《圣经》研究课，对书中深刻而朴实的智慧感到惊喜。莫尔豪斯大学的一些教授可以从非常理性的角度来探讨基督教，这对他很有吸引力。在求学的最后一年，他再次改变了主意：成为牧师，去位于宾夕法尼亚州的克罗泽神学院攻读神学学位。父亲简直欣喜若狂。他知道最好放手让马丁自己去探索宗教，只要他最后能回到埃比尼泽就可以。

在克罗泽神学院，马丁发现了基督教的另一面，强调社会责任感和政治运动的一面。他阅读了所有重要的哲学家的作品，仔细研究了卡尔·马克思的作品，对圣雄甘地的故事非常着迷。学术生活让他非常快乐，于是他决定继续在波士顿大学学习。他在教授中赢得了声誉，成长为一名杰出的学者。但是，当他在一九五四年准备从波士顿大学的神学博士毕业时，有件事已经推脱不下去了。他的父亲为他安排了一个无法抗拒的职位——在埃比尼泽担任助理牧师并在莫尔豪斯大学担任兼职教师，在这里他可以继续自己热爱的学术研究。

此时马丁结婚了，他的妻子科雷塔希望能留在北方，那里的生活会比动荡的南方更轻松一点儿。他几乎可以在任何一所大学里找到教职工作。无论是埃比尼泽还是在北方大学教书，都很有诱惑力。他们一定会过上舒适的生活。

然而在过去的几个月里，他对未来有了其他想法。虽然无法从理性上解释这种想法从何而来，但他心里非常清楚。他要回到南方，自己的根就扎在那里，他与那里有着一种原始的联系。他要在大城市为大群的教众做牧师，帮助这些人，服务社区，做出实质性的改变。但他不会像父亲设想的那样留在亚特兰大。他注定不会成为教授或父亲那样的传教士。这条路太容易走了，他要阻止自己走过去。这一使命感变得愈发强烈，他无法再否认它，父亲一定会不高兴，他能做的也只是尽量温和地把这个消息告诉他。

毕业前的几个月，他听说亚拉巴马州蒙哥马利的德克斯特大道浸礼会有一个空缺职位。于是他前去拜访并做了一次布道，给教会的领导者留下了深刻的印象。他发现德克斯特的信众比埃比尼泽的信众更严肃、有思想，这与他的气质更相合。科雷塔想劝他不要选择这里。他自己就在离蒙哥马利不远的地方长大，知道这个城市的种族隔离有多激烈，知道在平静表面之下有多少丑陋的紧张关系。马丁会在这里遇到此前受到庇护的生活中从未见过的激烈的种族主义。对老马丁来说，德克斯特和蒙哥马利意味着麻烦。他的声音与科雷塔的声音叠加了起来。但是，当德克斯特向马丁发出邀请时，他并没有感受到纠结和犹豫。出于某种原因，他对这一选择非常笃定：这似乎是命中注定的正确的事。

在德克斯特安顿下来之后，马丁开始努力巩固自己的威信（他知道自己的年纪对这个职位而言有点儿太年轻了）。他把大量的时间和精力投入到布道中。这成了他人生的激情所在，很快便赢得了该地区最厉害的传教士称号。与其他多数牧师不同，他的布道充满了思想，灵感来自他读过的所有书籍。他想办法使这些想法与他的教众的日常生活相关联起来。布道的主题向着“爱可以改变人”发展，这是一种在世界范围内被严重低估的力量，黑人必须在与白人压迫者的相处中使用这种力量，才能改变自己的现状。

他开始积极参加有色人种协进会的地方分会，但当对方邀请他担任分会主席时，他拒绝了。科雷塔刚刚诞下他们的第一个孩子，他作为父亲和牧师的责任已经很重了。他会继续积极参与当地的政治活动，但他主要的负责对象是教会和家庭。现在简单美好的生活令他沉醉。教众都很喜欢他。

一九五五年十二月初，蒙哥马利市的抗议活动引起了金博士（这是他现在的称号）的兴趣。一名叫罗莎·帕克斯的年纪较大的黑人妇女拒绝按照当地法律规定，在公共汽车上给白人男子让座。帕克斯是当地有色人种协进会中的活跃成员，多年来她一直为黑人的待遇和公交司机的恶言相向感到愤怒。她终于受够了。于是她决定蔑视法律，因此遭到逮捕。这成了蒙哥马利活动家行动的催化剂，他们决定对市内公交车进行为期一天的抵制，以表示他们的团结。很快，抵制活动延长到一周，然后是几周，组织者建立了一个替代的交通系统。抵制活动的组织者之一 E.D. 尼克松要求金在运动中发挥领导作用，但他不愿意。他能从教会工作中抽出的时间太少了，只能尽力给予支持。

随着抵制活动的发展，领导人清楚地认识到，有色人种协进会的地方分会规模不够大，无法处理这一问题。他们决定成立一个新的组织，称为蒙哥马利改进协会。由于年轻、口才出众以及天生具有的领导力，在当地的一次城镇会议上，成立该组织的人提名金担任主席。他们担心金会拒绝这个提名，因为过去他也曾犹豫不决。但是金能感觉到房间里涌动的力量和他们对自己的信任。他没有像以往那样小心谨慎，而是果断接受。

随着抵制运动的继续，该市的白人行政官员态度越发坚决，他们拒绝结束公交车上的隔离规定。紧张局势不断升级，一些参与抵制运动的黑人遭到枪击和袭击。在蒙哥马利改进协会的大型集会演讲中，金在甘地的基础上发展了非暴力抵抗的主题。他们要通过和平抗议和合理的抵制来击败对方；他们要进一步开展运动，目的是使黑人完全融入蒙哥马利的公共生活。此时，地方当局已经将金视为危险人物，是来自州外的搅局者。他们发起了一场流言战术，编造各种关于金年轻时不检点的谣言。

几乎每天晚上，他和家人都会接到威胁生命的恐吓电话，这种威胁在蒙哥马利万万不能轻视。他通常是个很谨慎的人，不喜欢来自媒体的过多关注，但如今他成了全国关注的对象。蒙哥马利改进协会领导层内部争吵不断，掌权的白人是如此狡猾。他决定成为协会的领导人，这一切都超出了他的预期。

在担任领导职务的几个星期后，金在驾车时被逮捕，表面上看是超速，实际却被关进了满是重刑犯的牢房里。一旦交了保释金，两天后就会上法庭，谁能想到他们会想出什么莫须有的罪名呢？在审判的前一天晚上，他又接到一个电话："黑鬼，我们已经对你和你造成的麻烦厌倦了。如果三天内你不离开这里，我们就把你的脑袋打爆，把你的房子炸掉。"来电者的语气让他不寒而栗，这似乎不仅仅是威胁那么简单。

那天晚上他想睡觉，但是睡不着，电话里那个男人的声音在他脑海里回荡。他走进厨房，想煮点儿咖啡让自己冷静下来。他在发抖。他失去了勇气和信心。难道他就不能找个办法，从容地让出领导席位，回到舒适的生活里做一名牧师吗？他审视自己，考虑自己的过去，突然意识到直到这几周，他才真正体会到了逆境。他的生活一直都是轻松快乐的。父母给了他一切，他不知道焦虑是什么滋味。

随着思考的深入，他意识到自己只是从父亲那里继承了宗教信仰。他从来没有单独与上帝交流过，也没有从内心感受过上帝的存在。他想到自己刚出生的女儿和所爱的妻子。他再也忍受不了了。此时已经过了午夜，他没办法给父亲打电话寻求建议或慰藉。他感到一阵惶恐。

突然间，他想到了一个办法——这场危机只有一条出路。他对着那杯咖啡弯下腰，急切地祈祷："主啊，我必须承认，我现在很软弱。我摇摆不定。我失去了勇气。我不能让别人看到我这个样子，如果他们看到我现在的样子，也会变得软弱。"在那一刻，他清楚地听到一个声音从内心传来："马丁·路德，为了公义站起来。为了正义站起来。为了真理站起来。我将与你同在，直至世界的尽头。"他觉得这个声音是主的声音，主承诺永远不会离开他，会在他需要时来到他身边。一股巨大的解脱感迎面而来，疑虑和焦虑一下卸了下来。他情不自禁地哭了起来。

几天后的晚上，金在参加蒙哥马利改进协会的会议时，他的房子被炸毁了。幸运的是妻女没有受伤。在得知这件事时，他仍然很平静。此时没什么能再让他动摇了。他对聚在家门口愤怒的黑人支持者说："我们不主张暴力。我们要爱敌人。我希望你们都能爱我们的敌人。对他们好一点儿，爱他们，让他们知道你爱他们。”爆炸案发生后，父亲恳求他与家人一起返回亚特兰大，但在科雷塔的支持下，他拒绝离开这里。

在接下来的几个月里，他努力坚持抵制活动，持续对当地政府施加压力，遇到了很多挑战。最终在一九五六年年底，最高法院支持了联邦法院的裁决，结束了蒙哥马利的公交车隔离制度。十二月十八日上午，金成为第一个登上公共汽车的乘客，他可以选择坐在自己喜欢的位置上。这是一场伟大的胜利。

此时，全国的关注和赞誉向他扑来，随之而来的是无尽的新问题，令人非常头痛。死亡威胁不断传来。蒙哥马利改进协会和有色人种协进会的老一辈黑人领导人开始对他受到如此多的关注心怀不满。内讧和自我冲突几乎令人无法忍受。金决定成立一个名为南方基督教领袖会的新组织，其目的是使运动范围超过蒙哥马利的限制。对金而言，内斗和嫉妒只会如影随形。

一九五九年，他回到家乡，在埃比尼泽浸礼会担任助理牧师，在亚特兰大总部领导多项南方基督教领袖会的活动。对参与运动的人来说，他太有魅力、太专横、太具有野心；对其他人而言，他太软弱，太容易向白人当局妥协。来自双方的评价都很不留情面。但是，最让金感到压力重重的是白人统治者的狡猾和令人愤怒的手段，他们无意接受种族隔离法已遭到废除，依然阻止黑人登记投票。他们与金谈判，同意妥协，一旦抵制和静坐示威停止，他们就在协议中寻找各种漏洞并反悔。

金在佐治亚州奥尔巴尼领导的一次反对种族隔离的运动中，市长和警察局长出奇冷静，仿佛金和南方基督教领袖会是无理取闹的一群人，只想从外部挑起事端。奥尔巴尼的运动基本上是失败的，金对此感到沮丧且疲惫。这就是他当下的生活模式，他渴望过去那种更简单、更容易的日子——快乐的童年、大学中的愉快时光，以及在德克斯特的前一年半的时光。也许他应当放弃这个领导职位，把时间投入到布道、写作和讲课中。这样的想法在他心中越来越频繁地出现。

一九六二年年底，他收到一份支援请求。亚拉巴马州伯明翰市一位活跃的黑人活动家弗雷德·沙特尔沃思恳求金和南方基督教领袖会帮助自己在市中心的商店中取消种族隔离限制。伯明翰是该州种族隔离最激烈的城市之一。他们没有遵循联邦法律关于取消游泳池之类的公共场所种族隔离的规定，而是将其关闭。任何形式的反种族隔离抗议都会遭到强有力的暴力和恐怖主义镇压。这座城市因而被称为“爆明翰”。这座南方的种族隔离堡垒的守卫者是警察局长布尔·康纳，他很喜欢用鞭子、攻击犬、高压消防水龙和警棍之类的暴力手段。

这注定是迄今为止最危险的运动。所有迹象都向金表明要拒绝这次运动。曾经的疑虑和恐惧又回来了。如果有人被杀，暴力触及他和家人该怎么办？如果他失败了怎么办？他为此而苦恼，经历了更多的不眠之夜。

此时，七年前的声音又回到了他身边，还是那样响亮而清晰：他的任务是为正义而站起来，不是为自己考虑，而是为使命考虑。自己竟然又一次怯懦了，这是多么愚蠢的事。是的，他要去伯明翰完成自己的任务。但当他考虑这个问题的时候，不禁更深入地思考起这个声音告诉了自己什么。为正义而站起来意味着要以实际的方式来实现它，而不是空谈或满足于无用的妥协。他害怕让人失望，也害怕失败，这使得他过于谨慎。这次他必须更有策略、更有勇气。他必须提高赌注，孤注一掷赢下这一场，不再有任何恐惧和疑虑。

他接受了沙特尔沃思的请求，在和团队策划活动的时候，他明确表示要从过去的错误中吸取教训。金向大家说明了他们面临的困境的性质。事实证明，肯尼迪政府在处理民权问题时是非常谨慎的。总统担心会疏远国会中依赖的南方民主党人。他会做出重大的承诺，却一直拖拖拉拉。

他们要在伯明翰挑起一场血腥且丑陋的全国性危机。较为中立的白人根本看不到南方种族主义和种族隔离的严重程度。伯明翰似乎只是一个沉睡的南方小镇。他们的目标是要让电视机前的白人看到种族主义，从而触动他们的良知，激发他们的愤怒感，这是肯尼迪政府无法面对的压力。最重要的是，金计划与布尔·康纳合作——如果他对运动的反应过度强烈，会成为正常活动中戏剧性的关键因素。

一九六三年四月，金和团队成员开始实施计划。他们通过静坐和示威活动在多条战线上发起攻击。虽然自己也对牢狱之灾感到恐惧，但金还是任由对方逮捕了自己。这会带来更大的宣传效果，激发当地民众的模仿行为。但是，这场运动有一个致命的弱点，在运动发展过程中才变得逐渐明显：当地黑人对这场运动的支持不温不火。伯明翰有许多黑人对沙特尔沃思的专制作风感到不满；其他人担心康纳会使用暴力手段。金所能依靠的只有大量喧闹的人群，但他并没有得到预想的支持。全国性的媒体觉得没有故事可讲，陆续开始撤离。

此时，团队中一位叫詹姆斯·贝弗尔的领导人想出了一个办法，争取当地学校的学生参与进来。金对此有顾虑，认为不应该让十四岁以下的人参加，但贝弗尔提醒他，这关系重大，需要大量人加入进来，金同意了。组织内部的人以及关切者对金如此务实地利用年轻人感到震惊，但运动有更崇高的目的，此时不是计较的时候。

学生们以极大的热情回应。这正是此次运动所需要的。他们挤在伯明翰的街道上，比父母更大胆更喧闹。很快，他们就把监狱装满了。大批的记者回来了。高压消防水龙、攻击犬和警棍都出现了，他们开始袭击青少年，甚至儿童。很快，美国各地的电视屏幕都出现了紧张、戏剧性、血腥的场面。此时，金的演讲现场出现了大量人群，支持这一运动。联邦当局不得不进行干预以缓和紧张的局势。

金吸取了以前的教训，他要坚持施压到最后。白人的权力机构代表不情愿地与金展开谈判。与此同时，金让示威者继续在市中心游行，人们从四面八方赶来，康纳的警力达到了极限。当地商人受够了惊吓，他们要求白人谈判代表与黑人领袖达成全面的解决方案，取消市中心商店的种族隔离制度，同意雇用黑人。

这是他迄今为止取得的最大胜利，实现了自己的宏伟目标。此时，白人当局是否反悔已经不重要了，他们不可避免地会出尔反尔；但肯尼迪已经落入了陷阱，他的良心被伯明翰的所见所闻刺痛了。和解后不久，他就在电视上向全国发表讲话，解释了为何要在民权方面立刻取得进展，并且提出了一些雄心勃勃的新法律。这导致了一九六四年《民权法案》的出台，它为一九六五年的《投票权法案》铺平了道路。金无可争议地成了民权运动领袖，并且很快成为诺贝尔和平奖得主。此时，钱向着南方基督教领袖会涌来，运动似乎有了不可阻挡的势头。但是和之前一样，金的麻烦和负担只会随着每一次新的胜利不断累加。

在伯明翰之后的几年里，他感觉到保守派和共和党人对运动的反应非常强烈。他们在努力阻挠运动进一步发展。他了解到，联邦调查局在他的酒店房间里放置了监听设备，并且对他进行了多年的监视；他们向各家报纸散播小道消息和谣言。他眼睁睁地看着美国从肯尼迪遇刺事件开始，进入暴力循环。

他看到新一代的黑人活动家出现在黑色力量的旗帜下，他们批判他对非暴力的坚持是软弱过时的。金把运动转移到芝加哥，想要反对当地的歧视性住房制度，促成了与当局的和解，但全国各地的黑人活动家严厉地批评他——他争取到的权益太少。此后不久，芝加哥浸礼会教堂的听众大声给他喝倒彩，用“黑人力量”的呼声淹没了他的讲话。

他的情绪越来越低落。一九六五年初，他在一本杂志上看到越南战争的图片，这让他感到恶心。美国出了很大的问题。那年夏天，他来到洛杉矶的沃茨地区，该地区发生了暴力骚乱。大量贫困和破坏的景象让他难以承受。这里是美国最富裕的城市之一的市中心，是幻想之城的中心，却有这样大型的社区住满了贫困且毫无希望的人。他们仿佛是隐形的。美国的体制有一颗毒瘤，财富极其不均衡，他们宁愿在一场荒谬的战争中花费巨额资金，而任由内城的黑人腐烂骚乱。

他的沮丧情绪与日益增长的愤怒混合在一起。在与朋友的交谈中，人们注意到了他此时的新观点。在一次和员工的休闲聚会中他说："很多人把权力和爱看作对立的两极……（但是）二者是相辅相成的。没有爱的权力是危险的，而没有权力的爱是感情用事。"在另一次休闲聚会中，他谈到了自己的新策略。他永远不会放弃非暴力，但是公民抵抗运动必须有所改变，必须加强力度。"非暴力也要发展到一个更成熟的新水平……要进行大规模的非暴力抵抗运动。面向全社会时，要拿出比声明更有力的东西，必须在关键点上有一种力量能中断以往的运作模式。"这场运动不是要让黑人融入美国的社会价值体系，而是要从根本上改变这一价值体系。

他要在民权运动中增加解决城市内部贫困问题和反对越战的内容。一九六七年四月四日，他在一次演讲中表达了斗争需要扩大的想法，引起了很多人的注意，但评价几乎都是负面的。即便是最积极的支持者也对此进行了批评。他们认为，把越南战争囊括进来只会使公众对民权事业敬而远之。这样做会激怒约翰逊政府，这才是他们所依赖的支持者。他不应当对这样广泛的议题进行发言。

他从未受到如此众多的批评和攻击，感到非常孤独。一九六八年初，他的抑郁症比之前更加严重了。他觉得末日来临了——在众多敌人中，有人要因为他的言语和行为杀死他。这种紧张气氛搞得他筋疲力尽，惶惶不可终日。当年三月，田纳西州孟菲斯的一位牧师邀请他前往支持黑人环卫工人的罢工，他们的待遇相当糟糕。他们进行了游行、抵制和抗议，但警察的反应非常冷酷。情况已经非常危急。金推掉了邀请，他感到很疲惫。但是正因为此类情况十分常见，他意识到自己有责任做好力所能及之事，于是最终同意了。三月十八日，他在孟菲斯向大批公众发表演讲，听众的热情回应令他为之一振。他再次听到了那个支持和敦促他前进的声音。孟菲斯注定是他使命中的重要一环。

在接下来的几个星期里，他不断前往孟菲斯，面对当地政府的激烈抵抗，给予抗议者支持和帮助。四月四日星期三的晚上，他向另一群人发表演讲："我们还会面临一些艰难的日子。但现在对我来说真的无所谓了，因为我已经到了山顶……和所有人一样，我也想活得久一点儿……但我现在并不关心这个问题。我只想遵从上帝的旨意。他允许我上山，我向下看了看，看到了应许之地。可能我没办法和你们一起到达那里。但我想让你们知道，今晚，作为他的子民，我们定会到达那应许之地。"

这次演讲使他重新振作起来，心情大好。第二天，他对即将举行的游行可能转变成暴力活动感到一些担心，但恐惧不应该成为停止前进的借口。他对一位助手说：“我宁愿死也不愿再恐惧。”当天晚上，他穿戴整齐，准备与助手们在一家餐馆共进晚餐，由于迟到，他最后出现在汽车旅馆房间外的阳台上，此时步枪声响起，一颗子弹射穿了他的脖子。一小时后，他去世了。

解析：马丁·路德·金是一个复杂的人，他的性格有很多面。他是个懂得享乐的人，喜欢漂亮的衣服、可口的食物、欢快的舞蹈、美丽的女人以及调皮的举止。他也是个务实的人，总是想解决人们的问题，把事情想得很透彻。他还是个敏感、内省的人，这一个侧面使他越来越倾向于精神追求。这两方面经常发生内部冲突，他会屈服于一时的情绪。这也导致了他经常为决断而苦恼。他思考得过于深入且经常自我怀疑，他认为自己不配扮演这个角色，这让周围的人很苦恼。

他与父亲的关系反映了这种复杂性。一方面，他从心底爱且尊重父亲，甚至考虑成为一名牧师并模仿父亲的风格。另一方面，他在很小的时候就意识到，如果任由父亲的支配性将自己压倒，那么危险就会随之而来。他的弟弟 A.D. 金缺乏这种意识，给自己的生活带来了很多痛苦。A.D. 金成了一名牧师，但从未真正独立过。他的职业生涯很不稳定，从一个教会转到另一个教会。他有酗酒的问题，而且在随后的人生中表现出明显的自我毁灭倾向，这让他的哥哥感到不安。A.D. 金生活在父亲的阴影里。

马丁内心深处的力量促使他产生了一些距离感和自主性。这不是指无差别地反叛父亲，那样最终只会导致自己被对方定义和捆绑。这意味着理解双方之间的差异并利用这些差异作为杠杆来创造空间。也就是说要从父亲那里吸收优点——他的纪律性、原则性以及对人的关怀。这意味着要听从内心的感召走自己的路。他学会了倾听这种直觉，因此在蒙哥马利开始了自己的公共生活，接受了蒙哥马利改进协会的领导职务。在这样的时刻，他仿佛能预见到自己的命运，放弃了过度思考的习惯。

在成为协会领导的几周后，他感受到这个职位带来的日益增加的紧张感，性格中的其他方面占据了上风，导致了内心的冲突。其中有自我怀疑的金，有恐惧的金，有因无尽的困难和内讧而沮丧的务实的金，有渴望简单快乐生活的金。这种内心的冲突使他瘫痪了。这一切在他进入厨房的晚上达到顶峰，突然间，以往在生活中指引他的直觉变成了一个实质性的声音，也就是上帝的声音，指明了他的命运，为他提供持续的支持。他能清楚地听到这个来自内心的声音，听到它在自己的一生中回荡。

从那时起，他在演讲和谈话中不断提到这个引导他的“声音”。有了这个声音，疑虑、恐惧和内心的冲突都会消失。他可以在一个全新的层面上体会到完整的感觉。当然，情绪和焦虑还会回来，但声音也会回来，让他清晰地知道自己的使命。

随着成为国家级活动的领导者，人们常常惊讶于他变得如此注重策略，这甚至让人感到不安。每次运动期间以及结束之后，他都会对对方的行动和反应进行深入分析，吸取教训，磨炼战术。对一些人来说，这与他作为精神领袖的身份不相符——例如在伯明翰时，他决定用孩子和少年填满城市的监狱。牧师不应该有这样的想法。但对金来说，这种实用主义与他的使命有着内在的联系。仅仅用演讲来激励人们太过感性，他讨厌这样。只是为了寻求关注，显出一副正义凛然的样子，却不对结果进行深入思考，只能是一种自我满足。他想实现变革，要完全改变南方黑人的生存现状。

因此他开始明白，这场运动是为了拿到与当权白人对抗的筹码，对方对每一步的变革都表现出抵制情绪。他们必须静坐并发动抵制活动，让对方最大限度地感受到痛苦，即便在谈判的过程中也是一样。他必须尽最大可能吸引新闻界的注意力，把南方黑人生活的丑陋现实带入美国白人的客厅。他的战略目标是对方的良知。当这个声音提醒他的最终目的，也就是站起来实现真正的正义，他自然不得不将斗争扩大为大规模的公民抵抗运动。

从某种意义上说，金将作为美国黑人的代言人，扮演与指引他的声音相似的角色。他努力使从事这一事业的人团结起来，将运动导向更实际的结果，不让内斗削弱力量。

他的抑郁症在后期变得更加严重，这是因为他不仅对周围的人非常敏感（他面对着源源不断的嫉妒和批评的声音），也对时代潮流非常敏感。早在其他人意识到之前，他就感觉到了美国的情绪、越战残酷的现实、市中心的绝望感、青年人的躁动、他们通过毒品逃避现实的欲望，以及政治领袖的怯懦。他把这与他自己的厄运感联系起来，他知道自己会被暗杀。这样的情绪将他压倒了。但多年前在蒙哥马利听到的声音让他压制住了自己的恐惧并克服了抑郁症。每当他想起自己的使命和人生目标时，就会体验到一种深深的成就感。他所做的是自己应该去做的事，他不会用任何生活来交换现在的生活。在最后的日子里，这种连接感越来越深：他要为孟菲斯的人们带来变革，只是命运最终将其中断了。

理解：在许多方面，金面临的困境就是我们在生活中面临的困境，这源于人性中深奥难解的部分。每个人都是复杂的。我们喜欢在世人面前表现出一致和成熟的一面，但内心其实很清楚，我们会受到多种不同情绪的影响，根据环境需求戴上不同的面具。这种内心的混乱带来了痛苦。我们在生活中缺乏凝聚力和方向感。我们可以选择任何道路，但选择基于不断变化的情绪，一会儿拉向这个方向，一会儿拉向那个方向。为什么要做这个而不去做那个？我们在生活中徘徊，从来没有完成令自己感到很重要的目标，也没有发挥自己的潜力。为了抚慰漫无目的带来的痛苦，我们可能会被成瘾的事吸引过去，追求新形式的快感，在感兴趣的事上花费几周或几个月的时间。

解决这一困境的唯一办法也是金的解决方案，那就是找到更高的目标，找到能为自己提供方向指引的使命，而不是将父母、朋友或同龄人的使命照搬过来。这种使命与人的个性密切相关，与个体的独特性密切相关。正如金所说的那样："我们有责任去发现自己的使命，寻找一生要做的工作，追寻命运的召唤。在发现这件事后，就要动用自己所有的力量去做这件事。"这件"一生的工作"就是我们的目标，是由一个人特殊的技能、天赋和倾向性决定的。它是对生命的感召。对金来说，他需要找到自己特殊的路，将实践与精神融合在一起。这种更高的目标感会给人带来渴求的完整感和方向感。

将"一生的工作"视为内心的诉说——那个声音。它会经常在你卷入不必要的纠葛或即将走上不合适的道路的时候，通过搅动不安感发出警告。它会引导你走向符合本性的工作和目标。聆听它的声音，你会觉得自己眼前更加清晰，生命更加完整。如果你听得足够仔细，会发现它在引导你走向自己特殊的命运之路。它既可以是一种精神层面的东西，也可以是个人层面的东西，或者是二者兼具。

这不是自我发出的声音，自我只希望获得关注，快速得到满足，这是从内心进一步分割出来的东西。它会将你吸引到工作和必须要做的事情上去。有时可能会很难听到它的声音，因为脑子里总是充斥着别人的声音，告诉你应该做什么，不应该做什么。想要听见它需要自省、努力和练习。你遵循它的指导，就会发生积极的事。内在的力量召唤你去做必须做的事，不会被其他人左右，每个人都有自己的事要做。倾听这个声音，它会把你和更大的目标联系起来，帮助你少走弯路。它会使你更有战略性、针对性、适应性。一旦你听到它、理解它，便不会再回头。你的路已经确定了，偏离只会导致焦虑和痛苦。

> 一个人知道自己为什么而活，就可以忍受任何一种生活。
>
> ——弗里德里希·尼采

人性的关键

在当今世界上，人类面临着一个特殊的困境。学校教育一旦结束，我们就会发现自己突然被扔进了工作的世界，那里的人可能无情，竞争可能很激烈。幸运的话，仅仅几年前，父母还能满足我们的各种要求，对我们进行指导；在某些情况下，他们过度保护了我们。现在我们发现只能靠自己，而且几乎没有什么生活经验可以依靠。我们必须做出影响自己整个未来的决定。

就在不久之前，人们的职业生涯和日常生活的选择是有限的。大家只能靠特定的工作或扮演特定的角色安身立命，一干几十年。一些年长的人——比如老师、家人、宗教领袖会在必要时提供一些指导。但这样安稳的生活和能获得的帮助在当今世界已经很难找到了，世界变化得越来越快。每个人都被卷入了残酷的斗争中；人们从未如此专注于自己的需求和紧张的议程。在新的秩序中，父母的建议可能已经完全过时了。面对这种前所未有的情形，我们往往有两种反应方式。

有一部分人对新变化备感兴奋，并且接受了这个新秩序。我们是年轻、充满活力的一群人。数字世界中的各种机遇让人眼花缭乱。我们可以尝试许多不同的工作，建立不同的关系，进行各种各样的冒险。对某个职业或某个人许下承诺只会限制自己的自由。服从命令和听从权威人士的意见已经是过时的做法了。探索、玩乐、保持开放才是最好的态度。总会有一刻，我们会明白到底要怎样对待生活。在此之前，保持随心所欲的自由，去任何想去的地方才是正经的事。

但是，有些人的反应是相反的。由于害怕混乱，我们会很快选择一个务实且有利可图的职业，虽然也希望能与自己的兴趣有些关系，但无关也未尝不可。这些人有稳定的亲密关系，甚至可能继续依附于自己的父母。生活的动机是保持稳定，而这一点在当今世界上是很难做到的。

这两种思路在未来往往都会产生一些问题。在第一种情况下，即便尝试了这么多事，我们始终没能在某一特定领域发展出坚实的技能。我们会发现自己很难在某一特定活动上专注太久，由于习惯于四处游走，分散注意力，即便想要学习新的技能也是一件非常困难的事。正因为如此，职业的可能性开始变窄。从一个工作到另一个工作，我们困在这样的循环里。虽然想要维持一段持久的关系，但又没有养成妥协容忍的习惯，而且又对持久关系会限制个人自由感到愤怒。虽然可能不愿意承认，但自由已经让人感到疲惫了。

在第二种情况下，我们二十多岁从事的职业到了三十多岁时可能会变得毫无新意。选择它是出于务实目的，而它与我们生活中真正感兴趣的东西没有什么联系。它变得仅仅是一份工作。我们的思维与工作脱离开了。而现在，当我们进入中年，现实世界中纷繁的机会开始诱惑我们。也许我们需要尝试一些全新的、令人兴奋的职业、关系或经历。

无论哪种情况，我们都会尽自己所能来应对挫折感。但随着岁月的流逝，压抑和痛苦变得难以忽视。通常我们意识不到不适感的来源——生活中缺乏目标和真正的方向。

这种痛苦有几种形式。

我们感到越来越无聊。由于没有真正投入到工作中，我们转而寻找各种分散注意力的方法来填补不安的心灵。但根据收益递减法则，我们必须不断寻找新的、更有效果的转移方式——最新的娱乐潮流、去异国他乡旅行、追随某一大师、热心于某一事物，爱好很容易养成也很容易丢弃，各种各样成瘾的诱惑迎面而来。只有在独处或陷入低谷时，我们才会真正意识到自己做了什么，以及那慢慢将人吞噬的慢性无聊。

我们感到越来越不安。每个人都有梦想，有自己的潜力。生活中漫无目的地游荡或误入歧途会令人意识到梦想和现实之间的差距。我们没有实质性的成就。我们羡慕那些有成就的人。我们的自我变得很脆弱，并且陷入了一个陷阱。人太脆弱的时候是无法接受批评的。学习需要首先承认自己不懂，需要改进，但过于不安的人不敢承认这一点，因此思维日益固化，技能停滞不前。我们用自己的笃定、激烈的观点和道德上的优越感来遮掩这件事，但并不能改变潜在的不安感。

我们感到越来越焦虑和压抑，却始终无法找到原因。生活中总会遇到不可避免的障碍和困难，但我们花了很多时间试图逃避痛苦。也许我们逃避的是本将遭遇失败的责任。那些艰难的选择和紧张的情形都被避开了。但此时它们又出现了——也许是不得不在最后期限来临前完成某件事，或者突然野心勃勃地要实现自己的梦想。而过去的经历并没有教会我们如何处理这种情况，焦虑和压力将人扑倒了。曾经的逃避导致了这种低级的、持续的焦虑感出现。

而且，我们感到越来越沮丧。所有人都相信生活是有目的和意义的，我们可以与更伟大的事物产生关联。人们都希望所做的事情是有重量、有意义的。如果没有这种信念，就会进入一种空虚和抑郁的状态，而人一般会将其归咎于其他因素。

理解：这种迷失和困惑的感觉不是任何人的错。它是人在出现巨大变化和混乱时代的自然反应。过去的支撑体系——如宗教、普遍认可的事业或社会凝聚力大部分已经消失了，至少在西方世界是这样的。同样消失的还有那些曾经为了引导人们行动而精心安排的惯例、规则和禁忌。我们都是被抛弃之人，也难怪有那么多在成瘾和抑郁中迷失自我的人。

问题其实很简单：人类天生渴望一种方向感。其他生物依赖于精心设计的本能来引导或制止它们的行为。人类是依赖自己的意识生活的。但人类的思维是个无底洞——它提供了无尽的精神探索空间。想象力可以把我们带到任何地方，幻化出任何东西。在任何时候，我们都有一百个不同的方向可供选择。在没有信仰支持和惯例指引的情况下，行为和决定没有了指向的罗盘，这令人非常抓狂。

幸运的是，有一个办法可以摆脱这种困境，而且是我们每一个人都可以自然而然找到的方法。没有必要去寻找高人，也没有必要怀念过去的确定感。指南针和导航系统是真实存在的。它就是寻找和发现个人生活的目的。最伟大的人和人类文明进步的贡献者都走过这条路，我们只需要看清这条路即可。它是这样运作的。

每个人都是独特的。这种独特性体现在三个方面——独一无二的基因序列、大脑特殊的连接方式，以及个人成长的特殊经历。将这种独特性看作出生时种下的种子，它会有目标地慢慢成长。

在自然界繁荣的生态系统中，我们可以观察到物种的高度多样性。不同物种平衡交错，系统就是丰富自洽的，并且可以创造出更多的新物种，构建起更多的关系。缺乏多样性的生态系统是相当贫瘠的，其运行状况也更加脆弱。人类也在自己的文化生态系统中运行着。纵观历史可以看到，最健康丰饶的文化是那些鼓励个人最大限度地展现多样化的文化——如古雅典、中国宋朝、意大利文艺复兴时期以及西方的二十世纪二十年代等。这些都是创造力大爆发的时期，也是历史的高光时刻。我们可以将这些阶段与独裁统治中强调一致性和文化僵化进行对比。

在生活中，我们都有特殊的技能，工作也有具体的特点，它们都会促使个人的独特性开花结果，这是我们为自己的多样性付出的努力。这种独特性实际上超越了个人的存在。它是由大自然本身赋予我们的。要如何解释我们会被某段音乐吸引，会去帮助他人，或者对某些知识特别感兴趣？是我们继承了这些特质，而它的存在是有目的的。

努力认识和培养这种独特性为我们提供了一条可行的道路，这是一个关于生活的内部导航系统。但想要与这个系统取得连接并不容易。通常情况下，我们的独特性在幼年时期就有了比较明显的迹象。一个人会很自然地被某一特定的主题或活动吸引，当然其中也会有父母的影响。我们可以称其为原始的倾向性。它会对我们说话，就像一个声音一样存在。但随着年龄的增长，这种声音被父母、同龄人、老师和整个文化所淹没。别人告诉我们应该喜欢什么，什么是好的，什么是不好的。我们开始忘记自己是谁，忘记是什么让自己与众不同。我们选择了与自己天性不相称的职业道路。

为了进入这个导航系统，我们需要尽可能地加强与自身独特性的连接，学会信任这个声音。（参见下一节中的“发现自己的使命”。）只要能设法做到这一点，就会得到丰厚的回报。有了方向感，就会在符合自己特定倾向的职业道路上走下去。有了召唤，就知道自己需要什么，要发展哪些技能。有了目标和次级目标，就会在走上弯路、卷入纷争时感到不适，很快回到正轨上来。我们可能会探索冒险，这是一个人年轻时的自然现象，但探索是有大致方向的，这样可以摆脱无尽的怀疑和干扰。

这条路并不一定是简单的路线，也不对倾向性做任何限制。也许我们感受到的是几种知识的牵引，那么这条路就是掌握多方面的技能，并且以高度创造性的方式将它们结合起来。这就是达·芬奇的天才之处，他将自己对艺术、科学、建筑和工程的兴趣结合起来，对每一项都深谙其道。这种形式与现代人兼容并蓄的品位以及对广泛探索的热爱十分吻合。

在进入这个内部导航系统之后，所有由漫无目的带来的负面情绪都会被中和，甚至转变成正面情绪。例如，我们在积累技能的过程中可能会感到厌烦。练习可能确实很乏味。但这种枯燥乏味是可以忍受的，因为我们知道它会带来巨大的好处。学习的内容令人兴奋，我们不希望受到干扰。头脑愉快地沉浸其中，培养了深入专注的能力，这种专注会带来动力。吸收的东西都保留了下来，因为我们在学习的过程中付出了情感。随后学习的速度会加快，释放出创造性的能量。头脑中充斥着新的知识，不知从哪儿会冒出新的想法。这样的创造水平令人非常愉悦，在工作中习得新技能也变得越来越容易。

有了目标感，不安感就会大幅减少。我们总会有一种自己正在进步，发挥了部分或全部潜能的感觉。此时可以回顾自己的大大小小各种成就，看看自己完成了哪些事。自我怀疑的时刻也会出现，但一般来说，这些怀疑更多的是与工作质量有关，而不是与自我价值有关——我们究竟有没有做到最好？这时我们的关注点会更多地集中在工作本身及其质量上，而不是人们对自己的看法，这样就可以轻易将实质性的批评和恶意的批评区分开来。我们有一种内在的复原力，帮助自己从失败中反弹，从失败中学习。我们知道自己是谁，这种自我意识成了生活中的支柱。

有了这个导航系统，我们可以把焦虑和压抑转化为更有用的情绪。在努力实现目标——如写完一本书、经营一家公司、赢得一场政治选举的过程中，有大量的焦虑和不确定性要应对，每天都要决定自己做什么。在这个过程中，我们学会了控制自己的焦虑程度——如果过度考虑要走多远，可能会不知所措。相反，我们要学会专注于一路上的小目标，同时保持一定程度的紧迫性。我们掌握了调节焦虑的能力，既可以不断前进有所改进，又不至于因此瘫痪。这是一项重要的生活技能。

我们对压力的容忍度也会提高，甚至能以此作为动力。人类实际上是为处理压力而生的。精神上和身体上的活跃会使肾上腺素激增，使不安且精力旺盛的头脑茁壮成长。有一个众所周知的现象，人在退休后往往衰老得更快，退化得更快。他们的头脑中没有了任何压力。焦虑会回来。他们变得不那么活跃了。保持一定的压力和紧张感，懂得如何与它们打交道，可以使自己更健康。

最后，有了目标感会令人不那么容易陷入沮丧情绪。是的，情绪低谷是无法避免的，甚至是相当受欢迎的。这种情绪可以让人退回来重新评估自己，正如金遇到的情形一样。但更多时候，我们是相当兴奋的，兴奋感超越了日常生活中的琐事。我们正在完成自己的使命，在为更伟大的事业做出贡献，这让整个人变得高贵了起来。巨大的成就感支撑着我们，甚至死亡也会失去其刺痛感。我们取得的成就会超越生命，因此不会产生那种浪费了自己潜力的疲惫感。

可以这样思考：在军事史中，有两种类型的军队——一类是为事业或理念而战，一类主要是为金钱或饭碗而战。那些为事业而战的军队，比如拿破仑·波拿巴为了传播法国大革命而战，他的军队会拥有更强的战斗力。他们把自己的个人命运与事业和国家的命运联系在一起，更愿意为其事业战死沙场。即便是队伍中热情不那么高的人也会被卷入这种集体精神之中。将领可以向士兵提出更高的要求。每个小分队会更加团结，小分队的领导者也更有创造力。为事业而战可以成为军力的放大器——与事业的联系越紧密，士气越高涨，战斗力越强。这样的军队往往可以击败规模更大但动力不足的军队。

对于生活也是一样：把高度的目标感作为能量的放大器。所有的决定和行动背后都有一个更强大的力量，它们都受到某个核心观念和目标的指引。你的性格中有很多方面都受到了目标的指引，它们为你带来了更持久的动力。你可以对自己提出更高的要求。在众人徘徊的世界里，你可以轻松地从他们身边走过，并且因此吸引人们的注意。人们会想要来到你身边，吸收你散发出来的能量。

作为人性的研习者，你的任务有两个方面。

第一，要意识到目标感在人类生活中发挥的重要作用。作为一种天性，没人能抗拒目标带来的牵引力。看看你周围的人，是什么在指引他们的行为，看清他们做出选择的方式。他们的首要动机是维持自己选择的自由吗？他们是否主要是为了获得快乐、金钱、关注、权力，或者仅是为了加入某一行列？这些就是我们所说的虚假目标，它们会导致人的强迫性行为，最终走入死胡同。（关于虚假目标的内容，请参见本章最后一节。）如果你发现有人受到了虚假目标的驱使，应该避免雇用他们或与之一同工作，他们只会用无益的能量拖你下水。

你也会注意到有些人正在努力寻找自己的人生目标，也就是感召人生的事物。也许你可以帮助他们，或者你们可以互相帮助。最后，你可能会结识几个目标感相对较高的人。他可能是某个看起来注定要成就伟大事业的年轻人。你会想和他们交朋友，被对方的热情感染。另一些人可能会比较年长，已经取得了一连串的成就。你也想以任何可能的形式与他们交往。他们会对你起到向上带动的作用。

第二个任务是找到自己的目标，与之建立深入的联系并不断提升它。（具体内容请参见下一节。）如果你还年轻，用自己找到的目标为不安分的能量提供一个框架。自由地去探索世界，积累经验，保证它们都在一定的框架之内。最重要的是要积累技能。如果你的年纪已经大了，走上了错误的道路，那就利用好自己的技能，想办法将它们往自己倾向的地方融合。要避免不切实际的突变和剧烈的职业变化。

要记住，你对社会的贡献可以有多种形式。不一定非要成为企业家，也不一定要成为世界舞台上的重要人物。只要保留属于自己的长处并利用它温和地体现出自己的影响力，作为个体，你也可以在某个集体或组织中做得很好。你的道路可以与劳动和手艺相关，优质的作品令人备感骄傲，上面留有你独特的印记。这条道路也可能是以最好的方式经营一个家庭。没有哪种职业是比其他职业更优越的。重要的是，这条路是与个人需求和倾向性联系在一起的，体内的能量促使你朝着改进和不断学习的方向发展。

在任何情况下，都要尽可能地去培植自己的独特性和独创性。在这个人和人之间可以相互替代的世界里，你是无法被取代的。你是独一无二的。你的技能和经验的组合是不可复制的。这代表了真正的自由以及人类可以拥有的终极力量。

培养高目标感的方法

一旦你开始培养或强化自己的目标感，艰苦的工作就开始了。会有很多敌人和障碍摆在你面前——他人会对你的使命和独特性心存怀疑，形成干扰的声音；你对自己的工作本身进展缓慢心存厌倦和挫败感；周围缺乏值得信赖的人批评和帮助你；焦虑程度需要控制；以及最后，长期专注于工作会带来倦怠。以下五个方法可以帮助你克服这些障碍。它们的顺序是松散的，第一条是起点。要把它们全部付诸实践，确保自己不断向前迈进。

发现自己的使命。方法的起点是在早期岁月中寻找原始的倾向性，那时往往是最清晰的。有些人对早期的迹象有很深的记忆，但对大多数人来说，需要进行一定的自省和挖掘。你要回忆自己曾对哪些特定的主题、物体、活动和游戏形式异常着迷。

十九世纪和二十世纪初的伟大科学家玛丽·居里可以清楚地回忆起自己四岁时进入父亲办公室的那一刻，抛光玻璃柜后面陈列的各种化学实验用的管子和测量设备一下就吸引了她。在她的一生中，每次进入实验室都会感受到内心的颤动。对安东·契诃夫来说，这一刻是小时候在镇上的剧院里看的第一场戏。剧院里虚幻的氛围让他激动不已。对史蒂夫·乔布斯来说，这一刻是他小时候经过一家电子产品商店，看到橱窗里奇妙的小玩意儿，对它们的设计和复杂性感到惊叹。对泰格·伍兹来说，这一刻是两岁时看到父亲在车库把高尔夫球打进网里，他无法抑制自己的兴奋和模仿父亲的欲望。对作家让-保罗·萨特来说，那一刻是童年对纸质印刷品的迷恋，以及每个词可能拥有的奇妙含义。

这些内在的吸引力会突然出现，并非来源于父母或朋友的引导。我们很难用语言来解释为什么会发生这样的事；这是一件我们个人无法控制的事情。女演员英格丽·褒曼谈到她在很小的时候就喜欢在父亲的摄影机前表演，她说："我没有选择表演。是它选择了我。"

有时，这些时刻会在我们长大后再次出现，就像马丁·路德·金被迫参加蒙哥马利公交车抵制活动时意识到了自己的人生使命。有时，观察领域内的大师级人物也会出现这样的效果。

年轻的时候，未来的日本电影导演黑泽明并没有什么人生目标。他试着画画，然后当学徒，做电影的助理导演，但又很讨厌这份工作。一九三六年，当他被分配到山本嘉次郎导演处工作时，已经准备辞职了。看着这位大师工作，他的眼睛仿佛突然睁开了，他看到了电影的神奇可能性，意识到这就是自己的使命。正如他后来描述的那样："就像山口的风吹过我的脸。我指的是那种经历了艰难的攀登之后感受到的奇妙清爽的风。风的气息告诉你，已经要到山口了。然后你站在山口，俯瞰全景，此时视线开阔。当我站在山本导演身后，看他坐在摄像机旁边的导演椅上时，内心也涌动着同样的感觉——我终于找到了。"

另一个迹象是，看看生活中哪些任务或活动对你来说易如反掌、顺风顺水。在进行此类活动时，练习的枯燥和乏味也更容易忍受。人们的批评不容易使你气馁，你更想要去学习。你可以将其与那些令你沮丧、深感乏味的工作做一个对比。

与此相关的是，你要弄清自己的大脑有怎样特定的智能模式。心理学家霍华德·加德纳在《智能的结构》一书中列出了许多种智能模式，比如人通常具有的某种特殊天赋或亲和力的智能模式。也许是数学和逻辑，也许是运动能力，也许是文字、图像或音乐方面的天赋。在此基础上还有社会层面的智能，比如对人高度敏感。当你从事正确的活动时，它与你大脑的智能模式是最匹配的。

尝试过这些方式后，你应该能够发现自己使命的大致模样了。从本质上讲，这是一个发现自我的过程，是什么让你与众不同，先人一步。你在重新认识自己的自然好恶。随着时间的流逝，我们经常会忘记自己对事物的偏好，受到他人行为和文化的影响。要减轻这种外部造成的影响。与自己的使命联系得越紧密，就越能抵抗他人的错误引导。利用好这个内部导航系统，在其中投入精力，有必要的话，可以用日记来记录。这样可以养成评估和自我倾听的习惯，不断监测进展，根据人生的不同阶段调整这种召唤的声音。

如果你还年轻，刚刚开始职业生涯，想在与自己倾向性相关的相对广泛的领域里探索——比如，如果你的爱好是文字和写作，可以尝试不同类型的写作，直到找到合适的类型。如果你的年纪比较大了，有了较为丰富的经验，可以利用好自己掌握的技能，想办法让它们趋向于内心真正召唤你的方向。要记住的是，这种召唤可能是多个感兴趣领域的结合体。对乔布斯来说，召唤他的是技术和设计的交叉点。保持过程的开放性；你的经验会告诉你怎样做。

不要想绕过找到自己的使命感这一步，也不要想象它会自然而然地出现在你面前。虽然少数人在人生早期的灵光乍现中找到了它，但对我们大多数人来说，需要不断地内省和努力才能找到它。尝试与个性、倾向性相关的技能和选择，不仅是培养高目标感的唯一重要步骤，也是日常生活中的重要一步。深入了解自己是谁，独特性在哪里，可以使你更容易避免人性中其他的陷阱。

用阻力和否定鞭策自己。想要在任何领域取得成功，关键都是要培养领域内所需的技能，之后才能以独特且具有创造性的方式将它们结合起来。但这个过程可能乏味且痛苦，因为你时刻会意识到自己的局限性和技能的匮乏。大多数人会自觉或不自觉地避免乏味、痛苦和任何形式的逆境。大家总想置身于批评较少的地方，尽可能降低失败的概率。而你必须选择相反的方向。要学会接受负面的经历、限制，甚至是痛苦，将其作为提高技能和磨砺目标感的重要手段。

谈到锻炼身体，适当的疼痛和不适感是很重要的，因为它们随后会变成力量、耐力等正向的内容。接受练习过程中的枯燥乏味，也会产生同样的效果。挫折表明你正在取得进展，这是因为大脑意识到你尚未获得更高水平的技能。

要用好并接受各式各样的最后期限。如果你给了自己一年时间来完成一个项目或去创业，一般都会花掉一年或更长的时间。如果你给自己三个月的时间，会更快地完成这件事，工作时精力集中会提升技能水平，从而取得更好的最终效果。如果有必要，可以定下一个既合理又紧迫的最后期限，加强自己的目标感。

托马斯·爱迪生知道自己发明的时间太长，因此他养成了向记者展望伟大前景的习惯，夸大自己的点子。经过公开宣传，他把自己逼到了不得不实现它的位置，而且还要完成得快一点儿，不然就会被嘲笑。此时只能迎难而上，而他也总是这样做的。十八世纪伟大的禅宗大师白隐则更进一步。师父给他讲的那些禅宗公案（引导开悟的一些不合逻辑的小故事）让他非常挫败。由于毫无进展，他深感绝望，于是严肃地告诉自己："如果七天内不能理解其中一个公案，我就自杀。"这句话对他很有效，而且一直激励着他，直到他完全开悟。

在自己的道路上前进的时候，会受到越来越多的人的批评。其中一些是建设性的，值得关注，但很多是来源于嫉妒。这类情况可以通过对方表达负面意见时的情绪化语气进行识别。他们说得有点儿过头，言语也有些激烈；他们会针对个人发表意见，对你的整体能力表示怀疑，强调你的个性问题而非工作问题；他们既不会说哪些具体细节有问题，也不会说要如何改进。一旦认识到这一点，就不要以任何形式将这些批评意见内化。如果出现防卫性情绪，说明对方已经影响到了你。相反，可以利用对方的负面意见激励自己，强化目标感。

吸收具有目标性的能量。人类极易受到其他人的情绪和能量的影响。因此，要避免与那些目标感低、目标虚假的人接触太多。另外，要尝试找到那些高目标感的人并与之交往。他们可能是完美的老师或项目合作伙伴。这样的人往往会激发出你最好的一面，接受这类人的批评也会更容易，甚至会让人为之一振。

可可·香奈儿就是靠这种方式获得了巨大的力量（参见第五章）。她最初的身份非常低微，只是一个孤儿，生活几乎没有任何资源。在二十多岁的时候她意识到自己的使命是设计服装，开创自己的服装品牌。但是，她迫切需要指导，特别是在商业领域。她找到了一个能够帮助她找到方向的人。二十五岁时，她遇到了完美的对象，一个年纪较大的英国富商，名叫亚瑟·卡佩尔。对方的雄心壮志、丰富的经验，以及对艺术的理解和对商业的务实精神深深吸引了她。

她极力抓住了他。他给她灌输了自信，令她相信自己可以成为著名的设计师。他教给她通用的商业知识，对她提出严厉的批评，但她完全接受，因为对方是她尊敬的人。创业之初的第一个重要决定就是受他的指导完成的。从他身上，她获得了一种非常成熟的目标感并持续了一生。如果没有他的影响，她的道路会非常混乱、困难。在后来的生活中，她不断沿用这一方法。如果看到其他人身上有自己缺乏或需要加强的能力——如社交礼仪、营销手段、对文化趋势的嗅觉等，她就会与之建立关系，以便向他们学习。

在这种情况下，你需要找到的不仅仅是有魅力或有远见的人，而是要找到务实的人。他们可以给你实际的建议，你可以从他们身上吸收把事做完的态度。有可能的话，可以结识一些来自不同领域的人，作为朋友或同事，他们也有类似的能量。大家可以相互提升目标感。不要沉迷于虚拟的社团或导师的帮助，他们无法带给你同样的效果。

设计逐步完成的目标阶梯。长期目标可以令人思路清晰，决心坚定。例如开展新项目或业务，这类雄心勃勃的目标可以让你发挥出最佳水平。但问题是，从现在的位置去看达成目标需要完成哪些事时，会倾向于产生焦虑情绪。为了控制这种焦虑，你必须设计能逐步完成的目标阶梯，一路延伸到当下。沿着阶梯走下去，目标就更容易达成，你可以在相对短的时间内完成这些事，给自己带来满足感和进步感。把任务分成小块，每天或每周都必须有小目标。这样做能帮助你集中精力，避免纠缠和浪费精力。

同时，要不断提醒自己还有更大的目标，以免迷失方向或沉溺于细节。定期回顾自己最初的目标，想象当它实现时你会有多大的满足感。这样思路才会清晰，激励人前进。在这个过程中也要有一定的灵活性。某些时刻要重新评估进展，根据需要调节目标，不断从经验中学习，调整和完善自己的初始目标。

要记住，你追求的是一系列实实在在的结果和成就，而不是远方那未实现的梦想和夭折的项目。较小的、嵌入式的目标会帮助你朝着既定方向前进。

在工作中迷失自我。在持续保持高目标感的过程中，你面临的最大困难也许就是长期的责任和需要付出的牺牲。有许多受挫、无聊和失败的时刻需要应对，而文化中又有无尽及时行乐的诱惑。上述要点中列举出的优势往往不会立刻显现出来，随着时间的推移，你可能会感到倦怠。

为了抵消这种乏味，你需要创造一些心流时刻，此时头脑会深深沉浸在工作中，超越自我。此时你是平静快乐的。心理学家亚伯拉罕·马斯洛称之为“高峰体验”。一旦有过这种体验，人就永远改变了。你会强迫自己重复这种经历。与之相比，世界上随手可得的快乐显得微不足道。当你觉得奉献和牺牲得到了回报时，目标感将得到加强。

这些经验无法刻意获得，但你可以为它的出现创造条件，增加出现的概率。首先，要等到自己深入项目之中——至少是某个完成一半以上的项目，或者在自己的领域研究了几年之后。此时，头脑中已经满是各种知识和经验，为高峰体验做好了准备。

其次，给自己安排不受干扰的工作时间——一天尽量工作更多个小时，一周尽量工作更多天。为此，要严格控制日常的干扰，甚至可以计划消失一段时间。把它看作一种宗教静修。史蒂夫·乔布斯会关上自己办公室的门，在屋里待上一整天，让自己陷入深度专注的状态。一旦掌握了这一点，几乎在任何地方都能做得到。爱因斯坦会深深沉入这种状态，以至于在城市街道或湖面航行时迷了路。

最后，重点必须放在工作上，而不是放在对自身或对认可的渴望上。你要做的是将思想和工作本身融为一体，任何干扰性想法、自我怀疑或个人的执念都会将心流打断。这种心流不仅有很强大的治愈作用，还会产生不可思议的创造性成果。

女演员英格丽·褒曼在参与电影拍摄期间，会倾注自己所有的精力，忘记生活中其他的一切。其他演员则不同，他们更看重自己赚的钱或受到的关注，而褒曼只看到自己有机会把角色完全地展现出来，赋予其生命。为此，她会与编剧和导演交流，积极地修改角色和一些对话内容，使得最后的呈现更加真实；大家在这方面都很信任她，因为她的点子总是非常优秀的，是基于角色进行过深入思考的。

一旦她开始深入地写作和思考，就会沉浸其中几天或几周的时间，感觉自己与角色融合了，而不是和其他人在一起。这种时候，她会忘记生活中所有的痛——很早失去父母、丈夫虐待自己。此时是生命中真正快乐的时刻，她把这样的高峰体验搬到了银幕上。观众可以从她的表演中感受到一些深刻的现实意义，对这个角色产生异常强烈的认同感。她知道自己会定期体验这样的经历，也知道会产生怎样的结果，这使得她在痛苦和牺牲中不断前进，这是她对自己的要求。

把这一过程看作对人生使命的一种虔诚的奉献。这种奉献最终会与工作本身相结合，产生一种没有经历过就无法用言语描述的狂喜。

虚假目标的诱惑

我们感受到的寻找目标的引力来自人性中的两个因素。第一，由于不能像其他动物那样依靠本能，我们需要以某种手段来获得方向感，指导和限制自己的行为。第二，人类知道自己作为个体在浩瀚的宇宙中与数十亿人一起生活的无奈。我们知道自己会死亡，会被永恒的时间吞噬。我们不仅需要感受到自身，还要与超越自我的更大的事物联系在一起。

但是，人类的本性就是这样，很多人会寻求低级的目标和超越感，以最简单的方式和最少的努力找到它。这些人寄托在了虚假的目标上，它们只给人一种目的感和超越感的幻觉。我们用以下方式将它们与真正的目标进行对比。真正的目标来源于内心，它是一种想法，是一种召唤，一种与个人密切相关的使命感。它是由内而生的，虽然也会受到他人的启发，但没人可以将它强加给我们，也没有人可以将它夺走。有宗教信仰的人不是单纯接受正统的教义，而是经过严格的内省，将信仰内化，使其忠实于自己。虚假的目标来自外部——全盘接受外部的信仰系统，顺应他人的做法。

真正的目标可以引人向上，走向更人性化的水平。我们提高技能，训练思维；我们实现了自己的潜力，为社会做出贡献。虚假的目标则是向下的，指向本性中动物化的一面——成瘾、丧失精神力、无意识的服从、愤世嫉俗。

最重要的是，我们要认识这些虚假目标的表现形式。所有人都不可避免地在生命的某个时刻沉浸其中，因为它们是如此简单、流行和廉价。如果能抵抗这些低级目标的诱惑，在注定要寻找意义和目标感的过程中，我们自然就会倾向于高级的形式。这里有五种最常见的虚假目标形式，它们自人类文明出现以来就一直诱惑着我们。

追求享乐。对很多人来说，工作只是生活中令人恼火又不得不存在的东西。真正起到激励作用的是逃避痛苦，在工作之余尽可能多地寻找快乐。人们追求的快乐有很多形式——性、兴奋剂、娱乐、饮食、购物、赌博、技术潮流、各种游戏。

无论追求的是什么，往往都会带来回报递减的现象。得到的快乐往往会因为重复而变得乏味。要么需要的相同的东西越来越多，要么就需要不断有新的消遣出现。需求往往会变成一种瘾，随着依赖性的产生，身体与精神的力量也会减弱。欲望的对象占据了我们，使人失去自我。比如，在毒品或酒精的影响下，我们会暂时出现超越了平凡生活的感觉。

这种形式的虚假目标在当今世界非常普遍，主要是因为可让人分心的东西太多了。但它违背了人性的一个基本要素：为了获得更深层次的快乐，我们必须学会限制自己。为了娱乐而快速阅读各种书籍，只会导致每本书带来的满足感越来越低；由于受到过度的刺激，大脑不知所措；我们必须马上去找一本新书。阅读一本好书，让自己沉浸其中，会产生放松和振奋的效果，发现书中隐藏的财富。即便是不读书的时候，我们也会时常想起它。

所有人在工作之外都需要娱乐，缓解自己的紧张情绪。但当我们带着目的感工作时，就会明白制约自己的意义，从而选择深度体验而非过度刺激。

团体与邪教。人类对信仰有深刻的需求，由于没有强大统一的信仰体系，这种空白很容易被各种小型团体和邪教乘虚而入。我们发现这种团体往往不会维持很长时间。只不过十年时间，它们似乎就已经过时了。在这短暂的存续期间，追随者会用极端的信念和超强的信仰来代替他们所追求的愿景。因此，他们很快就会找到敌人，并且将其视为世界上所有问题的根源。这样的团体成为人们发泄个人挫败感、嫉妒和仇恨的手段。他们还能感受到优越感，作为某些小团体的一员，可以接触到所谓真理。我们可以通过信徒渴求的东西是否模糊来识别这类团体或邪教。他们无法用具体的、实际的语言来描述自己向往的那种世界或社会。他们的描述主要以负面定义为主——除掉某些人或某些做法，世界就会变成天堂。他们没有战略意识，也没有达到其模糊目标的明确方法，这可以帮助我们清楚地判断他们的团体只是为了释放情绪而存在。

这类团体往往依赖于大型的公众集会，人们可以沉浸在庞大的群体中感受共情。历史上很多狡猾的领导者都利用这一点取得了明显的效果。人群中的个体是非常容易受到暗示的。只要大量重复简单的语句，让他们喊出口号，就可以使其接受最荒唐和不合理的想法。在人群中，人们感觉摆脱了所有个人责任，最终可能导致暴力。他们觉得自己超越了自我，不再那么渺小，但这种膨胀感是一种幻觉。实际上，他们因为失去了自己的意志和个人的声音而变得更为渺小。

将自己与某一团体联系起来确实是获得目标感的重要一环，就像马丁·路德·金那样。但它需要经过一个内化的过程，在这个过程中，我们对问题进行了深入思考，决定致力于某项事业，将其作为人生使命的一部分。人不是团体机器中的齿轮，而是积极的贡献者，会发挥自己的独特性，而非模仿他人的做法。这样做不是出于发泄丑陋情绪的需要，而是对正义和真理的渴求，它来源于内心深处的使命感。

金钱与成功。对很多人来说，追求金钱和地位就已经占用了他们的动力和注意力。这类人认为使命感是对时间巨大的浪费，是一种过时的观念。但从长远来看，这种理念往往会产生最不切实际的结果。

首先，这类人往往会进入赚钱最快的领域。他们最大的目标是高薪。职业选择和个人倾向几乎没有任何关系。他们选择的领域往往挤满了其他对金钱和成功无比贪婪的猎手，因此竞争非常激烈。如果足够努力，他们可能会在一段时间内做得不错，但随着年龄的增长，不安和无聊感袭来。为了获得更多的金钱和成功，他们会尝试不同的途径，进行新的挑战。这类人要不断寻找激励自己的方法，最终常常在对金钱的执着追求中犯下大错，因为思考方式相当短视，就像在二〇〇八年金融危机前，那些全力投入衍生交易之中的人一样。

其次，稳固的金钱和成功需要保持原创性，而不是无意识地追随他人的道路。如果把金钱作为首要目标，永远无法培育出自己真正的独特性，最终总会有更年轻、更饥饿的人来取代我们。

最后，促使人们追求金钱和成功的原因往往是为了比别人拥有得更多，感觉自己高人一等。在这种标准下，很难判断何时是尽头，因为总有人比自己拥有得更多。因此，这样的追求是无穷无尽的，令人非常疲惫。由于工作没有与个人取得连接，这类人也会与自己非常疏远，追求的东西并没有灵魂，只是没有受到过感召的工作狂。它们可能会变得抑郁或狂躁，如果情况更加严重，往往会失去已经获得的东西。

我们都知道“过度关注”会带来怎样的影响。如果一个人迫切地需要睡觉，很可能就会睡不着。如果一定要在某次会议上做好演讲，很可能就会对结果过度焦虑，从而影响表现。如果急切地要寻找一个亲密伙伴或朋友，反而会将对方推开。如果相反，放松下来，将注意力放在其他事情上，就更有可能睡着、带来一场精彩的演讲，或者吸引他人的关注。生活中最让人快乐的事是没有预想过的事却发生了。当我们刻意制造快乐的时候，结果往往让人失望。

对金钱和成功的执着追求也是如此。很多最成功、最出名、最富有的人起初并不是对金钱和地位感兴趣。最好的例子就是史蒂夫·乔布斯，他在相对短暂的一生中积累了相当多的财富。但实际上，他对物质财富的需求很低。他唯一关注的是做出最好的原创设计，在做这件事的时候，财富自然滚滚而来。保持自己的高目标感，成功自然会向你走来。

关注度。人总是在追逐声望和关注度，这样才能感觉到自己的伟大和重要。他们很看重给自己鼓掌的人数、指挥的军队规模，以及为自己服务的臣子。但这种虚假的目标感通过社交媒体被平民化、普遍化了。如今，任何一个人都可以拥有过去国王或征服者才能梦想拥有的关注度。自我形象和自尊与每天得到的关注度联系在了一起。在社交媒体上，为了引人注意，这种需求会变得越来越离谱。追求这一目标令人既疲惫又与自我疏远，有时候人变得更像一个小丑。每当关注度稍微下降，一种极为痛苦的感觉便会将人吞噬。自己是不是不受关注了？是谁夺走了本属于我的关注度？

就像追求金钱和成功一样，只有培养高级的目标感，才能有更大概率吸引他人，创造出引人注目的成果。等到关注突然降临时，就仿佛突然成功一样，让人更加愉快。

犬儒主义。根据弗里德里希·尼采的观点："人宁可追求虚无，也不能无所追求。"犬儒主义认为生活没有目标或意义，就是我们所说的"追求虚无"。在当今世界，人们对政治和旧的信仰体系越来越不满，这种形式的虚假目标变得越发普遍。

犬儒主义包含以下部分或全部观念。生活是荒谬的、无意义的、随机的。真理、卓越或意义的标准已经完全过时。一切都是相对的。人们的判断只是基于对世界的解释，没有高下之分。所有的政治家都是腐败的，不值得参与其中；最好放弃自己的权利，或者选择一个会破坏一切的领导者。成功往往都是通过博弈达成的。任何形式的权威都不值得信任。看看人们背后的动机，你会发现他们是自私的。现实是相当残酷和丑陋的；最好接受这一点并持怀疑态度。很难把一件事看得非常重要；不如笑看玩乐。一切都没什么不同。

这种态度看起来既新奇又时髦。它的信徒表现出一种冷漠和嘲讽的气质，看起来好像看透了一切。但这种态度并不像表面上看起来这样。其背后是一种青春期的不在乎姿态，掩盖了对尝试、失败、引人注目和被人嘲笑的巨大恐惧。它源于纯粹的懒惰，并且为其追随者的一无所成提供了安慰。

作为追寻目标和意义的人，我们要向着相反的方向前进。现实并不是残酷丑陋的，其中包含了许多崇高、美好和值得惊叹的东西。我们可以在其他成功者的作品中看到这一点。我们希望与崇高的事物有更多接触。没什么比人脑本身更值得敬畏，它复杂且有着尚未开发的潜力。我们想在生活中运用一些这样的潜力，而不是沉浸在愤世嫉俗的懈怠态度中。我们所做的每一件事背后都有目的。最终，我们希望能将儿时对世界的好奇和兴奋感与成年后的智慧融合起来。

> 人存在的整个法则仅仅在于人要永远拜倒在无比伟大的神面前。如果使人们失去这个无比伟大的神，那他们就会活不下去，他们就会在绝望中死去。这个无比伟大和无始无终的神，就像人离不开他所居住的这个小小的星球一样，是必不可少的。
>
> ——费奥多尔·陀思妥耶夫斯基

第十四章

抵抗群体向下的拉力：合群法则

我们的性格中有自己也不甚了解的一面，也就是我们的社会人格，在人群中活动时，我们会变得不一样。在群体环境中，我们会不自觉地模仿他人的言行。思维方式会不同，更关心如何应对他人的看法。感受到的情绪不同，会受到群体情绪的感染。我们会更容易冒险，做出非理性的行为，因为周围人都是如此。这种社会人格可能会成为主导人格。我们对他人的意见言听计从，让自己的行为符合对方的要求，慢慢失去了对自身独特性的认识以及思考的能力。唯一的解决办法是发展自我意识，更好地理解群体中的变化。有了这样的智慧，我们可以成为优秀的社会活动者，在保持独立性和理性的同时，在外表上适应环境，与人进行高水平的合作。

人性的关键

在生活中的某些时刻，人类会体验到一种强大的能量，它有别于其他感受，我们很少讨论或分析它。这可以描述为一种强烈的群体归属感，它经常出现在以下情形中。

比方说，身处参加音乐会、体育赛事或集会的广大群体中。在某一时刻，兴奋、愤怒或喜悦在心中涌动，这种感受在成千上万人之间共享。情绪会自然而然地从心中升起。如果是独自一人或只和几个人在一起，我们是无法体会到这一点的。在更大的群体环境中，我们就有可能被人引导着去说或做一些曾经绝不可能说的话或做的事情。

与此类似，假如我们需要面对群体进行演讲，如果不是那么紧张，听众又都站在我们这边，就能体会到来自内心深处的情感涌动。我们从听众那里获得了满足，声音也是日常生活中从未有过的音调和语气，手势等肢体动作都异常丰富。在听有魅力的演讲者讲话时，我们也能从另一方面体会到这一点。对方似乎被赋予了某种特殊的力量，赢得了听众的尊敬，令人越来越兴奋。

也许我们在群体中工作时，在短时间内要达成一个关键性目标。此时我们自觉要比平时做得更多，需要特别努力。此时群体中会涌动着一种能量，它来源于同样集中精力工作的同事。在这个时候，小组成员甚至不需要交谈——大家都只有一个想法，甚至可以互相体察对方的想法。

上述感受并不是理性的，它是自动出现在我们身上的——起鸡皮疙瘩、心跳加速、更加活跃有力量。我们将这种能量称为社会力量，它是一种无形的力场，将一群有共同感受的人捆绑在一起，创造出强烈的关联感。

局外人在触碰这一力场时往往会感到焦虑。例如，来到一个与自身文化截然不同的地方旅行，或者来到一个新的工作场所，但这里的人似乎有一套独特的行事方式，而且能用一种隐秘的语言相互沟通。或者我们路过一个与惯常的社会阶层大为不同的社区——也许更富裕，也许更贫穷。在这些时候，我们会意识到自己不属于这里，别人也拿我们当局外人来看待，尽管实际上并没有什么真正需要担心害怕的，在内心深处我们依然惶恐不安且异常警惕。

社会力量有几个有趣的地方。首先，它既存在于内部也存在于外部。在体验到上述的身体感受时，我们几乎可以肯定，身边的人也有着同样的感受。我们还会感受到内在的力量，只不过我们以为它是外在的。这是一种不同寻常的感受，类似恋爱时在爱人之间传递的共享能量。

也可以说，这种力量是变化的，会因为群体的大小和氛围而有所不同。一般来说，群体越庞大，效果越强烈。身处于庞大的群体中，周围的人似乎都与自己有共同的想法或价值观，此时会感到力量倍增，也会感受到归属感的温暖和热能。这种力量会在一大群人中成倍增加，产生崇高的感觉。在敌人面前，这种能量和兴奋感很容易转化为愤怒和暴力。人群的特定组合也会产生这种效果。如果领导人具有超凡的魅力，能够迸发出能量，它就会渗透到集聚的群体之中。如果大量人都拥有某种情绪，或倾向于愤怒，或倾向于喜悦，也会改变群体的情绪。

最后，人总会被这种力量吸引。我们会被海量的人群吸引——体育场里坐满了支持某一党派的人，人们在合唱团里唱歌，他们组织游行、嘉年华、音乐会、宗教集会等。在这些时候，我们体会的是起源于祖先并不断发展完善的活动——氏族聚会、在城墙前列队的大批士兵、早期的戏剧和角斗场。除去那些对这种聚会感到恐惧的少数人，大部分人都发自真心地喜欢人群。他们使我们感觉自己活着，充满了活力。这也称得上一种瘾——我们总是一次又一次让自己置身于这种能量之中。音乐和舞蹈都是社会力量的某种缩影。群体共同体验一种旋律和节奏，音乐和舞蹈就是为了满足这种冲动而创造的最早的形式之一，可以将力量外化。

我们可以观察社会力量的反面：漫长隔离的时期。从那些被单独囚禁的罪犯和隔离在偏远地区的探险家口中可以得知（参见理查德·E. 伯德在《孤独》一书中描述的在南极五个月的孤立生活），他们会感觉到与现实脱节，人格在逐渐瓦解。他们会变得容易产生幻觉。最让人思念的不仅是周围有人在活动，而且还有对方回望他们时的眼神。在人生最初的几个月里，母亲的注视让我们对自己有了完整的概念，她的回眸让我们感觉到自己的存在，她用注视的方式告诉我们自己是谁。作为成年人，我们会通过其他人的注视体验非语言性的认可和自我意识。除非经历了长时间的与世隔绝，否则人很难意识到这一点。

这是最基本的社会力量——只有他人的目光才能令我们相信，自己是真实的、完整的、属于自己的。

社会力量在虚拟世界和虚拟人群中同样适用，只是没有在现实人群中的感受那么强烈，但我们可以透过屏幕以一种类似幻影的方式感受到其他人的存在（同时存在于内部和外部），并且将智能手机视为一种目光注视的替代品。

人类的社会力量只是社会性动物体验的一个比较复杂的版本。社会性动物总会关注群体中其他个体的情绪，意识到自己在群体中的作用，急迫地希望融入其中。（在高级灵长类动物中，有些会对等级更高的动物进行模仿，以示谦卑。）它们有精心设计的肢体语言，保证群体能够交流合作。它们有梳洗的仪式，用来加强个体之间的联系，成群结队地狩猎也有类似的效果。只是简单地集合在一起，就能感受到集体的能量。

我们人类要复杂得多，但道理还是相通的，也超越了语言层面。我们能感受到群体中其他人的感受。我们有迫切地适应群体、在群体中发挥作用的渴求。我们很容易不自觉地模仿他人的手势和表情，尤其是对领导人进行模仿。我们依然喜欢成群结队地狩猎，喜欢通过社交媒体或任何能承载愤怒的地方尽情发泄。我们有自己用来加强群体联系的仪式——宗教、演出、战争。其中有一种群体的能量，在这群思想统一的人之间流动。

这种力量就存在于我们体内，但奇特之处在于，这样显而易见且普遍的东西却很少被人讨论或分析。其原因可能是它很难用严格的科学来研究。这种无知也有一些故意的因素，在内心深处，这种现象困扰着我们。置身于群体之中的自然反应或对他人的模仿，会使我们想起天性中最原始的动物本能。我们幻想自己是文明、成熟、能有意识地控制自身大部分行为的个体。群体行为往往会打破这个幻象。我们不喜欢将自己视为会在特定强迫作用之下活动的社会动物。这冒犯了我们作为一个物种对自己的看法。

理解：社会力量既不是积极的也不是消极的。它只是我们本性中的一部分。这种力量有很多方面已经在漫长的岁月中进化了，这些部分在当代社会中可谓相当危险。例如，人倾向于对群体中的外来者报以深深的怀疑，认为需要将其妖魔化，这是从早期祖先身上进化而来的，当时的传染病和敌对入侵的采集者都对群体有很大的威胁。但这种群体反应在二十一世纪已经不再适用了。事实上，人类凭借技术实力，完全可以变成最暴力的对象，成为其他种族灭绝的根源。社会力量倾向于降低我们独立理性思考的能力，它向着更原始的方向拉了我们一把，这是不适应现代社会的。

但是，社会力量也可以用于积极的目的，在更高级别的合作和共鸣中发挥作用，成为一种向上的拉力，在群体中共同创造某件东西的时候，我们就会体验到这一点。

作为社会动物，我们面临的问题不是感受到了这种自发形成的力量，而是否认了它的存在。在不知不觉中受到他人的影响，习惯于无意识地模仿别人的言行，我们失去了独立思考的能力。在面临生活的关键抉择时，我们只能模仿其他人的做法或听从那些鹦鹉学舌的传统智慧。这可能会导致很多错误的决定。我们也失去了与自己独特性之间的联系，而这才是我们个人力量的源泉（参见第十三章）。

有些人意识到了天性中的这些倾向，他们选择了抗争，成为不守规矩的人。但这同样可能是盲目的行为，会导致自我毁灭。人类是社会性动物，依赖于自身与他人合作的能力。为了抗争而抗争，只能导致自己受到边缘化。

我们最需要的是群体的智慧。这种智慧包括了解群体对我们的思维和情感会有哪些影响；有了这种意识，我们就可以抵抗向下的拉力。这种智慧还包括了解人类群体要如何按照一定的规则运行下去，这会让人更自如地活动。掌握了这种智慧，我们可以成为精巧的舞者，通晓人情的社会行为者，外表可以融入群体之中，同时内心又能保持一定的距离感和精神空间，可以进行独立思考。有了这样的独立性，我们就能在生活中做出适合自己和环境的抉择。

想要获得这样的智慧，就必须研究并掌握上述社会力量的两个方面——群体对个人的影响以及群体倾向的模式和动力。

以下是个人效应的内容。

融入的渴望。你进入了一个群体，比如找了一份新工作。在适应环境的时候，你会意识到人们在审视和评判你这个外来者。在非语言层面上，你能感到他们在用目光挖掘你身上的线索。于是你开始怀疑：我能融入这里吗？我说的话对吗？他们是怎么看我的？在任何群体中，你的第一个也是最重要的愿望就是融入，寻找自己的归属感。越是能够融入，对群体及其价值观的挑战就越小。这样能够最大限度地减少审视带来的焦虑感。

想要做到这一点，首先要通过外表达成。个人的穿着和外表或多或少要与群体中的其他人一样。总有一小部分人喜欢凸显自己的外表，但涉及思想和价值观的时候却总能与大家保持一致。然而，我们之中的大多数人总会对过于显眼感到不适，总希望能尽可能融入群体之中。我们会穿正确的衣服，让自己看起来比较正常——这表示我是很认真的，工作是很努力的，虽然有一些自己的风格，但不会太过突出。

其次也是更重要的一点，我们会适应群体的思想、信念和价值观。你可能会开始使用与大家类似的语言表达方式，这种迹象反映了你的内心。你的想法会慢慢向群体的想法靠拢。有些人可能会将反抗表现出来，他们通常会被解雇或边缘化。你可能会坚持一些特殊的信仰或观点，这些是属于你自己的，对群体不会产生重要的影响。在群体中的时间越长，这种影响就越强烈，也越隐蔽。

如果从外部观察这个群体，会发现他们的思维大体是统一的，考虑到成员的个体气质和背景都有巨大的差异，这一点相当令人惊讶。它体现了一种微妙的模式化和一致性。由于赞同某一群体的想法和价值观，你加入其中。但随着时间的推移，你会发现自己思维中的与众不同之处，这些反映你独特性的东西慢慢被修剪掉了，就像周围那些被修剪得一模一样的灌木，几乎在所有问题上你都会与群体保持一致。

这一切发生在你身上时，你并没有意识到。它是无意识间发生的。事实上，你还会否认发生过这样的事。你会认为这是你自己的想法，是自己选择了相信这件事，进行如此这般的思考。你不想面对社会力量对你的影响，它让你融入其中，增强了归属感。从长远来看，最好能正视自己对群体精神的顺应性，这样在它起作用时你会有所意识，并且在某种程度上对其进行控制。

对表演的需求。这是从第一个效果演化而来的 —— 在群体环境中，我们总是在表演。这不仅仅是指我们在外表和思维上顺应群体，而且还要夸大这种一致性，向他人展示我们的归属。在群体中，我们变成了演员，塑造着自己的言行，让别人接受、喜爱我们，将我们视为忠诚的成员。这种表演会根据群体的规模和特定的构成 —— 如老板、同事或朋友而改变。在表演时，可能内心会有一些距离。比如说，会意识到自己在老板面前表现得异常谄媚。但随着时间的推移，在表演的过程中，我们会开始感受到自己表演的东西；内心的距离感消失了，我们与所戴的面具融为一体。不必再考虑何时应当微笑，而是自动将微笑贴在了脸上。

作为表演的一部分，我们会尽量减少暴露缺点，展示自己的优势。我们会表现得更自信、更无私。研究表明，在受到别人注视的时候，我们更有可能倾囊相助或助人过马路。在群体中，我们要保证他人能看到我们从事的是正当的事业；在社交媒体上，要努力突出自己进步的观点。我们还要让别人看到自己在努力工作，并且加班加点。在独自一人的时候，我们经常会在脑海中排练下一次表演时要说什么、做什么。

不要幻想做自己或者叛逆一点儿也无妨。没有什么比抑制自己对表演的需求更不自然了，即便是黑猩猩也表现出了对表演的高度需求。如果你想看起来很自然，很自在，就必须扮演好这个角色；要训练自己不紧张，同时调整好自己的外表，以便在自然的状态中不冒犯他人或群体价值观。那些总是生闷气、拒绝表演的人最终会被边缘化，群体会在无意识中驱逐这样的人。

无论如何，不必为这种需求感到耻辱；毕竟你对此是无能为力的，我们会不自觉地让自己的行为适应群体。最好能够意识到这一点，保持一定的内在距离，将自己变成一个有自觉意识、技术高超的演员，有能力改变自己的表达方式以适应群体，用自己的积极品质给人留下深刻的印象。

情绪传染。当我们还是婴儿的时候，就对母亲的情绪高度敏感；她的微笑会唤起我们的微笑，她的焦虑会让我们紧张起来。在很久以前，人类就进化出了这种对母亲情绪的高度共鸣，这是一种生存机制。就像所有的社会动物一样，我们从很小的时候就开始感知和接收他人的情绪，特别是关系密切的人的情绪。这是群体对我们产生的第三个影响 —— 情绪传染。

当我们独自一人时，会体察到自己的情绪在变化，但进入群体感受到他人的目光时，就会无意识地感知到他们的情绪和情感，如果这种情感足够强烈，就会取代我们自己的情绪。此外，对于那些让我们感到舒适并产生归属感的人，我们的防御性会更弱，更容易受到传染效应的影响。

某些情绪会比其他情绪更具传染性，焦虑和恐惧就是传染性最强的。在祖先的群体中，如果一个人察觉到危险，那么其他人也要感知到这一点，这是很重要的。但在现如今的环境中，威胁并不那么直接，它更像是一种由想象与可能性引发的低级别的焦虑，在群体中迅速蔓延。其他传染性较高的情绪分别是快乐、兴奋、疲倦、冷漠以及强烈的愤怒和仇恨。欲望也是具有高度传染性的。如果看到他人想拥有某样东西或紧跟某种新潮流，我们也很容易被同样的冲动所感染。

这样的影响有一种自我实现的驱动力：如果有三个人感到焦虑，背后一定是有原因的。现在变成了四个人，一定是又有人被现实说服了。感受到它的人越多，其他人就越有可能也感知到它，它就会在每个人心中变得愈发强烈。

你可以通过关注自身情绪来观察这一点，试着理解自己受到了他人怎样的影响。你感受到的恐惧与自己直面的东西有关吗，还是源自从别人那里听到或感觉到的东西？试着在它出现之时抓住它。判断哪些情绪对你最有感染性，你的情绪如何随着不同的群体而改变。意识到了这一点，你就有能力去控制它。

超确定性。当我们独立思考决策和计划时，会自然而然地产生怀疑。我们选择的职业道路正确吗？为了工作说的话对吗？采取的方法是最好的吗？但在群体之中时，这种怀疑、反思的机制就被中和了。比方说，小组必须就一项重要的战略做出决定，必须赶紧采取行动。争执和讨论都让人很疲劳，不知道会是怎样的结果。我们感到一种必须做出决定、支持决定的压力。如果持不同意见，可能就会被边缘化或排斥，这种可能性令人望而却步。此外，如果每个人似乎都同意这个行动方案，我们也就有理由对其充满信心。因此，群体对我们的第四个影响是让我们对自己和同伴所做的事非常笃定，使人更容易冒险。

这就是金融热和金融泡沫的原理——每个人都押注郁金香、南海股票（参见第六章）和次级抵押贷款，那这一定是非常正确的事。质疑这件事的人太过谨慎了。作为个体，我们很难抵挡在别人看来很有把握的东西。我们不希望错过什么。如果买股票的人很少且股价暴跌，我们只会为自己的愚蠢感到悲哀、可笑和羞愧。但是，如果成千上万的人都在做这件事，我们就不会觉得自己需要负责，这就增加了我们在群体环境中承担这类风险的可能性。

作为个体，如果我们的计划明显很荒谬，其他人会发出警告，让我们回到现实中，但如果情况发生在群体之中则恰恰相反——每个人似乎都在验证这个计划是正确的，无论其本身多么痴人说梦（如以解放者的姿态入侵伊拉克），也没有外人来给我们泼冷水。

每当你对某个计划或想法感到异常笃定和兴奋时，一定要退后一步，衡量一下这是否是一种感染你的群体效应。如果能短暂地从兴奋中抽离出来，你可能就会注意到自己的思维是怎样将情绪合理化的，确认自己想要感受到的确定性。永远不要放弃怀疑、反思和考虑其他选项的能力——作为个体，理性是你有可能战胜群体狂热的唯一武器。

自有历史记载以来，我们可以观察到人类群体总会自动陷入某种模式之中，就像在遵循某种数学或物理定律一样。以下是几种你需要在所属群体中研究的最常见的动力。

群体文化。当我们来到另一个国家旅行时，会意识到此处与自己国家文化的差异。他们不仅有自己的语言、习俗，看待世界的方式和思维也与我们不同。这一点在拥有悠久传统的国家中更为明显，但在更微观的层面上，我们会发现这种情况也会发生在公司或办公室里。这些都是社会力量的一部分，成员间特殊的化学反应将他们融合在一起。

在审视自己的群体及其文化的时候，要从其特点和普遍情绪的角度考虑。它的结构是否松散，风格是否随和？是自上而下的组织吗？成员害怕越界或违反纪律吗？其中的成员是否觉得自己高人一等，可以与世界上的其他群体区分开来，表现出精英主义的态度？这个群体是否以自己的民粹主义为荣？他们认为自己更先进还是更传统？

整个群体中信息流动是否通畅，能否给人以开放的感觉，还是由领导层控制和垄断了信息流？它偏向于极具竞争力且指挥更加严格的男性化风格，还是偏向于更加流畅、强调合作而非等级制度的女性化风格？群体中是否充斥着机制障碍，显得不够团结，成员是否更关心自我而非实际结果，还是对生产力和工作质量非常重视？要回答这些问题，就不要太在意群体对你的评价，而是要研究它的运行机制和内部普遍存在的情绪基调。

群体的风格可能包含了上述特点或某些特点的组合，但它一定也存在某种可识别的文化和精神。有两件事要注意：首先，群体文化往往附着在理想之上，比如自由、现代、进步、残酷竞争、品位等。这个群体可能无法达成这一理想，但似乎在朝此方向努力，将这一理想神化，将成员联系在一起。其次，如果群体的创始人个性比较强，群体文化往往会反映出来。有的风格严苛，有的风格松散，但他们都为群体打上了自己的烙印，可能这个团体有上千人。但是，进入一个有固定文化的群体或公司的领导者，即便他们想要做出改变，往往也会被这种文化同化。

二战后，设在五角大楼的美国国防部呈现出非常强硬的鹰派倾向。肯尼迪和约翰逊总统对五角大楼都有自己的看法，他们都不希望美国卷入越南战争中去。但这种咄咄逼人的文化最终改变了他们的想法，将他们拖入战争之中。好莱坞的很多电影导演都想按自己的方式做事，却总是被一种根深蒂固的文化吞噬，它强调的是自上而下的控制和制片人的微观管理，以及无休无止的备忘录。这种文化已经存在了近九十年，没人能改变它。

随着时间的推移，群体越庞大，文化越成熟，就越有可能控制你，而不可能由你来控制它，这点你最好能够有所意识。

有一点需要记住：无论哪种类型的文化，无论其源头多么具有破坏性，群体存在的时间越长，规模越大，就会变得越保守。这是不可避免的结果，因为所有人都希望能守住自己创造或建立的东西，并且依靠行之有效的方式来维系它。由于慢慢失去了适应的能力，这种渐进式的保守主义往往会导致群体的灭亡。

群体规范和准则。对所有人类群体而言，无序无政府的状态都会令人非常痛苦。因此，行为标准和做事准则会迅速演进成为既定规则。这些规范和准则没有写下来，而是潜在的。如果以某种方式违反了这些规则，你很可能会被边缘化，甚至遭到不明就里的解雇。通过这种方式，群体会强化自身秩序，而且不需要积极进行维护。这些准则包括哪些着装可以是可以被接受的，在会议中能够以何种自由程度进行沟通，对老板的要求需要服从到何种地步，以及职业操守，等等。

刚刚进入群体之中时，你需要格外关注这些潜在的准则。看看其中谁升职，谁落败——这是在观察成功和失败的标准。成功是源于成绩还是政治上的拉帮结派？看看员工在老板没有注意的情况下是如何工作的。你可能工作得很辛苦，工作做得太好，把别人衬托得很差劲，最终遭到排挤。群体中难免会有神圣不可侵犯的东西，也就是一些永远不能受到指摘的人或信仰，一定要避免被这些人或事绊倒。有些时候，一些地位较高的成员会成为这些规范和准则的守卫者。要懂得识别出这种人，避免与他们发生任何摩擦，这是不值得的。

群体宫廷。在动物园里观察黑猩猩群体时，你会发现有一只雄性黑猩猩会受到其他黑猩猩的模仿和谄媚，它们都想与之建立更紧密的联系。这就是产生于人类社会之前的宫廷。人类创造了一个更为复杂的版本，可以追溯至文明最早的时期。在贵族宫廷中，下属依靠国王或王后的垂青生存发展；游戏的目标是在不疏远其他臣子的情况下更亲近上层，或者联合起来推翻领袖，总归是一种冒险行为。

如今，宫廷是围绕公司高管、学术部门负责人、企业总裁、政治领袖、画廊老板、拥有影响力的评论家或艺术家形成的。在一个比较大的群体中，还会出现围绕次级领导形成的子群体。领导者权力越大，游戏就越激烈。虽然现在的臣子们看起来已经与从前有所不同，但基本行为和方法都是相同的。你需要注意这几个行为模式。

首先，臣子必须获得领导人的关注，以某种方式迎合他们。最直接的办法就是奉承，因为领导人的自我一般都比较庞大，渴望获得他人的认可。阿谀奉承有作用，但同样也有风险。如果表现得过于明显，奉承的人会显得很难看，而且很容易被人看穿。最厉害的臣子知道如何根据领导者的不安进行调整，让奉承看起来不那么露骨。他们会把关注点集中在领导身上那些没被他人注意到而又需要奉承的品质上。如果每个人都称赞领导者有商业头脑，没有人看到此人的文化修养，那么就应当把目标放在后者上。换一种表达方式呼应领导者的想法和价值观，也是一种非常有效的间接奉承的方式。

记住，每个宫廷中的恭维方式都各有不同。好莱坞中的恭维一定比学术界或华盛顿特区更加热情洋溢。要让这种恭维符合群体精神并尽可能表现得含蓄一些。

当然，用效率打动老板，让自己值得依赖总是明智之选，但要小心做得太过头：如果让对方觉得你能力太强，可能会对你有所忌惮，怀疑你的野心。要保护对方的优越感，令其感到舒适。

其次，需要高度重视其他臣子。如果太过突出、聪明或迷人，反而会引起嫉妒，受千夫所指而死。要尽可能让更多的臣子站在你这一边。学会淡化自己的成功，深入倾听（或假装倾听）对方的想法，在会议中给予对方战略性的赞誉和表扬，注意观察他们的不安全感。如果一定要对某一臣子采取行动，要尽可能地隐秘，努力在群体中慢慢孤立对方，千万不要显得太有攻击性。宫廷总是看起来一片风平浪静。请注意，优秀的臣子都是完美的演员，他们的微笑和职业忠诚度什么都不能代表。在宫廷中，天真是没有任何好处的。在不走向偏执的前提下，需要学会怀疑他人的动机。

最后，了解多数宫廷中普遍存在的臣子类型以及他们有哪些特殊的危险性。聪明、咄咄逼人且没有什么良知的臣子会迅速支配整个群体。（关于臣子更多的类型，请参见下一节。）

要记住，人没有办法摆脱宫廷动力。如果在政治游戏中表现得很清高或很谄媚，只能让你在他人眼里显得很可疑；没有人喜欢假仁假义的态度。你的“诚实”换来的只有被边缘化。最好能做个完美的臣子，在宫廷游戏中找到一些乐趣。

群体的敌人。如前面所述，祖先看到群体之外的任何人都会产生反射性的恐惧。这种恐惧很容易滑向仇恨。恐惧的基础是实实在在的，但敌对群体的存在也有其积极的作用，会令群体更加团结紧密。这也符合人类大脑处理信息的方式：光明与黑暗、善与恶、我们与他们这样的二元对立的认识方法。如今，我们生活在复杂的现代世界里，但这种古老的动态还在不断发挥作用：所有群体都会反射性地关注仇恨的敌人，无论对方是真实的还是想象的，这样部落才能够团结起来。正如安东·契诃夫曾说：“爱、友谊和尊重并不能像共同的仇恨那样使人们团结起来。”

自古以来，领导人都会利用这种对敌人的反应来获得权力，利用对手或敌人的存在来佐证一切，转移对自身缺点的注意力。敌人总是“不道德”“不理性”“不值得信任”或“有侵略性”的，其隐含的意思是“我们的群体正相反”。没有任何一方喜欢承认自己道德败坏、有侵略的意图，或者纯粹受情绪控制，这一定是另一方的问题。最终导致在部落中感受到归属感，反对另一方成了更重要的事，而双方的实际差异总是会被夸大。

观察自己所属的群体，总会不可避免地看到敌人和妖魔鬼怪的骚扰。你需要将自己从这种群体动态中抽离出来，看到“敌人”的本来面目，去掉扭曲的部分。但你不会公开显示自己的怀疑态度，这可能会被视为不忠。相反，保持思想的开放性，就能够抵制这种部落情绪向下的拉力和过度的反应。甚至还可以更进一步，向敌人学习优势战略。

群体派系。随着时间的推移，群体中的个体会分裂成不同的派别。原因很简单。在群体之中，拥有共同价值观的人会相互提升自恋水平。但当群体超过一定规模后，这种提升就会变得比较抽象。成员之间的差异会变得明显，个体影响群体的能量就会减少。我们想要一些更加直接的东西，因此就和那些与自己更加相似的人组成了亚群体和小群体，以重新获得自恋的能力。在这样的分支中可以进行权力分配，更增加了成员的优越感。最终，派系内部还会进行内部分裂，并且不断分裂下去。这种分裂是无意识中产生的，仿佛是群体中的一种机械定律。

如果派系足够强大，成员就会开始将自己的利益置于群体利益之上。一些领导人会利用这种局面，以分而治之的形式让一个派系与另一派系相抗衡：混战的派系越多，实力就越弱，最高层的权力就越大。但这是一个危险的游戏，因为时间往往都浪费在了处理内部的小争斗上，而且很难平息。如果听之任之，某个派系可能会变得非常强大，最终接管整个群体或控制领导人本人。最好的办法是创造一种积极的文化，让成员为之感到兴奋并团结起来，减少派系斗争的吸引力。（参见本章最后一节。）

特别需要注意的是，那些由高层人士组成的派系可谓精英群体。虽然有时精英们自己也会分裂敌对，但在更多迫不得已的情况下，他们会团结起来维护自己的精英地位。氏族总会倾向于照顾自己人，有权势的人更是如此。他们不可避免地会设法让群体规范向自己的一方倾斜。在这民主的时代，这一点会被掩盖起来，并且称这样做是为了群体更大的利益。他们会说，精英的繁荣会带动其他人的繁荣。但精英派系永远不会削弱自己的权力或做出真正的牺牲。做出牺牲的总是派系之外的人。尽量不要被这样的美化行为或表象所迷惑，要看清这一派系的真实意图。

作为人性的研习者，你的任务有两个。

第一，在你与群体进行互动的时候，要成为完美的自我观察者。要假设自己并不是自我想象中那么独立的个体。在很大程度上，你的思想和信仰体系受到了家人、同事、朋友和整个文化的影响。要对自己无情地坦诚。看看自己做一份工作的时间变长，在某个群体中待的时间变久之后，想法和信仰会发生怎样的变化。处在微妙的压力之下，你需要适应和融入其中，并且会在不知不觉中做出反应。

要看清楚这一点，想想自己曾有多少次在一些根本问题上提出了与群体相左的想法，并且长期坚持了下来。这可能会很罕见。看看群体做出了哪些错误决定，自己又有多少次顺应了这些决定。如果顺从已经在你身上根深蒂固，你就会失去独立思考的能力，这是作为人类最宝贵的财富。作为思想实验，可以试着接受一个与所属群体或传统完全相反的想法。看看故意反其道而行是否有价值。

我们都会受到群体的影响。不安全感会令人更加容易受到影响。对自己的个体价值越不确定，就越容易不自觉地适应和融入群体精神之中。通过展示自己的一致性，可以获得群体成员表面上的认可，我们会向自己和他人掩饰这种不安全感。但这种认可是很短暂的，不安全感在啃噬着我们，必须不断引起人们的注意，才能感到被认可。你的目标是通过提高自尊来降低受影响的程度。如果你对自己的品位、价值观和经验等独特之处感到强烈的自信，就更容易抵制群体效应。此外，用工作和成就来支撑自我观点，就不会一直寻求他人的认可和关注。

这并不是说要变得自恋或与群体隔绝，在表面上可以尽可能融入其中，但在内心深处，要不断对群体的想法和信仰进行审视，与自己的想法和信仰进行比较，对其中有价值的部分进行调整，拒绝与自己经验相悖的想法。把注意力集中在想法本身，而不去在意它们来自何处。

第二个任务是成为所属或关联群体的完美观察者。把自己当作一个人类学家，研究异族奇怪的习俗。深入观察群体的文化，从内部去“感受”，将这份感受与其他工作或从属的群体进行对比。你在捕捉社会力量，是它将群体塑造成了一个有机体，使其整体大于各个部分。

大多数人只是凭借直觉感知群体的规范和准则。你要进一步观察这些规则是如何运作的，使自己更清醒地认识它们：为什么会存在这些规则？它们对群体有什么意义？对群体文化和准则有了更深入的了解，你就能更容易地驾驭社会空间并保持一定程度的疏离。你不会想着去改变不能改变的东西。不可避免地遇到派系斗争时，最好不结盟，让他人来拉拢你。你不需要通过从属于某一派别提升自恋水平。在群体中你需要的是选择和回旋的余地，要发展盟友来扩大自己的权力基础。

在第二项任务中，你的目标是尽可能地靠近现实。群体倾向于以片面的方式分享信仰、看待世界。他们会更重视那些符合自己理念的信息，会夸大对手或敌人的特点。他们会对自己的计划过于乐观。如果做得极端一些，群体可以秉持着错误的观念展开疯狂的行动。隔着一定的距离来观察群体，你会意识到陷入其中会对自己的感知产生怎样扭曲的影响。你的方法和决定也会因此更加有效。

群体往往会对我们的情绪和行为产生向下的拉力，但我们也可以体验或想象相反的情况——群体也可以产生向上的拉力。我们将这种理想称为现实群体。其中的成员认为自己可以贡献不同的意见，大家的思想是开放的，注意力都集中在完成工作和高水平合作上。通过对个人精神和现实的掌控，你可以帮助这个理想的团队发挥创造性，使其更加充实。（参见本章最后一节。）

这种观察群体和自我抽离的能力在现如今比以往任何时候都重要，原因有以下几个。过去，人们对某一群体的归属感更加稳定和安全。成为浸礼会教徒、天主教徒、共产党员或法国公民都能为人们提供强烈的认同感和自豪感。随着这些大规模的信仰体系力量逐渐减弱，我们失去了这种内在的安全感，但仍然有着同样深刻的人类归属感的需求。我们之中的很多人都在寻找可以加入的群体，渴望获得与自身价值观相同的他人的认可。人比以往任何时候都更容易受到影响。因此我们非常容易受到新兴邪教或政治运动的影响。因此一些不择手段的民粹主义领袖很容易对我们产生影响，他们会利用这种需求。

如今我们不再组成大规模的群体，形成的部落规模越来越小，这样可以更大程度地提升自恋水平。我们以怀疑的态度看待更大的群体。社交媒体助长了这股态势，使部落狭隘的观点和价值观更容易像病毒一样传播开来。但这些部落不会维持太久，它们会不断消失、重组或分裂。因此，原始的归属感永远不会得到满足，总会使人疯狂。

部落主义植根于人类天性中最深层、最原始的部分，现在它与更强大的技术结合在一起，变得更加危险。几千年前，它让我们紧紧团结在一起生存了下来，如今却很容易导致人类这个物种灭亡。部落感受到敌方对自身存在的威胁。由于没有中间地带，部落间的战斗可能会更加激烈和暴力。

人类的未来很可能取决于我们是否有能力超越这种部落主义，将自己的命运与其他人的联系在一起。我们是同一个物种，是同一批原始人的后代，是兄弟姐妹。人与人之间的差异大多是一种幻觉。对差异的想象是群体疯狂的原因。我们需要将自己看作一个更大的现实群体，在其中体验到深刻的归属感。要解决威胁我们的人为问题，需要在更高的层次上进行合作，这是部落中缺失的现实精神。这并不意味着不同文化及其丰富性将随之消失。事实上，现实群体更加鼓励内在的多样性。

应当得出结论，我们所属的群体是人类。这是我们必将面临的未来。其他选择都是在倒退，而且非常危险。

宫廷与臣子

所有类型的宫廷都是围绕领导者展开的，臣子们的权力取决于他们与领袖关系的亲密程度。虽然领导人有很多种，但有一个相当普遍的现象：臣子们（除了愤世嫉俗类型的，参见下文）会倾向于将掌权者理想化。他们会认为领导人比普通人更聪明、更机智、更完美。这使他们很容易为自己的奉承行为辩护。

这种现象源自我们童年的经历：将父母理想化，以便在他们对我们施加权力时感到更安全。如果要把父母想象成软弱无力的人，实在是很可怕的事。在宫廷中与权威人士打交道，往往会使我们退回童年和家庭的状态之中。那些适应父母施加权力并与兄弟姐妹相处的模式会在宫廷中再次上演。如果我们感到自己必须以各种手段取悦父母，以获得更多的安全感，那么在宫廷中就会成为取悦者。如果我们因为兄弟姐妹分走了父母在自己身上的注意力而怨恨他们，并且想要支配他们，就会成为嫉妒型的人，发动被动攻击，垄断领导人的注意力，就像我们曾经试图对父母做的那样。

因此我们可以说，臣子们的类型取决于童年的模式。这些类型的人如果在宫廷中掌控了权力，可能会变得相当危险，而且他们通常很善于掩饰自己的负面特征，以便在内部崛起。最好能尽早识别他们，采取必要的防卫行动。以下是七种比较常见的类型。

魅力者。这类人可能特别难于辨认。他们看起来对老板和群体非常忠诚。没人比他们工作得更努力，也没人比他们更加严苛高效。但这只是他们的面具；在幕后，他们不断通过吸引人们的兴趣来积累更大的权力。通常来说，他们很鄙视老板，只是掩盖得非常小心。他们觉得可以把工作做得更好，而且很渴望能证明这一点。这也许与童年时候需要与父亲竞争有关。

在理查德·尼克松的宫廷中，亚历山大·海格就是这一类人的缩影。他毕业于西点军校，尼克松的国家安全顾问亨利·基辛格聘请他作为自己的助手之一。基辛格自己的小宫廷里都是有杰出学术背景的人。海格没有办法在这个层面上和大家竞争；他远离了政策辩论。但是，他可以非常熟练地根据基辛格的愿望和需要来调整自己，因此很快在内部站住了脚。他为基辛格整理办公桌，梳理日程安排，愿意做很初级的工作，甚至帮助老板为某个重要的夜晚穿衣服。他默默地忍受着基辛格无数次的火暴脾气。但基辛格没有意识到海格的野心有多大，对自己有多么蔑视。他心中的目标是游戏里真正的老板——尼克松本人。

基辛格几乎每晚都会在外面参加聚会，尼克松会看到海格办公室的灯一直亮着。尼克松自己就是个工作狂，不由得对此十分欣赏。当然，海格要确保尼克松在的时候自己也在，并且注意到自己。很快，尼克松就把他借来帮助自己工作。一九七三年，随着水门事件丑闻的爆发，尼克松任命海格为自己的办公室主任。此举激怒了基辛格，他不仅感到海格是为了达成自己的目的而利用他，现在还要向成了上司的海格汇报工作。更糟糕的是，海格近距离观察到了基辛格所有的弱点，掌握了很多他的把柄，基辛格很肯定他会向尼克松汇报这些信息，因为尼克松很喜欢这类八卦。在同事面前，海格表现得很友好，甚至很有魅力。但在背后，他几乎说了和自己有关的所有人的坏话，窃听他们的电话，窃取他们的想法。

随着水门事件的发酵，尼克松陷入消沉情绪，海格慢慢接管了大权，他的热心之举让很多人既惊讶又厌恶。在几个月的时间里，他实际上成了总统。这种模式在他的职业生涯中不断重复。在担任罗纳德·里根的国务卿时，一九八一年总统遭遇刺杀未遂，海格告诉记者："这里由我来接管。"

在识别这种类型的人时，需要看清他们在高效、忠诚，甚至魅力背后的样子。看看他们的行动以及急于在内部崛起的心态。看看他们过去是否有搞阴谋诡计的历史。这类人很善于让领导者和其他人相信他们很有效率，以此来约束别人，确保自己的地位。注意观察他们取悦老板以及表现自己时那种不寻常的热情。他们看着你的时候，是在思考如何将你作为工具或垫脚石。他们会幻想自己有上天赋予的聪明才智，只要是为了提高自己的地位，做任何事都不必有顾虑。最好可以和他们保持距离，不要变成他们的棋子，也不要成为他们的敌人。

挑事者。这类人通常充满不安全感，却很擅长在宫廷中掩盖这一点。他们对别人拥有而自己没有的东西感到深深的怨恨和羡慕，这是童年模式的一部分。他们擅长用疑虑和焦虑感染群体，挑起事端，使自己处于核心地位，并且能更加接近领导者。他们往往会针对嫉妒对象散播流言蜚语，利用其他臣子潜在的嫉妒心。他们会为领导人提供不够忠诚的臣子的大量秘密信息。挑起的动荡和情绪越多，他们就越能从中牟利。

如果宫廷中突然发生了叛乱，可以肯定是这类人在其中捣鬼。只要有一个喜欢挑事的人，就能创造出无尽的大戏和不和谐声音，让每个人都无法忍受。这样做能使他们获得一种隐秘的快乐。他们会对他人的"背叛"装出一副愤慨的模样来掩盖自己的所作所为。打着对事业忠诚奉献的幌子，人们很难怀疑到是他们在暗中操纵。

如果你发现了一些与你分享流言的"无辜"臣子，一定要警惕，他们可能就是这种类型的人，而你也可能在某一时刻成为这种谣言的目标。如果你感到群体中对某种模糊的威胁有病毒般的焦虑感，可以试着找到这种情绪的来源——其中很可能有一个挑事者。他们可能很狡猾，会以一种愉快乐观的面孔来掩盖内心汹涌的消极情绪。始终要记得观察面具背后的模样，注意当坏事发生时他们表现出的隐秘的喜悦。在和已经确认过的挑事者打交道的时候，不要直接或间接地侮辱对方或表现出不尊重的感觉。对于被他们诋毁的人，他们的感受相当迟钝，但对于他人对自己的不尊重却相当敏感，而且他们比你更没有顾忌，会通过被动攻击让你的生活变得很痛苦。

看门人。这类人的目标是获得与领导人单独接触的权力，垄断流向他们的信息。他们可能类似魅力者，利用他人来获得这个位置，但不同的是，他们的目标不是为了争夺权力。他们的动机也不是心底的蔑视，而是对位高权重者强烈的崇拜。这类人往往是因为奉承领导者的天才和完美才获得了现在的地位，他们会将其理想化。（甚至其中还会包含轻微的性倾向。）他们给领导者提供了大量自恋的来源，以此来讨好对方。作为看门人，他们会远离恼人的臣子，让领导人从琐碎的政治斗争中脱身，这一点使其显得相当有用。

获得亲近感的同时，他们也能看到领导人的阴暗面，了解他们的弱点。这不自觉地将二人捆绑得更紧，使领导人害怕疏远他们。拥有这样的权力才是他们最终的目标。这种类型的人可能会成为宫廷中的警察，保证群体按照领导者的想法和信仰行事。

这类人一旦掌权会变得非常危险，如果与其发生了冲突，就等于切断了与董事会中最重要的人的联络，还会损失其他福利。你可以从他们对领导人无耻的谄媚中及早识别他们。这类人在其他臣子面前的表现与他们在领导者面前的表现截然不同，你可以试着收集证据，在最后的时刻向领导者揭露他们的两面性。一般来说，他们是熟悉和利用领导者不安全感的高手，比你更了解对方，可以轻而易举化解你的努力。最好能认识到他们的这种能力，让他们稳定在好的一面上。如果你是领导者，要小心这类人。他们会将你从群体中孤立出来，这是非常危险的。

阴暗面推手。领导者往往处于很艰难的境地。他们需要为群体发生的事和随之而来的压力承担责任。同时，他们还需要保持声誉无可指摘。比起其他人，他们更需要把自己的阴暗面（参见第九章）掩盖起来。也许他们不得不压抑自己婚外恋的欲望，对周围人忠诚度的偏执，或者对仇恨的敌人采取暴力行动的欲望。阴影会在不知不觉中溜出来。这时推手出现了，他们是最聪明、最邪恶的一种臣子。

这类人往往离自己的阴暗面更近，他们能意识到自己最黑暗的渴望。在童年时期，他们就深深感受到这些欲望，又不得不压抑它们，这使得欲望越发强烈起来。成年后，他们会寻找同谋，将阴暗面带入公开场合。他们是探查他人（包括领导者）压抑欲望的高手。他们可能会公开谈论一些禁忌话题，不过是以一种非威胁性的诙谐方式。领导人也会进入这种状态中，一点点敞开心扉。在与领导者的阴暗面建立联系后，推手会更进一步，为对方提出可行的行动建议，帮助对方发泄不满情绪，而自己会处理一切问题并进行保障。

尼克松总统的特别顾问查尔斯·科尔森就是这样的角色。他知道老板对周围所有的敌人都相当偏执。尼克松对自己的男子气概相当没有安全感，渴望用惩戒所谓敌人来展示自己的豪迈。由于无法实现这些愿望，他感到非常沮丧。科尔森就利用了对方糟糕的本能，让尼克松在会议上发泄情绪，然后暗示他如何采取行动，例如对讨厌的记者进行报复。尼克松认为这种做法太有诱惑力，也太有效了，根本无法抗拒。科尔森自己也有一些隐秘的虐待欲望，这是他发泄自身阴暗面的完美方式。

在任何宫廷中，都不可避免地会出现一些品格低下的人，他们以阴谋诡计和卑躬屈膝为生。他们没有明显的暴力或邪恶的倾向，只是比其他人少了些许顾忌。如果这类人是推手，通过诱导的方式接近领导者，那么你是无能为力的。与这种人打交道太危险了，除非他们的计划非常黑暗，值得你冒险去阻止。要记住，他们的职业生涯一般都很短暂。如果他们的主张或行为遭到公开，他们自身一定会成为替罪羊。要知道，他们也许会对你施展这一套操作。不要被这些诱人的建议鼓动而迈出第一步。声誉是最重要的东西。要与他们保持礼貌的距离。

宫廷小丑。几乎每个宫廷都有小丑。过去他们戴着帽子和铃铛，今天却有了不同的种类和外表。他们可能是愤世嫉俗的嘲弄者，对所有人和事发出嘲笑，有时也包括领导人本人，这些人容忍这种做法，因为这样做表明他们很有安全感和幽默感。另一种类型是经过驯化的叛逆者。这种类型的人可以违背着装规则，行为散漫，拥护非传统的观点。他们可能会显得有点儿浮夸。在开会时，与其他人不同，他们可以提出与群体相反的疯狂建议。这种不守规矩的人证明了领导者鼓励自由交换意见，至少从表面上看是这样的。

这类人之所以会沦为这样的角色，是因为他们私下害怕责任和失败。他们知道如果成为小丑，别人就不会认真对待自己，也不会被赋予什么实际权力。这种幽默感和滑稽表演使得他们在宫廷中有了一席之地，而且没有实际的压力。所谓“反叛”从来没有对现状造成任何实质威胁或挑战。事实上，他们让群体中的其他人感觉自己比这个内部的怪人更优越一些，也更容易顺应规范。

永远不要认为有这类人存在，自己就可以模仿他们的行为。宫廷中很少有两个小丑，这是有原因的。如果你想要对群体规范进行反叛，尽量不要表现得很明显。现代宫廷中通常可以容忍外表上的差异，但在思想和政治正确性方面容忍度就没有那么高了。最好将这种不顺从留在私生活中，除非你已经积累了足够多的权力。

呼应者。这一类人往往是最成功的臣子类型，他们有能力在取悦领导和同僚的双赛道上把游戏玩得炉火纯青，拥有广泛的支持者。他们的权力来源基于这样一个观点：在内心深处每个人都是自恋者。他们是呼应对方情绪和想法的高手，能够让对方感到自己受到了认可，这种非公开的奉承不会让人感到自己受到了操纵。

在富兰克林·德拉诺·罗斯福的宫廷中，劳工部长兼长期顾问弗朗西斯·珀金斯就是完美的代表。她具有高度的同理心，能感受到罗斯福的情绪。她会适应对方。她知道他喜欢听故事，因此在提出任何想法时，她都会用故事的形式来呈现，吸引对方的注意力。无论他说什么，她都比别人更用心地听，以至于之后可以逐字逐句地提到他说过的一些“精彩”的话，以证明自己听得有多专注。

如果她要推行一个可能会受到阻力的行动，就会将其说成他过去的一个想法，自己只是进行了一点儿修改。她可以解读出他各种微笑背后的含义，知道什么时候可以更进一步，什么时候应当收手。她知道对方心中的理想化形象，他是一个为被剥夺公民权利之人而战的崇高战士。对于其他臣子，她从来不以威胁性的方式进行自我展示，也不会炫耀自己对领导者的影响力，对每个与她擦肩而过的人，她都展现了同样的魅力。通过这种方式，别人很难感受到她的威胁性或嫉妒她的权力。

这是一种你可以考虑的宫廷角色，因为它会带来权力，但想要实现这一点，你需要成为厉害的读心者，对他人的非语言线索更加敏感。要呼应对方的情绪，而不仅仅是想法。这是一种降低阻力的魔法。对于领导者，你必须意识到他们心中对自己有怎样理想化的看法，并且找到呼应它的方式，甚至鼓励对方实现它。那些高高在上的人比你想象中更孤独，更没有安全感，他们会对此甘之如饴。如前所述，公然奉承可能会很危险，因为人们可以看穿你的想法，但即便他们知道你在呼应自己，仍然会被吸引，并且想要获得更多的呼应。

宠臣与出气筒。这两种类型分别位于宫廷的最高层和最底层。每个国王或女王都有自己的宠臣。与其他类型的臣子不同，这些人的权力通常取决于表现出怎样的赤胆忠心，宠臣的崛起往往基于培养一种与领导者更私人化、类似朋友的关系。早期时，他们表现得很松弛，与领导者关系亲密，而且并没有表现出不尊重的样子。很多领导人私下很不喜欢严苛和控制。有时，孤独的领导者会挑一个人来扮演这个角色。有了宠臣，他会很高兴地与其分享秘密，给予对方恩惠。当然，这也会激起其他臣子的嫉妒。

这个位置是非常危险的。第一，它取决于领导人友善的感情，而这一点难免变化无常。人们会对朋友的言行比较敏感，如果他们感受到某种程度的失望或背叛，很可能会从喜欢直接切换到憎恨对方。第二，宠臣会得到很多特权待遇，因此时常傲慢且手握重权。领导者可能会对自己的溺爱行为感到厌倦，其他臣子本身已经非常嫉妒宠臣了，他的傲慢只会令人更加疏远。当宠臣失宠时——历史上到处都是这样的故事——其坠落会十分难堪和痛苦。没有人会为他辩护，由于其崛起并不是因为拥有特殊的技能，此时往往也无路可走。要尽量避免被诱惑到这个位置上。权力要基于自己的成就和实用性，而非人们的友好感情。

就像在游乐场里一样，所有宫廷中几乎总有一个出气筒的角色，每个人都能以某种方式嘲笑他，感到自己高人一等。虽然今天人们在政治正确这一点上更加谨慎，但人类对出气筒的需求早已植根于天性之中。人们会将优越感建立在出气筒的所谓无能、非正统的观点、不成熟，以及一切让他们看起来与众不同且低人一等的特质上。嘲笑大多发生在背后，但对方能够感觉得到。不要参与这样的活动，你会变得粗俗且堕落。要将宫廷中的每个人都看作自己潜在的盟友。在这无情的环境中，试着与出气筒成为朋友，展示出不一样的行为方式，在这残酷的游戏中获得乐趣。

现实群体

如果群体遇到了失败，我们会看到以下的动态发展：人的第一反应是看看谁参与了其中并加以指责。也许是好高骛远的领导者把团队引向了失败，也许是那无能的副手，也许对手异常精明，也许只是运气比较差。领导者或副手可能会遭到罢免，同时进驻了新的团队。领导层从这次经验中吸取了教训，将经验共享。小组中的每个人都感到很满意，准备继续前进。几年后，同样的问题和失败再次出现，还是同样的解决方案。

出现这样的模式的原因很简单：真正出问题的是这个群体功能失调，总会选出不称职的副手和浮夸的领导者。除非将这一点进行更正，否则变换的只有不同的面孔。

在功能失调的文化背景中，成员往往会对自己的角色和群体前进的方向感到困惑。在这种混乱中，人们更多地开始考虑自己的利益，并且形成派别。他们更担心自己的地位而非群体的健康，自我意识变得非常敏感，计较谁得到的更多。在这种争议的氛围中，害群之马——那些品行低劣的挑事者会找到很多办法来挑起事端，为自己牟利。那些擅长讨好和玩弄政治，除此之外一无是处的人往往也会很快崛起，上升到顶层并成为副手。平庸的人往往会受到青睐和奖励。

领导者会发现内部的分歧和游戏规则几乎要将自己拖垮。他们感到脆弱之时，就会有臣子聚拢在他们周围，专门讲他们想听的话。在这个宫廷的茧里，领导人酝酿着不切实际的宏伟计划，怯懦的臣子从旁鼓动。即便将领导人或副手罢免也无法改变什么。继任者同样会被这种不正常的文化所感染和改造。

为了避免这样的陷阱，我们必须改变自己的观点：要关注整个群体的动态，而非关注个人和失败本身。要修复这一动态，创造积极的文化，不仅能够避免上述所有的问题，还可以在群体中注入一种不同的、向上的拉力。

创造积极健康的动态有赖于群体与现实保持紧密关系的能力。现实的群体是这样运作的：它的存在是为了完成任务、创造事物、解决问题。它拥有一些可以利用的资源，例如成员的劳动力，需要自己负担财务状况。它总是处在高度竞争和不断变化的环境之中。健康的群体会把重点放在工作本身上，凭借资源获得最大的收益，适应不可避免的变化。它不会将时间浪费在无休止的政治游戏上，这样的群体比功能失调的群体效率高出十倍。它能激发出人性中最好的东西——人的同理心，也就是人们高水平地与他人合作的能力。它是我们所有人的理想。我们把这种理想称为现实群体。

当然，真正的现实群体在历史上是很罕见的——某种程度上，我们只在拿破仑·波拿巴著名的营队中、托马斯·沃森领导的早期的IBM公司、富兰克林·罗斯福最初组建的内阁、伟大的导演约翰·福特及与他合作了几十年的电影团队，以及篮球教练菲尔·杰克逊带领的芝加哥公牛队中看到过它。从这些例子中，我们可以获得宝贵的经验，了解现实群体的组成以及领导者要如何塑造一个群体。

以下是实现这一目标的五个关键方法，这些方法都应当付诸实践。请记住，如果你继承了一种顽固且不健全的文化，工作会变得非常困难，而且需要花费更多的时间。你需要对改变持有坚决的态度，并且秉持耐心，小心不让群体文化慢慢将你同化。要把它看作一场战争，敌人不是个体，而是功能失调的群体动力。

为群体注入目标感。这种社会力量迫使人们想要归属和融入进来，你需要掌握它，用它实现更高的目标。可以通过提出一个理想来实现这一目标——群体有明确的目的、积极的使命，可以将成员团结起来。可以是创造一种优秀且独特的产品，给生活带来便利或快乐，或者为有需求的人改善环境，或者解决一些难题。这是群体的终极现实，也是它最初创立的原因。这个目标并不模糊，也不是某种暗示，需要清晰明了地说明宣扬。无论是哪种类型的工作，都要强调创造出尽可能优质的东西。赚钱或获得成功应当是这个理想的自然结果，而非目标本身。

为了使之发挥作用，群体必须言行一致。虚伪或理想与现实存在明显差异都会将你的努力毁之殆尽。你需要建立一个能反映群体理想的追踪记录。群体总会慢慢失去初心，特别是在取得了成功的情况下。你要不断提醒大家最初的使命，必要时对其进行调整，但永远不要偏离核心。

我们常常喜欢把人的行为简化为最基本的动机——贪婪、自私、对关注度的渴望。当然，我们都有卑鄙的一面，但也都拥有崇高的一面，这一面在当今无情的世界中往往会遭受挫折，无法表达出来。要让人们感到自己是这个群体中不可分割的一部分，可以创造出相当重要的东西，这满足了人类内心深处很少获得满足的需求。一旦成员体验到这一点，就会积极保持群体的健康活力和生命力。有了相对较高的团队精神，群体就会进行自我约束。那些小肚鸡肠、只顾自己的人会原形毕露，被孤立起来。明确了群体的目标和各自扮演的角色后，成员们就不太可能形成派系。如果能注入这样的群体目标，一切都会变得更加容易、顺畅。

组建合适的副手团队。作为现实群体的领导者，你需要将注意力放在大局和整体目标上。人的精神能量是有限的，需要进行合理调配。在这方面存在的最大障碍是你恐惧授权。如果滑向微观管理，头脑就会被所有的细节和臣子之间的争斗所蒙蔽。你的困惑会渗透到整个团队中，破坏上一条方法。

因此你需要从一开始就培养一个副手团队，他们完全认同你的思想和群体目标，你可以信任他们，把工作交给他们执行。要做到这一点，需要有正确的标准，而不是根据人格魅力进行选择，也不要任人唯亲。你需要的是最能胜任这份工作的人。同时还要考虑对方有怎样的个性。有些人可能很优秀，但他们的性格是有毒的。（关于判断性格的问题，参见第四章。）

为团队补充缺少的能力，每个人都有自己独特的优势。他们知道自己是何种角色。副手团队在气质、背景和想法上越多样化越好。他们需要敢于发言，敢于出击，这些都要在群体目标的大框架内进行。他们甚至可以挑战一些看起来过时的规则。作为群体的一部分，他们能把创造力带到任务中去，发挥出自己最好的一面，并且将这种精神在群体中扩散开来。

对于这个副手团队以及整个群体，要保证成员或多或少都要得到公平对待，没人拥有特权；奖惩都是公平的。如果有人没有达到预期理想，就要将他们赶走。如果来了新的副手，自然也会被健康的群体动力所影响。你需要在前方进行领导，如果需要做出牺牲，也要与其他成员一同承担。在做这些事的过程中，人们就很难产生嫉妒和怨恨的心理，也不会产生政治派系。

让信息和思想自由流动。随着群体的发展，最大的危险是你周围会慢慢形成一个气泡。副手们为了减轻你的负担，可能会将你与群体发生的事隔离开来，传递给你经过过滤的信息。在不知不觉中，他们会只传达能取悦你的事，将一些重要的声音排除在外。你对现实的看法会慢慢变得扭曲，决策也会反映出这一点。

在不被细节淹没的前提下，你需要建立一种不同的群体动力。公开交流思想和信息——比如对手的信息或社会上、群体中发生的事，这是群体的生命线。拿破仑·波拿巴之所以能在战场上获得成功，秘诀正在于此。他会亲自审阅元帅、中尉以及其他人发给他的简报，甚至连步兵发来的简报也没有放过。这样他就对军队的表现和敌人的行动有了自己的看法。在做出战略决策之前，他希望尽可能多地获得未经过滤的信息。报告控制在较为合理的小范围之内，但其多样性足以为他勾勒出清晰的图景。

为了实现这一目标，要鼓励上下级坦诚交流，成员们要相信可以做到这一点。要倾听步兵们的意见。会议应当是活泼的，发言者不需要担心自我受挫或冒犯他人，要有各种各样的意见。为了达成这样的开放性，在讨论中需要小心谨慎，不要表达出自己对某一特定方向或决策的偏好，这会对群体产生暗示作用。甚至还可以引入专家和外部人士，拓宽群体的视野。

参与的范围越广，与现实的关联就越紧密，你的决策也会越正确。当然，你也有可能在这个过程中花费过多时间，但大多数人的做法是相反的，会根据高度过滤的信息匆忙做出决策。你要尽可能地保持透明度：在做决定时，要告诉群体成员决定是如何得出的，有怎样的目的。

将这种开放性的沟通扩展到群体对自己和能力进行批评的过程中，特别是遭遇了错误或失败的时候。尽量把失败转化为积极、鲜活的经验，不要把重点放在寻找替罪羊上，而是放在群体的整体运作上，因为运作的结果并不尽如人意。群体需要不断学习和改进，从错误中学习会令大家更有信心向前迈进。

用积极的情绪感染群体。在群体环境中，人会更加情绪化，更容易受到他人情绪的影响。你需要顺应人的本性，用适当的情绪来感染大家，使其向积极的方向转化。领导者的情绪和态度对人群的影响最大。平静是最积极的情绪之一。历史上最成功的篮球教练菲尔·杰克逊发现，很多教练在赛前会让球队振作起来，让他们兴奋甚至愤怒起来。但他发现，如果能向球队灌输冷静的情绪，帮助球员执行比赛计划，冷静对待比赛中的起伏，反而更有成效。要始终让队员专注于完成具体任务，这种磨炼会自然而然地让他们冷静下来。

这种决心要从你的身上散播出来。不要因为挫折而沮丧，你要继续前进，努力解决问题。你是坚持不懈之人。群体可以感受到这一点，那些因为运气不佳而变得歇斯底里的个体反而会感到尴尬。你可以尝试用自信来感染群体，但注意不要滑向自大。这份信心主要来自过去的成果。周期性地进行调整，用新的、更有挑战性的东西来唤醒大家，使他们摆脱所有获得成功的群体中都会产生的自满情绪。

最重要的是，无所畏惧与接受新想法具有极强的治疗效果。成员不会变得非常被动，会更多地进行独立思考，而不是像自动装置那样运作。

组建一支经过考验的队伍。你需要充分了解自己团队的优势和劣势，以及你最大的期待是什么，这一点至关重要。但是，表象很有可能具有欺骗性。在日常工作中，人们可能看起来很有动力、紧密联系、富有成效。但是如果增加一些压力，甚至遇到危机，你就会突然看到他们的另一面。有些人会更多地考虑自己，与群体精神脱节；有些人则会变得过于焦虑，将情绪传染给群体。你真正需要关注的现实是团队的真正实力。

在陷入危机之前，要对人们内心的坚韧度进行衡量。给不同成员一些相对具有挑战性的任务，辅以比平时更短的期限，看看对方会如何应对。有些人在压力面前会迎难而上，甚至做得更好，这样的人是一笔需要积累的财富。可以带领团队从事一项比较新颖且风险略高的行动。仔细观察每个人面对轻微的混乱和不确定性时的反应。当然，在遭遇了危机或失败之后，也要审视人们的内在缺乏哪些力量。可以容忍存在一些内心容易恐惧但具有其他优势的人，但这类人不能太多。

归根结底，你需要的是经历过战斗，能够妥善处理事件，久经考验的团队。他们不会因为遇到新的困难而萎靡不振，实际上，他们很乐于遇到这些障碍。有了这样的团体，你可以慢慢提升对他们的要求，成员会感受到强大的向上的动力，迎接挑战，证明自己。这样的群体可以移山。

最后，我们乐于关注个人的心理健康，治疗师也许能够帮助人们解决各种存在的问题。但是，我们没有考虑过在功能失调的群体中，每个人可能都会变得不稳定、神经质。反之也是如此：如果身处高功能的现实群体之中，人们就会变得更健康、更完整。这样的经历令人难忘，足以改变生活。我们学会了在更高层次上实现合作，自己的命运与周围的人交织在了一起。我们发展出了更强大的同理心，对自己的能力充满信心，这样的群体会给予我们奖赏。与现实产生联系，受到群体向上的拉力，在更高层次上实现自己的社会性，这才是我们的目的。作为文明的人类，我们有责任创造更多这样的群体，这个过程会使社会更加健康。

> 在个人身上，精神错乱是罕见的。但在团体、政党、国家和时代中，这是规则。
>
> ——弗里德里希·尼采

第十五章 让人追随你：善变法则

尽管领导风格会随着时代而改变，但有一点是不变的：人们对掌权者的态度总是矛盾的。他们既希望被领导，又希望获得自由；既希望得到保护，享受繁荣，又不希望做出牺牲；既崇拜国王，又想杀死他。如果你是团队领导，人们总会随时准备在你看起来软弱或经历挫折的时候背叛你。不要向当下的偏见屈服，不要以为自己需要与大家平起平坐或成为朋友才能获得他们的忠诚；人们会怀疑你的力量，怀疑你的动机，用隐隐的蔑视进行回应。权威是一门微妙的艺术，它既能创造出权力、合法性和公平的表象，又能让人们认同你是为大家服务的领导者。如果你想做领导，就要尽早掌握这门艺术。一旦获得了人们的信任，无论情况变得多糟糕，他们都会支持你。

权利的诅咒

一五五九年一月十四日星期六上午，英国的男女老幼开始聚集在伦敦的街头。这是他们的新统治者、二十五岁的伊丽莎白·都铎加冕的前一天，此后她将成为伊丽莎白一世女王。按照传统，新的君主会带领仪仗队游行穿过城市。对大多数人来说，这是他们第一次见到伊丽莎白。

有些人很焦虑，英国的财政状况很差，政府负债累累。大城市的街道上到处都是乞丐，小偷在乡下游荡。最糟糕的是，这个国家刚刚经历了一场天主教徒和新教徒之间的内战。伊丽莎白的父亲亨利八世创建了英国国教，着手将英格兰变为新教国家。亨利第一段婚姻的女儿玛丽一世在一五五三年登基为女王，她想让英格兰回归天主教，建立了英国宗教裁判所并得到了“血腥玛丽”的绰号。一五五八年年底玛丽去世后，伊丽莎白成为继承者，这个年轻且缺乏经验的女人能统治英格兰吗？

也有一些人持谨慎乐观的态度：像大多数英国人一样，伊丽莎白是个坚定的新教徒，会让国家回归英国国教。但无论乐观还是悲观，谁都不了解她。亨利八世当初以莫须有的罪名处决了伊丽莎白的母亲和他的第二任妻子安妮·博林，当时伊丽莎白还不到三岁，就从这个继母转移到了另一个继母手里，在宫廷中的存在感也是极低的。英国人知道她的童年很艰难，而且玛丽女王很讨厌她，甚至在一五五四年把她扔进了伦敦塔。（她想以谋反的罪名处死伊丽莎白，只是苦于没有足够的证据。）这些经历对年轻的伊丽莎白有何影响？她是否像父亲一样急躁，还是像她同父异母的姐姐玛丽那样傲慢？由于事关重大，大家都迫切想知道更多关于她的情况。

对英国人来说，游行是值得庆祝的快乐日子，伊丽莎白在这方面没有让人失望。现场相当壮观，房屋的外墙上挂着彩色的挂毯，每扇窗户上都有横幅和彩旗，街上游荡着乐师和小丑，都为人群带来了欢乐。

一场小雪落下，即将登基的女王出现在街头，所到之处所有人都安静了下来。她坐在一顶敞篷轿子里，穿着最漂亮的金色皇袍，戴着最华丽的珠宝。她有一张迷人的脸和一双活泼的深色眼睛。随着游行队伍的前进，各种庆典活动也在不断进行，英国人看到了他们以前从未见过甚至无法想象的事情：女王似乎很喜欢与人们打交道，她眼含热泪，认真倾听最贫穷的伦敦人向她请愿，对她的统治送上祝福。

她说话的方式很自然，甚至有点儿民间风格。人群的兴奋令她感到满足，很明显她对街上的人很有感情。一位年长且相当贫穷的妇女递给她一枝枯萎的迷迭香以示好运，伊丽莎白一整天都紧紧攥着它。

一位目击者这样描述伊丽莎白：“如果说谁有能赢得人心的天赋，那一定就是这位女王……她调动了所有感官，每个动作似乎都有特殊的意义：眼睛盯着一个人，耳朵听着另一个人，在思考第三个人，又在和第四个人说话；她的注意力似乎无处不在，又似乎并不在此处。她对一些人表示同情，对一些人表示赞扬，对一些人表示感谢，对另一些人则愉快地、诙谐地与之开玩笑……把自己的微笑、视线和优雅散播了出去……人们的喜悦因此而翻倍，随后，一切都到达了顶点，所有人耳朵里充斥的都是对这位君主无尽的赞美。”

当天晚上，伦敦城内到处都是白天的故事。在酒馆和家中，人们对伊丽莎白如此另类又迷人的样子进行了评论。国王和女王经常会出现在公众面前，面对这样的盛况，他们急于保持距离。他们只希望人民服从和崇拜自己。但伊丽莎白似乎很想赢得人民的爱，这让那天见到她的每个人都很着迷。这一消息传遍全国，英格兰人对新女王的喜爱开始膨胀，他们对新的统治抱有了一些希望。

在加冕之前，伊丽莎白曾向威廉·塞西尔爵士表明，他是自己最信任的大臣。塞西尔比女王大十三岁，曾在伊丽莎白同父异母的哥哥爱德华六世手下担任重要顾问，亨利八世于一五四七年去世后，九岁的爱德华六世继承王位，直到十五岁去世。塞西尔从伊丽莎白十四岁起就认识她；他们有着相似的志趣，都是坚定的新教徒；他们的交流很愉快，关系很友好。对他来说，他很了解伊丽莎白。她非常聪明，博览群书，能流利地讲多种语言。他们经常会下棋，她很有耐心，而且经常为他的棋子设计精巧的陷阱，这让他印象十分深刻。

他知道伊丽莎白是在艰苦环境中长大的，不仅从小就失去了母亲，在八岁的时候还失去了最爱的继母凯瑟琳·霍华德。凯瑟琳是亨利的第五任妻子，是安妮·博林的表妹。亨利以莫须有的通奸罪指控她并将其斩首。塞西尔还知道，伊丽莎白在伦敦塔中度过的几个月对她产生了创伤性影响，当时她随时都有可能遭到处决。经过了这些，她成了一个非常和蔼可亲的年轻女子，但塞西尔知道，在外表之下，她任性、有脾气，甚至相当狡猾。

塞西尔还很肯定一件事：女人不适合统治国家。玛丽一世女王是英格兰第一位真正的女性统治者，后来证实了这是一场灾难。所有的政府部长和行政官员都是男人，女人无法与他们打交道，也无法处理男性外交官的粗鲁行为。女人太情绪化，不够稳定。虽然伊丽莎白有精明的头脑，但她不具备从事这项工作的韧性。因此，塞西尔制订了一个计划。他和同伴会慢慢接管政权，为女王提供建议，让她遵循大臣们的指导进行统治。他们会尽快让她结婚，最好是嫁给一个新教徒，未来将由她的丈夫来接管国家并成为国王。

然而，从她统治的一开始，塞西尔就意识到他的计划不会那么容易实施。女王很任性，有自己的计划。在某种程度上，他甚至被她打动了。上任后的第一天她就召开了会议，向未来的议员们明确表示，她比他们更了解国家的财政状况；她要让政府有偿付能力。她任命塞西尔为自己的国务秘书，每天与他会面数次，不给他任何空闲时间。

她的父亲把工作都交给大臣们处理，自己全身心投入到狩猎和追求年轻女子之中，但伊丽莎白完全亲力亲为；她经常工作到深夜，这令塞西尔对她在工作上的投入感到震惊。她对塞西尔和其他大臣的要求很严格，有时会令人望而生畏。如果对方的言行令人满意，她便会面带微笑，甚至有几分娇媚。但如果事情出了差错或意见分歧太大，她就会把他拒之门外好几天，让他回家不安地等待。女王不信任自己了吗？有时，她会严厉地看着他，甚至像她父亲一样以雷霆之怒责备他。不，女王可不是那么好对付的。慢慢地，他发现自己比以往工作得更加努力，以期打动她。

由于想让手下逐渐接管事务，他会把所有来自外国政府的信件都转移到自己的办公桌上。在几件重要的事情上，他把女王蒙在了鼓里。但是他发现女王已经知道了这件事，并且背着自己命令所有的外交信件都要交给她过目。这就像是下棋，她已经落了好几颗子。他很生气，指责她破坏了自己的工作，但她坚持自己的立场，并且给出了非常合理的回应：与塞西尔不同，她通晓欧洲所有的主流外语，也了解语义的微妙差别，如果她亲自主持外交工作，让大臣们了解最新的外交动态，对大家都有好处。争论已经毫无意义，他很快意识到，在处理信件并与外交官会面时，伊丽莎白是一个谈判高手。

慢慢地，他的抵抗力减弱了。伊丽莎白会继续掌权，至少在她统治的前几年会是这种情况。但之后她总会结婚，为英国培养出必要的继承人，到时她的丈夫就会接手工作。作为一个未婚的统治者，她不可能一直扮演这个角色。有传言说，她曾向几个朋友提到，自己永远不会结婚，而且基于在父亲身上看到的情况，她对婚姻有一种巨大的恐惧。但塞西尔并没有把这件事当真。她一直对大家说，最重要的是英格兰的大局利益，但如果一直没有继承人，未来就会发生内战。她当然能看到其中的逻辑。

他的目标很简单：让女王同意嫁给一位外国王子结成联盟，使处于衰弱状态的英格兰受益。最好是一位新教徒王子，但只要不是狂热的天主教分子，塞西尔就会同意这个选择。法国有十四岁的国王查理九世，哈布斯堡王室撮合的对象是奥地利大公查尔斯。塞西尔最担心的是，她会嫁给自己真正爱的男人莱斯特伯爵罗伯特·达德利，他的地位低于她，会在英国宫廷中引起各种争端和阴谋。

当不同国家的代表提出自己的诉求时，伊丽莎白就会开始对某一个国家表现出兴趣，之后又变得很冷淡。如果西班牙人突然在欧洲大陆制造麻烦，她就会与法国人进行婚姻谈判，使西班牙国王菲利普二世害怕这突如其来的英法联盟而退缩，或者与奥地利大公查尔斯谈判，使法国人和西班牙人都感到恐惧。她年复一年地玩着这个游戏，并且向塞西尔坦言，她并没有成为妻子的打算，如果议会威胁说她不答应结婚就切断资金，伊丽莎白就会心软，与她的一个追求者进行谈判。一旦从议会获得了资金，她就会找一些其他的借口来中断婚姻谈判，比如这位王子、国王或大公年纪太小、太热衷于天主教、不是她喜欢的类型、太娘娘腔。即使是达德利也无法改变她不嫁的决心。

这样过了几年，塞西尔的挫折感越来越强，终于看穿了这个游戏。他已经无能为力，但同时也意识到，伊丽莎白一世女王会是一个比任何国外对手都有能力的统治者。她非常节俭，政府不再负债。当西班牙和法国因无休止的战争而两败俱伤时，伊丽莎白审慎地将英国置于冲突之外，国家很快就繁荣起来。虽然她是新教徒，但也善待了英格兰的天主教徒，十年前宗教战争带来的痛苦情绪现在大多已消失殆尽。他后来写道："从来没有像伊丽莎白女王这样聪明的女人。"他最终放弃了婚姻问题，国家也慢慢习惯了童贞女王的存在。

然而多年来，有一个问题一直蚕食着人们对女王的好感，甚至使塞西尔开始怀疑她的能力，那就是伊丽莎白的表亲、苏格兰女王玛丽的命运。玛丽是坚定的天主教徒，而苏格兰在很大程度上已经新教化。玛丽是英格兰女王的下一个继承人，许多天主教徒表示，玛丽才是实际合法的女王。但苏格兰人因为玛丽的宗教情结、通奸行为，以及她在丈夫达恩利勋爵遭到谋杀时的表现而相当厌恶她。一五六七年，她被迫放弃了苏格兰王位，传位给幼子詹姆斯六世。次年，她从苏格兰的监狱逃到了英格兰，将自己交到了表亲的手中。

伊丽莎白有充分的理由厌恶玛丽，将她送回苏格兰。她与伊丽莎白截然相反——自私、善变、不守道德。她是狂热的天主教徒，周围聚集了英格兰和国外想要废黜伊丽莎白拥立天主教徒登上王位的人。她不值得信任。但令塞西尔、议员和英格兰人民失望的是，伊丽莎白只是将玛丽软禁在国内。从政治上讲，这似乎毫无意义。此举激怒了苏格兰人并威胁到两国的关系。

玛丽秘密策划谋反，各方都呼吁以叛国罪处决她，但令人费解的是，伊丽莎白拒绝采取这看似相当合理的方式。这是一个都铎在保护另一个都铎吗？她是不是担心这样会开启处决女王的先例，这对她自己的命运会有什么影响吗？无论如何，这让她显得软弱且自私，似乎保护另一位女王才是最重要的事。

在一五八六年，玛丽参与了最为大胆的谋杀伊丽莎白的阴谋，如果成功，玛丽将成为英格兰女王。她得到了教皇和西班牙人的秘密支持，现在已经有了她参与其中的确凿证据。此举激怒了公众，他们完全可以想象，如果这个阴谋执行下去，将会引发一场血腥的内战。这一次，伊丽莎白的压力非常大，无论玛丽是否做过女王都必须处决。但伊丽莎白又一次犹豫了。

审判判决玛丽有罪，但伊丽莎白没办法在死刑令上签字。对塞西尔和那些每天见到她的宫廷成员来说，女王从未显得如此心烦意乱。最后在第二年的二月，她屈服于压力签署了死刑令。第二天，玛丽就被斩首了。全国爆发了庆祝活动；塞西尔和大臣们都松了一口气。再也不会有针对伊丽莎白的阴谋了，即便没有继承人，情况也可以接受，她最终能够把国家的福祉置于个人之上，这份不情愿只能更加凸显最后决定的英勇。

西班牙国王菲利普二世与伊丽莎白相识多年，曾与她同父异母的姐姐玛丽一世女王结婚。当玛丽把伊丽莎白囚禁在伦敦塔中时，菲利普曾设法软化了她的立场，令伊丽莎白获释。他认为年轻的伊丽莎白很有魅力且非常聪明。但这些年来，他开始对她感到惧怕和厌恶。如果想重建天主教的统治地位，她是很大的障碍，必须让她心存谦恭之情。在他心中，她根本不是合法的英格兰女王。他开始偷偷向英格兰输送耶稣会会士，传播天主教信仰，秘密煽动叛乱。他建立了自己的海军，偷偷准备所谓“英格兰计划”，大规模入侵占领该岛，重振天主教。苏格兰女王玛丽的死刑是最后一根稻草，是时候入侵了。

菲利普对计划非常有信心。多年来，他已经反复掂量了对手。她很狡猾、很聪明，但有一个致命缺点——她是个女人。因此，她不适合领导战争。事实上，她似乎很害怕武装冲突，总是在谈判和寻找避免冲突的方法。她从来没有对军队给予过多的关注。英格兰的海军规模相对较小，船只还不如西班牙的大帆船。与西班牙的军队相比，英格兰的军队小得可怜。而菲利普拥有来自新世界的黄金，可以作为资金支持。

他计划在一五八七年夏天入侵，但这一年弗朗西斯·德雷克爵士突袭了西班牙海岸，摧毁了加的斯港口的许多船只，夺走了大量黄金财宝。菲利普将入侵计划推迟到了第二年，维持军队和建造更多大帆船的经费也在不断增加。

菲利普亲自督战，密切关注这次入侵的每个细节。他准备派出一支约一百三十艘船组成的无敌舰队，由三万多人组成。他们可以轻而易举地摧毁英格兰海军，在荷兰与西班牙的大部队会合，穿越英吉利海峡，一路扫荡到伦敦抓获女王，以处决苏格兰玛丽女王的罪名对她进行审判；然后他打算把自己的女儿送上英格兰的王位。

终于，舰队于一五八八年五月出发，七月时在英格兰西南海岸附近游弋。西班牙的大帆船非常适应某一类战争：船体非常大，可以靠近敌船让军队登舰战斗。但他们从未与更小、更快、拥有远程大炮的英格兰船只交过手，这里的水域比地中海更加险恶，他们的表现也并不好。

七月二十七日，舰队在加来停泊，离西班牙军队等待的地方只有几千米。半夜，英格兰派出五艘无人驾驶的装载着燃烧的木材和沥青的“火船”，向停泊的大帆船驶去。由于当晚风大，火势迅速从一艘船蔓延到另一艘船。西班牙的帆船试图在更远的海面上重新集结，但他们的队形松散，英格兰的快船可以轻而易举地向他们开火。随着风向的再次改变，西班牙人被迫向北撤退，进入北海暴风雨最猛烈的地区。他们想要绕过英格兰撤回西班牙，却失去了大部分船只，两万多名西班牙士兵死亡。英格兰没有任何船只损失，只有大约一百人伤亡。这是军事史上最一边倒的胜利之一。

对菲利普来说，这是他一生中最屈辱的时刻。他躲进自己的宫殿里几个月，思考这场灾难。无敌舰队让西班牙彻底破产，在之后的岁月里，英格兰逐渐繁荣，西班牙则沦为二流国家。伊丽莎白以智慧战胜了他。对欧洲其他憎恶她的领导人来说，她现在似乎是战无不胜、值得敬畏的统治者。曾将她逐出教会并给予西班牙舰队祝福的教皇西克斯图斯五世如今也感叹：“看看她统治得多好！她只是个女人，只是半个岛的女主人，却让西班牙、法兰西、神圣罗马帝国和所有人都感到畏惧！”现在的英格兰出现了一批对童贞女王顶礼膜拜的人，她现在是“神圣的女王”。能瞥见她骑马经过伦敦或乘坐驳船从泰晤士河上经过，似乎是一种相当神圣的体验。

但事实证明，有一群人不太容易受到这种强大光环的影响，也就是王室中新一代的年轻人。对他们来说，女王太过老成。他们尊重她的成就，但更多的是将她看作一个专横的母亲。英格兰正在崛起，年轻人渴望在战场上崭露头角，赢得公众的赞誉。然而，伊丽莎白不断打压这种倾向。她拒绝出资发动一场更大的战争来了结菲利普，也拒绝援助法兰西与西班牙人作战。他们认为她已经疲惫不堪，是时候让有活力、有男子气概的人领导英国了。这种情绪的缩影就是埃塞克斯伯爵二世罗伯特·德弗罗。

埃塞克斯出生于一五六六年，相貌英俊且相当易怒。他知道女王的弱点是年轻男性，因此很快取得了对方的欢心，成了她的新宠。他确实喜欢且钦佩她，同时也憎恨对方对自己命运的掌控权。他开始试探：向女王索要好处，主要还是金钱。对方尽数相赠。她似乎也很享受宠爱他的感觉。随着关系的发展，埃塞克斯开始认为她是个可以受自己操控的女人，开始在其他朝臣面前大胆地批评她，女王也默许了。但是，当他为自己和朋友们提出高级政治职位的要求时，她突然就划清了界限，这让他大发雷霆。想要依靠一个女人，这种想法真是奇耻大辱。但几天后他就冷静了下来，重新展开了魅力攻势。

由于远离政治权力，他认为自己获得荣誉的唯一方式就是率领英国军队取得胜利。伊丽莎白允许他在欧洲大陆上领导一些小型的军事远征。他的战绩好坏参半，虽然很勇猛，但不太擅长战略。一五九六年，他说服了女王让自己在西班牙海岸领导一次类似德雷克当年的袭击。这一次，他的大胆得到了回报，战役获得了成功。此时的英国人对自己欧洲强国的新地位很是自豪，埃塞克斯代表了他们神气活现的状态，自然成了大家的宠儿。埃塞克斯希望再多得到一些这样的机会，因此不断请求女王允许自己再次出战。而女王并不情愿，他将此归结为自己在宫廷中树敌太多，这些人都嫉妒他。

一五九八年，有消息称泰隆伯爵二世休·奥尼尔领导的叛军正在英格兰控制的爱尔兰境内活动，造成了巨大的破坏。此时，埃塞克斯请愿由自己率领一支部队将其粉碎。在他的恳求和坚持下，伊丽莎白终于同意了。他对自己在女王面前的权力充满了信心，要为这次的战役组建英国迄今为止规模最大的部队。伊丽莎白满足了他的愿望。这是他第一次真心感到自己受到了赞赏。她确实有这样奇怪的能力，让人想去取悦她。他表达了自己的感念之情，承诺会迅速完成任务。爱尔兰之战将成为他登上巅峰的战斗。

但是，他刚一抵达就遇到了麻烦。那是一五九九年的冬天，天气很糟糕，周围是无尽的沼泽。庞大的军队无法推进，爱尔兰人是游击战的高手，令人难以捉摸。英格兰人在营地中步履蹒跚，成千上万的士兵死于疾病，还有很多当了逃兵。埃塞克斯能想象宫廷中有很多敌人在背后议论他。他感觉女王和几位大臣都在以某种方式让他倒台。

他要再次考验她，申请了增援。女王同意了，但她要求最终要找到泰隆并与之作战。这样压力就大了很多，他指责女王和嫉妒自己的朝臣在逼迫自己。此时自己所处的位置非常尴尬，夏天快要结束时，他做出了一个可以一劳永逸解决痛苦的决定——秘密与泰隆谈判休战，然后带着军队回到英格兰，回到伦敦。他要把宫廷中的敌人一一铲除，确保自己首席顾问的地位。他会表现得很强硬，但会尊重她的立场；看到他本人和军队回朝，女王肯定会松口的。

他迅速穿过英格兰国境，在一天早晨突然出现在了她的寝宫里，制服上沾满了泥土。女王大吃一惊，不知道他到底是不是要抓住自己发动政变，但还是保持了镇定。她伸出手给他亲吻，告诉他晚些时候他们会讨论爱尔兰问题。她的平静让他深感不安，这与设想的完全不同。她有一种奇怪的施压能力。不知何故，情况发生了变化，他同意把谈话推迟到下午。几个小时后，他就被士兵带走软禁了起来。

倚仗自己对女王的影响力以及过去对方对自己的宽容，他一封一封地写信，为自己的行为道歉。对方没有回应。这种情况此前从未发生过，不禁令他恐惧。一六〇〇年八月，她最终释放了他。他对此心存感激并策划复出，只求她能帮一个忙，恢复自己在英格兰销售甜酒的垄断权。深陷债务危机之中，这是他主要的收入来源。令人懊恼的是，女王拒绝了他的请求。她又在玩游戏了，想要给他个教训来驯服他，但这是不可能的。她这样把他逼得太紧了。

他回到伦敦的家中，周围聚集了英格兰心怀不满的贵族。他准备带着大家向女王的住所进军，接管这个国家。他预计有数以千计仍然崇拜自己的英格兰人会加入进来扩充军队。一六〇一年二月初，他将计划付诸行动。令他大失所望的是，伦敦人都待在家里，对他视而不见。战友们觉得这一冒险太愚蠢了，很快各自散去。他只能独自一人回到家里。他知道这就是结局了，但还是要继续反抗。

当天下午，士兵前来逮捕埃塞克斯。伊丽莎白安排了一场快速审判，判定他犯有叛国罪。这一次，伊丽莎白毫不犹豫地签署了死刑令。在审判期间，埃塞克斯保持着嚣张的气焰，否认自己的罪行并拒绝请求宽恕。

在他被砍头的前一天晚上，女王派自己的牧师来为他做最后的准备。这位代表转达了女王最后的话，埃塞克斯崩溃了。他感受到了女王的权威，却试图抵制它的力量，他站在寝宫里的那个早晨，她是那么威严和自持。突然间这一切将他击倒了。他向牧师坦白了自己的罪行，在脑海中，即将发动审判的上帝和女王的威严混在了一起，背叛的沉重感瞬间落下。她的脸就在他面前，这让他非常恐惧。

他对牧师说："我必须向你承认，我是这个国家有史以来最恶劣、最卑微、最不知感恩的叛徒。"他说，女王处决他是正确的。他要求私下处决，以免激怒公众。在遗言中，他祈求上帝保佑女王，并且以一种人们未曾见过也无须怀疑的顺从和安静有尊严地走向了死亡。

解析：伊丽莎白·都铎成为女王时，自己的处境十分艰难。与父亲和其他英格兰的君主不同，她作为统治者是没有任何可信度的，也没有任何人尊重她的权威。国家正处于衰落的状态中。她太年轻了，既没有政治经验也没有可以借鉴的对象。是的，她只是登上了王位，确实有人会服从她，但这种忠诚度很低，很可能会因为小小的错误或危机发生转变。几个月或几年之内，她就不得不结婚，如果不能迅速诞下男性继承人，婚姻会衍生出各种各样的问题。

更麻烦的是，伊丽莎白雄心勃勃、智慧超群，她认为自己有能力统治英格兰。对于如何解决国内的问题，将国家变成欧洲强国，她有自己的看法。婚姻无法为她带来好处，对国家也没有益处。如果嫁给外国王子，对方很可能会保留原国籍，将英格兰当作欧洲大陆权力游戏中的一个棋子，进一步压榨这里的资源。但考虑到种种不利的因素，她要怎么靠自己的力量来统治呢？唯一的出路就是将弱势转化为优势，打造自己的信誉和权威，最终让自己的权力远远超过以往任何一位国王。

她的计划基于以下逻辑：那个时代的国王和女王因其血统享有半神的地位，有着巨大的权利。他们不需要做任何事，就可以得到完全的服从和忠诚，这是由其地位决定的。但这种权利也有其后果。臣民会表示敬意，但在大多数情况下，他们与统治者的情感联系并不深。英格兰人可以感受到自己与君主之间的距离，对方绝不会真正考虑自己。

这种权利也削弱了他们的政治效力。亨利八世这样的国王只会恐吓大臣，让对方把全部精力放在安抚自己上，而不是用自己的智慧和创造力治理国家。有了这种权利，统治者就不会在意治理的细节，这些实在太无聊了。外出征战成了获得荣耀、为贵族阶层提供财富的主要手段，但这种方式耗尽了国家的资源。统治者很可能非常自私，亨利八世处死了伊丽莎白的母亲，这样就可以迎娶自己的新情妇了，他不在意英格兰人觉得他有多残暴。苏格兰女王玛丽纵容别人谋杀自己的丈夫，这样就可以和情人结婚了。

想要自欺欺人实在是件容易的事，伊丽莎白只要凭借着尊贵的地位享受臣民的忠诚就可以了。但是她太聪明了，不会掉进这个陷阱里。她故意朝着反方向走，不觉得自己有什么天赋的权利，而且牢牢记得自己处于弱势地位。她从不被动等待忠诚的到来，而是主动出击，通过长期的行动来赢得自己需要的信任感。事实将证明她并不自私，所做的一切都是为了这个国家。在这个过程中，她始终保持警觉并不懈努力。属下、大臣以及国外的对手都会改变自己的看法，她并不是没有经验的弱女子，而是具有权威和巨大力量的大人物。与臣子建立更深层的联系，这会改变人们天性中善变的特质，让他们将全部精力用于重建英格兰。

在英格兰民众面前的首次亮相也是经过巧妙设计的，目的是展示自己全新的统治方式。在传统的皇室盛典的外表下，她混入了一种平民感，看起来既安抚人心又颇具威严。这不是装出来的，她在年幼时确实非常脆弱，完全可以理解英格兰最贫困的女性。她表明了态度，自己与他们是站在一起的，很理解他们的想法，并且想要获得对方的认可。在统治期间，她与臣民之间的联系比之前任何一任统治者都紧密。

想要在大臣们身上实现这一点更加复杂困难。这是一群渴望权力的男人，有很强的自我意识，觉得自己比女人更聪明、更优秀。她要依靠他们的帮助和善意来管理国家，但如果表现出过多的依赖，他们会直接碾压她。因此，从她执政的第一天起，就明确了以下几点：她会全力以赴，比任何人都更加努力地工作；减少宫廷的开支，甚至牺牲自己的收入；一切工作的目的都是为了把英格兰从困境中拯救出来。她很早就显现出对国家财政丰富的知识，在任何谈判中都会有强硬的一面。有时候，如果某位大臣想要拒绝她的命令，她会闪过愤怒的神情，这种爆发是相当具有威慑力的。

不过大多数情况下，她都是热情且富有同情心的，对人们的情绪非常敏感。很快，他们就会想着取悦她，获得她的认可。如果不努力工作或不够聪明，很快就会被孤立和冷落，因此人们不自觉地想要避开这样的境地。她的标准很高，这一点获得了大家的尊重。通过这种方式，大臣们逐渐与她站到了一边：大家都要靠行动来获得信任和尊重。此时，女王周围不再是一群满腹阴谋的自私大臣，而是一支能够推进议程的工作团队，其结果很快说明了这一点。

通过这些手段，伊丽莎白获得了自己需要的信誉，但她在处理苏格兰女王玛丽的过程中犯了个严重的错误。在这个问题上，她觉得自己比大臣们更了解情况，对处决女王的疑虑压过了一切。她为这一决定付出了代价，民众对她的尊敬不断因此削弱，这让她很痛苦。做决定要遵循大局原则，在这种情况下处决玛丽才是大局观，她违反了自己的原则。

意识到这一点需要时间。她令人私下引诱玛丽参与谋害自己，这才有了玛丽同谋的证据，终于可以迈出可怕的最后一步了。最终，她为了国家的利益违背了自己的感情，实际上是承认了自己的错误，赢得了更多英格兰人的信任。当时几乎没有统治者能够这样回应公众舆论。

谈到菲利普二世这样的异国对手，伊丽莎白并不傻，她很了解实际情况：她所做的一切并没有为自己赢得任何尊重，也没有在这无休止的阴谋中获得一丝喘息机会。他们并不尊重这位未婚的女王，也不尊重任何似乎害怕冲突和战争的女人。但她无视了这一切，继续根据自己的计划行事，保卫英格兰的财政不受损失。但是，当入侵已迫在眉睫时，她必须证明自己是个伟大的战略家。菲利普低估了她的狡猾，也低估了她作为领导者的坚韧决心。

如果必须发动战争，她会尽可能以经济有效的方式进行。她投入巨资建立了欧洲最复杂的间谍系统，以获取西班牙入侵的计划，包括出发的时间。有了这些信息，便可以在最后时刻派出军队，从而节省了巨额资金。她资助了弗朗西斯·德雷克爵士突袭西班牙海岸以及海上的帆船，以此充实英格兰国库，拖延对方舰队的出发时间，拉高菲利普的作战成本。

在对方出发前几个月，她迅速建起了英格兰海军，只不过建造的船只更小更快，批量制造也更便宜，非常适合英格兰的海域特点。与菲利普不同的是，她将战略策划交给了海军将领，只在一个问题上发表了意见——她希望能在尽可能靠近英格兰的地方作战，这样对自己有利，对方的大船不适合在狂风暴雨的北方海域作战，而英格兰士兵背靠着自己的国家，会更加努力地战斗。最终西班牙破产了，再也没能恢复往日的光辉，而伊丽莎白领导的英格兰变成了崛起的大国。在这场伟大的胜利后，她还制止了向西班牙发起战争，给对方致命一击的呼声。荣耀和征服对她没有诱惑力，她只想保护国家的利益。

挫败对方的舰队后，她的权威和信誉似乎已经无可撼动，但伊丽莎白绝不会放松警惕。她知道随着年龄和功业的累积，自然会滋生出权力以及随之而来的麻木不仁。作为独自统治国家的女人，她不能承受这样的挫折。她依然能体察到周围人的情绪，宫廷中年轻男性对她的态度大不相同。他们尊重的只是她女王的地位，并没有其他深意。她不得不再次与男性的自负进行斗争，但这一次她并不是用年轻的魅力达成目标。

对于埃塞克斯，她的目标是驯服对方，引导其将全部精力用于为国家服务，就像她对大臣们所做的那样。她纵容了对方对金钱和福利的无尽欲望，想要安抚他的不安全感，但涉及政治权力时立刻进行了限制。他必须证明自己达到了她的标准，才会得到这样的权力。在他发脾气的时候，她必须保持冷静，不知不觉地证明自己更胜一筹，以及自我控制有多么重要。当他显然已经无法驯服的时候，她放任自流，任凭他用阴谋毁掉自己的声誉，从而摆脱他这颗毒瘤。在面临死亡的最后时刻，令他恐惧的不仅仅是上帝，还有女王的影子，她的权威光环最终还是压倒了这个无礼且自以为是的人。

理解：虽然现在已经没有手握强权的国王或女王存在，但我们当中自命不凡的人比以往任何时候都要多。无论实际成就是大是小，我们都有权因自己的工作得到尊重。无论我们花了多少心思，或者过往成就少得有多可怜，别人都要认真对待我们的想法或项目。我们希望有人在事业上可以提供帮助，因为我们的心是真诚的，意图是友好的。这种现代形式的权利可能来源于父母的溺爱，仿佛我们所做的任何事都像金子一般宝贵。其中还有一部分来源于主导了生活的技术，它赋予了人巨大的力量，人们却不需要付出实际的努力。这种力量仿佛是理所应当的，生活中的一切本都应当如此轻松惬意。

无论原因是什么，它都影响了所有人，必须将这种权利视为一种诅咒。它使人忽略了现实，人没有理由只因为“我是我”而产生信任或尊重之情。它使人变得懒惰，只满足于最简单的想法和最潦草的工作成果。既然自己已经这么了不起，为什么还要努力提高水平呢？它令人变得麻木且自以为是。由于总认为他人对我们不够信任和尊重，我们便否定了他们的意志和判断力，这实在令人愤怒。虽然我们看不到，但它激起了我们心中的怨恨。

如果成了领导人或副手，这种诅咒的影响只会越来越大。不知不觉中，我们就会坐下来等着别人前来表现自己的忠诚与敬意，只因为我们身居高位。如果想法受到挑战，我们便会防备挑剔起来，将所有聪明才智都集中在对小事的质疑上。人总是希望获得特权和好处，但如果到了需要牺牲的时候，又觉得自己应当被豁免。如果出了差错，也总是别人的错、环境的错，或者是我们一时没能控制的心魔的错。我们从未真正受到过责备。

人们只会对领导人微笑，赞同我们所说的话，至于这些对他们产生了怎样的影响，我们并不知道。但他们已经看穿了我们，感受到了我们身上蔓延出的权利，随着时间的推移，这种权利削弱了对方的尊重，使我们失去影响力。到了某一个临界点时，他们可能会突然反对我们，令人大吃一惊。

像伊丽莎白一样，我们必须认识到自己实际处于弱势地位，必须要采取相反的态度。对周围所领导的人不抱任何期望。我们不能变得被动，也不能坐以待毙，而是要主动出击，从别人那里获得自己想要的东西，所有的尊重都是需要赢得的。要不断证明自己，首先要考虑的并不是自己或敏感的自尊，而是群体的利益。要对人们的情绪做出反应，真正做到感同身受，但对那些攀缘富贵之人一定要强硬且毫不留情。要言出必行，比别人更努力地工作，必要时牺牲自己的利益，对错误担负起责任。希望群体成员可以跟随我们的领导，以此作为对我们的回报。

有了这样的态度，就会产生非常不同的效果。人们会对我们施加的影响力产生反应，当我们走向他们时，他们也会向我们走来。下属会积极赢得上级的认可和尊重。有了这样的情感连接，错误也更容易获得原谅。群体的能量不会浪费在无休止的内讧和自我冲突上，而是导向达成目标、完成伟业的道路。在这个过程中，我们会形成一种权威和权力的光环，并且随着时间的推移而增长。我们的言行似乎都有了额外的分量，并且会声名远播。

> 这就是通向强迫服从的道路。但要达成更崇高的目标，还有一条更短的路，那就是意志的服从。当人的利益受到威胁时，会欣然服从他们心中比自己更聪明的人。你可以在各种场合证明这一点：病人乞求医生告诉自己该怎么办，整条船上的人都会听从领航员的话。
>
> ——色诺芬

人性的关键

人类喜欢相信自己的情感是简单而纯粹的：我们爱一些人，恨一些人，尊重敬佩这个人，对另一个人不屑一顾。实际上，真实情况并不是这样。这是人性的基本事实，情感是矛盾的，很少是简单纯粹的。我们会同时感受到爱与敌意、钦佩与嫉妒。

这种矛盾的心理源于童年时代，并且为后面的人生设定好了模式。如果父母相对细心和慈爱，我们回忆起童年就会充满深情，将其视为黄金时代。但我们很容易忘记，即便有这样的父母，我们也会因为自己对他们的爱和关怀过于依赖而产生不满。在某些情况下，甚至会感到窒息。我们渴望表达自己的独立意志，表明我们能够自力更生。如果太依赖他们的关注，那他们离开后，我们会因自己的脆弱感产生巨大的焦虑。因此，我们不可避免地会感到一些敌视和叛逆的欲望和情感。

如果他们并不慈爱，也不关心人，那么在此后的生活中我们会怨恨他们，只会记住对方的冷漠和我们的反感。但我们会忘了在童年时，自己曾经努力掩盖他们的缺点，想尽办法去爱他们，而且会自我责备，认为自己不值得对方的爱。鉴于我们要依赖对方生存，如果他们真的漠不关心，会激起我们极大的焦虑感。在我们需要感受爱的时候，感受到的却是愤怒和挫折。

因此作为孩子，一种情绪占据支配地位时，另一种情绪就隐藏了起来，这是一种持续的矛盾。作为成年人，我们与朋友和亲密伴侣之间也会经历类似的矛盾心理，特别是当我们想要依赖对方或感到脆弱的时候。

这种矛盾心理之所以存在，部分是因为强烈、纯粹的情感是很可怕的。它代表着瞬间的失控，否定了个人意志的作用，让人不自觉地用相反或相冲突的情绪来平衡它们。另一部分原因在于我们的情绪总在不断变化叠加。无论出于哪种原因，我们都没有意识到自己的心理是矛盾的，思考这种情绪的复杂性令人非常困惑，我们更愿意简单地说明自己是谁，有怎样的感受。对周围的人也是如此，我们会把对感受的解释简化到可以消化的程度。必须要付出努力，对自己足够坦诚，才能在过程中捕捉到那潜在的矛盾心理。

在与领导人的关系中，人性的这个基本面表现得最为明显，我们会不自觉地将对方与父母的形象联系起来。这种对领导人的矛盾心理是这样运作的。

一方面，我们凭直觉认识到需要领导者的存在。在任何群体中，人们都有自己狭隘的目标，会相互竞争。成员们对自己的地位感到不安，都要努力确保自己的位置。如果在这些竞争之上没有一个看到大局的领导者，群体就会陷入困境。永远不会有人做出艰难的决定，没人可以给这艘船掌舵。因此，我们渴望领导者存在，如果没有这样的人，我们会不自觉地迷失方向，甚至陷入歇斯底里的状态。

另一方面，我们也会害怕，甚至鄙视那些位高权重的人。我们担心当权者会受到诱惑，利用职位特权积累更多的权力为自己牟利，这种情况很常见。人都是任性的动物。身处领导之下的自卑和依赖感让人很不舒服。我们希望拥有自由意志，感受到自主性。在暗地里，我们羡慕领导者获得的认可及享受的特权。如果对方虐待下属、麻木不仁、碌碌无为，这种矛盾心理就会向负面倾斜。无论领导者多么强大，无论我们多么敬佩对方，表面之下都隐藏着这种矛盾心理，致使人的忠诚度大打折扣。

当权者往往只会注意到下属的微笑和自己在会议上得到的掌声，将这种支持误认为现实。他们没有意识到，人总会对上级表现出这样的敬畏，因为个人命运就掌握在这样的人手中，不能随心所欲地表达自己真实的感受。因此，领导人很少能意识到，即便事情进展顺利，也存在着潜在的矛盾心理。如果领导犯了错，或者权力已经摇摇欲坠，就会突然看到无形中积累的不信任感和不尊重的爆发，群体成员或公众会以令人吃惊的强度来反对领导者。看看新闻就会发现，所有领域的领导者都会极其迅速地失去支持和尊重，人们会迅速以眼前的成功和失败对其进行评判。

我们可能会认为，善变是一种现代才有的现象，是激烈的民主时代的产物。毕竟，祖先比现代人更顺从，至少我们是这样认为的。但事实并非如此。在很久以前的土著文化和早期文明中，经常会有受人尊敬的酋长和国王被处死，有些是因为显出衰老或虚弱的迹象，有些是因为吃了败仗，有些则是因为突发干旱，人们认为神灵不再庇护自己，还有些是因为偏袒自己的部族而损害了群体的利益。处决的时刻都是大肆庆祝的时刻，是人们释放对领导者压抑的敌意的时刻。（参见詹姆斯·弗雷泽的《金枝》，里面有无数这样的例子。）

也许祖先也不自觉地害怕由一个人长时间掌权，他们也感受到了权力腐败的一面，新人则更好控制。无论如何，在这份顺从之下潜藏着巨大的戒心。如今我们不可能再将首领处决，但可以在选举和媒体中做类似象征性的举动，以见证有权势的人坠落为乐。我们不可能因为缺少降雨而责怪他们，却可以因为经济下滑而责备他们，其实经济中大部分因素都是他们无法控制的，就像降雨一样，他们失去了神灵的赐福。说到这种矛盾心理和不信任感，我们并没有像想象中那样有任何改变。

然而纵观历史，有些著名的领导人已经学会了抵御这种波动，赢得更加坚实的尊重和支持，长期支撑自己完成伟业。我们会想起摩西、印度阿育王、伯里克利（参见第一章）、罗马将军大西庇阿或伊丽莎白一世女王。时间更近一些，还会想到亚伯拉罕·林肯、马丁·路德·金、沃伦·巴菲特、安格拉·默克尔或史蒂夫·乔布斯。我们称这种权力为权威，回到这个词的原始意义，这个词来源于拉丁文的 auctoritas，本意是“增加或扩大”。

对古罗马人来说，建立共和国的人拥有巨大的智慧。祖先建立的制度强大而持久，他们将自己的行省变成了已知世界中的卓越强国，这足以证明这种智慧的真实性。只要罗马的参议员和领导人回归这一基本智慧，体现出创始人的思想，他们就有了权威，增强了存在感，提高了威望和可信度。这样的领导人不必借助演说或武力，罗马公民就愿意跟随他，接受对方的想法和意见。领导人的一言一行似乎都格外重要。这使得他们在做出艰难决定时有了更大的回旋余地，不必根据当下的成败接受评判。

罗马人以好斗闻名，而且对掌权者并不信服。他们的政治很容易陷入内战，实际上这种情况发生过很多次。选择有权威的领导者是控制这种战斗气质的方式，让群体专注于做事，保持一定程度的团结。这就要求领导人提出最高理想，超越日常政治生活的琐碎。

这种罗马模式代表了对最高目标的坚持，仍然是权威的基本组成要素。如果我们希望在今天也建立起这种权威，就需要这样操作。

首先，我们必须理解领导者的基本任务，也就是提出意义深远的愿景，掌控大局，致力于群体的大利益并维护团结。这就是人们对领导者的期待。要避免看起来小气、自私或优柔寡断。这样的迹象会激起人们的矛盾心理。领导者主要关注和思考的应当是未来和大局。在愿景的基础上，要设定实际的目标，引导群体朝着目标前进。要通过实践和经验成为向着愿景进发的操盘手。获得这样的掌控感会带来巨大的信心，而不会像那些浮夸的人一样有虚假的信心。散发这种自信的时候，人们就会被吸引，愿意跟随我们的步伐。

但与此同时，领导力也是一种与被领导者之间的动态关系。即便是最轻微的举动也会不知不觉地对个体产生影响。因此，我们要高度重视自己的态度和设定的基调。要根据群体成员的情绪变化进行自我调整。绝不能假设已经得到了对方的支持。同理心必须是发自内心的，你会感受到成员对你失去了尊重。作为动态中的一环，需要认识到如果对下属表现出尊重和信任，这种感觉会回流。成员会接受领导者的影响。要尽可能调动人们的意志力，使其认同群体的使命，愿意积极参与，一起实现更高的目标。

然而，这种同理心绝不意味着无端的软弱，无限顺从群体的意志。这只会显露出疲态。在涉及主要任务、带领群体实现目标走向愿景的时候，必须足够严厉且坚定不移。是的，我们可以倾听他人的想法，吸收好的建议。但必须牢记的是，我们对细节和全局有更大的把握。绝不能屈服于政治压力，为了显得更加公平而淡化了愿景。这个愿景是超越政治的，代表着真理与现实。实现它必然要有弹性和人性，如果有人试图破坏它或反对群体利益，就要毫不留情。正如女王伊丽莎白一世所证明的，强硬与同情并不矛盾。

如果领导者无法同时掌控愿景和同理心，往往会发生以下情况。群体中的人感到自己与领导者之间脱节，产生了距离感。他们内心深处知道，自己是可替换的棋子。整体缺乏方向性，对事情只能不断做出战术反应。因此，他们会微微产生反感之情，失去尊重感。他们不再在意领导者说了什么，每天会花更多时间来考虑自己的利益和未来。他们会加入或分化成派别，工作速度降为原来的一半或四分之三。

如果领导者有所察觉，会变得更加强硬苛刻，成员就会更加被动。如果领导者变得顺从，恳求获得更多的支持，成员就会更加不尊重他，就好像是群体在指挥领导者。这样一来，成员们制造了无穷无尽的摩擦，仿佛让领导人拖着一座山前行。这种摩擦是不专注造成的，这也就是那么多领导很平庸、做成的事很少的原因。

另外，如果领导者凭直觉或有意识地走上建立权威的道路，正如上面所述，情况就会大不相同。成员或公众的矛盾心理并不会消失，这样是反人性的，但它会变得更加可控。人们依然会摇摆不定，产生怀疑或嫉妒，但由于建立起了足够的信任，他们会很快原谅我们的错误，从猜疑中脱离出来。此外，成员们还会担心如果我们不再是领导会发生什么，比如会重归分裂、缺乏确定性，或者做出糟糕的决定。他们对我们的需求会非常强烈。

此时我们看到的不再是群体中无形的摩擦，情况会恰恰相反。成员们感受到任务的感召，我们可以引导他们进行创造，而不是拖着他们向前走。有了这种忠诚度，目标会更容易达成，愿景也会更容易实现。这反而又增强了我们的权威，所言所行都更加有分量。

我们有能力达到这个理想，如果成员失去了对我们的尊重和信任，这完全是我们自己的错。

作为人性的研习者，你的任务有三个。

首先，要学会观察权威，衡量人们在不使用武力以及煽动性演讲的情况下能产生多大的影响力。在这个过程中，首先可以审视自己的家庭，看看哪位家长（如果有）对你和兄弟姐妹的权威更大。看看生活中的老师，他们中的一些人对你产生了强大的影响，所说的话和树立起的榜样始终存在于你的脑海之中。观察老板的行为，不仅看他对你和其他人，也要看对整个群体产生了怎样的影响。最后，看看新闻中的领导人。在这些情境中，分辨他们的权威从何而来又何时消失，并且找出原因。

其次，要养成一些习惯和方法（参见下一节），它们会对你树立权威起到帮助作用。如果你是个渴望获得领导地位的人，就要尽早运用这些方法给人留下深刻的印象，戴上这吸引人的光环，让自己看起来似乎注定要成为强大之人。如果你已经处于领导地位，这些方法会巩固你的权威，加强你和群体之间的联系。

作为这个过程的一部分，你需要反思自己对人们有怎样的影响：是不是总在与人争论，想强加自己的意志于人，却发现自己的想法和项目受到的阻力总是比预想得要多？人们是否点头听取了你的建议，然后做出了相反的举动？如果你刚开始工作，可能也无能为力，人们一般不会尊重底层人士的想法，但如果是老板提出的想法，效果就会大为不同。但有些时候，产生这样效果的原因在于你自己的行为违反了上述的很多原则。

不要认为人们微笑并表示同意就是认真的。要注意他们的紧张程度，尤其注意他们的行为。所有的抱怨都是对权威的一种反映。总的来说，要提高对他人的敏感度，特别是当你感受到人们不再尊重你或权威逐渐减弱的时候。但要记住，任何群体中都有害群之马，无论你做什么他们都会抱怨，不会为你所动。这些人活得很被动，很有攻击性，会给所有处于领导地位的人制造混乱。对他们不需要同理心，任何事物对他们都不起作用。最好能尽快识别这类人，将其解雇或边缘化。如果能有一个紧密而团结的群体，控制这种恶意类型的人也会变得更加容易。

最后，也是最重要的一点，你需要摆脱这个时代的偏见影响。如今，权威的概念往往遭人误解且受人诟病，我们总将权威与一般的领导混为一谈，而世界上有那么多领导人对维护自己的权力和攫取利益更感兴趣。因此人们自然会对这个概念本身产生怀疑。我们生活在民主时代，人们会扪心自问："为什么要跟随有权威的人，自己要扮演次要角色呢？"当权者只要完成自己的工作就可以了，权威是王治时代的遗物，我们早已跨越了这一阶段。

这种对权威和领导力的鄙视在文化中蔓延。我们不再承认权威也是一种艺术。每个人都是合法的批评家，标准是纯个人化的，谁的品位和判断都不比别人更高级。再过去，父母是权威的典范，但如今父母也不再将自己视为权威人物，不会向孩子灌输特定的价值观和文化。相反，父母们更愿意把自己看作与孩子平等的人，只不过是拥有更多的知识和经验，他们的作用是确认孩子的感受，确保他们能不断获得乐趣和满足。他们更像是年长的朋友。这种平等感同样适用于老师和学生，学习必须要有趣才可以。

在这种氛围之下，领导人开始认为自己更像看守人，站在后面让群体做出正确的决定，一切都以共识为基础。或者他们认为，最重要的是计算和吸收大量信息。让数据和算法决定最终的方向，这才是真正的权威。

这些想法和价值观都有意想不到的后果。没有了权威也就没有了可以反抗的东西，没有了颠覆运动，也没有深刻的思想去吸收甚至抗拒。有的只是一个没有定型的模糊世界，以越来越快的速度闪烁不定。如果父母不是权威人物，我们就无法经历青春期叛逆的关键阶段，在这个阶段我们本应拒绝他们的想法，发现自己究竟是谁。在成长的过程中人会迷失方向，不断在自身之外寻找身份。如果没有了那些高人一等、值得尊敬的师长，我们就无法从他人身上学习经验和智慧，更没有办法以更新、更好的想法来超越他们。

如果没有领导人投入大量精力预测趋势，引导大家寻找长期的解决方案，人们便会迷失方向。随着这种情况成为常态，人类总会需要某种形式的权威指导，在某些混乱不确定的时期，虚假形式的权威会泛滥。

铁腕人物可能会给人有领导力和方向感的虚假印象，但实际上他们并没有真正的设想，有的不过是为自己服务的想法，一切都是为了增强自己的控制感。怂恿者可能会说些公众想听的话，制造出一种对群体情绪敏感，能够满足大家需求的假象。和事佬可能会对他人的风格和举止产生影响，似乎能为大家提供公平、趣味和共识。而在社交媒体的时代，它还有可能是群体的权威，这种形式变得非常强大：其他人所说所做的一定是真实的，因为人数很多，所以需要受到尊重。但所有这些虚假的形式只会导致更多的动荡、混乱和错误的决定。

作为人性的研习者，我们必须认识到对权威的偏见会带来无数的危险。承认世界上有权威人士，并不代表承认自己低劣，而是接受人性、理解人性对这种人物的需要。权威人士不应当被视为自私自利或暴虐之人，实际上这些品质只会削弱权威。它们都是过去的遗物，真正要履行领导者职能的人风格是与时俱进的。权威可以是民主的一部分。我们必须认识到，在那些追求达成共识，只求最低限度的领导力，以及亲子间像朋友般相处这些进步的思想背后，实际上是对担负责任、艰难抉择以及承受压力的巨大恐惧。我们必须朝着相反的方向前进，拥抱领导力和权威带来的风险和危机。

在当今世界上，人类更容易自我陶醉，更容易部落化，更顽固地坚持自己狭隘的日常事务，我们已经淹没在了大量的信息之中，在涉及领导者时，我们变得更加善变。因此，我们从未像现在这样需要真正的权威人物，他应当拥有高瞻远瞩的视角，对群体有高度的适应性，知道什么能让人们团结起来。正因为如此，我们的任务是建立自身的权威，承担这一必要的角色。

树立权威的方法

记住，权威的本质是人们愿意追随你。他们选择了相信你的话和建议，需要你的智慧。有时可能不得不使用强制力、奖励、惩罚以及激励性演讲。但这里有一个程度问题。这些手段使用得越少，权威反而越大。因此，要不断努力调动人们的意志力，克服其自身的抵制和矛盾心理。以下方法就是据此设计的，你需要将其全部付诸实践。

找到自己权威的风格：真实性。你树立起的权威必须是性格中自然的一部分，是自身特殊的优势。回忆一下不同权威的原型，其中总有适合你的。一种比较有名的类型是拯救者，例如摩西或马丁·路德·金，他们是决心将人们从邪恶中拯救出来的人。拯救者对任何形式的不公正都非常反感，特别是他们认同的群体遭到了不公正的待遇时。他们非常有说服力，通常是以语言的形式表达出来，人们常常受其吸引。

还有一种类型是创始人。这些人是在政治和商业领域建立新秩序的人。他们通常对趋势非常敏感，对现状非常厌恶。他们不是循规蹈矩的人，想法十分深刻。他们最大的乐趣就是修修补补，发明新东西。很多人都会围绕在这类人身边，因为他们代表了某种形式的进步。很多有想象力的艺术家都是这一类型，例如巴勃罗·毕加索、爵士艺术家约翰·科尔特兰和电影导演大卫·林奇。这些艺术家会在自己的领域里学习经典操作方法，然后再进行颠覆。他们渴望创造新风格。凭借这样的技能，总会有观众和追随者认可他们。

其他类型还包括真理探索者（对谎言和政治操纵无法忍受的人）、安静的实用主义者（只想修复那些破碎的东西，拥有无限的耐心）、治疗者（能找到令人满足并保持团结的诀窍）、教师（有办法让人开始行动并从错误中学习）。你需要从这些不同的原型中选择一种，也可以在其他文化中发现新的类型。

展现对自己来说最自然的风格，你给他人的印象是这种风格超越了你自身，仿佛这种正义感和对潮流的嗅觉是潜藏在你基因中的或是来自上天的神秘礼物。你必须要为自己的事业而战或创造一种新秩序。如果没有这种自然性，权威会表现出机会主义和操纵性的特征，对于某些事情或趋势的支持变成了一种操弄权术的伎俩。越早认识自己的风格越好，这样就有更多时间来打磨它，使其与自己相适应，以新的形式打动和吸引他人。如果在职业生涯早期就留下了这种风格的痕迹，它就会变成一种你不得不遵循的更高级的力量。

关注外部：态度。人类天性中就有自恋的部分，大部分时间我们都把注意力放在自己的情感、创伤和幻想上。要努力扭转这种习惯。你可以通过以下三种方式完成这件事。

第一，要锻炼自己倾听的能力，将自己融入他人的语言和非语言线索之中。训练自己解读人们表达内容的能力。根据对方的情绪和需求进行调整，感知对方缺失的东西。不要把对方的微笑和赞许的眼神当真，那很可能是潜在的紧张或蛊惑。

第二，付出才能获得尊重。不要觉得自己有资格获得尊重，注意力不要放在自己的感受上，也不要认为人们会因为你所处的位置而对你有所亏欠（向内转变）。要通过尊重人们的需求来证明你旨在取得更大的利益并赢得尊重。

第三，身为领导者背负着巨大的责任，群体的利益都与你的每个决定息息相关。驱使你的不应当是获得关注，而是为大多数人带来最好的结果。将自己置于工作之中，而不是将自我置于工作之中。你与群体有一种深刻的、内在的联系，你们的命运深深交织在一起。

如果你秉持这样的态度，人们会有所感觉并接受你的影响。原因非常简单，他们很少能遇到这样对群体情绪敏感、对结果如此重视的人。这会让你从人群中脱颖而出，获得更多的关注，而不需要迫切地表示自己需要获得欢迎和爱戴。

训练第三只眼：视野。公元前四〇一年，一万名希腊雇佣兵代表波斯王子大流士作战，想要从国王（他的兄弟）手中接管帝国，他们突然发现自己是落败的一方，困在波斯的心脏地带。获胜的波斯人骗雇佣军的领导人前来开会讨论他们的命运，实则是要将他们全部处死，幸存的士兵们清楚地意识到，他们要么也会被处死，要么在第二天就被卖为奴隶。那天晚上，他们在营地里徘徊，哀叹着自己的命运。

这其中也包括了作家色诺芬，他一直以流动记者的身份和士兵在一起。作为苏格拉底曾经的学生，色诺芬学习过哲学。他相信理性思考的优越性，相信要看到全局，看到日常生活中转瞬即逝的表象背后的普遍规律。几年来，他一直在练习这种思维能力。

当天晚上，他制订了希腊人逃回家园的计划。他看到了众人迅速而隐蔽地穿越了波斯，一切以速度为前提。他看到了他们立刻离开的样子，用闪电般的速度逃出了一些距离。他提前考虑了地形、路线、将要面对的诸多敌人，以及要如何帮助和利用反抗波斯的公民。他看到大家舍弃了马车，以脚力为主，即便在冬天也能快速移动。在几个小时的时间里，他就想好了撤退的细节，所有灵感都来源于通往地中海家乡的那快捷曲折的路线。

虽然没有军事经验，但他的设想非常完整，向众人传达时有着十足的自信，因此士兵提名他来做实际的领袖。色诺芬以这种方式练习了几年的时间，又遇到了很多挑战，但他每次都运用了全局视野来确定战略。最后，他证明了这种理性思维的力量，虽然面临着巨大的困难，但他最终还是带领他们回到了安全的地方。

这个故事体现了权威的本质和建立权威的最基本要素。大多数人都被牢牢锁在当下。他们容易过度反应、惊慌失措，只看到群体眼前的一个窄面。他们不能接受其他想法，也不能确定优先次序。那些保持头脑清醒，能将思想置于现状之上的人，可以动用人类远见卓识的思维训练出第三只眼睛来观察不可见的力量和趋势。他们从群体中脱颖而出，履行领导的职能，这种似乎能读懂未来的神一样的能力带来了权威的光环。这是一种可以练习和培养的能力，适用于任何环境。

尽早训练自己脱离摇摆的群体情绪的能力。逼迫自己开阔视野，站在大局的角度思考。努力观察事件的本质，不受党派观点的影响。接受敌对方的观点，倾听他人的想法，对一切可能性敞开心扉。通过这种方式，你拥有了格式塔心理，能理解整体的状况。了解未来的发展趋势，特别是事情有可能会在哪里出现问题。这种练习让人很有耐心。越是深入其中，越能获得预见未来的能力。

在战场上面对拿破仑·波拿巴的人常常有这样的印象：对方能读懂自己的想法，知道自己有什么计划，甚至想得更加透彻。伟大的德国思想家和作家约翰·沃尔夫冈·冯·歌德似乎也有神奇的预测未来的能力，这源自他多年的研究和对大局的思考。

一旦有了这种视野，就可以慢慢延伸到当下，以合理和灵活的方式达成这一目标。在这个过程中思考得越多，对自己的计划就越有信心，并且能感染和说服其他人。如果他们对这种视野有所怀疑，你的内心依然是坚定的。时间会证明你是正确的。如果没有达到心中的目标，说明你的思考还不够深入。

站在前方引导：基调。作为领导者，必须让大家看到你和其他人一样努力，甚至更努力。给自己设定最高的标准，要始终如一，担起责任。如果需要做出牺牲，那么你应当是为群体利益做出牺牲的第一个人，这就奠定了正确的基调。群体中的成员会不得不追上你的水平，获得你的认可，就像伊丽莎白的大臣们一样。他们会将你的价值观内化，巧妙地模仿你。你不必为了使他们更努力工作而大声教训他们，他们自己就会这样做。

重要的是，要从一开始就确立这样的基调。第一印象至关重要。如果你后来才想走上前去，看起来会很勉强且缺乏可信度。同样重要的是，最初要表现出一些强硬的态度，如果人们早期对你留下了可操纵的印象，他们会毫不留情地这样做。你设定的规则是公平的，如果有人没有达到你坚持的高标准，就需要进行惩罚。说话或写东西的语气要强硬强势。只要领导者的力量没有激起人们对滥用权力的恐惧，他们就会对你表现出尊重。如果这种强硬不是你的天性，就要注重培养，否则你在这个位置上不会待很久。你有足够的时间来展示自己柔软、善良的一面，如果一开始就表现出软弱，只能说明你是个容易被操纵的人。

在职业生涯的早期就要开始这样做，尽可能为自己的工作设定高标准（更多内容见下一节），不断学习用自己的态度和语气以最微妙的方式影响他人。

激起矛盾情绪：气质。大多数人都是很容易预判的。为了更好地融入社交场合，大家扮演的角色是一致的：活泼、快乐、大胆、敏感。他们会试着把不敢展示的特点隐藏起来。作为领导者，你需要更加神秘，更加令人着迷。可以发出混合的信号，表现出略带矛盾性的特质，这会让人们无法将你归类，从而思考你到底是怎样的人。他们思考得越多，你的存在感就越强烈，也越有权威。

比如说你实际是个善良敏感的人，却表现出严厉的样子，对某些类型的行为无法容忍。这就是父母面对子女时的状态，在表达爱意的同时也规定了界限。孩子处在亲情和惧怕之间，这种紧张感会带来尊重。一般来说，爆发愤怒和责备的次数越少越好。当你平时多数情况下安静且有同情心，爆发愤怒时才会更加有冲击力，让人真正感到害怕和悔恨。

你可以将谨慎和偶尔显现出来的果断混合在一起。对某一问题考虑很久后，一旦决定便会以极大的活力和勇气展开行动。这种不知从何而来的勇气会给人留下深刻的印象。你也可以将神圣与朴实的实用主义混合在一起。这就是马丁·路德·金的矛盾特质，令人非常着迷。或者你也可以像女王伊丽莎白一世那样，既亲切又威严。你也可以把男性气质和女性气质混合起来（参见第十二章）。

另外还有一点，你需要学会平衡在场与不在场的时间。如果存在感太强，让人太过熟悉，人们总是可以看到你，就显得太平凡了。人们对你失去了理想化的空间。但如果你过于疏离，人们就无法认同你。一般来说，最好稍微偏向于经常缺席的方向，这样当你出现在群体面前的时候，就会产生兴奋感和戏剧性。如果掌握得比较好，你缺席的那些时刻人们也会想到你。如今，人们已经失去了这种平衡的艺术。人总是在场，相互之间太过熟悉，一举一动都展现在社交媒体上。这可能会让你显得有亲和力，但也会让你沦为普通人，很难建立起权威。

要记住，话说得太多也是过分强调存在感，令人心生厌倦，并且会显露出你的弱点。沉默则是一种缺席和回避，可以引起人们的关注，它意味着自我控制与力量感。当你说话的时候，这种效果会放大。与此类似，如果你犯了错，不要过度解释和道歉。要清楚地表示自己会承担责任，对失败负责并且继续前进。检讨应当是相对平静的，随后的行动会表明你已经吸取了教训。如果受到攻击，要避免显露出防御和发牢骚的样子。你应当做得更好。

尽早培养这种气质来吸引人的注意力。混合不要太过度，否则会显出混乱的感觉。这是一种引人好奇的方式，不是伪造出你没有的品质，而是让你展现出本身具备的复杂品质。

永远不要索取，永远要给予：禁忌。你从人群中拿走了一些他们认为本属于自己的东西——金钱、权力或特权、属于他们的时间，这自然造成了一种不安全感，对方会质疑你的权威以及所有的功绩。这是一种让群体成员对未来感到不确定的最直观的方式，激起了人们对于领导者合法性的怀疑："你还想要什么？你有没有滥用权力？你是不是一直在愚弄我们？"即便是这类暗示也会损害你的声誉。如果一定要做出牺牲，你要做第一个牺牲的人，而且不能仅仅是象征性的。尽量将对方的资源或特权的损失描述为暂时性的，并且明确表示自己会尽快补偿对方。学习女王伊丽莎白一世的做法，将资源管理作为关注的首要问题，这样就永远不会落到那般田地。这样你就能够慷慨解囊了。

另外，要避免向他人过度承诺。虽然向对方描述自己能为他们做多么伟大的事会令人感觉很好，但人会对承诺的印象很深刻，如果未能兑现，无论如何怨天尤人，都会在对方脑海里留下印象。这种情况如果发生两次，权威就会急剧减弱。给不出自己承诺的东西，会让人有种被剥夺的感受。每个人都可以把话讲得很漂亮，承诺得很完美，这样你只会沦为普通的人，令人极度失望。

重振权威：适应性。权威会随着信任和尊重的累积增长。它给予了你一定保持权力的时间，以便实现伟大的目标。但随着年龄的增长，权威会变得僵硬呆板。你变成了父亲的形象，无论过去人们对你的崇拜有多深，你垄断权力的时间有多长，现在都开始显得压抑了。新一代总会出现，你的魅力和光环无法影响他们，你变成了老家伙。随着年龄的增长，你不希望受到轻视，也出现了偏执和专制的倾向。在无意识的情况下，你开始觉得自己是有资格坐在这里的，人们也会感觉到这一点。但是，公众总希望看到新鲜的东西和新鲜的面孔。

为了避免这种情况发生，首先是要保持伊丽莎白一世表现出来的敏感性，注意人们言语背后的情绪，衡量自己对新人和年轻人的影响力。最可怕的事应当是失去这种同理心，这代表着声誉已经将你紧紧包裹了起来。

第二步是寻找新的市场和受众，逼迫自己去适应。有可能的话，试着扩大自己的权威范围。不要勉强自己吸引那些你无法理解的年轻群体，落得出丑的下场，但可以试着逐步改变自己的风格。在艺术领域，巴勃罗·毕加索、阿尔弗雷德·希区柯克和可可·香奈儿成功的秘诀都在于此。对五十岁以上的人来说，这样的灵活性会为你带来一种神圣和不朽的感觉，这意味着你的灵魂依然鲜活开放，权威也会因此重振。

内部权威

每个人都有更高等和更低等的自我。在生活中的不同时刻，总会有一部分占据主导地位。当我们完成工作，完成由自己发起的事时，可以感受到更高等的自我出现了。当我们将他人置于自己之前，放下了自我，不仅对事件做出反应，甚至能后退一步进行思考并制订最佳前进策略的时候，也会感受到更高等的自我。同样，更低等的自我也在不断翻滚着，当我们将一切都看成在针对自己，变得格外小气，通过上瘾来逃避现实、浪费时间，或是感到困惑、没有动力的时候，更低等的自我就出现了。

虽然这两方面总是来回切换，但如果仔细观察自己，就不得不承认更低等的自我更加强大。它是人天性中更原始、更动物化的部分。如果没有外界逼迫，人会很自然地变得懒散，追求简单易得的快乐，向内转向，为琐碎的事而烦恼。要想驯服更低等的部分，展现出更高等的部分，往往需要付出巨大的努力，并且有很强的自我意识，它并不是人类的本能冲动。

为了使双方的斗争更加平衡，让天平向翘起的一方倾斜，其关键是培养内部权威。这是更高等自我的声音，它本身就已经存在，有时可以听到它微弱的响声。我们需要提高自己听到它的频率和音量。将这个声音看作一种行为准则，每天都倾听它。它会告诉我们以下几点。

你有责任为所处的文化和时代做出贡献。如今的人生活在过去数百万人的成果之上，是他们让你的生活变得无比轻松。你还受益于数千年经验智慧汇聚而成的教育成果。但人很容易将这一切视为理所应当，想象着这都是自然而然的事，自己本就应当享有这些权利。这是被宠坏的孩子的观点，这种观点是可耻的。世界需要不断改善更新，你的人生不仅仅是为了满足自己的欲望，消费他人的成果，而是为了创造和贡献，也是为了达到更高的目标。

为了达到这个更高的目标，要培养自己独特的一面。不要再听别人说你是谁，应该喜欢什么，厌恶什么。由自己来对人和事做出判断。问问自己为什么会有这样的想法和感受，彻底了解自己与生俱来的兴趣和倾向，了解哪个领域对你产生了天然的吸引力。每天都努力提升与独特性和目标相契合的技能。通过创造独特的东西来增加文化的多样性，拥抱自己与众不同的一面。如果不遵从这一点，有时你可能会感到抑郁，这是一种召唤你倾听内心权威的声音。

在充满干扰的世界中，集中精力分清优先次序。某些活动就是在浪费时间。一些品质低下的人会拖累你，要注意避开他们。紧盯自己的长期和短期目标，保持专注和警觉。允许自己带着创造的初衷探索和徘徊，但潜在目标一直是存在的。

在工作中坚持最高标准。越努力追求卓越，越能做出让公众产生持久共鸣的东西。如果没能达到这一点，就会让观众失望，让自己感到羞愧。为了维持这一标准，要培养自律性和适当的工作习惯。要对工作细节予以高度关注，对努力给予高度评价。第一个冒出来的念头往往是不完整、不充分的，要对这想法进行更彻底深入的思考，有些是注定要放弃的。不要执着于最初的想法，适当时需要狠心抛弃。生命非常短暂，很可能在某一天戛然而止。要以紧迫感充分利用这有限的时间。你不需要截止时限，也不需要别人告诉你该做什么，何时需要完成。所有的动力都源于内心，源自独立自主的个体。

说到这种内部权威要如何运作，达·芬奇可谓我们效仿的对象。他的人生格言是“苛刻的严谨（ostinato rigore）”。每当他接受了委托任务，都会超级仔细地研究每个细节，使作品更加逼真。没人要求他这样做，但他很勤奋，对自己也很苛刻。虽然他的兴趣范围很广，但对每个特定问题都非常专注。他拥有一种为人类进步做出贡献的使命感。在内部权威的影响下，他超越了自己私生子出身的限制，超越了年幼时没有人生方向也没有接受太多教育的局限。这样的声音同样会帮助我们超越生活道路上的重重障碍。

乍看起来，这种内心的声音会让生活变得严苛且不快乐，但事实恰好相反。目睹岁月流逝而毫无方向感，目标在眼前不断变化，挥霍自己的青春活力才更让人迷茫和沮丧。外部的权威有助于保持群体统一，将能量引向更有效率和更高级的目标，内部权威也会带来凝聚力和力量。你不会因为没有发挥自己的潜力而感到焦虑。

更高等的自我逐步上升，便可以对更低等的自我稍稍放纵一些了，在某些时刻它能舒缓紧张的情绪，但不会将你变为阴影的俘虏。更重要的是，你不再需要父母或领导的安抚和指导。你自己已经变成父母和领导，变成了真正独立、依靠内部权威生活的人。

> 那些脱颖而出的优秀之人因其内心需求，对自己提出了严格的要求，总是需要超越自己并甘之如饴……我们要把优秀之人与普通之人区分开，前者对自己有很高的要求，后者对自己放任自流且相当自得。与人们的直觉相反，优秀之人……过普通的生活会相当煎熬。除非能为某种超然之事做出贡献，否则生活之于他们来说毫无滋味。因此，他们不会认为做出贡献就是压迫。如果没有这种必要，他们会变得焦躁不安，定下更高难度、更苛刻的新标准来要求自己。这种磨砺的生活即是高尚的生活。
>
> ——何塞·奥尔特加·加塞特

第十六章
看清友好背后的敌意：攻击法则

从表面上看，周围都是有礼貌、讲文明的人。但在面具之下，每个人都不可避免地遭受着挫折。大家都需要对他人施加影响力，在环境中获得权力。如果在这个过程中感到受阻，人们常常会以操纵性的手段进行自我维护，令你大吃一惊。还有些人对权力的需求极其迫切，变得很有攻击性，会通过恐吓他人达到自己的目的，而且为达目的不择手段。你需要变成卓越的观察者，看看人们有哪些未被满足的攻击欲望，特别要注意习惯性攻击和被动攻击等比较危险的类型。他们会令你产生害怕、愤怒的情绪，以至于无法思考。不要给予对方这样的权力。在处理自身的攻击能量的时候，要学会驯服和引导它，自己站出来，用这股强劲的能量来解决问题，实现伟大的雄心壮志。

复杂的攻击者

一八五七年年底，居住在俄亥俄州克利夫兰的二十八岁英国人莫里斯·B. 克拉克做出了自己生命中最重要的决定：他要辞掉农产品公司高级经销商的舒适工作，在这一领域开辟自己的事业。他有野心成为这座繁华城市中的另一个百万富翁，而且他充满信心。因为自己有能力，又有敏锐的嗅觉。

克拉克十年前袭击了自己的雇主，将对方打昏在地（他脾气有点儿大），由于担心被拘捕而逃离了英国。他移民到美国，从纽约来到西部，打了各种各样的零工，终于在克利夫兰落脚，很快成了一名商人。克利夫兰是一座繁荣的城市，位于一条河与伊利湖畔，是连接东西部的重要交通枢纽。对克拉克来说，再没有比这更好的发财机会了。

如今只有一个问题，没有足够的启动资金。他需要一个有资本的合伙人，想到这里他有一个人选，那是一个叫约翰·D. 洛克菲勒的年轻人，克拉克几年前在一所商学院里认识了他。

乍一看这个选择有点儿奇怪。洛克菲勒当时只有十八岁，在一家名为休伊特和塔特尔的大型农产品运输公司担任簿记员，他在很多方面都与克拉克截然相反：克拉克热爱生活，喜欢华丽的东西，喜欢赌博，喜欢女人；他是个精力充沛且好斗的人。洛克菲勒则笃信宗教，有着与年龄不相称的冷静和温和。他们怎么可能相处得来？克拉克计算过，合伙人要拿出至少两千美元才能让公司运作起来。一个家境贫寒的簿记员怎么会有这样的积蓄？另外，在休伊特和塔特尔公司工作的两年里，洛克菲勒获得了城里最高效、最诚实的文员的赞誉，是个可以依靠的人，每一分钱的花费都能解释得清，可以保持公司收支平衡。更重要的是，洛克菲勒这么年轻，克拉克可以完全主导二人的关系。此人值得一试。

令克拉克惊讶的是，当他向对方发出邀请后，洛克菲勒不仅以极大的热情抓住了这个机会，而且很快就拿出了不知从哪里筹措出的两千美元。他辞去了工作，这家名为克拉克和洛克菲勒的新公司于一八五八年四月开始营业。

在最初的几年里，克拉克和洛克菲勒公司欣欣向荣。二人相互制衡，在克利夫兰做了很多生意。但随着时间的推移，克拉克对这个年轻人越来越恼火，甚至有点儿鄙视他。他比克拉克想象得更加刻板，又没有明显的恶习。他的主要乐趣似乎都来自妥善保管的会计账簿以及寻找省钱的办法。虽然他还很年轻，但由于日夜翻阅账簿，总是一副颓丧的模样。他穿得像个中年银行家，行为也很像。克拉克的哥哥詹姆斯也在办公室工作，戏称他为“主日学校的督学”。

慢慢地，克拉克觉得洛克菲勒实在太过沉闷，不适合充当公司的门面。他从克利夫兰的一个精英家庭找了一个新的合伙人，想要把洛克菲勒的名字从公司中删掉，希望能带来更多的生意。令人惊讶的是，洛克菲勒似乎并不反对这样做，他完全同意多赚钱，对头衔并不感兴趣。

他们的农产品生意兴隆，但不久之后，一种新的大宗商品火遍了克利夫兰，引发了该地区的淘金热——在附近的宾夕法尼亚州西部发现了丰富的油脉。一八六二年，一位名叫塞缪尔·安德鲁斯的年轻英国人来到他们的办公室，他是克拉克在英国认识的发明家兼企业家，此番是为了恳求克拉克成为自己石油业务的合作伙伴。他吹嘘石油有无限的潜力，可以作为原材料制造出一系列收益可观的产品，而成本又很低。只要有一点儿资金，他们就可以开办自己的炼油厂，大赚一笔。

克拉克的反应很冷淡，这个行业波动太大，价格上蹿下跳，似乎不是入场的好时候，最好不要涉入太深。但随后安德鲁斯又向洛克菲勒做了介绍，这个年轻人的眼中似乎有什么东西在闪光。洛克菲勒说服克拉克为炼油厂提供资金，他会亲自监工。克拉克从未见过洛克菲勒对任何事情如此热心。他想，这一定意味着什么，于是便屈从于两人的意见。一八六三年，他们成立了新的炼油企业，取名为安德鲁斯与克拉克公司。

这一年，克利夫兰出现了二十家炼油厂，竞争非常激烈。克拉克发现观察洛克菲勒的举动非常有趣。他会花几个小时在炼油厂里扫地、擦拭金属、滚油桶、堆放铁环。他仿佛陷入了恋爱一般一直工作到深夜，想要找出精简炼油的方法，赚取更多的钱。这里已经成为他们主要的利润来源，克拉克不禁庆幸自己同意资助了这家公司。但石油已经把洛克菲勒迷住了，他不断向克拉克提出新的扩张想法，而此时石油价格的波动达到了历史巅峰。克拉克希望他们能走得慢一点儿，石油生意的混乱让他很不安。

克拉克发现自己越来越难以掩饰烦躁的情绪：洛克菲勒因为炼油厂的成功有点儿膨胀了。克拉克不得不提醒这位前簿记员他们的生意到底是谁在拿主意。他不停地对洛克菲勒说：“如果没有我，你能做什么？”然后他发现对方没有和自己商量就为炼油厂借了十万美元，于是愤怒地命令对方不可以背着自己做事，不要再扩大业务。但无论他说什么、做什么似乎都不能阻止对方。作为一个如此安静且不苟言笑的人，洛克菲勒可以让人感到很讨厌，仿佛是个无情无义的孩子。克拉克斥责他几个月后，洛克菲勒又提出了签署大额贷款的要求，克拉克终于爆发了：“如果这就是你做生意的方式，我们最好散伙，你自己做适合你的事去吧。”

克拉克不想在这个时候破坏合作关系，虽然对方让自己不爽，但生意的利润太高了，他需要洛克菲勒来打理不断壮大的公司中各种枯燥的细节。他只想用这种方式来恐吓对方，似乎只有这样才能让他在狂奔的炼油厂业务上有所收敛。像往常一样，洛克菲勒什么都没有说，似乎是把事情放下了。

接下来的一个月，洛克菲勒邀请克拉克和安德鲁斯到他家讨论未来的计划。尽管克拉克之前有种种告诫，但洛克菲勒还是提出了更大胆的扩大炼油厂的想法，克拉克再一次无法控制自己：“我们散伙算了！”他大声喊道。奇怪的事发生了，洛克菲勒同意了，并且让克拉克和安德鲁斯确认解散伙伴关系。他这样做的时候没有带丝毫的愤怒或怨恨。

克拉克经常打牌，他觉得洛克菲勒肯定是在虚张声势，想逼他就范。如果自己拒绝让这个年轻人扩张业务，洛克菲勒一定会退缩。他不可能自己做生意，他需要克拉克。他一定会认识到自己的轻率，要求恢复合作关系。这样一来，洛克菲勒会学会谦卑，自己可以提出条件，让对方服从自己的领导。

然而令他惊讶的是，第二天报纸上就刊登了他们散伙的公告，显然是洛克菲勒发布的。当克拉克当天晚些时候与他对质时，洛克菲勒平静地回答说，他只是把他们前一天商定的事情付诸行动，这本来就是克拉克的主意，而且他认为克拉克是对的。他建议他们举行一次拍卖，把公司卖给出价最高的人。这种沉闷的、商业化的态度让人非常恼怒。不过在这一点上，拍卖并不是坏事，克拉克会出价更高，一劳永逸地摆脱这个让人难以忍受的人。

一八六五年二月拍卖当天，克拉克请了一位律师，而洛克菲勒是自己来的，这再次表明了他傲慢且不成熟。价格不断攀升，最后洛克菲勒出价七万两千五百美元，这是一个相当荒谬和令人震惊的价格，克拉克不可能负担得起。洛克菲勒怎么会有这么多钱，没有克拉克，他怎么可能把生意做下去？他显然已经昏了头。如果他真的愿意且能付得起这么多钱，就让他拿去吧，这样就可以摆脱他了。作为变卖的一部分，洛克菲勒拿到了炼油厂，但不得不放弃农产品业务，而且没有任何补偿。尽管克拉克对安德鲁斯继续与洛克菲勒合作感到不安，但整体还是非常满意。

然而在接下来的几个月里，莫里斯·克拉克开始复盘这件事：他开始有一种不安的感觉，洛克菲勒好像已经计划这件事几个月，甚至超过一年了。他一定是在拍卖之前就向银行贷了款，才能付得起这么高的价格。他肯定也提前就让安德鲁斯站在自己那一边。炼油厂归他所有的那一天，克拉克从他眼睛中看到了一种得意的神情，是克拉克从未在这个清醒的年轻人身上看到过的。那种安静而沉闷的外表只是在演戏吗？随着时间的流逝，洛克菲勒一举积累起巨大的财富，克拉克不禁怀疑自己是不是被耍了。

奥利弗·H. 佩恩上校在克利夫兰相当于贵族，出身显赫，是该城市的创始人之一。他曾就读于耶鲁大学，还是一名受勋的内战英雄。战后，他创办了几家成功的商业企业，在有“百万富翁之街”的欧几里得大道上有最好的豪宅。但他在政治方面有更大的野心，认为自己应当竞选总统。

他的生意做得很好，拥有城里第二大的炼油厂。但在一八七一年年底，佩恩开始听到一些奇怪的传言，说一些炼油厂老板和最大的铁路公司之间达成了某种协议：铁路公司要为加入某个秘密组织的特定炼油厂降低费率，以换取一定的运输量。那些没有加入该组织的炼油厂的费率会上升，生意会越来越难做，甚至做不下去。而这个协议背后最大的炼油厂主不是别人，正是约翰·D. 洛克菲勒。

洛克菲勒在克利夫兰已经扩张到了两个炼油厂，并且将公司重新命名为标准石油公司。该公司是美国最大的炼油企业，但即便是在克利夫兰如今的二十八家炼油厂里，竞争依然非常激烈。由于生意兴隆，越来越多的百万富翁开始在欧几里得大道上建造自己的豪宅。但如果洛克菲勒控制了进入这个新组织的入口，就可以给竞争对手造成巨大的损失。在流言之下，洛克菲勒与佩恩在克利夫兰的一家银行里进行了私下会面。

佩恩很了解洛克菲勒。他们相隔两周出生，在同一所高中上学，在欧几里得大道上住得也很近。他钦佩洛克菲勒的商业智慧，同时也对他有所畏惧。洛克菲勒是那种在任何事情上都不能忍受失败的人。如果有人坐着马车从他身边经过，他一定会鞭打自己的马超过对方。他们在同一个教堂做礼拜；佩恩知道他是高度有原则的人，同时也相当神秘。

在会面中，洛克菲勒告诉佩恩，他是第一个知道这个秘密的局外人，这个组织叫南方改良公司（SIC）。洛克菲勒声称，铁路公司为了增加利润提出了成立 SIC 的想法，他确实别无选择，只能加入这个协议。他并没有邀请佩恩加入 SIC，相反，他提出以一个非常好的价格收购佩恩的炼油厂，并且提供一大笔标准石油公司的股票，这肯定是一笔不小的财富，还能让他成为拥有显赫头衔的高级管理人员。这种方法比与标准石油公司竞争能赚到更多的钱。

洛克菲勒说得非常礼貌，他会继续扩张公司，为野蛮的石油工业带来急需的秩序。这是一次十字军东征，他邀请佩恩成为标准石油公司内部的一名十字军战士。这种陈述方式很有说服力，但佩恩却犹豫不决。在面对石油这样不可预测的生意时，他也有过气急败坏的时候，但从未想过要出售炼油厂，一切都太突然了。洛克菲勒感觉到他的犹豫不决，给了他一个非常同情的眼神，并且给了对方一个查看标准石油公司账簿的机会，让他看看抵抗是徒劳无益的。佩恩无法拒绝这一提议，短短几个小时内他看到的情况令人大吃一惊。标准石油公司的利润率比他自己的高得多。不必担心这家公司能不能超过其他竞争对手。对佩恩来说，这已经足够了，他接受了洛克菲勒的提议。

佩恩出售炼油厂的消息以及关于 SIC 组织的谣言越来越多，彻底让该城其他的炼油厂老板不安了起来。有了佩恩的炼油厂，洛克菲勒的地位更加稳固了。

几周之内，洛克菲勒造访了城里另一家大型炼油厂福西特和克里奇利的J. W. 福西特。他此番的说辞比给佩恩介绍的情况更难听。洛克菲勒说：生意太难预测了，克利夫兰离产油城更远，炼油厂从那里运输原油要支付更多的费用，他们的处境非常不利；随着石油价格的不断波动，他们中的许多人会破产。洛克菲勒要把他们整合起来，让克利夫兰在与铁路部门的较量中多一些筹码；他是在帮他们的忙，让大家从巨大的商业负担中解脱出来，随着SIC的成立，他们一定会破产，而他让大家都拿到了钱。

给福西特炼油厂开出的价格自然没有给佩恩的那么丰厚，能给出的标准石油公司内的股份和地位也是如此，福西特自然不愿意出售，但他看到了标准石油公司的账目，一下就投降了。

越来越多的炼油厂厂主迎来了洛克菲勒的造访，他们一个接一个地屈从了，坚持只会让自己在谈判中处于弱势地位，因为洛克菲勒开出的价格越来越低。有一位名叫艾萨克·休伊特的老板就很坚持，他曾经是洛克菲勒的老板，当时洛克菲勒还是刚刚步入社会的簿记员。这样低廉的出售价会毁掉休伊特。他向洛克菲勒求情，希望对方放自己一条生路。洛克菲勒一向温和有礼，他说对方在未来不可能与标准石油公司竞争。他解释说："我有赚钱的办法，而你对此一无所知。"最终休伊特以预期价位的一半卖掉了炼油厂。

到三月中旬，SIC的存在已经公开化，要求解散组织或诉诸法律的压力越来越大。铁路公司同意了，洛克菲勒也同意了，但他似乎并未对此感到不安。事情解决了，SIC消失了，但在接下来的几个月里，克利夫兰的一些人开始怀疑是否一切都不是表面上的那样。SIC从未存在过，它只是一个谣言，背后的始作俑者似乎一直是标准石油公司。与此同时，洛克菲勒实施了所谓"克利夫兰大屠杀"行动，在短短几个月的时间里收购了不在自己控制范围内的二十六家炼油厂中的二十家。欧几里得大道上许多百万富翁的豪宅都被卖掉或封了起来，因为洛克菲勒把他们从这个行业赶了出去。虽然他表现得好像是铁路公司在对SIC发号施令，但也许事实恰恰相反。

在接下来的几年里，铁路行业对标准石油公司日益增长的力量产生了巨大恐惧。在"克利夫兰大屠杀"之后，洛克菲勒对匹兹堡、费城和纽约的炼油厂采取了同样的方法。他的方法总是那一套：先瞄准每个城中最大的炼油厂，给他们看账本，这些账本给人留下极深的印象，于是大鱼们先投降了，然后再向其他人灌输恐慌情绪。对于那些坚持的人，他会无情地压价，把他们赶出市场。到一八七五年，洛克菲勒控制了美国所有的主要炼油中心，几乎垄断了全世界的用于照明产业的煤油市场。

这样的地位使他对铁路费率产生了巨大的影响力，更糟糕的是，洛克菲勒开始主导管道业务了，这是运输石油的另一种方式。他在宾夕法尼亚建造了一系列管道，并且控制了几条铁路，帮助他把石油运往东海岸，这样他就拥有了自己的运输网络。如果没有人出面阻止，他的地位将无可撼动。宾夕法尼亚州铁路公司的总裁汤姆·斯科特对此非常恐慌，该公司是当时美国最大最有实力的公司。

斯科特的一生非常精彩。南北战争期间，他曾担任林肯的战争助理部长，保障铁路顺利运行，协助北方作战。作为宾夕法尼亚州铁路公司的负责人，他有野心扩大公司的影响力，但洛克菲勒拦住了他的去路，现在是时候与标准石油公司开战了。

斯科特拥有足够的资源来对付洛克菲勒，他有一个计划。在过去的几年里，他看穿了洛克菲勒的伎俩，自己也建设了庞大的管道网络，与自家的铁路配合将石油运输到炼油厂。他准备加紧铺设新的管道，继续收购新的炼油厂，建立自己的竞争网络，确保铁路有足够的业务量遏制洛克菲勒的扩张，然后进一步削弱对方的力量。但随着他的态度日益明朗化，洛克菲勒做出了出人意料的反应，相当令人震惊。标准石油公司几乎关闭了其在宾夕法尼亚州的所有炼油厂，斯科特的管道和铁路几乎没有石油可运。如果他确实有一些石油，也会以很低的价格卖给其他炼油厂，而且不在乎价格压到多低。他让斯科特很难得到润滑火车引擎和车轮必需的石油。

宾夕法尼亚州铁路公司在这场运动中过度扩张，亏损的速度非常快，但洛克菲勒同样也有不少损失。他们的目标似乎变成了相互残杀。斯科特在其中陷得很深，无法退出战争，他不得不削减成本，解雇了数百名铁路工人，给留下来的人降低工资。他的工人报复性地发动了一场全面的铁路罢工，场面很快就变得血腥而暴力，全州的工人摧毁了数千辆宾夕法尼亚铁路的货运车辆。斯科特虽然进行了残酷的报复，但罢工依然在继续，公司的股东们也越来越紧张。在这期间，洛克菲勒似乎没有受到任何干扰，继续施压，他没有什么可失去的。

斯科特已经受够了。不知洛克菲勒是怎样承受这巨大的损失的，自己已经撑不下去了。他已经没有钱了，不仅同意停止争斗，还不得不把自己绝大部分的炼油厂、储油罐、汽船和管道卖给对方。他没有办法从这场羞辱性的、突如其来的失败中恢复过来，一年后他中风了，几年后就去世了，享年五十八岁。

虽然此时洛克菲勒已经完全控制住了石油业务，但一个名叫拜伦·本森的商人兼工程师想到了一个针对这不断扩张的帝国的破坏办法。洛克菲勒有巨大的资源为自己所用，但他无法与技术进步相抗衡。洛克菲勒的优势在于管道相对比较短，最长也只有四十八千米。他可以在整个宾夕法尼亚州铺设管道网络，控制炼油厂和管道之间的铁路，从而占据主导地位。即便有人拥有独立的输油管道，某些时候也要依靠标准石油公司把石油运到其他地方去。

如果本森设计出一种新的长管道，从宾夕法尼亚西部的油田一直延伸到东部沿海地区呢？这样他就可以绕过洛克菲勒的网络，直接以低价向东海岸少数独立的炼油厂输送石油。这能够阻止洛克菲勒的势头，有了更多这样的长距离管道，标准石油公司的竞争对手便能以更公平的条件与其进行竞争。

这并不容易。管道需要新技术帮助石油在越过山丘和山脉时向上流动，而本森一直在这方面进行研究。洛克菲勒树敌太多，许多人担心他的垄断地位越来越严重，因此本森从投资者那里筹集到了很多资金，足以建造这条昂贵的管道。

本森将公司命名为潮水管道公司并于一八七八年开始施工。但他不得不立即开始处理对方阴险的阻碍行动。本森要使用铁路罐车将沉重的材料运到施工现场，多年来，洛克菲勒已经买下了大量这样的罐车，几乎垄断了市场。无论本森去哪里寻找油罐车，都会发现这些车背后的控股公司是标准石油公司。他只能找其他运输材料的方法，这增加了成本，也浪费了宝贵的时间。但这些令他的信念更加坚定，一定要超越洛克菲勒。

但这仅仅是一个开始。本森要让路线尽可能简单以节省资金，这就需要穿过马里兰州。此时有消息称，洛克菲勒通过大量的贿赂已经让马里兰州的立法机构给了标准石油公司独家的管道特许权。这意味着潮水管道公司只能绕道宾夕法尼亚州北部更远的丘陵甚至山区，路线更加曲折，造价更加昂贵。

然而，最具威胁性的打击还是到来了。洛克菲勒突然开始疯狂置办地产，在宾夕法尼亚州购买了大片农田，正好挡住了潮水公司向海洋进军的道路。对标准石油公司来说，似乎没有代价太高这种说法。本森尽其所能进行反击，自己也开始购买土地，但该地区的农民开始传言，如果他们把土地卖给潮水公司会有危险，因为如此长的管道会发生泄漏，毁掉他们的庄稼。显然，标准石油公司是这些谣言的来源，而谣言确实产生了影响。

对本森来说，洛克菲勒就像一个无理取闹的、如影随形的恶魔，从各个方向攻击自己，不断加大成本和力度。但本森也可以同样无情地进行报复。如果洛克菲勒买下了整个山谷，本森就让线路改道，即便要翻越更多的山丘，把线路修成可笑的“之”字形也在所不惜，管道一直向东推进，最终在一八七九年五月到达了海岸。

然而管道投入使用后，没人能预测这条精心设计的输油系统究竟能否将石油运上陡峭的山峰。慢慢地，第一股原油流过管道，登上了最高的山峰，七天后第一滴油抵达了终点。潮水管道成了当时最伟大的工程之一，本森一夜之间成了英雄，终于有人战胜了标准石油公司，能与之抗衡。

然而令本森惊讶的是，洛克菲勒还在继续施压。潮水公司此时已经入不敷出，资金所剩无几，但洛克菲勒却大幅降低标准石油公司自己的管道和铁路的费率，几乎是免费运输石油。潮水公司找不到一滴可以运输的石油，公司陷入了困境。一八八〇年三月，本森终于撑不住了，他与标准石油公司达成协议，以自己能谈到的最优惠的条件将两家公司合并。但这只是第一步，在接下来的几个月里，洛克菲勒购买了潮水公司的大量股份，使其完全处于自己的控制之下。就像之前的无数人那样，抵抗洛克菲勒的过程只能让他更加强大，更加战无不胜。谁能指望着与这样一股不可战胜的力量抗衡呢？

十九世纪八十年代，市场对房屋和办公室照明的煤油需求有了爆炸性增长，洛克菲勒控制了市场。在美国各地的城镇中，杂货商和零售商注意到标准石油公司推出了革命性的新体系。他们在全国各地设立了储油罐，补贴了油罐车，把煤油运到每个城镇中。标准石油公司的销售人员不仅会向商店销售公司的煤油，还会挨家挨户以最低的价格直接向房主出售加热器和炉子。

这对当地很多零售商的生意都是威胁，当他们提出抗议的时候，标准石油公司的代表会告诉他们，如果零售商同意只销售本公司的产品，他们便不再干预。如果拒绝这样做，公司会在这里开设自己的杂货店，以极低的价格将不听话的店主赶走。在某些地区，愤怒的零售商会转而投奔竞争对手的公司，比如共和石油公司，该公司专门向憎恶洛克菲勒的零售商出售产品。但他们并不知道，这家共和石油公司也是标准石油公司秘密成立的。

鉴于以上种种行径，洛克菲勒树敌越来越多，但其中最顽固和狂热的当属乔治·赖斯，他在俄亥俄州维持着一家小型独立炼油厂。他想让立法者对标准石油公司进行调查，并且出版了一份名为《黑死病》的通讯，汇编了各种抨击洛克菲勒的文章。为了找到赚钱的办法并对洛克菲勒表示鄙夷，他决定亲自前往若干城镇销售自己的石油，绕过垄断的市场新体系。

标准石油公司自然不会将他放在眼里，他销售的石油数量实在少得可怜，即便成功也掀不起任何风浪。但是，当他设法将仅有的七十桶煤油卖给路易斯维尔的一个零售商时，突然得知曾经同意为他运输石油的铁路现在拒绝为他运输产品。他知道谁是幕后黑手，但还是设法找到其他更昂贵的方式来运输石油。

他又来到路易斯维尔附近的另一个小镇，却发现标准石油公司的推销员已经预见到了他会出现，并且小心地一点点压低他的售价。此时他只能去南方更远的小城镇了，但又被标准石油公司的人挡住了去路，很快他连一滴油都卖不出去了。周围仿佛四处都是间谍，跟踪他的足迹。但更重要的是，他感觉到洛克菲勒本人无处不在，他显然知道自己的各种小动作，而且要不惜一切代价粉碎这个最小的竞争对手。此时，赖斯终于意识到了自己面对的是什么，他放弃了斗争，回到家乡。

二十世纪初，洛克菲勒辞去了标准石油公司负责人的职务，美国公众开始注意到了他。他是迄今为止世界上最富有的人，世界上的第一个亿万富翁，但鉴于他的竞争方式和垄断故事，人们对他的性格产生了怀疑。他变成了声名狼藉的隐士，很少有人知道他的具体活动。众多的敌人中，有人发起了一系列的法庭诉讼，想要打破标准石油公司的垄断地位。洛克菲勒被迫出庭做证，令公众惊讶的是，他根本不是人们设想的魔鬼般的样子。正如一位记者报道的那样："他似乎是亲切与光明的化身。外界很难搅动他的平静……他的态度时而是温和的责备，时而是友好的劝说，他从未发过脾气或显出不高兴的模样。"

他变成了世界上最慷慨的慈善家，公众对他提供的廉价石油大为赞赏，改变了对他的看法。毕竟作为标准石油公司的大股东，他有巨大的影响力，并且同意打破自身的垄断地位。但他们不知道的是，他依然在幕后操纵着，寻找法律漏洞，用秘密协议来维持垄断和控制。没人能够阻挡他的道路，政府也没有这个可能。

解析：约翰·D. 洛克菲勒崛起的故事是历史上最引人注目的故事之一。在很短的时间内（大约二十年），他从社会底层（他的家庭曾经很贫穷）成为美国最大公司的创始人和所有者，并且在不久之后成为世界上最富有的人。在这个过程中，他被笼罩在各种神话之中，这种情况很常见。要么他是恶魔，要么他是资本主义之神。但是在这些情绪化的反应背后，有一个简单的问题尚无答案：一个资源很少的人如何在如此短的时间内积累了这样大的力量？

如果仔细观察就会得出结论，他并没有极高的智慧、特殊的天赋或创造性的品质。这些特质他确实有一部分，但没有强大到能够解释这离谱的成功结果。事实上，我们可以将他的成功归因于绝对的意志力，这种意志力完全掌控了他遇到的所有情况和每一个竞争对手，而他也抓住了每一个机遇。我们将这种能量称为攻击性能量。这种能量当然有其价值（参见本章最后一节），洛克菲勒也有造福当时社会的一些成就。但这种能量也促使他垄断了一个复杂行业中几乎所有的利益，消灭了所有的对手和潜藏的竞争，让法律为自己所用，让一切做法都符合自己的愿望，最终抑制了该领域的创新。

我们将他的故事中情感的部分剥离掉，只将他视为一个标本，帮助我们理解极具攻击性的人有怎样的特征，以及为什么大量的人会服从他们的意志。通过这种方式，我们也可以学到一些关于人性的宝贵经验，以及要如何抵抗那些总想垄断权力、损害他人利益的人。

洛克菲勒成长的环境很特殊。他的父亲威廉是一个臭名昭著的骗子。从一开始，父亲就给这个家庭带来了相当不愉快的模式：他将把妻子伊丽莎白和四个孩子（约翰是长子）留在纽约西部简陋的小屋里好几个月，自己则四处游荡行骗。这段时间里家里没有足够的生活费，伊丽莎白不得不对每一分钱精打细算。随后，父亲会带着一沓现金和礼物重新出现。他很有趣（很会编故事），但有时候也很残忍，甚至有暴力倾向。然后他又会离开，重复这样的模式。家人不知道他何时会回来，无论他在不在都让人感到很紧张。

青少年时期，约翰就必须去工作，他需要给家庭带来一些稳定的收入。随着事业的发展，他仍无法摆脱童年时困扰自己的焦虑，急切地想让环境变得有秩序、可预测。他把自己深深埋在会计账簿里，没什么比上面的盈亏数字更容易预测了。同时，他确实对发家致富有很大兴趣，父亲给他灌输了一种对金钱的本能的热爱。

因此，当他第一次了解到炼油厂可以做哪些事的时候，看到了巨大的机会。但是，石油业务对他的吸引力乍一看似乎相当奇怪。那是狂野西部一样的市场环境，完全处于无政府状态，财富可以在几个月的时间内积累起来，也可能会突然失去。在很多方面，石油就像他的父亲一样，让人很兴奋，可能带来突如其来的财富，但也行事诡异难以预测。他不自觉地被这些因素吸引了，重温童年时的恐惧并通过对石油工业严格控制来克服这些恐惧。这就像是征服了父亲本人一样，混乱只会刺激他继续攀登，用加倍努力的工作来驯服它的野性。

因此在创业的最初几年，我们就可以看到推动他后来所有行动的因素——对控制有压倒性的需求。任务越是复杂困难，他越会不遗余力地实现它。从这一需求中又产生了第二个需求，这一点同样重要，他需要向世界和自己证明侵略性行动是正当的。洛克菲勒是个笃信宗教的人。如果驱动他的原动力是控制他人并以此为目标筹集巨额资金，他是无法接受的。这样的自己太丑陋，没有灵魂。

为了压制这种想法，他构建了我们所谓攻击者的叙述方式。他要说服自己，对权力的追求只是为了达到某种更高的境界。当时在教徒中存在一种信念：赚大钱是上帝赐予恩典的标志。有了财富，宗教人士便可以回馈社会，支持当地的教区建设。而洛克菲勒在这方面走得更远，他认为在石油行业中建立秩序是一项神圣的使命，就像对宇宙发出指令一样。他所经历的是一场十字军东征，可以为美国家庭带来廉价稳定的产品。把标准石油公司变成垄断企业，与他深刻的宗教信仰完美融合在了一起。

他真心相信这个十字军东征的设定，因此良心丝毫没有受到影响，无情地操弄和破坏竞争对手的事业、贿赂立法者、粗暴地践踏法律、假意组建标准石油公司的对手企业、引发利用罢工暴动（针对宾夕法尼亚铁路公司），这在很长一段时间内都对他很有帮助。由于相信这种说法，他的精力更加充沛，更加咄咄逼人，面对他的人可能会有些困惑，也许他做的事确实有些好处，毕竟他不是个恶魔。

最终，为了实现自己控制的梦想，洛克菲勒把自己变成了优秀的读心者，极其擅长揣摩人的心理。对他来说，衡量各种竞争对手时，最重要的就是评估对方的意志力和韧性。他可以从对方的肢体语言和行动模式中感受这一点。他断定，大多数人都相当脆弱，会被情绪所左右，十分善变。他们希望生活中的事都能轻易解决，会走向阻力最小的那条路。他们并不喜欢进行持久的斗争，只是想要获得金钱，因为它能带来快乐、舒适、游艇和豪宅。他们想要看起来很强大，沉迷于自我满足，同时对困惑和沮丧感到害怕，如果能提供一条容易的出路，他们会向更强大的意志投降。如果对方生起气来就更好了，愤怒会很快将他们燃烧殆尽，而洛克菲勒总是想得非常长远。

看看他是怎样对付自己的每个对手的。和克拉克在一起的时候，他小心翼翼地应对着对方的傲慢，故意让他变得暴躁，这样为了摆脱自己，对方会不假思索地同意拍卖。

佩恩上校是个虚荣而贪婪的人，只要给足金钱和漂亮的头衔，他就会心满意足地将炼油厂交给洛克菲勒。对于其他炼油厂厂主，可以利用 SIC 这个方便的工具给大家灌输对未来不确定的恐惧心理，煽动孤立和软弱的情绪，散播恐慌。是的，他的炼油厂确实营利能力更强，正如账本显示的那样，但其他业主并没有想到洛克菲勒本人也和自己一样容易受到业务起伏的影响。只要他们团结起来进行抵抗就能够对其进行反击，但他们实在太情绪化了，根本无法思考，轻易地交出了自己的炼油厂。

说到斯科特，洛克菲勒判断对方是个急性子，标准石油公司对斯科特在商业中的卓越地位造成了威胁，对此他颇为愤怒。洛克菲勒欢迎斯科特与自己竞争，并且积累了大量现金为战争做准备。他要比对方撑的时间更久。他用非正统的方式让斯科特越来越愤怒，对方也越来越马虎轻率，甚至想要镇压铁路罢工，致自己于更加危险的境地。对本森来说，洛克菲勒很了解对方的性格，他沉迷于自己辉煌的成就，想要靠击败标准石油公司一举获得人们的关注。在他前进的路上设置障碍，只会刺激对方更加努力，同时还要破坏他的财务状况。最后，当他对洛克菲勒无情的碾压感到厌倦时，收购就是很容易的事了。

作为辅助方法，洛克菲勒总会制订方法让对手感到急促和不耐烦。比如克拉克只有一天的时间来安排拍卖事宜。炼油厂主如果不将资产出售，几个月内就会面临厄运。斯科特和本森如果不抓紧时间卷入斗争，资金很快便会枯竭。这会让人更加情绪化，无法制订自己的战略。

理解：洛克菲勒代表了一类你可能会遇到的人格类型。我们将其称为复杂攻击者，与原始攻击者相对应。原始攻击者的燃点非常低，如果有人触发了自卑和软弱感，他们便会爆发出来。由于缺乏自我控制力，这类人在生活中往往走不了太远，会不可避免地欺负和伤害很多人。但复杂攻击者就棘手得多。他们能升上很高的职位并维护好自己的地位，因为知道如何掩盖手法，所以呈现出的外表总能迷惑人心，并且非常善于利用他人的情绪。他们知道大多数人都厌恶对抗或长期竞争，因此可以威胁或消磨对方。他们仰仗的是我们的顺从，也仰仗了自己的攻击性。

你遇到的复杂攻击者不一定像洛克菲勒一样获得了惊人的成功。他们很可能是你的老板、竞争对手，甚至是正在晋升的同事。可以通过简单的方式来识别他们：这类人主要凭借自己进攻性的能量而非特殊才能来达到目的。他们对积累权力的重视程度高于工作质量，会不惜一切来确保自己的地位，对任何竞争者给予无情的打击。他们并不喜欢分享权力。

在与这类人打交道的时候，你往往会变得愤怒而恐惧，扩大对方的存在感，最终被玩弄于股掌之中。你会关注对方邪恶的性格，忽略他们究竟在做什么。最终投降往往是因为他们展现出的幻觉和咄咄逼人的名声。处理这类问题要降低自己的情绪温度。首先关注个体，而非围绕在他身旁的神话或传说。要理解对方的主要动机，也就是获得对环境和周围人的控制权。正如洛克菲勒一样，对控制力的需求掩盖了他巨大的焦虑和不安全感。你必须看到他内心中受惊的孩子形象，他对所有不可预测的事感到恐慌。通过这种方式，你可以把他们的形象缩小，削弱对方恐吓自己的能力。

他们想控制你的想法和反应。关注他们的行动和自己的方法，不要将注意力放在自己的感觉上，这样就可以拒绝对方施加的权力。分析预测对方真正的目标。他们想向你灌输这样的想法：你没有选择，投降才是最好的出路。即便对方是你的老板，必须在当下投降，也可以保持内心的独立，为对方犯下错误或弱势的时刻做好准备，利用他们的脆弱点将其击倒。

看穿对方的叙事，看穿他们精明地转移注意力的意图。他们经常表现得假仁假义，或者说自己是他人的受害者。越是大声宣扬自己的信念，你就越能肯定他们在隐瞒什么。有时他们会显得很有人格魅力，不要受到这种表象的迷惑，要关注对方的行为模式。如果他们曾经从别人那里夺走过东西，现在还会继续这样做。永远不要把这种类型的人当作伙伴，无论他们显得多么友好迷人。他们喜欢利用你努力工作，然后夺取控制权。最好的防御方式是对其实际力量和攻击性意图进行比较现实的评估。

如果要与攻击者进行对抗，也要像对方一样成熟狡猾。不要试图与他们直接对抗。对方是非常无情的人，而且通常有足够的力量在直接对抗中将你压倒。对他们需要智取，寻找意想不到的攻击角度。威胁揭露对方有多虚伪或想要对公众隐藏哪些肮脏的行径。要让对方感觉到与你开战的代价比自己想象得要大，如果只是为了防御，你也不介意弄脏手脚。如果你是特别聪明的人，可以尽量显出弱势的样子，诱使对方进行轻率的攻击。一般来说，最明智的方法是和其他在这类人手中吃过亏的人联合起来，用人数累积力量和优势。

记住，攻击者之所以能够得逞，是因为你担心对抗会失去太多东西。但你必须从长计议，看看自己究竟会失去什么，一旦对方占据了主导地位，你在自己领域中的权力和扩张的可能性就会减少，如果不站出来对抗，你的尊严和自我价值感也会受到影响。投降和顺从会成为一种习惯，对你的幸福造成毁灭性的后果。利用攻击者刺激自己的战斗精神，建立自信心。挺身而出战胜攻击者，可以成为人类所能拥有的最令人满足和荣幸的经历之一。

人不是希望得到爱、在受到攻击时顶多只是自卫的温和友好的动物。人类天生具有强烈的攻击性。

——西格蒙德·弗洛伊德

人性的关键

我们自视为相对平和合群的社会成员。我们本质上是社会动物，要说服自己忠于所属的社群并展现出合作性。但有些时候，人们的行为会与这种自我认知相悖。也许在某个时刻，我们觉得自己的工作受到了威胁或有人阻碍了我们的职业发展。也许是感觉工作没有获得应有的关注和认可，或者遇到了经济最不稳定的时候。也许在亲密关系中，我们试图让对方改变行为，进而感到非常沮丧，或者感到对方将要抛弃自己。

出于挫折、愤怒、不安、恐惧或不耐烦，我们会突然发现自己变得异常自信。为了保住工作，我们会做一些极端的事，把同事推开；自己去执行一些可疑的计划，赚一些轻松的快钱；过于在意是否获得关注；对待伴侣变得好斗且充满控制欲；变得充满报复性，在社交媒体上攻击他人。在这些时候，我们越过了那条线，变得咄咄逼人。大多数情况下，这些行为会受到合理化：因为感觉自己受到了威胁和不公正的待遇，我别无选择；对方毫无反应，对我造成了伤害；事端不是由我而起。通过这种方式，我们依然能自视平和。

虽然人们很少注意到，但还可以通过更巧妙的例子观察自己的攻击性倾向。在面对比自己更具攻击性的人时，我们常常会比平时表现得更加顺从，如果对方是掌控权力的人，也许还会变得有些谄媚。但当我们面对明显比自己弱小温和的人时，心中的狮子便会出现。即便我们决定帮助对方，其中也夹杂着一种蔑视和优越感，使得这份帮助带有攻击性，给对方的生活提出指令，强行给出建议。或者如果对对方没什么同情心，还会以某种方式利用对方，或是为了达到自己的目的，或是将其推来推去。这些都是无意识间发生的，一般我们不会将其视为攻击性，但是在与他人进行内在力量的比较之后，总会对自己的攻击性水平进行相应的调整。

从周围的朋友、同事和新闻人物身上会注意到这样的分裂，从自己身上也会看到实际想法和现实行为之间的分裂。在工作场所中，总会有人不可避免地要按自己的方式行事，夺取更多的权力。也许他们抢走了我们的成绩、窃取了我们的想法、将我们赶出了项目组或与有权力的人结成同盟。在社交媒体上，我们会看到人们由愤怒而产生的快乐，因为攻击和打倒别人而喜悦。我们会看到新闻揭露了当权者极小的缺陷，以及随之而来的对此事消费的狂热。我们会看到电影和游戏中充斥着暴力，而这些都披上了娱乐的外衣。与此同时，没有人会承认自己有攻击性。事实上，人们比以往任何时候都显得更加谦虚有素养。这是一种相当深刻的分裂。

这意味着大家都知道，人类的过去和现在都进行过大规模的暴力和侵略行为。这个世界上有很多邪恶的罪犯、贪婪无良的商人、好战的谈判者以及性侵者。但这些人和我们之间有一条清晰的分界线。在谈到自身攻击性和其他更极端的时刻时，人会产生强大的障碍，让自己不去将两件事混为一谈。实际上，对攻击性的描述从来都不会包括自己。好战的总是别人，是对方挑起了事端，并非自己具有攻击性。

这是对人性的深刻误解。攻击性是每个人都拥有的天然倾向。我们之所以成为这个星球上最杰出的动物，正是因为具有攻击性的能量，再辅以狡猾和智慧。这种攻击性与我们直面问题、改变环境、与不公正做斗争以及创造事物是密不可分的。攻击性的拉丁语词根是“向前迈进”，坚持自己并试图改变其他事物时，动用的就是这种能量。

不了解自己真实的本性会带来很多问题。人可能在毫无意识的状态下开启负面攻击模式，又因为做得太过而付出代价。或者对自己武断的冲动感到不舒服，知道它会引起麻烦，试图压抑自己的攻击性，想表现得谦虚而善良，向着更加被动攻击的方向走去。这种能量是人无法否认或压制的，它总会以某种方式出现。但如果有了意识，我们就可以控制引导它，将其变成可以利用的东西。要做到这一点，我们必须了解人类攻击性的来源，看它是如何向负面走去的，以及为什么有些人会比别人更具有攻击性。

人类攻击性的源头

与其他动物不同，人类知道自己随时有可能死亡。这种意识总会有意无意萦绕在生活之中。我们会发现自己在生活中的地位永远不稳定，可能会失去工作、社会地位和金钱，这些往往源自一些我们无法控制的原因。周围的人同样无法预测，我们永远无法读懂他们的想法，预测他们的行动，或者完全有赖于对方的支持。我们依赖他人，而对方往往并不能完全满足这一点。我们对爱、刺激和兴奋有与生俱来的欲望，并且总要以某种方式满足这些欲望。此外，人都有某种程度的不安全感，它源自童年的创伤。如果有事件或人触发了它们，重新揭开旧伤疤，我们会有非常虚弱的感觉。

这意味着人类总会受到各种无助感的困扰。如果这种感觉非常强烈且持续时间很长，人就难以忍受。人有自己的意志，渴望权力，而这种渴望并非邪恶或反社会性质的，而是意识到我们的脆弱之后产生的自然反应。从本质上讲，对环境的控制欲驱动了我们的行为，感受所作所为与所得之间的联系，感受到在某种程度上影响人和事可以减轻人的无助感，生活中的不可预测性也变得可以忍受了。

我们习得了扎实的工作技能来确保自己的职业地位，这让人对未来有了一丝掌控感。我们还会努力发展社会技能，与他人一起工作，赢得对方的喜爱，对对方产生一定程度的影响。说到对刺激和兴奋感，我们一般会选择文化中的体育、娱乐和诱惑之物来满足这些需求。

这些活动有助于帮助我们拥有渴望的控制权，但也有一些限制。为了在工作和关系中获得这样的权力，我们必须有耐心，不能强迫事情按自己的意愿进行。保护职业地位，发挥创造力，学习如何影响和吸引他人都需要时间。我们还需要遵守一些社会准则和法律，不能为了事业上出人头地而百无禁忌，也不能强迫他人听从自己的命令。这些准则和法律可以说是一种护栏，我们只能小心地待在里面，才能在获得权力的同时保持人们的喜爱和尊重。

然而，在某些时刻这些限制会令人很难接受。无法在事业上获得进展，也无法像自己希望的那样快速赚到很多钱，无法让他人按照预想与我们合作，这些都令人感到沮丧。也有可能是童年的伤疤再次被揭开。如果我们预料到伴侣会结束关系，而由于父母的冷漠，我们对被抛弃有着极深的恐惧，很可能就会反应过度，试图控制对方，动用自己所有的操纵能力，展现极强的攻击性。（爱常常会转变成敌意和攻击性，因为我们在爱的过程中最依赖他人、最脆弱、最无助。）

在这种情况下，对金钱、权力、爱和关注度的渴望压倒了一切耐心。人会受到诱惑走出护栏之外，违反默契准则甚至法律来寻求权力和控制力。但对大多数人来说，越过护栏会感到很不舒服，也许还会感到懊悔。我们会冲回护栏内，回到获取权力和控制的正常轨道上。在生活中，这种攻击性行为会偶尔出现，但不会成为一种行为模式。

但是对长期具有攻击性的人来说，情况并非如此。无助感和挫败感会更深、更频繁地侵扰他们。这类人长期感到不安和脆弱，必须用大量的权力和控制力来掩盖这一点。他们对权力的需求极其直接和强烈，无法接受任何限制，认为自己可以凌驾于一切社会责任感之上。

这种现象可能与遗传因素有关。专门研究婴儿的精神分析学家梅兰妮·克莱因注意到，有些婴儿明显更焦虑、更贪婪。从他们出生的第一天起，就会吸吮母亲的乳房，仿佛在攻击母亲，想要把她吸干。他们比其他人更需要呵护和关注，几乎无法停止地哭闹发脾气。他们的无助感更强烈，接近于持续的歇斯底里。

这样的婴儿数量很少，但她经常会注意到。她推测，那些长期具有攻击性的人很可能是贪婪婴儿的成人版本。他们天生就更需要对一切进行控制，很容易沉浸在受伤和嫉妒的感受之中："为什么其他人拥有的比我多？"一旦感受到自己失去了什么，便会将其夸大，过度反应，掠夺走远远超过自己所需的东西。

早期的家庭生活确实可以起到决定性作用。根据精神分析学家兼作家埃里希·弗洛姆的说法，如果父母过于专横，打压孩子对权力和独立的需求，这样的孩子长大后往往更喜欢支配和虐待他人。如果他们小时候就被殴打，长大后往往也会使用暴力和虐待他人。通过这种方式，幼年的强制性被动状态变成了成人后的主动行为，通过施加攻击行为，他们获得了幼年时极度缺乏的控制感。

无论这种倾向性的源头是什么，这类人是不会自己走回护栏之内的，会不断采取攻击性行为。他们有异常强烈的意志，却没有耐心以社会可接受的方式来满足自己的欲望。获得刺激的正常方式太过沉闷，他们需要更强烈、更直接的东西。如果他们的手段比较原始，很可能会走向犯罪，成为公开的霸凌者；如果手段较成熟，则会在某种程度上控制自己的行为，在有必要的时候使用它。

这意味着人类的攻击性根源在于不安全感，而非简单的伤害或抢夺的冲动。在采取一切攻击行动之前，攻击者实际是在无意识地处理自己的无助和焦虑感。他们经常察觉不到真正的威胁或是将威胁夸大。他们会采取行动防止他人攻击或掠夺自己的东西，进而对他们认为无法控制的情况进行支配。（这种感受也会激起主动攻击。感到需要与不公正现象做斗争或需要创造重要的东西之前，总会有焦虑和不安的感觉。它是一种为了积极目的而进行的控制。）在观察周围的长期具有攻击性的人时，需要寻找其潜在的不安全感、深层的伤口，从幼年期就回荡着的无助感。

有一个有趣的现象：专横跋扈的人往往不能容忍任何形式的异议。他们需要大量谄媚者围在周围，不断提醒自己有多么伟大和优越。如果这种类型的人拥有政治权力，会努力压制一切负面宣传，控制他人对自己的评价。这种对批评的过度敏感是内心非常软弱的标志。内心真正强大的人可以忍受批评和公开讨论，并不会感到个人受到了威胁。一般来说，攻击者和独裁者都擅长通过不断展现强硬的态度和坚定的信念来掩盖内在的弱点。但我们需要看穿他们的外表，看到其内在的脆弱性。这样可以很大程度上帮助我们克制自己的恐惧感，这是攻击者最喜欢挑拨的情绪。

我们需要了解长期具有攻击性的人有哪些特质。首先，与其他人相比，攻击者对无助和焦虑的容忍度比较低。让一般人感受到沮丧或不安的事情，可能会在他们身上引发更大的反应和愤怒。这也许就是为什么长期攻击性更常见于男性而非女性身上。心理学家在男婴身上注意到，男性很难控制自己的依赖感和无助感。他们通常对自己在工作和其他领域的地位缺乏安全感，更需要不断自我宣传，衡量自己对他人的影响。他们的自尊心与权力感、控制感和对自己的意见是否被尊重紧密联系在一起。因此，如果想要触发男性身上的攻击性，往往需要的时间更短。在任何情况下，长期具有攻击性的人都比我们的脸皮更薄，如果和这类人打交道需要特别小心，不要挑战对方的自尊或批评他们，以免无意间触发了对方的愤怒反应。

攻击性行为的另一个共性是它很容易让人上瘾。以公开直接的方式表达自己的欲望，通过操纵获得最好的结果，这会让攻击者感受到肾上腺素的冲击，致人上瘾。与社会更容易接纳的温和方式相比，这种刺激和兴奋更吸引人。（当然，无论是华尔街经纪人兜售的可疑投资，还是犯罪分子窃取财物，只要能够轻松赚快钱，都会令人成瘾。）乍一看，这似乎是一种自我毁灭的行为，因为每一次攻击都会产生更多的敌人和意外的后果。但攻击者往往都很擅长用更令人生畏的方式提高门槛，因此很少有人会来挑战他们。

这就导致攻击者陷入了陷阱：他们得到的权力越多，帝国越庞大，就越容易受到攻击，有越多的对手和敌人需要担心。这会激发他们更强烈的攻击性，需要的权力越来越多。（当然，洛克菲勒也是这种模式的受害者。）他们会认为停止行动是软弱的象征。无论攻击者说什么，如何掩盖自己的意图，我们都需要认识到过去的行为模式一定会延续到现在，因为他们既上瘾又受困于此。面对这类人时不能抱有天真的想法，对方是相当无情的人。如果他们让步了，也只是暂时的，很少有人能改变这种行为的基本模式。

还有一点需要注意，攻击者会将周围的人视为利用对象。虽然人都有天生的同理心，但他们对权力和控制的需求过强，以至于失去了耐心，只能依靠自己的魅力和社交技巧。为了得到自己想要的东西，他们必须利用别人，这种行为成了习惯，曾经拥有的同理心也退化了。他们需要追随者和信徒，所以才会训练自己去倾听，偶尔赞美他人，为对方提供帮助。但这偶尔展现出的魅力也是有目的的，并非出自人性的温暖。在听他人讲话时，他只是在衡量对方的意志力，看看未来如何能为他所用。如果他们表达出赞美之情或是帮了别人一个忙，就是在进一步诱导别人妥协。这一点可以从非语言线索中察觉到，那眼神仿佛已将对方看穿，他们无意参与到他人的故事当中。我们要努力对这种魅力产生免疫，看清他们真正的目的。

有趣的是，尽管攻击者不可避免地暴露了各种社会负面品质，仍然经常能吸引足够的追随者帮助他们追求权力。这种被吸引的人往往也有自己根深蒂固的问题，自带受挫的攻击欲望。他们发现攻击者如此自信，有时甚至厚颜无耻，这实在令人感到刺激且具有吸引力，因此对这种叙述方式很有好感。领导者的攻击性感染了他们，并且传导到了更多人身上，对象也许是他们自己的下级。这样的环境令人非常厌倦，为攻击者服务的人自尊心不断受到打击。对大多数攻击者来说，他们周围的人员流动性很高，士气也很低沉。正如古希腊戏剧家索福克勒斯所写的："凡是进入暴君宫廷的人都会成为他的奴隶，尽管过去他曾是个自由人。"

作为人性的研习者，你有三个任务。

第一，要承认自己有攻击性倾向。你和所有人都一样，都处在具有攻击性的范围之内。当然，有些人在程度上比较浅。也许是他们对自己想要得到的东西缺乏信心，也许只是精力不足。但人群中绝大多数人都处在这个谱系的中上游水平，有着很强的意念。这种能量需要通过某种形式消耗掉，一般会倾向于朝以下三个方向中的某一个发展。

首先，可以将这种能量导向工作中，引导至需要耐心才能实现的事情上（有控制的攻击性）。其次，可以将其导向攻击性或被动攻击。最后，可以将其以自我厌恶的形式导向内部，把愤怒和攻击指向自己的失败，激活内心的破坏者（后面会做更多介绍）。你要分析自己是怎样处理这些能量的。判断方法是在沮丧和不确定的时刻，也就是控制力较弱的时候自己会如何应对。是倾向于发泄出来，变得愤怒、紧张，做出令自己后悔的事情？还是将愤怒内化，变得非常沮丧？这些无可避免的时刻正是你翻越护栏的时刻，要对其进行分析。你并不像自己想象中那样平静而温和，是什么导致了这种行为，你又是如何想办法将其合理化的？由于拉开了一定距离，你也许可以看穿这些经过合理化的东西。

你的目标并不是要压抑这种能量，而是在它驱使你前进时有所察觉并有效地对其进行引导。你需要承认自己有影响他人、拥有权力的强烈愿望，为了实现这一点，你需要培养更复杂的社交和技术能力，需要变得更有耐心和韧性。要驯服这种与生俱来的力量，这就是我们所说的有控制的攻击性，人可以凭借它完成很伟大的事（参见本章最后一节）。

第二个任务是观察周围人身上的攻击性。例如，在工作环境中可以想见人们的意志力是不相同的，种种冲突相互交错。那些更独断的人往往会升上高层，但又会对更上层的人表现出服从。这与我们观察到的黑猩猩群体中存在的等级制度没有太大的区别。如果不去关注对方说了什么或呈现出何种样貌，转而关注对方的行动和非语言线索，你就会发现他们展现出的攻击性。

观察这一现象时，重要的是对人要有包容心：我们都曾在某一时刻越界，变得比平时更具有攻击性，这往往是环境所致。如果没有攻击性和操纵性，世界上也不会产生有权力的人或成功的人。由于确实做出了伟大的成绩，偶尔的严苛和独断也是可以原谅的。你需要观察的是自己周围是否有长期具有攻击性的人，他们不能忍受任何形式的批评和挑战，对控制有过分的欲望，并且会在不断追求控制的过程中将你吞噬。

可以寻找一些相关迹象。首先，如果对方的敌人数量异常之多，而且是多年累积下来的，那么一定是有原因的，而且并不是对方自述的那个原因。观察他们是怎样为自己的行为辩护的。攻击者倾向于把自己描绘为十字军战士，认为自己是某种无法控制自身行为的天才。他们会说，自己在创造伟大的艺术或在帮助普通人，妨碍自己的人都是邪恶的异教徒。他们会像洛克菲勒那样，声称没有人受到过像他们这样的批评或调查，他们是受害者而非攻击者。叙述的声音越响亮、越极端，就越能确定对方是长期具有攻击性的人。要关注其当下的行为和过去的行为模式，这比他们所说的话更加重要。

还有一些更加细微的征兆，比如长期具有攻击性的人往往有强迫症。这类人往往有一丝不苟的习惯，想要通过创造完全可预测的环境进行控制。他们会执着于某一事物或某个人，仿佛要将对方整个吞下去。另外，要注意非语言线索。在洛克菲勒身上我们可以看到，他不能容忍任何人在街上超过自己。攻击性会在肢体语言中表现出来，他们总会站在前面或中间位置。无论如何，这些迹象发现得越早越好。

一旦意识到在和这类人打交道，就要动用自己的每一分力气与之在精神上拉开距离，重新获得对自身情绪反应的控制力。在面对攻击者时，一开始通常你会被催眠，甚至像看到蛇一样瘫痪。随后，你在做事时会更加情绪化，变得愤怒和恐惧。一旦进入这种状态，就会很容易不经思考做出反应。愤怒不会带来任何益处，只会随着时间的推移化作苦涩和沮丧的情绪。唯一的答案就是找到一种方法，从对方的魔咒中一点点挣脱出来。看透他们的伎俩，思考其行动背后的弱点，进而削减其力量。要始终着眼于对方的目标，看他们真正追求的是什么，不要被其他因素干扰。

如果斗争已经无可避免，千万不要直接对抗或公然挑衅。如果对方比较老到，会动用一切狡猾的手段毁掉你，而且毫不留情。斗争要以间接的形式展开，寻找对方没有掩盖住的弱点，可能是声誉可疑，也可能是过去一些肮脏的行为没能彻底掩盖。在叙述中戳穿对方的漏洞，暴露对方想要隐藏的东西，你就有了强大的恐吓对方的武器，能够制止对方的进攻。记住，这类人最大的恐惧是失控，想一想有什么行为可以引发失控的连锁反应来震慑他们。要增加对方战胜你的难度。

攻击者通常有一个优势，就是他们更愿意经常跨出护栏。这给了他们更多选择，手段肮脏得可以令你大吃一惊。在谈判的过程中，他们会在最后一刻改变达成的协议，违反所有规则，因为已经走到了这一步，为了不把事情搞砸你一定会让步。他们还会散布谣言和虚假信息来搅浑水，让你看起来和他们一样可疑。要努力提前预判这些操控手段，以免被对方打得措手不及。

自己偶尔也要冒险跨出护栏，你知道这只是一种暂时的、预防性的措施。可以假装欺骗对方，分散其注意力，示弱以诱使对方进行攻击并受挫，此时你已经准备好了反击。甚至你也可以散布谣言使对方心态失衡，他们不习惯别人对自己使用同样的把戏。由于赌注很高，你需要想清楚击败攻击者比保持自身纯洁性更加重要。

人性研习者的第三个任务是让自己摆脱对人性本身攻击性的否定倾向，了解这种攻击性对我们这一物种意味着什么。人往往会对两种神话深信不疑。第一种是很久以前，人类是热爱和平的生物，与自然和其他人和谐相处。这是关于高贵野蛮人的神话，讲述的是无辜的狩猎采集者的神话。其含义是，文明与私有财产与资本主义的发展将平和的人类变成了具有攻击性的自私生物。这个神话的意思是，社会形式需要对此负责。如果能够建立更加平等的政治和社会制度，我们就可以恢复本性的善良和热爱和平的天性。

然而，人类学和考古学的最新发现证明，我们的祖先（可追溯到文明出现前数万年）在战斗时和我们一样凶残。他们几乎没有过和平。还有很多例子表明，原住民在无休止地寻找食物来源和庇护所的过程中，破坏了环境中大量的动植物，致使许多物种灭绝，整个地区的树木都遭到了破坏（参见劳伦斯·H. 基利的《文明之前的战争》以及贾雷德·戴蒙德的《第三种黑猩猩》)。在这些文化中，人类合作的力量也常常用于进行极为血腥的小规模冲突。

如今更加盛行的是另一种神话，过去我们可能更加暴力且具有攻击性，但经过进化我们已经超越了那个阶段，受到天使般的引导后，人类变得更加宽容、开明。但人类攻击的行为从古至今都没有停歇。我们可以看到无休止的战争、种族灭绝、国家之间和国家内部各民族之间积累的敌意，这些情况都持续到了二十一世纪。在战争方面，技术的力量只会增强人的破坏力。尽管我们已经有所意识，但对环境的掠夺却变得越来越严重。

我们还注意到，近年来全球权力和财富的不平等程度越来越严重，已经向着几个世纪前靠近了。这种不平等在人类社会中重现，因为总有一部分人在积累权力和财富的道路上比别人更加积极。似乎没有任何规则或法律可以阻止这一点。有权势的人总会定下有利于自己的规则。十九世纪的如标准石油公司这样的垄断企业就在不断重组以适应最新业态。

过去，观看行刑是人们的一种娱乐方式。现如今我们已经不会这样做，但却比以往更喜欢在真人秀节目或新闻中看到他人受羞辱，并且沉迷于游戏和电影，对谋杀和流血的生动场面格外兴奋。（也可以看到，人的幽默感也越来越具有攻击性。）

科技让人表达和满足自身攻击欲望变得更加容易。在互联网上，我们不必亲自与人面对面，争论和批评就可以带有很强的敌意，变得更加激烈且具有针对性。互联网还创造出一种新型的强大武器——网络战争。犯罪分子只是利用技术将一直以来存在的斗争变得更具创造性，更加难以捉摸。

人类的攻击性只是在新媒体和技术革新中找到了适应方式，人们也通过它们找到了表达和发泄的方法。无论一百年后的通信手段是怎样的，都有可能是相同的命运。正如居斯塔夫·福楼拜所说："你可以尽管说人进化成了什么样子。即使拔掉老虎的犬齿，它只能吃稀粥，内心仍然是肉食动物。"

当我们感到无助和脆弱的时候，对控制力和效果的耐心会减少，个人和群体的攻击性往往会暴露或加重。有同类感受的个体或群体越来越多，这种情况会越来越常见。战争会变得越来越肮脏。随着不安的上升，政治团体、文化、代际、男性女性之间会产生更多的对抗。对人类来说，总有更好更复杂的方式为自己的攻击性进行辩护。

否认也比以往任何时候都更加强烈，一定是其他人、对方、另一种文化更具攻击性和破坏性。我们必须最终接受这样一个事实：问题从来都不是出在对方而是我们自己身上。我们必须承认自己的本性，之后才能考虑超越它。只有意识到了这件事，才能开始思考如何进步。

被动攻击的方法与对策

大多数人都害怕直接对抗，我们总想恰当地表现出礼貌和社交能力。但是，如果不以某种方式表明自己的立场，往往就难以得到自己想要的东西。人是很顽固的，无论我们表现得多么具有亲和力，对方都会对施加在自己身上的影响有抵触情绪。有时我们需要释放内心的紧张，这种紧张源于不得已而为之的恭敬和正派。因此，每个人都不可避免地用一些间接的方式进行自我维护，尽可能巧妙地争取控制权和影响力。也许是花些额外的时间对他人进行回应，同时表达出一点点不屑；或者是看起来仿佛在赞美他人，同时巧妙地挖苦对方，让他们坐立不安心生怀疑；有时虽然说的话很中立，但语气和脸上的表情都说明我们很不高兴，以激起对方的愧疚感。

这种形式的攻击叫被动攻击，它给人的感觉是我们只是在做自己，没有主动操纵或试图影响他人。尽管如此，我们还是发出了信号，达到了自己想要的效果。从这一点上来看，这种方式并没有看起来那样被动。我们在自己的脑内花了大量时间思考如何应对和挖苦他人，同时能够对自己和他人假装无辜。（人类可以同时持有这两种相互矛盾的想法。）总的来说，这种日常生活中的被动攻击只是社会生活中恼人的一部分，是每个人都会犯的错误。在文明社会中，我们应当尽可能地包容这种低级别的被动攻击行为。

但是，有些人具有长期攻击性。和主动攻击者一样，他们一般精力极度旺盛且对控制权有很高的需求，但同时又害怕直接对抗。这类人的父母往往或专横或疏忽，因此被动攻击成为他们获得关注或表达意愿的方式，同时还能够避免受到惩罚。这种行为在成年后会形成一种模式，他们会经常重复童年时有效果的方法。（如果仔细观察这类被动攻击者，往往可以发现一个有操纵欲的孩子躲在成年人的面具后面。）

这些长期的攻击性会出现在个人关系和工作关系中，这是一种日积月累的攻击方式，会随着时间的推移对个体产生影响。他们最擅长模棱两可，让人难以捉摸，你永远不能确定对方是否确实在攻击自己，也许只是幻想和偏执。如果对方直接攻击，我们很容易生气并奋起抵抗，但这种间接的方式会让人很混乱，而对方就利用了这样的混乱来获得权力和控制力。如果他们真的深谙此道并能控制我们的情绪，完全可以让我们的生活变得非常悲惨。

请记住，有主动攻击性的人有时也会采用被动攻击的方式，洛克菲勒就是如此。被动攻击是他们试图控制对方的另一种武器。无论如何，抵抗被动攻击的关键是尽早识别出对方的目的。

以下是这种攻击者常用的方法以及应对他们的方法。

微妙的优越感策略。某个朋友、同事或员工总是长期迟到，而且总是有合乎逻辑的借口，并且会真诚地道歉。或者这类人总是忘记会议、一些重要日程和最后截止日期，而且借口总是无可挑剔。如果这种行为经常出现，你就会非常恼怒，但如果真的想要与之抗争，又会显得你很紧张且不近人情，局面反而向着有利于对方的方向扭转。这不是他们的错，他们会说自己有太多事要考虑，周围的人在给他们施加压力，由于情绪总在不断变化，没办法关注这么多恼人的细节，他们已经不堪重负了。他们甚至还会指责你给他们增加了压力。

你需要明白，这种行为的根源是对方要向自己和你展示某种优越感。如果他们说了很多话以展示自己更优越，只会招致嘲笑和羞辱。他们希望能以更微妙的方式让你感受到这一点，并且由自己来否认自己的目的。这是一种将你置于劣势的控制方式，在这种情况下，他们可以对关系重新进行定义。你必须对这种模式加以关注，而不要把注意力放在道歉上，同时还要注意他们为自己开脱时的非语言信号。他们的语气是带着抱怨的，好像真的觉得这是你的问题。道歉的话听上去十分诚恳，为的是掩盖缺乏诚意的内心。最后，种种借口只是为了表达自己生活中的问题，而不是针对自己忘记了这件事，他们并不会真的感到抱歉。

如果这是一种长期行为，你一定不要生气或公开表现出恼怒——被动攻击者就是想看到你生气。相反，你需要保持冷静，巧妙地将注意力放在他们的行为上，关注他们在做什么，在可能的情况下让对方感到羞愧。可以用日程安排令对方陷入困境或以最不可思议的方式迟到并极为诚恳地道歉，带着嘲讽的意味，让他们尝一尝个中滋味。

在职业生涯的早期，著名心理治疗师米尔顿·艾瑞克森还在一所大学里担任医学教授，他有一个非常聪明的学生安妮，她总是上课迟到，然后非常真诚地道歉。碰巧这是个全优生。她总是承诺下次一定会准时到场，但从未做到过。这让她的同学们很是为难，因为她经常耽误授课或实验。在艾瑞克森的第一堂上，她又玩起了老把戏，但艾瑞克森早有准备。当她迟到的时候，他让全班同学起立向她鞠躬以示尊敬，他本人也跟着这样做。甚至在下课她走过大厅的时候，学生们继续鞠躬。这一举动表达的信息很明确，我们已经看穿你了，她感到非常尴尬和羞愧，从此不再迟到。

如果让你等待的是老板或更有权力地位的人，那么指出对方的优越感就不是上选了。你能做的就是尽可能保持冷静，通过冷静和耐心来显示自己的优越感。

同情策略。与你打交道的人总在扮演受害者的角色，他们是非理性的敌意、不公平的环境或整个社会的牺牲品。你会发现他们很喜欢自己故事中的戏剧性。没有人受过这样的苦。如果小心观察他们倾听他人问题时的表情，会隐约察觉到一种无聊感，他们并不会投入其中。因为表现出了无助感，你自然会产生同情之心，此时他们就会要求你给予帮助或额外照顾。这就是他们所追求的控制。你脸上一点点的怀疑迹象都会引起对方的注意，他们并不想听建议，也不觉得自己需要负任何责任。他们可能会爆发，将你归为迫害者。

让人难以理解的是，他们确实经历了不同寻常的逆境和个人痛苦，而且是自讨苦吃的高手。他们会选择令人失望的伴侣，在工作中由于态度不好招致恶评，他们对细节相当漠视，因此周围的事总在分崩离析。这并非命运作怪，而是内心深处有某种东西想以这份戏剧感为食。真正的受害者总会对自己的命运感到羞愧和尴尬，这是人类的一种古老的迷信，认为厄运代表个人出了问题。这些人并不愿意讲述自己的故事，他们不情愿这样做。但是被动攻击者非常愿意分享发生在自己身上的事，并且很喜欢受到关注。

被动攻击者可能会表现出各种症状和疾病，例如焦虑、抑郁、头痛等，让痛苦看起来非常真实。从儿时起，我们就学会了用这些症状获得关注和同情。我们可以让自己因为焦虑致病，也可以让自己抑郁起来。你需要寻找对方的行为模式：被动攻击者在需要某样东西（或需要帮忙）的时候，如果你离开，让他们感到特别不安全的时候会发生什么。在任何情况下，他们都希望占据你的时间和精神空间，用负能量和需求将你包裹起来，令人很难逃脱。

这类人往往会猎食那些容易感到内疚的人，还有那些敏感的、喜欢照顾他人的人。要摆脱这类操纵需要拉开一定的距离，这一点很不容易。唯一的方法是观察自己在试图帮助对方时浪费了多少时间和精力，看看自己那微乎其微的回报，对此燃起一些愤怒和怨恨之情。在涉及关注度的时候，关系总会不可避免地朝着有利于他们的方向倾斜，这就是他们的能力。要在内心与他们拉开一些距离，这样才能更好地看穿对方，最终脱离这段不健康的关系。不必为此感到内疚，你会发现他们非常迅速地找到了下一个目标。

依赖性策略。你突然结识了一个对你异常殷勤关切的人。他们表示想要帮助你完成工作或其他任务，想听你讲述自己遭遇的困难以及逆境中的故事。这样的关注多么不寻常，多么令人振奋。你发现自己越来越依赖于对方提供的东西。但时不时地，你会发现他们有些冷淡，此时你会绞尽脑汁思考自己究竟做了什么错事。实际上，你甚至无法确定对方是否真的对你不满，但你还是在不断取悦对方。慢慢地，在没有意识的情况下关系发生了逆转，施与同情与关注的主体从对方变成了你。

有时，类似的情况会在父母和孩子之间上演。例如，母亲可以带给女儿亲情与爱，以此将对方束缚在自己身边。如果对方想要独立，母亲会做出反应，仿佛女儿在攻击自己，不再爱自己了。为了避免内疚，女儿不再坚持自我，而是通过努力赢得母亲更多的感情。此时关系发生了逆转。此后，母亲会进一步对女儿的其他方面加以控制，包括金钱、事业和亲密伴侣。这种情况同样会发生在夫妻之间。

这种策略还有一个变种，有些人喜欢做出承诺（提供援助、金钱、工作等）但从不兑现。不知何故，他们总会忘记自己说过什么，或者只给你一部分，而且总有合适的借口。如果你对此抱怨，她们可能会指责你贪婪或麻木不仁。你不得不追着他们，为自己的无礼道歉，乞求对方给出他们承诺过的东西。

无论如何，这种策略都是为了获得权力。那些想要依赖他人的人回到了脆弱孩童的位置上，并且想要获得更多东西。很难想象，曾经或当下仍然如此体贴之人会利用这一点作为策略，使得他们难以被看穿。要警惕在一段关系中过早表现出殷勤的人。这是很不自然的事，因为在任何关系的开始人们总会对别人有些怀疑。他们可能会以某种方式让你产生依赖感，所以在判断出对方的真实动机之前要与之保持一定的距离。如果对方开始变得冷淡，令你对自己的所作所为感到困惑，那么几乎就可以断定对方确实在使用这种策略。如果你想要拉开距离或表现出独立性时，对方表现得愤怒而沮丧，就可以清楚地看清这种权力游戏了。此时优先需要考虑的是如何摆脱这段关系。

总的来说，要对人的承诺保持警惕，永远不要完全依赖对方。对于那些没有兑现承诺的人，这可能正是他们的行为模式，最好不要与他们产生联系。

暗示怀疑策略。在谈话的过程中，朋友或熟人说了一句话，让你开始自我怀疑，怀疑对方是否在侮辱你。也许他们对你最近的工作表示赞许，带着淡淡的微笑说可以想见你会得到很多关注和金钱，言下之意就是你的动机颇为可疑。或者他们赞美的话吝啬得可怜，“对你这种背景的人来说，已经做得相当不错了”。

法国大革命恐怖统治期间的领导人之一罗伯斯庇尔就是运用这一策略的大师。他认为自己的朋友兼革命领袖乔治·丹东已经变成了革命的敌人，但他并不想直接说出来，而是向其他人暗示，让丹东感到恐惧。在一次集会上，罗伯斯庇尔的朋友被指控利用政府权力谋取私利，他跳起来为朋友辩护。在为丹东辩护时，罗伯斯庇尔仔细复述了所有对他的指控，然后得出结论：“我对丹东的看法可能是错的，但作为一个有家室的人，他还是值得称赞的。”

作为这种类型的变体，有些人会对你表现得言辞激烈，如果你看起来生气了，他们就会说自己是在开玩笑：“就不能开个玩笑吗？”他们可能会把你说过的话往稍微负面的方向进行解读，如果质问对方，他们会无辜地说：“我只是在重复你说的话。”他们还可能在你背后含沙射影地评论，在其他人心中播下对你怀疑的种子。对于一切针对你的坏消息、负面评价，他们会第一时间告诉你并报以同情的态度，暗地里却在为你的痛苦而快乐。

这种策略的重点是让你感到不适，这种暗示会让你接连几天都沉浸在影射之中。他们就是想要打击你的自尊心。在多数情况下，这类人是出于嫉妒而行动的。最好的反击方式是表明对方的含沙射影对你毫无影响，你依然非常冷静。你能接受对方“吝啬的赞美”，或许还会以牙还牙。他们想从你身上获得乐趣，但你不会给对方这种乐趣。暗示你可能已经将对方看穿了，也许会让他们对自己也产生疑虑，体会相同的感受。

推卸责任策略。你可能会因为某些人所做的事感到愤怒不安，或许感觉自己被对方利用了，或许对方漠不关心，无视了你的请求。甚至在你表达愤怒之前，他们似乎就已经明白了你的情绪，而且有点儿不高兴的样子。当你与他们对峙时，对方会变得沉默，露出受伤或失望的表情。这种沉默并不代表悔意。他们可能会说：“好吧，随便吧。随你怎么想。”任何道歉都是以某种方式（语气或面部表情）表达出来的，其中巧妙地表达了他们并不认为自己做错了什么。

如果他们真的很聪明，可能会提起过去你说过或做过的事，而你已经忘记了，这件事仍然让他们很恼怒，仿佛你也不是无辜的人。那些事听起来并不像是你说过或做过的，但你也不能确定。也许他们会在辩解中说一些刺激你的话，等你生起气来，就可以指责你有敌意、好斗、不够公正。

无论他们做出哪种类型的反应，你都会觉得自己也许一直是错的。也许你的反应过于偏激。你甚至会怀疑自己不够理智，虽然知道自己非常沮丧，但此时也许已经不能相信自己的感觉了。现在你才是应当内疚的人，需要为紧绷的气氛负责。最好能够重新审视自己，对自己说不要重复这样不愉快的经历。作为这种策略的辅助手段，被动攻击者往往对其他人相当友好礼貌，单单这样戏耍你，因为你是他们想要控制的人。如果向他人倾诉自己的困惑和愤怒，你也不会得到任何同情，反而会给人以推卸责任的印象。

这种策略可以掩盖不愉快的行为，转移各种各样的批评，使他人对他们的所作所为不敢有微词。通过这种方式，他们可以控制你的情绪并按照自己的心意进行操纵，肆无忌惮地做自己想做的事。很多人从幼年开始就很容易因为一点点刺激而感到内疚，这类人正是利用了这一点。这种策略在人际关系中最为明显，在工作领域会更加常见。这类人会利用别人对批评及其引发的闹剧过度敏感的心态，使人无法对抗他们。

想要应对这类人，你需要看穿他们责备你的目的，不受其影响。你并不是为了让对方生气，因此不要陷入相互指责的陷阱之中，对方比你更擅长这种夸张的游戏，他们会把你拖入更加不安的状态中。要冷静平和下来，如果自己确实负有一定责任，就承担起问题的部分责任。想要让对方反思自己的行为并做出改变是非常困难的，他们对此非常敏感。

你需要拉开一定距离，看穿对方并最终与之脱离。为了做到这一点，你需要学会相信自己过去的感受。在他们激怒你的时候，写下他们所做的事，记录对方的行为。也许在这个过程中，你会发现自己是在过度反应。如果没有此类情况，你可以回看自己的笔记，证明自己确实没有失控，阻止责任向你的方向转移。如果无法将责任推卸给你，他们也无法施展自己的策略。如果做不到这一点，最好减少与这种被动攻击者的接触。

被动暴君策略。工作中的老板似乎充满了活力、点子和魅力。他们有点儿杂乱无章，但这很正常——毕竟有那么多事要做，有那么多责任要承担，有那么多计划要执行，无法把所有事都摆在首位。他们需要你的帮助，而你确实也竭尽所能。你格外努力地听从对方的指示，努力执行。偶尔他们会表扬你，督促你继续坚持下去，但有时也会因为失望而责骂你，这比表扬更让人难以忘怀。

你永远不会感到舒服，也不会认为一切都是自己应得的。有的只是更加努力地避开那些令人讨厌的咆哮。他们是完美主义者，标准如此之高，你根本无法达到。你绞尽脑汁地预测他们有怎样的需求，永远生活在恐惧中，生怕让他们不高兴。如果对方主动下达了命令，你就会按照要求去执行。但是对方总是相当被动且喜怒无常，迫使你需要加倍努力取悦他们。

这种策略一般是掌权者在下属身上施加的，但也可用于人际相处之中，一方总是难以取悦，以此控制另一方。该策略基于以下逻辑：如果对方知道你想要什么，也知道如何能够得到它，他们就对你拥有了权力。如果他们遵循你的指示为你办事，就很难批评他们。如果对方一直保持这种状态，你甚至会逐渐对其产生依赖，以至于对方可以用离开相威胁。但是，如果他们不知道你究竟想要什么，无法准确分辨出哪种行为会受到表扬，哪些行为会遭到惩罚，他们就没有权力和独立性，只能被逼着做事。这就像对待一条狗一样，偶尔拍拍对方的肩会令其更加服从。迈克尔·艾斯纳正是通过这样对待周围的每个人来实现独裁统治的，包括杰弗里·卡森伯格（具体参见第十一章）。

如果离开这些暴君，对方也无所谓。这就表明个人保留了一些独立性，他们会找到更顺从的替代者，至少目前是这样。他们也可能用乖张的行为来试探别人并让其放弃或屈从。这类暴君可能表现得像个无助的孩子。他们是暴虐的艺术家或天才，才华横溢、心不在焉。他们会向你求助，迫切地需要你做更多的事，仿佛是在表达自己的脆弱。这种假意暴露出来的弱点只是为了掩盖暴虐的丑恶本质。

对付这类人往往很难制订策略，因为大多数时候他们是你的上级，对你拥有绝对的权力。他们往往过度敏感，极易发怒，这使得任何形式的抵抗或内心上的疏离都难以维持。公开的反抗只会使情况变得更糟。你首先需要意识到，这是一种有意识的策略。他们不是软弱无助的人，而是狡猾的暴君。不要纠结于他们说过或做过哪些好事，好好思考他们是如何严苛地操纵他人的。如果能在情感上与之相剥离，就能中和他们强行灌输的一部分存在感。但最终这并不会有什么效果，他们非常敏感，会发现你想要拉开距离，此时会做出更糟糕的事。唯一的对策就是退出。任何职位都不值得你为之忍受这样的虐待，自尊心受损需要很多年才能恢复过来。

有控制的攻击性

人类生来就拥有一种特有的强大力量，我们可以称之为意志力、决断力，甚至是攻击性，它与我们的智慧是混合在一起的。在童年时期，它处于最纯粹的状态，使我们在行动上足够大胆、敢于冒险，在精神上渴望探索思想、吸收知识。我们会积极寻找可以一起探索的朋友。在涉及解决问题或索取东西的时候，我们也会变得相当无情。（孩子常常可以很大胆地提出要求。）它使我们在面对新世界、新经验的时候保持了开放的态度。如果在很长时间内感到沮丧和无助，这种能量还会帮助我们重燃斗志。

随着年龄的增长，人遇到的挫折、阻力以及对权力的厌恶感越来越重，我们当中有一些人可能会产生长期攻击性。但另一种现象更为普遍：我们会害怕内心中这种决断的能量以及自己潜在的攻击行为。决断和冒险可能会带来失败，使我们暴露自己，变得脆弱。如果过多地动用这种能量，可能会招致周围人的厌恶，挑起冲突。也许父母曾经批评过我们爆发的攻击性，给我们种下了羞愧的种子。在任何情况下，自我的攻击性都是非常危险的东西。但是这种能量并不会消失，而会转向内部，这就是伟大的英国精神分析学家罗纳德·费尔贝恩所描述的内在破坏者。

破坏者会从内部不断自我评判和攻击。一旦想要尝试什么新事物，它就会提醒我们可能会失败。它会对任何激烈的情绪进行打压，防止我们受到他人的批评，让我们对强烈的快乐和深层情绪的表达感到不适，压制雄心壮志以便融入群体，使我们不能脱颖而出。它希望我们向内收缩，这样才能更好地保护自己，但这也会导致抑郁。这样塑造出来呈现给世界的实际上是虚假的自我，过度谦虚和自我贬低。最终，内在破坏者会压制一个人的能量，对其行为进行限制，让人变得更容易管理、预测，而且非常死板。这与攻击者的目标是相同的，都是为了获得对不确定性的控制，只不过使用的手段是相反的。

内在破坏者还会对人的精神力量产生抑制作用，让人在思考问题时不敢大胆冒险。我们会限制自己的想法，为了安全而顺从群体的意见。有创造力的人会在思考的过程中表现出极大的攻击性，他们会尝试很多选项，寻找最有希望的解决方案。如果想要压制一切攻击性冲动，实际上就挫败了自己的创造性能量。

理解：问题从来都不是出在人类的独断和攻击性上，这是我们的本性。这种能量有一体两面，如果想要压制消极的一面，只会将自己送进内在破坏者手里，积极的一面也会消失。真正的问题在于，我们不知道如何以成熟、有效且符合社会规则的方式利用这种能量，实际上需要接受它潜在的积极因素并为了自己的目标驯服它。这种能量可以变得集中而理性，脱离长期攻击、被动攻击或压抑的状态。正如同其他形式的能量一样，如果能将它集中起来持续输出，力度会非常大。通过这样的方式，我们可以恢复孩提时代纯粹的状态，变得更加勇敢、完整、真实。

以下是这种能量潜在的四种积极因素，可以加以约束利用，对进化赋予我们的能力予以改善。

野心。在当今世界中，如果有人说你野心勃勃，往往是一件不光彩的事，也许是觉得你太过自恋了。但回想一下自己的童年和青年时期，每个人都有很大的梦想和野心。自己注定要以某种方式在这个世界上留下印记，在脑海中上演过无数未来荣耀显赫的场景。这是人的自然冲动，并不会自认为羞耻。之后你长大了，会试图压抑这种冲动，要么悄悄把野心藏起来表现得很谦虚，要么完全放弃梦想，避免因为过于自恋而受到批判。

在我们的文化中，讥讽有野心的人实际上是源自对他人成就的强烈嫉妒。压抑自己年轻时的野心是不喜欢、不尊重自己的标志，你不认为自己应当拥有追梦的权力和能力。这样做并不是让人变得更成熟，而是更容易失败——压抑自己的野心会限制自己的可能性，从而降低能量。无论如何，在表现出毫无野心的状态时，你实际上和其他人一样自恋，你的野心变成了谦逊和圣洁，这正是你想展示出来的一面。

随着年龄的增长，有些人仍然野心勃勃，但他们的野心是想要获得成功、金钱和关注，这些非常模糊，因此很难感觉欲望得到了满足。怎样才算获得了足够的金钱、成功或权力？由于不清楚自己想要什么，也就无法给自己的欲望设限，这可能会导致他们产生一些攻击性行为，因为总想得到更多，而且不知道何时应当停止。

与之相反，你需要做的是接纳自己幼稚的一面，重新审视自己最初的野心，令其适应当前的现实，并且表述得尽可能具体。比如你想写一本特别的书，表达一些深层次的思想或情感；想要创办一家让自己为之振奋的企业；想用一种文化或政治运动来解决特定的问题。这种具体的野心可以设定得相当宏大，但可以很清楚地想象出它的终点在哪里，如何才能抵达那里。越是清楚自己想要什么，越有可能实现它。野心中可能会涉及挑战，不要让它远超自己的能力范围，以至于让自己陷入失败的境地。

一旦目标实现了，无论花了多长时间，都要转向新的野心、项目，并且对自己完成的上一个目标感到非常满足。这是一个上升的过程，你不会停下来。关键点在于，每个野心勃勃的项目都倾注了你的欲望和积极的能量。怀疑和内疚不会对你产生侵扰，你可以与自己的本性和谐相处并获得充分的回报。

坚持。在观察婴儿的时候你会发现，如果他们想要什么东西，会表现得非常任性而执着。这种坚持是很自然的，但随着年龄的增长和自信心的消退，他们往往会失去这种品质。在此后的生活中遇到问题或阻力时也会是同样的情况。虽然鼓起勇气去解决问题，但在脑海中总会有一些疑虑：自己能完成这个任务吗？这种自信心的减弱会转化为解决问题时的攻击性降低。这样会导致结果不够理想，背景中怀疑的音量更加响亮，对下一步行动产生影响。在某种程度上，我们会承认失败并放弃。但这样做一定会导致放弃得过早，在向外投降之前，内心其实早已经投降了。

你需要明白的是：世界上几乎没有东西可以抵挡人类坚持的力量。只要积蓄了足够的力量，对方就会妥协。看看历史上有多少伟人是以这种方式成功的。经过几年艰苦的坚持，托马斯·爱迪生发明了更加实用的灯泡，玛丽·居里发现了镭。他们只是在别人放弃的时候坚持了下去。在十年的时间里，阿尔伯特·爱因斯坦通过持续的思想实验，不分昼夜地探索各种可能的解释方案，最终提出了相对论。在信仰领域，十八世纪伟大的禅宗大师白隐在大约二十年的时间里坚持不懈，最终获得完全的开悟，复兴了一个濒临消失的禅宗分支。这是一种决断的能量，与内心相连，不分彼此，瞄准一个问题或阻碍持续发力。

正是因为婴儿、科学家或禅宗的修行者秉持着坚持的力量，才实现了这样的自我实现预言——知道这种力量的价值并运用它来解决问题。他们笃信的是汉尼拔的座右铭："要么找到一条路，要么创造一条路。"你也需要这样做。达成这一点的诀窍是要有足够强烈的欲望，没有什么能阻止你或削减你的能量。让自己始终对达成目标充满欲望，不要像过去那样轻言放弃。从新的角度以新的方式展开攻势。甩掉背后疑虑的声音，全力以赴，你知道只要坚持不懈就能够突破障碍。一旦你理解了这种攻击带来的力量，就一定会不断运用它。

无畏。人类天生就是勇敢的生物。孩子从来不担心自己的要求过多或坚持自己的意愿太过执拗。我们在很多方面都非常坚韧且无所畏惧。胆怯是一种人们普遍习得的品质。随着年龄的增长，人的恐惧感越来越强，对自己的能力失去信心，认为无法得到自己想要的东西。我们会过度关注他人的看法，担心如果自己挺身而出他们会怎么想，并且将他人的疑虑内化。我们会害怕任何形式的冲突和对抗，这会搅动情绪，导致无法预测或控制的后果。人最终养成了退缩的习惯。即便条件允许，也不会说出自己的感受，不能为他人伤害我们的行为划定边界。我们会发现很难要求加薪、升职或得到应有的尊重。失去了无畏的精神，就失去了一种积极的攻击形式，失去了一部分深层的自我，这是相当痛苦的。

要通过渐进的方式恢复自己曾经拥有的无畏精神。首先要让自己相信可以在生活中得到更好的东西。意识到了这一点，可以训练自己在日常生活中大声说话，如果对方不太敏感，甚至可以试着反驳他人。这是为了学习自我辩护。你可以对被动攻击行为进行指责，在表达对方不甚同意的意见时不那么胆怯，或者告诉对方自己对馊主意的真实看法。结果往往是，你的恐惧感会比想象中的要少，甚至可以获得一些尊重。可以每天都进行一点点尝试。

只要感觉不那么恐惧了，就可以更进一步。你可以对他人提出更多的要求，要求获得善待，要求对方尊重你的优秀成果。在这个过程中，不要带有抱怨或防御的语气。要让欺负你的人明白，自己并没有对方想得那样顺从，也不像其他人那样容易被操纵。像他们一样，你也会不遗余力地维护自己的利益。在谈判的过程中，训练自己不要总是退而求其次，而是要大胆提出要求，看看能把对方逼到什么程度。

这种不断增强的无畏感可以应用在工作之中。你不会再害怕创造独特的东西或面对批评和失败。你可以合理地承担风险，对自己进行测试。这一过程是缓慢的，仿佛是在帮助一块萎缩的肌肉恢复，在真正强大起来之前不去进行大规模抗争或表现出攻击性。而一旦这块肌肉练成，你就会获得自信，以无畏的态度迎接生活中的任何逆境。

愤怒。对某种类型的人感到愤怒是很自然、很常见的事——那些以不公平的手段阻碍你前进的人、拥有权力却懒惰无能的蠢人，以及高高在上的评论家们，信誓旦旦地讲着自己的陈词滥调，完全不了解情况就对你展开攻击。这个名单还可以继续列下去。这种力量可以变成督促你行动的强大动力，让你充满宝贵的能量。应当接纳它并将它运用在生活之中。可能你会认为这是一种有毒的、丑陋的情绪，因此进行强行压制，我们的文化也是这样看待它的。

愤怒之所以有害，是因为它常常与现实脱节。人常常将受到的挫折转化为针对一些面目模糊的敌人或替罪羊的愤怒，这类人常常是由煽动者捏造并散播出来的。他们认为不可避免的现实背后一定存在大阴谋，比如税收、全球主义或历史演进。他们认为，世界上总有某些势力需要为此负责，而不是因为自己没有耐心或不够努力。愤怒的背后并没有任何思考，所以也没有任何结果，或者说它是具有破坏性的。

你需要反其道而行之。愤怒要针对非常具体的个人或势力。对这种情绪进行分析，挫折感真的不是来源于自身的不足吗？你是否了解愤怒的原因，它究竟针对的是什么？除了确定它是否合理以及针对的目标之外，还可以考虑引导这种情绪的最佳方式，以及击败对手的最佳方法。这样的愤怒是可控的、实际的，针对的是问题的实际源头，永远不要忽视激发情绪出现的最初原因。

大多数人只会宣泄愤怒，参加声势浩大的抗议活动，然后愤怒便消失了，他们要么感到自满，要么感到痛苦。你要让自己的愤怒冷却下来，以温火来加热，不要让它沸腾起来。控制愤怒可以帮助你下决心并保持耐心，这可能是一场比你想象中更加漫长的斗争。对不公平不公正的愤慨始终存在于内心之中，让人保持充沛的精力。真正的满足感不应当是一次情绪上的宣泄，而是真正战胜恶势力，揭露心胸狭隘之人的真面目。

在工作中不要害怕愤怒，特别是在与某些重要事业和创造性表达相关的时刻。如果能控制住愤慨之情，演说家可以获得绝佳的效果，这也是马尔科姆·艾克斯的魅力来源。那些传世或引人注目的艺术作品背后，往往也可以读出或感受到背后克制的愤怒。我们都谨慎地保持着正确性，如果在电影或书中察觉到克制的愤怒之情，感觉仿佛像是清风拂面。它会吸引人将自己的挫折和怨恨释放出来。我们会认识到，这是一种真实的东西。工作中不要回避愤怒，而是要捕捉引导它，为工作注入活力和生气。在表达这种愤怒的时候，你总会找到观众的。

沟通需要力量。站在冷漠或敌对的群体面前发表自己的意见，或者对朋友诚实相告，都需要自我肯定、自我坚持，有时甚至需要攻击性。

——罗洛·梅

第十七章

把握历史机遇：代际局限性法则

你出生的时代决定了你是谁，这一点的影响力远超你的想象。这一代人总想与上一代人脱离开来，为世界重新定下基调。在这个过程中，逐渐形成了品位、价值观和思维方式，并且内化到了个体之中。随着年龄的增长，这些代际价值观和想法往往会将你与其他观点隔离开来，限制你的思维。你需要尽可能理解它如何影响了你的自我判断和看待世界的方式。深入了解你这一代人的精神和所处的时代，可以更好地把握时代的潮流。你可以为一代人预测和设定趋势。把自己的思想从代际的精神约束中解放出来，才能更靠近想象中的自己，自由会带给你所有的力量。

涨 潮

一七七四年五月十日，六十四岁的法国国王路易十五去世，虽然全国都需要进行哀悼，但很多法国人都感到了解脱。他已经统治法国五十余年，这里曾经是个繁荣的国家，是欧洲最杰出的强国，但情况发生了变化——不断扩大的中产阶级渴望权力，农民得不到休息，人们普遍对新变化充满期盼。因此，法国人民带着巨大的希望看向了新继任的统治者路易十六，他是已故国王的孙子，当时仅有二十岁。他和年轻的妻子玛丽·安托瓦内特代表着新兴一代，他们必将重振这个国家和君主制。

然而，年轻的国王并没有臣子们这样乐观。实际上，他正处于恐慌的边缘。从孩提时期，他就害怕自己有一天会成为国王。与和蔼可亲的祖父相比，路易在人前相当害羞，他是个笨拙的年轻人，不太自信，害怕犯错。他觉得法国国王是一个庄重的角色，远远超出了自己的能力范围。现在他登上了王座，不能再向朝臣和法国人民遮掩自己的不安全感了。在为一七七五年春天的加冕仪式做准备时，路易开始有了一些不一样的感觉。他决定好好研究加冕仪式，做好准备，不要出错，而他学到的东西也确实给了他一些急需的信心。

据传说，圣灵曾派鸽子在兰斯的一座教堂里存放了一些圣油，从九世纪开始，每一任法王都涂抹过。一旦经过圣油洗礼，国王就会从凡人的行列中脱离出来，充满神性，成为上帝在人间的代理人。这个仪式体现了新国王与教会和法国人民之间的联系。在身体和精神层面，国王代表了所有民众，二者的命运交织在一起。而经过了上帝的神圣洗礼，国王又会得到上帝的指引和庇护。

十八世纪七十年代，很多法国人和进步的神职人员早已将这种意识看作过去迷信的糟粕。但路易并不这样认为。对他来说，这个古老的仪式让他备感欣慰，相信它有助于自己克服恐惧和疑虑。他感受到一种使命般的鼓舞，他的神性通过涂油这件事而变得真实了起来。

路易决定以更原始的方式重现这一神圣的仪式。他还会更进一步，他注意到凡尔赛宫里很多绘画和雕像都把路易十四和罗马诸神联系在一起，这是一种加强法国君主制形象的方式，古老而不可撼动。新国王决定在加冕典礼的公众展示部分以类似的形象将自己包裹起来，他选择用大场面和符号化的形式震慑臣民。

路易十六的加冕仪式于一七七五年六月十一日举行，那是相当温暖的一天，大教堂外的人群中出现了一个罕见的游客，他是十五岁的青年乔治·雅克·丹东。他是特鲁瓦镇一所寄宿学校的学生，出身农民家庭，但父亲成功跻身为律师，让家庭步入了法国中产阶层。父亲在丹东三岁时去世了，母亲将他养大，希望他能继承父亲的事业，获得一份稳定的工作。

丹东虽然不能说是个丑八怪，但相貌也算相当奇特。与实际年龄相比，他的身材异常高大，头颅巨大且顶着一张相当怪异的脸。在家庭农场长大的过程中，他曾两次被公牛袭击，豁开了他的上唇和鼻子。有些人觉得他很可怕，但也有很多人被他年轻的热情所吸引，以至于可以忽略他的脸。这个男孩几乎无所畏惧，总在寻找冒险机会，在同学中他的勇敢精神吸引了很多人。

他就读的学校是由自由派牧师管理的，他们决定让学生们撰文描述即将到来的加冕典礼、法国正在进行的现代化进程以及其必要性和意义，并且给写得最好的学生颁奖。丹东不是好学生那种类型的孩子。他更喜欢在附近的河里游泳或参加各种形式的体育活动。但他非常喜欢历史，而且特别喜欢古罗马。他最喜欢的历史人物是伟大的罗马律师兼演说家西塞罗。他对同样来自中产阶级的西塞罗表达认同，能记住他的演说，并且对演说充满热情。由于他讲话声音强而有力，因此天生擅长演说，但并不擅长写作。

他急切地想要赢下这次的作文奖，这可以在同学们当中提升地位。那么唯一能弥补自己文学技巧缺陷的方法，就是亲眼观看加冕仪式并对其进行生动的描述。他还感到自己对国王有一种奇怪的亲近感：二人年龄相差不大，都是大块头，长得都不好看。

逃课去一百三十千米之外的兰斯也是一种吸引人的冒险行为。他对朋友们说："我想看看国王是怎样诞生的。"于是，他在加冕礼的前一天偷偷跑了过来。大教堂外聚集了大批的人群，挥舞着高大长矛的卫兵将他们挡在身后，只有贵族可以入内。丹东尽可能地往前挤，他看见国王穿着镶满钻石和黄金的华丽礼服正往台阶上走。漂亮的王后穿着华丽的礼服跟在他身后，头发堆得高高的，后面跟着其他随行人员。从远处看，他们仿佛是来自另一个时代的人，与他之前所见的任何人都完全不同。

他在外面耐心地等待仪式结束，国王重新出现时戴上了王冠。在那一瞬间，他仔细看了路易的脸，惊讶地发现虽然有长袍和珠宝的映衬，国王看起来依然很普通。随后，国王坐上了一辆名为"神圣"的极其精致的马车，仿佛是从童话中走出来的。这辆马车是专门为加冕典礼制造的，外形设计成巨大的阿波罗战车的样子，像太阳一样闪闪发光（太阳是法王的象征），四面都有罗马诸神的金色雕像。丹东看到的这一侧是一幅精致的画，画中路易十六作为罗马皇帝站在云端，向下面的法国人民招手。最奇怪的是，马车本身也戴了一个巨大的青铜皇冠。

"神圣"马车设计的目的就是彰显君主制，它令人眼花缭乱，充满神话色彩，看起来非常壮观，但由于某种原因它看起来又有些怪异，太大太闪亮了，国王坐进去的时候仿佛被吞没了。这到底是宏伟还是怪诞呢？丹东也说不出来。

当天晚些时候，丹东回到学校，满脑子都是这奇怪的景象。受到了所见所闻的启发，他写出了迄今为止最好的文章并摘得了奖项。

从特鲁瓦的学校毕业后的几年，丹东让他的母亲备感骄傲。一七八〇年，他搬到了巴黎，在法院当书记员。没过几年，他就通过了律师考试，成为一名执业律师。在法庭上，他以洪亮的声音和演说技巧引得了人们的注意，迅速晋升。他与律师们混在一起看报纸时，发现法国出现了一些奇怪的事：人们对国王和挥霍的王后以及傲慢的上层阶级越发不满，当世的伟大思想家们尽其所能地在戏剧和书籍中嘲讽他们。

最主要的问题是国家的财政问题，法国似乎总是在资金耗尽的边缘徘徊。其根源问题是法国的财政结构庞大而陈旧。人们需要缴纳的税种可以追溯到封建时代，而神职人员和贵族则很大程度上免去了此类负担。对中下层阶级的征税永远满足不了宫廷的奢侈开支，而王后玛丽·安托瓦内特对奢华派对和精致饰品的迷恋又使得这一情形变得更加糟糕。

由于货币供应短缺，面包价格飞涨，数百万人面临饥荒，整个农村甚至巴黎开始爆发骚乱。在这些动荡之中，年轻的国王优柔寡断，无力应对。

一七八七年，随着财政状况的恶化，丹东迎来了一生中最重要的机会——在国王的议会中担任律师的职位，薪水也有了相当大的提升。他想和一个名叫加布里埃尔的年轻女子结婚，但她的父亲反对这桩婚事，因为丹东的收入不够高，虽然担心自己跳上了一艘沉船，他还是接受了议会中的职位。两天后，他与加布里埃尔结婚。

丹东的工作做得很好，巴黎的动荡吸引了他的目光。他加入了一个叫“科德利埃”的俱乐部，这是由波希米亚艺术家和政治煽动家构成的奇怪组合。俱乐部就在他的公寓附近，因此他在这里消磨了大量时间，很快加入俱乐部关于法国未来的喧闹争论之中。空气中弥漫着一股新奇的精神，让人可以大胆地说出几年前完全不可能说出口的关于君主制的意见。这里的一切都很刺激，令人无法抗拒。他开始发表热情的演讲，重点是关于上层阶级的残暴，他很享受自己受到的关注。

一七八八年，他在国王的议会中有了担任更高职位的机会，但拒绝了。他对提议的大臣说，君主制注定是要失败的。“已经无法进行温和的改革了，我们比以往任何时候都更靠近革命的边缘。……你难道看不到雪崩一触即发吗？”一七八九年春天，路易被迫召开国家议会，处理迫在眉睫的破产问题。这一会议就是三级议会，是旨在解决国家危机的最后手段，上一次召开还是在一六一四年亨利四世去世之后。它将法国三大等级的代表汇集在一起，分别是贵族、神职人员和纳税的平民。尽管绝大多数法国人都由第三阶层的成员代表，但议会的权力严重偏向贵族和神职人员。但是法国人民仍然对议会寄予厚望，路易却对此极不情愿。

就在议会召开前的一个月，巴黎因面包价格问题发生了暴乱，皇家军队向人群开枪，杀死了几十人。丹东目睹了这场流血事件，他认为人民，尤其是下层人民的情绪出现了转折点，自己也是如此。他们同样感到绝望和愤怒，普通的言辞已经无法安抚他们了。他开始在街头巷尾向着愤怒的人群演讲，吸引追随者，为自己赢得了声誉。一位朋友对他这方面的能力感到非常惊讶，他回答说这就像跳进河里，随着强大的潮水不断向前。

在筹备三级议会的过程中，国王路易几乎无法抑制自己的不满和愤怒。在位的这些年里，多位财政总监都警告过他，如果法国不对税收制度进行改革就会面临危机。他明白这一点，也很想推动改革，但贵族和神职人员担心此举的后果，对这种想法非常敌视，逼迫国王让步。而现在国库几乎空空如也，贵族和第三阶层要挟自己召开大会，让他不得不向人民乞求税收。

三级议会并不是法国政府的传统组成部分，而是一种反常现象，它是对国王神权的挑战，标志着无政府状态的出现。谁知道怎样对法国才是最好的呢，臣民们有无数不同的意见，贵族们要维护自己狭隘的利益，还有攫取更多权力的野心。不，只有国王才能带领国家度过这次危机。他必须重新将这些吵闹的孩子控制住。

国王有了一个计划：他要向大家展示君主制的威严，它才是法国最高权力的代表。为此，他要在凡尔赛召开大会，顾问们都警告他不要这样做，因为凡尔赛离巴黎和煽动者太近了。路易判断，第三阶层的大多数代表都来自中产阶级，他们相对温和。在法国君主制建筑的包围之下，第三阶层的成员一定会想到凡尔赛宫的缔造者路易十四的所作所为，回想起君主制将法国变成了如此强大的国家，他们一定会心怀感激。他可以举办一个与加冕典礼相媲美的开幕式，提醒所有人自己神圣王权的由来。

在给大家留下了深刻的印象之后，他会同意对税收制度进行一些改革，第三阶层当然会无限感激。但同时还要明确，在任何情况下，君主制以及前两个阶层都不会放弃其他任何权力和特权。这样一来，政府还能够通过税收获得必要的资金，他想要维护的传统也能够保持不变。

开幕式如期举行，但令他失望的是，第三阶层代表似乎对宫殿的辉煌和盛大的场面并不感兴趣。在宗教仪式中，他们也没有表现出任何的敬意。在他的开场白结束之后，他们没有报以热烈的掌声。在他们看来，国王提出的税收改革方案远远不够。随着时间的推移，第三阶层的成员要求越来越高，他们坚持三个阶层应当拥有同等的权力。

国王拒绝了这些要求，他们做出了不可思议的事，宣布自己才是法国人民真正的代表，应当与国王平起平坐，并且称自己的机构为国民议会。他们建议建立君主立宪制并声称背后有全国人民的压倒性支持。如果这一诉求无法如愿，他们绝不会再让政府筹集到足够的税收。在那一瞬间，国王对这种勒索行为无比愤怒，命令第三阶层离开会场，但对方拒绝了这一命令。从没有任何一位国王遇到过下层阶级如此不服从自己命令的情况。

全国各地起义的浪潮日益高涨，路易意识到解决这一问题的紧迫性。他决定放弃所有和解的可能，转而使用武力。他召集军队在巴黎和其他各个地方维持秩序。但是到了七月十三日，巴黎的信使传来令人不安的消息：巴黎人预料到路易会动用军队，正迅速筹备武装，抢夺军事储备。那些前去平息叛乱的法国军队也不可靠，许多人拒绝向他们的同胞开火。第二天，一大批巴黎人向巴士底狱进军，这里是巴黎的皇家监狱，是君主制最具压迫性的象征符号，他们将这里控制住了。

此时的巴黎掌握在人民手中，路易也无能为力。他惊恐地目睹仍在凡尔赛召开的国民议会迅速投票，取消了贵族和神职人员享有的各种特权。他们以人民的名义投票决定接管天主教会，并且将其拥有的大片土地拍卖给公众。他们甚至宣布从今以后所有法国公民都是平等的。虽然君主制仍然存在，但国王必须与人民分享权力。

在接下来的几周里，朝臣们出于震惊和恐惧迅速逃离凡尔赛，前往安全地区或其他国家，国王此时回忆起这几个月内发生的事情，在皇宫的大厅中独自徘徊。路易十四的画作和庄严的装饰品都在对他统治下发生的一切发出嘲笑。

他必须以某种方式夺回对法国的控制权，这样做的唯一办法就是更加倚重军队，找到仍然忠于自己的军团。他在凡尔赛召回了弗兰德斯军团，这是一支由全国最优秀的士兵组成的军团，以保皇党倾向闻名。十月一日晚，国王的亲卫队决定为弗兰德斯军团举办一场宴会。国王和王后以及所有留守在宫中的朝臣都参加了宴会。

士兵们都喝醉了。他们为国王欢呼，为君主制宣誓。他们唱着民谣，用最粗鄙的语言讥讽法国人民。他们抓起象征革命的三色徽章和缎带，践踏它们。沮丧已久的国王和王后毫不掩饰自己的愉快之情，接受了眼前的一切，这仿佛又回到了过去的日子，王室夫妇的举动又助长了这一势头。但是宴会上发生的事情很快就传到了巴黎，引起愤怒和恐慌。巴黎各阶层都怀疑国王正策划着某种政变，他们认为贵族会回归路易的麾下，对法国人民展开报复。

几天后国王得知，成千上万的巴黎人正带着武器拖着大炮向凡尔赛进军。国王想过和家人一起逃跑，但又犹豫不决。很快一切都来不及了，暴徒们已经来了。十月六日上午，一群市民冲进了皇宫，杀死了沿途的所有人。他们要求将路易和他的家人护送回巴黎，这样法国公民就可以监视他，确保他忠于新秩序。

路易别无选择，他和饱受创伤的家人们挤在一辆马车上。在人群的簇拥下前往巴黎时，路易看到国王私人护卫的首级挂在长矛上。更让他震惊的是，那么多男男女女围着马车，全部衣衫褴褛，因饥饿而倍显消瘦，他们把脸贴在窗前，用最卑劣的语言咒骂他和王后。他简直不认识自己的子民了，倒不是说他认识所有的法国人，但他们一定是外来的煽动者，是敌人引来破坏君主制的人。不知为什么，这个世界已经疯了。

到了巴黎，国王、亲眷和少数留在身边的朝臣都来到了杜伊勒里宫，这是一座百年来一直无人居住的皇室住宅。

抵达巴黎的一周里，国王还接待了一个陌生人，他的面孔和举止都令人害怕。他就是乔治·雅克·丹东，当前法国大革命的领导人之一。他代表法国人民欢迎国王来到巴黎。他解释说，自己曾是国王议会中的成员，人民对国王的顺从表示感谢，如果国王宣誓效忠于新宪法，仍可以在国家中发挥重要作用。

路易根本听不进去，对方头颅巨大，穿着奇怪的装束（黑缎马裤套着白丝袜，鞋子带扣，这种混合的时尚自己从未见过），整个人的举止和极快的语速在国王面前都缺乏敬畏和尊重。他亲切地向国王鞠了一躬，但没有亲吻国王的手，这是违反礼仪的。这就是革命者？是来自人民的代表？路易从未见过这样的人，这样的经历让他很不愉快。

一七八九年的夏季，丹东基本上支持国民议会的决定，但他仍然对贵族阶层保持警惕，希望能确保他们永远不再享有特权。贵族是国家苦难的根源，法国人民绝不能忘记这一点。他已经成为反对上层阶级的主要领导人之一，更温和的资产阶级革命领导人并不信任他，他们希望能慢慢来。对他们来说，丹东就像是咆哮的、畸形的食人魔，他们将其排除在自己的社交圈之外，组建的新政府中没有给他安排任何官方职位。

丹东意识到自己受到了排挤，也许是想起了自己出身农民的家族史，他对“不穿马裤的人”越来越认同，他们是法国最底层的成员，也是最具有革命精神的人。十月一日，弗兰德斯军团的丑闻传到了巴黎，丹东正是向凡尔赛进军的主要鼓动者之一，随着运动的胜利，他成了科德利埃俱乐部的领袖。凭借这样的身份，他造访了杜伊勒里宫，既是为了试探国王对新宪法的接受程度，也是为了对他表示欢迎。

丹东不禁想起了十四年前他参加了国王的加冕典礼，想起了当时的盛况，尽管过去几个月发生了很多事，国王似乎仍然想要恢复凡尔赛的礼仪和仪式。他穿上自己的皇室服装，外套上挂满了绶带和各种勋章。他坚持遵循古老的仪式，让随从也穿上精心设计的制服。这一切都是如此空洞，与现实发生的事情完全脱节。丹东很有礼貌，他对国王仍然有一种难以名状的同情，但现在仔细观察他之后，发现对方只是过去的糟粕。他怀疑国王对新秩序并无忠诚度。离开时，他比以往任何时候都更加确定，法国的君主制已经过时了。

在随后的几个月里，国王宣称自己忠于新宪法，但丹东怀疑对方在搞两面派，实际仍策划着让君主制和贵族重新掌权。欧洲其他国家正在组建联盟，对革命公然宣战，要拯救国王，恢复秩序。丹东认为，国王一定和他们串通了起来。

一七九一年六月传来了令人无比震惊的消息：国王和家人不知怎么乘着马车从巴黎逃走了。几天后，他们被抓住了。如果不是情况危急，一切都会显得相当滑稽。王室成员的穿着仿佛是外出度假的资产阶级，但他们乘坐的是一辆豪华马车，与装束非常不相称，而且很容易引人注意。人们很快发现了他们，将他们抓回了首都。

丹东感觉自己的机会到了。革命中的自由派和温和派坚持认为国王是无辜的，他是被骗逃走的，甚至是被劫持的。他们担心，如果君主制被废除，法国不知会发生什么，如果国王出了事，境内的外国军队也不知会有何反应。但对丹东来说，这是很荒谬的。他们只是推迟了不可避免要发生的事情。君主制已经失去了意义和目的，国王已经暴露了自己是叛徒的事实，谁也不应该害怕把这件事说出来。他宣称，现在是法国一劳永逸地摆脱君主制、宣布共和的时候了。

关于建立共和国的呼声引起了广泛共鸣，特别是那些不穿马裤的人。他的影响力不断增强，并且获得了自己的第一个官方职位，成为巴黎公社的副检察官，开始任命自己的支持者填补公社的空缺，准备做一些大事。

第二年夏天，一支来自马赛的“不穿马裤”的队伍来到巴黎庆祝革命三周年。这些人深受丹东要求建立共和国的鼓舞，表示自己愿意受其差遣，整个六月和七月，他们在巴黎游行，为革命唱赞歌，宣扬丹东建立共和国的观点。每天都有更多的人加入马赛人的队伍中来。丹东也在计划着政变行动，他获得了对公社的控制权。公社成员投票决定解除对巴黎各桥梁的封锁，这些桥梁可以从左岸直通杜伊勒里宫，他们不再对王室提供保护，人群可以直接进入宫殿。

八月十日上午，整个城市响起了警钟，伴随着一阵鼓声，一支由巴黎人组成的庞大队伍穿过桥面攻入杜伊勒里宫。保卫皇宫的卫兵四散奔逃，很快王室成员也开始被迫逃离，躲进附近的国民议会大厅里避难。人群迅速屠戮了守卫宫殿的残余士兵，接管了这里。

丹东的方法奏效了，人民发声了，国民议会投票结束了君主制，剥夺了国王及其家人的所有权力和受到的所有庇护。丹东一举结束了欧洲持续时间最长、最强大的君主制。国王及其家人被送往圣殿，那是一座中世纪的修道院，在新政府决定他们的命运之前，这里就是一座私人监狱。如今丹东已经成为司法部部长，他是新的法兰西共和国实际的掌权人。

在圣殿中，路易被迫与家人分离，等着十二月的叛国罪审判。他现在的名字是路易·卡佩（这是法国十世纪王权创始人的姓氏，在路易这里终结），变成了没有特权的平民。大多数时候他都是一个人，有时间反思过去三年半经受的冲击。如果法国人民能信任他，他就能找到解决所有问题的方法。他仍然认为是那些无神论的煽动者和外部势力毁掉了人民对他的爱。

革命者在杜伊勒里宫墙上的保险柜里发现了路易藏起来的一批文件，其中一些信件透露出他与外国势力密谋推翻革命的企图。现在他肯定要被判处死刑了，他为此做好了准备。

在议会受审时，路易·卡佩穿了一件朴素的外套，就是中产阶级公民日常穿着的那种。他长出了胡子，看起来悲伤又疲惫，完全不像是个国王。检察官宣读对他的指控，其中包括他如何密谋推翻革命，法官们对他的所有同情心全部消失了。一个月后，普通公民路易·卡佩上了断头台，丹东本人也投出了决定性的一票。

路易决定表现出勇敢的一面。一月二十一日上午是个寒冷多风的日子，他来到了革命广场，那里聚集了大量前来见证处决的人。大家目瞪口呆地看着这位前国王像普通罪犯一样被绑住双手，剪掉头发。他爬上了通往断头台的楼梯，跪在断头台前喊道："人民啊，我是无辜的！我宽恕杀死我的人。我死后，求上帝不要让法兰西再流血。"

刀锋落下时，他发出了可怕的叫声。刽子手举起国王的头颅向大家展示。发出几声"国家万岁"的叫喊声后，人群陷入一片死寂。几分钟后，人们冲到行刑台上，用手蘸路易的血，买下他的几绺头发。

作为法国大革命的领袖，丹东面临着两股可怕的势力：一是不断逼近巴黎的入侵军队，一是躁动的法国公民，他们当中很多人强烈要求对贵族和所有反革命分子进行报复。为了迎击敌军，丹东组建了一支由数百万人组成的庞大公民军，在最初几个月的战斗中，新组建的法国军队一举扭转了战争的趋势。

为了满足人民复仇的欲望，他成立了革命法庭，审判那些疑似想要恢复君主制的人。法庭的行动被后世称为“恐怖时期”，它将数以千计的嫌疑人送上了断头台，而罪行往往都很轻。

国王被处决后不久，丹东前往比利时进行督战。在那里，他收到了爱妻加布里埃尔早产去世的消息。在那一刻，他因为没有陪在她身边而深感内疚，一想到没有机会和她告别，可能再也见不到她的面，他就难以忍受。因此他没有考虑后果，放弃了比利时的任务，匆匆回到法国。

当他抵达时，妻子已经去世一个星期了，埋在公共墓地里。他悲痛欲绝，想再见她一面，便拉着一个朋友带了几把铁锹匆匆赶往墓地。那是一个没有月亮的雨夜，他们找到了坟墓，在朋友的帮助下，他们把棺材从地下抬了出来，费了很大劲把棺材盖撬开了。看到她毫无血色的脸，他几乎喘不过气来。他把她拉出来，紧紧地搂在怀里，求她原谅自己。他一次又一次吻她冰冷的嘴唇，几个小时后，他终于将她埋葬回了地下。

在接下来的几个月里，丹东似乎发生了一些变化，究竟是因为失去了妻子，还是因为对法国境内爆发的恐怖活动感到内疚？他在革命的浪潮中登上了权力的顶峰，但如今却想让革命朝着另一个方向发展。他不再参与国家事务，也不再支持恐怖活动。他的主要权力对手马克西米连·罗伯斯庇尔注意到了这一变化，开始散布谣言，说丹东已经失去了革命的热情，不能再信任他。罗伯斯庇尔的操作产生了效果：在选举最高管理机构公共安全委员会的成员时，丹东没能得到足够的选票，罗伯斯庇尔把他和他的支持者们全部排挤走了。

此时的丹东致力于通过演讲和小册子结束恐怖统治，但这只会给对手以把柄。一七九四年三月三十日，丹东因叛国罪被捕，被带上了革命法庭。具有讽刺意味的是，由他组建的法庭如今掌握着他的命运。所有对他的指控都是含沙射影，但罗伯斯庇尔坚持认定他有罪并判处了他死刑。听到判决后，他对法官大喊：“我的名字刻在了革命的所有团体里，军队、委员会、法庭。是我杀了自己！”

当天下午，他和其他被判刑的人登上马车来到革命广场。路上，丹东经过罗伯斯庇尔的住所，他用手指着公寓高喊：“下一个就是你，你会和我一个下场！”

丹东是那天被处决的最后一个人。一大群人跟在马车后面，当他被带上断头台时，大家都安静了。他不禁想起了路易，想起自己曾经并不愿意将他送上断头台，想起在恐怖统治中死去的朋友。虽然只有几个月的时间，但他已经对流血事件厌倦了，而且他可以感受到面前的人群也有同样的感受。当他把脖子放在木头上的时候，对刽子手喊道："一定要把我的头给人们看一看。它值得一看！"

丹东被处决后，罗伯斯庇尔发动了所谓"扩大恐怖"运动。在动荡不安的四个月里，法庭将近两万名法国人送上断头台。但丹东已经预见到了情绪的变化：法国民众已经受够了处决，他们以惊人的速度反扑向罗伯斯庇尔。七月下旬，在一次激烈的会议上，成员投票决定逮捕罗伯斯庇尔。他试图为自己辩护，但话还没说完，一个成员就喊道："丹东的血会将你淹没！"第二天早晨，罗伯斯庇尔未经审判就上了断头台，几天后议会废除了革命法庭。

在罗伯斯庇尔被处决的时候，革命的新领导人正在为法国遭遇的各种紧急情况筹措资金，有人提到他们找到了路易华丽的加冕马车，也就是"神圣"。也许他们可以将它卖掉。其中一些人前去检查，被那丑陋的外观惊呆了。一位议员将其描述为"人民的黄金和与阿谀奉承的畸形混合物"。所有人都认为没人会买这么怪异的东西。他们把马车上所有的黄金都拆下来熔化送进国库，又把拆下来的青铜送进共和国铸造厂，炼造急需的大炮。至于车门上的彩绘板以及各种神话符号，大家都觉得太奇怪了，谁也不喜欢，于是立刻将它们烧掉了。

解析：让我们通过路易十六的眼睛回顾一下法国革命前的世界。他看到的大部分情况似乎与此前的国王面对的情况相同。国王仍然是法国的绝对统治者，带着神圣的使命领导这个国家。法国各个阶级和财产情况仍然相对稳定，贵族、神职人员和其他法国人之间存在很大区别，这一点大家依旧认可。平民所见的繁荣是路易从祖父那里继承下来的。

是的，国家确实有财政问题，但伟大的路易十四也面临过这样的危机，而且最终总会过去。凡尔赛仍然是欧洲璀璨的明珠，是一切文明的中心。路易心爱的王后玛丽·安托瓦内特举办了最为壮观的宴会，让欧洲贵族们羡慕不已。路易本人对这种娱乐方式并不感兴趣，但他有自己的狩猎聚会以及令他着迷的、相当无聊的个人嗜好。

宫殿中的生活温馨而平静，对路易而言最重要的是，要在仪式和象征符号中体现法国的荣耀和威严，这些要与过去别无二致。所有人都会被凡尔赛宫本身的辉煌和天主教会神圣的仪式感染。他是这个伟大国家的统治者，有理由相信，延续了几个世纪的君主制依然会继续下去。

但是在他看到的表面情形之下，有一些令人不安的迹象。从路易十五统治时期开始，伏尔泰和狄德罗等作家就开始对君主制的落后和迷信发出嘲笑。他们引领的新科学精神在整个欧洲广为传播，与教会和贵族的许多做法很难调和。这种思想被称为启蒙运动，他们在不断扩张的中产阶级中获得广泛响应，这一阶层感觉自己被排挤在了权力之外，对君主制的象征意义并不感冒。

贵族在看似平静的外表下也有不少裂痕。很多贵族对国王的绝对权力感到厌恶，他们认为国王很软弱，不值得尊重。他们希望为自己争取到更多的权力。

秘密社团如雨后春笋般出现，远离皇宫的闷热环境，形成了一种全新的社交方式。其中最重要的便是共济会，他们有自己的秘密仪式。丹东本人就是成员之一。共济会成了表达对君主制不满的温床，其成员对启蒙运动思想相当有好感。他们渴望在法国建立新秩序。在巴黎，剧院变成了比教堂更受欢迎的地方，上演的戏剧以最露骨的方式对君主制发出嘲笑的声音。

君主制中毫无变化的威严形象和仪式开始显得相当空洞，变成了空空如也的面具。朝臣们并不理解他们在做什么，也不明白为什么国王要一起参与精心设计仪式。绘画、雕像和神话人物装点的喷泉一如既往那么美丽，但这些只是一些艺术品，与法国过去的辉煌并没有深刻的联系。

这些迹象都相当微妙，仿佛毫不相干。很难将它们与任何趋势联系在一起，更不用说革命了。可以将它们看作新事物，是国家无聊之中的新消遣，没有任何潜在的意义。但是到了十八世纪八十年代末，危机恶化，突然间这些独立的不满情绪凝结成一股无法忽视的力量。法国居民的面包价格和生活费用全部上涨。随着不满情绪的蔓延，贵族和资产阶级嗅到了国王软弱的气息，想要夺取更多的权力。

现在，国王已经无法忽视眼前的场景了，在三级议会上，他从第三阶层的行为中已看不到尊重，只有失望。但是，路易只能从他所继承的、坚守的君主制角度来看待这件事。那些不尊重、不服从他绝对统治的法国人一定是不信神的人，而且只是喧闹的少数人。违背他的话就等于亵渎神灵。

如果过去的荣光不能说服这些人，他只能动用武力让传统再占上风。但是，一旦某种东西失去了魔力，再多的努力也无法让它恢复生机。一七八九年十月，他乘坐的那辆马车载着他永远离开了凡尔赛和过去的时光，其间看到的不是他的臣民，而是某种外星人。他把丹东也列入了这样的群体中。在他被处决的时候，向人群讲话的样子仿佛仍然是国王，宽恕了他人的罪行。但实际上，人们看到的只是一个人，剥离了曾经的所有荣耀后，他过得并不比别人好。

乔治·雅克·丹东与国王看的是同一个世界，但看到的东西完全不同。他并不怯懦，也不缺乏安全感，而是恰恰与过往相反。他的内心不需要依靠旧日荣光作为支撑。在自由派牧师的教育下，他接受了启蒙思想。十五岁那年观看国王的加冕仪式时，他瞥见了未来，凭直觉感受到君主制及其象征符号已经变得非常空洞，国王只是个普通人。

十八世纪八十年代，他从国王议会内部、律师阶层、俱乐部和街头巷尾发现了一些变化的迹象，这里出现了一种新的精神。他能感受到下层阶级的痛苦，对他们遭到的排斥感同身受。这种新精神不仅是政治层面上的，也是文化层面上的。丹东这一代年轻人已经对法国文化中空洞的形式主义感到厌倦，他们渴望自由、真实的东西，想公开、自然地表达情感。他们想摆脱精心设计的服装和发饰，穿更宽松的衣服，减少浮夸成分。他们希望更多地参与到公开的社交活动中，和各个阶层公开交往，就像巴黎的俱乐部一样。

我们可以把这种文化运动视为浪漫主义的第一次真正爆发，它把情感和感受置于理智和礼节之上。丹东代表了这种浪漫主义精神，也对它有充分的理解。他是一个情感外露的人，在演讲中将思想和情感真实地表达了出来。他埋葬妻子的行为仿佛是浪漫主义文学作品中的情节，这是十年前人们无法想象的情感表达。丹东的这一面使得他对公众充满亲和力和吸引力。

丹东用一种相当特殊的方式，比其他人更早地将这些迹象背后的含义联系了起来，预见了一场大革命即将到来。作为弄潮好手，他将这一切比作河流中的潮水。人类生活中没有任何静止的东西。表面之下总是藏着不满的情绪以及对变化的渴望。这一点有时很微妙，河流看起来很平静，但仍然在流动。有些时候，它又像是一股激流，像是不断上涨的潮水，即便是拥有绝对权力的国王也无力阻挡。

潮水会把法国人带到哪里去？这是个关键问题。对丹东来说，它正向着共和国的方向走去。君主制只是徒有其表，人民对它的威严早已不感兴趣。大家现在已经看清，国王的所有行为都是为了掌握权力，贵族是一群小偷，几乎从不工作却在吸食法国的财富。在种种失望之下，不可能走回头路，也没有中间地带，不会产生君主立宪制。

丹东对时代精神有不同寻常的敏锐性，他早在其他革命领袖之前就明白了自己发动的恐怖活动是错误的，是时候停止这种行为了。但在这个时候，他对时机的把握出现了差池，比公众提前至少几个月的时间开始行动，从而给敌人送上了除掉自己的机会。

理解：你可能会认为路易十六与时代如此脱节是个极端的例子，与自己的生活没有特别大的关系，但实际上他比你想象中更接近你的生活。你可能也像他一样，用过去的视角看待现在。在你观察周围的世界时，它似乎和一天、一周、一个月，甚至一年前的样子差不多。人们的行为或多或少都是重复性的。掌权机构依然在那里，没有任何改变，人们的思维方式也没有真正改变。在你所在的领域中，人们依然虔诚地遵守着那些起到支配地位的惯例。是的，虽然文化中可能出现了一些新风向和新趋势，但它们并不起决定性作用，也并非变革的标志。在这些表象的迷惑之下，似乎生活依然会一如既往地继续下去。

然而在表象之下，潮水正在涌动，人类文化中没有任何东西是静止的。那些比你年轻的人不会像你一样尊重某些价值观或制度。权力运作在阶级、地区、行业之间不断变化。人们开始以新方式进行社交和互动。新的符号和神话不断出现，旧的符号和神话不断消退。这些事情看起来可能毫不相干，直到出现了危机和冲突，人们才不得不面对这些过去视而不见的分散征兆，看着它们汇聚成某种革命或变革。

当这种情况发生时，一些人会像国王一样感到极度不适，更加狂热地坚持老一套。这些人会联合起来试图阻止潮流的推进，但这一切都是徒劳的。领导人会感受到威胁，紧紧坚守住自己的传统观念。其他人也会坚持守旧，对走向并不理解，也不知道为什么事情会发生变化。

丹东对所发生之事能够理解且能采取相应行动，这种力量就是远见，可以通过新的框架从不同角度看待问题。他人在面对变化时不可避免地会用陈词滥调进行解释，而你摆脱了局限的视野和心理惯性去看待事物。不再进行说教，也不再对发生的事进行评判，只是看清事情的原貌。要寻找对现状的不满和不和谐的暗流，它们都潜藏在表面之下。看到这些迹象之间的共同点和联系。潮水缓缓流动并最终汇聚起来形成一股势力，而许多人都无法看清它的方向。

这不是一种智力测试活动。知识分子往往是最后察觉到时代精神的人，因为他们总是立足于理论和传统框架进行分析。首先，要对集体情绪的变化有所感知，看看人们是怎样与过去分道扬镳的。一旦察觉到这种精神，就可以开始分析其背后的原因。为什么他们不满意？他们真正想要的是什么？为什么会出现这样的新风格？看看过去受到崇拜的事物，它们早已失去了魔力，看上去很荒谬，成了嘲讽的对象，尤其是在年轻人当中，就像路易的马车一样。如果你察觉到出现了大量的幻灭感，那么肯定也形成了一些更强有力的东西。

一旦你对正在发生的事有了充分的感知，就要大胆地做出反应，把其他人感受到但不理解的东西表达出来。但注意不要做得太过头，以免造成误解。永远保持警觉，放下此前的解释，才能抓住当下别人根本无法察觉的机会。把自己看作现状的敌人，其支持者必然会将你视为危险分子。这是振兴人类精神和整个文化的必经之路，要掌握这种能力。

> 我们处于诞生的时代，也是一个过渡的时期。人类的精神已经打破了旧秩序……以及旧的思维方式，并且打算让它们全部沉入过去的深渊，开始转变。……扰乱既定秩序的轻浮和无聊之举，对未知事物的模糊预感，都是即将到来的变革的预兆。
>
> ——黑格尔

人性的关键

在人类文化中我们可以看到一种现象，也就是时尚和风格的变化，乍一看似乎微不足道，实际上却是相当深刻的，它揭示了人性中深邃奇妙的部分。以服装风格为例，在商店或时装秀表演中，可以看到几个月间的变化和趋势，但一般都很微小。可是用十年前的风格和当下做对比，会看到非常明显的差异。如果追溯到二十年前，效果就更加清楚了。在这样的时间跨度之下，我们甚至可以看出，二十年前的流行风格放到今天会显得过时而可笑。

时尚以几十年为单位在风格上发生了变化，我们可以说它创造出了比之前更松弛、浪漫的作品，带有更加明确的性和身体意识，或者变得更加经典、优雅、华丽，有更多的褶皱。我们可以说出几类风格上的变化，变化的类型是有限的，而且似乎总是周期性出现，在几十年或几个世纪的跨度中可以反复看到。例如，简洁和经典服饰的潮流总会隔一段时间就出现，虽然间隔时间跨度并不完全精准，但也有一定的规律性。

这种现象引出了一系列有趣的问题：转变是不是不仅与新事物和人的欲望有关？它们是否反映了人们心理和情绪上更深层次的变化？这些变化是如何发生的，我们又是如何察觉到的？这是否是一种自上而下的趋势，由某些时尚人士发起的变革逐渐被大众接受并以病毒的方式传播？或者说，这些品位是整个社会对变化做出的反应，也就是我们在第十四章中描述的社会力量，产生了自下而上的力量？

我们可以就音乐和其他文化风格提出这些问题，也可以观察思想和理论的变化风格，看看书籍当中的争论点都是如何构建的。五十年前，很多争论点都植根于精神分析和社会学，作家们将环境对人类的影响视为最主要的因素。这种风格相对松散，具有文学性，而且有大量的想象空间。

而如今的争论点往往围绕遗传学和人脑科学展开，一切都讲求研究和统计数字。仅仅看到页面上出现数字，就能为结论带来某种可信度。不允许存在想象空间。句子越来越短，只为了传达信息。这种理论风格上的变化并不是什么新鲜事，此前也有类似的变化——从偏向文学性和猜测到冷静的数据驱动，这种变化从十八世纪起延续至今。

这些风格变化的迷人之处在于变化的范围有限，而又重复出现，我们现在能看到变化的速度越来越快，仿佛见证了人类的不安与紧张情绪也在加速演进。如果仔细研究这一现象可以清楚地看到，表面的变化实际反映了人们在情绪和价值观方面更深层次的改变，而且是自下而上出现的。比如十八世纪八十年代对宽松服饰的追捧看似简单，但实际反映了群体的心理变化。所有迹象都是有意义的。喜欢更鲜艳的颜色，偏爱更硬核的音乐，都说明当时人们的集体思想处于激荡状态。

在更深入地研究这一现象时，我们还会发现推动变革的是不断涌现的新一代年轻人，他们想要创造一些与自己的经验相关的东西，反映自己的价值观和精神，与上一代人区分开来。（我们一般以二十二年为界划分一代人，其间最早出生和最晚出生的人往往对上一代或下一代更加认同。）

从上一代人到下一代人的变化模式本身就是历史演进的一部分，可以追溯到几千年前，特定的反应和价值观的转变都会规律性地出现，这些都表明，人的本性中有一部分超越了个体，并且出于某种原因我们一直在重复这些模式。

很多人都意识到了代际问题，年轻一代总会充满个性，做出许多改变。有些人对这一现象持否认态度，认为人的想法、信仰或其他力量都是由阶级、性别、种族塑造的。当然，代际研究可能并不精确，这个主题相当微妙且难以捉摸，同时其他因素也在起作用。但深入研究后就会发现，实际上它的影响力比我们想象得更大，甚至历史上的很多重大事件都是由此引发的。

认识这种代际现象可以带来很多好处。我们可以看到父母的思维方式、我们的思维方式都是如何形成的，看到自身在朝着不同的方向演化。我们可以更好地理解社会各领域发生的根本性变化，预测世界的发展方向和未来趋势，了解我们自身在其中可以发挥哪些作用。这不仅能给我们带来巨大的力量，也可以将我们与世界拉开一定距离，让我们以更平和的心态看待世事，获得疗愈、平静的效果。

我们将其称为代际意识。要达到这个目标，首先要了解这一代人看待世界的方法是怎样形成的，其次要了解塑造历史的更宏大的代际模式，认识自己身处的时间段在整个周期中的位置。

代际现象

在生命的最初几年，人就像是海绵一样吸收着父母、老师的能量、风格和思想。我们会学习语言、基本价值观、思维方式，以及如何在人群中发挥作用，此时学习的是当下的文化。这一阶段人的思想非常开放，正因如此，经历带来的感受也会更加强烈。长大几岁后，我们会意识到自己有同龄人，他们也有着同样的经历，出生到了这个陌生的新世界。

尽管此时我们和其他人经历了同样的事，但看待事物的眼光比较特殊——作为孩子身体更小、更加无助，需要依赖成年人。从这个角度来看，成年人的世界可能显得非常陌生，因为我们不了解他们的动机，也不知道他们关心什么。父母认为很严肃的事，在孩子眼里往往滑稽又奇怪。也许我们会一起看娱乐节目，不过我们是从一个孩子的角度去看，没有太多生活经验。我们还没有能力影响世界，却开始以自己的方式解释它并与同龄人分享。

等到了十几岁或更早一点儿的时候，我们会意识到自己跟他们是同一代年轻人（开始更多关注自己的同龄人），并且对他们产生认同感。由于看待事物的方式相似，也有相同的幽默感，我们建立了联系，同时还会形成关于成功和酷的共同概念。在这段时间里，我们不可避免地会经历一个叛逆期，挣扎着寻找自己的身份，与父母分离。我们会对外表、风格和时尚有更深刻的理解，表明自己属于这个时代，有自己特有的外表和举止。

通常来说，在这段年轻的时光中可能会发生决定性的事件或趋势，可能是战争、政治丑闻、金融危机或经济繁荣，也有可能是对社会关系产生深刻影响的某种新技术发明。由于年轻人非常容易受到影响，这个事件会在这一代人形成个性的过程中产生决定性影响，让我们变得谨慎（如果遇到战争或经济衰退）、乐于冒险（如果遇到繁荣稳定阶段）。当然，我们对这种决定性事件的看法也与父母完全不同，受到的影响也更深。

随着对世界上发生的事情有了更多的了解，我们会发现父母的想法和价值观与我们自己的实际经验不太相符。他们告诉或教给我们的东西似乎并不那么重要，我们希望听到同龄年轻人的相关想法。

在人生的第一阶段，我们形成了代际视角。这是一种集体思维模式，吸收了同龄人从童年到青年对主流文化的看法。此时我们还太年轻，无法理解或分析这种思维，也很难明白它是怎么形成的，以及如何影响我们所看到的和解释的事。

等到了二三十岁，我们进入了人生的新阶段，经历了一次转变。此时我们有能力掌握一些权力并根据自己的价值观和想法改变世界，随着事情的进展，开始对文化和政治产生影响。此时一定会与掌权已经有一段时间的上一代发生冲突，因为对方会坚持自己的行动方式和评价体系。他们当中会有很多人认为我们幼稚、天真、软弱、不守规矩、娇生惯养、顽劣，不具备掌权的能力。

在某些时期，青年文化会产生巨大的影响力，甚至主宰主流文化，例如二十世纪二十年代和六十年代。在其他时期，处于领导地位的上一代人会更有优势，二十多岁的年轻人影响力就不那么明显了。在任何情况下，两代人或多或少都会因不同观点发生斗争和冲突。

等我们进入四十岁和中年阶段，开始大量在社会上担任领导职务，就会发现年轻一代在为自己的权力和地位斗争。其中的成员对我们进行批判，认为我们的风格和看法与他们的实际经验毫不相符，而我们也会反过来批评他们，认为这些人幼稚、天真、软弱等。我们会开始想，世界正在迅速地走下坡路，如此重要的价值观对年轻人来说竟然已经不再重要了。

出现这样的判断，殊不知这种反应已经至少存在了三千年。（在公元前一〇〇〇年左右的巴比伦泥板上有这样一段铭文：“如今的年轻人腐朽、邪恶、不敬神、懒惰。他们永远不会像我们年轻时一样，也永远无法守住我们的文化。”在所有文化和所有时期都能看到类似的抱怨。）我们自认为在以客观的方式评价年轻一代，但实际上只是一种幻觉。事实也确实如此，可能我们对他们的青春有一丝隐隐的羡慕，对自己生命时光的流逝感到悲伤。

至于两代人之间的紧张关系，可以说大部分来自年轻的一代。他们更不安分，需要寻求身份认同，也更愿意融入群体。当这样的一代进入三四十岁的时候，会以自己的特点来塑造世界，赋予它与父母一代不同的样貌和感受。

在观察一代人时，我们自然会看到其内部的差异。总会有人表现得更加积极，这类人往往是领导者，是一些把握了时代特征和趋势并能将其表达出来的人。他们对打破传统、与上一代抗衡的做法没有那么多的顾虑。丹东就是这种类型的典范。此外还有一个更庞大的追随者群体，他们并不那么好斗，喜欢紧跟潮流，在这个过程中塑造、推动其发展。最后，还有一批反叛者，他们对自己这一代人表现出藐视的态度，以逆向的方式定义自己。这其中包括二十世纪五十年代垮掉的一代或六十年代政治趋于保守的年轻人。

可以说，这些反叛者实际上和其他人是一样的，他们都是被代际标记的，只不过方向相反。实际上，这些反叛者在不同时期都体现出了相同的代际精神，例如十八世纪八十年代那些团结在贵族周围捍卫君主制的年轻人，往往对旧秩序有一种浪漫化的情绪；二十世纪六十年代的年轻保守派其实和大多数人一样，在反向的价值观中充满了说教、狂热和理想主义。无论个人如何努力抵抗，一代人的精神会不可避免地对每个人造成影响。我们都无法跳出自己出生的时代。

在考虑这种思维方式的时候，需要从集体人格的角度进行思考，或者我们也可以称之为精神。一代人会从父母和过去继承一些关键的价值观和看待世界的方式，这些内容并没有遭到质疑。但在任何时代，年轻人都会寻找一些更有生命力、更符合当下、更能表达出不同之处且有改变效果的东西。这种推动当下前进演化的力量并不是从过去继承下来的，而是集体精神本身的不安和探索。它不是一种可以轻易用语言表述的东西，更像是一种情绪，一种情感基调，一种人与人相互连接的方式。

我们往往可以将一代人的精神与其音乐风格、图像艺术趋势或文学和电影中的情绪联系在一起。例如，爵士乐和萨克斯粗犷的声音就很能反映二十世纪二十年代的野性精神和狂热节奏。

这种精神会随着一代人走过人生的各个阶段并逐渐发生变化。人在五十多岁时与世界的关系和二十多岁时并不相同。环境、历史事件和衰老的过程都会对精神有所影响。但是，一代人中总有一些个性是保持不变的，超越了岁月流逝的力量。

著名的二十世纪二十年代“迷惘的一代”有不受拘束的新潮女郎和狂野的爵士乐，他们在那十年间有一些很明显的爱好和特质——狂野派对、酒精、性、浮华、成功，以及对生活强硬、愤世嫉俗的态度。随着年龄的增长，一些人放弃了对快乐和狂热的追求，到了晚年，他们仍然强硬、愤世嫉俗、物质主义，无所顾忌地表达自己的观点。二十世纪六十年代婴儿潮的一代表现出强烈的理想主义以及判断事物时的道德化倾向。他们倾向于维持这样的特点，但理想和道德的内容已经发生了变化。

如果说一代人有一代人特殊的精神，那么我们所处的时代也是如此，一般来说会同时囊括四代人。代际之间相互融合，彼此紧张碰撞，经常性地发生冲突，创造出了我们所称的时代精神。例如，谈到二十世纪六十年代，我们不能将强大的青年文化情绪与它在年长者之间激起的对立和不安分开来看。那个时代的活力和精神正是源自两种观点的戏剧性互动。

可以从自己的经历中回顾这一点，如果你年纪足够大，回忆下至少二十年前是什么样子。隔着一定的距离，你可以思考那个时代有多么不同，空气中弥漫着怎样的气息，人和人如何交往，紧张程度如何。不同的时代精神不仅体现在风格迥异的服饰上，也体现在社会性、集体性的东西上，是一种整体性的情绪和感觉。时尚和建筑的特点、流行的颜色、汽车的外观都有背后的精神作为支撑，是这种精神促成了这些变化和选择。

这种精神既可以表现为狂野、开放，人与人之间渴望各种社会互动；也可以表现为紧张、谨慎，人们倾向于循规蹈矩和矫枉过正。它既可以愤世嫉俗，也可以充满希望；既可以陈旧，也可以具有创造性。你需要做的是带着距离感观察当下的精神，看到自己这一代人在历史长河中的位置，把握大致的趋势。

代际模式

自有记载以来，就有一些作家和思想家对人类历史的模式有所察觉。十四世纪伟大的伊斯兰学者伊本·赫勒敦也许是首次将其归结为理论的人，他认为历史似乎有四种行为方式，可以与四代人相对应。

第一代是革命者，他们与过去彻底决裂，建立新的价值观，但也在斗争中造成了一些混乱。这一代人中往往有一些伟大的领袖或先知，他们影响了革命的方向，在其中留下了自己的印记。

随后便是第二代人出现，他们渴望秩序，虽然革命的热度依然存在，但他们在很小的时候就经历了革命，他们想要维持世界的稳定，建立规则和教义。

第三代人与革命的发起人已经没有直接的联系了，他们对革命的热情不高，是实用主义者。这类人想要解决问题，让生活过得尽可能舒适。他们对观点并不感兴趣，对构建更感兴趣。在这个过程中，他们往往会损耗革命的精神，此时物质占据了主导地位，人们可能会变得相当个人主义。

随后第四代人出现了，他们认为社会失去了活力，但又不确定应该用什么东西来替代它。他们开始质疑自己继承的价值观，有些人变得愤世嫉俗，没人知道应该相信什么。危机就这样出现了。之后便又是革命的一代，他们会围绕某种新的信仰团结起来，毁掉旧秩序，循环往复。这种革命可以是极端的、暴力的，也可能并不激烈，只是出现了新的、不同于过去的价值观。

这种模式当然会有所变化，也称不上是一门科学，但我们经常在历史中看到很多这样的循环。最值得关注的是第四代人的出现和随之而来的价值观危机。这个时期往往是最令人痛苦的，人类感到自己需要相信某些东西，但又对旧的秩序感到怀疑，此时正是价值观出现真空的时候，人会变得有些焦躁。在这个时候，蓬勃发展的骗术和煽动者兜售的新的信仰体系就会乘虚而入。我们会为当下所有出现的问题和蔓延的不满情绪寻找替罪羊。如果没有一个完备的信仰体系让人安定下来，人就会分散成部落，依靠小型的团体带给自己归属感。

在危机时刻，一般来说我们会发现，那些对旧秩序的崩溃感到特别焦虑和愤怒的人会形成一个小群体。他们往往是在过去感到自己拥有特权的人，然而混乱和即将到来的变化威胁到了他们认为是理所应当的东西。他们想要抓住过去，回到那个记忆中的黄金时代，组织一切革命的到来。但这些人注定是要失败的，因为周期循环是不会停止的，过去也不会死而复生。但是随着危机时期逐渐过去，进入革命时期，我们又会发现社会变得兴奋起来，那些年轻的、渴望新事物的人会感到社会以自己希望的方式发生了变化。

我们似乎正在经历这样的危机时期，一代人正经历着人生中的关键阶段。虽然不知道这个时期何时会结束，但它不会持续太长时间，因为人类不会容忍这种事发生。统一的信仰体系正在酝酿之中，新的价值观正在形成，只是我们还看不到。

这种模式的核心是循环往复的节奏，它来源于新一代对上一代失衡、错误行为的反应。如果往前数四代人，我们可以清楚地看到这一点。他们作为“沉默的一代”出生，儿童时期经历了大萧条，成年后经历了二战和战后时期。这代人变得相当谨慎和保守，他们重视稳定和物质上的舒适性，与群体紧紧融合在一起。而他们的下一代是婴儿潮的一代，这一代人看到父母一代同质化得令人窒息。他们出生在二十世纪六十年代，没有经历过父母曾面对的残酷的金融衰退，他们重视个人表达，富有冒险精神，并且具有理想主义。

紧随其后的便是X一代，他们经历的是二十世纪六十年代的混乱和随之而来的社会和政治丑闻。他们成长于二十世纪八九十年代，变得务实、具有对抗性，重视个人主义和自力更生。这一代人反对父母一代理想主义中虚伪和不切实际的部分。随后是千禧一代，他们受到了恐怖主义和金融危机的创伤，对上一代的个人主义做出反应，渴望安全和群体合作，不喜欢冲突和对抗。

我们可以从中获得两条启示。

第一，人的价值观往往取决于在历史模式中的位置，以及对上一代某种失衡的反应。如果我们出生在二十世纪二十年代或五十年代而非现在，根本不会成为现在的自己，拥有这样的态度和理想。因为离得太近，我们很难意识到这一因素产生的影响。当然，个人精神也会在其中发挥作用，根据自身独特性程度的不同，获得引领时代潮流的能力。关键在于，首先要意识到我们这一代人扮演的角色，以及自己在这一模式中所处的位置。

第二，我们发现下一代人似乎只能朝着与上一代人相反的方向做出反应并继续前进。也许这是因为一代人的观念是在青年时期形成的，那时人比较没有安全感，容易非黑即白。如果选择中庸之道，选择上一代人价值观中好与坏平衡的部分，似乎会与我们这一代人的集体本性相悖。

另外，这种反反复复的模式也有其益处。如果放任一代人沿着自己的倾向一路走下去，人类可能已经毁灭了。试想一下，二十世纪二十年代或六十年代狂野的一代人如果一直保持下去，五十年代守旧的一代人如果一直保持下去，我们会因为过多的自我表达或停滞不前而窒息。这种模式确实会导致失衡，但也能保证人类社会不断更新。

有时，革命时期发生的变化非常微弱，甚至没有持续到周期结束。也有时候危机相当强烈，革命产生的新事物会维持几个世纪，引导人们朝着更理性、更具同理心的价值观迈进。在看到这样的历史模式时，我们要意识到这是一种超越了特定时间和整体人类精神的力量，可以促使我们不断发展。如果循环因为某些原因停止了，我们注定会走向灭亡。

作为人性的研习者，你有三个任务：第一，也是最重要的一点，要改变对自己这一代人的态度。人总喜欢想象自己是自主的，价值观和想法都源自内部而非外部，但实际上并非如此。你的目标是要尽可能深入地理解自己这一代人的精神以及所处的时代，看它如何影响了你对世界的看法。

在涉及自己这一代人时，人都会变得很敏感。我们的观点形成于童年时期，也是人最脆弱的时期，与同龄人早已建立起了情感纽带。我们经常听老一辈或年轻一辈批评我们，自然会产生防备心理。如果谈到我们这一代人有缺陷或失衡，自己通常的倾向都是将其看作优点。例如，如果我们在恐惧谨慎的环境中长大，可能会害怕承担起重大的责任，比如拥有房子或汽车。而自己对这种行为会解释为对自由和环保的热爱，不愿真正面对恐惧。

我们无法用理解生物体特征这种科学现象的方式来理解代际问题。它是我们内心中活生生的东西，对它的理解会受到自身情感和偏见的影响。你需要在不下判断、不进行道德攻击的情况下理解它，并且尽可能地保持客观。一代人的个性既不积极也不消极，它只是上述过程的一个有机的结果。

可以把自己想象成一个考古学家，挖掘自己和这一代人的过去，寻找文化遗迹，将其拼凑起来观察，形成一幅精神图景。在搜索记忆的时候，尽量保持一定距离，在回忆自己当时的情绪时也要这样做。如果不可避免地要对自己这一代或下一代人做出好坏的判断，一定要控制住自己。可以通过练习培养这种能力，这种态度会在发展的过程中对你起到关键作用。有了一定的距离和意识，你就不再是一代人中的追随者或叛逆者，而可以在时代中塑造潮流，成为引领者。

你的第二个任务是为自己这一代人建立个性档案，理解当下表现出的精神并加以利用。要记住的是，偏差和例外总是存在的，你要寻找的是整体精神的共性特征。

你可以观察一下自己在踏入职场之前的几年发生了哪些决定性事件，它们对性格有很大的塑造作用。如果这段时间差不多有二十二年，那么决定性事件往往不止一个。例如，对二十世纪三十年代成年的人来说，他们首先经历了大萧条，然后是第二次世界大战。对婴儿潮的一代来说，先是经历了越南战争，随后是水门事件和二十世纪七十年代的政治丑闻。

X 一代的童年经历了性解放，青年时期是钥匙儿童。对千禧一代来说，先是经历了“9・11”事件，随后是二〇〇八年的金融危机。根据出生的年代，可能两件事都会对你产生影响，只是总有一件事的影响力更大，发生时更接近十至十八岁的成长期，这段时间人对世界有更广泛的认知，正在发展自己的核心价值观。

有些时候可能是相对稳定的时期，例如二十世纪五十年代，社会接近于停滞。考虑到人类思想的不安定性，这样的社会氛围也会产生强大的影响，特别是对年轻人，他们会更渴望冒险、四处生事。同时，我们还要将改变人际互动的重大技术进步或发明纳入考虑范围。

试着勾勒出这些决定性事件造成的影响，注意它们对社会模式产生了哪些影响，最终变成了一代人的特点。如果出现了某种重大危机，一代人会倾向于团结起来寻求安全与安慰，重视团队精神和爱的氛围，反感对抗。一段稳定的时期会让人倾向于冒险，进行团体实验，有时近乎鲁莽。一般来说，你会关注同龄人的社交风格，在二十多岁时最为明显，要寻找这方面的根源。

这些大事件会对人的成功观和金钱观产生影响，是否对地位和财富非常重视，还是更重视创造力和个人表达，对物质财富比较淡漠。看看这一代人如何看待创业和事业失败，它究竟是耻辱的标志，还是创业过程的一部分，甚至是一种有益的经历？你可以通过进入职场时的状态来衡量，当时是否有立刻要开始赚钱的压力，还是正处于探索世界进行冒险的时间段，要等到三十多岁才能确定人生方向？

在总结的时候，看看上一代是怎样抚育自己的，是放任自流还是过度控制，是忽视存在还是极富同理心、十九世纪九十年代的父母是极度放养的抚育风格，造就了二十世纪二十年代“迷惘的一代”狂野、无所顾忌的状态。那些深受二十世纪六十年代的父母影响的一代往往相当自我，对自己的孩子漠不关心，也造就了一批有疏离感并因此感到愤怒的下一代。受到过度保护的父母会造就害怕走出舒适区的下一代。这些教养方式呈波浪式出现。受到过度保护的孩子一般也不会成为“直升机式父母”。你自己的父母可能是当时流行风格的例外，但在同龄人身上你会发现明显的个性印记，这在十几岁和二十岁出头的时候会表现得非常明显。

关注一代人的英雄和偶像以及大家暗自希望自己也能拥有哪些品质。他们往往在青年文化中获得了很高的知名度，例如叛逆者、成功的企业家、大师、活动家等。这些人代表了新兴的价值观。同样地，看看哪些趋势和潮流席卷了你这一代人，比如突然流行的数字货币。不要只看趋势的表面，而要寻找其潜在精神，也就是它无意中对哪些价值观或理想产生了吸引力。对这样的分析而言，没有哪些细节是微不足道的。

就如同个人一样，任何一代人都会有无意识的、处于阴影中的个性。想要寻找这方面的迹象，可以观察不同代际的人有怎样特殊的幽默风格。人们会通过幽默释放自己的挫折感，表达出压抑的东西。这种幽默可能是非理性的，也可能是更激进的，甚至更具攻击性的。这代人本身可能看上去相当审慎，时刻保持正确，但他们的幽默感很可能相当荒淫不敬。这就是阴暗的一面暴露了出来。

性别关系也是其中的组成部分。在二十世纪二三十年代，男性和女性在努力弥合他们之间的差异，他们会更多地在混合性别的群体中进行社交活动。男性偶像往往相当女性化，比如鲁道夫·瓦伦蒂诺，而女性偶像则带有明显男性化或雌雄同体的气质，例如玛琳·黛德丽和约瑟芬·贝克。与此形成鲜明对比的是二十世纪五十年代，两性之间出现了强烈的撕裂感，揭示出人们对跨性别倾向无意识的不适感（参见第十二章）。

在审视自己这一代人的阴暗面时，要记住无论是注重物质主义还是注重精神世界，是喜爱冒险还是注重安全，一种极端倾向总会隐藏着对另一个极端的渴望。比如二十世纪六十年代成年的一代人似乎对物质世界不感兴趣。他们的主要价值观存在于精神和内里层面，注重自发性和真实性，所有的特质都是对父母一代物质主义的反应。但在这种精神之下，他们也对生活的物质方面有隐秘的需求，渴望拥有最好的东西，比如最新的音响系统、质量最好的药物、最时尚的衣服。这种吸引力在二十世纪七十年代末八十年代初的雅皮士时代得到了充分的展现。

有了这类信息的积累，就能够形成对一代人整体的印象了，这种概况就像现象本身一样复杂而多变。

你的第三个任务是将这一认识继续扩展，首先可以试着拼凑出当下的时代精神。在这一点上，要特别关注两代人之间的关系，也就是刚刚成年的一代（二十二岁到四十四岁）和中年一代（四十五岁到六十六岁）。无论这两代人之间的父母和子女关系多么亲密无间，总会有潜在的紧张关系以及一些怨恨和嫉妒。他们在价值观和看待世界的方式之间存在着天然的差异。要研究这种紧张关系，确定哪一代人占据着更为主导的地位，以及这种权力动态可能会发生怎样的转变。你也会想知道自己这一代人在历史长河的模式中更贴合哪一部分。

这种整体意识会有几个重要的优势。例如，代际视角往往是一种特殊的近视。每一代人都会有自己失衡的地方，因为它是对上一代人的反应。大家根据自己持有的价值观来看待和判断事物，这会导致人拒绝了其他的可能性。我们既可以保持理想主义，也可以相当务实，既可以注重团队合作，也可以追求个人精神，等等。从父母或孩子的视角来看待世界，甚至吸收一些他们的价值观会对你大有裨益。感觉自己这一代人无比优越是一种幻觉。要有意识地让自己从这样的心理障碍和幻觉中解放出来，让思想更加流畅和富有创造性，要能够自己塑造价值观和思想，而不要变成时代的产物。

随着你对时代精神的了解，也会对历史背景有所认识，感知到世界将走向何方。你可以预见到下一个转角会发生什么，这样就可以发挥个人精神，帮助塑造这个酝酿之中的未来。

感知到自己与历史长河之间存在深刻的联系，理解自己在宏大的历史剧中扮演了怎样的角色，会给你带来一种平静感，生活中的一切都变得更容易接受。你不会对当下的愤怒反应过度，也不会因为最新的潮流而狂热。在一段时期内，这种模式会促使事物朝着不同的方向发展。如果你觉得与时代格格不入，糟糕的日子总会结束，你可以在下一波浪潮中发挥自己的作用。

现在拥有这样的意识比以往任何时候都重要，其原因有两个。首先，尽管总会有反全球化的情绪出现，但技术和社交媒体已经不可逆转地将我们整合了起来。这意味着现在的一代人与其他文化中的同代人有了更多的相同点，远远多过与自己国家中上一代人的共同点。这种现象是前所未有的，意味着时代的潮流比以往任何时候都更为全球化，对这件事的了解也变得更加重要。

其次，技术创新引发了剧烈的变化，社会节奏加速，创造出一种自我实现的动力。年轻人对这种节奏上瘾，渴望看到更多转变，哪怕都相当琐碎。随着步伐的加快，会出现更多的危机，这一进程只会加速。这样的节奏往往会让人头晕目眩，丧失洞察力。你可能会把一些琐碎的变化看作突破性的，从而忽略了真正的突破性变化。一旦无法跟上，就无法预测接下来会发生的事。只有拥有代际意识，凭借冷静的历史视角，才能对时代有掌控感。

利用代际精神的方法

充分利用代际精神，需要从一个简单的前提开始：你和其他人一样都是时代的产物，无论你是否意识到，出生的代际都塑造了你的思想和价值观。因此，如果你在内心深处对世界上发生的事或上一代人感到沮丧，或者感到文化中缺少一些东西，那么几乎可以肯定，同代人都有相同的感觉。如果你根据自己的感觉采取行动，那么一定会与自己这一代人产生共鸣，塑造时代潮流。考虑到这一点，你需要将以下内容部分或全部付诸实践。

推翻过去。你可能深切地感受到需要创造一些新的、更贴合自己这一代人的东西，但过去总会对你产生巨大的拉力，其表现形式就是年幼时内化的父母的价值观。恐惧和矛盾感是在所难免的，正因为如此，无论做什么或表达什么，你都有可能会犹豫不决，对于过去行为方式的反抗往往会相当温和。

但是，你需要强迫自己往相反的方向前进。将过去及旧的价值观和想法作为一种强大的反向力量，动用一切能感知到的愤怒来帮助自己。与过去的决裂要尽可能干脆、清晰。将禁忌暴露出来，打破上一代人坚持的惯例，这些都会引起你这一代人的注意，其中很多人会跟随你的脚步。

埃塞克斯伯爵正是因为胆大妄为、目中无人，才成了后西班牙无敌舰队时代英格兰新潮、自信精神的缩影，成为一代人的宠儿（详见第十五章）。丹东在反抗君主制，提倡建立共和国的观点上走得足够远，因此获得了权力。二十世纪二十年代非裔美籍舞蹈家约瑟芬·贝克不受约束的表现震惊了观众，成为迷惘一代中自发性精神的典范。杰奎琳·肯尼迪一举打破了过去第一夫人的形象和一贯端庄的态度，成为二十世纪六十年代初新精神的代表。如果你朝着这个方向走得够远，就会给等待中的人们营造出新的欲望冲击。

让过去适应当下的精神。一旦确定了时代精神的本质，最明智的方法是在历史中寻找类似的时期。上一代人肯定会在某种程度上感受过当前一代人的挫折和叛逆，它们会以戏剧性的方式展现出来。不同代际的前领导人会在历史中产生共鸣，随着时间的推移呈现出神话般的色彩。如果能将自己与这些人或时代联系起来，就可以为自己正在推动的事业或创造的事物增加分量。将历史中一些带有情感色彩的符号和风格加以调整，给人的印象便是目前你所做的事是过去某件事更完美、更进步的版本。

在这个过程中，要以更宏大、更具神性的方式进行思考。丹东将自己与西塞罗联系在一起，后者支持罗马共和国、反对暴政的演讲和行为引起了众多法国人的共鸣，使得丹东的使命多了崇古的重量。电影导演黑泽明让日本文化中尊崇的武士精神重新在世界上焕发生机，在竞选总统期间，约翰·F. 肯尼迪想要传递一种新的美国精神，它超越了二十世纪五十年代的僵化思想。他将自己的计划命名为“新边疆”，将自己的想法与美国精神中根深蒂固的先驱精神联系起来。这样的形象也是他具有吸引力的重要原因。

唤醒童年的精神。儿时的精神是由幽默感、决定性历史事件、当时的风格、产品、氛围影响而成的，你接触到的人也有着类似的经历。那段时间的情感生活非常强烈，可以通过成年人的视角以某种形式再现它，让你的工作成果与同龄人产生共鸣。只有当你觉得自己与童年时期有很强的联系时，才需要使用这种方法。否则，经过翻新的童年精神只会显得平淡无奇、矫揉造作。

记住，你的目标不是真的将它拿过来重新使用，而是要抓住其中的精神。为了真正获得力量，它应当与当前的一些问题或困难有关联，而不是单纯无意识的怀旧之作。如果你正在创造一些东西，可以利用所有人容易无意间受到早年经历的吸引这一点，以巧妙的方式将童年时期的风格融入进来。

创造新的社会结构。人们渴望与自己喜欢的人进行更多的社会互动，这是人类的天性。你可以凭借一些新的互动方式吸引你这一代人，从而获得巨大的力量。围绕时下流行的新思想、新价值观或新技术组织起团体，以新颖的方式把志同道合的人聚集在一起。消除之前的障碍，让人们自由地交往。

我们可以看到过去的很多例子，比如十七世纪法国的沙龙，男男女女可以在这里自由公开地交谈；十八世纪欧洲的共济会有其秘密的仪式和颠覆的气氛；二十世纪二十年代的地下酒吧和爵士俱乐部弥漫着“怎么都行”的气氛；而当下也有在线平台、团体和快闪族。在使用这一方法时，想想人们渴望摆脱过去哪些压抑的东西。可能是对僵化的厌恶，也能是过度的一致性，或者是对个人主义的高估以及由此产生的自私。新建立的团体会让新精神蓬勃发展，甚至产生打破过去的禁忌的快感。

颠覆精神。你可能会发现自己与这一代人的精神或生活的时代有矛盾。也许你认同的是过去已经被取代的某种传统观念，或者你的价值观因为个性原因而与他人有所不同。无论出于什么原因，都没有必要对时代精神进行谴责或道德化攻击，这样做只会令自己被边缘化。如果说时代精神就像潮水或溪流，最好能找到办法稍稍改变它的流向，而不是正面与其对抗。于时代精神之中开展活动并颠覆它，你才会拥有更大的力量和影响力。

例如，你正在创作一本书、一部电影或制造某种产品，其外观可能相当具有时代感，甚至到了夸张的程度。但是，在内容部分你可以植入一些不同的想法和精神，表达出你所热爱的过去的价值观，描绘出对事物进行关联和解读的另一种方式，这样做有助于放松人们看待世界时严格遵循的世代框架体系。

二战后，高级的欧洲时装设计师对美国市场感到非常不屑，他们认为新兴的流行文化太过庸俗。时尚设计师可可·香奈儿一直在设计中强调优雅，自然也会有一些类似的反感情绪。但她却走向了和其他设计师相反的方向：拥抱美国妇女的新生力量，迎合她们对服装的渴望，不那么繁复，更具运动感。她获得了她们的信任，熟悉了她们的语言，此时便有了强大的力量巧妙地改变美国人的品位，将自己的感性特质带入其中，为美国女性喜爱的流线型设计注入优雅感。通过这种方式，她重新引领了时尚界的潮流，预见了二十世纪六十年代初的变化。这就是合作而非对抗带来的力量。

不断适应。在青年时期，一代人建立了独特的精神特质，那是一段经常引得人深情回忆的情感密集期。但问题是随着年龄的增长，人倾向于锁定在这一时期的价值观、想法和风格上。对年轻人来说，你会变成过去式。你的想法不再更新，时代将你甩在了身后，这只会让你更加牢牢地抓住过去那唯一的锚。随着年龄的增长，越来越多的年轻人占据了公共舞台，你的听众范围不断缩小。

这并不是说你要放弃自己标志性的时代精神，无论如何这都是不可能的。一味试图模仿年轻人的风格，也会让你看起来既滑稽又不真实。你需要的是将自己的时代精神现代化，吸取一些自己认可的年轻一代的价值观和想法，通过与自己的经验和观点相融合来获得更新、更广泛的受众，让自己变成鲜有的、引人关注的混合体。

对电影导演阿尔弗雷德·希区柯克来说，形成自己的风格是在二十世纪二十年代，当时他刚进入这个行业并成了导演。在无声电影中，最重要的是讲述故事的视觉语言。希区柯克对摄影机角度和动作调度的掌控力堪称艺术，使观众仿佛身临其境。

在他担任导演的六十年间，从未放弃过对视觉语言的痴迷，但他总能不断调整自己的风格——二十世纪五十年代流行彩色摄影，六七十年代流行惊悚片和恐怖片。其他上了年纪的导演要么完全落伍，要么只是试图模仿当下的风格，而希区柯克完全不同，他创造了一个过去与当下的混合体。他将职业生涯早期的积累全部融合了进来，令后期的电影相当有深度。他的电影既有对大众的吸引力，又因为电影中的创新元素而变得无可取代。这种深度在观众之间产生了不可思议的效果，他的作品似乎超越了时间本身。

超越时间与死亡的人类

人类是改造事物的大师。为了迎合自己的需要，我们已经彻底改变了地球的环境，将自己从一个身体脆弱的物种变成了卓越而强大的社会动物，在这个过程中，我们的大脑也经过了扩容和改写。人总是不安分的，并且具有无穷的创造力。但似乎总有一个领域是人无法改造的，那就是时间本身。人自出生起便踏入时间的河流，每一天它都带着我们更接近死亡。时间是线性的，总是在向前走，我们无法阻止它的进程。

我们经历了人生的各个阶段，这些岁月不可避免地给我们打上了烙印。人的身体和思想变化都在放缓，失去了年轻时的弹性。我们无助地看着越来越多的年轻人登上生命的舞台，将我们推到一边。我们降生于历史的某一时刻，无法自己选择年代，但它又决定了我们究竟是谁，会经历什么事情。在与时间打交道的过程中，活跃的天性受到了抑制，虽然人很难意识到这一点，但这种无助感是很多焦虑和抑郁的来源。

但是，如果更仔细地观察个人的时间体验，就会注意到一些奇特的现象——时间流逝的快慢会根据情绪和环境而改变。孩子和成年人对时间的观感是完全不同的，前者的速度相当慢，后者的速度相当快。在人感到无聊的时候，时间仿佛变得空洞起来，流逝得相当缓慢。在人兴奋的时候，又希望时间能够慢下来。在平静冥想时，时间可能过得很慢，但似乎又很充实，给人以满足感。

总的来说，这些现象意味着时间是由人类创造的、衡量时光流逝的一种方式，这种人为创造的体验相当主观而多变。我们能有意识地放慢或加快它。人与时间的关系比想象中的更具有可塑性。虽然我们不能阻止衰老的过程，也不能藐视死亡这一最终的现实，但可以改变对它们的体验，将痛苦和压抑的东西进行转化。我们可以让时间更富有周期性而非线性，甚至可以从时间的河流中跳出来，体验永恒的感受。我们不必被自己这一代人的观点所束缚。

看起来这只是一厢情愿的想法，但我们可以看到不同时期的历史人物也有超越了时代局限的例子，比如列奥纳多·达·芬奇和约翰·沃尔夫冈·冯·歌德，他们都描述过对于时间的体验。这是理想化的目标，是人类活跃的天性所追求的理想，也是值得在某种程度上实现的目标。

以下便是如何将这种积极的方法作用于时间的四个基本要素。

人生各个阶段。走过青年、初出茅庐的成年、中年和老年各个阶段，我们会注意到自己身上有一些共性的变化。在青年时期，人更热衷于体验生活，更加情绪化和脆弱。我们当中的大多数人倾向于向外关注，在意他人对自己的看法，思考自己该如何适应。此时的人更热衷于社交，也更容易愚蠢行事或自以为是。

随着年纪的增长，这种强度会逐渐减弱，思想往往更趋向于一些传统观念。慢慢地，我们不再那么关心他人对自己的看法，也由此变得更加内向。在此后的阶段中，有时会与生活产生一些距离，多一些自我控制，也会从积累的经验中获得更多的智慧。

但是，我们也有能力摒弃或削弱一些不同生命阶段特有的消极品质，在某种程度上藐视衰老过程本身。例如当我们年轻时，可以减少群体对自身的影响，不去执着于他人的想法和行为。我们可以让自己更加向内发展，接受自身的独特性

（参见第十三章）。可以有意识地随着年纪的增长培养出内在的距离感，对经验进行深入分析，从中吸取教训，培养早熟的智慧。

随着年岁的增长，我们仍然可以努力保持积极的青春气质，只是这些品质往往会随着时间的流逝而消失。例如，可以摒弃一些随着年龄增长不自觉出现的自以为是和无所不知的态度，重新找回儿时天然的好奇心。始终通过新的框架来看待世界，质疑自己的价值观和先入为主的观念，在这个过程中让思想更加流畅且富于创造性。在这个过程中，可以学习一项新技能，研究一个新领域，回到曾经学习新事物时的快乐时光。我们还可以回忆自己年轻时一些比较紧张的经历，在回顾过去的过程中更深入地了解自己是谁。此时会感受到年轻时的紧张感在某种程度上又回来了。

随着年纪的增长，人会变得不那么合群，部分原因是我们有了自己的判断力，不想再忍受他人的怪癖，而这样做并不能提高对生活的体验。应当通过更深入地了解人性、接受人性来改变这种状况。

衰老有其心理因素，它是一个自证预言，是因为我们告诉自己要慢下来，不要再像过去一样尝试新事物，如果按照这种想法行事，确实可以加剧衰老的过程，而这会令人感到沮丧，进一步放慢速度。看看过去在这方面做得好的人，比如反其道而行之的本杰明·富兰克林，随着年龄的增长仍然不断挑战自己的思维和身体，据说在他七八十岁的时候仍然保持着活泼的孩子气和欢快的性格。

当代人。你的目标是不要成为时代的产物，而要改变自己与这一代人的关系。实现这一目标的关键在于与不同代际的人积极交往。如果你是年轻人，要尝试与老一辈更多地进行互动。他们当中会有一些人对你的精神表示认可，你可以试着将他们视为导师或榜样。对于另外一些人，可以像对待同龄人一样与之交往，不要自觉高人一等或低人一等，而是要深入了解对方的价值观、想法和观点，帮助自己开阔视野。

如果你是老年人，可以通过与年轻一代积极互动来扭转这一局面，不要将自己视为父母辈或权威人物，而要当成对方的同龄人。吸收对方的精神、不同的思维方式和热情。对他们来说，你也有可以传授的东西。

不同代际的人真诚地进行互动，会创造一种特殊的纽带，将同样生活在当下的人联系在一起。这样的纽带可以增强你对时代潮流的把握能力。

过去的几代人。我们在反思历史的时候，倾向于将过去视作死气沉沉的漫画。对照过去，我们会自鸣得意并有一种优越感，只去关注过去那些落后的思想和价值观（没有意识到子孙后代也会对我们做同样的事），只看自己想看的东西。我们会把现在的想法和价值观投射到过去，但这与过去的实际世界并没有多大联系。我们忽视了那一代人也有自己的世代观，这点在历史电影中看得最为清楚，里面的人说话行事都和我们别无二致，只是着装有所不同。我们还会干脆无视历史，认为它与我们现在的经验毫无瓜葛。

我们要摆脱这种荒谬的观点和习惯，承认自己并不像想象的那样比过去的人优越（参见前面关于非理性、短视、嫉妒、膨胀、循规蹈矩和攻击性的章节）。在参与性民主、创造性思维和文化活力等领域，历史上有些时间段是优于我们当下的文化的。在过去的某些时期，人类对人心有更深刻的了解，那是一种强烈的现实主义，相比之下如今的我们反而有些自欺欺人。虽然人性是不变的，但过去的人面对的是不同的环境和技术水平，信仰和价值观和我们完全不同，但并不一定更加低劣。他们只是拥有反映不同环境的价值观，换作我们也会有同样的选择。

而更重要的是，我们必须认识到过去并不意味着已经死去。人无法脱离数百万年的进化横空出世。我们所思考和经历的一切，那些最隐秘的想法和信念，都是由过去几代人塑造而成的，与世界当下的很多联系都源自很久之前的思维变化。

看到那些为了事业牺牲一切的人，就会想到公元一世纪早期基督徒的价值观转变，他们将生活的方方面面都奉献给了某种理想，彻底改变了我们的思维方式。看到那些坠入爱河并将爱人理想化的人，就会想起十二世纪的吟游诗人为西方世界注入的情感力量，这是此前从未有过的东西。

看到称赞真性情与自发性，认为其优于智力和努力的观点时，就会想起将十八世纪的浪漫主义运动首次引入心理学时的样子。我们没有意识到，自己其实是人类思想和心理变化积累的混合产物。如果认为过去已死，实际是否定了自己的身份。人变得无根可循、野蛮无情、脱离本性。

要从根本上改变自己与历史的关系，让它重新回到你的生活中。找到一段吸引你的历史时期，无论是哪一部分吸引了你都可以，试着重现当时的时代精神，积极调动自己的想象力，将自己带入阅读的历史人物当中，通过他们的眼睛看待世界。在过去上百年的优秀书籍中感受特定时期人们的日常生活（例如莱昂内尔·卡森的《古罗马的日常生活》或约翰·赫伊津哈的《中世纪的衰落》）。在描写现实的文学作品中，你可以感受到当时的主流精神。F. 斯科特·菲茨杰拉德的小说会让你与爵士时代产生更多联系，比所有关于这个主题的学术书籍更加生动。

放下评判和道德化的倾向。人总是在一定的背景之下体验自己当下的生活，你可以从内部观察理解这一点。

这样你会有不同的感受，对于时间的概念会有所延展，能够意识到自己身上有过去的痕迹，今天所做的事、生活的世界还会继续对未来产生影响，一个人与所有人的精神联系在了一起。在这一刻，你是这条链条上的一部分。这种感觉令人陶醉，仿佛在暗示着不朽。

未来。我们可以从和孩子的关系或作为导师影响年轻人的过程中清楚地看到自己对未来的影响。这种影响将会在我们离开后持续多年。但这就是责任，是为社会创造和贡献的东西，可以发挥出更大的力量，与未来的一代沟通并产生影响，这是人类意识的一部分。以这种方式来思考，会改变我们的言行。

当然，列奥纳多·达·芬奇就是这样的人。他总在设想未来的样子，想象自己生活在未来。我们可以看到他绘制了很多未来可能会出现的发明，比如飞行器，实际上他是在试着创造这件东西。他还对人类未来可能秉持的价值观进行了深入思考，这些内容在他所生活的时代都是不存在的。例如，他对动物有很深的感情，认为它们也有灵魂，这种想法在当时是闻所未闻的。这种观点将他变成了素食主义者，并且在市场上放飞笼中之鸟。他将自然看作一个整体，人类只是其中的一部分，他认为未来人会秉持这样的信念。

伟大的女权主义者、哲学家和小说家玛丽·沃斯通克拉夫特认为，人类可以通过将未来植入当下来创造未来。在她短暂的一生中，这一点主要体现在她对未来的想象之中，也就是对女性权利的思考，更重要的是，女性的理性思考能力也要和男性一样受到尊重。她在这方面的思考确实对未来产生了深远的影响。

也许最不可思议的当属约翰·沃尔夫冈·冯·歌德，他是科学家、小说家兼哲学家。他像列奥纳多一样渴望掌握所有的人类知识，沉浸在所有的历史时期之中，这样不仅能看到未来，还能够与未来的人交流。他早在达尔文之前几十年就预见到了进化论，并且预见到了十九世纪和二十世纪许多重大的政治趋势，其中包括第二次世界大战和欧洲最终的统一。他想象到了许多的技术进步及对人类精神会产生怎样的影响。这是一个积极生活在自己时代之外的人，预言能力在朋友间堪称传奇。

最后，我们可能有时会觉得自己生错了时代，总是和周围不合拍。但由于困在此时此刻，只能在这里生活。遇到这种情况，这种关于不朽的思考方式可以给人带来一些安慰。意识到历史的周期、左右摇摆、时代变化之后，我们可以展望未来，感受到在远离这糟糕的时刻之后，可以与远方的人产生某种联系。可以向远方的人伸出手，邀请他成为观察者之一。有一天，他们终会读到我们的故事和文字，这种联系将是双向的，代表着人类超越自身时间和死亡本身的终极能力。

人的缺陷来源于他所处的时代；美德和伟大则属于他自己。

——约翰·沃尔夫冈·冯·歌德

第十八章

思考我们共同的死亡：拒绝死亡法则

我们大多数人一生都在回避死亡的想法。而实际上，人类应该始终意识到死亡的必然性。了解生命的短暂会让人充满目标感和紧迫感。学会面对和接受这一现实，可以让人更好地处理生活中不可避免的挫折、分离和危机。它能给人一种分寸感，让人在短暂的生命中理解什么才是真正重要的事。大多数人都在不断想办法让自己和他人变得不同，从中感受优越感。但实际上，我们需要看到每个人都会死亡，它将所有人平等地联系在了一起。通过对死亡的深刻认识，我们可以加强对生活各个方面的体验。

子弹在旁

玛丽·弗兰纳里·奥康纳生长于佐治亚州萨凡纳，她感到自己与父亲爱德华之间有一种奇怪而强大的联系。其中当然包括一些身体上的相似性，例如他们都有大而锐利的眼睛，有同样的面部表情。但对玛丽来说，更重要的是他们的思维方式似乎完全一致。当父亲参与到她发明的游戏之中，她就能感受到这一点，对方非常自然地融入其中，想象力的走向也与自己非常相似。他们有自己的交流方式，一句话也不用说。

玛丽是个独生女，她和母亲雷吉娜之间就没有这种感觉，母亲来自更高的社会阶层，致力于成为当地社群中的重要人物。母亲想把她培养成颇有书卷气的、不谙世事的典型南方淑女，但倔强任性的玛丽并不愿意。玛丽觉得母亲和她的亲戚都有点儿死板肤浅。十岁时，她画了一部关于他们的漫画，取名为《我的亲戚》。带着恶作剧的心态，她让母亲和亲戚们读了这些小故事，他们分外震惊，不仅震惊于她的描绘，也对这个十岁孩子的敏锐和机智感到不可思议。

她的父亲觉得这些漫画很有趣，将它们收集在一个小本子里展示给客人看。他预见到了女儿会前程似锦，成为一名作家。玛丽很早就知道自己和其他孩子不同，甚至有点儿古怪，她沉浸在这份与众不同的自豪之中。

她非常了解父亲，因此也察觉到了一九三七年夏天父亲的体力和精神发生了变化，这让她很害怕。最初变化很微小，他脸上开始出现疹子，到了下午会感到疲倦。随后，他打盹儿的时间越来越长，经常患上感冒，全身疼痛。偶尔玛丽会偷听父母关起门来谈论病情，她能感觉到事情明显不对劲。

几年前开始，父亲的地产生意就不太好，只得放弃。几个月后，他在亚特兰大政府找到了一份薪水不高的工作。为了能控制紧张的预算，玛丽和母亲搬进了米利奇维尔镇的亲戚家一间宽敞的房子里，该镇位于佐治亚州中心，离亚特兰大不太远。

到了一九四〇年，父亲已经虚弱得无法继续工作了。他搬回了家里，在接下来的几个月里，玛丽看着她心爱的父亲日渐虚弱和消瘦，关节疼痛难忍，直到一九四一年二月一日，他终于去世，年仅四十五岁。几个月后，玛丽才知道他的病叫红斑狼疮，是一种使身体产生抗体、攻击和削弱自身健康组织的疾病。（如今这种病叫系统性红斑狼疮，是最严重的疾病种类之一。）

父亲去世后，玛丽无比震惊，不敢和任何人谈论这件事，她在自己的笔记中倾诉了死亡对自己产生的影响："死亡的现实已经降临到了我们身上，意识到上帝的力量破除了人的自满，仿佛有一颗子弹在旁。一种戏剧性、悲剧性、宿命性的感觉降临在身上，使我们充满了悲伤，但在悲伤之上还有惊奇。"

二人在生活中的联系那样紧密，她觉得自己仿佛有一部分也随着父亲一起死去了。但是，死亡除了给她带来突然而猛烈的伤害之外，她还想知道在更大的宇宙中这意味着什么。她十分虔诚地信仰天主教，认为发生的一切都是有原因的，是上帝神秘计划的一部分。像父亲早逝这样重要的事不可能毫无意义。

接下来的几个月，玛丽发生了变化。她变得异乎寻常地认真，专注于自己的学业，与过去的漫不经心判若两人。她开始写更长、更有野心的故事。就读于当地的女子大学时，她的写作技巧和思想深度给教授们留下了深刻印象。她认定了父亲对自己的判断，要成为一名作家。

她对自己的创作能力越来越有信心，认定想要成功必须离开佐治亚州。与母亲在米利奇维尔的生活让她产生了幽闭恐惧的感觉。她申请了艾奥瓦大学，并且在一九四五年开始拿到全额奖学金。她的母亲恳求她重新考虑，认为这个独生女太脆弱，无法独立生活，但玛丽已经下定了决心。她报名参加了大学里著名的作家工作室，决定将自己的名字简化为弗兰纳里·奥康纳，以示自己拥有了新身份。

弗兰纳里以坚定的决心和自控力开始工作，她的短篇小说和笔下描绘的南方人物开始引起人们的关注，这些人物她似乎都非常熟悉，能写出南方绅士表面之下的黑暗和怪异特质。经纪人和出版商纷纷打来电话，最负盛名的杂志也刊登了她的故事。

继来到艾奥瓦之后，弗兰纳里又搬到了东海岸，在康涅狄格州的一栋乡村别墅里定居，这栋别墅是她的朋友萨莉和罗伯特·菲茨杰拉德的，他们租给她一个房间。在那里，她心无旁骛地开始创作第一部小说。未来似乎充满了希望，一切都与父亲去世后她为自己制订的计划一致。

一九四九年圣诞节，她回到米利奇维尔，一下就病倒了。医生诊断她患有游离肾，需要进行手术并在家恢复一段时间。但她只想回到康涅狄格州，和朋友们在一起，完成自己的小说，她对这本书很有野心。

到了三月，她终于能回去了，但在接下来的几个月里，她的手臂出现了奇怪的疼痛。她去看了纽约的医生，医生诊断她患有类风湿性关节炎。那年十二月，她再次回到佐治亚州过圣诞节，在回家的火车上就病得厉害。下了火车，叔叔来接她时，她几乎走不动路，仿佛突然变成了身体虚弱的老人。

她关节疼痛并发起高烧，立刻进了医院。医生说这是一种严重的类风湿性关节炎，需要几个月的时间才能稳定下来。她只能无限期地留在米利奇维尔。她不太相信医生，也不太相信他们的诊断，但她太虚弱了，无法争辩。发烧让她感觉自己好像快要死了。

为了治疗，医生给她注射了大量可的松，这是一种神奇的新型药物，人人缓解了她的疼痛和关节炎症。这给她带来了活力，但也对大脑产生了一定影响，生出各种奇怪的想法。副作用使得她的头发脱落，脸部肿胀。为了治疗，她不得不经常输血，生活好像出现了一个黑暗的转折。

在她看来，这种巧合相当奇怪，在发烧最厉害的时候，她觉得自己逐渐失明、瘫痪了。就在几个月前还没有生病的时候，她就决定让小说中的主人公失明。是她预见到了自己的命运，还是疾病早已存在，才促使她有了这样的想法？

住院期间，她感到死亡近在咫尺，因此加快了写作的速度，完成了这部小说，如今她称其为《智血》，灵感来源于她经历的输血。小说中的年轻人黑兹尔·莫茨决心将无神论的福音传播到新的科学时代中。他认为自己拥有“智慧的血液”，不需要任何形式的精神指引。这部小说记录了他陷入谋杀和疯癫的过程，于一九五二年出版。

经过几个月的住院治疗和在家康复，弗兰纳里回到康涅狄格州与菲茨杰拉德夫妇相见，寄希望于不久的将来，她可以回到过去乡间别墅的生活。有一天，她和萨莉在乡间开车时，弗兰纳里提到了自己的类风湿性关节炎，萨莉决定告诉她，由于母亲对她过度保护而与医生串通起来，一直在向她隐瞒真相。“弗兰纳里，你得的不是关节炎，是红斑狼疮。”弗兰纳里颤抖了起来，她沉默了片刻说道：“这不是个好消息。但我不知道该怎么感谢你告诉我……我自己感觉得了红斑狼疮，还以为是自己发疯了。我宁愿生病也不愿意疯掉。”

尽管她的反应很平静，实际上还是被这个消息震住了。这仿佛是她身旁的第二颗子弹，曾经的冲击感加倍而来。现在她确定了自己从父亲那里遗传了这种病。突然间，她不得不面对这样的现实：考虑到父亲恶化的速度非常快，也许她自己也活不了多久了。现在她很清楚，除了米利奇维尔之外，她没办法去其他任何地方生活了。她缩短了在康涅狄格州的行程回到家里，感到迷茫而沮丧。

她的母亲如今经营着一家名为安达卢西亚的家庭农场，就在米利奇维尔郊外。弗兰纳里只能和母亲在农场里一起生活，母亲可以照顾她。医生们似乎认为，注射可的松也许能让她过上正常的生活，但弗兰纳里并不这么认为，她感到很多副作用，不知道身体还能承受多久。

她很爱自己的母亲，但两个人有很大差别。母亲相当健谈，重视地位和外表。在她回家后的前几周，弗兰纳里感到很恐慌，她一直都是任性的人，像极了自己的父亲。她喜欢按照自己的方式生活，但母亲相当紧张又爱管闲事。除此之外，弗兰纳里的创造力是和佐治亚州之外的生活联系在一起的，广阔的世界有同龄人可以和她谈论严肃的问题，让她的思想得以延展。

安达卢西亚就像个监狱，她担心在这种环境中，自己的思维也会萎缩。她想到死亡正凝视着自己，开始深入思考生命的历程。对她来说，比朋友、住所和健康更重要的是写作，是表达自己短暂一生中积累的所有想法。她还有很多故事要写，还要写一两部小说。也许这次被迫回家是一种变相的赐福，是以某种奇怪的方式完成命运对她的安排。

在安达卢西亚的房间里，她远离世界，没有任何干扰。她向母亲明确表示，早晨的两个小时或更长的时间是神圣的写作时间，绝对不要干扰她。现在她可以把所有精力集中在工作上，更深入地了解笔下的人物，把他们带入生活之中。她回到佐治亚州的中心地带，仔细聆听游客和农夫的谈话，就能听到自己主人公的声音，他们的说话方式在她脑海中回荡。自己与土地以及痴迷的南方有了更深的联系。

在她回家的头几个月里，四处走动时能感到父亲的存在——在照片中、他曾经的心爱之物上、他自己的笔记本里。他的出现令她有些心烦意乱，他也曾想成为一名作家。她知道这件事，也许他是希望自己没做成的事能由她来完成。现在，同样致命的疾病将他们更紧密地联系在了一起，她同样感受到了痛苦。但她会不停地写，对痛苦漠不关心，不知不觉发挥出父亲在她小时候看到的潜力。

这样想来，自己已经没有多少时间可以浪费了。她还能活多久，有多少精力和清醒的时间来写作？专注于工作可以帮助她摆脱对疾病的焦虑。在写东西的时候，她可以完全忘记自己，融入角色之中。这是一种忘我的宗教般的体验。正如她在一封给朋友的信中所写："我可以眯起一只眼睛，将这一切看作赐福。"

还有其他的祝福值得去思考：她很早就知道了自己的病情，有时间接受自己要英年早逝这件事，可以减轻一些打击。她会享受每一分钟，每一种经历，充分利用和外界接触的每一次机会。不能对生活抱太大希望，因此得到的一切都是有意义的。没有必要抱怨或自怜，每个人都是要死的。她发现此时自己对于别人看不开的琐碎问题已经释然了。她甚至可以看看自己，对自命不凡进行自嘲，嘲笑自己的光头和拄着拐跌跌撞撞的可笑模样。

带着新的责任感回到写作之中，弗兰纳里感受到了来自内心的另一种变化：她对二十世纪五十年代美国生活和文化进程的厌恶越来越强烈。她感觉到，人们变得越来越肤浅，越来越迷恋物质，被无聊所困，像孩子一样。他们无所依靠、没有灵魂、与旧时的宗教脱节，没有任何更高的人生目标，只能四处游荡。这些问题的核心是他们无法面对自己的死亡及其重要性。

她在一个故事中表达了这一点，故事的灵感源于自己的疾病，名为《持久的寒意》。故事的主人公是个回到佐治亚州老家的年轻人，病得很严重。他下了火车，母亲在那里迎接他，"发出了一阵哭声"，看起来吓呆了。他很高兴母亲能一下子从自己脸上看到死亡。他六十岁的母亲终于来到了现实世界，他认为如果她能挺过这段经历，必定会有所成长。

在她看来，人们失去了自己的人性，做得出各种残忍的事。他们似乎并不关心对方，觉得自己比所有外来者都要优越。如果他们能像她一样看到生命之短暂，明白每个人都必须受苦而死，那么就可以改变他们的生活方式，帮助他们成长，融化所有的冷漠。她的读者需要看到自己“身旁的子弹”，这样才能撼动那自满的情绪。她要以尽可能原始的方式描绘潜伏在人物表面之下的自私和残暴，才能实现这一目标，尽管这些人表面看起来是如此愉快又平凡。

弗兰纳里不得不面对一个新问题，那就是这里的生活带来了压抑的孤独感。她需要他人的陪伴和抚慰，也依靠遇到的人来为作品提供无穷无尽的素材。随着《智血》和故事集的出版，她的名气越来越大，有时会有其他作家和粉丝到农场来，这也是她生活的指望，她把每一分精力都投入到了深入观察访客之中。

为了填补社交之外的空白，她开始和朋友、粉丝进行长时间通信，几乎所有写给她的信都会收到回复。其中很多人都非常困惑。有个来自中西部的年轻人感到自己有自杀倾向，正处于发疯的边缘。还有来自佐治亚州的才华横溢的年轻女子贝蒂·赫斯特，她对自己是一名女同性恋感到羞愧并向弗兰纳里倾诉，二人定期通信。弗兰纳里从未评判过任何一个人，她觉得自己也是个怪人，不属于社会的主流。对这些不断出现的不合群的人，她都会提供建议，表示同情并恳请对方把精力投入到自身之外的事情上。

信件是弗兰纳里完美的媒介，能与人保持一定的物理距离，她害怕过于亲密，因为不想与很快就要告别的人产生感情。通过这种方式，她可以根据自己的需要慢慢建立一个完美的小世界。

一九五三年春天的一天，她接待了一位来自丹麦的高大英俊的男子，名叫埃里克·朗谢尔。他是一家大型出版社的教科书旅行推销员，业务范围包括南方的大部分地区。他遇到了当地大学的一位教授，对方向他介绍了佐治亚州伟大的文学家弗兰纳里·奥康纳。从进入她家的那一刻起，弗兰纳里就感到二人间有种隐秘的联系。她觉得埃里克是个很有趣的人，而且博览群书。能在佐治亚州遇到处事能力这么强的人实属难得。作为旅行推销员，他的生活令她很着迷，她看到对方随身带着一本“圣经”，很有意思，也就是业内人士所说的促销材料活页夹。

这种漂泊的生活让她很有感触，和弗兰纳里一样，埃里克的父亲也在他小时候就去世了。她敞开心扉，讲述了自己从父亲那里继承的红斑狼疮。她觉得埃里克很有魅力，突然对自己的外表感到不自在，不断拿自己打趣。她送给对方一本《智血》，上面写道：“送给埃里克，他也有智慧之血。”

他开始安排行程，以便能经常路过米利奇维尔镇，继续二人热烈的讨论。弗兰纳里期待着他的每一次来访，离开时又会感到空虚。一九五四年五月，他在拜访时说自己要请六个月的假回丹麦，并且请她一起去乡间乘车兜风，那是他们最喜欢的活动。那是一个黄昏，他把车停在路边俯身吻了她，她欣然接受。吻很短暂，但对她来说很难忘。

她定期给他写信，显然非常想念对方，并且小心地表达了那天乘车的经历对二人以及她本人的意义。一九五五年一月，她开始创作一个故事，几天内就一气呵成。（一般来说她写得相当谨慎，会写上好几稿。）她将其命名为《善良的乡下人》其中有一个角色是个装着一条木腿、愤世嫉俗的年轻女子。她被一个推销《圣经》的旅行推销员迷住，放下了戒心，接受了对方的诱惑，自己也挑弄对方。当他们准备在干草棚里做爱时，对方恳请她卸下木腿以示信任。这一举动太过亲密了，打破了她所有的防线，但她还是同意了。最后他带着那条木腿跑了，再也没有回来。

在潜意识里，她知道埃里克有意延长了在欧洲逗留的时间。写这个故事就是她应对这一现实的方式，将她们两个人想象成推销员和玩世不恭、放松警惕的残疾女孩，埃里克把她的木腿拿走了。到了四月，她感受到对方没有回来，便写信给他："我觉得如果你在这里，我们有一百万件事可谈。"在她寄出信件的第二天就收到一封信，信上写着他已经和一个丹麦女人订了婚，并且计划一起返回美国，他还会从事自己的老本行。

她预感到了会发生这样的事，但这个消息还是令人非常震惊。她礼貌地进行了回复，向他表示祝贺，此后他们又相互通信了几年，但她很难轻易接受失去。她曾试着保护自己不受离别的影响，那感觉对她而言太难以接受了，仿佛像是死亡的另一种方式，随时将她带走，而其他人可以继续活着、爱着。现在，这种分离感再度涌了上来。

现在她知道单恋是怎样一种感受了，但对她来说又有所不同——这是她人生最后一次有这样的经历，她的生活本质上是孤独的，这让一切都变得更加锥心刺骨。她已经训练自己正视死亡，为什么面对这种新形式的痛苦还要退缩呢？她知道自己要做什么，把这种痛苦的经历转化为更多的故事，变成第二部小说，通过它来认识人以及他们的脆弱性。

接下来的几年里，药物的副作用开始显现，她的髋关节和下颌骨软化了，手臂经常感到无力而无法打字，很快她就不得不拄着拐走动。阳光成了她的克星，可能重新激活她的红斑狼疮皮疹，因此若是想散步，即便是在闷热的夏天也必须遮住身上的每一寸皮肤。医生想让她停止服用可的松，让身体有所缓解，但停药后她的精神更差，写作变得更加困难。

经过几年的隐居生活，她虽然年纪轻轻，却已经成功出版了两部小说和几部短篇小说集，成为那个时代最伟大的美国作家之一。突然之间她感到心力交瘁，口齿不清。一九六二年春天，在给朋友写的一封信中她说道："我已经写了十六年，感觉已经用尽了潜能，现在只想加深对恩赐的感知。"

一九六三年临近圣诞节的一天，她突然晕倒入院。医生诊断她患有贫血症，需要开始一系列的输血治疗。她已经非常虚弱了，甚至没办法坐在打字机前。几个月后，他们发现了一个需要切除的良性肿瘤。唯一令人担心的是，手术的创口会激活红斑狼疮和十几年前出现过的高烧。

在给朋友的信中，她把一切都说得很轻松。奇怪的是，在最虚弱的时候，她反而获得了更多的故事灵感，准备在秋季出版一个新的故事集。在医院里，她仔细观察护士，为新角色寻找素材。医生禁止她工作，她便在脑子里构思故事并记忆下来。她会把笔记本藏在枕头下面。必须要继续写作。

手术很成功，但到了三月中旬，红斑狼疮又开始肆虐了。她将它比作一匹狼（红斑狼疮一词在拉丁语中是"狼"的意思），在她体内肆虐，撕裂一切东西。她住院的时间又要延长了，尽管如此她还是找机会每天工作两小时，对护士和医生隐瞒实情。她急于在一切结束之前写完这最后的故事。

最终在六月二十一日，她终于能回家了，这似乎已经是人生的尽头了，父亲生命中最后几天的情形历历在目。无论是否感到疼痛，她都必须工作，把开始写的故事完成。即便每天只能写一个小时也好。她必须把身体中最后一点儿意识挤出来用掉。她实现了自己作为作家的使命，过上了无与伦比的丰富生活。除了事情没有做完，她已经没什么可抱怨的了。

七月三十一日，她在窗边看夏天的雨，突然失去了意识，被紧急送往医院。八月三日凌晨，她去世了，享年三十九岁。按照遗愿，弗兰纳里被葬在了父亲身旁。

解析：红斑狼疮发病后的几年里，弗兰纳里·奥康纳发现了一件奇特的事：在她与朋友、访客和记者互动的过程中，自己常常扮演着顾问的角色，指导他人如何生活，把精力投入到哪里去，如何在困境中保持冷静并找到使命感。与此同时，她是个即将死去的人，身体状况严重限制了她的活动。

她深感世界上越来越多的人迷失了方向。他们无法全身心地投入到工作或关系之中，总是浅尝辄止，忙着寻找新乐趣，让自己不断分心，实际内心感到相当空虚。在面对逆境或孤独时，他们往往会崩溃，并且认为她是个坚强的人，能够告诉自己真相并给自己指明方向。

在她看来，自己和其他人之间的区别很简单。她年复一年地直视死亡，没有退缩。她没有沉浸在对未来模糊的希望之中，没有完全依赖药物，也没有沉浸在酒精或毒瘾中兀自悲伤。她接受了这份过早的死刑判决并利用它来达成自己的目标。

对弗兰纳里而言，近在咫尺的死亡是一种召唤，刺激自己紧张地行动起来，增强了她的宗教信仰，激发了她对生活中神秘性和不确定性的好奇。死亡临近才教会她什么是真正重要的，帮助她避开了困扰他人的琐碎争执和担忧。她活在当下，对每一刻和每一次邂逅心怀感激。

她知道生病这件事可以为自己所用，也就没有必要自怨自艾了。直面这件事可以让自己坚强起来，控制住折磨身体的疼痛继续写作。后来她又看到了一颗子弹，也就是与埃里克分离时，她可以在几个月后恢复正常，不会一直沉浸在痛苦之中或变得更加孤僻。

这意味着，她已经完全接受了死亡代表的终极现实。相比之下，其他很多她认识的人对现实的认知都有缺陷，他们避免去想生生死死等让人不快的东西。

把注意力集中在死亡之上还有一个好处，它能加深她对他人的同情心和联系感。她和死亡之间有一种特殊的关系：它并不是她独有的命运，而是与父亲紧密相连的。他们的痛苦和死亡交织在了一起。自己接近死亡仿佛是一种召唤，让人进一步意识到所有人都通过死亡联系在了一起，变得相当平等。这是我们共同的命运，应当因此拉近彼此的距离。它会让我们摆脱所有的优越感和分别感。

弗兰纳里的同情心和联系感增强了，这体现在她强烈希望与各种类型的人交流，并且最终越过了自身最大的局限：从母亲和南方人那里生出的对非裔美国人的种族主义情绪。她很清楚地看到了这一点并与之抗争，特别是在工作中。二十世纪六十年代初，她开始接受马丁·路德·金领导的民权运动。在她后来的故事中开始表达出美国所有种族总有一天会平等相聚，摆脱国家过去的黑暗污点的愿景。

十三年间，弗兰纳里一直紧盯着指向自己的枪管，从未将目光移开。当然，她的宗教也帮助她保持了信仰，但正如弗兰纳里看到的那样，很多信奉宗教的人在面对自己的死亡时同样充满了幻想和逃避倾向，和其他人一样自负。这是她自己的选择，用致命的疾病作为手段，让自己过上紧张充实的生活。

理解：我们总想像读故事一样了解弗兰纳里·奥康纳的一生。这样会感到一丝宽慰，因为自己处在一个更舒适的位置上。但这样做犯了一个严重的错误，她的命运就是我们的命运，我们都在走向死亡的过程之中，同样面临着不确定性。事实上，她的死亡真实可感，反而更具优势，她必须要面对并利用好自己对死亡的认识。

另外，我们还要改变一种想法，不要设想未来的时间是无限的。等到现实前来打击我们时，等到子弹来到我们身旁的时候——可能是事业上的意外危机，关系当中痛苦的分手，亲密之人的死亡，甚至是威胁自己生命的疾病，我们通常没有做好处理它的准备。

对死亡的回避反映了我们处理其他不愉快现实和逆境的模式。我们很容易变得歇斯底里，失去平衡感，因为自己的命运指责他人，感到愤怒或自责，或者选择转移注意力，以其他快速的方式来减轻痛苦。这变成了我们无法改掉的习惯，这样的回避往往会带来更加普遍的焦虑和空虚感。

在这种模式固定成终生的模式之前，我们必须让自己从这梦幻般的状态中清醒过来，真实地面对生活。人需要毫不退缩地直面自己的死亡，而不能用一些短暂的、抽象的冥想来欺骗自己。死亡代表着不确定性，也许它明天就会来，就像所有的逆境或分离一样，因此不能再推迟考虑这个问题。自己并不具备优越性和特殊性，直视死亡是人类共同的命运，应当以一种深切的同情心将所有人联系在一起。所有人都是死亡观照下的一员。

这样做会为生活设定截然不同的方向。死亡变成了一件熟悉的事，让人理解生命是多么短暂，究竟什么才是真正重要的东西。我们会产生紧迫感，更好地投入到工作和关系之中。在面对危机、分离或疾病时，不会感到恐惧或不知所措。此时人不需要进入回避模式。我们可以接受生活的痛苦和折磨，利用这样的时刻锻炼自己，不断学习。就像弗兰纳里那样，对死亡的认识能帮助我们摆脱愚蠢和幻想，增强对人生的体验。

> 当我回顾过去，想到自己在错误和怠惰中浪费了那么多时间，缺乏生活所需的知识，常常违背自己的内心和灵魂，我的心便会淌血。生命是一份礼物，生命是一种幸福，每一分钟都可以成为永恒的幸福！我想，如果年轻时便知道这些，我一定不会这样。如果年轻时我就知道！现在的生活也会不一样，我会重生。心爱的兄弟，我发誓不会失去希望。我会保持灵魂纯洁，心胸开阔。我会重生为更好的人。

——费奥多尔·陀思妥耶夫斯基

人性的关键

如果我们能后退一步，观察自己日常的想法，就会发现它们总是会围绕相同的焦虑、幻想和怨恨展开，好像一个循环。甚至当我们散步或与人交谈时，都在思考着自己的心事，对外面的世界心不在焉。

偶尔会有某些事触发我们不同寻常的思考和感受。例如去从未到过的异国他乡，远离自己的舒适区。突然之间，我们的感官活跃了起来，看到和听到的东西都无比鲜活。为了避免在这个陌生的地方出现问题或发生危险，必须要全神贯注。

同样，如果我们即将远行，必须要和所爱之人说再见，并且有一段时间见不到对方，很可能会从不同的视角看待他们。以前我们面对他们时习以为常，如今却真切地看着他们脸上的表情，听着他们说的话。即将到来的分离使人更加感性和专注。

如果挚爱的父母、伴侣或兄弟姐妹去世，这种情况会更加明显。这个人在我们的生活中占据着很重要的位置，我们将其归为自己的一部分，却在不知不觉中失去了对方。我们想要努力解决这个问题，死亡的阴影却将我们也笼罩了起来。此时人才会突然意识到，这种失去是永久性的，很遗憾没能与他们度过更多时光。此时人会感到愤怒，其他人的生活还在继续，他们对死亡的突然袭击视而不见。

这样的情绪会持续几天甚至几周，此时我们体验生活的感受也会发生变化。人的情绪会变得更加原始、敏感。某些刺激会让人回想起已故之人。但这种强烈的情绪会逐渐消失，只在每次有他人提醒时，强烈的情绪才会有所回归。

如果把死亡看作一个让人感到恐惧的临界点，那么上面列举的经历就是对自我死亡的一点点提示。与认识的人分离，在陌生的地方旅行，好似进入了人生的新阶段，这些变化都会让人回顾过去，仿佛自己有一部分已经死去了。此时，在死亡产生的更强烈的悲伤之中，人的感官有所加强，情绪更加强烈。不同的想法接二连三地出现，注意力更为集中。可以说，我们对生命的体验有了质的不同，充满了活力，仿佛暂时变成了另一个人。当然，如果是自己与死亡擦肩而过，思维、感受和感官的变化是最强烈的。有了这样的经历，一切似乎都不一样了。

我们将其称为矛盾的死亡效应——这些时刻和遭遇带来了矛盾的结果，让我们感到更加清醒，更有生命力。可以用以下方式来解释这种矛盾效应。

对人类来说，死亡不仅是恐惧的根源，也是麻烦的根源。我们是唯一能够真正意识到死亡即将到来的动物。总的来说，人类这一物种的力量来源于思考和反思能力。但在这种特殊的情况下，思考只会给人带来痛苦。我们能看到的是死亡带来的身体上的痛苦，与亲人的分离，以及这一时刻究竟何时到来的不确定性。人会尽可能避免去思考这件事，分散自己对现实的关注，但死亡的意识依然在脑海之中，永远无法完全摆脱。

我们的祖先感受到了下意识的冲动，想以某种方式缓解对意识的打击，便创造了一个由灵魂、神灵和来世等概念组成的世界。相信来世有助于减轻对死亡的恐惧，甚至让它变得有些吸引人。但这个世界不能消除人与亲人分离的焦虑，也不能减轻身体的痛苦，它只是为那无法摆脱的焦虑提供了一种心灵补偿。围绕着死亡产生的所有仪式都是为了加强这一效果。

在当今世界上，人们的推理能力和科学知识的精进让情况变得更加糟糕。很多人并不再坚信来世的概念，但却没有其他的补偿机制，只有冷酷的现实摆在面前。我们可能会装出一副勇敢的样子，假装像个成年人一样接受这一现实，但基本的恐惧是很难消除的。在意识发生变化的几百年里，还来不及转变天性中最深层的部分，也就是对死亡的恐惧。因此，我们所做的不是创造来世这样的信仰体系，而是靠否认来压抑对死亡的认知，方法如下。

过去，死亡是城市和村庄日常生活中难以避免的事。到了一定年龄，大多数人都亲眼见过他人的死亡。今天，在世界的很多地方，死亡已经变得不可见，而且只发生在医院当中。（对于自己吃的动物也是这样。）即便不曾亲眼看见，生活也可以继续下去。这让生活中如此重要的部分变得相当不真实。这种不真实又在人们的娱乐消费中再次加强，死亡在其中变得卡通化，随随便便就有几十个人在暴力中死去，人除了对屏幕上的图像感到兴奋之外，没有任何多余的情绪。这揭示了人迫切需要压抑这种意识，让自己对死亡不再敏感。

此外，人开始崇尚青春，围绕着它创造出一种狂热的崇拜。那些老化的物品和过去的电影总会不自觉地提醒人们生命的短暂，我们的命运也会如此。于是人会想办法避开它们，用新的、流行的东西将自己包围起来。甚至有人会想，通过技术能以某种方式克服死亡本身，这是人类否认死亡的终极手段。总的来说，技术给人以神力，我们可以延长寿命，在相当长的时间内忽略这一现实。在这个意义上，我们并不比祖先更强大，只不过是找到了新的方法来欺骗自己。

作为这一切的必然结果，我们会发现几乎没有人愿意讨论这个问题，即便每个人都要以更健康的方式面对它。这个话题变成了禁忌。根据人性的法则，如果过度否认一件事，矛盾的效果就会以反作用的形式控制我们，使生活更加受限。

童年很早的时候我们就认识到了死亡，这让人充满了焦虑，虽然已经难以回忆起来，但这种焦虑是很真实且发自肺腑的，无法祛除或否认。作为成年人，它潜伏在我们体内。在我们选择压抑死亡的想法时，只会因为没有直面它而更加焦虑。最轻微的事件以及对未来的不确定性都会激发这种焦虑，甚至让它变成一种长期问题。为了对抗这种情况，我们会倾向于缩小自己的思想和活动范围，不离开自己思考和行动的舒适区，让生活变得容易预测，不易受到焦虑的影响。食物和刺激物带来的致人成瘾的快乐也会有类似的麻痹效果。

如果情况足够严重，人会变得越来越自我，越来越不依赖他人，外界的不可预知性往往会激发自身的焦虑。

我们可以用以下方式描述生死的区别。死亡是绝对静止的，除了腐烂之外不会有任何变化。死亡即是与他人分离，完全孤独。而另一方面，生命是运动，是与外界产生联系，是丰富的多样性。如果否认和压抑死亡，就会变得焦虑，从而在内心与他人更加疏远，使用习惯性和重复性的思维，拒绝运动和变化，实际上更靠近死亡。而与此相对，如果与死亡熟悉且亲近，就有能力像弗兰纳里·奥康纳一样产生矛盾效果，从而更具活力。

通过与死亡产生联系，可以更深刻地感受生命的充实。如果把生与死分割开来，压制对死亡的认识，只会适得其反。

现代世界需要自己创造矛盾效应。以下是帮助我们实现这一目标的方法，以一种实用哲学的方式，将对死亡的认识转化为有用的、能够帮助我们提高生活质量的东西。

穿越死亡的生活哲学

人类能够意识到自己总会面临死亡，但我们并不敢继续去想。这就像是站在广阔的海岸边，却不敢去探索，甚至转过身去背对它。人总会有意识地将它驱赶到最远的地方。这是人类这一物种的力量之源，是本性的召唤。我们要采取的哲学是朝着与本能相反的方向前进，更仔细、更深入地观察它，离开岸边，尽自己所能以不同的形式探索和走近生死。

以下有五个重要的方法并附有适当的练习，可以帮助我们实现这一目标。最好能将这五种方法全部付诸实践，以便这种哲学能够深入到日常的意识之中，从内而外改变我们的体验。

发自内心的感知。人出于恐惧，会将死亡转化为一种抽象的概念，时而接受它时而压抑它。但生命并不是一个概念，而是实实在在的现实，是内心能够感受到的东西。从出生的那一刻起，它就存在于我们体内，细胞会死亡，人也会衰老，我们正是以这种方式感知着。不应当将其看作一种病态或可怕的东西。将死亡变成概念是一种屏障，突破这一屏障会带来巨大的释放作用，使人更多地与周围的世界联系起来，增强感官意识。

一八四九年十二月，二十七岁的作家费奥多尔·陀思妥耶夫斯基因参与了所谓反俄国沙皇的活动而遭到监禁，他突然和其他囚犯一同被押送到圣彼得堡的一个广场，并且得知他们即将被处决。这个死刑判决完全出乎意料。面对行刑队时，陀思妥耶夫斯基只有几分钟的准备时间。在这几分钟里，他感到从未有过的情绪扑面而来。他看到阳光照射在大教堂的圆顶上，看到所有的生命都像光线般转瞬即逝。对他来说，一切都那样鲜活。他注意到其他囚犯脸上的表情，看到了勇敢外表下的恐惧，他们的想法和情绪一下子变得清晰可见。

在最后一刻，沙皇的代表骑马赶到广场，宣布对他们的处罚减免为在西伯利亚做几年苦役。陀思妥耶夫斯基与死亡擦肩而过，获得了重生之感。这段经历在余生中深深刻在他的脑海里，激发了他更深层次的同理心，增强了他的观察力。他以极为深入和个人的方式直面了死亡。

可以这样解释这一效果：通常情况下，我们过着心烦意乱、恍然如梦的生活，目光永远是朝内的。大部分思想活动都围绕着内心的幻想和怨恨展开，和现实并没有什么联系。死亡的临近会让人突然有所察觉，整个身体对威胁做出反应。肾上腺素急剧上升，血液大量通过神经系统涌向大脑，这让人的思想集中在高水平之上，能注意到不一样的细节，以全新的目光看待他人，感受周围一切的无常，增强情绪反应。这样的影响可以持续数年，甚至数十年。

想要获得这样的体验，就要冒生命危险，但我们也可以通过更缓和的方式获得类似的效果。首先需要从思考死亡开始，将其转化为更真实、更实际的东西。对日本武士来说，人最敏感的神经以及生命的中心在于内脏，这里也是人与死亡相连的中心，他们会尽自己所能进行感知，体会身体死亡的感受。除了内脏之外，当人感到疲惫的时候，也可以在骨骼上体会到类似的感受。在入睡前的一刻，我们会有身体上的感知，几秒钟之后，自己便会从一种意识形式转为另一种意识形式，这种滑落感有一种类似死亡的感觉。但这并没有什么可恐惧的，实际上，朝着这个方向前进可以帮助我们大大减轻长期的焦虑感。

在这方面我们可以动用想象力，预想死亡到来的那一天我们可能在哪里，它可能会如何到来。要尽可能将其变得鲜活，可能就是明天。试着以这种方式看待世界，仿佛这是最后一次看到周围的人、日常的景象，听到交通的嗡嗡声、鸟叫声，向窗外看看风景。想象一下，即便自己已经不在世，这些东西依然存在，此时自己才突然回到生活中，这些细节将会以截然不同的方式出现，不再像曾经那样理所当然。让所有的生命无常沉淀下来，我们眼中稳定不变的事物只是一种幻觉。

绝不能害怕这种认知带来的悲伤和痛苦。我们的紧张情绪通常来源于自己的需求和关注，而如今要向世界和生命本身敞开心扉，我们要乐于接受这一变化。正如十四世纪的日本作家吉田兼好指出："倘若无常野的露水和鸟部山的云烟都永不消散，世上的人，既不会老，也不会死，则纵然有大千世界，又哪里有生的情趣可言呢？"生命中最宝贵的东西就是不确定性。

察觉到生命的短暂。当我们无意识地将自己与死亡分割开来，就与时间建立了一种特殊的关系，既松散又疏远。我们想象着自己拥有的时间比实际上多得多。我们的思绪飘向未来，那一刻所有愿望都会实现。如果我们有个计划或目标，也很难投入大量精力去做。我们会告诉自己，明天就去做，现在更想去完成另一件事，它们看起来同样诱人，可是人怎么能从一个目标中抽身去做另一件事呢？此时的感受就是一种普遍的焦虑，我们认为需要把事情做完，但现实中总在不断拖延，分散精力。

当某个项目的最终截止日期临近，人与时间梦幻般的关系便会被打破，出于某种神秘的原因，原本需要几周或几个月才能完成的任务一下要在几天内完成。截止日期的到来为身体注入了一种物理成分：肾上腺素飙升，让人充满能量，注意力集中，更具创造性。此时可以全身心地投入到单一的目标之中，这让人非常振奋，是一种如今在日常分心状态下很难体会到的感受。

我们要把死亡看成一种始终存在的最后期限，给日常生活带来类似的上述效果。要停止自欺欺人：也许明天死亡就会到来，即便再活八十年，也不过是浩瀚时间中的沧海一粟，它总会比想象中过得更快。要清醒地看到这一现实并持续思考这一问题。

这样的思考可能会让部分人想："为什么还要费力去做事情呢？到头来终有一

死，这么努力有什么意义？还不如为了当下的快乐而活。”然而，这并非是基于现实的反应，不过是另一种形式的回避。沉浸在找乐子和分心之中是为了避免思考它的代价，想象自己可以沉浸其中以欺骗死亡。如果投身于享乐之中，总要寻找新的消遣来避免无聊，这也是一件很疲劳的事，而且需要把自己的需求和欲望摆在最前面。随着时间的推移，人会感到失去了灵魂，如果没有顺自己的意，自我会变得非常尖锐。

随着时间的流逝，人会变得越来越痛苦，内心充满怨恨，感到自己一事无成，浪费了才干。正如威廉·威廉·哈兹里特所言：“我们对死亡的厌恶程度与虚度生命之感成正比。”

意识到生命的短暂有助于看清日常的行动。我们需要达成一些目标，完成一些项目，改善一些关系。鉴于生命的不确定性，这可能是最后一个项目，最后一次战斗，需要完全投入其中。有了这样的意识，才能看清哪些是真正重要的，琐碎的争吵和枝枝蔓蔓的欲望多么令人心烦意乱。我们需要获得完成任务的成就感，希望在心流之中忘记自我，让思想和所做之事融为一体。只有这样，在远离工作时追求的快乐才更有意义、感受更加强烈，此时我们知道时间正在消逝。

认识到人终有一死。一六六五年，一场可怕的瘟疫席卷伦敦，带走了近十万名居民的生命。作家丹尼尔·笛福当时只有五岁，也目睹了这场瘟疫，这给他留下了深刻的印象。大约六十年后，他决定凭借自己的回忆、大量的研究以及叔叔的日记重现当年伦敦发生的事，创作《瘟疫年纪事》。

随着瘟疫的肆虐，书中的叙述者观察到一个奇特的现象：人们往往对伦敦的同胞报以更大的同情心；过去那些常见的分歧，特别是宗教上的差异仿佛消失了。他写道：“在此我们可以看到……近在眼前的死亡会让严于律己的人彼此很快调和，而主要正是我们生活环境的舒适，我们把这些事情束之高阁的缘故，我们的那些仇隙才得以酿成，恶感才得以持续……另一个瘟疫年会将这些分歧全都调和起来，与死亡密切交谈，或是与那些有死亡威胁的疾病密切交谈，会滤去我们性情中的毒汁，消除我们中间的种种怨怼，让我们换一种眼光看待世界，不同于从前我们对待事物的那些看法。”

也有很多截然相反的例子——人类可以在战争中屠杀成千上万的同胞，即便是如此大规模的死亡也无法激起一丝同情之心。在这样的时刻，屠杀者感到自己与被害者是截然不同的，他们已将对方视作非人类，并且处于自己的权力之下。但对于瘟疫，无论财富水平和生活地位如何，都无人能够幸免，每个人都处于危险之中。感受到个人的脆弱，看到他人的脆弱，差异感和特权感消弭，出现了一种不同以往的普遍同情心。只要能将他人的脆弱和死亡与自己联系起来，这就是一种自然的心态。

根据这样的哲学，可以通过类似瘟疫的事件在群体中达到清除倾向化、自恋化的效果。可以从比较小的范围内开始，先看看周围的人、家庭和工作场所，设想他们的死亡会给我们带来怎样的改变。正如叔本华所言："每个友好的灵魂死亡时都会带来一种深深的痛苦，那是因为每个人身上都有一些无法用言语表达、只属于他或她自己的东西，因为死亡而不可避免地消失了。"在当下，我们也可以看到对方身上的这种独特性，以及那些我们认为理所应当的品质。我们需要体验对方之于痛苦和死亡的脆弱性，而不仅仅沉浸在自己的世界里。

还可以将这种想象向前推进一步，看看繁忙城市中的行人，九十年之后，这其中可能已经没有人还活着，也包括我们自己。想象那些来过又离开了的千百万人，那些被埋葬并遗忘的人，无论贫穷还是富贵都是如此。这样的想法让人很难再自认无比重要、无比特别，认为自己不会遭受他人遭受的痛苦。

我们都需要面对死亡，这件事能在人与人之间建立起内在的联系，这有助于我们以更宽容和优雅的态度去面对不同的人性。这并不意味着对危险和困难失去警觉。实际上，即便是最让人讨厌的人，看到对方的死亡和脆弱，也能帮助我们将其影响缩小，从更中立、更有策略的角度面对他们，而不是简单将其归结为个人的恶劣行径。

一般来说，我们可以说死亡的阴影促使我们走向彼此，投身于爱之中。死亡和爱是不可分割、相互联系的。死亡代表着最终的分离和解体，驱使人们与他人联系起来，融为一体。人对死亡特殊的感受创造出了特殊的爱。通过深化对死亡的认识，我们可以加强这种冲动，使我们摆脱困扰人类的分裂和无声无息的分离。

拥抱所有的痛苦和逆境。生命的本质就包含了痛苦和折磨，这种痛苦的最终形式便是死亡本身。面对这一现实，人类有一个很简单的选择：我们可以尝试逃避痛苦，通过转移注意力的行为来消减影响。我们还可以制约自己的行为，不在工作中太过努力，降低野心，不让自己暴露在失败和嘲笑之中。如果能在很早的时候就和他人断绝关系，就可以避免分离尖锐的痛苦。

这种做法的根源是对死亡本身的恐惧，它建立起我们对待痛苦和逆境的基本方式，也就是回避模式。如果有坏事发生，我们会自然而然地抱怨生活，或者抱怨他人没有为我们做事，并且进一步远离具有挑战性的环境。负面的矛盾死亡效应便会出现。

另一种选择是弗里德里希·尼采所说的“命运之爱”。“我认为人类最伟大之处在于命运之爱，不寄希望于发生任何事，不寄希望于未来，不寄希望于过去，也不寄希望于永恒。不仅仅忍受所发生的一切，而是去爱它。”

这意味着以下几点：生命中的很多东西是我们无法控制的，死亡便是终极的例子。我们会经历疾病与身体的痛苦，与他人的分离，由于自己的失误和同伴的恶意导致的失败。但我们的任务就是接受它们，甚至拥抱它们，这样做不是因为痛苦，而是因为有机会学习和进步。这样做肯定了生命本身，接受其所有的可能性，其核心是对死亡的完全接纳。

将这一点付诸实践，把事情看作命中注定之事，每件事发生都有其原因，要靠自己去总结经验。在生病时，可以将其看作完美的契机，可以从世界中抽身出来，远离干扰，放慢节奏，重新思考自己在做的事情，更加珍惜自己身体健康的时候。如果能适应某种程度的身体疼痛，不立即找东西来缓解它，也是一项重要的生活技能。

如果有人抗拒我们的意志，反对我们的做法，可以思考自己哪里出了问题，弄清楚这一点可以帮助自己更好地理解人性，学会如何与滑头和不合群的人相处。在承担风险和失败的时候，也可以从经验中进行学习。经历了失败的人际关系，可以看到其中有哪些做错的地方，自己缺少了什么，在下一段关系中想要获得什么。不要回避这些经历来作茧自缚，这样只会带来更多的痛苦。

在这些经历中，当然会感受到身体和精神层面上的痛苦，不要自欺欺人地认为这种哲学可以立刻把负面的东西变为正面的东西。我们都知道这是一个过程，要学会承受打击，随着时间的推移，头脑会逐渐将这一切转化为值得学习的经验。随着不断的实践，这种转化会变得越来越容易、越来越迅速。

命运之爱可以改变我们所经历的一切，帮助减轻负担。如果实际上这些事的发生都有其缘由，并且最终能给自己以启示，为何还要不停地抱怨呢？如果自己拥有应对残酷生活的终极方法，为什么还要对他人拥有的东西感到羡慕呢？

向终极敞开心扉。将死亡想象成一个我们都要跨过的门槛。它代表了终极的隐秘，很难用语言或概念来进行描述。我们面对的是真正不可知的东西，任何科学、技术或专业知识都无法解决这一谜题，也无法进行表述。人类可以自欺欺人地认为什么都已经知晓，但在这个门槛之前，我们只能卑微地摸索。

这种无法认知或用语言表述的东西，我们称之为终极（Sublime），其拉丁语词根的意思是“到了门槛前”。终极超越了所有的语言或概念，让人心生一丝恐惧，但也有敬畏和好奇。它提醒着我们的渺小，在这微不足道的意识之外还有更广阔和强大的存在。感受终极是一剂对自满和日常琐事的完美解毒剂，它们会将人吞噬，让人感到空虚。

感受终极来源于对死亡的思考，但也可以通过其他思想活动来体验这种感受。例如，在人仰望夜空时，可以思考在无限的空间中星球是多么渺小，让人迷失在黑暗之中。可以思考地球上生命的起源，思考数亿年前某个特定的时刻发生的事，为了在这颗星球上展开这场生命的实验，汇聚了成千上万的要素，这一切是多么不可思议。如此庞大的时空和生命的起源超出了我们概念化的能力，只留下对终极的体验。

我们还可以进一步讨论这个问题。几百万年前，灵长类祖先分化之际就是人类实验开始的时候。但当时我们的身体条件太差，种群数量稀少，需要持续面对灭绝的威胁。只要当时出现了一些常见的、发生在其他物种和人种身上的威胁，世界都会出现完全不同的转变。实际上，父母的相遇和我们的出生同样基于一些不太可能发生的偶然事件。这就很难让人将自己的存在看作理所应当的事，这其实是一件罕见的事，要凑齐所有的偶然因素。

我们还可以通过思考其他的生命形式来体验终极。我们对真实事物的认知是基于自身神经和感官系统的，这与靠回声定位感知世界的蝙蝠大为不同。它们所感知的东西超出了我们的感知系统。我们无法感知的东西是什么，看不见的现实又是什么？（多数科学分支的最新成果都会产生这种令人大开眼界的效果，阅读主流科学杂志上的文章会给人带来一种关于终极的思考。）

我们还可以让自己置身于地球上罗盘紊乱的地方，那是一种截然不同的文化和景观，人类的痕迹在这里微不足道，例如奔腾的海洋、广阔的雪原、高耸的山峰。面对这些庞大的事物可以扭转以自我为中心的认知尺度。

在终极面前，人会感到一阵战栗，这是对死亡本身的预感，是人类思想无法承受的巨大感受。在那一瞬间，它能把我们从自鸣得意中摇醒，将我们从习惯和平庸的死气沉沉中释放出来。

最后，从以下几个方面来思考这种哲学。自人类意识形成以来，对死亡的认识就令我们心生恐惧。这种恐惧创造了信仰、宗教、组织，演化出人类的众多行为，其中很多都是我们看不到或无法理解的。人类已经成了恐惧和逃避的奴隶。

想要扭转这种局面，就要对死亡有更强的认知，这样才能真正体验到自由的味道。不需要再限制自己的想法和行为，不需要让生活变得完全可以预测。我们可以更勇敢，不再畏惧后果。我们可以从所有用来麻痹焦虑的幻觉和成瘾行为中解脱出来，全身心地投入到工作、关系、行动之中。一旦体验到这样的自由，人就会想进一步探索，在时间允许的范围内拓宽自己的可能性。

> 摆脱对死亡的陌生感，了解它、习惯它。人的脑海中没有任何东西像死亡一样经常出现。每时每刻都在从方方面面对它进行想象。……不确定死亡会在哪里等着我们；我们可以随时等待着它。对死亡的谋划就是对自由的谋划。……学会了如何死亡，就不会成为奴隶。知道如何去死，就可以从所有的服从和束缚中解放出来。
>
> ——米歇尔·德·蒙田

致　谢

首先，我要感谢安娜·比勒为本书提供的多方面帮助，她编辑技巧高超，在讨论中为我提供了大量有见地的想法，在写作过程中提供了无尽的爱和支持。没有她的帮助，就不可能有这本书，我永远感激不尽。

我要感谢我的经纪人，Inkwell Management 公司的迈克尔·卡莱尔，他无愧于人性大师的称号，感谢他为这个项目提供的所有宝贵意见和帮助。同样还要感谢公司中的迈克尔·蒙杰洛和亚历克西斯·赫尔利，感谢他们把这本书带给了全球的读者。

企鹅出版社中有很多我需要感谢的人，最主要的是我的编辑安德烈娅·舒尔茨，感谢她在文字方面做的所有工作，无数次的交谈帮助我完善了想法，她也分享了自己关于人性的洞见。我还要感谢这个项目最初的编辑卡罗琳·卡尔森以及梅拉妮·托尔托罗利在编辑方面做出的贡献。我还要感谢安德烈娅的助理埃米莉·纽伯格、封面设计师科林·韦伯、市场部的凯特·斯塔克和玛丽·斯通，以及卡罗琳·科尔本和香农·托梅在宣传方面做出的努力。

我还要感谢英国 Profile Books 出版社的安德鲁·富兰克林，我的六本书都是由他出版的，他对文学和出版的敏锐感值得信赖。

像往常一样，我必须感谢我曾经的学生，如今的畅销书作家兼战略大师瑞安·霍利迪，感谢他所有的研究建议、营销协助和智慧洞见。

不能忘记感谢我的猫布鲁特斯，它已经监督我完成了五本书，帮助我从不同的视角理解人类这种动物。

感谢我亲爱的姐姐莱斯莉，感谢她所有的爱和支持，以及多年来给予我的灵感。当然，我必须感谢我耐心的母亲劳蕾特，感谢她为我付出的一切，尤其是让我对书籍和历史充满了热情。

最后，我要感谢生命中无数的人，他们向我展示了人性中最坏和最好的各个侧面，为本书提供了无尽的素材。

图书在版编目（CIP）数据

人性的法则 / (美) 罗伯特 · 格林著 ; 袁婧译. -- 北京 : 九州出版社, 2023.12（2025.7重印）

ISBN 978-7-5225-2475-7

Ⅰ. ①人… Ⅱ. ①罗… ②袁… Ⅲ. ①成功心理—通俗读物 Ⅳ. ①B848.4-49

中国国家版本馆CIP数据核字(2023)第207269号

版权登记号：01-2023-5670

人性的法则

作　　者　[美] 罗伯特 · 格林　著
　　　　　袁　婧　译
责任编辑　牛　叶
出版发行　九州出版社
地　　址　北京市西城区阜外大街甲 35 号（100037）
发行电话　（010）68992190/3/5/6
网　　址　www.jiuzhoupress.com
印　　刷　小森印刷（天津）有限公司
开　　本　720 毫米 × 1000 毫米　16 开
印　　张　29
字　　数　520 千字
版　　次　2023 年 12 月第 1 版
印　　次　2025 年 7 月第 6 次印刷
书　　号　ISBN 978-7-5225-2475-7
定　　价　88.00 元